Rüdiger Brause

Betriebssysteme

Grundlagen und Konzepte

4., erweiterte Auflage

 Springer Vieweg

Rüdiger Brause
J.W. Goethe-Universität Frankfurt am Main
Frankfurt
Hessen
Deutschland

ISBN 978-3-662-54099-2   ISBN 978-3-662-54100-5   (eBook)
DOI 10.1007/978-3-662-54100-5

Die Deutsche Nationalbibliothek verzeichnet diese Publikation in der Deutschen Nationalbibliografie; detaillierte bibliografische Daten sind im Internet über http://dnb.d-nb.de abrufbar.

Springer Vieweg

Gedruckt auf säurefreiem und chlorfrei gebleichtem Papier

Springer Vieweg ist Teil von Springer Nature
Die eingetragene Gesellschaft ist Springer-Verlag GmbH Deutschland
Die Anschrift der Gesellschaft ist: Heidelberger Platz 3, 14197 Berlin, Germany

Vorwort

Betriebssysteme sind sehr, sehr beharrlich – fast kein Systemprogrammierer oder Informatiker wird zeit seines Lebens mit der Aufgabe konfrontiert werden, ein komplett neues Betriebssystem zu schreiben. Wozu dient dann dieses Buch?

Seine Zielsetzung besteht hauptsächlich darin, Verständnis für die innere Struktur der heutigen komplexen Betriebssysteme zu wecken. Erst das Wissen um grundsätzliche Aufgaben und mögliche Alternativen versetzt Informatiker in die Lage, mögliche leistungshemmende Strukturen ihres Betriebssystems zu erkennen und die Wirkung von Änderungen in den vielen Parametern und Konfigurationen abzuschätzen.

Statt eine komplette analytische Erfassung der Systemleistung vorzugaukeln, die meist nur über spezielle Simulations- und Leistungsmessprogramme möglich ist, konzentriert sich das Buch darauf, gedankliche Konzepte und Methoden zu vermitteln, die in der Praxis wichtig sind und in eigenen Programmen auch angewendet werden können.

Angesichts der vielfältigen Veränderungen der Betriebssystemlandschaft durch die Vernetzung der Rechner und die Vielzahl parallel eingesetzter Prozessoren ist es schwierig, einen klassischen Text über Betriebssysteme zu verfassen, ohne Rechnernetze und Multiprozessorsysteme einzubeziehen. Andererseits ist ein Verständnis dieser Funktionen ohne die klassischen Betriebssystemthemen nicht möglich. Aus diesem Grund geht das Buch auf beide Seiten ein: Ausgehend von der klassischen Einprozessorsituation über die Mehrprozessorproblematik behandelt es die klassischen Themen wie Prozesse, Speicherverwaltung und Ein-/Ausgabeverwaltung. Über die klassischen Themen hinaus wendet es sich den Netzwerkdiensten, dem Thema Sicherheit und den Benutzeroberflächen zu; alle drei gehören zu einem modernen Betriebssystem.

Dabei werden sowohl Einprozessor- als auch Mehrprozessorsysteme betrachtet und die Konzepte an existierenden Betriebssystemen verdeutlicht. Viele Mechanismen der verteilten Betriebssysteme und Echtzeitsysteme werden bereits in diesem Buch vorgestellt, um damit eine spätere Vertiefung im Bedarfsfall zu erleichtern.

Im Unterschied zu manch anderen Betriebssystembüchern steht bei den Beispielen kein eigenes Betriebssystem im Vordergrund; auch die Beispiele in Pseudocode sind nicht als vollständige Programmoduln eines Betriebssystems gedacht. Bei einem solchen Ansatz käme entweder die Darstellung der Konzepte zu kurz, oder das Buch müsste wesentlich länger sein, ohne mehr aussagen zu können. Aus der Fülle der existierenden experimentellen und kommerziellen Systeme konzentriert sich das Buch deshalb auf die in der Praxis wichtigsten Systeme wie UNIX und Windows NT und benennt die für das jeweilige Konzept wesentlichen Prozeduren. Die detaillierte Dokumentation der Benutzerschnittstellen bleibt allerdings aus Platzgründen den einschlägigen Handbüchern der Softwaredokumentation vorbehalten und wurde deshalb hier nicht aufgenommen.

Ein spezieller Aspekt des Buches ist den Lernenden gewidmet: Zusätzlich zu den Übungs- und Verständnisaufgaben sind Musterlösungen am Ende des Buches enthalten. Außerdem sind alle wichtigen Begriffe bei der Einführung fett gedruckt, um die Unsicherheit beim Aneignen eines fremden Stoffes zu verringern; Fachwörter und englische Originalbegriffe sind durch Kursivschrift gekennzeichnet. Wo immer es möglich und nötig erschien, sollen Zeichnungen das Verständnis des Textes erleichtern.

Dazu kommen noch für den Lernenden und Lehrenden die Vorlesungsvideos, Übungsfragen, Klausuren und Vortragsfolien, welche die Verwendung des Buches erleichtern sollen. Sie sind elektronisch direkt unter der URL *http://www.asa.cs.uni-frankfurt.de/bs/* herunterladbar.

Ich hoffe, mit den aktuellen Verbesserungen und Ergänzungen der vierten Auflage alle Interessierte motiviert zu haben, sich mit dem Unterbau unseres Computerzeitalters genauer zu beschäftigen. Dabei sollen aber nicht die vielen kritischen Anmerkungen und Hinweise vieler Menschen unterschlagen werden, deren Beiträge dieses Buch erst reifen ließen. Neben den Tutoren und Vorlesungsteilnehmern möchte ich mich dabei besonders bei Herrn Eric Hutter bedanken, der durch seine ausführlichen Anmerkungen die neueste Edition entscheidend verbessert hat.

Frankfurt, im November 2016   Rüdiger Brause

Inhaltsverzeichnis

Über den Autor

Prof. Dr. rer. nat. habil. Rüdiger W. Brause Von 1970–1978 Studium der Physik und Kybernetik in Saarbrücken und Tübingen mit Abschluß als Diplom-Physiker. 1980–1988 Konzeption und Implementierung des fehlertoleranten, lastverteilten Multi-Mikroprozessorsystems ATTEMPTO in der Arbeitsgruppe von Prof. Dal Cin. 1983 Promotion mit einer Arbeit zum Thema „Fehlertoleranz in verteilten Systemen". Ab 1985 Akad. Oberrat an der Universität Frankfurt. A. M. im Fachbereich Informatik, in dem er sich 1993 habilitierte. Ab 2005 Professor für Praktische Informatik. Im Ruhestand seit April 2016.

Abbildungsverzeichnis

Übersicht

1

Inhaltsverzeichnis

Bevor wir die Einzelteile von Betriebssystemen genauer betrachten, wollen wir uns die einfache Frage stellen: Was ist eigentlich ein Betriebssystem? Naiv betrachtet ist es die Software, die mit einem neuen Rechner zum Betrieb mitgeliefert wird. So gesehen enthält also ein Betriebssystem alle Programme und Programmteile, die nötig sind, einen Rechner für verschiedene Anwendungen zu betreiben. Die Meinungen, was alles in einem Betriebssystem enthalten sein sollte, gehen allerdings weit auseinander. Benutzt beispielsweise

© Springer-Verlag GmbH Deutschland 2017

R. Brause, *Betriebssysteme*,

DOI 10.1007/978-3-662-54100-5_1

1

jemand einen Rechner nur zur Textverarbeitung, so erwartet er oder sie, dass der Rechner alle Funktionen der Anwendung „Textverarbeitung" beherrscht; wird der Rechner zum Spielen verwendet, so soll er alles Wichtige für den Spielbetrieb enthalten. Was ist wichtig?

1.1   Einleitung: Was ist ein Betriebssystem?

Betrachten wir mehrere Anwendungsprogramme, so finden wir gemeinsame Aufgaben, die alle Programme mit den entsprechenden Funktionen abdecken müssen. Statt jedes Mal „das Rad neu zu erfinden", lassen sich diese gemeinsamen Funktionen auslagern und als „zum Rechner gehörige" Standardsoftware ansehen, die bereits beim Kauf mitgeliefert wird. Dabei beziehen sich die Funktionen sowohl auf Hardwareeinheiten wie Prozessor, Speicher, Ein- und Ausgabegeräte, als auch auf logische (Software-) Einheiten wie Dateien, Benutzerprogramme usw.

Bezeichnen wir alle diese Einheiten, die zum Rechnerbetrieb nötig sind, als „Ressourcen" oder „Betriebsmittel", so können wir ein Betriebssystem auch definieren als „die Gesamtheit der Programmteile, die die Benutzung von Betriebsmitteln steuern und verwalten". Diese Definition erhebt keinen Anspruch auf Universalität und Vollständigkeit, sondern versucht lediglich, den momentanen Zustand eines sich ständig verändernden Begriffs verständlich zu machen. Im Unterschied zu der ersten Definition, in der Dienstprogramme wie Compiler und Linker zum Betriebssystem gehören, werden diese in der zweiten Definition ausgeschlossen. Im Folgenden wollen wir eine historisch orientierte, mittlere Position einnehmen:

> Das Betriebssystem ist die Software (Programmteile), die für den Betrieb eines Rechners anwendungsunabhängig notwendig ist.

Dabei ist allerdings die Interpretation von „anwendungsunabhängig" (es gibt keinen anwendungsunabhängigen Rechnerbetrieb: Dies wäre ein nutzloser Rechner) und „notwendig" sehr subjektiv (sind Fenster und Mäuse notwendig?) und lädt zu neuen Spekulationen ein.

1.2   Betriebssystemschichten

Es gibt nicht das Betriebssystem schlechthin, sondern nur eine den Forderungen der Anwenderprogramme entsprechende Unterstützung, die von der benutzerdefinierten Konfiguration abhängig ist und sich im Laufe der Zeit stark gewandelt hat. Gehörte früher nur die Prozessor-, Speicher- und Ein-/Ausgabeverwaltung zum Betriebssystem, so werden heute auch eine grafische Benutzeroberfläche mit verschiedenen Schriftarten und -größen (Fonts) sowie Netzwerkfunktionen verlangt. Einen guten Hinweis auf den Umfang eines Betriebssystems bietet die Auslieferungsliste eines anwendungsunabhängigen Rechnersystems mit allen darauf vermerkten Softwarekomponenten.

Die Beziehungen der Programmteile eines Rechners lassen sich durch das Diagramm in Abb. 1.1 visualisieren.

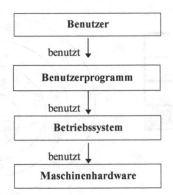

Abb. 1.1 Benutzungsrelationen von Programmteilen

Dies lässt sich auch kompakter zeichnen: in Abb. 1.2 links als Schichtensystem und rechts als System konzentrischer Kreise („Zwiebelschalen").

Dabei betont die Darstellung als Schichtenmodell den Aspekt der Basis, auf der aufgebaut wird, während das Zwiebelschalenmodell eher Aspekte wie „Abgeschlossenheit" und „Sichtbarkeit" von „inneren" und „äußeren" Schichten visualisieren.

Beispiel: *CPU-Ringe und Schichten*

Nach der Initialisierung sind bereits beim 80386 vier Sicherheitsstufen für den Zugriff auf Programme wirksam, siehe Abb. 1.3. Sie lassen sich mit Hilfe von Ringen oder Schichten modellieren. Benutzerprogramme (Stufe 3, äußerster Ring), gemeinsam benutzte Bibliotheken (Stufe 2), Systemaufrufe (Stufe 1) und Kernmodus (Stufe 0, innerster Ring). Die 2 Bits dieser Einstufung werden als Zugriffsinformation in allen Speicherbeschreibungen mitgeführt und entscheiden über die Legalität des Zugriffs. Wird der Zugriff verweigert, so erfolgt eine Fehlerunterbrechung.

Auch Programmsprünge und Prozeduraufrufe in Code einer anderen Stufe werden streng geregelt. Um eine Prozedur einer anderen Stufe aufzurufen, muss eine spezielle Instruktion CALL benutzt werden, die über eine Datenstruktur (*call gate*) den Zugriff überprüft und dann die vorher von der Prozedur eingerichtete Einsprungadresse verwendet. Unkontrollierte Sprünge werden so verhindert.

Abb. 1.2 Schichtenmodell und Zwiebelschalenmodell

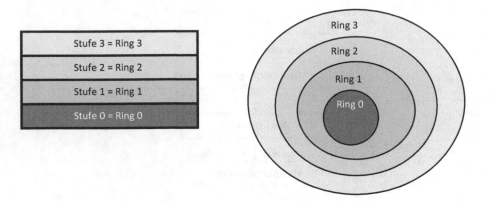

Abb. 1.3 Die Sicherheitsstufen (Ringe) der Intel 80X86-Architektur

1.3   Betriebssystemaufbau

Das Betriebssystem (*operating system*) als Gesamtheit aller Software, die für den anwendungsunabhängigen Betrieb des Rechners notwendig ist, enthält

* *Dienstprogramme, Werkzeuge:* oft benutzte Programme wie Editor, …
* *Übersetzungsprogramme:* Interpreter, Compiler, Translator, …
* *Organisationsprogramme:* Speicher-, Prozessor-, Geräte-, Netzverwaltung.
* *Benutzerschnittstelle*: textuelle und graphische Interaktion mit dem Benutzer.

Da ein vollständiges Betriebssystem inzwischen mehrere hundert Megabyte umfassen kann, werden aus diesem Reservoir nur die sehr oft benutzten Funktionen als **Betriebssystemkern** in den Hauptspeicher geladen. In Abb. 1.4 ist die Lage des Betriebssystemkerns innerhalb der Schichtung eines Gesamtsystems gezeigt.

Der Kern umfasst also alle Dienste, die immer präsent sein müssen, wie z. B. große Teile der Prozessor-, Speicher- und Geräteverwaltung (**Treiber**) und wichtige Teile der Netzverwaltung.

Abb. 1.4 Überblick über die Rechnersoftwarestruktur

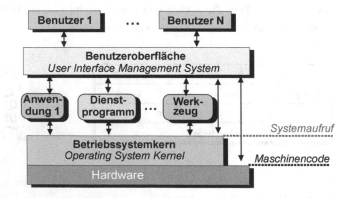

1.3.1 Systemaufrufe

Die Dienste des Kerns werden durch einen Betriebssystemaufruf angefordert und folgen wie ein normaler Prozeduraufruf einem festen Format (Zahl und Typen der Parameter). Da die Lage des Betriebssystemkerns im Hauptspeicher sich ändern kann und die Anwenderprogramme dann immer wieder neu gebunden werden müssten, gibt es bei den meisten Betriebssystemkernen einen speziellen Aufrufmechanismus (**Systemaufruf**, *system call*), der eine Dienstleistung anfordert, ohne die genaue Adresse der entsprechenden Prozedur zu kennen. Dieser Aufrufmechanismus besteht daraus, nach dem Abspeichern der Parameter des Aufrufs auf dem Stack einen speziellen Maschinenbefehl auszuführen, den *Softwareinterrupt*. Wie bei einem Hardwareinterrupt speichert der Prozessor seine augenblickliche Instruktionsadresse (*program counter PC* + 1) und den Prozessorstatus PS auf dem Stack, entnimmt das neue Statuswort und die Adresse der nächsten Instruktion einer festen, dem speziellen Interrupt zugeordneten Adresse des Hauptspeichers und setzt mit der Befehlsausführung an dieser Adresse fort.

Wurde beim Initialisieren des Rechnersystems (*bootstrap*) auf dem festen Interrupt-Speicherplatz die Einstiegsadresse des Betriebssystemkerns geschrieben, so findet das Anwenderprogramm prompt das Betriebssystem, egal ob es inzwischen neu kompiliert bzw. im Speicher verschoben wurde oder nicht. In Abb. 1.5 ist der Ablauf eines solchen Systemaufrufs gezeigt. Da nach einem Systemaufruf die nächste Instruktion nicht gleich ausgeführt wird, sondern die Befehlsfolge an dieser Speicheradresse plötzlich „aufhört", wird der Softwareinterrupt auch als Falltür (**trap door,** kurz *trap*) bezeichnet.

Dabei wird hardwaremäßig der augenblickliche Wert des Programmzählers PC (um eins erhöht für die Adresse der nächsten Instruktion nach der Interrupt-Instruktion) sowie der Status des Programms (Statuswort PS, enthält die Ergebnisbits der CPU und die Information, ob im *user mode* oder *kernel mode*) auf den Stack gerettet. Anschließend wird dann der Inhalt eines Tabelleneintrags für diesen Interrupt, der neue Status PS und die neue Adresse BS des Betriebssystems, in die CPU geladen.

Die Umschaltung vom Benutzerprogramm zum Betriebssystem wird meist zum Anlass genommen, die Zugriffsrechte und -möglichkeiten des Codes drastisch zu erweitern. Wurden große Teile des Rechners vor der Umschaltung hardwaremäßig vor Fehlbedienung durch das Benutzerprogramm geschützt, so sind nun alle Schutzmechanismen abgeschaltet, um den Betriebssystemkern nicht zu behindern. Beim Verlassen des

Abb. 1.5 Befehlsfolge eines
Systemaufrufs

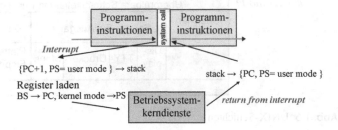

Betriebssystemkerns wird automatisch wieder zurückgeschaltet, ohne dass der Benutzer etwas davon merkt. Die Umschaltung zwischen dem Benutzerstatus (**user mode**) und dem Betriebssystemstatus (**kernel mode**) geschieht meist hardwaremäßig durch den Prozessor und lässt sich damit vom Benutzer nicht manipulieren. Manche Prozessoren besitzen sogar noch weitere Sicherheitsstufen, die aber den Hardwareaufwand auf dem Chip erhöhen. Bei der Rückkehr vom Betriebssystemkern werden die erweiterten Rechte durch das Neuladen der auf dem Stack gespeicherten Werte automatisch wieder zurückgesetzt.

Auch für die Behandlung von Fehlern in der Fließkommaeinheit (Floating Point Unit FPU) werden Softwareinterrupts verwendet. Die Fehlerbehandlung ist aber meist anwendungsabhängig und deshalb üblicherweise im Betriebssystem nicht enthalten, sondern dem Anwenderprogramm oder seiner Laufzeitumgebung überlassen.

1.3.2 Beispiel UNIX

In UNIX gibt es traditionellerweise als Benutzeroberfläche einen Kommandointerpreter, die **Shell**. Von dort werden alle Benutzerprogramme sowie die Systemprogramme, die zum Betriebssystem gehören, gestartet. Die Kommunikation zwischen Benutzer und Betriebssystem geschieht durch Ein- und Ausgabekanäle; im einfachsten Fall sind dies die Eingabe von Zeichen durch die Tastatur und die Ausgabe auf dem Terminal. In Abb. 1.6 ist das Grundschema gezeigt.

Das UNIX-System wies gegenüber den damals verfügbaren Systemen verschiedene Vorteile auf. So ist es nicht nur ein Betriebssystem, das mehrere Benutzer (*Multi-user*) gleichzeitig unterstützt, sondern auch mehrere Programme (*Multiprogramming*) gleichzeitig ausführen konnte. Zusammen mit der Tatsache, dass die Quellen den Universitäten fast kostenlos zur Verfügung gestellt wurden, wurde es bei allen Universitäten

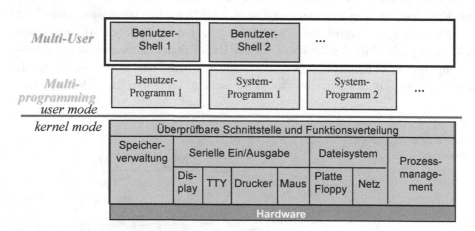

Abb. 1.6 UNIX-Schichten

Standard und dort weiterentwickelt. Durch die überwiegende Implementierung mittels der „höheren" Programmiersprache „C" war es leicht veränderbar und konnte schnell auf eine andere Hardware übertragen (*portiert*) werden. Diese Faktoren machten es zum Betriebssystem der Wahl, als für die neuen RISC-Prozessoren schnell ein Betriebssystem benötigt wurde. Hatte man bei einem alten C-Compiler den Codegenerator für den neuen Instruktionssatz geändert, so war die Hauptarbeit zum Portieren des Betriebssystems bereits getan – alle Betriebssystemprogramme sowie große Teile des Kerns sind in C geschrieben und sind damit nach dem Kompilieren auf dem neuen Rechner lauffähig.

Allerdings gibt es trotzdem noch genügend Arbeit bei einer solchen Portierung. Die ersten Versionen von UNIX (Version 6 und 7) waren noch sehr abhängig von der Hardware, vor allem aber von der Wortbreite der CPU. In den folgenden Versionen (System IV und V sowie Berkeley UNIX) wurde zwar viel gelernt und korrigiert, aber bis heute ist die Portierbarkeit nicht problemlos.

Die Grundstruktur von UNIX differiert von Implementierung zu Implementierung. So sind Anzahl und Art der Systemaufrufe sehr variabel, was die Portierbarkeit der Benutzerprogramme zwischen den verschiedenen Versionen ziemlich behindert. Um dem abzuhelfen, wurden verschiedene Organisationen gegründet. Eine der bekanntesten ist die X/Open-Gruppe, ein Zusammenschluss verschiedener Firmen und Institutionen, die verschiedene Normen herausgab. Eine der ersten Normen war die Definition der Anforderungen an ein portables UNIX-System (*Portable Operating System Interface based on UNIX*: POSIX, genormt als IEEE 1003.1-2013 bzw. ISO/IEC 9945), das als Menge verschiedener verfügbarer Systemdienste definiert wurde. Allerdings sind dabei nur Dienste, nicht die Systemaufrufe direkt definiert worden. Durch die an dem Namen „UNIX" auf X/Open übertragenen Rechte konnte ein Zertifikationsprozess institutionalisiert werden, der eine bessere Normierung verspricht. Dabei wurde UNIX auch an das Client-Server-Modell (Seite 27) angepasst: Es gibt eine Spezifikation für UNIX-98 Server und eine für UNIX-98 Client.

1.3.3   Beispiel Mach

Das Betriebssystem „Mach" wurde an der Universität Berkeley als ein Nachfolger von UNIX entwickelt, der auch für Multiprozessorsysteme einsetzbar sein sollte. Das Konzept von Mach ist radikal verschieden von dem UNIX-Konzept. Statt alle weiteren, als wichtig angesehenen Dienste im Kern unterzubringen, beschränkten die Designer das Betriebssystem auf die allernotwendigsten Funktionen: die Verwaltung der Dienste, die selbst aber aus dem Kern ausgelagert werden, und die Kommunikation zwischen den Diensten. In Abb. 1.7 ist das prinzipielle Schichtenmodell gezeigt, das so auch auf das bekannte Shareware-Amoeba-System von Tanenbaum zutrifft. Beide Systeme besitzen Bibliotheken für UNIX-kompatible Systemaufrufe, so dass sie vom Benutzerprogramm als UNIX-Systeme angesehen werden können.

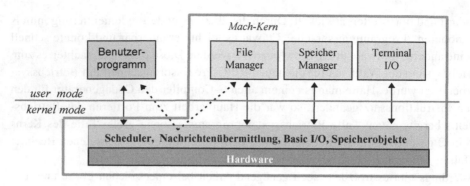

Abb. 1.7 Das Mach-Systemmodell

Der Vorteil einer solchen Lösung, den Kern in einen besonders kleinen, sparsam bemessenen Teil (**Mikrokern**) einerseits und in Systemdienste auf Benutzerebene andererseits aufzuteilen, liegt auf der Hand: Die verschiedenen Systemdienste sind gekapselt und leicht austauschbar; es lassen sich sogar mehrere Versionen nebeneinander benutzen. Die Nachteile sind aber auch klar: Durch die Kapselung als Programme im Benutzerstatus dauert es relativ lange, bis die verschiedenen Systemdienste mittels Systemaufrufen und Umschalten zwischen *user mode* und *kernel mode* sich abgestimmt haben, um einen Systemaufruf des Benutzerprogramms auszuführen.

1.3.4 Beispiel Windows NT

Das Betriebssystem Windows NT der Firma Microsoft ist ein relativ modernes System; es wurde unter der Leitung von David Cutler, einem Betriebssystementwickler von VMS, RSX11-M und MicroVax der Fa. Digital, seit 1988 entwickelt. Das Projekt, mit dem Microsoft erstmals versuchte, ein professionelles Betriebssystem herzustellen, hatte verschiedenen Vorgaben zu genügen:

- Das Betriebssystem musste zu allen bisherigen Standards (MS-DOS, 16 Bit-Windows, UNIX, OS/2) kompatibel sein, um überhaupt am Markt akzeptiert zu werden.
- Es musste zuverlässig und robust sein, d. h. Programme dürfen weder sich gegenseitig noch das Betriebssystem schädigen können; auftretende Fehler dürfen nur begrenzte Auswirkungen haben.
- Es sollte auf verschiedene Hardwareplattformen leicht zu portieren sein.
- Es sollte nicht perfekt alles abdecken, sondern für die sich wandelnden Ansprüche leicht erweiterbar und änderbar sein.
- Sehr wichtig: Es sollte auch leistungsstark sein.

Betrachtet man diese Aussagen, so stellen sie eine Forderung nach der „eierlegenden Wollmilchsau" dar. Die gleichzeitigen Forderungen von „kompatibel", „zuverlässig",

„portabel", „leistungsstark" sind schon Widersprüche in sich: MS-DOS ist absolut nicht zuverlässig, portabel oder leistungsstark und überhaupt nicht kompatibel zu UNIX. Trotzdem erreichten die Entwickler ihr Ziel, indem sie Erfahrungen anderer Betriebssysteme nutzten und stark modularisierten. Die Schichtung und die Aufrufbeziehungen des Kerns in der ursprünglichen Konzeption sind in Abb. 1.8 gezeigt. Der gesamte Kern trägt den Namen *Windows NT Executive* und ist der Block unterhalb der *user mode/kernel mode*-Umschaltschranke.

Zur Lösung der Designproblematik seien hier einige Stichworte genannt:

- Die **Kompatibilität** wird erreicht, indem die Besonderheiten jedes der Betriebssysteme in ein eigenes Subsystem verlagert werden. Diese setzen als virtuelle Betriebssystemmaschinen auf den Dienstleistungen der NT Executive (Systemaufrufe, schwarze Pfeile in Abb. 1.8) auf. Die zeichenorientierte Ein/Ausgabe wird an die Dienste des zentralen Win32-Moduls weitergeleitet. Die Dienste der Subsysteme werden durch Nachrichten (*local procedure calls* LPC, graue Pfeile in Abb. 1.8) von Benutzerprogrammen, ihren *Kunden* (**Clients**), angefordert. Als Dienstleister (**Server**) haben sie also eine Client-Server-Beziehung.
- Die **Robustheit** wird durch rigorose Trennung der Programme voneinander und durch Bereitstellen spezieller Ablaufumgebungen („virtuelle DOS-Maschine VDM") für die MS-DOS/Windows Programme erreicht. Die Funktionen sind gleich, aber der direkte Zugriff auf Hardware wird unterbunden, so dass nur diejenigen alten Programme laufen können, die die Hardware-Ressourcen nicht aus Effizienzgründen direkt anzusprechen versuchen. Zusätzliche Maßnahmen wie ein fehlertolerantes Dateisystem und spezielle Sicherheitsmechanismen zur Zugriffskontrolle von Dateien, Netzwerken und Programmen unterstützen dieses Ziel.
- Die **Portierbarkeit**, Wartbarkeit und Erweiterbarkeit wird dadurch unterstützt, dass das gesamte Betriebssystem bis auf wenige Ausnahmen (z. B. in der Speicherverwaltung)

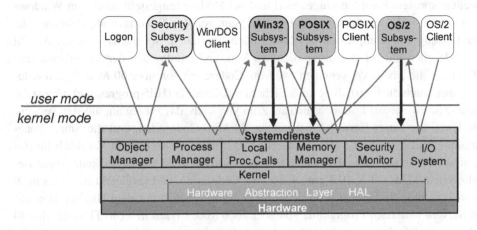

Abb. 1.8 Schichtung und Aufrufe bei Windows NT

in der Sprache C geschrieben, stark modularisiert und von Anfang an geschichtet ist. Eine spezielle Schicht HAL bildet als virtuelle Maschine allgemeine Hardware nach und reduziert bei der Portierung auf andere Prozessoren die notwendigen Änderungen auf wenige Module.

Die detaillierte Diskussion der oben geschilderten Lösungen würde zu weit führen; hier sei auf das Buch von Helen Custer (1993) verwiesen.

- Obwohl in Windows NT einige wichtige Subsysteme wie z. B. das Sicherheitssystem nicht als Kernbestandteil, sondern als Prozess im *user mode* betrieben werden („Integrale Subsysteme"), ist interessanterweise seit Version 4.0 das Win32-Subsystem aus Effizienz-gründen in den Kern verlagert worden, um die Zeit für die Systemaufrufe von Win32 zu NT Executive zu sparen. Auch die Unterstützung anderer Standards wurde eingestellt. Von den gezeigten Betriebssystem-Subsystemen sind im Laufe der Versionen von NT nur noch das Windows/Dos-System und das Windows 32Bit-System („windows over windows") übrig; zuerst das OS/2-System ab Version NT 4.0 und dann das POSIX-Sys-tem („Interix") wurden mit fortschreitender Marktakzeptanz von Windows NT eingestellt.

In Version NT 5.0, erschienen im Februar 2000 („Windows 2000"), wurden zusätzlich viele Dienstprogramme zur Netzdateiverwaltung und Sicherheit integriert. Dies ließ den Umfang von 8 Mio. Codezeilen auf über 40 Mio. anschwellen, was an die Zuverlässigkeit und Testumgebung der Betriebssystemmodule besonders hohe Anforderungen stellt.

Mit den Versionen NT 5.1 („Windows XP"), NT 5.2 („Windows Server 2003") und Version 6.0 („Windows Vista") stiegen die Anforderungen an die Grafikhardware weiter; ohne Hardware-Grafikbeschleunigung war MS Windows ab Version NT 6 nicht installierbar.

Auch für die Version 6.1 („Windows 7"), Version NT 6.2 („Windows 8") und Version NT 6.3 („Windows 8.2") sowie für die zur Zeit (2016) aktuelle Version NT 10.0 („Windows 10") wurden die Anforderungen immer weiter ausgeweitet. Zwar wurde der Software-erstellungsprozess komplett umgeändert und auf Module umgestellt, nachdem Windows Vista zunächst als sehr fehleranfällig und langsam von den Benutzern abgelehnt wurde, aber Umfang und Komplexität des Codes blieben erhalten. So wuchs zwar die Anzahl der Codezeilen mit NT 5.2 und 6.0 auf 50 Mio. und wurde nach der Modularisierung NT 6.1 auf die „meist verwendeten" 40 Mio. Codezeilen von über 60 Mio. Zeilen redu-ziert, aber durch die Übernahme zusätzlicher Funktionalität (Hilfsprogramme) wächst die gesamte Softwarebasis kontinuierlich an. Zum Vergleich: das zurzeit am meisten verwen-dete Unix, der Linux-Kern 4.2, hat nur ca. 20 Mio. Codezeilen, und die Smartphone-Variante „Android" nur 12 Mio. Codezeilen. Das hört sich viel an im Vergleich für das Windows-Betriebssystem, aber: betrachtet man etwa das aus Unix entwickelte Apple-Be-triebssystem MAC OS X 10.4 mit ca. 86 Mio. Codezeilen, und vergleicht man dies noch mit dem Google-Suchdienst („Betriebssystem des Internets") mit dem Umfang aller auf den Servern laufenden Programme von über 2000 Mio. Codezeilen (86 TByte!), also 40 mal mehr als Windows, so relativiert sich diese Einschätzung wieder!

1.4   Schnittstellen und virtuelle Maschinen

Betrachten wir nun das Schichtenmodell etwas näher und versuchen, daraus zu abstrahieren. Die Relation „A benutzt B" lässt sich dadurch kennzeichnen, dass B für A **Dienstleistungen** erbringt. Dies ist beispielsweise bei der Benutzung einer Unterprozedur B in einem Programm A der Fall. Betrachten wir dazu das Zeichnen einer Figur, etwa eines Vierecks. Die Dienstleistung `DrawRectangle(x0,y0,x1,y1)` hat als Argumente die Koordinaten der linken unteren Ecke und die der rechten oberen. Wir können diesen Aufruf beispielsweise direkt an einen Grafikprozessor GPU richten, der dann auf unserem Bildschirm das Rechteck zeichnet, siehe Abb. 1.9 links. In diesem Fall benutzen wir eine echte Maschine, um die Dienstleistung ausführen zu lassen.

In vielen Rechnern ist aber kein Grafikprozessor vorhanden. Stattdessen ruft das Programm, das diese Funktion ausführen soll, selbst wieder eine Folge von einfachen Befehlen (Dienstleistungen) auf, die diese Funktion implementieren sollen, etwa viermal das Zeichnen einer Linie. Die Dienstleistung `DrawRectangle(x0,y0,x1,y1)` wird also nicht wirklich, sondern mit `DrawLine()` durch den Aufruf einer anderen Maschine erbracht; das aufgerufene Programm ist eine **virtuelle Maschine**, in Abb. 1.9 rechts V1 genannt.

Nun kann das Zeichnen einer Linie auch wieder entweder durch einen echten Grafikprozessor erledigt werden, oder aber die Funktion arbeitet selbst als virtuelle Maschine V2 und ruft für jedes Zeichnen einer Linie eine Befehlsfolge einfacher Befehle der darunter liegenden Schicht für das Setzen aller Bildpunkte zwischen den Anfangs- und Endkoordinaten auf. Diese Schicht ist ebenfalls eine virtuelle Maschine V3 und benutzt Befehle für die CPU, die im Video-RAM Bits setzt. Die endgültige Ausgabe auf den Bildschirm wird durch eine echte Maschine, die Displayhardware (Displayprozessor), durchgeführt.

Erinnern wir uns in diesem Zusammenhang an die Normierung von UNIX mittels POSIX. Interessant ist, dass dabei die Bezeichnung „UNIX" nur für eine Sammlung von verbindlichen Schnittstellen steht, nicht für eine Implementierung. Dies bedeutet, dass UNIX eigentlich als eine virtuelle und nicht als reelle Betriebssystemmaschine angesehen werden kann.

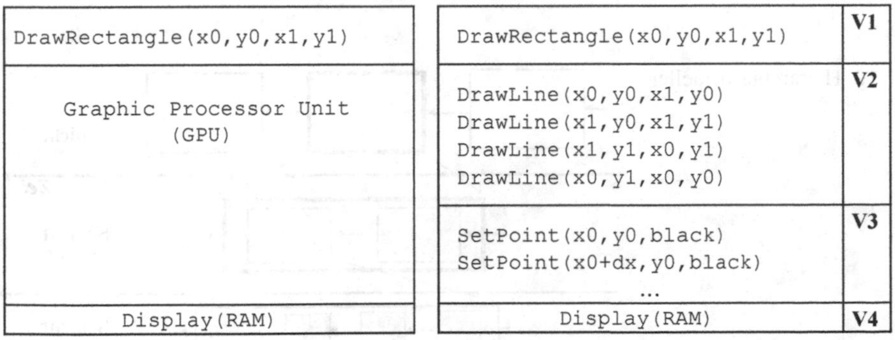

DrawRectangle(x0,y0,x1,y1)	DrawRectangle(x0,y0,x1,y1)	V1
Graphic Processor Unit (GPU)	DrawLine(x0,y0,x1,y0) DrawLine(x1,y0,x1,y1) DrawLine(x1,y1,x0,y1) DrawLine(x0,y1,x0,y0)	V2
	SetPoint(x0,y0,black) SetPoint(x0+dx,y0,black) ...	V3
Display(RAM)	Display(RAM)	V4

Abb. 1.9 Echte und virtuelle Maschinen

Den Gedankengang der Virtualisierung können wir allgemein formulieren. Gehen wir davon aus, dass alle Dienstleistungen in einer bestimmten Reihenfolge (Sequenz) angefordert werden, so lassen sich im Schichtenmodell die Anforderungen vom Anwender an das Anwenderprogramm, vom Anwenderprogramm an das Betriebssystem, vom Betriebssystem an die Hardware usw. auf Zeitachsen darstellen, die untereinander angeordnet sind.

Jede dieser so entstandenen Schichten bildet nicht nur eine Softwareeinheit wie in Abb. 1.2 links, sondern die Schichtenelemente sind hierarchisch als Untersequenzen oder Dienstleistungen angeordnet. Bei jeder Dienstleistung interessiert sich die anfordernde, darüber liegende Schicht nur dafür, dass sie überhaupt erbracht wird, und nicht, auf welche Weise. Die Dienstleistungsfunktionen einer Schicht, also die Prozeduren bzw. Methoden, Daten und ihre Benutzungsprotokolle, kann man zu einer **Schnittstelle** zusammenfassen. Das Programm, das diese Dienstleistungen erbringt, kann nun selbst wieder als Befehlssequenz aufgefasst werden, die darunter liegende, elementarere Dienstleistungen als eigene Leistungen benutzt. Die allerunterste Schicht, die die Arbeit nun tatsächlich auch ausführt, wird von der „darunter liegenden" Maschinenhardware gebildet. Da sich ihre Funktionen, so wie bei allen Schichten, über Schnittstellen ansteuern lassen, kann man die darüber liegende Einheit ebenfalls als eine Maschine auffassen; allerdings erbringt sie die Arbeit nicht selbst und wird deshalb als virtuelle Maschine bezeichnet. Die Abb. 1.10 beschreibt also eine Hierarchie virtueller Maschinen. Das allgemeine Schichtenmodell aus Abb. 1.2 zeigt dies ebenfalls, aber ohne Zeitachsen und damit ohne Reihenfolge. Es ist auch als Übersicht über Aktivitäten auf parallel arbeitenden Maschinen geeignet.

Die Funktion der virtuellen Gesamtmaschine ergibt sich aus dem Zusammenwirken virtueller Einzelmaschinen. In diesem Zusammenhang ist es natürlich von außen ununterscheidbar, ob eine Prozedur oder eine Hardwareeinheit eine Funktion innerhalb einer Sequenz ausführt.

Bisher haben wir zwischen physikalischen und virtuellen Maschinen unterschieden. Es gibt nun noch eine dritte Sorte: die **logischen** Maschinen. Für manche Leute sind sie als Abstraktion einer physikalischen Maschine mit den virtuellen Maschinen identisch, andere platzieren sie zwischen physikalische und virtuelle Maschinen.

Abb. 1.10 Hierarchie virtueller Maschinen

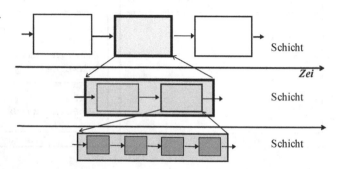

Beispiel *virtuelle Festplatte*

Eine *virtuelle Festplatte* lässt sich als Feld von Speicherblöcken modellieren, die einheitlich mit einer sequentiellen Blocknummer angesprochen werden können. Im Gegensatz dazu modelliert die *logische Festplatte* alles etwas konkreter und berücksichtigt, dass eine Festplatte auch unterschiedlich groß sein kann sowie eine Verzögerungszeit und eine Priorität beim Datentransfer kennt. In Abb. 1.11 ist dies gezeigt. Mit diesen Angaben kann man eine Verwaltung der Speicherblöcke anlegen, in der der Speicherplatz mehrerer Festplatten einheitlich verwaltet wird, ohne dass dies der Schnittstelle der virtuellen Festplatte bekannt sein muss. In der dritten Konkretisierungsstufe beim tatsächlichen Ansprechen der logischen Geräte müssen nun alle Feinheiten der Festplatten (Statusregister, Fehlerinformation, Schreib-/Lesepufferadressen, …) bekannt sein. Das Verwalten dieser Informationen und Verbergen vor der nächsthöheren Schicht (der Verwaltung der logischen Geräte) besorgt dann der gerätespezifische Treiber. Die Definitionen bedeuten dann in diesem Fall:

virtuelles Gerät = Verwaltungstreiber für logisches Gerät,
logisches Gerät = HW-Treiber für physikalisches Gerät.

Die drei Gerätearten bilden also auch wieder drei Schichten für den Zugriff auf die Daten, vgl. Abb. 1.11. Die logischen Geräte (LUN) gestatten es, unabhängig vom Hersteller auf eine Festplatte zuzugreifen; es kann als eine Abstraktion einer Festplatte aufgefasst werden. Es gibt dabei keinen Unterschied zu einer virtuellen Maschine; der Begriff „logisches Gerät" ist eher eine historische Bezeichnung für diese Abstraktionsstufe.

Mit Hilfe des Begriffs der virtuellen Maschine können wir uns virtuelle Massenspeicher aber auch ganz anderer Art konstruieren.

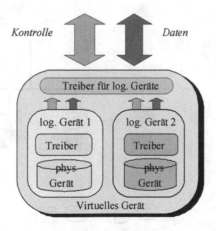

Abb. 1.11 Virtuelle, logische und physikalische Geräte

Beispiel *Disk-to-Disk-Storage*

Ein Bandlaufwerk zur Sicherung von Massendaten kann gut mit einer Menge von Festplatten simuliert werden. Die Simulation eines billigen Bandlaufwerks durch teure
Festplatten ist dann sinnvoll, wenn für die Datensicherung (*backup*)

- Kurze Backup-Zeiten
- Kurze Recovery-Zeiten
- Multiple Bandformate
- Hoher Datendurchsatz

gefordert werden. Hier kommen dann kostengünstige Plattenlaufwerke mit großen
Kapazitäten zum Einsatz.

Beispiel *Storage Attached Network SAN*

Aber wir können auch alle Massenspeicher eines Speichernetzes mit den kontrollierenden
Rechnern zu einem einzigen virtuellem Massenspeicher zusammenfassen. In Abb. 1.12
ist ein solches Storage Attached Network SAN gezeigt.

Der virtuelle Massenspeicher bestehet in diesem Fall aus einem Netzwerk, das nicht
nur die Speicherfunktionen intern organisiert, sondern auch die Zugriffsrechte, die
Datensicherung (*backup*) und Zugriffsoptimierung (Lastverteilung, Datenmigration)
selbst regelt. Konflikte gibt es dabei mit unabhängigen Untereinheiten, die selbst diese
Funktionen übernehmen wollen (z. B. NAS oder SAN-in-a-box). Es gibt hauptsächlich
zwei verschiedene Konfigurationen:

- Der *asymmetrische Pool*: Ein Server dient als Metadaten-Server (Wo sind welche
  Daten) und gibt Block-I/O Informationen an die anderen

Abb. 1.12 Ein Netzwerk als
virtueller Massenspeicher: die
asymmetrische Pool-Lösung

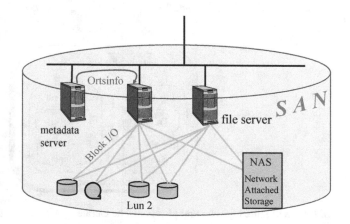

- Der *symmetrische Pool* (3-tiers-Lösung): Die Speichergeräte sind nur mit mehreren Metadaten-Servern über ein extra Netzwerk verbunden; die Metaserver hängen über das SAN an den anfragenden Rechnern.

1.5 Software-Hardware-Migration

Die Konstruktion von virtuellen Maschinen erlaubt es, analog zu den Moduln die Schnittstelle beizubehalten, die Implementierung aber zu verändern. Damit ist es möglich, die Implementierung durch eine wechselnde Mischung aus Hardware und Software zu realisieren: Für die angeforderte Dienstleistung ist dies irrelevant. Da die Hardware meist schneller arbeitet, aber teuer ist, und die Software vergleichsweise langsam abgearbeitet wird, aber (als Kopie) billig ist und schneller geändert werden kann, versucht der Rechnerarchitekt, bei dem Entwurf eines Rechensystems eine Lösung zwischen diesen beiden Extremen anzusiedeln. In Abb. 1.13 ist als Beispiel die Schichtung eines symbolischen Maschinencodes (hier: Java-Code) zu sehen, der entweder softwaremäßig durch einen Compiler oder Interpreter in einen realen Maschinencode umgesetzt werden (*„Java virtual machine"*) oder aber auch direkt als Maschineninstruktion hardwaremäßig ausgeführt werden kann. Im zweiten Fall wurde die mittlere Schicht in die Hardware (schraffiert in Abb. 1.13 links) migriert, indem für jeden Java-Code Befehl eine in Mikrocode programmierte Funktion in der CPU ausgeführt wird.

Ein anderes Beispiel für diese Problematik ist die Unterstützung von Netzwerkfunktionen. In billigen Netzwerkcontrollern ist meist nur ein Standard-Chipset enthalten, das die zeitkritischen Aspekte wie Signalerzeugung und -erfassung durchführt. Dies entspricht den virtuellen Maschinen auf unterster Ebene. Alle höheren Funktionen und Protokolle zum Zusammensetzen der Datenpakete, Finden der Netzwerkrouten und dergleichen (s. Abschn. 6.1) muss vom Hauptprozessor und entsprechender Software durchgeführt werden, was die Prozessorleistung für alle anderen Aufgaben (wie Benutzeroberfläche, Textverarbeitung etc.) drastisch mindert. Aus diesem Grund sind bei teureren Netzwerkcontrollern viele Funktionen der Netzwerkkontrolle und Datenmanagement auf die Hardwareplatine migriert worden; der Hauptprozessor muss nur wenige Anweisungen ausführen, um auf hohem Niveau (in den oberen Schichten) Funktionen anzustoßen und Resultate entgegenzunehmen.

Dabei spielt es keine Rolle, ob die von dem Netzwerkcontroller übernommenen Funktionen durch einen eigenen Prozessor mit Speicher und Programm erledigt werden oder durch einen dedizierten Satz von Chips: Durch die eindeutige Schnittstellendefinition wird die angeforderte Dienstleistung erbracht, egal wie. Stellt die virtuelle Maschine nicht die originale Schnittstelle bereit, sondern eine vereinfachte, modifizierte Version davon, so

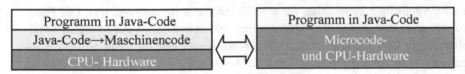

Abb. 1.13 Software-Hardware-Migration des Java-Codes

wird dies „Paravirtualisierung" genannt. Wird so die darunter liegende Hardware besser ausgenutzt, kann man damit die Leistungsfähigkeit der virtuellen Maschine verbessern.

Wird für das Hardwaredesign auch eine formale Sprache verwendet (z. B. VHDL), so spielen die Unterschiede in der Änderbarkeit der migrierten und nicht-migrierten Implementierungen immer weniger eine Rolle. Entscheidend sind vielmehr andere Aspekte wie Kosten, Standards, Normen und Kundenwünsche.

1.6 Virtuelle Betriebssysteme

Die Virtualisierung, also das Einziehen einer abstrahierenden Zwischenschicht zwischen den Geräten und die bedienenden Programme, macht auch vor dem Betriebssystem nicht Halt. Eine beliebte Maßnahme in Rechenzentren, die Dienstleistungen von Rechnern (*Serverpool*) erbringen, besteht darin, die feste Zuordnung von Dienstleitung zu einem Rechner oder dem Rechner eines Maschinentyps aufzubrechen und die Dienstleistungen geeignet auf die vorhandenen Rechner und Multiprozessorkerne zu verteilen.

Dies hat verschiedene Vorteile:

- Damit ist es möglich, Rechenzentren dynamisch wachsen zu lassen (*Skalierbarkeit*), je nach Anforderungen des Betriebs. Es werden nicht mehr Rechner für bestimmte Betriebssysteme benötigt, sondern man kann alle Anwendungen auf demselben Rechnerpool laufen lassen.
- Da ein großer Teil der Betriebskosten auf die *verbrauchte Energie* für den Rechnerbetrieb und seine Klimatisierung entfällt, kann man erheblich Geld sparen (ca. 30 %), wenn man die Jobs auf wenige Rechner konzentriert und unbenutzte Kapazitäten dynamisch ab oder zuschaltet. Voraussetzung dafür ist, dass mit den Jobs auch der gesamt Prozesskontext des Betriebssystems verschoben werden kann; am besten gleich das ganze Betriebssystem.
- Auch ein *Lastenausgleich* zwischen verschiedenen Rechnern ist dynamisch während des Betriebs möglich.
- Man kann so auch alte Programme (*Legacy-Anwendungen*), die nur auf bestimmten veralteten Betriebssystemen (*Legacy-Betriebssysteme*) oder veralteter Hardware laufen, problemlos weiterhin betreiben.
- Ein weiterer Vorteil einer solchen *Serverkonsolidierung* liegt in der dazu notwendigen Modularisierung und Konzentration der Dienste und Bibliotheken auf wenige, verschiebbare Pakete, die überall eingesetzt werden können.
- Ein wichtiges Merkmal wird auch gern bei der *Softwareentwicklung* ausgenutzt: Möchte man eine Applikation gleichzeitig für eine Vielzahl von Betriebssystemen und Hardwarekonfigurationen entwickeln, so ist das Entwickeln und Testen auf so vielen Konfigurationen sehr aufwändig, teuer und zeitraubend. Besser geht es, wenn man alle Konfigurationen (z. B. Smartphones) als virtuelle Maschinen auf demselben Rechner laufen lassen kann. Man spart sich so die Anschaffung der unterschiedlichen Rechner und, für die Tests auf derselben Hardware, das umständliche Neubooten jeder Konfiguration.

- Insgesamt ist durch die neuere Entwicklung der Virtualisierung und ihrer Hardware-unterstützung durch die CPU nur noch ein geringer Leistungsverlust von ca. 5–10 % gegenüber einer traditionellen Rechnerkonfigurationen zu beobachten (Hardt 2005).

Die Virtualisierung der Rechnerressourcen bedeutet, dass jede Anwendung vollständig unabhängig von der tatsächlichen Rechnerkonfiguration laufen kann. Dies bedeutet, dass Rechnerressourcen universell gehandelt werden können. Beispielsweise ist die Deutsche Börse AG in Frankfurt in den Handel mit Virtuellen Maschinen eingestiegen. Unter dem Schlagwort „*Infrastructure as a Service*" IaaS vermarktet sie die Angebote von Betreibern großer Rechenzentren wie Amazon. Entscheidend für den Preis einer solchen virtuellen Maschine sind nicht nur Hardwaredaten wie garantierte CPU-Leistung, Hauptspeicher-größe und Massenspeicher, sondern auch der Vertragskontext wie Leistungsklasse, War-tungsart oder der dafür gültige Rechtsrahmen, wie etwa das Staatsgebiet. Hier sind euro-päische IT-Unternehmen durch das europäische Datenschutzrecht in besserer Position!
    Problematisch bei solchen Ansätzen ist die Definition der garantierten Leistungsdaten (Benchmarks). Die aktuelle Leistung ist meist von vielen Faktoren abhängig, etwa der Implementierung der virtuellen Maschinen, der Last der parallel laufenden, anderen Auf-gaben, CPU-Typ und weiterer Kontextfaktoren. Hier ist noch viel Forschung nötig.
    Wie funktioniert die Virtualisierung genau? Je nach Sachlage und Anforderungen gibt es unterschiedliche Virtualisierungsarten für einen Server (*virtual server*). Allen gemein-sam ist, dass jeweils eine Zwischenschicht eingezogen wird, die die Funktionalität einer virtuellen Maschine hat. Da sie alles kontrolliert, was an Funktionalität bei der Schicht darunter vorhanden ist, wird sie auch *virtual machine monitor* (VMM) oder *Hypervisor* genannt. In Abb. 1.14 sind drei verschiedene Möglichkeiten gezeigt, wobei jeweils die Grenze zwischen *user mode* und *kernel mode* als roter Strich eingezeichnet ist.
    Diese Überlegungen werden in den folgenden Abschnitten genauer erklärt.

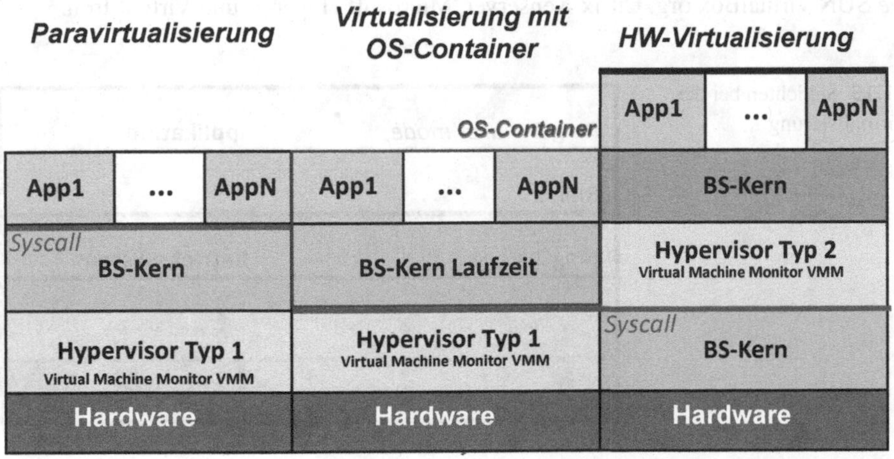

Abb. 1.14 Virtualisierungsarten bei Servern

1.6.1 Paravirtualisierung

Möchte man mehrere verschiedene Betriebssysteme mit den dazu gehörenden Anwendungen auf demselben Rechner gleichzeitig laufen lassen, so kann man den Hypervisor direkt zwischen traditionellem Betriebssystemkern und der Hardware installieren (*bare metal hypervisor, hypervisor type 1*), siehe Abb. 1.14 links. Natürlich müssen die Betriebssystemkerne, die darauf ablaufen, Code desselben CPU-Typs enthalten, also beispielsweise für Intel x86.

Diese Art von Virtualisierung wird auch *Paravirtualisierung* genannt, wobei sich Hypervisor und Betriebssystemkern logisch über einander befinden, siehe Abb. 1.15.

Allerdings werden Ring 2 und 3 meist nicht benutzt, so dass in der 64 Bit-Architektur (x86-64-Architektur) hardwaremäßig auf diese Schichten verzichtet wurde. In solchen Systemen mit nur zwei Sicherheitsstufen sind Betriebssystem und Hypervisor entweder nebeneinander in derselben Schicht 0 (Ring 0) im *kernel mode,* oder das Betriebssystem wird in einen gesonderten Prozess in den *user mode* verschoben.

Da das Betriebssystem nur mittels des Hypervisors auf die Hardware zugreifen sollte, müssen dazu vorher aus dem Betriebssystemcode alle Hardwareinstruktionen entfernt werden, die problematisch sind. Dies sind nach (Popek und Goldberg 1974) alle Befehle, die keine Unterbrechung (*trap*) hervorrufen wie die Systemaufrufe („privilegierte Befehle"), sondern unüberwacht eine Hardwarekontrolle ausüben („sensitive Befehle"). Dazu gehört beispielsweise das Setzen oder Löschen von Bits in Controllern und CPU-Registern. Diese Befehle werden ersetzt durch Aufrufe an den Hypervisor (*Hypercalls*), so dass der Hypervisor die volle Kontrolle erhält. In Abb. 1.15 ist dies visualisiert.

Dabei werden die „normalen" Betriebssystemaufrufe zunächst in den Hypervisor umgeleitet, der dann wiederum die Betriebssystemfunktionen aufruft, die dann über Hypercalls die eigentlichen Hardwarefunktionen bewirken.

Beispiele sind Red Hat Fedora mit XEN, z/VM, VMware ESX, Hyper-V, die *open source* SUN VirtualBox.org, Citrix Xenserver, Microsoft Hyper-V und Virtual Iron.

Abb. 1.15 Schichten bei der Paravirtualisierung

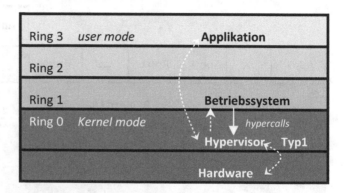

1.6.2 Virtualisierung mit BS-Containern

Bei vielen Anwendungen reicht es auch aus, nur die benötigten Systemfunktionen, also eine Teilmenge des Kerns, den Anwendungen zur Verfügung zu stellen und sie damit unabhängig zu machen. Die Anwendungen und die benötigte Laufzeitumgebung zusammen werden gekapselt und bilden einen Container (*Jail*), siehe Abb. 1.14 mitte. Dies hat den Vorteil, dass alle internen Referenzen der Programme, wie offene Dateien, der Programmzustand, belegte Puffer, andere benötigte Programme usw. nicht gewechselt werden müssen, wenn die Anwendung gewechselt wird. Der Hypervisor ermöglicht dann die parallele Abarbeitung verschiedener Container und damit auch verschiedener Laufzeitanwendungen. Dies wird als *Virtualisierung mit BS-Containern* bezeichnet. Der Übergang zum *kernel mode* geschieht hier erst beim Übergang zum Hypervisor.

Beispiele sind etwa Open Solaris, BSD jails, Mac-on-Linux, OpenVZ, Linux-VServer, ...

1.6.3 Vollständige Virtualisierung

Möchte man nicht das gleiche Betriebssystem nutzen, sondern ein anderes, so müssen die Systemaufrufe für die Verwaltung der Hardware wie CPU, Hauptspeicher, Festplattenspeicher, Netzwerke usw. in die Aufrufe des aktuellen Betriebssystems übersetzt werden, das auf der Hardware läuft. Mit anderen Worten, die gesamte Maschinenhardware wird virtualisiert (*Vollständige Virtualisierung*). Dies ist die Aufgabe des Hypervisors oder Virtuellen Maschinenmonitors, der eine entsprechende Schnittstelle nach oben anbietet und dazu nach unten die Schnittstelle des aktuellen Betriebssystems, die Liste der Systemaufrufe, nutzt.

Auch hier kann man ihn in einen nicht genutzten Ring legen und damit zwischen die Anwendungs- und Betriebssystemschicht.

Beispiele VMware, x86 Version von MS Virtual PC, XEN 3 auf Intel VT-x bzw. AMD-V.

1.6.4 Hardware-Virtualisierung

Möchte man auch Rechner und Betriebssystemkern noch weiter entkoppeln und etwa Betriebssysteme ganz anderer CPU-Typen auf dem Server ablaufen lassen, so dient der Hypervisor als Vermittler zwischen verschiedenen CPU-Typen und Betriebssystemfunktionen. Dies wird als *Hardware-Virtualisierung* bezeichnet. Hier gilt die gleiche Schichtung wie bei der vollständigen Virtualisierung in Abb. 1.14 rechts und Abb. 1.16, aber es werden nicht die Systemanforderungen, sondern die Maschineninstruktionen der anderen CPU emuliert, also aus den echten Instruktionen nachgebildet (*hardware emulation*). Dabei muss, ebenso wie bei der Paravirtualisierung oder der Virtualisierung mit Betriebssystemcontainern, das Betriebssystem angepasst werden, um die sensitiven und

Abb. 1.16 Schichten bei der
vollständigen Virtualisierung

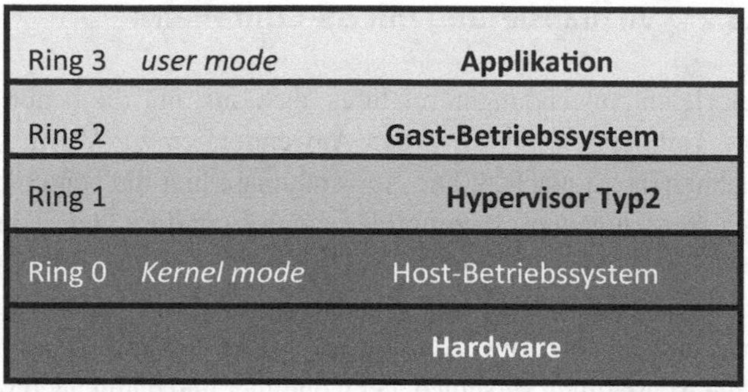

Ring 3	*user mode*	**Applikation**
Ring 2		**Gast-Betriebssystem**
Ring 1		**Hypervisor Typ2**
Ring 0	*Kernel mode*	Host-Betriebssystem
		Hardware

privilegierten Befehle auch mittels Hypervisor in der Hardware ausführen zu können.
Deshalb sind diese Techniken meist bei quelloffenen Betriebssystemen wie Unix, nicht
aber bei Windows, üblich.

Beispiel sind Pocket PC auf MS Virtual PC oder eingebettete Systeme auf x86, MIPS,
ARM und PowerPC Basis, die emuliert werden.

1.6.5 Virtualisierungserweiterungen

In Absch. 1.2 hatten wir ein Schichten- und Zwiebelschalenmodell für den CPU-Zugriff eingeführt. Diese CPU-Architektur von konzentrischen Ringen stößt an ihre Grenzen beim Versuch,
zwischen Hardware und Betriebssystem eine weitere Schicht zur Überwachung und Management des laufenden Betriebs, einen Hypervisor, einzuziehen. Eine Möglichkeit besteht nun
darin, den Hypervisor in Ring 0 anzusiedeln und das Betriebssystem in Ring 1 („Vollständige
Virtualisierung"). Dazu muss man aber vorher zur Laufzeit alle Systemaufrufe (Traps) zum
Hypervisor umlenken bzw. durch „normale" Aufrufe zum Betriebssystem im *user mode* ersetzen (*binary translation*). Eine weitere mögliche Lösung nutzt Ring 0 für beide: Betriebssystem und Hypervisor („Paravirtualisierung"). Auch hier müssen im Betriebssystem die Aufrufe
der Hardware durch entsprechende Aufrufe (*hyper calls*) des Hypervisors ersetzt werden.

Die Ersetzung von Instruktionen im laufenden Betrieb ist umständlich, fehleranfällig und kostet Zeit. Wesentlich einfacher ist nun, die inzwischen für die Virtualisierung
übliche Lösung: Man führt einfach eine weitere Schicht (Ring −1) in der Hardware ein, in
der der Hypervisor ausgeführt wird (Intel VT, AMD-V), siehe Abb. 1.17.

Damit kann man das unmodifizierte Originalbetriebssystem mittels seiner privilegierten
Aufrufe (*system calls*) verwenden, ohne deshalb die Kontrolle aufzugeben: Bei jedem
sensitiven oder privilegierten Aufruf wird der Hypervisor angesprungen. Hier gibt es also
neben dem eigentlichen *kernel mode* noch einen weiteren, noch stärker privilegierten
Modus: den *root mode* in Ring −1, der zusätzliche, privilegierte Hardwareinstruktionen
bereitstellt und dem Hypervisor vorbehalten ist, siehe (vmware 2007).

In dem neueren Linuxkern ab Version 2.6.20 (2007) ist bereits eine *kernel-based virtual
machine* (KVM) enthalten, die auf obigen Hardwareerweiterungen basiert.

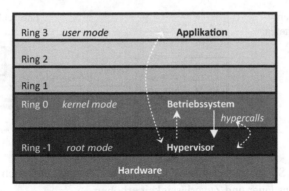

Abb. 1.17 Hardwareerweiterung für die Virtualisierung

1.7   Betriebssysteme für eingebettete Systeme

In über 92 % aller Computersysteme werden universelle Betriebssysteme wie Unix oder Windows nicht benötigt, da sie sehr spezielle Aufgaben zu bewältigen haben, etwa einen Fahrstuhl zu betätigen oder einen Fahrkartenautomaten zu managen. Üblicherweise laufen dazu nur wenige, genau festgelegte und gut bekannte Prozesse und Programme, so dass die Interaktion mit der Umgebung und die benötigten Ressourcen genau festgelegt werden können.

Solche Systeme heißen „eingebettete Systeme" (*embedded systems*) und treten als Rechnersysteme nach außen hin nicht in Erscheinung: Wer vermutet schon in der Motorelektronik, im Handy, im Radio oder in der Waschmaschine eigene Rechnersysteme? Tatsächlich kommt die „Intelligenz" solcher Alltagsmaschinen ohne eigene Rechnersysteme mit CPU, Speicher, Ein- und Ausgabebausteinen nicht mehr aus. Natürlich hat ein solches System auch ein Betriebssystem. Es zeichnet sich aus durch

- kleineren Betriebssystemkern
- Eliminierung von Fehlerquellen
- robusteres Gesamtsystem
- Beschleunigung des Systemstarts und -stopps
- Keine Portierung oder Veränderung bestehender Anwendungen nötig

Hier macht eine vollständige Betriebssysteminstallation mit allen Komponenten keinen Sinn, sondern schafft nur unerwünschte zusätzliche Fehlerquellen. Alle unnötigen Teile wie Treiber nicht vorhandener Geräte, PnP, Sicherheitsüberprüfungen, unnötige Protokollschichten usw. können weggelassen werden. Durch eine Reduktion des Betriebssystems auf die tatsächlich erforderlichen Komponenten wird ein System erzeugt, welches erheblich robuster und besser geschützt gegen Fehlbedienungen und Missbrauch ist. Teilweise kann sogar eines der kritischsten Systemkomponenten, der Festplattenspeicher, eingespart werden. Das wesentlich kompaktere System passt auf einen robusten Speicherchip

Abb. 1.18 Programmentwicklung bei eingebetteten
Systemen

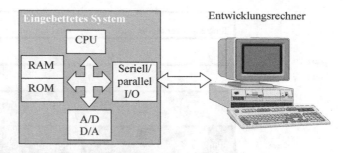

(FLASH-Memory). So lassen sich sogar Gesamtsysteme ohne bewegliche Teile realisieren und so die Lebensdauer und Zuverlässigkeit erhöhen.

Das speziell angepasste eingebettete Betriebssystem startet in erheblich kürzerer Zeit, als
eine Standard-Installation des Betriebssystems. Es existieren auch *Embedded*-Versionen,
die ohne BIOS auskommen. Innerhalb weniger, meist einzelner Sekunden ist das System
dann voll einsatzbereit. Genauso einfach kann das System abgeschaltet werden. Ein geord-
netes „Herunterfahren", Dogma der Standard-Betriebssysteminstallationen, entfällt vollkommen. Ein Beispiel dafür ist ein Microsystems für Roboter (Koubaa 2017).

Die Programmentwicklung für ein solches System ist nicht ganz unproblematisch. Verwenden wir Betriebssysteme, welche die gleichen Schnittstellen zum Kern anbieten wie
die vorhandenen Vollversionen, etwa das kostenlose *embedded Linux* oder lizenzpflichtige
Windows CE, so können wir unsere auf den Vollversionen entwickelten Programme auch
auf dem eingebetteten System einsetzen. Zwar müssen nicht alle eingebetteten Systeme
harte Echtzeitbedingungen erfüllen und benötigen deshalb nicht unbedingt die Scheduler
aus Kap. 2, aber alle Programme müssen auf dem Zielsystem getestet werden, bevor sie in
ROM oder EPROM gebrannt und dort fest eingesetzt werden. In Abb. 1.18 ist dazu eine
Skizze gezeigt, wie die Programmentwicklung üblicherweise durchgeführt wird.

Nach jedem Kompilieren und Binden wird das fertige Programm über eine Kommuni-
kationsleitung in das eingebettete System geladen und dort getestet. Spezielle Kommunikationsprogramme bewirken das Übermitteln des Codes an einen Stellvertreterprozess
im eingebetteten System, der diesen Kindprozess in den Speicher lädt und dann startet.
Erfolgt ein Fehlerabbruch oder das „normale" Ende des Kindes, so erhält der Stellvertreterprozess die Kontrolle zurück und teilt dieses seinem Pendant auf dem Entwicklungsrechner mit. Kommunikationsprogramme und Stellvertreterprozesse sind üblicherweise
Teil einer Entwicklungsumgebung auf dem Entwicklungsrechner, die entweder vom Hersteller des eingebetteten Systems (z. B. Motorola, Intel) oder vom Hersteller des eingebetteten Betriebssystems (z. B. Microsoft) angeboten werden.

1.8 Betriebssysteme in Mehrprozessorarchitekturen

Für die Verwaltung von Betriebsmitteln ist es ziemlich wichtig, welche Beziehungen und
Abhängigkeiten zwischen ihnen bestehen. Unabhängig von dem benutzten Prozessortyp,

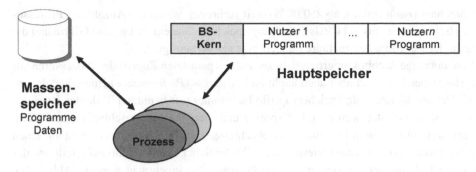

Abb. 1.19 Ein Einprozessor- oder Mehrkernsystem

Bustyp oder Speicherplattenfabrikat muss man einige grundsätzliche Konfigurationen unterscheiden. Im einfachsten, klassischen Fall gibt es nur einen Prozessor, der Haupt- und Massenspeicher benutzt, um das Betriebssystem (BS) und die Programme der Benutzer auszuführen, siehe Abb. 1.19. Die Ein- und Ausgabe (Bildschirm, Tastatur, Maus) ist dabei nicht gezeigt.

Ein solches **Einprozessorsystem** (*single processor*) kann man mit mehreren Prozessoren (meist bis zu 16 Stück) aufrüsten. Je nachdem, wie man die Prozessoren miteinander koppelt, ergeben sich unterschiedliche Architekturen.

Im einfachsten Fall kann man nur multiple Prozessoren an die Stelle des einzelnen Prozessor setzen, etwa durch Anreicherung mit mehreren Kernen wie sie bereits in einfachen PCs anzutreffen sind. Hierbei ändert sich aber nichts weiter an der Hauptarchitektur, so dass die multiplen Kerne sich die Datenwege zum Hauptspeicher und Ein-/Ausgabe zum Massenspeicher teilen müssen. Dies begrenzt die Leistung des Gesamtsystems stark.

Die nächste Stufe sieht Replikationen der CPU vor, die parallel an einem besonderen Verbindungsnetzwerk (z. B. an einem Multi-Master-Systembus) hängen. In Abb. 1.20 ist ein solches **Multiprozessorsystem** abgebildet.

Die Prozessormodule sind auf der einen Seite des Netzwerks und die Speichermodule auf der anderen lokalisiert. Für jeden Daten- und Programmcodezugriff wird zwischen ihnen eine Verbindung hergestellt, die während der Anforderungszeit bestehen bleibt. Diese Architektur wird deshalb auch „Tanzsaal"-Konzept genannt. Sie ist bei den

Abb. 1.20 Multiprozessorsystem

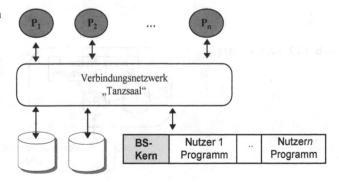

Großrechner (*main frames*, ab 250.000$) weit verbreitet, wobei die Anzahl der Prozesso-
ren >16 (bis einige tausend CPUs), die Hauptspeichergröße einige tausend GByte und die
Anzahl der I/O-Einheiten mehrere hundert bis tausend beträgt.

Eine derartige Architektur ermöglicht zwar einen parallelen Zugriff der Prozessoren auf
den Hauptspeicher, führt aber auch leicht zu Leistungs- (*Performance*)-Einbußen, da einzelne Netzwerkknoten für Speicherzugriffe bestimmter, oft benutzter Teile des Betriebssystems stark belastet werden („hot spots") und sich dort Warteschlangen ausbilden.
Abhilfe kommt in diesem Fall aus der Beobachtung, dass die Prozessoren meist nur einen
eng begrenzten Programmteil referenzieren. Der Speicher kann deshalb aufgeteilt und der
relevante Teil „dichter" an den jeweiligen Prozessor herangebracht werden (Abb. 1.21).
Die feste Aufteilung muss natürlich auch durch den Compiler unterstützt werden, der das
Anwenderprogramm auf die Rechner entsprechend aufteilt, siehe Abschn. 6.4. Ein solches
Mehrrechnersystem ist auch als „Vorzimmer"-Architektur bekannt.

Als dritte Möglichkeit der Anordnung der Verbindungen existiert das **Rechnernetz**.
Hier sind vollkommen unabhängige Rechner mit jeweils eigenem (nicht notwendig gleichem!) Betriebssystem lose miteinander über ein Netzwerk gekoppelt, s. Abb. 1.22. Ist das
Netzwerk sehr schnell und sind die Rechner räumlich dicht beieinander, so spricht man
auch von einem *Cluster*.

Abb. 1.21 Mehrrechnersystem

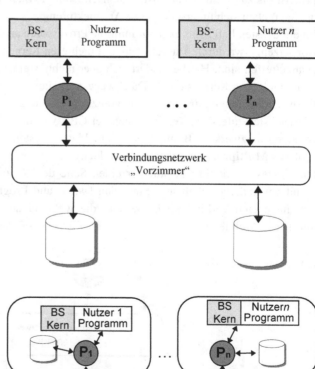

Abb. 1.22 Rechnernetz

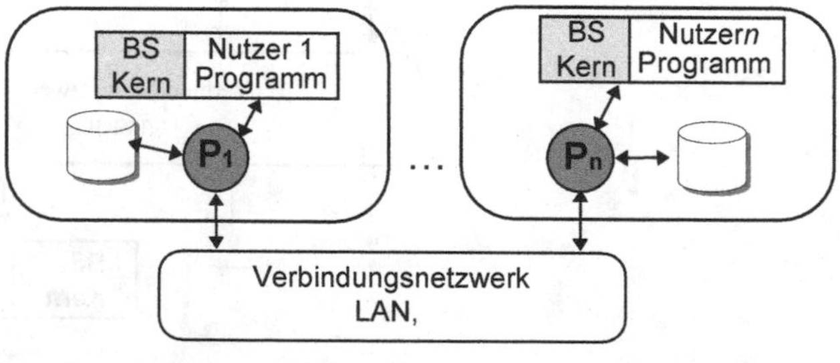

Ist eine Software auf einem Rechner installiert, so dass der Rechner als Dienstleister (*Server*) Aufträge für einen anderen Rechner (Kunden, *Client*) ausführen kann, so spricht man von einer **Client-Server**-Architektur. Beispiele für Dienstleistungen sind numerische Rechnungen mit Supercomputern (*number cruncher*), Ausdruck von Dateien (*print server*) oder das Bereithalten von Dateien (*file server*).

Jede der vorgestellten Rechnerarchitekturen besitzt ihre Vor- und Nachteile. Für uns ist dabei wichtig: Jede benötigt spezielle Mechanismen, um einer Interprozessorkommunikation und Zugriffssynchronisation bei den Betriebsmitteln zu erreichen. Im kommenden Kapitel wird darauf näher eingegangen.

1.9 Aufgaben

Aufgabe 1-1 Betriebssystem

Der Zweck eines Betriebssystems besteht beispielsweise in der Verteilung von Betriebsmitteln auf die sich bewerbenden Benutzer.[1]

a) Wie ist der grobe Aufbau eines Betriebssystems?
b) Welche Betriebsmittel kennen Sie?
c) Welche Benutzer könnten sich bewerben? (Dabei ist der Begriff „Benutzer" allgemein gefasst!)
d) Welche Anforderungen stellt ein menschlicher Benutzer an das Betriebssystem?

Aufgabe 1-2 UNIX System calls

a) Finden Sie heraus, wie viele System Calls auf einem aktuellen x86_64-Linux-System definiert sind. Beispielsweise können Sie dazu die entsprechenden Header-Dateien, mit denen der Kernel übersetzt wurde, inspizieren. Auf vielen Rechnern finden Sie diese im Verzeichnis */lib/modules/[aktuelle Kernelversion]/build*, wobei Sie die *[aktuelle Kernelversion]* in einem Terminalfenster mit dem Befehl *uname -r* herausfinden können.

Alternativ können Sie auch eine aktuelle Linux-Distribution in der 64-Bit-Variante, wie beispielsweise Ubuntu (http://www.ubuntu.com/) in einer virtuellen Maschine installieren. Beachten Sie jedoch, dass unter Umständen das Paket *linux-headers-generic* installiert werden muss, damit die Header-Dateien bereitstehen.

Geben Sie die Zahl der definierten Systemaufrufe an und erläutern Sie, wie Sie auf diese gekommen sind.

b) In welche Funktionsgruppen lassen sie sich einteilen?

---

[1] verkürzt für Benutzerinnen und Benutzer.

c) Welcher Assemblerbefehl sorgt bei x86-Prozessoren für die Auslösung der Trap bei einem Systemaufruf, und wie wird dabei die Information übergeben, welcher Systemaufruf ausgeführt werden soll?

Tip: Wälzen Sie entweder das Handbuch (C- oder Assembler-Programmierung!), oder lassen Sie von einem Debugger einen in C oder einer anderen Programmiersprache geschriebenen Betriebssystemaufruf rückübersetzen in Assembler. Auch *include files* von C (syscall.h, trap.h, proc.h, kernel.h, ...) geben interessante Hinweise.

Aufgabe 1-3 Schichtenmodell und Kernel

a) Beschreiben Sie mit Hilfe eines Beispiels das Schichtenmodell. (Das Beispiel sollte dabei kein Betriebssystem sein.)
b) Erläutern Sie kurz die Begriffe „virtuelle Maschine" und „Schnittstelle".
c) Warum werden im Schichtenmodell Schnittstellen benötigt?
d) Das Mach-Betriebssystem besteht neben dem Kernel aus verschiedenen Modulen. Doch unterstützen die meisten modernen unixoiden Systeme das Laden von Modulen zur Laufzeit.

Eine Übersicht über alle aktuell geladenen Module lässt sich in einem Terminalfenster wie folgt ausgeben:

- Unter Linux: lsmod
- Unter FreeBSD: kldstat
- Unter Solaris: modinfo
- Unter OS X: kextstat

Überzeugen Sie sich auf einem beliebigen der aufgeführten Systeme, dass tatsächlich Module geladen sind.
  – Was ist bei diesen Betriebssystemen der Unterschied zu besagten modularen Komponenten im Mach-Betriebssystem?
  – Welche Vor- und Nachteile ergeben sich daraus?
e) Informieren Sie sich über GNU Hurd. Welches grundlegende Konzept wird bei Hurd verfolgt und wodurch zeichnet es sich aus?

Literatur

Custer H.: Inside Windows NT. Microsoft Press, Redmond, Washington 1993

Hardt M.: Virtualisation for Grid Computing. Cracow Grid Workshop, Krakow, Poland 2005

Koubaa, A.: Robot Operating System (ROS). Springer Verlag 2017

Popek G.J, Goldberg R.P.: Formal Requirements for Virtualizable Third Generation Architectures. Commun. of the ACM 17, 412–421 (1974)

Vmware Inc.: Understanding full virtualization, paravirtualization and hardware assist. White paper, vmware, Palo Alto, CA 2007 http://www.vmware.com/files/pdf/VMware_paravirtualization.pdf [10.5.2016]

Prozesse

2

Inhaltsverzeichnis

© Springer-Verlag GmbH Deutschland 2017
R. Brause, *Betriebssysteme*,
DOI 10.1007/978-3-662-54100-5_2

In früheren Zeiten waren die Rechner zu jedem Zeitpunkt für nur eine Hauptaufgabe bestimmt. Alle Programme wurden zu einem Paket geschnürt und liefen nacheinander durch (**Stapelverarbeitung** oder *Batch*-Betrieb). Üblicherweise gibt es heutzutage aber nicht nur ein Programm auf einem Rechner, sondern mehrere (**Mehrprogrammbetrieb**, *multi-tasking*). Auch gibt es nicht nur einen Benutzer (*single user*), sondern mehrere (**Mehrbenutzerbetrieb**, *multi-user*).

Um Konflikte zwischen ihnen bei der Benutzung des Rechners zu vermeiden, muss die Verteilung der Betriebsmittel auf die Programme geregelt werden. Dies spart außerdem noch Rechnerzeit und erniedrigt damit die Bearbeitungszeiten. Beispielsweise kann die Zuteilung des Hauptprozessors (*Central Processing Unit* CPU) für den Ausdruck von Text parallel zu einer Textverarbeitung so geregelt werden, dass die Textverarbeitung die CPU in der Zeit erhält, in der der Drucker ein Zeichen ausdruckt. Ist dies erledigt, schiebt der Prozessor ein neues Zeichen dem Drucker nach und arbeitet dann weiter an der Textverarbeitung.

Zusätzlich zu jedem Programm muss also gespeichert werden, welche Betriebsmittel es benötigt: Speicherplatz, CPU-Zeit, CPU-Inhalt etc. Die gesamte Zustandsinformation der Betriebsmittel für ein Programm wird als eine Einheit angesehen und als **Prozess** (*task*) bezeichnet (Abb. 2.1).

Ein Prozess kann auch einen anderen Prozess erzeugen, wobei der erzeugende Prozess als **Elternprozess** und der erzeugte Prozess als **Kindsprozess** bezeichnet wird.

Ein Mehrprogrammsystem (*multiprogramming system*) erlaubt also das „gleichzeitige" Ausführen mehrerer Programme und damit mehrerer Prozesse (MehrProzesssystem, *multi-tasking system*). Ein Programm (**Job**) kann dabei auch selbst mehrere Prozesse erzeugen.

Abb. 2.1 Zusammensetzung der Prozessdaten

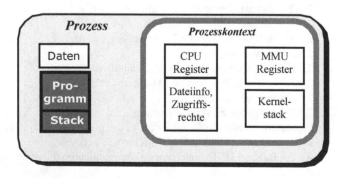

Beispiel *UNIX*

Die Systemprogramme werden in UNIX als Bausteine angesehen, die beliebig miteinander zu neuen, komplexen Lösungen kombiniert werden können. Die Unabhängigkeit der Prozesse und damit auch der Prozesse erlaubt nun in UNIX, mehrere Prozesse gleichzeitig zu starten. Beispielsweise kann man das Programm *cat*, das mehrere Dateien aneinander hängt, das Programm *pr*, das einen Text formatiert, und das Programm *lpr*, das einen Text ausdruckt, durch die Eingabe

```
cat Text1 Text2 | pr | lpr
```

miteinander verbinden: Die Texte „`Text1`" und „`Text2`" werden aneinandergehängt, formatiert und dann ausgedruckt. Der Interpreter (*shell*), dem der Befehl übergeben wird, startet dazu die drei Programme als drei eigene Prozesse, wobei das Zeichen „|" ein Umlenken der Ausgabe des einen Programms in die Eingabe des anderen veranlasst. Gibt es mehrere Prozessoren im System, so kann jedem Prozessor ein Prozess zugeordnet werden und die obige Operation tatsächlich parallel ablaufen. Ansonsten bearbeitet der eine Prozessor immer nur ein Stück eines Prozesses und schaltet dann um zum nächsten.

Zu einem diskreten Zeitpunkt ist bei einem Einprozessorsystem nur immer ein Prozess aktiv; die anderen sind blockiert und warten. Dies wollen wir näher betrachten.

2.1   Prozesszustände

Zusätzlich zu dem Zustand „aktiv" (*running*) für den einen, aktuellen Prozess müssen wir noch unterscheiden, worauf die anderen Prozesse warten. Für jede der zahlreichen Ereignismöglichkeiten gibt es meist eine eigene Warteschlange, in der die Prozesse einsortiert werden.

Ein blockierter Prozess kann darauf warten,

- aktiv den Prozessor zu erhalten, ist aber sonst bereit (*ready*),
- eine Nachricht (*message*) von einem anderen Prozess zu erhalten,
- ein Signal von einem Zeitgeber (*timer*) zu erhalten,
- Daten eines Ein/Ausgabegeräts zu erhalten (*io*).

Üblicherweise ist der *bereit*-Zustand besonders ausgezeichnet: Alle Prozesse, die Ereignisse erhalten und so entblockt werden, werden zunächst in die *bereit*-Liste (*ready-queue*) verschoben und erhalten dann in der Reihenfolge den Prozessor. Die Zustände und ihre Übergänge sind in Abb. 2.2 skizziert.

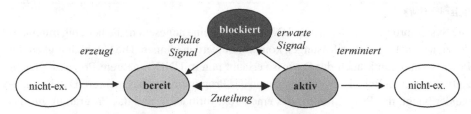

Abb. 2.2 Prozesszustände und Übergänge

Die Zustände „bereit" und „blockiert" enthalten eine oder mehrere Warteschlangen (Listen), in die die Prozesse mit diesem Zustand eingetragen werden. Es ist klar, dass ein Prozess immer nur in einer Liste enthalten sein kann.

Die Programme und damit die Prozesse existieren nicht ewig, sondern werden irgendwann erzeugt und auch beendet. Dabei verwalten die Prozesse aus Sicherheitsgründen sich nicht selbst, sondern das Einordnen in die Warteschlangen wird von einer besonderen Instanz des Betriebssystems, dem **Scheduler**, nach einer Strategie geplant. Bei einigen Betriebssystemen gibt es darüber hinaus eine eigene Instanz, den **Dispatcher**, der das eigentliche Überführen von einem Zustand in den nächsten bewirkt. Das Einordnen in eine Warteschlange, die Zustellung der Signale und das Abspeichern der Prozessdaten werden also von einer zentralen Instanz erledigt, die der Benutzer nicht direkt steuern kann und die den Kern des Betriebssystems bildet. Stattdessen werden über die Betriebssystemaufrufe die Wünsche der Prozesse angemeldet, denen im Rahmen der Betriebsmittelverwaltung vom Scheduler mit Rücksicht auf andere Benutzer entsprochen wird. Scheduler und Dispatcher sind in manchen Betriebssystemen systemeigene, spezielle Prozesse, die bei allen Ereignissen zuerst aufgerufen werden. In anderen, wie Unix, sind sie nur Kernfunktionen, die keine eigene Prozessstruktur haben.

Im Unterschied zu dem Maschinencode werden die Zustandsdaten der Hardware (CPU, FPU, MMU), mit denen der Prozess arbeitet, als **Prozesskontext** bezeichnet, s. Abb. 2.1. Der Teil der Daten, der bei einem blockierten Prozess den letzten Zustand der CPU enthält und damit wie ein Abbild der CPU ist, kann als *virtueller Prozessor* angesehen werden und muss bei einer Umschaltung zu einem anderen Prozess bzw. Kontext (*context switch*) neu geladen werden.

Die verschiedenen Betriebssysteme differieren in der Zahl der Ereignisse, auf die gewartet werden kann, und der Anzahl und Typen von Warteschlangen, in denen gewartet werden kann. Sie unterscheiden sich auch darin, welche Strategien sie für das Erzeugen und Terminieren von Prozessen sowie die Zuteilung und Einordnung in Wartelisten vorsehen.

2.1.1 Beispiel UNIX

Im UNIX-Betriebssystem gibt es sechs verschiedene Zustände: die drei oben erwähnten *running* (SRUN), *blocked* (SSLEEP) und *ready* (SWAIT) sowie *stopped* (SSTOP), was einem Warten auf ein Signal des Elternprozesses bei der Fehlersuche (*tracing* und

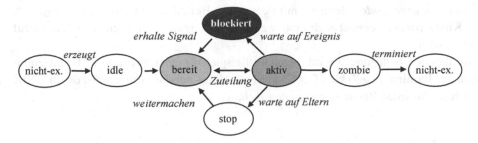

Abb. 2.3 Prozesszustände und Übergänge bei UNIX

debugging) entspricht. Außerdem existieren noch die zusätzlichen Zwischenzustände *idle* (SIDL) und *zombie* (SZOMB), die beim Erzeugen und Terminieren eines Prozesses entstehen. Die Zustandsübergänge haben dabei die in Abb. 2.3 gezeigte Gestalt.

Der Übergang von einem Zustand in einen nächsten wird durch Anfragen (Systemaufrufe) erreicht. Ruft beispielsweise ein Prozess die Funktion fork() auf, so wird vom laufenden Prozess (von sich selbst) eine Kopie gezogen und in die *bereit*-Liste eingehängt. Damit gibt es nun zwei fast identische Prozesse, die beide aus dem fork()-Aufruf zurückkehren. Der Unterschied zwischen beiden liegt im Rückgabewert der Funktion: Der Elternprozess erhält die Prozesskennzahl PID des Kindes; das Kind erhält PID = 0 und erkennt daran, dass es der Kindsprozess ist und den weiteren Programmablauf durch Abfragen anders gestalten kann. Es kann z. B. mit exec('program') bewirken, dass das laufende Programm mit Programmcode aus der Datei „program" überladen wird. Alle Zeiger und Variablen werden initialisiert (z. B. der Programmzähler auf die Anfangsadresse des Programms gesetzt) und der fertige Prozess in die *bereit*-Liste eingehängt. Damit ist im Endeffekt vom Elternprozess ein völlig neues Programm gestartet worden.

Der Elternprozess hat dann die Möglichkeit, auf einen exit()-Systemaufruf und damit auf das Ende des Kinds mit einem waitpid(PID) zu warten. In Abb. 2.4 ist der Ablauf einer solchen Prozesserzeugung gezeigt.

Man beachte, dass der Kindsprozess den exit()-Aufruf im obigen Beispiel nur dann erreicht, wenn ein Fehler bei exec() auftritt; z. B. wenn die Datei „program" nicht existiert, nicht lesbar ist usw. Ansonsten ist der nächste Programmbefehl nach

Abb. 2.4 Erzeugung und Vernichten eines Prozesses in UNIX

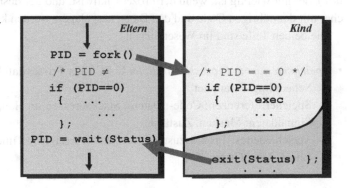

exec() (im *user mode*) identisch mit dem ersten Befehl des Programms „program".
Der Kindsprozess beendet sich erst, wenn in „program" selbst ein exit()-Aufruf
erreicht wird.

Mit diesen Überlegungen wird folgendes Beispiel für einen Prozess für Benutzereingaben am Terminal (*shell*) klar. Der Code ist allerdings nur das Grundgerüst der in UNIX
tatsächlich für jeden Benutzer gestarteten *shell*.

Beispiel shell

```
LOOP
    Write(prompt);                (* tippe z. B. ´>´ *)
    ReadLine(command, params);    (* lese strings, getrennt durch
                                     Leertaste *)
    pid := fork();                (* erzeuge Kopie dieses Prozesses *)
    IF (pid=0)
      THEN execve(command,params,0) (* Kind: überlade mit Programm *)
      ELSE waitpid(-1, status,0)  (*Eltern: warte auf Ausführungsende
                                      vom Kind*)
    END;
END;
```

Alle Prozesse in UNIX stammen direkt oder indirekt von einem einzigen Prozess ab, dem
Init-Prozess mit PID = 1. Ist beim „Ableben" eines Kindes kein Elternprozess mehr vorhanden, so wird stattdessen „init" benachrichtigt. In der Zeit zwischen dem exit()-Sys-
temaufruf und dem Akzeptieren der Nachricht darüber bei dem Elternprozess gelangt der
Kindsprozess in einen besonderen Zustand, genannt „Zombie", s. Abb. 2.1.

Es gibt in Unix nur Benutzerprozesse, keine Kernprozesse. Ruft ein Prozess durch einen
system call Kernfunktionen auf, so wechselt der Prozess dabei aus dem *user mode* in den
kernel mode und führt im *kernel mode* die Funktionen des Kerns aus.

Der interne Prozesskontext ist in zwei Teile geteilt: einer, der als Prozesseintrag (*Prozesskontrollblock* PCB) in einer speicherresidenten Tabelle (*process table*) steht, für das
Prozessmanagement wichtig und deshalb immer präsent ist, und ein zweiter (*user structure*), der nur wichtig ist, wenn der Prozess aktiv ist, und der deshalb auf den Massenspeicher mit dem übrigen Code und den Daten ausgelagert werden kann.

Die beiden Teile sind im Wesentlichen

- *speicherresidente Prozesskontrollblöcke* PCB der Prozesstafel
  - Scheduling-Parameter
  - Speicherreferenzen: Code-, Daten-, Stackadressen im Haupt- bzw. Massenspeicher
  - Signaldaten: Masken, Zustände
  - Verschiedenes: Prozesszustand, erwartetes Ereignis, Timerzustand, PID, PID der
    Eltern, User/Group-IDs

- *auslagerbarer Benutzerkontext (swappable user structure)*
  - Prozessorzustand: Register, FPU-Register, ...
  - Systemaufruf: Parameter, bisherige Ergebnisse, ...
  - Dateiinfo-Tabelle (file descriptor table)
  - Benutzungsinfo: CPU-Zeit, max. Stackgröße, ...
  - Kernel-Stack: Stackplatz für Systemaufrufe des Prozesses

Im Unterschied zu dem PCB, den der Prozess nur indirekt über Systemaufrufe abfragen und ändern kann, gestatten spezielle UNIX-Systemaufrufe, die *user structure* direkt zu inspizieren und Teile davon zu verändern.

2.1.2 Beispiel Windows NT

Da in Windows NT verschiedene Arten von Prozessen unterstützt werden müssen, deren vielfältige Ausprägungen sich nicht behindern dürfen, wurde nur für eine einzige, allgemeine Art von Prozessen, den sog. *thread objects*, ein Prozesssystem geschaffen. Die speziellen Ausprägungen der OS/2-Objekte, POSIX-Objekte und Windows32-Objekte sind dabei in den Objekten gekapselt und spielen bei den Zustandsänderungen keine Rolle. Der vereinfachte Graph der Zustandsübergänge ist in Abb. 2.5 gezeigt.

Ist der *thread* zur Ausführung ausgewählt worden, so wartet er im Zustand *standby* auf seine Prozessorzuteilung; maximal ein Prozess pro Prozessor im Multiprozessorsystem. Passt der Prozess nicht zum Prozessor, weil er etwa den falschen Maschinencode hat oder einen Fließkomma-Coprozessor verlangt, den der freie Prozessor nicht hat, so wird er wieder zurück in die Warteschlange geschoben und der nächste zuteilungsreife Prozess der Warteschlange geht in den Zustand *standby*.

Der übliche „blockiert"-Zustand (hier: *waiting*) bedeutet hier das Warten auf ein Signal, genauer: darauf, dass ein oder mehrere Objekte in den Zustand „signalisiert" übergehen. Fehlen noch Ressourcen zur Ausführung, so geht der *thread* vorher in den Zustand *transition*. Dort wartet er auf die Ressourcen, etwa auf ausgelagerte Seiten seines Kernel-Stacks.

Die Prozesserzeugung in Windows NT ist etwas komplexer als in UNIX, da als Vorgabe mehrere Prozessmodelle erfüllt werden mussten. Dazu wurden die speziellen Ausprägungen in den Subsystemen gekapselt. Zur Erzeugung von Prozessen gibt es nur einen einzigen Systemaufruf `NtCreateProcess()`, bei dem neben der Initialisierung durch Code

Abb. 2.5 Prozesszustände in Windows NT

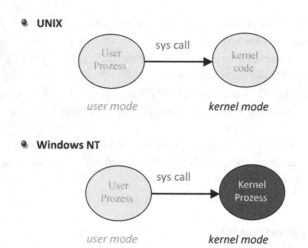

Abb. 2.6 Ausführung der Prozesse in UNIX und Windows NT

auch der Elternprozess angegeben werden kann. Auf diesem bauen alle anderen, subsystemspezifischen Aufrufvarianten auf, die von den Entwicklern benutzt werden.

Dies ermöglicht beispielsweise den POSIX-`fork()`-Mechanismus. Dazu ruft das POSIX-Programm (POSIX-Prozess) über die API (*Application Programming Interface*) den `fork()`-Befehl auf. Dies wird in eine Nachricht umgesetzt und über den Kern an das POSIX-Subsystem geschickt, s. Abb. 1.9. Dieses wiederum ruft `NtCreateProcess()` auf und gibt als ElternPID das POSIX-Programm an. Der vom Kern zurückgegebene Objektschlüssel (*object handle*) wird dann vom POSIX-Subsystem verwaltet; alle Systemaufrufe vom POSIX-Prozess, die als Nachrichten beim POSIX-Subsystem landen, werden dort mit Hilfe von NT-Systemaufrufen erledigt und die Ergebnisse im POSIX-Format an den aufrufenden Prozess zurückgegeben. Analog gilt dies auch für die Prozessaufrufe der anderen Subsysteme.

Es gibt in Windows NT sowohl Benutzerprozesse als – im Unterschied zu Unix – auch Kernprozesse. Die Kernprozesse werden beim Systemstart bereits erzeugt und in einem Pool gehalten. Diese Prozesse werden nur im *kernel mode* ausgeführt. Jeder *system call* beauftragt jeweils einen Kernprozess mit der Ausführung des Dienstes, während der jeweilige Benutzerprozess angehalten wird und auf das Ergebnis wartet. Es können so mehrere *system calls* gleichzeitig abgearbeitet werden, so das Windows NT multiprozessorfähig ist.

In Abb. 2.6 ist dies im Vergleich zu Unix schematisch abgebildet.

2.1.3 Leichtgewichtsprozesse

Der Speicherbedarf eines Prozesses ist meist sehr umfangreich. Er enthält nicht nur wenige Zahlen, wie Prozessnummer und CPU-Daten, sondern auch beispielsweise alle Angaben über offene Dateien sowie den logischen Status der benutzten Ein- und Ausgabegeräte sowie den Programmcode und seine Daten. Dies ist bei sehr vielen Prozessen meist mehr, als in den Hauptspeicher passt, so dass bis auf wenige Daten die Prozesse auf den Massenspeicher (Festplatte) ausgelagert werden. Da beim Prozesswechsel der aktuelle Speicher ausgelagert und der alte von der Festplatte wieder restauriert werden muss, ist ein Prozesswechsel eine „schwere" Systemlast und dauert relativ lange.

Bei vielen Anwendungen werden keine völlig neuen Prozesse benötigt, sondern nur unabhängige Codestücke (*threads*), die im gleichen Prozesskontext agieren, beispielsweise Prozeduren eines Programms. In diesem Fall spricht man auch von **Coroutinen**. Ein typisches Anwendungsbeispiel ist das parallele Ausführen unterschiedlicher Funktionen bei Texteditoren, bei denen „gleichzeitig" zur Eingabe der Zeichen auch bereits der Text auf korrekte Rechtschreibung überprüft wird.

Die Verwendung von *threads* ermöglicht es, innerhalb eines Prozesses ein weiteres Prozesssystem aus sog. **Leichtgewichtsprozessen** (LWP) zu schaffen. In der einfachsten Form übergeben sich die Prozesse gegenseitig explizit die Kontrolle („Coroutinen-Konzept"). Dies bedingt, dass die anderen Prozesse bzw. ihre Namen (ID) den aufrufenden Prozessen auch bekannt sind. Je mehr Prozesse erzeugt werden, desto schwieriger wird dies. Aus diesem Grund kann man auch hier einen Scheduler einführen, der immer die Kontrolle erhält und sie nur leihweise an einen Prozess aus seiner *bereit*-Liste weitergibt. Wird dies nicht vom Anwender programmiert, sondern die Funktionalität ist bereits im Betriebssystem enthalten und wird über Systemaufrufe benutzt, so werden die *thread*-Prozesse durch die Umschaltzeiten der Systemaufrufe etwas langsamer und damit „schwergewichtiger".

Jeder Prozess muss seine eigenen Daten unabhängig vom anderen halten. Dies gilt auch für Leichtgewichtsprozesse, auch wenn sie die gleichen Dateien und den gleichen Speicher (genauer: den gleichen virtuellen Adressraum, s. Kap. 3) mit den anderen Leichtgewichtsprozessen teilen. Allerdings muss die Trennung der Daten vom Programmierer eingehalten werden und ist nicht automatisch. Hält er sich nicht daran und lässt beispielsweise mehrere Threads auf den gleichen, global gültigen Daten arbeiten, so können sich *race conditions* ergeben; die Threads müssen extra synchronisiert werden, siehe Abschn. 2.3.

Für jeden Threads wird bei der Erzeugung ein Stack eingerichtet. Im Unterschied zu den „echten" Prozessen benötigen Leichtgewichtsprozesse nur wenige Kontextdaten, die beim Umschalten geändert werden müssen. Die wichtigsten sind das Prozessorstatuswort PS und der Stackpointer SP, die vor dem Umschalten auf einen anderen Thread auf dem eigenen Stack abgelegt werden. Selbst der aktuelle Programmzähler PC kann auf dem Stack abgelegt sein, so dass er nicht explizit übergeben werden muss. Effiziente Implementierungen des Umschaltens in Assemblersprache machen diese Art von Prozesssystemen sehr schnell.

Die Einrichtung eines eigenen Stacks ermöglicht den Threads, beliebig zu anderen Threads innerhalb eines Prozesses umzuschalten. Dies ist ein großer Unterschied zu Prozeduren oder Subroutinen, die beim Aufruf anderer Prozeduren einen einzigen Stack verwenden und deshalb nach mehreren Aufrufen in der inversen Aufrufreihenfolge wieder beendet werden müssen.

Abb. 2.7 I/O-Verhalten (**a**) leichter und (**b**) schwerer threads

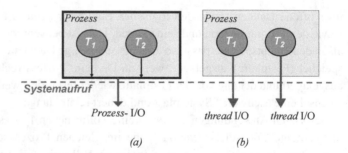

Leichtgewichtsprozesse sind meist in Form einer Programmbibliothek organisiert, die von allen Benutzern genutzt werden kann. Der Vorteil einer Implementierung von *threads* als Bibliothek (z. B. Northrup 1996) besteht in einer sehr schnellen Prozessumschaltung (*lightweight threads, user threads*), da die Mechanismen des Betriebssystemaufrufs und seiner Dekodierung nach Dienstnummer und Parametern nicht durchlaufen werden müssen. Der Nachteil besteht darin, dass ein *thread*, der auf ein Ereignis (z. B. I/O) wartet, den gesamten Prozess mit allen *threads* blockiert. In Abb. 2.7 ist dies visualisiert. In Abb. 2.7a ist der Fall gezeigt, dass nicht die beiden *threads*, sondern nur der ganze Prozess dem Betriebssystem bekannt und deshalb bei I/O mit dem Prozess beide *threads* blockiert werden.

Im oben erwähnten Beispiel eines Texteditors würde der Teil, der die Rechtschreibüberprüfung durchführt, während einer Tipp-Pause blockiert werden; die Vorteile der Benutzung von *threads* (parallele Ausführung und Ausnutzung freier CPU-Zeit) wären dahin. Eine solche *thread*-Bibliothek eignet sich deshalb eher für unabhängige Programmstücke, die keine Benutzereingabe benötigen.

Im zweiten Fall in Abb. 2.7 (b) werden alle *threads* über BS-Aufrufe erzeugt und kontrolliert. Zwar dauert damit die Umschaltung zwischen den *threads* länger (*heavyweight threads, kernel threads*), aber zum einen hat dies den Vorteil, dass der Systemprogrammierer eine feste, verbindliche Schnittstelle hat, an die er oder sie sich halten kann. Es erleichtert die Portierung von Programmen, die solche LWP benutzen, und verhindert die Versuchung, eigene abweichende Systeme zu entwickeln, wie dies für bibliotheksbasierte *threads* lange Zeit der Fall war. Zum anderen hat der BS-Kern damit auch die Kontrolle über die LWP, was besonders wichtig ist, wenn in Multiprozessorsystemen die LWP echt parallel ausgeführt werden oder für I/O nur ein *thread* eines Prozesses blockiert werden soll, wie z. B. bei unserem Texteditor.

Beispiel UNIX

In UNIX sind die Leichtgewichtsprozesse (*threads*) als Benutzerbibliothek in C oder C++ implementiert, siehe UNIX-Manual Kapitel 3. Je nach Implementierung gibt es einfache Systeme mit direkter Kontrollübergabe (Coroutinen-Konzept) oder komplexere mit einem extra Scheduler und all seinen Möglichkeiten, siehe Abschn. 2.2 .

Der Aufruf `vfork()` in UNIX, der einen echten, neuen Prozess bei altem Prozesskontext schafft, ist nicht identisch mit einem *thread*; er übernimmt den Kontrollfluss des

Elternprozesses und blockiert ihn damit. In LINUX ist er identisch mit einem `fork()`. Unabhängig davon sind *threads* in Linux auch als *kernel threads* implementiert und werden wie „Prozesse mit gemeinsamem Kontext" behandelt. Beim Erzeugen wird über Argumente festgelegt, wie viel der neue *thread* an den gemeinsamen Ressourcen des Prozesses teilhaben soll: die Daten, die offenen Dateien oder auch die Signale. Damit enthält Linux neben den Leichtgewichtsprozess-Bibliotheken mit dem *pthread*-System auch Schwergewichtsprozesse.

Es gibt Versuche, die *threads* zu normieren, um Programmportierungen zu erleichtern (siehe IEEE 1992). In den UNIX-Spezifikationen für ein 64-Bit UNIX (UNIX-98) sind sie deshalb enthalten und gehören fest zu „UNIX". In LINUX wird POSIX –Kompatibilität angestrebt.

Beispiel Windows NT

In Windows NT sind im Unterschied zu UNIX zunächst die *threads* über Betriebssystemaufrufe implementiert. Da ein solcher Schwergewichts-*thread* wieder zu unnötigen Verzögerungen bei unkritischen Teilen innerhalb einer Anwendung führt, wurden in Windows NT ab Version 4.0 Bibliotheken mit sogenannten *fibers* eingeführt. Dies sind parallel ablaufende Prozeduren, die nach dem Coroutinen-Konzept funktionieren: Die Abgabe der Kontrolle von einer *fiber* an eine andere innerhalb eines *threads* erfolgt freiwillig; ist der *thread* blockiert, so sind alle *fibers* darin ebenfalls blockiert. Dies erleichtert auch die Portierung von Programmen auf UNIX-Systeme.

2.1.4 Aufgaben

Aufgabe 2.1-1 Betriebsarten

Nennen Sie einige Betriebsarten eines Betriebssystems (inklusive der drei wichtigsten).

Aufgabe 2.1-2 Prozesse
---

a) Erläutern Sie nochmals die wesentlichen Unterschiede zwischen Programm, Prozess und *thread*.

b) Welche schwerwiegenden Konsequenzen kann es haben, wenn ein Betriebssystem keine Prozesse, sondern lediglich Threads unterstützen würde?

c) Wie sehen im UNIX-System des Bereichsrechners ein Prozesskontrollblock (PCB) und die *user structure* aus? Inspizieren Sie dazu die *include files /include /sys/proc.h* und */include/sys/user.h* und charakterisieren Sie grob die Einträge darin.

Aufgabe 2.1-3 Prozesszustände
---

a) Welche Prozesszustände durchläuft ein Prozess?

b) Was sind typische Wartebedingungen und Ereignisse?

c) Ändern Sie die Zustandsübergänge im Zustandsdiagramm von Abb. 2.2 durch ein abweichendes, aber ebenso sinnvolles Schema. Begründen Sie Ihre Änderungen.

Aufgabe 2.1-4 UNIX-Prozesse

Wie ließe sich in UNIX mit der Sprache C oder MODULA-2 ein Systemaufruf „ExecutePro-gram(prg)" als Prozedur mit Hilfe der Systemaufrufe `fork()` und `waitpid()` realisieren?

Aufgabe 2.1-5 Android *activities*

Recherchieren Sie,

a) welche Zustände eine *activity* unter Android annehmen kann und wofür diese ver-wendet werden.
b) Wie werden dabei die aktuell nicht sichtbaren *activities* verwaltet?

Aufgabe 2.1-6 Threads

Realisieren Sie zwei Prozeduren als Leichtgewichtsprozesse, die sich wechselseitig die Kontrolle übergeben. Der eine Prozess gebe „Ha" und der andere „tschi!" aus.

In MODULA-2 ist die Verwendung von Prozeduren als LWP mit Hilfe der Kons-trukte NEWPROCESS und TRANSFER leicht möglich. Ein LWP ist in diesem Fall eine **Coroutine**, die parallel zu einer anderen ausgeführt werden kann. Dabei gelten folgende Schnittstellen:

```
PROCEDURE NEWPROCESS ( Prozedurname: PROCEDURE;
                       Stackadresse: ADDRESS;
                       Stacklänge: CARDINAL;
                       Coroutine: ADDRESS )
```

Die Prozedur NEWPROCESS wird nur einmal aufgerufen und initialisiert die Datenstruk-turen für die als Coroutine zu verwendende Prozedur. Dazu verwendet sie einen (vorher zu reservierenden) Speicherplatz.

Die Coroutinenvariable vom Typ ADDRESS hat dabei die Funktion eines Zeigers in diesen Speicherbereich, in dem alle Registerinhalte gerettet werden, bevor die Kont-rolle einer anderen Coroutine übergeben wird.

```
PROCEDURE TRANSFER ( QuellCoroutine,
                     ZielCoroutine: ADDRESS)
```

Bei der Prozedur TRANSFER wird die Prozessorkontrolle von einer Coroutine `QuellCo-routine` zu einer Coroutine `ZielCoroutine` übergeben.

Aufgabe 2.1-7 Kernel Threads

Auf einem Linux-System mit verschlüsselter Festplatte tauchen bei Eingabe von *ps -ef* in einem Terminal unter anderem die Einträge [kcryptd] und [dmcrypt_write] auf. Dabei handelt es sich um Kernel-Threads.

Recherchieren Sie, was Kernel-Threads auszeichnet und erläutern Sie in eigenen Worten, worin der Unterschied zwischen Kernel-Threads und den in der Vorlesung vorgestellten Threadarten liegt.

Aufgabe 2.1-8 Prozesse vs. Threads

Ihr Arbeitgeber hat Sie damit beauftragt, für die firmeninterne Verwendung eine integrierte Entwicklungsumgebung (IDE) zu programmieren. Für welche der folgenden Anforderungen ist es sinnvoller, Prozesse zu verwenden, zur Umsetzung welcher sollten besser Threads verwendet werden? Begründen Sie Ihre Antwort.

- Einer Ihrer Kollegen ist ein begnadeter Programmierer, macht jedoch sehr viele Syntaxfehler. Um diese so früh wie möglich zu erkennen, fordert er, dass die neue IDE ständig den aktuellen Stand des Codes einer Syntaxanalyse unterzieht.
- Zwei Ihrer Kollegen arbeiten an mehr als einem Projekt gleichzeitig und möchten daher die IDE mehrfach öffnen sowie die Fenster auf verschiedenen Bildschirmen darstellen können, um einen besseren Überblick zu haben. Allerdings trauen die beiden Ihren Programmierfähigkeiten nicht, weshalb sie betonen, dass bei einem Absturz durch einen Programmierfehler in der IDE nicht die Änderungen aller Projekte verloren sein dürfen, sondern höchstens eines einzigen Projekts. Es soll also jeder Programmierfehler höchstens eine einzige IDE gleichzeitig zum Absturz bringen können.

2.2   Prozessscheduling

Gibt es in einem System mehr Bedarf an Betriebsmitteln, als vorhanden sind, so muss der Zugriff koordiniert werden. Eine wichtige Rolle spielt dabei der in Abschn. 2.1 erwähnte Scheduler und seine Strategie beim Einordnen der Prozesse in Warteschlangen. Betrachten wir dazu die Einprozessorsysteme, auf denen voneinander unabhängige Prozesse hintereinander (*sequentiell*) ablaufen.

Das Scheduling besteht dabei aus einem Verfahren, was aus vielen Größen wie bekannte Prozessdauer, Wichtigkeit des Prozesses, der Kontextsituation, Abhängigkeit von anderen Prozessen, Anzahl der freien CPUs eines bestimmten Typs, usw. die Reihenfolge der bekannten, rechenwilligen Prozesse erstellt. Ist diese Liste einmal und für immer erstellt, so spricht man von „*statischem Scheduling*". Dies ist aber meist nicht möglich, da die Aufgaben eines Computersystems rasch wechseln können. Stattdessen wird die Liste immer wieder neu erstellt und der gerade herrschenden Situation angepasst. Hier spricht man dann von „*dynamischem Scheduling*".

Im Gegensatz zu dem rechenintensiven, zeitaufwändigen Scheduling ist die tatsächliche Zuteilung eines Prozesses zum Prozessor, also das Laden der Prozessdaten, relativ schnell. Dies wird von einer anderen Instanz, dem Dispatcher, erledigt.

Abb. 2.8 Langzeit- und
Kurzzeitscheduling

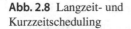
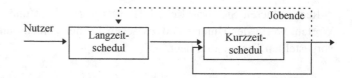

In einem normalen Rechensystem können wir zwei Arten von Scheduling-Aufgaben unterscheiden: das Planen der Jobausführung (**Langzeitscheduling**, Jobscheduling) und das Planen der aktuellen Prozessorzuteilung (**Kurzzeitscheduling**). In Abb. 2.8 ist die Verkettung beider Verfahren visualisiert. Beim Langzeitscheduling wird darauf geachtet, dass nur so viele Benutzer mit ihren Prozessen neu ins System kommen (*log in*) dürfen, wie Benutzer sich abmelden (*log out*). Sind es zu viele, so muss der Zugang gesperrt werden, bis die Systemlast erträglich wird.

Ein Beispiel dafür ist die Zugangskontrolle von Benutzern über das Netz zu Dateiservern (ftp-server, www-server). Eine weitere Aufgabe für Langzeitscheduling ist das Ausführen von nicht-interaktiv ablaufenden Prozessen („Batch-Jobs") zu bestimmten Zeiten, z. B. nachts.

Die meiste Arbeit wird allerdings in das Kurzzeitscheduling, die Strategie zur Zuweisung des Prozessors an Prozesse, gesteckt.

Im Folgenden betrachten wir einige der gängigsten Strategien für dynamisches Kurzzeitscheduling.

2.2.1 Zielkonflikte

Alle Schedulingstrategien versuchen, gewisse Ziele zu verwirklichen. Die gängigsten Ziele sind:

*   *Auslastung der CPU*
    Ist die CPU das Betriebsmittel, das am wenigsten vorhanden ist, so wollen wir den Gebrauch möglichst effizient gestalten. Ziel ist die 100 %ige **Auslastung** der CPU, normal sind 40–90 %.
*   *Durchsatz*
    Die Zahl der Prozesse pro Zeiteinheit, der **Durchsatz** (*throughput*), ist ein weiteres Maß für die Systemauslastung und sollte maximal sein.
*   *Faire Behandlung*
    Kein Prozess sollte dem anderen bevorzugt werden, wenn dies nicht ausdrücklich vereinbart wird (**fairness**). Dies bedeutet, dass jeder Benutzer im Mittel den gleichen CPU-Zeitanteil erhalten sollte.
*   *Ausführungszeit*
    Die Zeitspanne vom Jobbeginn bis zum Jobende, die **Ausführungszeit** (*turnaround time*), enthält alle Zeiten in Warteschlangen, der Ausführung (**Bedienzeit**) und der Ein- und Ausgabe. Natürlich sollte sie minimal sein.

- *Wartezeit*

  Der Scheduler kann von der gesamten Ausführungszeit nur die **Wartezeit** *(waiting time)* in der *bereit*-Liste beeinflussen. Für die Schedulerstrategie kann man sich also als Ziel darauf beschränken, die Wartezeit zu minimieren.

- *Antwortzeit*

  In interaktiven Systemen empfindet der Benutzer es als besonders unangenehm, wenn nach einer Eingabe die Reaktion des Rechners lange auf sich warten lässt. Unabhängig von der gesamten Ausführungszeit des Prozesses sollte besonders die Zeit zwischen einer Eingabe und der Übergabe der Antwortdaten an die Ausgabegeräte, die **Antwortzeit** *(response time)*, auch minimal werden.

Die Liste der möglichen Zielvorgaben ist weder vollständig noch konsistent. Beispielsweise benötigt jede Prozessumschaltung einen Wechsel des Prozesskontextes *(context switch)*. Werden die kurzen Prozesse bevorzugt, so verkürzt sich zwar die Antwortzeit mit der Ablaufzeit zwischen zwei Eingaben und der Durchsatz steigt an, aber der relative Zeitanteil der langen Prozesse wird geringer; sie werden benachteiligt und damit die Fairness verletzt. Wird andererseits die Auslastung erhöht, so verlängern sich die Antwortzeiten bei interaktiven Prozessen, weil durch die Vorplanung nicht jeder neuen Anforderung sogleich entsprochen werden kann.

Dies kann man analog dazu auch im täglichen Leben sehen: Werden bei einer Autovermietung bestimmte Kunden trotz großen Andrangs bevorzugt bedient, so müssen andere Kunden länger warten. Werden die Mietwagen gut ausgelastet, so muss ein neu hinzukommender Kunde meist warten, bis er einen bekommt; für eine kurze Reaktionszeit müssen ausreichend viele Wagen eines Modells zur Verfügung stehen.

Da sich für jeden Benutzerkreis die Zielvorgaben verändern können, gibt es keinen idealen Schedulingalgorithmus für jede Situation. Aus diesem Grund ist es sehr sinnvoll, die Mechanismen des Scheduling (Umhängen von Prozessen aus einer Warteschlange in die nächste etc.) von der eigentlichen Schedulingstrategie und ihren Parametern abzutrennen. Erzeugt beispielsweise ein Datenbank-Prozess einige Hilfsprozesse, deren Charakteristika er kennt, so sollte es möglich sein, die Schedulingstrategie der Kindsprozesse durch den Eltern-Prozess zu beeinflussen. Die BS-Kern-eigenen, internen Scheduling- und Dispatching-Mechanismen sollten dazu über eine genormte Schnittstelle (Systemaufrufe) benutzt werden; die Schedulingstrategie selbst aber sollte vom Benutzer programmiert werden können.

2.2.2   Non-präemptives Scheduling

Im einfachsten Fall können die Prozesse so lange laufen, bis sie von sich aus den Aktivzustand verlassen und auf ein Ereignis (I/O, Nachricht etc.) warten, die Kontrolle an andere Prozesse abgeben oder sich selbst beenden: Sie werden nicht vorzeitig unterbrochen (**nonpräemptive scheduling**). Diese Art von Scheduling ist bei allen Systemen sinnvoll, bei denen man genau weiß, welche Prozesse existieren und welche Charakteristika sie haben. Ein Beispiel dafür ist das oben erwähnte Datenbankprogramm, das genau weiß, wie lange

Abb. 2.9 Job-Reihenfolgen

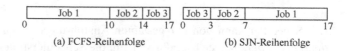

(a) FCFS-Reihenfolge (b) SJN-Reihenfolge

eine Transaktion normalerweise dauert. In diesem Fall kann man ein Leichtgewichts-Prozesssystem zur Realisierung verwenden. Für diese Art von Scheduling gibt es die folgenden, am häufigsten verwendeten Strategien:

- *First Come First Serve (FCFS)*
  Eine sehr einfache Strategie besteht darin, die Prozesse in der Reihenfolge ihres Eintreffens in die Warteschlange einzusortieren. Damit kommen alle Prozesse an die Reihe, egal wie viel Zeit sie verbrauchen. Die Implementierung dieser Strategie mit einer FIFO Warteschlange ist sehr einfach.
  Die Leistungsfähigkeit dieses Algorithmus ist allerdings auch sehr begrenzt. Nehmen wir an, wir haben 3 Prozesse der Längen 10, 4 und 3, die fast gleichzeitig eintreffen. Diese werden nach FCFS eingeordnet und bearbeitet. In Abb. 2.9a ist dies gezeigt. Die Ausführungszeit (*turnaround time*) von Prozess 1 ist in diesem Beispiel 10, von Prozess 2 ist sie 14 und 17 von Prozess 3, so dass die mittlere Ausführungszeit (10 + 14 + 17):3 = 13,67 beträgt. Ordnen wir allerdings die Prozesse so an, dass die kürzesten zuerst bearbeitet werden, so ist für unser Beispiel in Abb. 2.9 (b) die mittlere Ausführungszeit (3 + 7 + 17):3 = 9 und damit kürzer. Dieser Sachverhalt führt uns zur nachfolgenden Strategie.

- *Shortest Job First (SJF)*
  Der Prozess mit der (geschätzt) kürzesten Bedienzeit wird allen anderen vorgezogen. Diese Strategie vermeidet zum einen die oben beschriebenen Nachteile von FCFS. Zum anderen bevorzugt sie stark interaktive Prozesse, die wenig CPU-Zeit brauchen und meist in Ein-/Ausgabeschlangen auf den Abschluss der parallel ablaufenden Aktionen der Ein-/Ausgabekanäle (DMA) warten, so dass die mittlere Antwortzeit gering gehalten wird.
  Man kann zeigen, dass SJF die mittlere Wartezeit eines Prozesses für eine gegebene Menge von Prozessen minimiert, da beim Vorziehen des kurzen Prozesses seine Wartezeit stärker absinkt, als sich die Wartezeit des langen Prozesses erhöht. Aus diesem Grund ist es die Strategie der Wahl, wenn keine anderen Gesichtspunkte dazukommen.
  Ein Problem dieser Strategie besteht darin, dass bei großem Zustrom von kurzen Prozessen ein Prozess mit großen CPU-Anforderungen nie die CPU erhält, obwohl er nicht blockiert in der „bereit"-Warteschlange ist. Dieses als **Verhungern** (*starvation*) bekannte Problem tritt übrigens auch in anderen Situationen auf.

- *Highest Response Ratio Next (HRN)*
  Hier werden die Prozesse mit großem Verhältnis (Antwortzeit/Bedienzeit) bevorzugt bearbeitet, wobei für Antwortzeit und Bedienzeit die Schätzungen verwendet werden, die auf vorher gemessenen Werten basieren. Diese Strategie zieht Prozesse mit kurzer

Bedienzeit vor, begrenzt aber auch die Wartezeit von Prozessen mit langen Bedienzeiten, weil bei einer Benachteiligung auch deren Antwortzeit zunimmt.

* *Priority Scheduling (PS)*

  Jedem Prozess wird initial beim Start eine **Priorität** zugeordnet. Kommt ein neuer Prozess in die Warteschlange, so wird er so einsortiert, dass die Prozesse mit höchster Priorität am Anfang der Schlange stehen; die mit geringster am Ende. Sind mehrere Prozesse gleicher Priorität da, so muss innerhalb dieser Prozesse die Reihenfolge nach einer anderen Strategie, z. B. FCFS, entschieden werden.

  Man beachte, dass auch hier wieder benachteiligte Prozesse verhungern können. Bei Prioritäten lässt sich dieses Problem dadurch umgehen, dass die Prioritäten der Prozesse nicht fest sind („*statische Prioritäten*"), sondern dynamisch verändert werden („*dynamische Prioritäten*"). Erhält ein Prozess in regelmäßiger Folge zusätzliche Priorität, so wird er irgendwann die höchste Priorität haben und so ebenfalls die CPU erhalten.

Die Voraussetzung von *SJF* und *HRN* (einer überschaubaren Menge von Prozessen mit bekannten Charakteristika) wird durch die Tatsache in Frage gestellt, dass die Ausführungszeiten von Prozessen sehr uneinheitlich sind und häufig wechseln. Der Nutzen der Strategien bei sehr uneinheitlichen Systemen ist deshalb begrenzt. Anders ist dies im Fall von häufig auftretenden, gut überschaubaren und bekannten Prozessen wie sie beispielsweise in Datenbanken oder Prozesssystemen (Echtzeitsysteme) vorkommen. Hier lohnt es sich, die unbekannten Parameter ständig neu zu schätzen und so das Scheduling zu optimieren.

Die ständige Anpassung dieser Parameter (wie Ausführungszeit und Bedienzeit) an die Realität kann man mit verschiedenen Algorithmen erreichen. Einer der bekanntesten besteht darin, für einen Parameter a eines Prozesses zu jedem Zeitpunkt t den gewichteten Mittelwert aus dem aktuellen Wert b_t und dem früheren Wert $a(t-1)$ zu bilden:

$$a(t) = (1-\alpha)a(t-1) + \alpha\, b_t$$

Es ergibt sich hier die Reihe

$$a(0) \equiv b_0$$

$$a(1) = (1-\alpha)\, b_0 + \alpha b_1$$

$$a(2) = (1-\alpha)^2 b_0 + (1-\alpha)\, \alpha b_1 + \alpha b_2$$

$$a(3) = (1-\alpha)^3 b_0 + (1-\alpha)^2 \alpha b_1 + (1-\alpha)\, \alpha b_2 + \alpha b_3$$

$$\dots$$

$$a(n) = (1-\alpha)^n\, b_0 + (1-\alpha)^{n-1}\alpha b_1 + \dots + (1-\alpha)^{n-i}\, \alpha b_i + \dots + \alpha b_n$$

Wie man sieht, schwindet mit $\alpha < 1$ der Einfluss der frühen Messungen exponentiell, der Parameter *altert*. Dieses Prinzip findet man bei vielen adaptiven Verfahren. Die geringere

Gewichtung der früheren Messungen bewirkt, dass sich Verhaltensänderungen des Prozesses auch in den aktuellen Parameterschätzungen wiederfinden. Betrachtet man die Folge der Parameterwerte als Ereignisse einer stochastischen Variablen, so heißt dies, dass die Verteilung der Variablen nicht konstant ist, sondern sich mit der Zeit verändert. Ein solcher adaptiver Algorithmus ermittelt also nicht einfach den Mittelwert der Messungen (erwarteter Parameterwert, siehe Aufgabe 2.2-1), sondern schätzt den aktuellen Stand einer zeitabhängigen Verteilungsfunktion.

Für den Fall $\alpha = \frac{1}{2}$ lässt sich der Algorithmus besonders schnell implementieren: Die Division durch zwei entspricht gerade einer Shift-Operation der Zahl nach rechts um eine Stelle.

Die adaptive Schätzung der Parameter eines Prozesses für einen Schedulingalgorithmus (*adaptive Prozessorzuteilung*) muss für jeden Prozess extra durchgeführt werden; in unserem Beispiel müsste a also einen doppelten Index bekommen: einen für die Parameternummer pro Prozess und einen für die Prozessnummer. Die Schätzmethode für die Parameter ist unabhängig vom Algorithmus, der für das Scheduling verwendet wird; aus diesem Grund gilt das obige nicht nur für die Algorithmen des non-präemptiven Scheduling, sondern auch für die Verfahren des präemptiven Scheduling des nächsten Abschnitts.

2.2.3 Präemptives Scheduling

In einem normalen Mehrbenutzersystem, bei dem die verschiedenen Prozesse von verschiedenen Benutzern gestartet werden, gibt es zwangsläufig Ärger, wenn ein Prozess alle anderen blockiert. Hier ist eine andere Art von Schedulingalgorithmen erforderlich, bei dem jeder Prozess vorzeitig unterbrochen werden kann: das **präemptive Scheduling**.

Eine der wichtigsten Maßnahmen dieses Verfahrens besteht darin, die verfügbare Zeitspanne für das Betriebsmittel, meist die CPU, in einzelne, gleich große Zeitabschnitte (**Zeitscheiben**) aufzuteilen. Wird ein Prozess bereit, so wird er in die Warteschlange an einer Stelle einsortiert. Zu Beginn einer neuen Zeitscheibe wird der Dispatcher per Zeitinterrupt aufgerufen, der bisher laufende Prozess wird abgebrochen und wie ein neuer *bereit*-Prozess in die Warteschlange eingereiht. Dann wird der Prozess am Anfang der Schlange in den Aktivzustand versetzt. Dies ist in Abb. 2.10 dargestellt. Die senkrechten Striche symbolisieren die Prozesse, die von links in das „Gefäß", die Warteschlange, hineingeschoben werden. Die Bearbeitungseinheit, hier der Prozessor, ist als Ellipse visualisiert. Nach einem Abbruch wird der Prozess an einen Platz zwischen die anderen Prozesse in der Warteschlange eingereiht.

Für die Wahl dieses Platzes gibt es verschiedene Schedulingstrategien:

Abb. 2.10 Präemptives
Scheduling

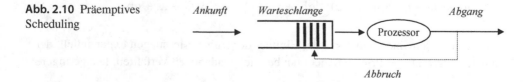

- *Round Robin (RR)*
Die einfachste Strategie beim Zeitscheibenverfahren ist die FCFS-Strategie mit der FIFO-Schlange. Die Kombination von FCFS und Zeitscheibenverfahren ist auch als der **Round-Robin**-Algorithmus bekannt. Die analytische Untersuchung zeigt, dass hier die Antwortzeiten proportional zu den Bedienzeiten sind und unabhängig von der Verteilung der Bedienzeiten nur von der mittleren Bedienzeit abhängen.

  Es ist klar, dass die Leistungsfähigkeit des RR stark von der Größe der Zeitscheibe abhängt. Wählt man die Zeitscheibe unendlich groß, so wird nur noch der einfache FCFS Algorithmus ausgeführt. Wählt man die Zeitscheibe dagegen sehr klein (z. B. gerade eine Instruktion), so erhalten alle n Prozesse jeweils $1/n$ Prozessorleistung; der Prozessor teilt sich in n virtuelle Prozessoren auf. Dies funktioniert allerdings nur dann so, wenn der Prozessor sehr schnell gegenüber der Peripherie (Speicher) ist und die Prozessumschaltung durch Hardwaremechanismen sehr schnell bewirkt wird (z. B. bei der CDC6600) und praktisch keine Zeit beansprucht. Auf Standardsystemen ist dies aber meist nicht der Fall. Hier geschieht die Umschaltung des Prozesskontextes durch Softwaremechanismen und benötigt extra Zeit, in der Größenordnung von 10–100 Mikrosekunden. Wählen wir die Zeitscheibe zu klein, so wird das Verhältnis Arbeitszeit/ Umschaltzeit zu klein, der Durchsatz verschlechtert sich, und die Wartezeiten steigen an. Im Extremfall schaltet der Prozessor nur noch um und bearbeitet den Prozess nie.

  Für ein vernünftiges Verhalten zwischen FCFS und Dauerumschalten ist die Kenntnis verschiedener Parameter nötig. Eine bewährte Daumenregel besteht darin, die Zeitscheibe größer zu machen als der mittlere CPU-Zeitbedarf zwischen zwei I/O-Aktivitäten (*cpu-burst*) von 80 % der Prozesse. Dies entspricht meist einem Wert von ca. 100 ms.
- *Dynamic Priority Round Robin (DPRR)*
Das RR-Scheduling lässt sich noch durch eine Vorstufe, einer prioritätsgeführten Warteschlange für die Prozesse, ergänzen. Die Priorität der Prozesse in der Vorstufe wächst nach jeder Zeitscheibe so lange, bis sie die Schwellenpriorität des eigentlichen RR-Verfahrens erreicht haben und in die Hauptschlange einsortiert werden. Damit wird eine unterschiedliche Bearbeitung der Prozesse nach Systemprioritäten erreicht, ohne das RR-Verfahren direkt zu verändern.
- *Shortest Remaining Time First*
Unsere SJF-Strategie zum Einsortieren in die Schlange bedeutet hier, dass derjenige Prozess bevorteilt wird, der die kleinste noch verbleibende Bedienzeit vorweist.

Eine weitere Gruppe von Schedulingalgorithmen erhalten wir, wenn wir zum Abbrechen anstelle der Zeitscheibe die Prioritäten verwenden. Das **Priority Scheduling** bedeutet im präemptiven Fall, dass der laufende Prozess durch einen neu hinzukommenden Prozess (z. B. aus einer I/O-Warteschlange) höherer Priorität verdrängt werden kann und wieder in die *bereit*-Liste einsortiert wird.

Auch eine Kombination beider Verfahren ist üblich. Dabei wird die FCFS-Strategie der Round-Robin-Warteschlange auf Prioritäten umgestellt.

Abb. 2.11 Scheduling mit mehreren
Warteschlangen

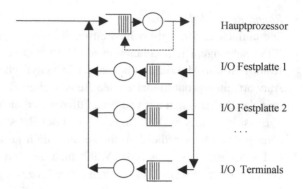

2.2.4   Mehrere Warteschlangen und Scheduler

In einem modernen Einprozessorsystem gibt es zwar nur einen Hauptprozessor, aber fast
alle schnelleren Ein- und Ausgabegeräte verfügen über einen Controller, der unabhängig
vom Hauptprozessor Daten aus dem Hauptspeicher auf den Massenspeicher und umgekehrt schaffen kann (*Direct Memory Access DMA*). Diese DMA-Controller wirken damit
wie eigene, spezialisierte Prozessoren und können als eigene, unabhängige Betriebsmittel
betrachtet werden. Es ist deshalb sinnvoll, für jeden Ein-/Ausgabekanal eine eigene Warteschlange einzurichten, die von dem DMA-Controller bedient wird. Das gesamte Dispatching besteht also aus einem Umhängen von Prozessen von einer Warteschlange in
die nächste, wobei kurze CPU-Aktivitäten (*CPU bursts*) dazwischenliegen. In Abb. 2.11
ist ein solches System von Warteschlangen gezeigt. Auch für solche speziellen Warteschlangen lassen sich Schedulingstrategien entwickeln, etwa für Festplatten (Teorey und
Pinkerton 1972).

Eine weitere Variante besteht darin, dass wir nicht nur eine Art von Prozessen haben,
sondern mehrere unterschiedlicher Priorität und deshalb für jede Prozessart eine eigene
Warteschlange eröffnen (**Multi-level-Scheduling**).

Durch die unterschiedlichen Prioritäten sind die Warteschlangen in einer bestimmten
Reihenfolge angeordnet, die die Abarbeitungsreihenfolge bestimmt: Ist die erste Schlange
höchster Priorität abgearbeitet, so folgt die zweite usw. Da ständig neue Prozesse hin-
zukommen, wechselt die Abarbeitungsreihenfolge auch ständig. In Abb. 2.12 ist dies an

Abb. 2.12 Multi-level
Scheduling

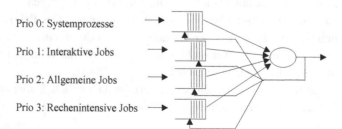

einem 4-Ebenen-System visualisiert. Können die Prozesse bei längerer Wartezeit in eine Warteschlange höherer Ordnung überwechseln, etwa durch dynamische, mit der Zeit wachsende Prioritäten, so spricht man von *multi-level feedback* Scheduling.

Bei unseren Schedulingalgorithmen haben wir bisher die meistvorhandene Situation vernachlässigt, dass nicht alle Prozesse im Hauptspeicher gleichzeitig verfügbar sein können. Um trotzdem ein Scheduling der Prozesse durchführen zu können, werden nur die wichtigsten Daten eines Prozesses, zusammengefasst im **Prozesskontrollblock** PCB, im Hauptspeicher gehalten; alle anderen Daten werden auf den Massenspeicher verlagert (**geswappt**). Wird ein Prozess aktiviert, so muss er erst durch Kopieren (*swapping*) vom Massenspeicher in den Hauptspeicher geholt und dann erst ausgeführt werden. Dies erfordert erhebliche, zusätzliche Zeit beim Wechsel des Prozesskontextes und erhöht die Bearbeitungsdauer. Am besten ist es dagegen, jeweils den „richtigen" Prozess bereits im Hauptspeicher zu haben. Wie soll dazu der Übergang eines Prozesses vom Massenspeicher zum Hauptspeicher geregelt werden?

Eine Lösung für dieses Problem ist die Einführung eines zweiten Schedulers, der nur für das Ein- und Auslagern der Prozesse verantwortlich ist. Der erste Scheduler managt die Zuordnung der Prozesse zum Betriebsmittel „Prozessor" und ist kurzzeitig tätig; der zweite Scheduler ist ein Mittel- bzw. Langzeitscheduler (ähnlich wie in Abb. 2.8) und regelt die Zuordnung der Prozesse zum Betriebsmittel „Hauptspeicher", indem er die Größe des vom Prozess belegten Hauptspeicherbereichs reguliert. Er wird in größeren Zeitabständen aufgerufen als der Kurzzeitscheduler. Beide verfügen über eigene Warteschlangen und regeln Zugang und Ordnung dafür. Strategien für einen solchen Scheduler werden wir in Abschn. 3.3 kennenlernen.

Angenommen, wir haben **keine Prioritäten**, oder alle Jobs haben gleiche Priorität, ähnlich wie bei Datenpaketen in Netzwerkpuffern, und sind aber in mehreren Warteschlangen organisiert. Welche Warteschlange (Puffer) sollten wir mit einem zentralen Prozessor als erstes bedienen? Einen guten Erfolg verspricht die *Greedy-Strategie*, bei der immer diejenige Warteschlange genommen wird, die am vollsten ist. Zwar wissen wir nicht, wann zukünftig welcher Job in welcher Warteschlange landen wird, aber verglichen mit einer optimalen, allwissenden Strategie benötigen wir dann im *worst case* nur maximal die doppelte Zeit zum Abarbeiten aller Pakete; man sagt, der Greedy-Algorithmus ist *2-kompetitiv* (Albers 2010).

2.2.5 Scheduling in Echtzeitbetriebssystemen

Es gibt eine Reihe von Computersystemen, die als **Echtzeitsysteme** (**real time systems**) bezeichnet werden. Was fällt unter diese Bezeichnung? Eine intuitive Auffassung davon betrachtet alle Systeme, die schnell reagieren müssen, als Echtzeitsysteme. Was heisst aber „schnell"? Dies können wir genauer fassen: ein System, das Prozesse ausführt, die expliziten Zeitbedingungen gehorchen müssen. Aber auch dies ist noch nicht präzise genug. Fast jedes System muss Zeitbedingungen gehorchen: Ein Editor sollte nicht länger als zwei Sekunden benötigen, um ein Zeichen auf dem Bildschirm sichtbar einzufügen; eine Bank sollte eine Überweisung innerhalb einer Woche durchführen, um Ärger zu vermeiden. Im Unterschied zu diesen auch als „*Soft*-Echtzeitsysteme" bezeichneten Systemen, bei denen die Zeitschranken nur „weich" und unspezifiziert sind und eine Nichterfüllung keine schweren Konsequenzen nach sich zieht, sind es die „*Hart*-Echtzeitsysteme" oder auch kurz nur „Echtzeitsysteme" genannten Rechner, die in Kernkraftwerken, Flugzeugen und Fahrzeugsteuerungen eingesetzt werden. Ein solches Echtzeitsystem ist ein System, das explizite, genau festgelegte, **endliche Zeitschranken** für die Prozesse erfüllen muss, um ernsthafte Konsequenzen, z. B. einen Misserfolg oder Ausfall des Systems zu verhindern. Dabei bezeichnen wir mit „Misserfolg" jedes Systemverhalten, das die formale Systemspezifikation nicht mehr erfüllt.

Aus der Forderung nach festen Zeitschranken für das Gesamtsystem können wir drei Forderungen folgern (Coolings 2014):

- *Rechtzeitigkeit*
  Jeder Prozess (Task) muss seine Zeitschranken erfüllen.
- *Gleichzeitigkeit*
  Auch wenn alle Prozesse gleichzeitig (parallel) laufen, müssen die Zeitschranken für alle Prozesse eingehalten werden.
- *Verfügbarkeit*
  Die Einhaltung der Zeitschranken dürfen nicht durch Hardwareausfälle, Wartungsarbeiten oder Rekonfigurationsarbeiten (z. B. *garbage collection*!) beeinträchtigt werden.

Die Schedulingalgorithmen dafür orientieren sich an der Art der Prozesse. Typisch für Echtzeitsysteme ist die Situation, dass die zeitkritischen *Prozesse* zu genau festgesetzten Zeiten immer wiederkehren und damit sowohl in der Häufigkeit ihres Auftretens als auch in der Dauer, Betriebsmittelbelegung etc. vorhersehbar sind und es sich deshalb lohnt, einen festen Ablaufplan dafür zu konstruieren.

Beispiel *Periodische Prozesse*

Ein Flugzeug (z. B. Airbus A-340) wird von Rechnern gesteuert (*flight-by-wire*). Zur Steuerung benötigen die Rechner verschiedene Flugdaten, die in unterschiedlichen Intervallen ermittelt und verarbeitet werden müssen: die Beschleunigungswerte in x-, y- und z-Richtung alle 5 ms, die drei Werte der Drehungen alle 40 ms, die Temperatur alle Sekunde und die absolute GPS-Position zur Kontrolle alle 10 Sekunden. Der Display auf den Monitorschirmen wird jede Sekunde aktualisiert.

Die Auslastung H des Prozessors bei periodischen Prozessen ist einfach zu bestimmen: Tritt ein Prozess alle T Sekunden auf und dauert dann t Sekunden, so trägt er mit t/T Prozent zur Prozessorauslastung bei.

Im obigen Beispiel benötigen die Beschleunigungswerte 1 ms alle 5 ms, die Drehwerte 5 ms alle 40 ms und die absolute GPS-Position 20 ms alle 10.000 ms. Damit bedeuten die Beschleunigungswerte im Mittel eine Auslastung von $H = 1/5 = 20\,\%$, die Drehwerte $H = 5/40 = 12,5\,\%$ und die GPS-Position $H = 0,2\,\%$. Zusammen belasten sie den Prozessor also mit $H = 20\,\% + 12,5\,\% + 0,2\,\% = 32,7\,\%$.

Die wichtigsten Schedulingstrategien für Echtzeitsysteme teilen sich auf in statische Verfahren, die für kleine, komplett vorbestimmte Systeme feste Ablauftabellen erstellen, und dynamische Verfahren, die auch nicht-periodische Ereignisse verarbeiten können (s. Laplante 1993; Stankovic et al. 1998). Wir betrachten hier vorwiegend die wichtige Gruppe der dynamischen Verfahren, bei denen in regelmäßigen Abschnitten der Ablaufschedul neu berechnet wird. Zwar erfordert dies einen höheren Laufzeit-Overhead, gestattet aber, flexibel auf die sich ändernden Anforderungen einzugehen.

Die wichtigsten Verfahren sind:

- *Polled Loop*
  Der Prozessor führt eine Schleife aus, bei der er immer wiederkehrend die Geräte abfragt, ob neue Daten vorhanden sind. Wenn ja, so verarbeitet er sie sofort. Diese Strategie eignet sich für Einzelgeräte, versagt aber, wenn andere Ereignisse während der Bearbeitung auftreten und die Daten nicht gepuffert werden.

- *Interruptgesteuerte Systeme*
  Der Prozessor führt als Prozess eine Warteschleife (*idle loop*) aus. Treffen neue Daten ein, so wird jeweils ein Interrupt von dem Gerät ausgelöst (*Interrupt Request* IRQ) und die *Interrupt Service Routine* ISR bearbeitet die neuen Daten. Werden den ISR Prioritäten zugeordnet, so findet damit automatisch durch die Unterbrechungslogik der Interruptbehandlung ein Prioritätsscheduling statt. Problematisch ist diese Strategie, wenn sich die Ereignisse häufen: Interrupts geringerer Priorität unterbrechen nicht und können so überschrieben werden, bevor sie ausgewertet werden können. Werden so sehr viele asynchrone Interrupts von sehr vielen kleinen Datenpaketen erzeugt, etwa beim Empfang von UDP-Datagrammen, so können Datenverluste· eintreten. Gegen diese IRQ-Last hilft eine konstante maximale Interruptrate, die von Treiber beim Gerät, etwa der Netzwerkkarte, fest eingestellt wird.

- *FIFO- Systeme*
  Wie beim allgemeinen Scheduling in Abschn. 2.2 besteht die einfachste Art der systematischen Warteschlangenbildung darin, alle Prozesse gemäß ihren Auftrittszeiten in eine First-Come-First-Serve-Reihenfolge einzugliedern. Dies ist zwar einfach, aber absolut nicht optimal und garantiert keine Einhaltung der Zeitschranken. Sie sollte deshalb möglichst nicht verwendet werden.

Stattdessen ist es sinnvoll, den Prozessen unterschiedliche Wichtigkeiten (Prioritäten) zuzuweisen. Betrachten wir zuerst den Fall **fester**, sich nicht ändernder **Prioritäten**. Dies ist ein sehr einfacher Ansatz, der erlaubt, bei einmal zugeordneten Prioritäten schnell einen Schedul zu bilden, garantiert aber keine 100 %-ge Prozessorauslastung.

- *Rate Monotonic-Scheduling (RMS)*
  Haben wir ein festes Prioritätensystem, unterbrechbare Prozesse (*Präemption*) sowie feste Ausführungsraten der beteiligten Prozesse (s. oben das Beispiel des Flugzeugs), ist es optimal, wenn wir die hohen Prioritäten den hohen Ausführungsraten zuordnen und niedrige Prioritäten den niedrigen Raten (*rate monotonic-scheduling*).

$$\text{Priorität} \sim 1/\text{Periodendauer}$$

Falls kein *rate monotonic*-Ablaufplan für eine Menge von Prozessen gefunden werden kann, so ist bewiesen (Liu und Layland 1973), dass dann auch kein anderer Ablaufplan mit festen Prioritäten existiert, der erfolgreich ist. Hat die CPU eine Auslastung kleiner als 70 %, so werden mit dem RMS alle Zeitschranken garantiert eingehalten. Allerdings ist damit kein optimaler Schedul für volle Prozessorauslastung garantiert: nach (Liu und Layland 1973) ist bei n Tasks die maximale Prozessorauslastung durch $n(2^{1/n} - 1)$ gegeben.

Auch kann nötig sein, dass ein wichtiger Prozess mit geringer Ausführungsfrequenz, und damit eigentlich geringer Priorität, trotzdem ausgeführt und dazu die Priorität zur Laufzeit extra angehoben werden muss (*Prioritätsinversion*).

Betrachten wir nun Systeme mit **dynamischen** sowie **keinen Prioritäten**, die eine optimale, 100 %-ge Auslastung ermöglichen.

- *Minimal Deadline First MDF, Earliest Deadline First EDF*
  Derjenige Prozess wird zuerst abgearbeitet, der die kleinste, also nächste Zeitschranke (*deadline*) T_D besitzt. Diese Strategie wird zwar oft bei Anwendungen benutzt (z. B. bei der Abwicklung von Softwareprojekten), hat aber auch Nachteile. So ist sie beispielsweise nutzlos, wenn alle Prozesse die gleiche Zeitschranke besitzen (Beispiel: Prozessmenge = alle Motorsteuerungen mit dem Ziel „Haltet den Roboter an, bevor er gegen die Wand rast"). Trotzdem ist das präemptive EDF beliebt, da es eine bessere Prozessorauslastung anbietet. Wie Liu und Layland (1973) gezeigt haben, ist dies für Einprozessorsysteme eine optimale Strategie mit maximal 100 %-ger Prozessorauslastung.
- *Least Laxity First LLF*
  Derjenige Prozess wird ausgewählt, der gerade die minimale restliche Zeit (*laxity*) zwischen Ende des Prozesses und der Zeitschranke besitzt. Auch diese Strategie ist optimal auf Einprozessorsystemen. Allerdings ist der Rechenaufwand bei diesem Verfahren höher, da in jedem Zeittakt alle Restzeiten neu bestimmt werden müssen.
- *Minimal Processing Time First*
  Derjenige Prozess wird ausgewählt, der die minimale restliche Bedienzeit T_C besitzt. Dies entspricht der SJF-Strategie und hat den Nachteil, dass der kurze, unwichtige Prozess dem langen, aber wichtigen Prozess vorgezogen wird.

- *Time Slice Scheduling TSS*
  Eine präemptive Prioritätssteuerung kann man auch dadurch verwirklichen, indem man den einzelnen Prozessen verschieden lange Zeitscheiben entsprechend ihrer Prozessorauslastung zuordnet. Benötigt beispielsweise ein Prozess bei einer Periode von 10 ms eine Zeit von 2 ms, so lastet er in dieser Zeit den Prozessor $H = 2/10 = 20\,\%$ aus. Ist die maximale Zeitscheibe der Dauer 5 ms in 1 %-Schritten auslegbar, so sollte er also eine Zeitscheibe von 20 % von 5 ms = $20 \cdot 0{,}05 = 1$ ms bekommen.

  Vorteile des Verfahrens sind einfache Realisierung und Vermeiden von Verhungern von Prozessen. Nachteilig ist dagegen die Tatsache, dass bei wachsender Anzahl von Prozessen die tatsächliche Ausführungshäufigkeit trotz gleichbleibender Zeitscheibenlänge sinkt. Auch die Abhängigkeit der Antwortzeit von der Zeitscheibe kann Probleme bereiten: Ist sie gerade abgelaufen, wenn ein Ereignis eintrifft, so dauert es lange, bevor mit der nächsten Zeitscheibe das Ereignis bearbeitet werden kann. Hier ist also ein Hardware-Datenpuffer wichtig (Wörn und Brinkschulte 2005). Auch sollte die Zeitscheibe fein genug unterteilt werden können, um Verschnitt zu vermeiden.

- *Guaranteed Percentage Scheduling GPS*
  Als Alternative zum TSS können wir auch den einzelnen Prozessen die Prozessorauslastung direkt fest zuordnen, ohne dies nur indirekt über die Zeitscheibenlänge zu versuchen. Es wird eine einheitliche, kleine Zeitscheibenlänge verwendet, öfters umgeschaltet und damit der Prozessor in quasi mehrere Prozessoren aufgeteilt. Der resultierende Schedul muss nur die Anzahl der Zeitscheiben eines Prozesses entsprechend der festen, vorher bestimmten Prozessorauslastung in der Warteschlange vorsehen. Damit haben die Prozesse nicht eine feste oder dynamische Priorität, sondern werden je nach Kontext unterschiedlich zum Ablauf vorgesehen.

Beispiel

Haben wir Prozesse, die 20 %, 10 % und 30 % Auslastung bedeuten, so müssen 20 %, 10 % und 30 % der Anzahl der Zeitscheiben für den jeweiligen Prozess in der Warteschlange enthalten sein.

Dieses Verfahren ist unabhängig von der Anzahl der Prozesse und ermöglicht ebenfalls eine Auslastung von 100 % des Prozessors. Auch die Behandlung der Datenraten wird vereinfacht, da durch die schnelle Umschaltung kleinere Puffer nötig sind. Damit wird bei dynamischem Scheduling GPS das Verfahren der Wahl.

Ein Echtzeitbetriebssystem enthält nicht nur kritische Prozesse, deren Zeitschranken unbedingt eingehalten werden müssen, sondern auch nicht-kritische, aber notwendige Prozesse. Diese können im Hintergrund abgewickelt werden, sobald der Prozessor frei ist und nicht anderweitig benötigt wird. Jeder notwendige Prozess kann sie unterbrechen. Beispiele für dieses *Foreground-Background Scheduling* sind:

- *Selbsttests*, um defekte Teile zu entdecken.
- *RAM scrubbing*: Auslesen und Zurückschreiben vom RAM-Inhalt. Dies ist in Systemen nützlich, die einen fehlerkorrigierenden Datenbus haben und so die durch Höhenstrahlung (space shuttle!) entstandenen Bitfehler im RAM korrigieren.
- *Auslastungsmonitore*, um Fehler zu frühzeitig zu entdecken, z. B. durch Zeitüberwachung (*watch dog timer*) mittels „Totmannschalter", also Bits (Flags), die periodisch zurückgesetzt werden müssen, um einen Alarm zu verhindern.

Neben den zeitkritischen sowie den notwendigen, unkritischen Prozessen gibt es nun noch einen Rest, der ebenfalls abgearbeitet werden sollte, falls noch Zeit dafür ist. Nehmen wir an, dass die zeitkritischen, notwendigen Prozesse nach einem festen RMS oder GPS abgewickelt werden und die Prozesse der dritten Kategorie im Hintergrund sind, so bleibt noch die große Menge der Prozesse der zweiten Kategorie, die zeitunkritisch, aber notwendig sind. Für diese Art von Systemen entwickelten die Designer des „spring kernel" zusätzliche Strategien (Stankovic und Ramamritham 1991). Sie kombinierten dazu die Variablen *Wichtigkeit w, Zeitschranke* T_D und *benötigte Betriebsmittel* (z. B. restliche Bedienzeit T_C oder den Zeitpunkt T_S, zu der für einen Prozess alle notwendigen Betriebsmittel frei werden) zu neuen Strategien

- *Minimum Earliest Start*
  Derjenige Prozess wird gewählt, der die kleinste Zeit T_S besitzt.
- *Minimum Laxity First*
  Der Prozess mit der kleinsten freien Zeit $T_D - (T_S + T_C)$ wird gewählt.
- *Kombiniertes Kriterium 1*
  Der Prozess mit der kleinsten freien Zeit $T_D + wT_C$ wird gewählt.
- *Kombiniertes Kriterium 2*
  Der Prozess mit der kleinsten freien Zeit $T_D + wT_S$ wird gewählt.

Simulationen ergaben, dass alle Ablaufpläne, die nur T_D allein verwenden, schlechte Resultate für Single- und Multiprozessorsysteme erbrachten. Gut dagegen schnitten die kombinierten Kriterien ab, wobei Kriterium 2 den besten Ablaufplan lieferte, wohl weil es auch die Betriebsmittel mitberücksichtigte.

Real-time software

Angenommen, wir können zeigen, dass die Gesamtlänge der kritischen (mit ihrer Wiederholfrequenz multiplizierten) Prozesse die Zeitschranken verletzt – was können wir dann tun? Eine wichtige Arbeit besteht darin, alle verwendeten Programme, und damit auch das Betriebssystem, echtzeitfähig zu machen. Was bedeutet das?

Wir müssen dafür sorgen, dass alle Algorithmen, die auf nicht-beschränktem Zeitverbrauch beruhen, ausgetauscht werden. Dies sind Im Falle des Betriebssystems zum einen alle Schedulingalgorithmen, die auf *swapping* beruhen – eine Unterbrechung der Programmausführung durch langdauernde, nicht zeitdeterminierte Plattenaktivität ist nicht hinnehmbar. Ein anderes Beispiel ist die automatische Speicherbereinigung (*garbage collection*), etwa bei Java: Auch hier sollte man im Echtzeitprogramm die Speicheranforderung und Speicherfreigabe der Objekte explizit selbst verwalten und die automatische *garbage collection* der *Java Virtual Machine* abschalten, um ohne automatische Inkarnation nur mit der schnellen Speichervergabe des Heap die Zeit kontrolliert einzuteilen. Dies ermöglicht für Java eine Geschwindigkeitssteigerung um etwa den Faktor drei.

Prominente Beispiele für Echtzeit-Betriebssysteme sind die Echtzeit-Erweiterungen von POSIX. Beispielsweise sind in POSIX 4a neben Threads auch Echtzeiterweiterungen vorgesehen; in POSIX 4b das Echtzeitscheduling mittels FPN, FPP, *time slices* und allgemein ein benutzerdefinierbares Scheduling, Zeitgeber und asynchrones I/O.

2.2.6 Scheduling in Multiprozessorsystemen

Im allgemeinen Fall existiert für jedes Betriebsmittel, und damit für jeden Prozessor, eine eigene Warteschlange und ein eigener Scheduler. Allerdings sind die Übergänge zwischen den Warteschlangen nicht beliebig, sondern es ist bei mehreren, zusammenarbeitenden und parallel ablaufenden Prozessen eine Koordination notwendig. Diese muss berücksichtigen, dass zwischen den einzelnen Prozessen Abhängigkeiten bestehen in der Reihenfolge der Abarbeitung.

Bezeichnen wir die Betriebsmittel mit A, B, C und die Anforderungen an sie mit A_i, B_j, C_k, so lässt sich dies durch eine *Präzedenzrelation* „>" ausdrücken. Dabei soll A_i > B_j bedeuten, dass zuerst A_i und dann (irgendwann) B_j ausgeführt werden muss. Ist A_i die direkte, letzte Aktion vor B_j, so sei die *direkte* Präzedenzrelation mit „>>" notiert.

Beispiel

A_1 >> B_1 >> C_1 >> A_5 >> B_3 >> A_6
B_1 >> B_4 >> C_3 >> B_3
A_2 >> A_3 >> B_4
A_3 >> C_2 >> B_2 >> B_3
A_4 >> C_2

Eine solche Menge von Relationen lässt sich durch einen gerichteten, gewichteten Graphen visualisieren, bei dem ein Knoten die Anforderung und die Kante „→" die Relation „>>" darstellt. Die Dauer t_i der Betriebsmittelanforderung ist jeweils mit einer Zahl (Gewichtung) neben der Anforderung (Knoten) notiert.

Für unser Beispiel sei dies durch Abb. 2.13 gegeben. Eine Reihenfolge ist genau dann nicht notwendig, wenn es sich um **unabhängige**, disjunkte Prozesse handelt, die keine gemeinsamen Daten haben, die verändert werden. Benötigen sie dagegen gemeinsame Betriebsmittel, so handelt es sich um **konkurrente** Prozesse.

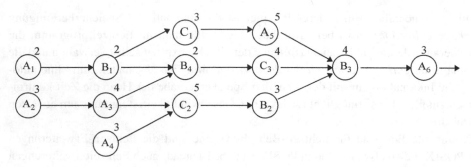

Abb. 2.13 Präzedenzgraph

Ein möglicher Ablaufplan lässt sich durch ein Balkendiagramm (**Gantt-Diagramm**) visualisieren, in dem jedem Betriebsmittel ein Balken zugeordnet ist. Für unser Beispiel ist dies in Abb. 2.14 zu sehen.

Was können wir bei einer guten Schedulingstrategie an Gesamtlaufzeit T erwarten? Bei abhängigen Prozessen gibt uns unser zyklenfreier Präzedenzgraph die Antwort. Bilden wir alle möglichen Pfade, die vom einem Anfangsknoten (Knoten ohne Pfeilspitze) zu einem Endknoten (Knoten ohne Pfeilanfang) führen und addieren dabei die Ausführungszeiten entlang des Pfades, so ist der Pfad mit der größten Summe, der *kritische Pfad*, entscheidend: Kürzer kann die Gesamtausführungszeit nicht sein, auch wenn wir beliebig viele Parallelprozessoren verwenden.

Bei n unabhängigen Prozessen mit den Gewichten $t_1, \dots, t_n$ und m Prozessoren ist klar, dass die optimale Gesamtausführungszeit T_{opt} für ein präemptives Scheduling entweder von der Ausführungszeit aller Prozesse, verteilt auf die Prozessoren, oder aber von der Ausführungszeit des längsten Prozesses bestimmt wird:

$$T_{opt} = \max\left\{\max_{1 \le i \le n} t_i, \frac{1}{m}\sum_{i=1}^{n} t_i\right\}$$

Dies ist der günstigste Fall, den wir erwarten können. Für unser obiges Beispiel in Abb. 2.13 mit n = 13 Prozessen und m = 3 Prozessoren ist günstigstenfalls T = 43/3 ≤ 15

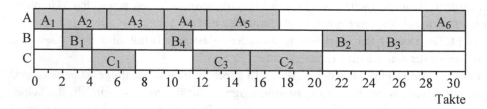

Abb. 2.14 Gantt-Diagramm der Betriebsmittel

im Unterschied zu T = 30 für den Ablaufplan in Abb. 2.14. Führen wir nämlich zusätzliche Nebenbedingungen ein, wie beispielsweise die Bedingung, dass ein Prozess vom Typ A_i nur auf Prozessor A, ein Prozess B_j nur auf Prozessor B und ein Prozess C_k nur auf Prozessor C ablaufen darf, so verlängert sich die Ausführungszeit T.

Mit den oben eingeführten Hilfsmitteln wollen wir nun einige Schedulingstrategien für die parallele Ausführung von Prozessen auf mehreren Prozessoren näher betrachten.

Deterministisches Parallelscheduling

Angenommen, die Betriebsmittelanforderung (das Knotengewicht) ist jeweils das Mehrfache einer festen Zeiteinheit Δt: Die Zeitabschnitte sind *„mutually commensurable"*. Die Menge aller Knoten des Graphen lässt sich nun derart in Untermengen zerteilen, dass alle Knoten einer Untermenge unabhängig voneinander sind, also keine Präzedenzrelation zwischen ihnen besteht.

Beispiel

Die Knotenmenge des Graphen aus Abb. 2.13 lässt sich beispielsweise in die unabhängigen Knotenmengen $\{A_1,A_2\}$, $\{B_1,A_3,A_4\}$, $\{C_1,B_4, C_2\}$, $\{A_5, C_3, B_2\}$, $\{B_3\}$, $\{A_6\}$ unterteilen. Dabei ist zwar B_4 von A_3 und B_1 und damit auch $\{C_1,B_4, C_2\}$ von $\{B_1,A_3,A_4\}$ abhängig, aber nicht die Knoten innerhalb einer Untermenge.

Eine solche Einteilung kann auf verschiedene Weise vorgenommen werden; die Unterteilung ist nicht eindeutig festgelegt; in unserem Beispiel ist auch $\{A_1,A_2,A_4\}$ eine Lösung für die erste Untermenge. Die *N* Untermengen bezeichnen wir als *N Stufen* (*levels*), wobei dem Eingangsknoten die Stufe 1, der davon abhängigen Knotenmenge die Stufe 2 usw. und dem letzten Knoten (*terminal node*) die N-te Stufe zugewiesen wird (**Präzedenzpartition**).

Beispiel

Die obige Zerteilung hat N = 6 Stufen, wobei die Menge $\{A_1,A_2\}$ der Stufe 1 und dem Terminalknoten A_6 die Stufe 6 zugewiesen wird.

Man beachte, dass zwar das allgemeine Problem, einen optimalen Ablaufplan zu finden, NP-vollständig ist, aber für „normale" Prozesse unter „normalen" Bedingungen gibt es durchaus Algorithmen, die einen brauchbaren Ablaufplan entwerfen.

Es existieren nun drei klassische Strategien (Muntz und Coffman 1969), um Prozesse präemptiv zu planen:

- *Earliest Scheduling*
  Ein Prozess wird bearbeitet, sobald ein Prozessor frei wird. Dazu beginnen wir mit der ersten Stufe und besetzen die Prozessoren mit den Prozessen der Knotenmenge.

Abb. 2.15 Gantt-Diagramm bei der *earliest scheduling*-Strategie

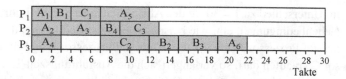

Alle noch freien Prozessoren werden dann mit den Prozessen der zweiten Stufe (sofern möglich) belegt usw. Frei werdende Prozessoren erhalten darauf in der gleichen Weise die Prozesse der gleichen bzw. nächsten Stufe, bis alle Stufen abgearbeitet sind.

Beispiel

Das Gantt-Diagramm der Präzedenzpartition des obigen Beispiels aus Abb. 2.13, interpretiert als Ablaufplan für die Prozessoren P_1, P_2 und P_3, nimmt mit der *earliest scheduling*-Strategie die Gestalt in Abb. 2.15 an.

Mit diesem Ablaufplan erreichen wir für das Beispiel eine Länge T = 22.

• *Latest Scheduling*

Ein Prozess wird zum spätesten Zeitpunkt ausgeführt, an dem dies noch möglich ist. Dazu ändern wir die Reihenfolge der Stufenbezeichnungen in der Präzedenzpartition um; die N-te Stufe wird nun zur ersten und die erste Stufe wird zur N-ten. Nun weisen wir wieder den Prozessoren zuerst die Prozesse der Stufe 1 zu, dann diejenigen der Stufe 2 usw.

Beispiel

Mit der *latest-scheduling*-Strategie ergibt sich für obiges Beispiel aus Abb. 2.13 das Gantt-Diagramm in Abb. 2.16.

Mit diesem deterministischen Ablaufplan erreichen wir für das gleiche Beispiel nur eine Länge T = 22.

• *List Scheduling*

Alle Prozesse werden mit Prioritäten versehen in eine zentrale Liste aufgenommen. Wird ein Prozessor frei, so nimmt er aus der Liste von allen Prozessen, deren Vorgänger ausgeführt wurden und die deshalb lauffähig sind, denjenigen mit der höchsten Priorität und führt ihn aus. Wird die Priorität bereits beim Einsortieren in die *bereit*-Liste beachtet und werden Prozesse, die auf Vorgänger warten, in die *blockiert*-Warteschlange einsortiert, so erhalten wir eine zentrale Multiprozessor-Prozesswarteschlange ähnlich der

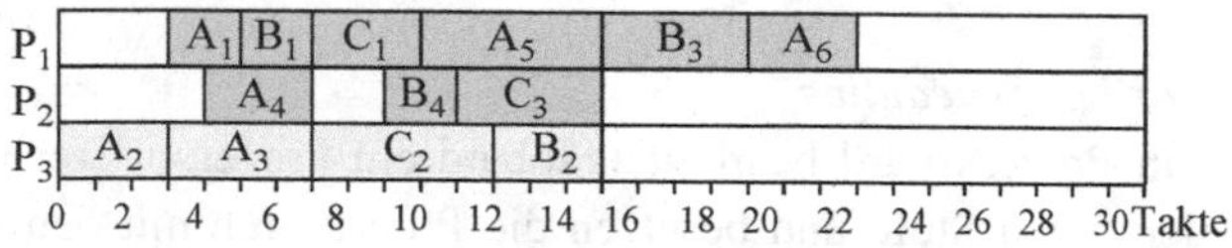

Abb. 2.16 Gantt-Diagramm bei *latest scheduling*-Strategie

Abb. 2.17 Optimaler Ablaufplan von drei Prozessen auf zwei Prozessoren

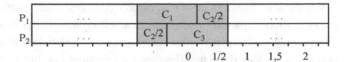

Prozesswarteschlange in unserem Einprozessorsystem. Im Unterschied dazu wird sie aber von allen Prozessoren parallel abgearbeitet. In Abschn. 2.3.5 ist als Beispiel das Warteschlangenmanagement beim Ultracomputer der NYU beschrieben.

Man sieht, dass man mit den Algorithmen zwar keinen optimalen, aber durchaus einen funktionsfähigen Ablaufplan finden kann. Für m = 2 Prozessoren und Prozesse einheitlicher Länge ($t_i = t_K$) können wir sogar einen optimalen, präemptiven Ablaufplan der Prozess-Gesamtmenge erreichen, indem wir für jede Untermenge (Stufe) einen optimalen präemptiven Ablaufplan finden (Muntz und Coffman 1969). Diesen Gedanken können wir auf den Fall $t_i \neq t_K$ erweitern, indem wir jeden Prozess der Länge $s \cdot \Delta t$ virtuell aus einer Folge von s Einheitsprozessen bestehen lassen. Wir erhalten so aus unserem Präzedenzgraphen einen neuen Präzedenzgraphen, der nur Prozesse gleicher Länge enthält und damit für m = 2 Prozessoren ein optimales präemptives Scheduling erlaubt. Allerdings ist es bei einer ungeraden Anzahl von Prozessen nötig, bei drei Prozessen C_1, C_2, C_3 aus einer der Stufen einen der Prozesse (z. B. C_2) zu teilen und beide Hälften auf die Prozessoren zu verteilen, s. Abb. 2.17. Dieser ist wieder optimal, so dass der Gesamtschedul auch optimal wird.

Die Betrachtungen können auch ausgedehnt werden auf Präzedenzgraphen mit vielen parallelen, einfachen Prozessketten, also Graphen mit einem Startknoten, einem Endknoten und (bis auf den Startknoten) nur jeweils maximal einem Nachfolgeknoten pro Knoten.

Die minimale Ausführungszeit bei Multiprozessorscheduling

Angenommen, wir benutzen die prioritäts- und präzedenzorientierte, zentrale Warteschlange, was ist dann die kleinste Ausführungszeit T_{prio}, die wir für eine Liste von Prozessen, versehen mit Prioritäten und Präzedenzen, erwarten können?

Angenommen, wir notieren mit T_{prio} die Ausführungszeit für einen Ablaufplan, der einem freiwerdenden Prozessor den ausführbaren Prozess mit der höchsten Priorität aus der Liste zuweist, und der Gesamtausführungszeit T_o den optimalen Ablaufplan. Für gleichartige Prozessortypen und m Prozessoren gilt mit (Liu und Liu 1978)

$$\frac{T_{prio}}{T_o} \leq 2 - \frac{1}{m}$$

Wie man aus obiger Formel sieht, ist bei gleichartigen Prozessoren ein prioritätsgeführter Ablaufplan im schlechtesten Fall doppelt so lang wie ein optimaler Ablaufplan; im besten Fall gleich lang. Bei nur einem Prozessor sind sie natürlich identisch, da der eine Prozessor immer die gesamte Arbeit machen muss, egal, in welcher Reihenfolge die Prozesse abgearbeitet werden.

Würde man allgemein mehr Prozessoren (Betriebsmittel) einführen, so würde zwar durch die zusätzlichen, parallel wirkenden Bearbeitungsmöglichkeiten meistens die Gesamtausführungszeit verkleinert werden. Da mit diesen zusätzlichen Betriebsmitteln aber die Auslastung sinkt, wäre dann natürlich auch die mittlere Leerlaufzeit der Betriebsmittel höher. Interessanterweise führt das Lockern von Restriktionen, wie z. B.

- das Aufheben einiger Präzedenzbedingungen
- das Verkleinern einiger Ausführungszeiten
- die Erhöhung der Prozessoranzahl (m′ ≥ m)

nicht automatisch zu einer kürzeren Gesamtausführungsdauer *T*, sondern kann auch zu ungünstigeren Schedulen führen (**Multiprozessoranomalien**). In diesem Zusammenhang sind die Studien von Graham (1972) interessant. Er fand heraus, dass in einem System mit *m* identischen Prozessoren, in dem die Prozesse völlig willkürlich den Prozessoren zugeordnet werden, die Gesamtausführungsdauer T der Prozessmenge nicht mehr als das Doppelte derjenigen eines optimalen Scheduls werden kann: Für die Gesamtdauer T′ eines veränderten Scheduls mit gelockerten Restriktionen gilt die Relation

$$\frac{T'}{T} \leq 1 + \frac{m-1}{m'}$$

so dass für m = m′ die obere Schranke durch 2 − $^1/_m$ gegeben ist.

Eine gute Methode, um erfolgreiche Ablaufpläne zu konstruieren, besteht in der Zusammenfassung mehrerer Prozesse (meist von einem gemeinsamen Elternprozess erzeugt) zu einer **Prozessgruppe**, die gemeinsam auf einem Multiprozessorsystem ausgeführt wird (**Gruppenscheduling**). Da es meist Abhängigkeiten in Form von Kommunikationsmechanismen unter den Prozessen einer Gruppe gibt, die über gemeinsamen Speicher (*shared memory*, s. Abschn. 3.3) laufen können, verhindert man so ein Ein- und Ausladen der Speicherseiten und des Prozesskontextes der beteiligten Prozesse.

Eine wichtige Voraussetzung für die präemptiven Ablaufpläne ist ein geringer Kommunikationsaufwand, um einen Prozess mit seinem Kontext auf einem Prozessor starten bzw. fortsetzen zu können. Dies ist in verteilten Systemen nicht immer gegeben, sondern meist nur in eng gekoppelten Multiprozessorsystemen oder bei Nutzung von Prozessgruppen. Benutzt man non-präemptive Ablaufpläne, so wird dieser Nachteil vermieden; allerdings ist das Scheduling auch schwieriger. Zwar gelten die obigen präemptiven Schedulingstrategien auch für non-präemptives Scheduling von Prozessen der Einheitslänge, aber allgemeines non-präemptives Scheduling muss extra berücksichtigt werden.

Weitere deterministische Schedulingalgorithmen sind in Gonzalez (1977) zu finden.

Multiprozessorlastverteilung

Die maximal erreichbare Beschleunigung (**speedup** = das Verhältnis AlteZeit zu NeueZeit) der Programmausführung durch zusätzliche parallele Prozessoren, I/O-Kanäle usw.

ist sehr begrenzt. Maximal können wir die Last auf *m* Betriebsmittel (z. B. Prozessoren) verteilen, also NeueZeit = AlteZeit/m, was einen linearen *speedup* von *m* bewirkt. In der Praxis ist aber eine andere Angabe noch viel entscheidender: der Anteil von sequentiellem, nicht-parallelisierbarem Code. Seien die sequentiell ausgeführten Zeiten von sequentiellem Code mit T_{seq} und von parallelisierbarem Code mit T_{par} notiert, so ist mit $m \to \infty$ Prozessoren mit $T_{par} \to 0$ der *speedup* bei sehr starker paralleler Ausführung

$$speedup = \frac{\text{AlteZeit}}{\text{NeueZeit}} \to \frac{T_{seq} + T_{par}}{T_{seq} + 0} = 1 + \frac{T_{par}}{T_{seq}}$$

fast ausschließlich vom Verhältnis des parallelisierbaren zum sequentiellen Code bestimmt.

Beispiel

Angenommen, wir haben ein Programm, das zu 90 % der Laufzeit parallelisierbar ist und nur für 10 % Laufzeit sequentiellen Code enthält. Auch mit dem besten Schedulingalgorithmus und der schnellsten Parallelhardware können wir nur den Code für 90 % der Laufzeit beschleunigen; die restlichen 10 % müssen hintereinander ausgeführt werden und erlauben damit nur einen maximalen *speedup* von (90 % + 10 %)/ 10 % = 10.

Da die meisten Programme weniger rechenintensiv sind und einen hohen I/O-Anteil (20–80 %) besitzen, bedeutet dies, dass auch die Software des Betriebssystems in das parallele Scheduling einbezogen werden sollte, um die tatsächlichen Ausführungszeiten deutlich zu verringern. In Abb. 2.18 sind die zwei Möglichkeiten dafür gezeigt.

Links ist die Situation aus Abb. 1.12 vereinfacht dargestellt: Jeder Prozessor bearbeitet streng getrennt einen der parallel existierenden Prozesse, wobei das Betriebssystem als sequentieller Code nur einem Prozessor zugeordnet wird. Diese Konfiguration wird als **asymmetrisches Multiprocessing** bezeichnet.

Im Gegensatz dazu kann man das Betriebssystem – wie auch die Anwenderprogramme – in parallel ausführbare Codestücke aufteilen, die von jedem Prozessor ausgeführt werden können. So können auch die Betriebssystemteile parallel ausgeführt werden,

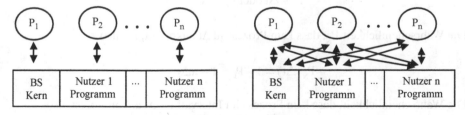

Abb. 2.18 Asymmetrisches und symmetrisches Multiprocessing

was den Durchsatz deutlich erhöht. Diese Konfiguration bezeichnet man als **symmetrisches Multiprocessing SMP**.

Für das Scheduling bei Multiprozessorsystemen wird üblicherweise eine *globale Warteschlange* benutzt, in der alle bereiten Prozesse eingehängt werden. Jeder Prozessor, der seinen Prozess beendet hat, entnimmt den nächsten Prozess der einen Liste. Dies hat nicht nur den Vorteil, dass alle Prozessoren gleichmäßig ausgelastet werden, sondern führt bei den Prozessorfehlern, die sich nicht in einzelnen Fehlfunktionen, sondern in einem völligen Ausfall des Prozessors äußern (*fail-save* Verhalten), dazu, dass bis auf den betroffenen Prozesse alle anderen unbehelligt weiter ausgeführt werden und der Rechenbetrieb so weiterläuft (*Ausfalltoleranz*).

Das allgemeine Problem, *n* Prozesse auf *m* Prozessoren zu verteilen, ist bisher ungelöst; es ist ein typisches Rucksackproblem und damit NP-vollständig. Die verschiedenen Strategien dafür sind stark durch die Annahmen über die Prozesseigenschaften geprägt. Da die Abhängigkeiten der Prozesse untereinander sowie der benötigten Betriebsmittel im Ablauf bei unregelmäßigen Prozessen nur Schätzungen sein können, sind die Schedulingalgorithmen meist nur mehr oder weniger stark heuristisch geprägte Approximationen. Bei stark variierenden Anforderungen ist ihr Nutzen sehr begrenzt.

2.2.7 Stochastische Schedulingmodelle

Aus diesem Grund gibt es zwei prinzipielle Ansätze, gute Schedulingalgorithmen auf der Basis von (statistischen) Beobachtungen der Prozesseigenschaften zu konstruieren, die sich nicht ausschließen, sondern ergänzen. Zum einen kann man mit plausiblen Annahmen über die Prozesse und ihre Bearbeitung ein mathematisches Modell erstellen. Dies ist die Aufgabe des *analytischen* Ansatzes, der meist die **Warteschlangentheorie** (s. z. B. Brinch Hansen 1973) benutzt.

Beispiel

Die Wahrscheinlichkeit P_J, mit der ein neuer Prozess bei einer Warteschlange in der Zeitspanne Δt eintrifft, sei proportional zur (kleinen) Zeitspanne und unabhängig von der Vorgeschichte (Annahme einer Poisson-Verteilung)

$$P_J \sim \Delta t \text{ oder } P_J = \lambda \Delta t$$

Die Wahrscheinlichkeit P_N, dass kein Prozess in Δt ankommt, ist also

$$P_N(\Delta t) = 1 - P_J = 1 - \lambda \Delta t$$

Die Wahrscheinlichkeit, dass kein Prozess im Intervall $t + \Delta t$ ankommt, ist also
$$P_N(t + \Delta t) = P(\text{Kein Prozess in } t \cap \text{kein Prozess in } \Delta t) = P_N(t)\, P_N(\Delta t) = P_N(t)\, (1 - \lambda \Delta t)$$

und somit
$$\frac{P_N(t+\Delta t)-P_N(t)}{\Delta t}=-\lambda P_N(t)$$

Im Grenzübergang für $\Delta t \to 0$ bedeutet dies

$$\frac{dP_N(t)}{dt}=-\lambda P_N(t)$$

so dass mit $P_N(0)=1$ die Integration $P_N(t)=e^{-\lambda t}$ ergibt und somit

$$P_J(t)=1-P_N(t)=1-e^{-\lambda t} \qquad\qquad\qquad (Exponentialverteilung)$$

Damit haben wir eine wichtige statistische Annahme erhalten, die so nicht nur für die Ankunftszeit, sondern auch für die Bearbeitungszeit von Prozessen gemacht wird. Die Wahrscheinlichkeitsdichte p(t) für die Ankunft bzw. Bearbeitung der Prozesse ist mit

$$P_J(t)=1-e^{-\lambda t}=\int_0^t \lambda e^{-\lambda s}ds=\int_0^t p_J(s)\,ds \Leftrightarrow p(t)=\lambda e^{-\lambda t}$$

Die mittlere oder erwartete Ankunftszeit T_j ist somit

$$T_J=\int_0^\infty p(t)\,tdt=\int_0^\infty t\lambda e^{-\lambda t}dt=\underbrace{-te^{-\lambda t}\Big|_0^\infty}_{0}-\int_0^\infty -e^{-\lambda t}dt=-\frac{1}{\lambda}e^{-\lambda t}\Big|_0^\infty=\frac{1}{\lambda}$$

Die Umkehrung $1/T=\lambda$ ist eine Frequenz oder Rate, die **Ankunftsrate** λ. Analog dazu erhalten wir die **Bedienrate** μ.

Ist $\lambda < \mu$, so ist die Warteschlange im Gleichgewichtszustand. Für diesen Fall gilt die Littlesche Formel über die mittlere Länge L der Warteschlange und die mittlere Wartezeit T_w eines Prozesses:

$$L=\lambda T_w \qquad\qquad\qquad (Littlesche\,Formel)$$

was auch intuitiv einleuchtet.

Ein Ansatz für stochastisches Multiprozessorscheduling ist beispielsweise in Robinson (1979) zu finden. Leider treffen die Annahmen, die solche mathematischen Behandlungen ermöglichen, in dieser Form meist nicht zu. Stattdessen müssen komplexere Annahmen gemacht werden, die aber durch ihre Vielfalt die mathematische Behandlung erschweren und teilweise unmöglich machen. Deshalb sind die Ergebnisse einer mathematischen Modellierung meist nur eingeschränkt anwendbar; sie sind nur im Idealfall gültig und stellen eine Extremsituation dar.

Aus diesem Grund ist es sehr sinnvoll, als zweiten Ansatz auch die *Simulation* des untersuchten Systems durchzuführen. Es gibt dafür bereits verschiedene Softwarepakete, die dies erleichtern. Bei der Simulation werden alle parallelen Betriebsmittel wie Prozessoren, I/O-Kanäle usw. mit jeweils einer Warteschlange, Auftrittsrate und Bedienrate (*Bedienstation*) modelliert. Das reale Computersystem wird auf ein Netz aus Bedienstationen abgebildet, so dass man die einzelnen Parameter gut an die Realität anpassen kann. Verklemmungen und Leistungsengpässe („Flaschenhälse") lassen sich so simulativ erfassen, geeignet interpretieren und beheben.

2.2.8 Beispiel UNIX: Scheduling

In UNIX kommt meist das Round-Robin-Verfahren zur Anwendung, das durch Prioritäten geeignet modifiziert wird. Jeder Prozess bekommt eine initiale Priorität zugeteilt, die sich beim Warten noch mit der Zeit erhöht. Dadurch sind einerseits die Systemprozesse bevorteilt, zum anderen wird aber sichergestellt, dass auch langwartende Prozesse einmal an die Reihe kommen.

In UNIX entspricht jeder Priorität eine ganze Zahl. Frühere Versionen hatten Prioritäten von -127 bis $+127$, wobei kleine Zahlen hohe Prioritäten bedeuten. Dabei bedeuten negative Zahlen Systemprozesse, die normalerweise nicht unterbrochen werden können. Ein Kommando „`nice`" erlaubt es Benutzern, die eigene Standardpriorität herabzusetzen, um bei unkritischen Prozessen nett zu den anderen Benutzern zu sein. Typischerweise wird dies meist nicht benutzt.

Da bei ganzen Zahlen mehrere Prozesse mit gleicher Priorität existieren, gibt es für alle Prozesse gleicher Priorität jeweils eine eigene FCFS-Warteschlange. Sind alle Prozesse einer Warteschlange abgearbeitet, so wird die nächste Warteschlange mit geringerer Priorität bearbeitet. Zusätzlich werden Prozesse, deren Priorität sich durch Warten erhöht, in andere Schlangen umgehängt (*multi-level feedback scheduling*).

In neuen UNIX-Varianten erstreckt sich die Priorität von 0 bis 255 und ist zusätzlich unterteilt. In Abb. 2.19 sind die Prioritätswarteschlangen dieser *multi-level queue* für

Abb. 2.19 Multi-level-Warteschlangen in UNIX

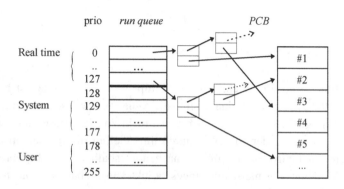

HP-UX (Hewlett-Packard 1991) gezeigt. Die Warteschlangen bilden eine verkettete Liste, deren inhaltliche Zeiger auf die Prozesskontrollblöcke PCB der Prozesstafel zeigen. Alle Prozesse der Systemprioritäten (128–177) und der *User* (178–255) werden nach dem Zeitscheibenverfahren zugeteilt; die Prozesse, die mit einem speziellen Systemaufruf rtprio() gestartet werden, werden extra behandelt. Ihre Priorität (0–127) ist initial höher und wird nicht mehr verändert.

Diese und andere zusätzliche, früher in UNIX nicht existierende Eigenschaften wie das präemptive Scheduling von Prozessen, die sich gerade im *kernel mode* befinden und deshalb normalerweise ununterbrechbar sind (es existiert nur ein einziger *kernel stack*, der überlaufen könnte), fest reservierte Hauptspeicherbelegung (*memory lock*) zur Vermeidung des *swapping* sowie Dateien mit konsekutiven Blöcken ermöglichen auch ein Echtzeitverhalten in Real-Time-UNIX, siehe Furht et al. (1991).

In **Linux** ab Version 2.6 gibt es im Unterschied dazu 140 Prioritäten, wobei die hohen Prioritäten 0,...,100 den Realzeitprozessen vorbehalten sind. Die Prozesse in jeder der 140 möglichen Warteschlangen sind auch in FCFS-Reihenfolge geordnet und werden so zuerst nach Priorität und dann nach Reihenfolge abgearbeitet. Eine 140-Bit-Folge verzeichnet eine „1" genau dann, wenn die Warteschlange nicht leer ist; sonst ist das Bit null. Damit wird das Durchsuchen der Warteschlangen aller lauffähigen Prozesse nach dem nächsten auszuführenden Prozess sehr schnell gemacht.

Um die Interaktivität (sichtbare Antwortverhalten bei einem PC) zu fördern, wird die Priorität eines Prozesses dynamisch nach dem Grad der Interaktivität verändert. Eine Variable sleep_avg wird für jeden Prozess mitgeführt. Sie kann Werte zwischen −5 und +5 annehmen und entspricht der Anzahl der Prioritätsstufen, die ein Prozess gegenüber der initialen Zuordnung zu- oder abnehmen kann. Beim Aufwecken nach einem I/O wird sleep_avg um die Anzahl der Zeitticks (auf max 10) erhöht, die der Prozess geschlafen hat. Umgekehrt wird für jeden Zeittick, den der Prozess läuft, ein Punkt von sleep_avg abgezogen.

Diese Priorität wirkt sich auch auf die Länge der Zeitscheibe des Prozesses aus: Sie variiert zwischen 10 ms für unwichtige und 200 ms für wichtige Prozesse.

Realzeitprozessen werden allerdings stark bevorzugt: Wurden sie mit der Strategie SCHED_RR gestartet, so wird nur ein einfaches Round-Robin ohne Prioritätsveränderung gestartet. Bei dem Start mit SCHED_FIFO dagegen werden für den Prozess sogar die Zeitscheiben abgeschaltet und ein roter Teppich ausgerollt: Er kann laufen, bis er freiwillig die Kontrolle abgibt.

Beim Einsatz in Symmetrischen Multiprozessoranlagen verwaltet jeder Prozessor sein eigenes Warteschlangensystem. Einen global agierende Funktion zur Lastverteilung load_balance() sorgt dafür, dass bei starken Ungleichheiten der Lastverteilung (>25 %) eine leere Warteschlange eines Prozessors wieder aufgefüllt wird. Diese Funktion wird mindestens alle 200 ms von einem Prozessor aufgerufen, ansonsten immer dann, wenn einer untätig ist. Näheres zum Linux-Kern findet man in Love (2003) und Maurer (2004).

2.2.9 Beispiel: Scheduling in Windows NT

Auch in Windows NT gibt es ein Multi-level-Scheduling, das Echtzeitjobs zulässt. Die Prioritäten gehen dabei von Priorität 0 als der geringsten Priorität (für den *system-idle*-Prozess) zur höchsten Priorität 31 für Echtzeitprozesse. In Abb. 2.20 ist eine Übersicht gegeben. Allerdings werden nicht Prozesse verwaltet, sondern Leichtgewichtsprozesse (*threads*). Das Scheduling ist dabei vom Dispatching getrennt. Der Dispatcher unterhält eine eigene Datenbasis, die den Status der *threads* und der CPUs festhält und die Entscheidungsgrundlage für den Scheduler bildet. Windows NT unterstützt symmetrisches Multiprocessing. Ist kein *thread* abzuarbeiten, so führen die CPUs einen besonderen *thread*, den *idle thread*, aus.

Die *threads* werden wie Prozesse nach dem präemptiven Zeitscheibenverfahren zugeteilt und bearbeitet. Die Bezeichnung „Prozess" ist damit nur noch eine Zusammenfassung aller Threads mit gemeinsamem Speicherbereich und anderem Prozesskontext; für die Zuteilung spielt es keine Rolle.

Nach jeder Zeitscheibe (*timer interrupt*) wird die Priorität des *threads* (Prio 1–15) etwas vermindert bis minimal auf die Basispriorität, Prio 2–6. Danach wird dann zum einen entschieden, welcher der *threads* in der Warteschlange die höchste Priorität hat, und zum anderen, ob der *thread* auf dem Prozessor ausgeführt werden kann. Dafür gibt es eine zusätzliche (veränderbare) Eigenschaft, die *Prozessoraffinität*.

Wird ein *thread* aus einer Warteschlange in die *bereit*-Liste umgehängt, so erhält er zusätzliche Priorität, die von der Art der Warteliste abhängt: Terminal-I/O erhält mehr Zusatzpriorität als Platten-I/O.

Wird ein *thread* bereit, der eine höhere Realzeit-Priorität (Prio 16–31) als einer der gerade ausgeführten *threads* auf einem der Prozessoren hat, so wird der *thread* in die Warteschlange eingereiht, und der betreffende Prozessor erhält einen Interrupt. Darauf schiebt er den *thread* zurück in die Warteschlange und wechselt zu dem mit höherer Priorität.

Die initialen Prioritäten werden nach der Art der Prozesse zugeteilt: Interaktive Prozesse sind wichtiger als allgemeine I/O-Prozesse, die wiederum wichtiger sind als reine Rechenprozesse.

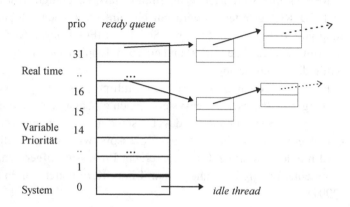

Abb. 2.20 Dispatcher ready queue in Windows NT

2.2.10 Aufgaben

Aufgabe 2.2-1 Scheduling

a) Was ist der Unterschied zwischen der Ausführungszeit und der Bedienzeit eines Prozesses?

b) Mac OS X ist Apples erstes Betriebssystem, das präemptives Scheduling unterstützt: bis einschließlich Mac OS 9 wurde non-präemptives Scheduling verwendet. Erläutern Sie, worin sich diese beiden Schedulingvarianten unterscheiden.

c) Geben Sie den Unterschied an zwischen einem Algorithmus für ein *Foreground/background*-Scheduling, das RR für den Vordergrund und einen präemptiven Prioritätsschedul für den Hintergrund benutzt, und einem Algorithmus für *Multi-level-feedback*-Scheduling.

Aufgabe 2.2-2 Scheduling

Fünf Stapelaufträge treffen in einem Computer fast zur gleichen Zeit ein. Sie besitzen in ihrer Reihenfolge geschätzte Ausführungszeiten von 10, 6, 4, 2 und 8 Minuten und die Prioritäten 3, 5, 2, 1 und 4, wobei 5 die höchste Priorität ist. Geben sie für jeden der folgenden Schedulingalgorithmen die durchschnittliche Verweilzeit an. Vernachlässigen sie dabei die Kosten für einen Prozesswechsel.

a) Round Robin
b) Priority Scheduling
c) First Come First Serve
d) Shortest Job First

Nehmen Sie für a) an, dass das System Mehrprogrammbetrieb verwendet und jeder Auftrag einen fairen Anteil an Prozessorzeit (Zeitscheibe in FIFO-Reihenfolge!) erhält. Die Länge der Zeitscheiben sei dabei unendlich kurz in Relation zu der Joblänge. Nehmen sie weiterhin für b)–d) an, dass die Aufträge nacheinander ausgeführt werden. Alle Aufträge sind reine Rechenaufträge.

Aufgabe 2.2-3 Adaptive Parameterschätzung

Beweisen Sie: Wird eine Größe a mit der Gleichung

$$a(t) = a(t-1) - 1/t \, (a(t-1) - b(t))$$

aktualisiert, so stellt a(t) in jedem Schritt t den arithmetischen Mittelwert der Größe b(t) über alle t dar.

Aufgabe 2.2-4 Echtzeitscheduling

Um die Ruine eines Atomkraftwerks gefahrlos untersuchen zu können, möchte ein Forscherteam eine autonome Drohne einsetzen. Diese besteht aus verschiedenen Komponenten, die von einem Prozessor gesteuert werden müssen. Dazu muss dieser die folgenden Aufgaben periodisch bearbeiten:

- Alle 50 ms müssen die Beschleunigungssensoren abgefragt und daraus die Ansteuerungsparameter der Rotoren berechnet werden, was 10 ms dauert. Geschieht dies nicht rechtzeitig, so stürzt die Drohne ab und ist verloren.

- Alle 100 ms müssen zur Wegfindung die Abstandssensoren ausgelesen werden, was 10 ms dauert. Geschieht dies nicht rechtzeitig, so kann die Drohne gegen eine Wand fliegen und abstürzen.

- Alle 60 s muss der aktuelle Akkustand überprüft werden, um gegebenenfalls die Rückkehr zum Ausgangspunkt einzuleiten. Diese Überprüfung dauert insgesamt 3 s, da hier zur verlässlichen Vorhersage mehrere Messungen nötig sind. Geschieht dies nicht rechtzeitig, so muss die Drohne im schlimmsten Fall in einem Gebiet notlanden, das stark verstrahlt ist und somit nicht von Menschen betreten werden kann, weshalb die Drohne somit auch verloren wäre.

- Alle 100 ms muss der Temperatursensor ausgelesen werden, um zu verhindern, dass die Drohne zu weit in Richtung des heißen Reaktorkerns fliegt. Dies dauert 5 ms. Geschieht dies nicht rechtzeitig, so fallen wichtige Komponenten möglicherweise aus, was den Absturz der Drohne zur Folge hat.

- Ebenfalls alle 100 ms muss der Geigerzähler abgefragt werden, um die aktuellen Strahlungswerte zu erhalten. Dies dauert 15 ms. Geschieht dies nicht, so kann die Drohne in sehr stark kontaminierte Gebiete fliegen, in denen die Strahlung Fehlfunktionen im Prozessor auslösen kann, die zum Absturz führen können.

- Alle 10 Sekunden soll die integrierte Kamera ein Foto der Umgebung aufnehmen und speichern, was 750 ms dauert. Obwohl dies für die Flugsicherheit der Drohne nicht entscheidend ist, wird gefordert, dass diese Zeitschranke unbedingt eingehalten werden muss, da geschätzt wurde, dass die Entwicklungskosten der Drohne sehr hoch sein werden und ein Drohnenflug mit zu wenigen Bildern nicht genügend Ergebnisse liefert.

- Alle 100 ms muss aus den vorliegenden Daten die Flugroute neu berechnet werden, was 25 ms dauert. Geschieht dies nicht rechtzeitig, so geht die Drohne höchstwahrscheinlich verloren.

- Alle 50 ms müssen die Ansteuerungsparameter der Rotoren an eine separate Flugkontrolleinheit übertragen werden, was 5 ms dauert. Geschieht dies nicht, so stürzt die Drohne ab.

- Aufgrund der zu erwartenden Strahlung, die Inhalte des Arbeitsspeichers verändern könnte, soll der gesamte Arbeitsspeicher immer dann, wenn Zeit zur Verfügung steht, einer Fehlerkorrektur unterzogen werden. Ein Durchlauf durch den gesamten

Arbeitsspeicher dauert dabei 20 s. Wegen der guten Abschirmung der Elektronik wird in der durch die Akkukapazität begrenzten maximalen Drohnenflugzeit jedoch statistisch weniger als ein Fehler pro Flugmission erwartet, weshalb diese Anforderung als nicht drohnenmissionskritisch eingestuft wird.

- Nach Möglichkeit soll in regelmäßigen Abständen eines der gespeicherten Bilder per Funk an die Basisstation übertragen werden. Die Forscher hoffen, somit bereits während des Fluges mit einer ersten Auswertung der Drohnenmission beginnen zu können, sehen diese Anforderung jedoch nicht als kritisch an.

Überprüfen Sie, ob sich diese Anforderungen mit den geplanten Komponenten realisieren lassen oder ein neuer Entwurf mit einem schnelleren Prozessor nötig ist. Falls sich die Anforderungen realisieren lassen, so geben Sie ein Schedulingkonzept dafür an und begründen Sie es.

Aufgabe 2.2.-5 Multiprozessor-Scheduling

Gegeben seien die Präzedenzen P1 >> P3, P2 >> P3, P3 >> P5, P4 >> P5, P5 >> P8, P6 >> P7, P6 >> P9, P7 >> P8, P8 >> P9 mit den Prozessdauern $t(P1) = 1$, $t(P2) = 2$, $t(P3) = 2$, $t(P4) = 2$, $t(P5) = 4$, $t(P6) = 3$, $t(P7) = 2$, $t(P8) = 1$, $t(P9) = 1$.

- Zeichnen Sie den dazugehörigen Präzedenzgraphen und geben Sie den kritischen Pfad samt seiner Länge an.
- Erstellen Sie für dieses Szenario sowohl einen *Earliest Schedul*
- als auch einen *Latest Schedul* und zeichnen Sie die zugehörigen Gantt-Diagramme.

Ihnen stehen unbegrenzt viele Prozessoren zur Verfügung.

Aufgabe 2.2.-6 Paralleles Scheduling

a) Sei ein Programm gegeben mit 40 % sequentiellem, nicht-parallelisierbarem Code. Wie groß ist der maximale *Speedup* ?

b) Angenommen, ein weiteres Betriebsmittel A′ ist verfügbar. Wie kann man dann das Gantt-Diagramm in Abb. 2.14 so abändern, dass weniger Zeit verbraucht wird?

2.3 Prozesssynchronisation

Die Einführung von Prozessen als unabhängige, quasi-parallel ausführbare Programmeinheiten bringt viel Flexibilität und Effizienz in die Rechnerorganisation; sie beschert uns aber neben dem Prozessscheduling auch zusätzliche Probleme. Betrachten wir dazu zunächst folgende Situation.

2.3.1 *Race conditions* und kritische Abschnitte

Angenommen, in einer der vielen Warteschlangen des Prozesssystems sind mehrere Prozesse eingehängt und warten auf eine Bearbeitung. Diese Situation tritt in allen Warteschlangen immer wieder auf und ist in Abb. 2.21 gezeigt.

Dabei können wir die Situationen unterscheiden, dass entweder ein Prozess (hier Prozess A) neu eingehängt wird, oder aber ein bestehender (hier Prozess B) ausgehängt wird.

Für das Ein- bzw. Aushängen sollen folgende Schritte gelten:

Einhängen	Aushängen
(1) Lesen des Ankers: PointToB	(1) Lesen des Ankers: PointToB
(2) Setzen des NextZeigers := PointToB	(2) Lesen des NextZeigers: PointToC
(3) Setzen des Ankers := PointToA	(3) Setzen des Ankers := PointToC

Nach dem Aushängen wird evtl. der Speicherplatz des Listeneintrags (Doppelkästchen in der Zeichnung) freigegeben und mit dem Zeiger zum PCB eine Prozessumschaltung vorgenommen.

Jede der Operationen geht gut, solange sie nur für sich an einem Stück durchgeführt wird. Haben wir aber ein Prozesssystem, das ein beliebiges Umschalten nach einer Instruktion innerhalb einer Operation auf einen anderen Prozess und damit das sofortige Umschalten auf eine andere Operation ermöglicht, so erhalten wir Probleme. Betrachten wir dazu die obigen Schritte bei der Operation *Aushängen*. Angenommen, Prozess B soll ausgehängt werden und Schritte (1) und (2) wurden fürs Aushängen durchgeführt. Nun trete ein *timer*-Interrupt auf; die Zeitscheibe von B ist zu Ende. Prozess A tritt auf, hängt sich in die Liste mittels der Operation *Einhängen* ein, verrichtet noch etwas Arbeit oder legt sich schlafen. Wenn nun B wieder die Kontrolle erhält, so arbeitet B fatalerweise mit den alten Daten weiter: In Schritt (3) wird der Anker auf C gesetzt, und damit ist der Prozess A nicht mehr in der Liste; ist dies die *bereit*-Liste, so erhält er nie mehr die Kontrolle und arbeitet nicht mehr.

Das Heimtückische an diesem Fehler besteht darin, dass er nicht immer auftreten muss, sondern nur sporadisch, „unerklärlich", nicht reproduzierbar und an Nebenbedingungen gebunden (wie große Systemlast etc.) auftreten kann. Da dies geschieht, wenn ein Prozess den anderen „überholt", wird dies auch als **race condition** bezeichnet; die Codeabschnitte, in denen der Fehler entstehen kann und die deshalb nicht unterbrochen werden dürfen, sind die **kritischen Abschnitte** (*critical sections*).

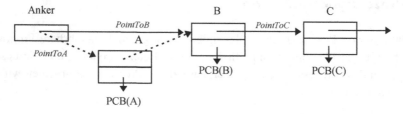

Abb. 2.21 Race conditions in einer Warteschlange

Diese Problematik ist typisch für alle Systeme, bei denen mehrere unabhängige Betriebsmittel auf ein und demselben gemeinsamen Datenbereich arbeiten. Besonders bei Multiprozessorsystemen ist dies ein wichtiges Problem, das von den Systemdesignern erkannt und berücksichtigt werden muss.

Die Hauptproblematik besteht darin, für jeden kritischen Abschnitt im Benutzerprogramm oder Betriebssystem sicherzustellen, dass immer nur ein Prozess oder Prozessor sich darin befindet. Das Betreten und Verlassen des Codes muss zwischen den Prozessen abgestimmt (**synchronisiert**) sein und einen **gegenseitigen Ausschluss** (*mutual exclusion*) in dem kritischen Abschnitt garantieren.

Dieses Problem wurde schon in den 60er Jahren erkannt und mit verschiedenen Algorithmen bearbeitet. An eine Lösung wurden folgende Anforderungen gestellt (Dijkstra 1965):

- Keine zwei Prozesse dürfen gleichzeitig in ihren kritischen Abschnitten sein (*mutual exclusion*).
- Jeder Prozess, der am Eingang eines kritischen Abschnitts wartet, muss irgendwann den Abschnitt auch betreten dürfen: Ein ewiges Warten muss ausgeschlossen sein (*fairness condition*).
- Kein Prozess darf außerhalb eines kritischen Abschnitts einen anderen Prozess blockieren.
- Es dürfen keine Annahmen über die Abarbeitungsgeschwindigkeit oder Anzahl der Prozesse bzw. Prozessoren gemacht werden.

2.3.2 Signale, Semaphore und atomare Aktionen

Die einfachste Idee zur Einrichtung eines gegenseitigen Ausschlusses besteht darin, einen Prozess beim Eintreten in einen kritischen Abschnitt so lange warten zu lassen, bis der Abschnitt wieder frei ist. Für zwei parallel ablaufende Prozesse ist der Code in Abb. 2.22 gezeigt. Die grau schraffierten Bereiche in der Abbildung bedeuten jeweils, dass diese Befehlssequenz nicht unterbrochen werden kann.

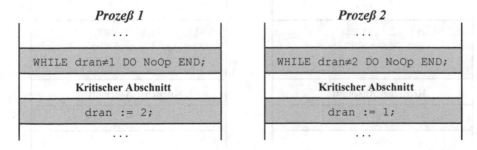

Abb. 2.22 Erster Versuch zur Prozesssynchronisation

Initialisieren wir die gemeinsame (globale) Variable `dran` beispielsweise mit 1, so erreicht der obige Code zwar den gegenseitigen Ausschluss, aber beide Prozesse können immer nur abwechselnd den kritischen Abschnitt durchlaufen. Dies widerspricht der Forderung nach Nicht-blockieren, da ein Prozess sich selbst daran hindert, ein zweites Mal hintereinander den kritischen Abschnitt zu betreten, ohne dabei im kritischen Abschnitt zu sein. Stattdessen muss er solange warten, bis der andere Prozess seinen kritischen Abschnitt durchlaufen hat und die gemeinsame Variable wieder zurückgesetzt hat. Geschieht dies nie, so wartet der eine Prozess ewig: ein weiterer Verstoß, diesmal gegen die *fairness*–Bedingung.

Versuchen wir nun, die beiden Prozesse in beliebiger Reihenfolge zu synchronisieren, so bemerken wir, dass dies nicht so einfach ist. Beispielsweise hat die Konstruktion in Abb. 2.23 den Vorteil, dass ein Prozess nicht mehr auf eine besondere Zuweisung warten, sondern nur noch darauf achten muss, dass nicht ein anderer Prozess im kritischen Abschnitt ist.

Allerdings tritt hier ein anderer Fehler auf: Angenommen, die Synchronisationsvariablen seien mit `drin2:= drin1:= FALSE` initialisiert. Prozess P_1 findet `drin2=FALSE` und Prozess P_2 findet `drin1=FALSE`. Also setzen die Prozesse jeweils `drin1:=TRUE` bzw. `drin2:=TRUE`, und schon sind beide gleichzeitig im kritischen Abschnitt, im Widerspruch zu der Forderung nach gegenseitigem Ausschluss (1).

Auch ein Vertauschen der beiden Zeilen des ersten grau schraffierten Bereichs bringt keine Abhilfe. Erst der Vorschlag von T. Dekker, einem holländischen Mathematiker, zeigte einen Weg auf, das Problem für zwei Prozesse zu lösen, s. Dijkstra (1965). Eine einfachere Lösung stammt von G. Peterson (1981) und hat die in Abb. 2.24 gezeigte Form:

Dabei sind `Interesse1`, `Interesse2` und `dran` globale, gemeinsame Variablen. Die beiden Variablen `Interesse1` und `Interesse2` werden mit `FALSE` initialisiert. Angenommen, ein Prozess arbeitet die grau schraffierte Befehlssequenz vor dem kritischen Abschnitt ab. Da der andere Prozess kein Interesse gezeigt hat, ist die Bedingung der `WHILE`-Schleife nicht erfüllt, und der Prozess betritt den kritischen Abschnitt. Erscheint der andere Prozess etwas später, so muss er so lange warten, bis der andere Prozess den kritischen Abschnitt verlassen hat und kein Interesse mehr bekundet.

Für die Situation, in der beide Prozesse (fast) gleichzeitig die grauen Bereiche betreten, ist die Abarbeitung der einen Instruktion entscheidend, mit der die gemeinsame Variable

Prozeß 1	*Prozeß 2*
. . .	. . .

`WHILE drin2=TRUE`
    `DO NoOp END;`
	`WHILE drin1=TRUE`
	    `DO NoOp END;`

`drin1 := TRUE;`	`drin2 := TRUE;`
Kritischer Abschnitt	**Kritischer Abschnitt**
`drin1 := FALSE;`	`drin2 := FALSE;`
. . .	. . .

Abb. 2.23 Zweiter Versuch zur Prozesssynchronisation

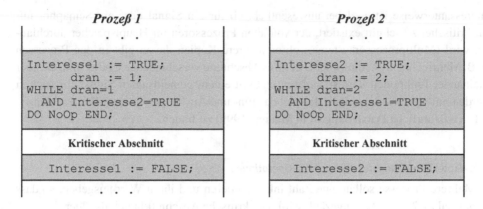

Abb. 2.24 Prozesssynchronisation nach Peterson

`dran` belegt wird. Derjenige Prozess, der sie zuletzt belegt, erlöst den anderen Prozess und muss warten; der andere kann den kritischen Abschnitt betreten.

Dieses Konzept kann man auch kompakter mit einem Sprachkonstrukt formulieren. Eine Idee dafür besteht darin, für jeden kritischen Abschnitt ein Signal zu vereinbaren. Die Prozesse synchronisieren sich dadurch, dass vor dem Betreten des kritischen Abschnitts das dafür vereinbarte Signal abgefragt wird. Es wird initial mit dem Wert „gesetzt" belegt. Mit dem Befehl

```
waitFor(Signal)
```

blockiert sich der aufrufende Prozess, falls kein Signal gesetzt war, ansonsten setzt er das Signal zurück und betritt den Abschnitt. Ist er fertig, so aktiviert er mit

```
send(Signal)
```

einen der Prozesse, die auf das Signal warten. Welcher davon aktiviert wird, ist Sache einer zusätzlich zu vereinbarenden Strategie.

Ein Konstrukt, das einen exklusiven Ausschluss für einen kritischen Abschnitt ermöglicht, wurde von Dijkstra (1965) vorgeschlagen. Er nannte die Signale **Semaphore**. Diese Signalbarken aus der Seefahrt lassen sich hier als eine Art Verkehrsampeln oder Zeichen auffassen. Sie werden von den folgenden zwei elementaren Operationen verwaltet:

- *Passieren P(s)*
  Beim Eintritt in den kritischen Abschnitt wird P(s) aufgerufen mit dem Semaphor s. Der aufrufende Prozess wird in den Wartezustand versetzt, falls sich ein anderer Prozess in dem korrespondierenden Abschnitt des Semaphors befindet.
- *Verlassen V(s)*
  Beim Verlassen des kritischen Abschnitts ruft der Prozess V(s) auf und bewirkt damit, dass einer der (evtl.) wartenden Prozesse aktiviert wird und den kritischen Abschnitt betreten darf.

Interessanterweise ist es dabei unwesentlich, ob für ein Signal oder ein Semaphor nur ein kritischer Abschnitt existiert, der von allen Prozessoren im Hauptspeicher durchlaufen wird (Multiprozessorsysteme); ob es mehrere Kopien davon gibt in den Prozessen (z. B. Mehrrechnersysteme), oder aber ob es Abschnitte verschiedenen Codes sind, die aber zueinander funktionell korrespondieren und mit einem gemeinsamen Signal abgesichert werden müssen, wie im obigen Beispiel das Ein- und Aushängen in einer Warteschlange.

Ein ausführliche Darstellung ist in Maurer (1999) zu finden.

Beispiel *Benutzung der P(.)- und V(.)-Operationen*

Mehrere Prozesse sollen eine Zahl inkrementieren und ihren Wert ausgeben, so dass normal „1,2,3, ... " hochgezählt wird. Der kritische Abschnitt lautet also hier

```
...
z := z+1;
WriteInt(z,3)
...
```

Mit einem Semaphor als globaler Variable wird dies zu

```
...
P(s);      (* Abfragen: kritischer Abschnitt besetzt? *)
z := z+1; (* kritischer Abschnitt *)
WriteInt(z,3)
V(s);      (* andere wartende Prozesse aufwecken *)
...
```

Man beachte, dass die Codestücke sowohl für `send(Signal)` und `waitFor(Signal)` als auch für `P(s)` und `V(s)` selbst wieder ununterbrechbare, kritische Abschnitte darstellen, da sie ebenfalls einen globalen Speicherbereich, die Semaphore `Signal` bzw. `s`, bearbeiten. Allerdings sind sie nur sehr kurz und lassen sich deshalb leichter als ununterbrechbare, sog. **atomare Aktionen** implementieren. Eine atomare Aktion wird immer entweder vollständig (alle Operationen des Abschnitts) oder gar nicht (keine einzige Operation) durchgeführt. Spezielle Puffer ermöglichen es, den Anfangszustand zu speichern. Muss die atomare Aktion abgebrochen werden, so wird der Ursprungszustand wieder hergestellt.

Beispiel *Atomare Aktionen*

Für eine Überweisung werden von Ihrem Konto 2000 € abgebucht. Leider tritt in diesem Augenblick ein Defekt im Computersystem auf, bevor der Betrag dem Zielkonto gutgeschrieben werden kann; das Computersystem hält an. Nach dem erneuten Systemstart haben Sie nur die Auswahl, entweder erneut 2000 € abgebucht zu bekommen und sie dem Zielkonto zu überweisen, oder aber nichts zu tun. Da das Geld nicht beim Empfänger ankam, bedeutet dies für Sie das gleiche: auf jeden Fall Geldverlust. Als Kunde werden Sie dabei sicher nicht von den Segnungen des Computerzeitalters überzeugt.

Diese Situation lässt sich entschärfen, wenn die Geldtransaktion als atomare Aktion konzipiert ist. Da die Aktion nicht abgeschlossen war, garantiert die Eigenschaft der Atomizität Ihnen, dass die erste Abbuchung nicht durchgeführt wurde und nur als temporäre Änderung bestand: Sie verlieren keine 2000 €. Die eigentliche Abbuchung wird erst nach dem erneuten Systemstart durchgeführt.

Dieses Zurücksetzen (*roll back*) ist aber nicht unproblematisch in verteilten Datenbanken. Aus diesem Grund bevorzugen Banken meist zentrale, von einem Großrechner (*Server*) verwaltete Datenbanken.

Die bisherigen Ideen zur Prozesssynchronisation leiden an einem großen Problem: Der jeweilige Prozess muss aktiv in einer Befehlsschleife warten (**busy waiting**), bis die Bedingung erfüllt ist und er in den kritischen Abschnitt eintreten kann. Diese Art von Warteoperationen heißen deshalb auch **spin locks**. Das Warten belastet aber nicht nur den Prozessor (und damit den Durchsatz) unnötig, sondern kann auch unter Umständen die *fairness*-Bedingung verletzen. Betrachten wir dazu die Situation, dass ein hochprioritärer Prozess gerade dann die Kontrolle erhalten hat, wenn ein niedrigprioritärer Prozess in seinem kritischen Abschnitt ist. In diesem Fall wird der eine Prozess so lange im *spin lock* verbleiben, bis der andere Prozess den kritischen Abschnitt verlässt. Da er aber geringere Priorität hat, wird dies bei statischen Prioritäten nie der Fall sein, und die *fairness*-Bedingung wird verletzt.

Das *busy waiting* lässt sich vermeiden, indem der wartende Prozess sich „schlafen" legt, also die Kontrolle beim Blockieren in `waitFor(Signal)` oder `P(s)` abgibt.

Software-Implementierung

Eine der typischen Implementierungen von Semaphoren modelliert ein Semaphor als Zähler, der bei der Ankunft eines Prozesses dekrementiert wird. Im nachfolgenden ist eine *busy wait* Implementierung gezeigt, wie sie im Betriebssystemkern für sehr kurze Sperrungen verwendet werden kann. Dabei ist s mit 1 initialisiert.

Die Operationen P(s) und V(s) selbst sind als Ganzes atomar, was sich etwa durch Sperren aller Interrupts während der gesamten Dauer der Operation (hohe Priorität der Prozeduren) erreichen lässt.

```
PROCEDURE P(VAR s:INTEGER)
BEGIN
   WHILE s<=0 DO NoOp END;
   s:=s-1;
END P;

PROCEDURE V(VAR s:INTEGER)
BEGIN
   s:=s+1;
END V;
```

Eine komfortablere Lösung für Benutzerprozesse und lange Sperrzeiten ist mit den Betriebssystemaufrufen `sleep` und `wakeup()` realisiert und betrachtet den Semaphor als zusammengesetzte Variable, die auch eine Liste der wartenden Prozesse enthält. Die Implementierung der `ProcessList` ist dabei hier nicht gezeigt. `s.value` ist mit 1 initialisiert.

```
TYPE Semaphor = RECORD
    value: INTEGER;
    list : ProcessList;
END;


PROCEDURE P(VAR s:Semaphor)
BEGIN
 s.value:=s.value-1;
 IF s.value < 0 THEN
    einhängen(MyID,s.list); sleep;
 END;
END P;

PROCEDURE V(VAR s:Semaphor)
VAR PID: ProcessId;
BEGIN
 IF s.value < 0 THEN
    PID:=aushängen(s.list); wakeup(PID);
 END;
 s.value:=s.value +1;
END V;
```

Hardware-Implementierung

Eine wichtige Unterstützung für die Systemprogrammierung, gerade in einer Multiprozessorumgebung, stellt die Implementierung der atomaren Aktionen mittels Hardware dar. Es gibt dabei verschiedene Versionen, die kurz vorgestellt werden sollen:

* *Interrupts ausschalten*

    Eine der einfachsten Methoden für atomare Aktionen in Monoprozessorsystemen besteht darin, alle Unterbrechungen durch Setzen der entsprechenden Statusbits in der CPU bzw. im Interruptcontroller auszuschalten. Dies kann aber Nebeneffekte mit sich bringen, z. B. wenn der *timer*-Interrupt ausgeschaltet wird und die Zeitzählung durcheinander kommt, bei Stromausfall der *power failure*-Interrupt versagt und die Register nicht mehr gerettet werden können usw. Wird eine solche atomare Aktion bei einem Round-Robin-Scheduling für die Synchronisierung mehrerer Prozesse eingesetzt, so ist durch das Abschalten des *timer*-Interrupts auch kein Prozesswechsel mehr möglich und ein in P(s) blockierter Prozess wartet ewig. Besser ist es deshalb, die Interrupts nicht

zu sperren und stattdessen dem Prozess im kritischen Abschnitt die höchstmögliche
Priorität zu verleihen.

• *Atomare Instruktionsfolgen*
In Multiprozessoranlagen stellt das Sperren der Interrupts sowieso kein geeignetes
Mittel dar. Hier haben sich eher atomare Aktionen in Form *nicht-unterbrechbarer
Maschinenbefehle (atomic operation, atomic action)* bewährt, die einen komplexen
Maschinenbefehl in einem einzigen, ununterbrechbaren Speicherzyklus durchführen.
Beispiele dafür sind

– *Test And Set*
  Die *test and set*-Instruktion (auch *test and set lock tsl* genannt) liest den Inhalt einer
  Speicherzelle aus und ersetzt ihn innerhalb desselben Speicherzyklus durch einen
  anderen Wert. Dies lässt sich mit einer Funktion spezifizieren:

```
PROCEDURE TestAndSet(VAR target: BOOLEAN):BOOLEAN
VAR tmp:BOOLEAN;
BEGIN
   tmp:=target; target:= TRUE; RETURN tmp;
END TestAndSet;
```

  Das Rücksetzen auf FALSE wird nur von einem Prozess durchgeführt und kann
  daher normal ohne *atomic action* geschehen.

– *Swap*
  Man kann auch die obige Operation verallgemeinern und den hineinzuschreibenden
  Wert spezifizieren. In diesem Fall tauscht swap die Werte der Variablen source und
  target miteinander aus.

```
PROCEDURE swap(VAR source,target: BOOLEAN)
VAR tmp:BOOLEAN;
BEGIN
   tmp:=target; target:=source; source:=tmp;
END swap;
```

– *Fetch And Add*
  Diese Instruktion liest den Inhalt einer Speicherzelle aus und schreibt im selben
  ununterbrechbaren Speicherzyklus den neuen, um eine Zahl inkrementierten aus-
  gelesenen Wert hinein.

```
PROCEDURE fetchAndAdd(VAR a, value:INTEGER): INTEGER;
VAR tmp:INTEGER;
BEGIN
   tmp:=a; a:=tmp+value; RETURN tmp;
END fetchAndAdd;
```

Es ist klar, dass mit diesen atomaren HW-Befehlen leicht das *busy wait* eines *spin locks* für einen exklusiven Ausschluss implementiert werden kann. Verwenden wir dies, um die atomaren Operationen P(.) und V(.) des Semaphors zu implementieren, so lassen sich auch die Semaphoroperationen hardwaremäßig absichern, ohne komplexe Maschineninstruktionen für die gesamten Prozeduren P(.) und V(.) zu implementieren.

Beispiel *Multiprozessorsynchronisation*

In Multiprozessoranlagen mit gemeinsamem Speicher lässt sich eine HW-Synchronisation nur mit einer atomaren Instruktion durchführen, da gemeinsame Interrupts nicht existieren müssen. Die parallel ausgeführten atomaren Instruktionen der Einzelprozessoren wirken deshalb untrennbar, weil sie im engen Verbund mit dem Speicherzugriffssystem erfolgt, das für eine Speicherstelle nur einmal existiert und damit für kurze Zeit (einen Speicherzyklus) exklusiven Zugriff auf die globale Variable garantiert.

Die Implementierung von Multiprozessor-Semaphoroperationen mit einem atomaren Maschinenbefehl kann folgendermaßen aussehen:

```
VAR s: INTEGER;                    (* initial = 1*)
PROCEDURE P(s);
BEGIN
  LOOP
    WHILE s<1 DO NoOp END; (a)
    IF (FetchAndAdd(s,-1) >= 1) THEN RETURN END; (b)
    FetchAndAdd(s,1); (c)
  END;
END P;


PROCEDURE V(s);
BEGIN
  FetchAndAdd(s,1)
END V;
```

Diese Implementierung (Gottlieb et al. 1981) hat neben dem LOOP nicht nur eine Warteschleife in P(), sondern in Zeile (a) mit WHILE eine zweite – warum?

Dies ist durch die Multiprozessorumgebung bedingt. Entfernen wir die WHILE-Schleife, so reicht der Test mit FetchAndAdd (FAA) in Zeile (b) nicht mehr aus. Betrachten wir dazu den Fall, bei dem drei Prozessoren P(s) zur gleichen Zeit die Prozedur durchlaufen, wobei initial s = 1 sei. Die drei Prozessoren sollen als Rückgabe für s die Werte 1,0 und −1 erhalten, wobei zum Schluß s = -2 gesetzt wird. Der erste Prozessor betritt und verlässt den kritischen Abschnitt, die beiden anderen warten in der Schleife. Soweit, so gut.

Angenommen, Prozessor 2 hat nun mit der ersten FAA in Zeile (b) gerade erst den Semaphor s auf −1 erniedrigt, wenn der erste Prozessor seine V()-Operation durchführt und damit den Semaphor auf s = 0 erhöht. Würde nun Prozessor 2 die zweite FAA-Instruktion in (c) durchführen und so auf s = 1 erhöhen, so könnte der Prozessor, der danach die FAA in (b) als erster durchläuft, normal die P()-Operation verlassen. Diese Gelegenheit kann aber durch den 3. Prozessor verhindert werden, indem er die FAA in (b) durchläuft noch bevor der 2. Prozessor (c) durchlaufen hat und damit den Semaphor wieder auf −1 erniedrigt, so dass er anschließend vom 2. Prozessor nur auf 0 statt auf 1 erhöht wird.

So ist durch die Sequenz (*timing*) [P_3(b), P_2(c), P_2(b), P_3(c)], ... eine alternierende Sequenz für den Semaphor mit s = 0, −1, 0, −1, ... denkbar, in der der Semaphor nie den richtigen Wert hat, um einen der Prozessoren aus der Warteschleife zu entlassen: Die beiden Prozessoren bleiben blockiert, obwohl der kritische Abschnitt frei ist.

Dies wird nun durch die WHILE-Schleife verhindert, da hier s nur gelesen und nicht verändert wird, so dass alle „Verlierer"-Prozesse zunächst einfach warten, ohne den Weg für andere blockieren zu können.

2.3.3 Beispiel UNIX: Semaphore

In UNIX gibt es in einigen Versionen den Zugriff auf Semaphore als Systemaufruf. Beispielsweise existieren in POSIX die folgenden Aufrufe :

sem_init	Initialisierung eines Semaphors (Speicherreservierung)
sem_wait	P(s) Operation
sem_post	V(s) Operation
sem_getvalue	Auslesen des Wertes eines Semaphors
sem_destroy	Entfernen des Semaphors (Speicherfreigabe)

Die Syntax und Semantik der Semaphoroperationen ist dabei von UNIX-Version zu -Version verschieden.

Wichtig neben den expliziten Semaphoren sind die impliziten atomaren Operationen, die immer standardmäßig angeboten werden und mit denen sich auch Semaphor-Funktionen implementieren lassen. Beispielsweise ist das Erzeugen einer Datei (genauer: einer Dateiverwaltungsinformation mit Dateinamen etc.) eine atomare Operation: Entweder existiert eine neue Datei mit dem angegebenen Namen nach dem Systemaufruf, oder die Prozedur liefert eine Fehlermeldung zurück, beispielsweise „Name bereits vorhanden". Dies ist nötig, um zu verhindern, dass zwei Prozesse gleichzeitig zwei verschiedene Dateien mit demselben Namen erzeugen. Es wird deshalb dazu verwendet, um das nötige Zusammenspiel zwischen Datenerstellung und Ausdruckprozess (*Erzeuger-Verbraucher*-Modell) für den Ausdruck von Dateien (*printer demon*) zu ermöglichen. Die dafür erzeugten Dateien bzw. Semaphore werden als Schlösser oder Schlossdateien (*lock files*) bezeichnet.

Atomare Aktionen werden in UNIX dadurch begünstigt, dass ein Prozess, der im Kernmodus ist, nicht abgebrochen werden kann. Er behält so lange die Kontrolle, bis er in einer Kernprozedur schlafen gelegt wird, oder aber in den *user mode* zurückkehrt.

In den Multiprozessor-UNIX-Systemen werden Semaphore im Kern auch zur Koordination der Prozessoren eingesetzt.

2.3.4 Beispiel Windows NT: Semaphore

Es gibt verschiedene Konstrukte zur Synchronisation in Windows NT. Für die klassische Synchronisation von Prozessen und *threads* gibt es die `CreateSemaphore()`- und `OpenSemaphore()`-Betriebssystemaufrufe, die Semaphore im globalen Namensraum erzeugen (ähnlich wie eine Datei) bzw. den Zugriff darauf initialisieren. Den `P()`- und `V()`-Operationen entsprechen die Prozeduren `WaitForSingleObject(Sema,TimeOutValue)` und `ReleaseSemaphore()`.

Dabei kann man die Semaphore als Zähler mit einem maximalen endlichen Wert oder als wechselseitige ausschließende (binäre) Untervariable wählen. Durch den möglichen systemweiten Zugriff im Namensraum sind diese Semaphorkonstrukte mit einem erhöhten Aufwand ansprechbar. Deshalb sind für die Koordination der *threads* innerhalb eines Prozesses zusätzliche „Leichtgewichtssemaphoren" geschaffen worden, die nur innerhalb eines Prozesses (innerhalb eines Programms) bekannt sind. Diese als „*critical section*" benannte Semaphore werden vom Typ `CRITICAL_SECTION` deklariert und mit `InitializeCriticalSection(S)` initialisiert. Die `P()`- und `V()`-Operationen heißen hier `EnterCriticalSection(S)` und `LeaveCriticalSection(S)`.

Da Windows NT speziell für enggekoppelte Multiprozessorsysteme mit gemeinsamem Speicher gedacht ist, benötigt der Kern besonders Primitive zur Multiprozessorsynchronisation. Hier werden als Semaphore *spin locks* eingesetzt, so dass ein *thread* mit einem *spin lock* den Prozessor so lange blockiert, bis es den *spin lock* wieder verlässt. Deshalb werden die *spin lock*-Operationen nur für Dienste innerhalb der NT Executive zur Verfügung gestellt und unterliegen einigen Einschränkungen. Beispielsweise dürfen im kritischen Abschnitt keine Referenzen zu Speicherbereichen gemacht werden, die auf den Massenspeicher ausgelagert wurden, man kann keine externe Prozeduren aufrufen (incl. Systemaufrufe) und kann keine Interrupts oder Ausnahmebehandlungen (*exceptions*) auslösen.

Für höhere Dienste, die auch vom Anwender genutzt werden können, gibt es deshalb als Primitive sog. *kernel objects*, die verschiedene Synchronisationseigenschaften haben und in das normale Schedulingsystem integriert sind. Beispiele für Kernobjekte sind die Semaphore, Ereignisse (*events*), Ereignispaare, *timer, threads*, sog. Mutanten (benutzerdefinierte *mutual exclusion*-Objekte) usw.

Die Objekte können in zwei Zuständen sein: *signalisiert* und *nicht-signalisiert*. Beispielsweise geht ein Semaphorobjekt in den „signalisiert"-Zustand über, wenn der Zähler auf null geht und bewirkt, dass alle darauf wartenden *threads* „befreit" werden. Ein *thread* kann in Windows NT auf andere *threads*, auf Ereignisse, Semaphore etc. warten und sich dadurch mit ihnen synchronisieren. Die Win32 API stellt dafür die Prozeduren `WaitForSingleObject()` und `WaitForMultipleObjects()` zur Verfügung. Beispielsweise kann ein *thread* in einem Spreadsheet-Programm ein anderes *thread* aufrufen, das ein Spreadsheet ausdruckt. Beendet der Benutzer das Programm, so wartet der Hauptprozess (*main thread*) mit `WaitForSingleObject()` auf das Ende des Druckprozesses, bevor das Programm vollständig beendet wird und alle internen Daten verloren gehen.

In Windows NT gibt es noch ein weiteres Konzept, den Zugriff auf globale Ressourcen zu koordinieren: Die Gruppierung von *threads* und Objekten in sogenannte *Apartments*. Enthält ein Apartment nur einen *thread* (Single-Theaded Apartment STA), so ist ein Zugriff auf alle Objekte des Apartments unproblematisch und ohne besondere Sicherheitsvorkehrungen möglich. Versucht ein *thread* von außerhalb des Apartments auf ein Objekt zuzugreifen, so muss er dazu einen Systemaufruf durchführen; ein direkter Zugriff auf diese Objektinstanz ist nicht möglich. Dazu wird er in eine Warteschlange („Marshalling") für das gewünschte Objekt gehängt, die durch Semaphoren abgesichert ist. In Abb. 2.25 ist ein Beispiel mit verschiedenen Apartments gezeigt.

Abgesehen von einem Apartment für den Haupt-Thread des Programms (main STA) gibt es noch Apartments, in denen mehrere *threads* nebeneinander existieren (Multi-Threaded Apartment MTA). Hier muss der Zugriff auf gemeinsame Objekte vom Programmierer selbst geregelt werden, um Probleme zu verhindern.

2.3.5 Anwendungen

Semaphore lassen sich für eine Vielzahl von unterschiedlichen Synchronisationsproblemen anwenden. Hier sollen einige wichtige und instruktive Beispiele aufgeführt werden.

Synchronisation von Prozessen
Die P()-Operation für Semaphore blockiert einen Prozess so lange, bis er durch die V()-Operation freigegeben wird. Dies können wir benutzen, um beispielsweise den gegenseitigen Abhängigkeiten in einem Prozesssystem Rechnung zu tragen und die Reihenfolge der Prozessaktivierung exakt festzulegen.

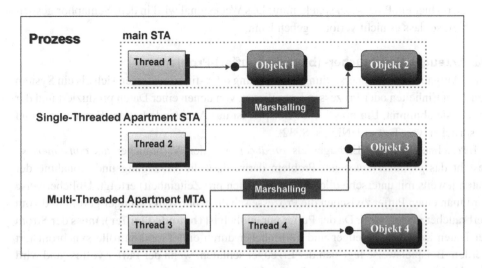

Abb. 2.25 Ein Beispiel für das *Apartment*-Modell in Windows NT

Dazu definieren wir uns für jede Abhängigkeit einen besonderen Semaphor, der am Anfang bzw. am Ende der Prozesse zum Warten bzw. Start benutzt wird.

Beispiel *Synchronisation mit Semaphoren*

Der Präzedenzgraph der Prozesse A,B,C,D,E sei folgendermaßen gegeben:

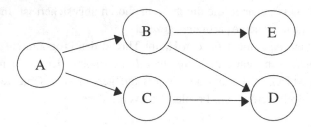

Dann lassen sich die Prozesse einzeln so formulieren:

```
PROCESS A; BEGIN         ProzessBodyA; V(b); V(c);      END A;
PROCESS B; BEGIN P(b);   ProzessBodyB; V(d1);V(e);      END B;
PROCESS C; BEGIN P(c);   ProzessBodyC; V(d2);           END C;
PROCESS D; BEGIN P(d1); P(d2); ProzessBodyD;            END D;
PROCESS E; BEGIN P(e);   ProzessBodyE;                  END E;
```

Die Semaphore b,c,d1,d2,e müssen als globale Variablen definiert und mit 0 initialisiert sein. Dadurch warten alle Prozesse, auch wenn sie zu unterschiedlichen Zeiten loslaufen, an den Semaphoren auf ihre Aktivierung. Interessanterweise macht es nichts aus, ob hier ein Prozess zu spät kommt: Das Wecksignal wird in dem Semaphor gespeichert, so dass es nicht verloren gehen kann.

Das Erzeuger-Verbraucher- (bounded buffer)-Problem

Viele Aufgaben der Datenerstellung, -verwaltung oder -filterung lassen sich als ein System von zwei Einheiten oder Prozessen formulieren, von denen einer Daten produziert und der andere sie abnimmt. Ein praktisches Beispiel ist das Aneinanderheften, Formatieren und Ausdrucken von Text in UNIX, s. S. 32.

Bezeichnen wir den Erzeuger als *producer* und den Verbraucher als *consumer*, so besteht das *producer-consumer*-Problem darin, dass die Erzeugung und Abnahme der Daten jeweils mit unterschiedlichen Raten (Daten pro Zeiteinheit) erfolgt. Üblicherweise wird man einen Puffer zwischen die Prozesse schalten, der vom Erzeuger gefüllt und vom Verbraucher geleert wird. Da der Puffer nur endlich ist (**bounded buffer**), muss der Strom der Daten zwischen Erzeuger und Verbraucher durch eine Flusskontrolle synchronisiert werden. Beispielsweise legt sich der Erzeuger schlafen, wenn der Puffer voll ist und wird vom Verbraucher wieder aufgeweckt, sobald der erste Platz frei wird. Entsprechend lässt sich auch analog für den Verbraucher umgekehrt verfahren: Bei leerem Puffer legt sich der Verbraucher schlafen; sobald das erste Item erzeugt wurde, wird er aufgeweckt. In Abb. 2.26 ist zunächst der einfache, naive Ansatz gezeigt, wobei die Puffergröße mit N und die globale Variable used mit 0 initialisiert werden:

Diese Lösungsvariante hat ein Problem: Es kann leicht zu einer *race condition* kommen. Um dies zu sehen, betrachten wir den folgenden Fall. Angenommen, der Puffer ist leer und der Verbraucher hat gerade used=0 gelesen, als auf den Erzeuger umgeschaltet wird. Dieser produziert ein item, schiebt es in den Puffer und inkrementiert used um 1. Da used=1, will er den Verbraucher wecken. Dieser muss aber nicht aufgeweckt werden; erst bei der nächsten Prozessorzuteilung legt er sich schlafen, da used=0 war. Nachdem der Erzeuger den Puffer gefüllt hat, legt er sich ebenfalls schlafen. Beide schlafen dann ewig.

Diese Situation entstand, weil das *wakeup*-Signal zu früh kam und damit verlorenging. Würden wir es statt dessen speichern, beispielsweise mit einem *wakeup*-Bit, hilft das kurzfristig bei diesem Beispiel, aber bei weiteren Prozessen müssen weitere Bits eingeführt werden, um das Problem zu verhindern. Haben wir eine unbekannte Anzahl von Prozessen, wie dies in normalen Systemen der Fall ist, so fällt diese Lösung aus.

Statt dessen führt die Einführung von Semaphoren zu einer Lösung. Da Semaphore inkrementiert und dekrementiert werden, sind alle *wakeup*-Signale gespeichert und entbinden uns von der Notwendigkeit spezieller Statusbits. Die in Abb. 2.27 gezeigte Lösung mit Semaphoren wird mit belegt:=0, frei:=N und mutex:=1 initialisiert.

Der *mutual exclusion*-Zugang zum Puffer (schattierter Codebereich) ist jeweils durch den gemeinsamen Semaphor mutex abgesichert. Mit dem Semaphor belegt wird die Zahl der belegten Pufferplätze gezählt und mit frei die Zahl der freien Plätze. Anstelle der Abfrage des Zählers und dem sleep- bzw. wakeup-Aufruf werden nun die Semaphoroperationen aufgerufen, wobei für die Schlafbedingungen used=N bzw. used=0 jeweils ein eigener Semaphor verwendet wird. Der produzierende Prozess dekrementiert nur die Zahl der freien Plätze; wenn sie null sind, wird er blockiert, bevor er den nächsten Platz belegen kann. Kann er den Platz belegen, so inkrementiert er die Zahl der belegten Plätze und weckt so den Verbraucherprozess auf, der sich bei null belegten Plätzen schlafen gelegt hatte.

Erzeuger	*Verbraucher*

```
LOOP
    produce(item)
    IF used=N THEN sleep();
    putInBuffer(item);
    used := used+1;
    IF used=1
      THEN wakeup(Verbraucher);
END
```

```
LOOP
    IF used=0 THEN sleep();
    getFromBuffer(item);
    used := used-1;
    IF used=N-1
      THEN wakeup(Erzeuger);
    consume(item);
END
```

Abb. 2.26 Das Erzeuger-Verbraucher-Problem

Erzeuger   *Verbraucher*

```
LOOP                                    LOOP
    produce(item)                           P(belegt);
    P(frei);                                P(mutex);
    P(mutex);                               getFromBuffer(item);
    putInBuffer(item);                      V(mutex);
    V(mutex);                               V(frei);
    V(belegt);                              consume(item);
END                                     END
```

Abb. 2.27 Lösung des Erzeuger-Verbraucher-Problems mit Semaphoren

Man beachte, dass diese Lösung durch die Initialisierung vom `mutex` auf eins nur einen gegenseitigen Ausschluss im kritischen Abschnitt der Pufferverwaltung bewirkt. Bei der Erzeugung und Abnahme der `items` dagegen können auch mehrere Produzentenprozesse und Konsumentenprozesse mit dem gleichen Code existieren und den Puffer füllen bzw. leeren, ohne sich gegenseitig zu stören.

Das readers/writers-Problem
Das Grundproblem der Synchronisation, Schreiben und Lesen von mehreren Prozessen auf gemeinsamen Speicherbereichen zu koordinieren, lässt sich auch beim Schreiben und Lesen von Dateien wiederfinden und wird dann als das **readers/writers-Problem** bezeichnet. Grundforderung ist, das gleichzeitige Lesen und Schreiben auf dem gemeinsamen Datenbereich auszuschließen, um Dateninkonsistenzen zu vermeiden. Dies lässt sich mit einem einzigen Semaphor regeln. Stellen wir allerdings zusätzliche Forderungen auf, so werden die Lösungen komplizierter. Folgende Versionen des Problems existieren:

* Ein Leser soll nur warten, falls ein Schreiber bereits Zugriffsrecht zum Schreiben bekommen hat (**erstes** *readers/writers*-Problem). Dies bedeutet, dass kein Leser auf einen anderen Leser warten muss, nur weil ein Schreiber wartet.
* Wenn ein Schreiber bereit ist, führt er das Schreiben so schnell wie möglich durch (**zweites** *readers/writers*-Problem). Wenn also ein Schreiber bereit ist, die Zugriffsrechte zu bekommen, dürfen keine neuen Leser mit Lesen beginnen.

Man beachte, dass eine Lösung des ersten Problems darin resultieren kann, dass ein Schreiber ewig wartet; eine Lösung des zweiten Problems kann dazu führen, dass ein Leser ewig wartet. In beiden Fällen *verhungern* die Prozesse, da das Warten nur von dem Strom der Leser bzw. Schreiber abhängt und keine prinzipielle Blockade vorliegt.

Eine mögliche Lösung für das erste Problem führt einen gemeinsamen Zähler, der die Anzahl der Leser im kritischen Abschnitt registriert. Ist ein Leser in dem Abschnitt, wird der Schreiber ausgesperrt, sonst nicht. Dazu gibt es zwei Semaphore `ReadSem` und `RWSem`: Einer, der den Zähler fürs Lesen schützt, und einer, der den exklusiven Zugang Lesen/ Schreiben regelt. Der Pseudocode fürs Lesen ist

```
P(ReadSem);                  # Schütze die Abfrage:
  readcount:=readcount+1; # bin ich der erste Leser?
  IF readcount=1 THEN P(RWSem) END; # sperre das Schreiben
V(ReadSem);

...

Reading_Data();

...

P(ReadSem);
  readcount:=readcount-1; # War dies der letzte Leser?
  IF readcount=0 THEN V(RWSem) END; # ermögliche Schreiben
V(ReadSem);
```

und fürs Schreiben

```
P(RWSem);

...

Writing_Data();

...

V(RWSem);
```

Der erste Leser auf `RWSem` wird nur blockiert, falls ein Schreiber im kritischen Abschnitt ist. Alle anderen Leser warten auf `ReadSem`. Außerdem: Warten sowohl ein Leseprozess als auch ein Schreibprozess auf `RWSem`, so entscheidet der Scheduler, welcher von beiden bei der Operation `V(RWSem)` aufgeweckt wird.

Multiprozessor-Warteschlangenmanagement beim NYU-Ultracomputer

Eines der interessantesten Parallelprozessor-Systeme der 80er Jahre war der Ultracomputer am Courant Institute der New York University (Gottlieb et al. 1983). Er hat eine Multiprozessorarchitektur nach Abb. 1.13. Für das Scheduling wurde ein spezieller Algorithmus implementiert, der die *fetch and add*-Operation zur Synchronisierung der Prozessoren auf dem *shared memory* benutzt und der hier kurz geschildert werden soll.

Die Warteschlange der bereiten Prozesse (*ready queue*) sollte auch bei parallelem Zugriff durch Multiprozessoren so funktionieren, dass eine Art FIFO-Eigenschaft eingehalten wird: Falls die Einfügeoperation für einen Prozess p abgeschlossen wird, bevor sie für einen Prozess q anfängt, dann darf es nicht möglich sein, dass die Aushängeoperation für q vor derjenigen für p endet.

Der folgende Algorithmus gilt für einen Ringpuffer der Länge N, s. Abb. 2.28.

Dazu existieren die globalen Variablen `InSlot` und `OutSlot`, die den Platz (*Slot*) im Ringpuffer bezeichnen, wo ein neuer Prozess eingehängt bzw. ein alter entnommen

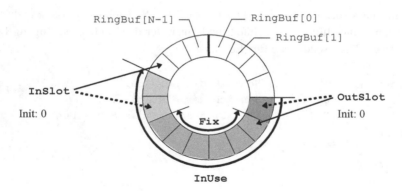

Abb. 2.28 Der Ringpuffer des NYU-Ultracomputers

werden kann. Der Puffer hat drei Zonen: eine Einfügezone, eine Aushängezone und eine fixe Zone, in der keine Aktivität herrscht.

Am Anfang ist der Puffer leer und deshalb `InSlot=OutSlot=0`. Beim fortlaufenden Betrieb verschiebt sich der fixe Abschnitt langsam in Uhrzeigerrichtung im Ringpuffer, wobei die `InSlot`- und `OutSlot`-Variablen mittels *fetch and add*-Primitiven geschützt werden. Da noch zusätzlich das Problem des Pufferüberlaufs `Full:=TRUE` bzw. Leerpuffers `Empty:=TRUE` berücksichtigt werden muss, wird das Warteschlangenmanagement schwieriger. Da beim Einhängen zuerst `InSlot` inkrementiert wird und beim Aushängen danach `OutSlot`, stimmt es leider nicht, dass `Full=(InSlot-OutSlot=N)` oder `Empty=` `(InSlot-OutSlot=0)` gilt, da es eine Reihe von Slots geben kann, die gerade gefüllt werden und noch nicht fertig sind, um geleert zu werden. Aus diesem Grund wird statt dessen für `Full` die anspruchsvollere Bedingung `(InUse=N)` und für `Empty` die Bedingung `(Fix=0)` abgefragt. Die Zahl der Prozessoren, die gerade auf der Schlange arbeiten, ist damit durch `InUse-Fix` gegeben.

Der Code in Abb. 2.29 hat verschiedene Feinheiten. Ohne die Semaphore entspricht dies im wesentlichen der Implementierung der Semaphoroperationen, wie sie im Beispiel der Multiprozessorsynchronisation auf Seite 83 für *fetch and add* gezeigt sind, um den kritischen Abschnitt, das Einhängen und Aushängen der Daten des Gesamtpuffers, zu schützen und einen kontrollierten Zugang bereitzustellen. Die zweite Abfrage (grauer Bereich in Abb. 2.29) vorher, die mit einer Fehlermeldung `Full` oder `Empty` zurückkehrt, ist aus den schon bei diesem Beispiel erwähnten Gründen nötig. Der aufrufende Prozess kann dann selbst entscheiden, was in diesen Ausnahmefällen zu tun ist und muss nicht automatisch in einer Schleife warten.

Die Existenz der beiden Semaphoroperationen, die durch *fetch and add*-Operationen implementiert werden können und im Originalbeitrag (Gottlieb et al. 1983) es auch sind, haben einen anderen Sinn. Angenommen, von den beiden ersten Einträgen, die in die leere Liste gefüllt werden, wird der zweite Prozessor zuerst fertig. Ein nachfolgendes Aushängen würde nun sofort Eintrag 1 aushängen, ohne zu merken, dass dieser noch nicht aktuell vorhanden ist,

Einhängen   Aushängen

```
IF InUse>=N                     IF Fix <=0
  THEN Full:=TRUE; RETURN         THEN Empty:=TRUE; RETURN
END;                            END;

IF FetchAndAdd(InUse,1)>=N      IF FetchAndAdd(Fix,-1)<=0
THEN                            THEN
    FetchAndAdd(InUse,-1);          FetchAndAdd(Fix,1);
    Full:=TRUE; RETURN              Empty:=TRUE; RETURN
END;                            END;

MyInSlot:=FetchAndAdd           MyOutSlot:=FetchAndAdd
          (InSlot,1)MOD N;                (OutSlot,1)MOD N;

P(InSem[MyInSlot]);             P(OutSem[MyOutSlot]);
RingBuf[MyInSlot]:= data;       data:= RingBuf[MyOutSlot];
V(OutSem[MyInSlot]);            V(InSem[MyOutSlot]);

FetchAndAdd(Fix,1);             FetchAndAdd(InUse,-1);
```

Abb. 2.29 Ein- und Aushängen bei der ready-queue

und die ungültigen Daten weiterverwenden. Aus diesem Grund wird nicht nur die Zahl der Einträge und damit das *bounded buffer*-Problem geregelt, sondern auch jeder einzelne Slot mit einem Semaphor versehen, der initial auf eins gesetzt wird. Dies hat zur Folge, dass entweder ein Einhängen oder ein Aushängen auf dem Slot durchgeführt wird, aber nicht beides gleichzeitig. Die Verwendung von *zwei* Semaphoren, deren Aufrufe wechselseitig verschränkt sind, garantiert nun mit den Anfangsbedingungen InSem[i]:=1, OutSem[i]:=0 zusätzlich, dass bei jedem Slot zuerst ein Einfügen stattfindet, dann ein Aushängen und so wechselseitig fort.

Man beachte, dass sowohl InSlot als auch OutSlot nur erhöht werden, also irgendwann überlaufen. Wird aber N als Zweierpotenz gewählt, so bedeutet die Modulo-Operation, dass der Überlauf nicht weiter bemerkt wird, da sowieso nur die unteren Bits ausgelesen werden.

2.3.6 Aufgaben zur Prozesssynchronisation

Aufgabe 2.3-1 *Race Conditions*

a) Was wäre, wenn in Abschn. 2.3.1 zuerst Prozess A die Kontrolle erhält und nach Schritt (2) die Umschaltung erfolgt?

b) Gibt es noch weitere Möglichkeiten der Fehlererzeugung?

Aufgabe 2.3-2 *mutual exclusion*

Formulieren Sie die Prozeduren betrete_Abschnitt(Prozess: INTEGER) und verlasse_Abschnitt(prozess:INTEGER), die die Lösung von Peterson für das *mutual exclusion*-Problem enthalten. Definieren Sie dazu die zwei globalen, gemeinsamen

Variablen `Interesse[1..2]` und `dran`. Könnte eine Verallgemeinerung auf *n* Prozesse existieren und wenn ja, wie?

Aufgabe 2.3-3 Synchronisation

Betrachten Sie die folgenden fünf Prozesse, die gleichzeitig ausgeführt werden. Jeder Prozess besteht aus vier Abschnitten, wobei Abschnitte der Typen A bis G jeweils korrespondierend kritisch sind:

P1	P2	P3	P4	P5
A	D	B	G	A
B	E	E	H	D
C	A	E	G	E
D	D	F	A	H

a) Welche Abschnitte müssen Sie tatsächlich mit Semaphoren synchronisieren?
b) Wie viele Semaphore benötigen Sie?

Aufgabe 2.3-4 Semaphoroperationen

a) Wie würden Sie die Semaphoroperationen P und V formulieren, wenn s die Anzahl der jeweils wartenden Prozesse enthalten soll?
b) Wie ändert sich die Lösung des Erzeuger-Verbraucher-Problems dadurch?
c) Wie muss man *s* verändern, wenn mehrere Betriebsmittel existieren?

Aufgabe 2.3-5 Prozesssynchronisation

Wie lautet die Synchronisierung der Betriebsmittel aus Abb. 2.13 mit Hilfe von Semaphoren?

Aufgabe 2.3-6 Spinlocks

a) Was ist der Unterschied zwischen Blockieren und Spinlocks, um auf das Eintreten eines Ereignisses zu warten?
b) Unter welcher Bedingung kann es vertretbar sein, Spinlocks zu verwenden?

Aufgabe 2.3-7 Erzeuger-Verbraucher-Synchronisation

Gegeben sei der folgende unvollständige Programmcode zur Lösung des Erzeuger-Verbraucher-Problems. Ordnen Sie die folgenden 8 fehlenden Befehle den Zeilen (10, 11, 14, 15, 19, 20, 23, 24) im Code zu.

s mutex.acquire()   gehört in Zeile _____
s mutex.acquire()   gehört in Zeile _____
s mutex.release()   gehört in Zeile _____
s mutex.release()   gehört in Zeile _____
s empty.acquire()   gehört in Zeile _____
s empty.release()   gehört in Zeile _____
s full.acquire()   gehört in Zeile _____
s full.release()   gehört in Zeile _____

Code:

```
1     REGAL = []
2     REGAL_KAPAZITAET = 5
3
4     s_empty    = threading.Semaphore(REGAL_KAPAZITAET)
5     s_full     = threading.Semaphore(0)
6     s_mutex    = threading.Semaphore(1)
7
8     def verbraucher():
9         while True:
10            # Zeile 10
11            # Zeile 11
12            portion = REGAL.pop()
13            print('Lager hat noch "%s", %i Portionen übrig.' %
(portion,   len(REGAL)))
14            # Zeile 14
15            # Zeile 15
16
17    def erzeuger():
18        while True:
19            # Zeile 19
20            # Zeile 20
21            portion = "McBurger"
22            REGAL.append(portion)
23            # Zeile 23
24            # Zeile 24
```

Aufgabe 2.3-8 Das readers/writers-Problem

Entwerfen Sie einen Pseudocode, um das zweite *readers/writers*-Problem zu lösen.

Aufgabe 2.3-9 Chinesische, dinierende Philosophen

N Philosophen sitzen um einen Esstisch und wollen speisen. Auf dem Tisch befindet sich eine große Schale mit Reis und Gemüse. Jeder Philosoph meditiert und isst abwechselnd.

Zum Essen benötigt er jeweils 2 Stäbchen, auf dem Tisch liegen aber nur N Stäbchen, so dass er sich ein Stäbchen mit seinem Nachbarn teilen muss. Also können nicht alle Philosophen zur selben Zeit essen; sie müssen sich koordinieren. Wenn ein Philosoph hungrig wird, versucht er in beliebiger Reihenfolge das Stäbchen links und rechts von ihm aufzunehmen, um mit dem Essen zu beginnen. Gelingt ihm das, so isst er eine Weile, legt die Stäbchen nach seinem Mahl wieder zurück und meditiert. Dabei sind allerdings Situationen denkbar, in der alle gleichzeitig agieren und sich gegenseitig behindern.

Geben Sie eine Vorschrift für jeden Philosophen (ein Programm in einem MODULA oder C-Pseudocode) an, das dieses Problem löst!

2.3.7　Kritische Bereiche und Monitore

Obwohl die Einführung von Semaphoren die Synchronisation bei Prozessen stark erleichtert, ist der Umgang mit Ihnen nicht unproblematisch. Vertauschen wir beispielsweise die Reihenfolge der Operationen zu

```
V(mutex); .. krit. Abschnitt ..; P(mutex);
```

so ist das Ergebnis gerade invers zum Gewünschten: Alle sind nur im kritischen Abschnitt zugelassen. Auch der Fehler

```
P(mutex); .. krit. Abschnitt ..; P(mutex);
```

oder das einfache Weglassen einer der beiden Operationen führt zu starken Problemen. Dabei reicht schon eine subtile, in großen Programmen fast nicht bemerkbare Änderung aus, um die unerwünschten, nur sporadisch auftretenden Fehler zu erzeugen. Beispielsweise ist eine Vertauschung der Operationen in der Lösung des *Erzeuger-Verbraucher*-Problems

```
von    P(frei);P(mutex);putInBuffer(item);V(mutex);V(belegt);
zu     P(mutex);P(frei);putInBuffer(item);V(mutex);V(belegt);
```

äußerst problematisch (warum?).

Aus diesem Grund schlugen Hoare (1972) und Brinch Hansen (1972) vor, die richtige Erzeugung und Anordnung der Semaphoroperationen dem Compiler zu überlassen und statt dessen ein neues Sprachkonstrukt, den **kritischen Bereich** (**critical region**), einzuführen. Die Sprachsyntax für eine gemeinsame Variable (Semaphor) s eines beliebigen Typs ist

region s **do** <statement>
was der Folge entspricht P(s); <statement>; V(s)

Gibt es also mehrere Prozesse, die für sich einen kritischen Bereich mit derselben gemeinsamen Variablen s (deklariert mit **shared** s) betreten wollen, so garantieren die vom

Compiler erzeugten Synchronisationsmechanismen dafür, dass immer nur ein Prozess dies kann. Zwei parallel ablaufende Prozesse mit

region s **do** S1 **region** s **do** S2

erzeugen also Sequenzen der Form S1; S2; … oder S2; S1; …, wobei zwar die Reihenfolge der Befehle bzw. Befehlssequenzen S1 und S2 beliebig, die Befehlsausführungen aber nicht gemischt sein dürfen.

Führt man noch zusätzlich eine Bedingung B ein (Hoare 1972), die den Zugang zu einem solchen kritischen Abschnitt regelt, in der Form

region s **when** B **do** <statement>

so erhalten wir einen *bedingten* kritischen Bereich (*conditional critical region*). Die Semantik des bedingten kritischen Bereichs dieses Konstrukts sieht vor, dass ein Prozess nach Belegen von s nur dann den kritischen Abschnitt betreten kann, wenn auch die Bedingung B erfüllt ist. Ist dies nicht der Fall, wird s wieder aufgegeben, und der Prozess legt sich schlafen, bis die Bedingung erfüllt ist. Sodann versucht er wieder, s zu belegen.

Dieses Konzept wurde in objektorientierter Weise erweitert, um auch passive Daten mitzuschützen. Dazu schlugen Brinch Hansen (1973) und Hoare (1974) einen neuen abstrakten Datentyp (Klasse) vor, der die Aufgabe übernimmt, alle darin enthaltenen, von außen ansprechbaren Prozeduren (*Methoden*, abstrakte Datentypen ADT) und die lokalen, dazu benutzten Daten und Variablen durch Synchronisationsprimitive automatisch zu schützen und den wechselseitigen Ausschluss von Prozessen darin zu garantieren. Diese Klasse nannten sie einen **Monitor**, was aber nichts mit einem Bildschirm oder einem Softwaremonitor aus Abschn. 2.2.5 zu tun hat.

Das Monitorkonstrukt folgt syntaktisch dem Schema

```
MONITOR <name>
   (* lokale Daten und Prozeduren *)
   PUBLIC
   (*Prozeduren der Schnittstelle nach außen *)
   BEGIN (*Initialisierung *)
   …
   ENDMONITOR
```

Der Aufruf der allgemein zugänglichen (also unter PUBLIC deklarierten), geschützten Prozeduren erfolgt durch Voranstellen des Prozedurnamens.

Beispiel *Erzeuger-Verbraucher*

```
MONITOR Buffer;
TYPE     Item = ARRAY[1..M] of BYTE;
```

```
VAR        RingBuf: ARRAY[1..N] of Item;
           InSlot, (* 1. freier Platz *)
           OutSlot, (* 1. belegter   Platz *)
           used: INTEGER;
PUBLIC PROCEDURE putInBuffer(item:Item);
          BEGIN  …  END putInBuffer;
      PROCEDURE getFromBuffer(VAR item:Item);
          BEGIN  …  END getFromBuffer;
BEGIN
 used:=0; InSlot:=1; OutSlot:=1;
END MONITOR;
```

Der Gebrauch des Monitors sieht dann wie in Abb. 2.30 aus:

Allerdings ist der Code noch nicht vollständig. Im Beispiel von Abb. 2.27 sahen wir, dass es nötig sein kann, zusätzliche Wartebedingungen (hier: zur Flusskontrolle des Pufferüberlaufs) innerhalb eines kritischen Abschnitts vorzusehen. Dies ist im Monitor prinzipiell durch spezielle Variablen vom Typ CONDITION vorgesehen. Die einzigen Operationen, die auf diesen Variablen zugelassen sind, sind die beiden folgenden Signaloperationen:

- *signal(s)*
  sendet ein Signal s innerhalb eines Monitors an alle, die darauf warten, unabhängig davon, ob überhaupt jemand wartet.
- *wait(s)*
  wartet so lange, bis ein Signal s gesendet wird, und führt danach die nächsten Instruktionen aus.

Wir erweitern deshalb unseren Monitor um die Bedingungsvariablen

```
VAR frei, belegt: CONDITION
```

die für die Flusskontrolle nötig sind. Die beiden vom Monitor geschützten Zugriffsoperationen sehen damit dann folgendermaßen aus:

Erzeuger	*Verbraucher*
``	```
LOOP	LOOP
produce(item)	Buffer.getFromBuffer(item)
Buffer.putInBuffer(item)	consume(item);
END	END
``	```

Abb. 2.30 Lösung des Erzeuger-Verbraucher-Problems mit einem Monitor

```
PROCEDURE putInBuffer(item: Item);
BEGIN
  IF used=N THEN wait(frei) END;
  RingBuf[InSlot]:=item;
  used := used+1;
  InSlot := (InSlot+1) MOD N;
  signal (belegt);
END putInBuffer;

PROCEDURE getFromBuffer(VAR item: Item);
BEGIN
  IF used=0 THEN wait(belegt) END;
  item := RingBuf[OutSlot];
  used := used-1;
  OutSlot := (OutSlot+1) MOD N;
  signal(frei);
END getFromBuffer;
```

Diese Implementation erinnert uns an den naiven Ansatz in Abb. 2.26, S. 90. Im Unterschied zu diesem Ansatz haben wir allerdings nun die Abfragen zur Flusssteuerung mit gegenseitigem Ausschluss geschützt, so dass sich keine *race conditions* bilden können.

Die Anwendung des Monitorkonstrukts in Betriebssystemen ist allerdings nicht unproblematisch (Keedy 1979) Die wesentlichsten Kritikpunkte sind die unerwartete und unnötige Sequentialisierung von Betriebssystemabläufen, die bei der (ungewollten) Schachtelung von Monitoraufrufen durch die Funktionsaufrufe an sich unabhängiger, separat geschriebener Betriebssystemteile auftritt (Lister 1977) sowie die besonderen Wartezustände der Prozesse in den Monitoren, die es schwierig machen, bei Zeitüberschreitungen, Abschalten des Gesamtsystems (*shutdown*) oder Prozessabbrüchen die Wartezustände konsistent aufzulösen (Lampson und Redell 1980). Mit den allgemeinen Konstrukten wie *Prozesse* und *Signale* kann man bei geschickter Programmierung die genannten Probleme vermeiden.

Ein weiteres praktisches Problem besteht darin, dass die Semaphoroperationen als Zusatzmodule (z. B. mit speziellen Maschinenbefehlen) einer Anwenderbibliothek geschrieben und damit leicht in fast allen Programmiersprachen zur Verfügung gestellt werden können, im Gegensatz dazu aber für kritische Bereiche und Monitore die Compiler erweitert werden müssen. Dies bringt zusätzliche Komplikationen mit sich und hat sich deshalb kaum durchgesetzt.

Beispiel *Java*

Eine wichtige objektorientierte Version von C bzw. C++ ist die Programmiersprache *Java*. Ihre Anwendungsmodule (**applets**) sind dazu gedacht, als Softwaremodule kleiner Systeme zu fungieren sowie als Bestandteil einer World-Wide-Web-Seite beim Benutzer spezielle Funktionen zu erfüllen, die der normale Web-Browser nicht erfüllen kann.

Dazu wird der Sourcecode (oder der kompilierte, symbolische Code) über das Netz auf den Benutzerrechner geladen und dort von einem Java-Interpreter interpretiert, der Bestandteil des Browsers oder des Betriebssystems (z. B. wie in OS/2) sein kann.

Der Java-Code soll auf sehr unterschiedlichen Rechnersystemen gleiche Ergebnisse liefern, wobei auch mehrere *threads* parallel abgearbeitet werden können. Die Koordination mehrerer dieser Leichtgewichtsprozesse für den Zugriff auf ein gemeinsames Objekt wird mit Hilfe des Schlüsselwortes `synchronized` erreicht. Die Syntax ist mit

```
synchronized (<expression>) <statement>
```

sehr ähnlich einem kritischen Bereich. Ein *thread* kann nur dann die Instruktion (bzw. Instruktionsfolge) `<statement>` ausführen, wenn vorher das Objekt oder Feld `<expression>` (durch Semaphore geschützt) belegt wurde. Ist das Objekt schon belegt, so wird er so lange blockiert, bis der andere *thread* den kritischen Bereich wieder verlässt. Innerhalb eines `synchronized`-Bereichs kann man zusätzlich mit den Methoden `wait()` auf ein Signal warten, das mit `notify()` gesendet wird.

2.3.8 Verklemmungen

Auch in einem wohlsynchronisierten Betriebssystem mit guten Schedulingalgorithmen können Situationen auftreten, in denen Prozesse sich gegenseitig behindern und blockieren, so dass die Programme nicht ausgeführt werden können. Wie ist das möglich?

Betrachten wir dazu folgende Situation: Angenommen, Prozess 1 sammelt Daten, aktualisiert dann Einträge in einer Datei und protokolliert dies auf einem Drucker. Nun beginnt ein Prozess 2, der die gesamte Datei ausdrucken soll. Beide Betriebsmittel, der Drucker und die Datei, sind mit wechselseitigem Ausschluss geschützt, um einen Wirrwarr beim Schreiben und Lesen zu verhindern. Nun geschieht folgendes: Nach dem Datensammeln sperrt Prozess 1 die Datei, aktualisiert einen Eintrag und will ihn vor der Aktualisierung des zweiten Eintrags ausdrucken. Währenddessen hat Prozess 2 den Drucker gesperrt, die Überschrift ausgedruckt und beantragt die Datei. Da diese gerade benutzt wird, legt sich Prozess 2 mit dem Semaphor schlafen. Aber auch Prozess 1 legt sich beim Versuch, den Drucker zu bekommen, schlafen. Beide schlafen nun ewig – im Prozesssystem ist eine **Verklemmung (deadlock)** aufgetreten.

Wir haben also die Situation, dass ein Prozess Betriebsmittel A (die Datei) belegt und ein weiteres Betriebsmittel B (den Drucker) haben will, das seinerseits von einem anderen Prozess belegt ist, der wiederum das bereits belegte Betriebsmittel A haben will.

Aus unserem Beispiel lassen sich einige Eigenschaften abstrahieren, die nach Coffman et al. (1971) notwendige und hinreichende Bedingungen für diese Art von Störungen sind:

(1) *Beschränkte Belegung (mutual exclusion)*
     Jedes involvierte Betriebsmittel ist entweder exklusiv belegt oder aber frei. *Also*: Semaphoren sind notwendig für ein verklemmungsfreies System, aber nicht hinreichend.

(2) *Zusätzliche Belegung (hold-and-wait)*
Die Prozesse haben bereits Betriebsmittel belegt, wollen zusätzlich weitere Betriebsmittel belegen und warten darauf, dass sie frei werden. Die insgesamt nötigen Betriebsmittel werden also nicht auf einmal angefordert.

(3) *Keine vorzeitige Rückgabe (no preemption)*
Die bereits belegten Betriebsmittel können den Prozessen nicht einfach wieder entzogen werden, ähnlich dem präemptiven Scheduling der CPU, sondern müssen von den Prozessen selbst explizit wieder zurückgegeben werden.

(4) *Gegenseitiges Warten (circular wait)*
Es muss eine geschlossene Kette von zwei oder mehr Prozessen existieren, bei denen jeweils einer Betriebsmittel vom nächsten haben will, die dieser belegt hat und die deshalb nicht mehr frei sind.

Eine solche Situation gibt es nicht nur bei solchen Betriebsmitteln wie Druckern, Bandgeräten oder Scannern, sondern auch bei logischen Einheiten wie Semaphoren. Betrachten wir beispielsweise das *Erzeuger-Verbraucher*-Beispiel in Abb. 2.27 auf Seite 91 und nehmen wir an, dass zusätzlich zu `belegt:=0` aus Versehen auch `frei:=0` gesetzt wurde. Nun haben wir die Situation

Erzeuger	*Verbraucher*
...	...
`wait(frei)`	`wait(belegt)`
...	...
`send(belegt)`	`send(frei)`

Beide warten auf die Freigabe des Semaphors, den der andere jeweils „besitzt", aber nur freigeben kann, wenn seinen eigenen Wünschen Genüge getan wurde.

Für die Behandlungen von Verklemmungen gibt es folgende vier erfolgreiche Strategien:

- das Problem ignorieren,
- die Verklemmungen erkennen und beseitigen,
- die Verklemmungen vermeiden,
- die Verklemmungen unmöglich machen, indem man eine der obigen Bedingungen (1)–(4) verhindert.

Wir wollen im folgenden diese vier Strategien etwas näher betrachten.

Mögliche Verklemmungen ignorieren

Auf den ersten Blick scheint die Strategie, Probleme zu ignorieren statt sie zu lösen, absolut inakzeptabel zu sein, besonders für Mathematiker. Berücksichtigen wir aber die Tatsache, dass es in großen Systemen noch sehr viele weitere potentielle Störungsmöglichkeiten gibt, die uns das Leben schwer machen können, angefangen bei HW-Problemen (schlechten

Lötstellen, wackeligen Kabeln, partiellen Chipausfällen, Netzspannungsschwankungen, ...)
bis zu SW-Problemen (Fehlern im Betriebssystem, neue Compilerversionen, Umkonfi-
guration der verwendeten Software, falsche Dateneingaben etc.), so lassen sich die Fälle,
bei denen zwei Prozesse sich verklemmen, in der täglichen Praxis als „unbedeutend"
klassifizieren, ähnlich wie der potentielle Überlauf der Prozesstafeln oder das Überschreiten des Maximums der gleichzeitig offenen Dateien. Physiker betrachten dies eher
als „Schmutzeffekt", den man ignoriert, solange er nicht zu viel stört; EDV-Manager
sehen in der Vermeidung von Verklemmungen eher eine „Ablenkung von wichtigeren
Aufgaben". Aus diesem Grund sind in UNIX keine Extramaßnahmen für Verklemmungen vorgesehen.

Unabhängig von der Häufigkeit des Auftretens wäre es aber trotzdem besser, auch
Verklemmungen im Betriebssystem automatisch zu behandeln, um wenigstens den vor-
hersehbaren Ärger zu vermeiden. Leider aber ist dies, wie wir sehen werden, einerseits
nicht einfach und andererseits nicht ohne Aufwand für den laufenden Betrieb. Aus diesem
Grund muss man beim Einsatz der folgenden Maßnahmen immer Anlass und Aufwand
gegeneinander abwägen.

Verklemmungen erkennen und beseitigen

Eine Strategie zur Behandlung von Verklemmungen besteht darin, die normalen Betriebssystemfunktionen zu überwachen und beim Auftreten von verdächtigen Symptomen einen
Algorithmus zu starten, der systematisch die bestehende Situation untersucht und ermittelt, ob tatsächlich eine Verklemmung vorliegt.

Verdächtige Symptome können dabei sein,

- wenn sehr viele Prozesse warten und der Prozessor unbeschäftigt (*idle*-Prozess!) ist.
  Dies erfordert eine genaue Definition von „sehr viele", die man z. B. über eine obere
  Grenze (Schwellwert) herstellen kann.
- wenn mindestens zwei Prozesse zu lange auf Betriebsmittel warten müssen. Auch hier
  muss eine obere Grenze für „zu lange" definiert werden.

Die Situation der Prozesse und der Betriebsmittel lässt sich durch einen Betriebsmittelgraphen (*resource allocation graph*) visualisieren, s. Abb. 2.31.

Abb. 2.31 Ein Betriebs-
mittelgraph

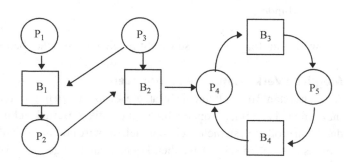

Hierbei sei ein Prozess als Kreis, ein Betriebsmittel (*resource*) als Viereck und die Belegung als Pfeil symbolisiert. Die Pfeilrichtung Prozess → Betriebsmittel bedeutet, dass ein Prozess das Betriebsmittel haben möchte; die Richtung Prozess ← Betriebsmittel deutet an, dass der Prozess das Betriebsmittel fest hat.

Die vier notwendigen und hinreichenden Verklemmungsbedingungen bedeuten für den Betriebsmittelgraphen, dass es bei Verklemmungen Zyklen in dem Graphen gibt, was wir im obigen Beispiel direkt bei den Knoten P_4, B_3, P_5, B_4 bemerken. Dies lässt sich bei größeren Graphen durch entsprechende Graphenalgorithmen nachprüfen. Einen Algorithmus für den Fall, dass es mehrere Betriebsmittel derselben Art gibt, wurde von Holt (1972) vorgestellt.

Ein anderer, einfacher Algorithmus (Habermann 1969) prüft nach, ob die Zahlen A_S der noch verfügbaren Betriebsmittel des Typs s ausreichen, um einen verklemmungsfreien Ablauf zu ermöglichen. Dazu prüfen wir, ob ein Prozess existiert, der mit den noch freien Betriebsmitteln auskommt. Ist ein solcher Prozess gefunden, so wird angenommen, dass er nach seinem Abschluss die belegten Betriebsmittel wieder zurückgibt und die Menge $\{A_S\}$ der freien Betriebsmittel anwächst. Dazu wird er markiert und der nächste Prozess gesucht. Dies wiederholen wir so lange, bis entweder alle Prozesse markiert sind und damit feststeht, dass keine Verklemmung existiert, oder aber mehrere unmarkierte Prozesse übrigbleiben, die sich gegenseitig mit ihren Anforderungen blockieren. Dabei gehen wir natürlich davon aus, dass bei vollständig unbelegten Betriebsmitteln jeder Prozess für sich genügend Betriebsmittel zur Verfügung hätte und so allein vollständig abgearbeitet werden könnte.

Mit der Notation

E_S Zahl der existierenden Einheiten pro Betriebsmittel s,
      z. B. $E_2 = 5$ für 5 existierende Einheiten vom Typ s = 2 (Drucker)
B_{KS} Zahl der Einheiten vom Typ s, die der Prozess k belegt hat
C_{KS} Zahl der Einheiten vom Typ s, die Prozess k zusätzlich fordert

können wir diesen Algorithmus genauer formulieren, wobei wir als Summe der belegten Betriebsmittel $\Sigma_k B_{ks}$, die Spaltensumme der Matrix (B_{KS}), erhalten. Die Anzahl A_S der noch freien Betriebsmittel des Typs s ist somit

$$A_S = E_S - \sum_K B_{KS}$$

Die einzelnen Schritte des Algorithmus lauten also:

(0)   Alle Prozesse sind unmarkiert.
(1)   Suche einen unmarkierten Prozess k, bei dem für alle Betriebsmittel s gilt $A_S \geq C_{KS}$.
(2)   Falls ein solcher Prozess existiert, markiere ihn und bilde $A_S := A_S + B_{KS}$.
(3)   Gibt es keinen solchen Prozess, STOP. Ansonsten durchlaufe erneut (1) und (2).

In Pseudocode lässt sich dies wie folgt formulieren:

```
FOR k:=1 TO N DO unmarkProcess(k) END; d:=0;        (*Step 0*)
REPEAT
  k:= satisfiedProcess();                           (*Step 1*)
  IF k#0 THEN d:=d+1; markProcess(k);               (*Step 2*)
    FOR s:=1 TO M DO A[s]:= A[s]+B[k,s] END;
  END;
UNTIL k=0;                                          (*Step 3*)
IF d<N THEN Error('Deadlock exists!') END;
```

Geht der Algorithmus ohne Fehlermeldung zu Ende, so ist nur festgestellt, dass keine ausweglose Situation entstehen muss; wie sich die Situation tatsächlich nach dem Test weiterentwickeln wird, ist nicht gesagt. Erhalten wir dagegen eine Fehlermeldung, so lässt sich zeigen, dass tatsächlich eine Verklemmung vorhanden ist, egal, in welcher kombinatorischen Reihenfolge wir die Prozesse markiert haben. Der Grund für die Unabhängigkeit dieser Tatsache von der Markierungsreihenfolge ist das stetige Anwachsen der Betriebsmittel beim Markieren.

Natürlich läuft der Algorithmus zu einem Zeitpunkt ab und berücksichtigt nur die zu diesem Zeitpunkt existierende Situation. Würden die Ressourcen sich während der Laufzeit ändern, so wäre die Aussage nicht mehr zuverlässig.

Beispiel *Verklemmungen*

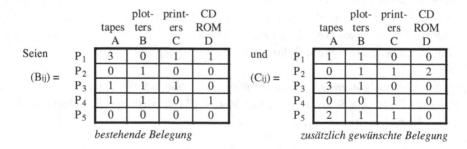

		tapes A	plotters B	printers C	CD ROM D			tapes A	plotters B	printers C	CD ROM D
Seien	P_1	3	0	1	1	und	P_1	1	1	0	0
$(B_{ij})=$	P_2	0	1	0	0	$(C_{ij})=$	P_2	0	1	1	2
	P_3	1	1	1	0		P_3	3	1	0	0
	P_4	1	1	0	1		P_4	0	0	1	0
	P_5	0	0	0	0		P_5	2	1	1	0

bestehende Belegung　　　　　　　　　　　*zusätzlich gewünschte Belegung*

wobei E = (6 3 4 2)

Die Gesamtbelegung ist (5 3 2 2), so dass also noch **A** = (1 0 2 0) übrigbleibt. Von allen Prozessen kann also nur P_4 zusätzlich (0 0 1 0) belegen, seine Arbeit vollständig durchführen und seine gesamten Betriebsmittel (1 1 1 1) zurückgeben. Damit erhalten wir **A** = (2 1 2 1). Nun können P_1 und P_5 die Arbeit beenden, so dass wir **A** = (5 1 3 2) erhalten, und, zuletzt, wird mit P_2 und P_3 **A** = (6 3 4 2). Man beachte, dass die Reihenfolge P_4, P_1, P_5, P_2, P_3 nicht zwangsläufig ist; es hätte auch P_4, P_5, P_1, P_2, P_3 sein können.

Wie beseitigen wir nun eine aufgetretene Verklemmung? Aus dem obigen Algorithmus ist leicht ersichtlich, welche Betriebsmittel und Prozesse verklemmt sind. Nun können wir

- *Prozesse abbrechen*
  Die einfachste Methode besteht darin, entweder einen der verklemmten Prozesse oder einen unbeteiligten Prozess, der aber das benötigte Betriebsmittel hat, einfach abzubrechen und zu hoffen, dass sich alles selbst wieder arrangiert. Welche Prozesse sinnvoll abgebrochen werden können, muss man selbst ermitteln. Einen Hinweis darauf gibt der obige Algorithmus, der mit der Folge der markierten Prozesse auch eine Schedulingreihenfolge liefert, die verklemmungsfrei die Arbeit beendet.
- *Prozesse zurücksetzen*
  In Datenbanksystemen gibt es meist aus Sicherheitsgründen regelmäßige Zeitpunkte, an denen der gesamte Systemzustand abgespeichert wird. Tritt nun eine Verklemmung auf, so kann man einen oder mehrere Prozesse, anstatt sie brutal abzubrechen, auf einen Zustand zurücksetzen, in dem sie die Betriebsmittel noch nicht belegt hatten, und die Prozessausführung so lange verzögern, bis die benötigten Betriebsmittel von den verklemmten Prozessen wieder freigegeben werden.
- *Betriebsmittel entziehen*
  In manchen Fällen ist es möglich, einem Prozess das von anderen Prozessen benötigte Betriebsmittel zu entziehen und es zunächst den anderen Prozessen zur Verfügung zu stellen. Sobald es wieder frei wird, kann sich dann auch dieser Prozess wieder darum bewerben und an der abgebrochenen Programmstelle weitermachen.
  Diese Strategie ist nicht immer möglich, wie z. B. beim Beschreiben einer Datei, oder führt zu manuellem Mehraufwand, beispielsweise bei einem Drucker, dessen bisheriger Papierausdruck per Hand weggeräumt und wieder im richtigen Augenblick hingelegt werden muss.

Die Nachteile dieser Methoden sind klar: Brechen wir Prozesse einfach ab, so geht alle weitere Arbeit verloren. Setzen wir die Prozesse zurück, so geht alle bisher geleistete Arbeit seit dem Sicherungszeitpunkt verloren. Außerdem gibt es dabei viele Zusatzprobleme: Sowohl der abgebrochene als auch der zurückgesetzte Prozess können Daten geschrieben oder Nachrichten verschickt haben, die nicht zurückgenommen werden und unter Umständen zu inkonsistenten Dateien führen können. Die Auswahl des entsprechenden Prozesses sollte sich deshalb nach dem Kriterium des geringsten angerichteten Schadens richten.

Verklemmungen vermeiden

Eine der einfachsten Strategien gegen Verklemmungen besteht darin, beim Auftreten eines Fehlers („Betriebsmittel bereits belegt") dies dem Benutzer anzuzeigen und den Benutzer selbst die richtige Reaktion darauf vornehmen zu lassen. Das ist meistens bei Einbenutzersystemen (*Personal Computer* PC) der Fall, in denen der Benutzer alles überschauen kann, genügend Zugriffsrechte besitzt und so Verklemmungen vermeiden kann.

In Mehrbenutzersystemen ist dies aber eine unbrauchbare Strategie. Hier werden ausgefeiltere Techniken benötigt. Eine Idee besteht darin, zwischen **unsicheren, verklemmungsbedrohten Zuständen** und **sicheren Zuständen** zu unterscheiden und immer nur solche Belegungen zuzulassen, die das System in sicheren Zuständen lassen. Was sind unsichere Zustände? Betrachten wir *sichere* Zustände als solche, bei denen es immer einen Weg (eine Schedulingstrategie) für die vorhandenen Prozesse gibt, um alle normal zu beenden, und *unsicherere* als solche, die nicht zwangsläufig zu einer Verklemmung führen müssen, aber können. Dann haben wir bereits einen Algorithmus kennengelernt, um dies zu testen: unseren Erkennungsalgorithmus für Verklemmungen.

Wir betrachten dazu die Betriebsmittelanforderungen der Prozesse im Algorithmus als Maximalforderungen, die alle auf einmal auftreten können, aber nicht müssen. Die Diagnose „Verklemmung" des Testalgorithmus bedeutet nun, dass eine Verklemmung auftreten kann, aber nicht muss – es könnte ja sein, dass die restlichen Betriebsmittel von den anderen Prozessen einzeln nacheinander und nicht gleichzeitig gefordert und zurückgegeben werden. Im Unterschied zur Belegung im vorigen Abschnitt, die auf einmal realisiert und zurückgegeben wird, muss hier keine Verklemmung auftreten. Immerhin ist damit klar: Der Zustand ist verklemmungsbedroht und damit abzulehnen. Beispielsweise kann P_2 im obigen Beispiel einen Drucker zusätzlich bekommen, ohne dass das System verklemmungsbedroht wäre und damit den sicheren Zustand verlässt. Geben wir aber P_5 den letzten Drucker, so kann P_4 nicht mehr vollständig abgearbeitet werden: Das System ist verklemmungsbedroht und damit in einen unsicheren Zustand übergegangen. Die letzte der beschriebenen Zuteilungen sollte also vermieden werden. Dabei ist das System nicht verklemmt, sondern nur bedroht: Gibt z. B. P_1 seinen Drucker vor dem Ende wieder zurück, so droht keine Gefahr mehr.

Der Testalgorithmus wurde zuerst von Dijkstra (1965) angegeben und wird als **„Banker-Algorithmus"** bezeichnet, da er das Verhalten eines Bankiers in einer Kleinstadt widerspiegelt, der mit begrenzten Betriebsmitteln (Kapital) versucht, die Kreditwünsche seiner Kunden zu befriedigen. Seine Strategie besteht darin, bei jedem Kreditwunsch eines Kunden zu prüfen, ob dann noch eine Reihenfolge besteht, um die Wünsche eines anderen Kunden im vollen, maximalen Kreditrahmen zu berücksichtigen und mit der anschließenden Rückzahlung die weiteren Wünsche abzudecken.

Die Anwendung dieses Algorithmus, um Verklemmungen zu vermeiden, bereitet allerdings praktische Probleme:

- Bei den meisten Anwendungen ist die Zahl der maximal nötigen Betriebsmittel unbekannt.
- Die Anzahl der Prozesse im System ist dynamisch und wechselt ständig.
- Die Anzahl der verfügbaren Betriebsmittel ist ebenfalls veränderlich.
- Der Algorithmus ist laufzeit- und speicherintensiv.

Aus diesen Gründen wird der bekannte Algorithmus in der Praxis kaum eingesetzt.

Verklemmungen unmöglich machen

Die Grundidee bei dieser Strategie, Verklemmungen zu behandeln, besteht darin, eine der vier auf Seite 101 genannten Bedingungen, die hinreichend und notwendig für eine Verklemmung sind, unmöglich zu machen. Dies lässt sich bei jeder Bedingung unterschiedlich durchführen.

(1) *Mutual Exclusion*

Die Konkurrenz für ein Betriebsmittel lässt sich abschaffen, indem man es beispielsweise einem einzigen, speziell dafür zuständigen Prozess übergibt und alle Anfragen für dieses Betriebsmittel als Dienstleistung an den Prozess umwandelt.

Ein Beispiel dafür ist der Drucker: Ein spezieller Prozess, der **Druckerdämon** (*printer demon*), erhält dauerhaft den Drucker; alle anderen Prozesse übergeben die auszudruckenden Daten diesem Prozess in eine Warteschlange. Der Druckerdämon arbeitet stellvertretend für die ihn beauftragenden Prozesse die Warteschlange ab (*spooling*), so lange ein Auftrag vorliegt, und legt sich dann bei leerer Warteschlange schlafen. Damit wird zunächst jede Verklemmung vermieden.

Diese Strategie ist nicht unproblematisch. Zum einen ist dies nicht für alle Betriebsmittel möglich (z. B. für Semaphore, die ja gerade für den wechselseitigen Aufruf da sind), zum anderen wird das Problem nur vorverlagert. In unserem Beispiel geht der wechselseitige Ausschluss vom Drucker auf den Druckerpuffer im Massenspeicher über, der als endlicher Platz ebenfalls ein Betriebsmittel darstellt. Haben wir zwei Prozesse, deren Pufferbedarf jeweils die Hälfte des verfügbaren Platzes überschreitet, so stellt sich hier wieder das gleiche Problem wie vorher. Jeder Prozess schreibt seine Daten in den Puffer, bis kein Platz mehr da ist. Da der Auftrag erst nach dem vollständigen Übermitteln der Daten in die Warteschlange eingehängt wird, ist die Auftragsschlange leer und beide Prozesse warten, bis wieder Platz verfügbar ist, um die Übermittlung abzuschließen – sie bleiben verklemmt. Aus diesem Grunde werden *spooling*-Systeme auch manchmal so programmiert, dass nur die Originaldatei zum Drucken verwendet wird und nicht vorher eine Kopie davon gemacht wird.

Allgemein ist aber der Übergang von der direkten Belegung auf ein Stellvertreter- und Auftragssystem (*client-server*) üblich.

(2) *Hold And Wait*

Können wir verhindern, dass die Prozesse zusätzliche Ressourcen anfordern, so verhindern wir Verklemmungen. Eine Möglichkeit dafür besteht darin, nur ein einziges Betriebsmittel pro Prozess zuzulassen. Dies ist aber inakzeptabel: Ein Prozess, der Daten von einem Band liest und sie ausdruckt, wäre damit verboten.

Eine andere Möglichkeit sieht vor, immer alle Betriebsmittel, die für den Prozess nötig sind, am Anfang des Prozesses auf einmal anzufordern. Dies erfordert allerdings zusätzlichen Programmieraufwand, da dies anfangs weder dem Prozess noch dem Betriebssystem, sondern nur dem Programmautor bekannt sein kann. Der Nachteil dieser Methode besteht darin, dass immer alle benötigten Betriebsmittel für die gesamte Laufzeit des Prozesses belegt sind und für keine anderen Prozesse mehr zur Verfügung stehen. Ein Programm, das für fünf Stunden rechnet und dann einen kurzen Ausdruck macht, verhindert damit fünf Stunden lang jeglichen Ausdruck – ein inakzeptables Verhalten in einer Mehrbenutzerumgebung und außerdem eine schlechte Betriebsmittelauslastung.

Eine interessante Variante davon sieht vor, bei jeder zusätzlichen Betriebsmittelbelegung zunächst einmal alle bereits belegten Betriebsmittel zurückzugeben und dann in einer Anfrage alle für die nächste Phase benötigten Betriebsmittel anzufordern. Dies erhöht zwar den Belegungsaufwand, verhindert aber eine Verklemmung.

(3) *No Preemption*
Ein vorzeitiger Entzug eines Betriebsmittels ist, wie bereits angedeutet, nicht einfach so möglich, da bereits Veränderungen durchgeführt sein können, beispielsweise beim Schreiben von Daten oder beim Ausdrucken von Papier. Ein vorzeitiger Entzug der Betriebsmittel etwa durch eine Zeitüberwachung muss deshalb im Programm explizit mitberücksichtigt werden und kann nicht automatisch transparent für das Programm geschehen.

(4) *Circular Wait*
Eine Möglichkeit, die Zyklen zu durchbrechen, besteht darin, bereits bei der Anforderung den ersten Schritt zu einem Zyklus zu vermeiden und eine Ordnungsrelation für die Betriebsmittelanforderung zu definieren (*Linearisierung* der Betriebsmittelanforderung).

– Dazu werden alle Betriebsmittel durchnumeriert und einem Prozess nur gestattet, zusätzliche Betriebsmittel einer höheren Nummer zu belegen als er bereits hat. Dadurch kann kein Prozess auf ein früher durch einen anderen Prozess bereits belegtes Betriebsmittel mit einer kleineren Nummer warten – es ist prinzipiell nicht verfügbar.

Mit dieser Annahme betrachten wir nun einen Zyklus. Schreiben wir in unserem Betriebsmittelgraphen in jedes Kästchen die Nummer, so können wir die in einem Zyklus durchlaufenen Betriebsmittelnummern notieren. Bei der obigen Einschränkung ist es nicht möglich, von den gehaltenen Betriebsmitteln zu den angeforderten Mitteln immer nur höhere Nummern zu erreichen – irgendwann schließt sich der Kreis, und dann folgt die kleinste Nummer als Anforderung auf eine größere, die belegt wurde. Dies widerspricht aber der Voraussetzung. Also kann sich kein Zyklus ausbilden.

Der Nachteil der Linearisierungsmethode liegt darin, dass so leicht keine Ordnung gefunden werden kann, die für alle Anwendungen brauchbar ist. Ist eine bestimmte gewünschte Anforderungsreihenfolge nicht möglich, so muss der Prozess alle benötigten Ressourcen statt dessen auf einmal anfordern, was wieder die Auslastung der Ressourcen verschlechtert.

– Eine weitere Möglichkeit bietet eine Betriebsmittelzuteilung, bei der die Betriebsmittel in einer Hierarchie angeordnet sind und jeweils bestimmten Verwaltungsprozessen (Druckerdämon usw.) zugeordnet werden. Diese Prozesse erfüllen die Benutzeranforderungen und achten dabei auf die Verklemmungsfreiheit, wobei jeder Benutzerauftrag zeitlich begrenzt wird.

Die Gesamtheit der Betriebsmittel (z. B. alle Dateien) kann aufgeteilt und ihre Verwaltung Unterprozessen übertragen werden. Da dies auch für den Unterprozess gilt, entsteht so eine baumartige Hierarchie der Belegung, die verklemmungsfrei ist.

Beispiel *Dateiverwaltung*

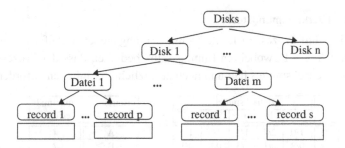

Dabei wird jeder *record* nur von einem einzigen Prozess alloziert. Die Aufträge (schreiben, lesen) werden von der Wurzel an die Unterprozesse weitergeleitet. Die Baumstruktur garantiert, dass die Reihenfolge der Bearbeitungen auch bei den Unteraufträgen überall gleich ist. Dadurch bleiben die Zustände der *records* konsistent.

2.3.9 Aufgaben zu Verklemmungen

Aufgabe 2.3-10 Begriffe

a) Was ist der Unterschied zwischen Blockieren, Verklemmen und Verhungern von Prozessen?

b) Worin liegt der Unterschied zwischen aktivem (*busy wait*) und passivem Warten?

c) Geben Sie ein praktisches Beispiel für ein Verklemmung an.

Aufgabe 2.3-11 Verklemmung/Blockierung

Ein Student S_1 hat ein Buch A in der Bibliothek ausgeliehen. In Buch A findet er einen Literaturhinweis auf Buch B. Deshalb möchte er auch Buch B ausleihen. Dies ist momentan von Student S_2 ausgeliehen, der wiederum in Buch B einen Verweis auf Buch A findet. Also versucht er, Buch A auszuleihen. Stellt diese Situation eine Verklemmung, eine Blockierung oder keines von beiden dar? Bitte begründen Sie Ihre Antwort.

Aufgabe 2.3-12 Monitore

a) Implementieren Sie das Leser/Schreiber-Problem als Monitorlösung.

b) Was sind die Vor- und Nachteile einer Monitorlösung?

Aufgabe 2.3-13 Banker-Algorithmus

a) Welche der beiden Reihenfolgen wären im Beispiel auf Seite 106 für den Banker-Algorithmus für die fünf Prozesse auch möglich?

b) Angenommen, Prozess P_1 bekommt ein Bandlaufwerk zusätzlich zugestanden. Ist das System dann verklemmungsbedroht?

Aufgabe 2.3-14 Verklemmungstest

Gegeben seien fünf Prozesse P1, ..., P5 mit den angegebenen Anforderungen an die Betriebsmittel A, ..., E, wobei ein Eintrag „a/b" bedeutet, dass der Prozess derzeit a Einheiten des Betriebsmittels hält und noch zusätzliche b Einheiten anfordert.

	Betriebsmittel				
	A	B	C	D	E
P1	1/0	2/4	1/1	1/0	1/0
P2	0/2	0/1	0/3	0/0	0/1
P3	2/0	0/2	1/2	0/2	3/2
P4	0/1	0/4	0/1	0/2	0/0
P5	1/3	1/3	0/1	1/1	1/4

Betriebs- mittel	maximal verfügbar
A	4
B	7
C	3
D	2
E	5

Überprüfen Sie, ob in diesem Szenario eine Verklemmung vorliegt. Falls ja, so geben Sie an, wie diese behoben werden kann.

Aufgabe 2.3-15 Verklemmungsfreiheit

Beweisen oder widerlegen Sie:

In einem System mit n > 1 verschiedenen Betriebsmitteltypen, in dem jeder Prozess direkt nach seinem Start nacheinander (jedoch in beliebiger Reihenfolge) für jeden dieser Typen alle $m_i \geq 0$ maximal benötigten Betriebsmittel auf einmal anfordern muss und diese erst bei Prozessende wieder freigegeben werden können, sind Verklemmungen unmöglich.

Aufgabe 2.3-16 Sichere Systeme

a) Ein Computersystem habe sechs Laufwerke und n Prozesse, wobei ein Prozess jeweils zwei Laufwerke benötigt. Wie groß darf n sein für ein sicheres System?

b) Für große Werte für m Betriebsmittel und n Prozesse ist die Anzahl der Operationen, um einen Zustand als „sicher" zu klassifizieren, proportional zu $m^a n^b$. Wie groß sind a und b?

Aufgabe 2.3-17 Verklemmungen unmöglich machen

In einem Transaktionssystem einer Bank gibt es für jede der vielen parallel stattfindenden Überweisungen von Konto S nach Konto E einen eigenen Prozess. Die Lese-/

Schreiboperationen pro Konto müssen deshalb vor parallelem Zugriff durch einen anderen Prozess geschützt werden. Wird dazu ein Semaphor pro Konto verwendet, so kann es bei gleichzeitigen Rücküberweisungen leicht zu Verklemmungen kommen, da zuerst S und dann E von einem Prozess und zuerst E und dann S vom anderen Prozess belegt werden. Entwerfen Sie ein Zugriffsschema, um eine Verklemmung unmöglich zu machen.

Beachten Sie bitte, dass Lösungen, die zuerst das eine Konto sperren, es verändern sowie entsperren und dann das andere Konto belegen und verändern, gefährlich sind, da bei Computerstörungen der Überweisungsbetrag verschwinden kann. Diese Art von Lösungen scheidet also aus.

2.4   Prozesskommunikation

Ein wichtiges Mittel, um in einem Betriebssystem die Aktionen mehrerer Prozesse zu koordinieren und ein gemeinsames Arbeitsziel zu erreichen, ist der Nachrichtenaustausch. In den klassischen Betriebssystemen wurde dies sehr vernachlässigt; erst in UNIX wurden Programme als Bausteine angesehen, deren koordiniertes Zusammenwirken ein neues Programm ergeben kann. Die Mittel dafür waren in älteren UNIX-Versionen aber sehr beschränkt. Erst der Zwang, auch über Rechnergrenzen hinweg in Netzen die Arbeit zu koordinieren, führte dazu, auch auf einem einzelnen Rechner die Interprozesskommunikation als Betriebssystemdienst zu ermöglichen.

In diesem Abschnitt sind deshalb die grundsätzlichen Überlegungen präsentiert, wie sie sowohl für Mono- als auch für Multiprozessorsysteme und Netzwerke zutreffen. Die stärker speziellen für Netzwerke zutreffenden Aspekte für die Betriebssysteme sind gesondert in Kap. 6 beschrieben.

Der Nachrichtenaustausch zwischen Prozessen folgt dabei bestimmten Überlegungen.

2.4.1   Kommunikation mit Nachrichten

Bei dem Nachrichtenaustausch unterscheidet man drei verschiedene Arten der Verbindung: die Punkt-zu-Punkt-(**unicast**)-Verbindung von einem einzelnen Prozess zu einem anderen, die **multicast-Verbindung** von einem Prozess zu mehreren anderen und der Rundspruch (**broadcast-Verbindung**) von einem Prozess zu allen anderen. In Abb. 2.32 sind diese Verbindungsarten visualisiert.

Dabei lässt sich jede Verbindungsart durch eine andere implementieren. Beispielsweise kann man einen *broadcast* und *multicast* durch mehrere *unicast*-Verbindungen realisieren oder durch eine Verbindung, bei der in der Adresse eine Liste aller Empfänger mitgeschickt wird und diese vom Empfänger benutzt wird, um die nächste Verbindung aufzubauen. Umgekehrt kann man eine Nachricht an alle Empfänger schicken, in der als Adressat nur ein einziger Empfänger angegeben ist; die anderen Empfänger sehen dies und ignorieren daraufhin die Nachricht.

Abb. 2.32 Verbindungsarten

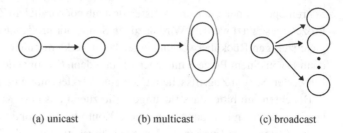

(a) unicast   (b) multicast   (c) broadcast

Abb. 2.33 Ablauf einer
verbindungsorientierten
Kommunikation

openConnection (Adresse)	Feststellen, ob der Empfänger existiert und bereit ist: Aufbau der Verbindung;
send(Message)/ receive(Message)	Nachrichtenaustausch;
closeConnection	Leeren der Nachrichtenpuffer, Beenden der Verbindung.

Die Kommunikation kann man dabei verschieden implementieren. Traditionellerweise wird eine Kommunikation, ähnlich einer Telefonverbindung, durch einen Verbindungsaufbau charakterisiert (**verbindungsorientierte Kommunikation**) wie dies in Abb. 2.33 gezeigt ist.

Der Aufwand für den Aufbau und den Unterhalt einer derartigen Verbindung (*Kanal*) ist allerdings ziemlich groß. Aus diesem Grund wurde eine andere Art von Nachrichtenaustausch modern: die **verbindungslose Kommunikation**. Im Unterschied zu dem **synchronen** Verbindungsaufbau, bei dem Sender und Empfänger ihre Bereitschaft für die Verbindung bekunden müssen, werden hierbei die Nachrichten **asynchron** verschickt:

```
send (Adresse, Message) / receive(Adresse, Message)
```

Da nun nicht mehr sichergestellt ist, dass die Nachricht auch tatsächlich ankommt (Übermittlung und Empfänger können gestört sein, was sowohl für verbindungslose als auch verbindungsorientierte Kommunikation gilt), wird normalerweise jede Nachricht quittiert. Trifft innerhalb einer Zeitspanne keine Quittungsnachricht ein, so sendet der Sender seine Nachricht erneut sooft, bis er eine Quittung erhält. Erst dann sendet er eine neue Nachricht. Ist die Quittungsnachricht verloren gegangen, so erhält der Empfänger mehrere Kopien der gleichen Nachricht. Um neue von alten Nachrichten unterscheiden zu können, sind die Nachrichten in diesem Fall mit einer fortlaufenden Nummer versehen. Eine Nachricht kann somit aus folgender Grundstruktur bestehen:

```
TYPE tMessage= RECORD
              EmpfängerAdresse:   STRING;
              AbsenderAdresse:    STRING;
              NachrichtenTyp:  tMsgTyp;
```

```
SequenzNummer     INTEGER;
Laenge:           CARDINAL;
Data:             POINTER TO tBlock;
END;
```

Dies wird auch als *Nachrichtenkopf* (*message header*) bezeichnet und entspricht einem Umschlag, ähnlich wie bei einem Brief. Dabei ist nur ein Minimum an Angaben gezeigt; reale Nachrichten zwischen Prozessen haben meist noch mehr Einträge. Man beachte, dass zwischen Sender und Empfänger Übereinstimmung herrschen muss, wie die Nachrichtenfelder zu interpretieren sind; sowohl der Datentyp (wie z. B. bei tMsgTyp) als auch die Reihenfolge der Felder und die Interpretation der Zahlen (kommt bei einem INTEGER zuerst das höchstwertige (*high order*) Byte oder zuerst das niedrigstwertige?). Aus diesem Grund werden beim Datenaustausch zwischen Rechnern verschiedenen Typs zuerst die Datenbeschreibungen und dann die Daten selbst geschickt, vgl. Abschn. 6.2.3.

Die interne Verwaltung von Nachrichten verschiedener Länge ist dabei nicht so einfach. Zwar ist der Nachrichtenkopf immer gleich lang, aber die unterschiedliche Länge der Daten gestattet keine feste Längenangabe im Data Feld. Beim Empfänger muss deshalb zunächst der Nachrichtenkopf gelesen und dann erst der Speicherplatz für den Datenblock alloziert werden.

Das Senden bzw. Empfangen kann dabei in verschiedener Weise vorgenommen werden. Nach dem Senden wird entweder der Sender so lange verzögert, bis eine Rückmeldung erfolgt ist (blockierendes oder **synchrones** Senden), oder das System puffert die Nachricht (als Kopie oder direkt), kümmert sich um die korrekte Ablieferung und lässt den Sender weitermachen (nicht-blockierendes oder **asynchrones** Senden). Allerdings muss auch beim nicht-blockierenden Senden eine Fehlermeldung zurückgegeben werden, wenn der systeminterne Puffer überläuft, oder aber der Sender muss in diesem Fall verzögert werden.

Auch für das Empfangen und Lesen der Nachrichten gibt es blockierende und nicht-blockierende Versionen: Entweder wird der Empfänger verzögert, bis eine Nachricht vorliegt, oder aber der Empfänger erhält beim nicht-blockierenden Lesen eine entsprechende Rückmeldung, wenn keine Nachricht vorliegt.

Adressierung

Die Adressierung der Empfänger ist sehr unterschiedlich. Bei einer Punkt-zu-Punkt-Verbindung besteht die Adresse zunächst aus einer Prozessnummer. Ist der Prozess auf einem anderen Rechner, so kommt noch die Nummer oder der Name des anderen Rechners hinzu, eventuell auch die Firma, die Region und das Land, die man in der Zeichenkette des Namens durch Punkte voneinander trennen kann:

Adresse = Prozess-ID.RechnerName.Firma.Land

z. B. 5024.hera.rbi.uni-frankfurt.de

Für eine *multicast*-Verbindung benötigt man dann nur eine Liste aller Prozesse bzw. Rechner, die mit der Nachricht gleich mitgeschickt werden kann.

Allerdings ist eine solche Art von Adressierung sehr ungünstig, wenn die Kommunikationspartner sich nicht direkt kennen und ihre Prozess-ID wissen. Möchte beispielsweise ein Formatierungsprogramm einem Drucker die fertigen Daten zum Ausdrucken schicken, so kennt es den PID des Druckprozesses nicht, aber es weiß, dass ein Drucker existiert. Es ist deshalb besser, einen feststehenden logischen Empfängernamen „Drucker" im System zu definieren, dessen Zuordnung zu einem aktuellen Prozess-ID je nach Systemzustand wechselt und in einer Zuordnungstabelle des Betriebssystemkerns beim Empfänger festgehalten wird. Alle Aufrufe zu „Drucker" werden damit transparent für den sendenden Prozess an die richtige Adresse geleitet. Dieses Prinzip der logischen und nicht physikalischen Namensgebung kann man auch auf die allgemeine Kommunikation über Rechnernetze ausdehnen. Da die komplette Information über alle Prozesse, Rechner und Institutionen sinnvollerweise nicht auf jedem Rechner eines Netzes gehalten und aktualisiert werden sollte, gibt es für die Adressenzuordnung (Adressauflösung, *address resolution*) bei weiten Entfernungen besondere Rechner (**name server**), die dies durchführen, siehe Abschn. 6.2.

Das bisher Gesagte gilt natürlich nicht nur für die *unicast*-Verbindung, sondern auch für die *multicast*-Verbindung, bei der mehrere Prozesse und Rechner in Gruppen zusammengefaßt und unter ihrem Gruppennamen adressiert werden können.

Eine besondere Variante stellt die bedingte Adressierung durch eine **Prädikatsadresse** dar. Hier gibt man ein logisches Prädikat an, das von logischen Bedingungen abhängt, beispielsweise vom Maschinen- oder CPU-Typ, freien RAM-Speicher, vorhandenen Peripheriegeräten usw. Der Empfänger evaluiert dies wie eine IF-Abfrage; ist das Ergebnis WAHR, so fühlt er sich angesprochen; ist es FALSCH, so kommt er als Empfänger nicht in Frage, und die Nachricht wird ignoriert. Dies ermöglicht es besser, dynamisch Arbeit zu verteilen und freie Peripherie zu nutzen.

Mailboxen

Beim asynchronen Nachrichtenaustausch müssen die Nachrichten, da der Empfänger sie nicht sofort liest, in einem Puffer zwischengelagert werden. Diese Nachrichtenpuffer können auch mit einem Namen versehen werden, so dass man den Prozess nicht mehr zu kennen braucht, dem man die Nachricht schickt. Auch die Systemverwaltung ändert sich; anstelle der Zuordnung von logischen Prozessnamen zu physikalischen Prozess-IDs wird eine Zuordnung von logischen Puffernamen zu physikalischen Pufferadressen durchgeführt.

Ein solcher Nachrichtenpuffer (**Mailbox**) kann auch als Warteschlange strukturiert werden, in die Nachrichten eingehängt und vom Empfänger ausgelesen werden. Sehen wir noch eine weitere Warteschlange für die Empfangsprozesse einer Prozessgruppe vor, falls keine Nachrichten verfügbar sind, sowie eine Warteschlange für die Sendeprozesse, falls die Nachrichtenschlange voll ist, so erhalten wir eine Mailbox mit der Struktur

```
TYPE Mailbox = RECORD
                SenderQueue :       tList;
                EmpfängerQueue :    tList;
                MsgQueue :          tList;
                MsgZahl :           INTEGER;
             END
```

Der Zugriff auf die Warteschlangen (einhängen(Msg) und aushängen(Msg)) muss durch Semaphoroperationen geschützt werden, so dass pro Mailbox ein Semaphor vorgesehen werden muss. Die Variable „MsgZahl" dient dabei als Zähler zur Flusskontrolle innerhalb der kritischen Abschnitte einhängen(Msg) und aushängen(Msg). Ist mit MsgZahl=N die maximale Kapazität der Mailbox erreicht, so wird der Sendeprozess eingehängt und schlafen gelegt; umgekehrt ist dies bei msgZahl=0 für den Empfänger der Fall.

Wird also bei MsgZahl=N gelesen, so muss der Empfänger noch zusätzlich ein wakeup(SenderQueue) durchführen, um evtl. vorhandene Senderprozesse aufzuwecken. Entsprechend muss bei MsgZahl=0 der Sendeprozess eventuell wartende Empfänger aufwecken.

Für die Koordination der Sende- und Empfangsprozesse ist es sinnvoll, die Prozeduren einhängen(Msg) und aushängen(Msg) ebenfalls in die Mailboxdeklaration aufzunehmen und den Zugang zur Mailbox nur über diese kontrollierten Operationen zu gestatten. Die gesamte Datenstruktur wird damit zu einem abstrakten Datentyp. In objektorientierten Sprachen gestattet die PUBLIC-Deklaration ein Verbergen der Datenstrukturen und Kapselung, so dass wir eine Datenstruktur erhalten, die ähnlich einem MONITOR-Konstrukt ist.

2.4.2 Beispiel UNIX: Interprozesskommunikation mit *pipes*

Die Interprozesskommunikation benutzt seit den ältesten Versionen von UNIX einen speziellen, gepufferten Kanal: eine **pipe**. Im einleitenden Beispiel von Kap. 2 sahen wir, dass mehrere UNIX-Programme, in diesem Fall Prozesse, durch eine Anweisung

Programm1 | Programm2 | … | Programm N

zusammenwirken können. Hier initiiert der senkrechte Strich | einen Übergabemechanismus der Daten von einem Programm zum nächsten, der jeweils durch eine solche *pipe* realisiert wird. Ein solcher Kommunikationskanal funktioniert folgendermaßen:

Mit dem Systemaufruf pipe() wird ein Nachrichtenkanal eröffnet, auf den mit den normalen Lese- und Schreiboperationen read(fileId,buffer) und write(fileId, buffer) zugegriffen werden kann. Für jede Kommunikationsverbindung eröffnet das Hauptprogramm (hier: die Benutzer-*shell*) eine eigene *pipe* und vererbt sie mit dem Prozesskontext an die Kindsprozesse weiter; die Sende-Kindsprozesse benutzen nur den fileId zum Schreiben und die Empfangsprozesse nur den zum Lesen. Da die Dateikennungen fileId Nummern von internen Tabellen sind, die beim fork()-Aufruf dem Kindsprozess vererbt werden, kann in UNIX durch *pipes* nur eine Interprozesskommunikation (IPC) zwischen Eltern- und Kindsprozessen eingerichtet werden; sie gehören derselben **Prozessgruppe** an. In Abb. 2.34 sind zwei Prozesse gezeigt, die durch eine anonyme *pipe*, die sie von dem Elternprozess im Prozesskontext geerbt haben, miteinander kommunizieren. Die *pipe* ist dabei in der Schnittmenge der Prozesskontexte (graue Linien), dem noch gemeinsamen Teil des kopierten Prozesskontextes, enthalten.

Abb. 2.34 Interprozesskommunikation mit *pipes* in UNIX

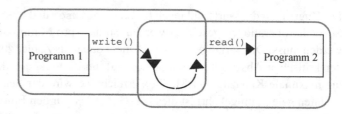

Eine *pipe* ist in UNIX nur unidirektional; für einen Nachrichtenaustausch zwischen
zwei Prozessen werden immer zwei *pipes* benötigt.

Im Normalmodus blockiert sich der Sendeprozess nur, wenn die *pipe* voll ist; der Leseprozess nur, wenn sie leer ist. Im nicht-blockierenden Modus erhält der Leseprozess eine
Null zurück, wenn keine Nachricht vorlag; ansonsten die Anzahl der gelesenen Bytes, die
in der Puffervariablen gespeichert wurden.

Eine IPC zwischen beliebigen Prozessen und über Rechnergrenzen hinweg ist erst bei
neueren UNIX-Versionen über globale Namen möglich, die für eine *pipe* vergeben werden
(**named pipes**), sowie über die sog. **Socket**-Konstrukte, die in Abschn. 6.2 näher erläutert
werden.

2.4.3 Beispiel Windows NT: Interprozesskommunikation mit *pipes*

Auch in Windows NT gibt es IPC mit *pipes*. Sie wird durch den Aufruf `CreatePipe()`
eingerichtet. Danach kann man auch durch die normalen Lese- und Schreiboperationen
`WriteFile()` und `ReadFile()` darauf zugreifen. Mit einem `CloseHandle()`-Aufruf
wird sie abgeschlossen.

Da auch hier bei der namenslosen *anonymous pipe* der Zugriff auf diese Kanäle durch eine
äußere Kennung nicht existiert, ist sie ebenfalls auf die Eltern/Kind-Prozessgruppe beschränkt.

Zusätzlich zu möglichen Statusänderungen *blocking/non-blocking* gibt es auch in
Windows NT (bidirektionale) *named pipes* sowie Socket-Konstrukte, die eine Interprozesskommunikation über Rechnergrenzen hinweg ermöglichen.

2.4.4 Prozesssynchronisation durch Kommunikation

Im vorigen Abschnitt sahen wir, dass Semaphore als Synchronisationsprimitive zu ele-
mentar sind und Monitore meist nicht verfügbar. Beides ist in einer Mono- und Multiprozessorumgebung sinnvoll, nicht aber in einem Rechnernetz. Wir benötigen deshalb
Synchronisationsprimitive, die auch in verteilten Systemen vorliegen. Dies lässt sich
vor allem durch Nachrichtenaustausch mit sehr kurzen Nachrichten (**Signale**) und
durch Warten auf das Senden einer Nachricht erreichen. Genau genommen besteht ja
das Empfangen einer Nachricht aus zwei Teilen: dem Warten, d. h. Synchronisieren
mit der Nachricht, und dem Lesen der Nachricht. Bei Nachrichten der Länge null
bleibt also noch die Synchronisation dabei übrig. Die Funktionen `send(Message)` und

`receive(Message)` sind mit den Operationen `send(Signal)` und `waitFor(Signal)` für solche Nachrichten identisch. In beiden Fällen gehen wir davon aus, dass die übermittelten Nachrichten zwischengespeichert werden und vor dem Lesen nicht verloren gehen. Eine reine Synchronisation kann also leicht zur Kommunikation mit Nachrichten erweitert und umgekehrt eine allgemeine Kommunikation zur reinen Synchronisation benutzt werden. Betrachten wir zunächst die Synchronisation durch Signale.

Synchronisation durch Signale

Einer der wichtigsten Gründe, um Nachrichten zu empfangen, ist das Auftreten von Ereignissen. Dies sind Alarme über auftretende Fehler im System (z. B. Datenfehler, unbekannte Speicheradressen etc.), Ausnahmebehandlungen (*exceptions,* z. B. Division durch Null) und Signale anderer Prozesse. Dabei kann der empfangende Prozess entweder *synchron* auf das Ereignis warten, bis es eintrifft, oder aber nur die Verarbeitung der Ereignismeldung einrichten (initialisieren) und die Bearbeitung der *asynchron* eintreffenden Nachricht der angemeldeten Verarbeitungsprozedur überlassen.

Der zweite Fall ist besonders in Ausnahmebehandlungen üblich, die Prozessspezifisch behandelt werden müssen wie Division-durch-Null, Stacküberlauf, Verletzung von Feldgrenzen usw. Um der Vielzahl der unterschiedlichen Ausnahmebehandlungen gerecht zu werden, wird deshalb sinnvollerweise eine einzige Schnittstelle zum Betriebssystem definiert, die programmintern für jedes Modul extra initialisiert und aufgesetzt wird.

Beispiel UNIX *Signale*

In UNIX gibt es ein Signalsystem, mit dem die Existenz eines Ereignisses einem Prozess mitgeteilt werden kann. Dazu sind Signale definiert, von denen in Abb. 2.35 einige übersichtsweise aufgelistet sind (s. *signal.h*):

Standardmäßig gibt es in UNIX mindestens 16 Signale, was durch die frühere Wortbreite des Signalregisters im PCB von 16 Bit bedingt war. Heutige Unixversionen haben 32 oder 64 Signale, je nach Wortbreite der verwendeten Hardware. Der allgemeine Betriebssystemdienst `send(Signal)` ist in UNIX aus dem Senden des Signals SIGKILL entstanden, um einen Prozess abzubrechen, und heisst deshalb immer noch `kill()`. Die Verwendung der obigen Signale ist zwar, wie an ihrer Namensgebung zu bemerken, für bestimmte Dinge gedacht, aber mit den meisten Signalen (außer dem Abbruchsignal) lässt sich eine selbst definierte Prozedur mittels des Systemaufrufs `sigaction()` verknüpfen, die beim Auftreten eines Signals im Prozess (*software interrupt*) angesprungen wird, so dass sich sowohl beim Senden als auch beim Empfangen verschiedene Signale zur Kommunikation verwenden lassen.

Bei Signalen unterscheidet man noch zusätzlich, ob nur auf ein bestimmtes aus einer Menge gewartet werden soll, oder aber darauf gewartet wird, dass alle Ereignisse einer Menge stattgefunden haben. Die verschiedenen Betriebssysteme haben dazu unterschiedliche

Abb. 2.35 POSIX- Signale	SIGABRT	*abort process*: Aufforderung zum sofortigen Prozessabbruch
	SIGTERM	*terminate*: geordnetes Beenden des Prozesses erwünscht
	SIGQUIT	Aufforderung zum Prozessabbruch mit Speicherabzug (*core dump*)
	SIG FPE	*floating point error*
	SIGALRM	*alarm*-Signal: Zeituhr abgelaufen
	SIGHUP	*hang up*: Telephonverbindung aufgelegt
	SIGKILL	*kill*-Signal: bricht den Prozess auf jeden Fall ab
	SIGILL	*illegal instruction*: nichtexistenter Maschinenbefehl
	SIGPIPE	Es existiert kein Empfänger für *pipe*-Daten.
	SIGSEGV	*segmentation violation*: nicht verfügbare Speicheradresse
	SIGINT	*interrupt*-Signal (CTRL C)
	SIGSTOP	hält den Prozess an
	SIGBUS	Busfehler

Dienste, bei denen mit UND oder ODER Bedingungen für die Prozessaktivierung durch Ereignisse bzw. Signale gesetzt werden können.

Beispiel

Die Ereignisse {MausDoppelClick, LinkeMausTaste, RechteMausTaste, AsciiTaste, MenuAuswahl, FensterKontrolle} erfordern sehr unterschiedliche Reaktionen. Üblicherweise erwarten die interaktiven Programme, beispielsweise die Manager der Fenstersysteme, eines der Ereignisse als Eingabe. Dazu setzen sie einen Aufruf (Warten auf Multi-Event) ab, bei dem angegeben wird, auf welche Ereignisse sie warten wollen. Warten sie auf einen Mausclick ODER einen ASCII-Tastendruck, so wird eine entsprechende Maske gesetzt. Aber auch eine UND-Maske ist möglich, wenn z. B. auf die Tastenkombination SHIFT-MausDoppelClick reagiert werden soll.

Die Signale können aber auch dazu benutzt werden, eine Prozesssynchronisation einzurichten. Beispielsweise lässt sich mit Hilfe von `send(Signal)` und `waitFor(Signal)` leicht die Semaphoroperation implementieren. In MODULA-2 ist dies auf einem Rechner durch die Typdefinition

```
TYPE    Semaphor = RECORD
                besetzt : BOOLEAN;
                frei    : SIGNAL;
            END;
```

und die Operationen

```
PROCEDURE P(VAR S:Semaphor);
BEGIN
    IF S.besetzt THEN waitFor(S.frei) END;
    S.besetzt:= TRUE;
END P;

PROCEDURE V(VAR S:Semaphor);
BEGIN
    S.besetzt:= FALSE;
    send(S.frei)
END V;
```

möglich. Das gesamte Semaphormodul muss allerdings eine höhere Priorität (Interrupt!) als die übrigen Prozesse aufweisen, um die P()- und V()-Operation atomar werden zu lassen.

Dies lässt sich entweder in MODULA-2 durch eine Prioritätsangabe bei der Modul-deklaration erreichen oder in einer anderen Sprache durch einen Aufruf setPrio(high) jeweils direkt nach BEGIN, ergänzt durch setPrio(low) jeweils direkt vor END.

Das damit errichtete Semaphorsystem hat allerdings den Nachteil, dass es nur zwischen Prozessen auf demselben Prozessor funktioniert, wo die Erhöhung der Priorität eine Unterbrechung ausschließen kann. Sowohl in Multiprozessorsystemen als auch in Mehrrechnersystemen müssen deshalb andere Mechanismen angewendet werden, um eine Synchronisation zu erreichen.

Synchronisation durch atomic broadcast

Ein wichtiger Aspekt der Synchronisierung durch Nachrichten ist die Frage, ob eine Nachricht überhaupt beim Empfänger angekommen ist oder nicht. Haben einige Empfänger sie erhalten, andere aber nicht, so ist es für den Sender schwierig, die Kommunikation richtig zu verwalten und mit seinen Nachrichten eine einheitliche, konsistente Datenbasis bei den Empfängern zu garantieren. Um diesen Zusatzaufwand zu verringern und gerade bei Transaktionen in verteilten Datenbanken den vollständigen Abschluss einer Transaktion zu gewährleisten, ist es deshalb sinnvoll, die *broadcast*-Nachrichtenübermittlung als *atomare Aktion* zu konzipieren. Ein **atomarer Rundspruch** (**atomic broadcast**) definiert sich durch folgende Forderungen (Cristian et al. 1985):

- Die Übertragungszeit der Nachrichten ist endlich.
- Entweder erhalten alle Empfänger die Nachrichten oder keiner.
- Die Reihenfolge der Nachrichten ist bei allen Empfängern gleich.

Die gleiche Reihenfolge der Nachrichten bei allen Empfängern unabhängig von bestehenden Kausalitäten („Totale Ordnung") lässt sich als nicht-blockierender Grundmechanismus einer konsistenten Datenhaltung verwenden. Sind nämlich überall Reihenfolge und Inhalt der Nachrichten gleich, so resultieren bei gleichem Anfangszustand und gleichen Änderungen bei allen beteiligten Prozessen im Gesamtsystem die gleichen Zustände

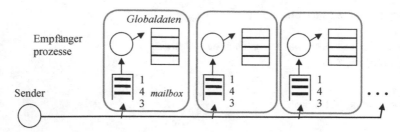

Abb. 2.36 Datenkonsistenz mit atomic broadcast-Nachrichten

der gemeinsam geführten Daten, also der verteilt aktualisierten globalen Variablen und Dateien, s. Dal Cin et al. (1987). In Abb. 2.36 ist dies visualisiert.

Man beachte, dass die Reihenfolge der Nachrichten 1, 4, 3 den Zustand der globalen Variablen festlegt, unabhängig von der Nummer der Nachricht, die ja von der Zählung des jeweiligen Senders abhängt. Ist der Sender auch Mitglied der Gruppe, so muss natürlich zur Datenkonsistenz innerhalb der Gesamtgruppe der Sender die Nachricht ebenfalls an sich senden und darf erst dann, beim Empfang der eigenen Nachricht, die globale Variable ändern. Tut er das vorher, so kann es sein, dass seine Nachricht bei den anderen erst nach einer bestimmten Änderungsmeldung ankommt, bei sich aber vorher und damit die Wirkung bei ihm anders ist als bei allen anderen Prozessoren: Eine Inkonsistenz ist da. Dies gilt beispielsweise für die Belegungswünsche verschiedener Prozesse für ein Betriebsmittel, die überall streng in der gleichen Reihenfolge abgearbeitet werden müssen, um überall den gleichen Zustand für die Belegungsvariable zu erzeugen.

Das obige Verfahren benötigt für die konsistente Reihenfolge der Nachrichten keine explizite globale Nummerierung der Nachrichten. Es vermeidet damit Probleme beim Nachrichtenaustausch zwischen wechselnden lokalen Gruppen. Man beachte allerdings, dass damit nicht unbedingt die Reihenfolge kausal aufeinander folgender Nachrichten garantiert wird („Kausale Ordnung"). Diese kausale Sequentialisierung des Nachrichtenverkehrs lässt sich nur durch kausale Zusatzbedingungen erreichen.

Die Frage der Konsistenz von Daten durch atomaren *broadcast* oder *multicast* spielt allgemein bei verteilten Systemen eine wichtige Rolle. Man denke dabei z. B. an verteilte Prozesse (Reihenfolge der Aktivierung), verteilten Speicher (Wer schreibt welche Daten in welcher Reihenfolge in den Speicher?) und dezentrale Synchronität (Jeder Rechner hat seine eigene, lokale Zeit. Was bedeutet „gleichzeitig"?). Mehr zu diesem Thema ist beispielsweise im Buch von F. Mattern (1989) zu finden.

Synchronisation von Programmen

Für das Senden und Empfangen von Signalen kann man auch eine ungepufferte Kommunikation verwenden. In diesem Fall wird das empfangende Programm so lange verzögert, bis das sendende Programm die Nachricht sendet (*synchrones bzw. blockierendes* Empfangen). Dies führt zu einer Synchronisierung zwischen Sender und Empfänger, die in manchen Prozesssystemen gewollt ist und unter dem Namen **Rendez-vous-Konzept**

Abb. 2.37 Das
Rendez-vous-Konzept

Sender   *Empfänger*

...   ...

send(Empfänger,Msg); ◄─► receive(Sender,Msg)

...   ...

bekannt ist. Die Programmiersprache ADA hat ein solches Konzept bereits im Sprachum-
fang enthalten und ermöglicht damit den Ablauf eines Programms aus kommunizierenden
Prozessen auf allen Systemen, auf denen ein ADA-Compiler installiert ist. In Abb. 2.37 ist
der Synchronisationsverlauf gezeigt.

Ein anderes wichtiges Konzept ist die parallele Programmausführung durch kom-
munizierende Prozesse. Viele Programme können einfacher, erweiterbar und wartungs-
freundlicher gestaltet werden, wenn man den Sachverhalt als eine Aufgabe formuliert,
die von vielen kleinen, unabhängigen Spezialeinheiten erledigt wird, die miteinander
kommunizieren.

Zerteilen wir also ein Programm in kurze Codestücke, z. B. *threads*, so benötigen diese
Programmstücke auch eine effiziente Kommunikation, um die gemeinsame Aufgabe des
Gesamtprogramms zu erfüllen. Das Kommunikationsmodell innerhalb eines Programms
sollte dabei so einfach und klar wie möglich für den Programmierer sein, um Fehler zu
vermeiden und eine effiziente Programmierung zu ermöglichen.

Zu diesem Zweck konzipierte Hoare (1978) sein sprachliches Modell der kommunizierenden sequentiellen Prozesse **CSP**, in der Ereignisse (z. B. Nachrichten) und Zustände
eines endlichen Automaten miteinander verbunden werden. In CSP gibt es dazu die
sprachlichen Konstrukte

$s \rightarrow A$ *Auf ein Ereignis s folgt der Zustand A*
$P = (s \rightarrow A)$ *Wenn s kommt, so wird Zustand A erreicht, und P nimmt A an.*

Für den parallelen Fall ist

$P = (s1 \rightarrow A \mid s2 \rightarrow B \mid ... \mid sn \rightarrow D)$
Wenn s1 kommt, nimmt P den Wert A an. Wenn s2 kommt, dann B, usw.

Jedes Prozessobjekt wird so durch Kommunikation in seinem Zustand gesteuert. Ähnliche Konstrukte wurden von Dijkstra (1975) vorgeschlagen als **bedingte Befehle** (*guarded
commands*):

IF	IF
$C_1 \rightarrow$ command1	$(a \geq b) \rightarrow$ print „größer / gleich"
$C_2 \rightarrow$ command2	$(a < b) \rightarrow$ print „kleiner"
....	
FI	FI

In dem obigen Beispiel ist die Sequenz von Befehlen durch einen IF- Block einge-rahmt. Innerhalb des Blocks wird nur derjenige Befehl ausgeführt, dessen logische Ein-gangsbedingung (*Wächter*) C_i erfüllt ist. Im Beispiel sind nur Bedingungen angegeben, die nicht gleichzeitig gelten können. Was passiert, wenn mehrere Bedingungen erfüllt sind? In diesem Fall wird zufällig eines der gültigen Befehle ausgewählt und die Kontrolle geht zum Ende des Blocks bei FI. Bei dem ähnlichen, von Dijkstra zusätzlich vorgeschlagenen DO/OD-Konstrukt werden die Bedingungen aller aufgeführten Kommandos in einer End-losschleife solange durchgegangen, bis mindestens eine davon erfüllt ist und ein Kom-mando ausgeführt wurde.

Diese von Hoare und Dijkstra erdachten Konstruktionen von bedingten Befehlen wurden teilweise in die parallele Programmiersprache OCCAM (Inmos 1988) übernom-men, die für die kommunizierenden Prozessoren (*Transputer*) der Firma Inmos geschaffen wurde. Die kommunizierenden Leichtgewichtsprozesse können dabei nur aus wenigen Anweisungen einer Zeile bestehen. Die Kommunikation zwischen den Prozessen wird durch Konstrukte der Form

> `Kanal!data1` für die Prozedur `send(Kanal,data1)`
> und `Kanal?data2` für die Prozedur `receive(Kanal,data2)`

Beide Kommunikationspartner, Sender und Empfänger, müssen zum Nachrichtenaus-tausch über den Kanal aufeinander warten. Dies entspricht dem Rendez-vous-Konzept, einer Kommunikation ohne Pufferung. Nach der Synchronisation wird die Datenzuord-nung `data2:=data1` durchgeführt, wobei `data1` und `data2` vom gleichen Datentyp sein müssen, beispielsweise INTEGER oder REAL. `Kanal` ist ein Name, der innerhalb des Programms deklariert wurde und bekannt ist.

Beispielsweise lässt sich das *Erzeuger-Verbraucher*-Modell in OCCAM als ein Senden vom *Erzeuger* an einen Pufferprozess darstellen, von dem der *Verbraucher* wiederum empfängt. Dies ist in Abb. 2.38 gezeigt.

Der Puffer wird als Ringpuffer mit 10 Elementen gekapselt in einem Prozess mit dem Code

```
CHAN OF item producer, consumer :
INT in, out :
SEQ
    in :=0
    out:=0
    WHILE TRUE
        ALT
            IF (in<out+10)AND(producer?item(in REM 10))
                in:=in+1
            IF (out<in) AND (consumer?more)
                consumer!item(out REM 10)
                out:=out+1
```

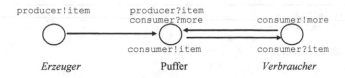

Abb. 2.38 Erzeuger-Verbraucher-Modell mit kommunizierenden Prozessen

Dabei ist der korrekte Index des Ringpuffers für die Ein- und Ausgabe jeweils mittels der Modulo-Operation REM (*remainder*) gegeben. Die Notation SEQ gibt eine sequentielle und ALT eine beliebige Reihenfolge an; nicht gezeigt wurde PAR, das eine parallele Ausführung aller Befehlszeilen spezifiziert.

Im Beispiel gibt es also zwei Kommandos: das Abspeichern im Ringpuffer beim Index *in*, und das Weitersenden eines *items* vom Index *out* zum Verbraucher.

Da nur eine Eingabe in der Bedingung abgefragt werden kann, ist ein zusätzliches Signal more des Verbrauchers nötig, um das nächste Datum aus dem Puffer abzurufen. Das Ganze wird ergänzt durch zusätzliche, hier nicht abgebildete Prozesse für den Erzeuger und den Verbraucher, die das Erzeugen bzw. Verbrauchen der *items* beinhalten.

Ein neueres Beispiel, das durch die kommunizierenden sequentiellen Prozesse CSP beeinflusst wurde, ist die Nebenläufigkeit in der **Programmiersprache GO**, die in Google 2009 von *R. Griesemer, R. Pike, K. Thompson* geschaffen wurde. Hier können Kanäle definiert werden, die als eigenständige Speicherbereiche automatisch durch Semaphore geschützt sind, und Threads, die mit einem Befehl go erzeugt werden. Ein Beispiel in Abb. 2.39 soll dies illustrieren.

Im Beispiel wird parallel zum Haupt-Thread *main* mittels go ein weiterer Thread erzeugt, der sequentiell eine Fibonacci-Folge errechnet und die Werte im *Integer*-Kanal c aus 10 Einträgen speichert. Nachdem der Kanal geschlossen wurde, ist er für den Leser freigegeben und kann sequenziell ausgelesen werden.

```
func fibonacci(n int, c chan int) {
        x, y := 0, 1                    // Startwerte
        for i := 0; i < n; i++ {        // Bis zur größten Zahl
                c <- x                  // speichere im Kanal
                x, y = y, x+y           // Erzeuge eine Zahl
        }                               // aus 2 vorigen Zahlen.
        close(c)                        // Sender schließt ab.
}
func main() {
        c := make(chan int, 10)         // Erzeuge int-Kanal und
        go fibonacci(cap(c), c)         // parallelen Thread.
        for i := range c {              // Wenn fertig,
                fmt.Println(i)          // drucke Kanal aus
        }
}
```

Abb. 2.39 Fibonacci-Folge mittels nebenläufiger Berechnung in GO

```
package main
import ( "fmt", "time" )

type Produkt struct {
id int            // einfache Beispiel-Datenstruktur
}

func main() {
/* erzeuge Puffer als Kanal vom Typ *Produkt (Kanal sendet
 * also Zeiger auf Produkte umher) mit Kapazität 10 */
   buffer := make(chan *Produkt, 10)
   /* go startet eine Goroutine */
   go consume(buffer, 1)
   go consume(buffer, 2)
   go produce(buffer, 1)
   go produce(buffer, 2)
   /* Hauptthread noch ein wenig am Leben halten, damit nicht
    * alles sofort vorbei ist */
   time.Sleep(60 * time.Second)
}

func consume(buffer chan *Produkt, nr int) {
   for true {                              // ewige Schleife
       // blockiere, bis Daten verfügbar
       consumed := <-buffer
       fmt.Println("consumer", nr, "consuming", consumed.id)
   }
}

func produce(buffer chan *Produkt, nr int) {
   for true {                              // ewige Schleife
       fmt.Println("producer", nr, "producing")
       p := new(Produkt)
       p.id = nr
       /* Produkt über den Kanal senden. Blockiert,
          falls schon 10 Produkte im Kanal gepuffert sind,
          bis jemand aus dem Kanal liest. */
       buffer <- p
       time.Sleep(1 * time.Second)
   }
}
```

Abb. 2.40 Producer-Consumer-System in GO

Ein weiteres Beispiel in Abb. 2.40 zeigt die Konstruktion eines *producer-consumer-*Systems.

Der reservierte Puffer umfasst 10 Einheiten und wird (verzögert) gefüllt. Man beachte, dass hier jeweils zwei Erzeuger und zwei Verbraucher aufgesetzt werden, die alle parallel agieren, ohne dass dafür explizit Semaphore aufgesetzt werden müssen.

Der obige Code hat beispielsweise folgende Ausgabe:

```
producer 1 producing
consumer 1 consuming 1
producer 2 producing
consumer 2 consuming 2
```

```
producer 2 producing
producer 1 producing
consumer 2 consuming 2
consumer 1 consuming 1
producer 1 producing
consumer 2 consuming 1
producer 2 producing
consumer 1 consuming 2
producer 2 producing
producer 1 producing
consumer 1 consuming 2
consumer 2 consuming 1
......
```

2.4.5 Implizite und explizite Kommunikation

In unserem Beispiel des *Erzeuger-Verbraucher*-Modells aus Abschn. 2.3.5 auf Seite 89 wurden Daten von einem Prozess über einen gemeinsamen Speicherbereich an einen anderen Prozess übergeben, der sie verarbeitet. Diese Informationsübergabe lässt sich als implizite Kommunikation auffassen, die man auch explizit formulieren kann: Anstatt `putInBuffer(item)` und `getFromBuffer(item)` verwendet man dann `send(consumer,item)` und `receive(producer, item)`

Erzeuger   *Verbraucher*

```
LOOP                     LOOP
   produce(item);           receive(producer,item);
   send(consumer,item);     consume(item);
END                      END
```

mit

- `send(consumer,item)` übergibt `item` an einen systeminternen Puffer, der mittels einer `P()`- und `V()`-Operation gefüllt wird. Ist der Puffer voll, so wird der Prozess verzögert, bis wieder Platz für das `item` vorhanden ist.
- `receive(producer,item)` liest ein `item`, geschützt durch `P()`- und `V()`-Operationen, aus dem Puffer. Ist kein `item` verfügbar, wird der Prozess so lange verzögert, bis eines eintrifft.

Diese Art des *Erzeuger-Verbraucher*-Modells hat den Vorteil, dass der Synchronisationsmechanismus des *Erzeuger-Verbraucher*-Modells mit dem Synchronisationsmechanismus des Botschaftenaustauschs implementiert werden kann und auch über Rechnergrenzen hinweg funktioniert.

Wir sparen uns also die Semaphoroperationen in unserem Beispiel, indem wir entsprechende Funktionalitäten der Nachrichtenprozeduren `send(Msg)` und `receive(Msg)` voraussetzen. Konkret lässt sich dies beispielsweise auf einem Monoprozessorsystem durch lokale Semaphoroperationen implementieren. Der gemeinsame Pufferbereich ist in diesem Fall eine Mailbox, in die die Nachrichten eingehängt werden.

Allgemein gilt, dass fast alle Kommunikationsmechanismen, die zwischen Prozessen mit Hilfe gemeinsamer Speicherbereiche funktionieren (*shared memory*, s. Abschn. 3.3.3), besser durch expliziten Nachrichtenaustausch formuliert werden sollten. Der geringfügige Zusatzaufwand zahlt sich aus, wenn die darauf aufbauende Software nicht nur auf einem Monoprozessor, sondern auch in verteilten Systemen ablaufen soll. Hier kann man leicht von der Interprozesskommunikation zur Interprozessorkommunikation überwechseln, indem bei gleicher Schnittstelle eine andere, auf Netzkommunikation basierende Implementierung der `send()`- und `receive()`-Funktionen als Bibliothek verwendet wird.

2.4.6   Aufgaben zur Prozesskommunikation

Aufgabe 2.4-1 Prozesskommunikation

a) Beschreiben Sie detailliert, was folgende Kommandozeile in UNIX bewirkt:

```
grep deb xyz | wc -l
```

b) In UNIX ist die Kommunikation durch die Signale auf eine Eltern/Kind-Prozess-gruppe beschränkt. Warum könnten die Implementatoren diese Einschränkung getroffen haben?

c) Formulieren Sie den Übergang zwischen Prozesszuständen aus Abschn. 2.1 mit Hilfe von Nachrichten und Mailboxen. Wer schickt an wen die Nachrichten?

Aufgabe 2.4-2 Pipes

Betrachten Sie ein Prozesssystem, das nur mit UNIX-*pipes* kommuniziert, deren Puffer aus einem gemeinsamen Speicherplatz alloziert werden. Jede *pipe* hat genau einen Sende- und Empfangsprozess.

a) Unter welchen Umständen wird ein Prozess gezwungen, zu warten?

b) Skizzieren Sie einen geeigneten Mechanismus, um für dieses System Verklemmungen festzustellen oder zu vermeiden.

c) Gibt es eine Regel in diesem System, um den „Opferprozess" auszuwählen, wenn eine Verklemmung existiert? Wenn ja, begründen Sie die Regel.

Literatur

Albers, S.: An experimental Study of new and known online packet buffering algorithms. Algorithmica 57:724–746 (2010)

Albers, S.: Energy-efficient algorithms. Commun. ACM 53:(5): 86–96 (2010)

Brinch Hansen P.: Structured Multiprogramming. Commun. of the ACM 15(7), 574–578 (1972)

Brinch Hansen, P.: Operating System Principles. Prentice Hall, Englewood Cliffs, NJ 1973

Coffman E. G., Elphick M. J., Shoshani A.: System Deadlocks. ACM Computing Surveys 3, 67–78 (1971)

Cooling J.: Real-time Operating Systems. Lindentree Associates, 2014

Cristian F., Aghili H., Strong R., Dolev D.: Atomic Broadcast: From Simple Message Diffusion to Byzantine Agreement. IEEE Proc. FTCS-15, pp. 200–206 (1985)

Dal Cin M., Brause R., Lutz J., Dilger E., Risse Th.: ATTEMPTO: An Experimental Fault-Tolerant Multiprocessor System. Microprocessing and Microprogramming 20, 301–308 (1987)

Dijkstra E. W.: Cooperating Sequential Processes, Technical Report (1965). Reprinted in Genuys (ed.): Programming Languages. Academic Press, London·1985

Dijkstra E. W.: Guarded commands, nondeterminacy and formal derivation of programs. *Communications of the ACM*, 18(8):453–457, August 1975

Furht B., Grostick D., Gluch D., Rabbat G., Parker J., McRoberts M.: Real-Time UNIX System Design and Appplication Guide. Kluwer Academic Publishers, Boston 1991

Gonzalez, M.: Deterministic Processor Scheduling. ACM Computing Surveys 9(3), 173–204 (1977)

Gottlieb A., Lubachevsky B., Rudolph, L.: Coordinating Large Numbers of Processors. Proc. Int. Conf. on Parallel Processing, 1981

Gottlieb A., Grishman R., Kruskal C., McAuliffe K., Rudolph L., Snir M.: The NYU Ultracomputer-Designing an MIMD Shared Memory Parallel Computer. IEEE Transactions on Computers C-32(2), 175–189 (1983)

Graham R. L.: Bounds on Multiprocessing Anomalies and Packing Algorithms. Proc. AFIPS Spring Joint Conference 40, AFIPS Press, Montvale, N.J., pp. 205–217 (1972)

Habermann A. N.: Prevention of System Deadlocks. Commun. of the ACM 12(7), 373–377, 385 (1969)

Hewlett-Packard: How HP-UX Works. Manual B2355-90029, Hewlett Packard Company, Corvallis, OR 1991

Hoare C. A. R.: Towards a Theory of Parallel Programming. In Hoare, C. A. R., Perrot, R. H. (Eds): Operating System Techniques. Academic Press, London 1972

Hoare C. A. R.: Monitors: An Operating System Structuring Concept. Commun. of the ACM 17(10), 549–557 (1974)

Hoare C. A. R.: Communicating Sequential Processes. Commun. of the ACM 21(8), 666–677 (1978), *auch unter* http://www.usingcsp.com/

Holt R. C.: Some Deadlock Properties of Computer Systems. ACM Computing Surveys 4, 179–196 (1972)

IEEE: Threads extension for portable operating systems. P1003.4a, D6 draft, Technical Committee on Operating Systems of the IEEE Computer Society, Report-Nr. ISC/IEC JTC1/SC22/WG15N-P1003, New York, 1992

INMOS Ltd.: occam® 2 Reference Manual. Prentice Hall, Englewood Cliffs, NJ 1988

Keedy J. L.: On Structuring Operating Systems with Monitors. ACM Operating Systems Rev. 13(1), 5–9 (1979)

Lampson B.W., Redell D. D.: Experience with Processes and Monitors in Mesa. Commun. of the ACM 23(2), 105–117 (1980)

Laplante Ph.: Real-Time Systems Design and Analysis. IEEE Press 1993

Lister A.: The Problem of Nested Monitor Calls. ACM Operating Systems Rev. 11(3), 5–7 (1977)

Liu C.L., Layland J.W.: Scheduling Algorithms for Multiprogramming in Hard Real-Time Environment. Journal of the ACM 20(1), 46–61 (1973)

Liu J.W.S., Liu C.L.: Performance Analysis of Multiprocessor Systems Containing Functionally Dedicated Processors. Acta Informatica 10(1), 95–104 (1978)

Love R.: Linux Kernel Development, Sams Publ. 2003, ISBN 0-672-32512-8

Mattern F.: Verteilte Basisalgorithmen, Informatik-Fachberichte 226, Springer-Verlag Berlin, 1989

Maurer C: Grundzüge der Nichtsequentiellen Programmierung, Springer Verlag Berlin Heidelberg 1999

Maurer W.: Linux Kernelarchitektur – Konzepte, Strukturen, Algorithmen von Kernel 2.6, Carl Hanser Verlag München, 2004, ISBN 3-446-22566-8

Muntz R., Coffman, E.: Optimal Preemptive Scheduling on Two Processor Systems. IEEE Trans. on Computers C-18, 1014–1020 (1969)

Northrup Ch.: Programming with Unix Threads. John Wiley & Sons, New York 1996

Peterson G. L.: Myths about the Mutual Exclusion Problem. Information Processing Letters 12, 115–116 (1981)

Robinson, J.T.: Some Analysis Techniques for Asynchronous Multiprocessor Algorithms. IEEE Trans. on Software Eng. SE-5(1), 24–30 (1979)

Stankovic J., Ramamritham K.: The Spring Kernel: A New Paradigm for Real Time Systems. IEEE Software 8(3), 62–72 (1991)

Stankovic J., Spuri M., Ramamritham K., Buttazzo G.: Deadline Scheduling for Real-time Systems, Kluwer Academic Publishers, 1998

Teorey T. J., Pinkerton T. B.: A Comparative Analysis of Disk Scheduling Policies. Commun. of the ACM 15(3),177–184 (1972)

Wörn H., Brinkschulte U.: Echtzeitsysteme, Springer Verlag, Berlin 2005

Speicherverwaltung

3

Inhaltsverzeichnis

© Springer-Verlag GmbH Deutschland 2017   121

R. Brause, *Betriebssysteme*,

DOI 10.1007/978-3-662-54100-5_3

Eines der wichtigsten Betriebsmittel ist der Hauptspeicher. Die Verwaltung der Speicherressourcen ist deshalb auch ein kritisches und lohnendes Thema, das über die Leistungsfähigkeit eines Rechnersystems entscheidet. Dabei unterscheiden wir drei Bereiche, in
denen unterschiedliche Strategien zur Speicherverwaltung angewendet werden:

- *Anwenderprogramme*
  Die Hauptaufgabe besteht hierbei darin, interne Speicherbereiche des Prozesses (bei-
  spielsweise den Heap) mit dem Wissen um die speziellen Speicheranforderungen des
  Programms optimal zu verwalten. Dies erfolgt durch spezielle Programmteile, z. B. den
  Speichermanager, oder durch sog. *garbage collection*-Programme.
- *Hauptspeicher*
  Hier besteht das Problem in der optimalen Aufteilung des knappen Hauptspeicherplatzes
  auf die einzelnen Prozesse. Die Aufgabe wird in der Regel durch spezielle Hardwareeinheiten unterstützt. Besonders in Multiprozessorsystemen ist dies wichtig, um Konflikte zu
  vermeiden, wenn mehrere Prozessoren auf dieselben Speicherbereiche zugreifen wollen. In
  diesem Fall helfen Techniken wie *Non-Uniform Memory Access* (NUMA) weiter, die zwischen einem Zugriff des Prozessors auf lokalen und auf globalen Speicher unterscheiden.
- *Massenspeicher*
  Abgesehen von der Dateiverwaltung, die im nächsten Kap. 4 besprochen wird, gibt es
  auch spezielle Dateien (z. B. bei Datenbanken), bei denen der Platz innerhalb der Datei
  optimal eingeteilt und verwaltet werden muss. Ein Beispiel dafür ist die Swap-Datei,
  auf die Prozesse verlagert werden, die keinen Platz mehr im Hauptspeicher haben.

Betrachten wir zunächst die direkten Techniken der Speicherbelegung, die meist in
Anwenderprogrammen und kleinen, einfachen Betriebssystemen Verwendung finden.

3.1 Direkte Speicherbelegung

In den frühen Tagen der Computernutzung war es üblich, für jeden Job den gesamten
Computer mit seinem Speicher zu reservieren. Der Betriebssystemkern bestand dabei oft
aus einer Sammlung von Ein- und Ausgabeprozeduren, die als Bibliotheksprozeduren
zusätzlich an den Job angehängt waren. Musste man einen Job zurückstellen, um erst
einen anderen durchzuführen, so wurden alle Daten des dazugehörenden Prozesses auf
den Massenspeicher verlagert und dafür die neuen Prozessdaten vom Massenspeicher in
den Hauptspeicher befördert. Dieses Ein- und Auslagern (**swapping**) benötigt allerdings
Zeit. Nehmen wir beispielsweise eine mittlere Zugriffszeit der Festplatte von 10 ms an
und transferieren die Daten direkt (DMA-Transfer) mit einer Transferrate von 500 KB/s,
so benötigen wir für ein 50 KB großes Programm 110 ms um es auf die Platte zu schreiben, und die gleiche Zeit, um ein ähnliches Programm dafür von der Platte zu holen, also
zusammen 220 ms, die für die normale Abarbeitung verlorengehen. Das *swapping* behindert also das Umschalten zwischen verschiedenen Prozessen sehr stark.

Aus diesem Grund wurde es üblich, die Daten mehrerer Prozesse gleichzeitig im Speicher zu halten, sobald genügend Speicher vorhanden war. Allerdings brachte dies weitere Probleme mit sich: Wie kann man den Speicher so aufteilen, dass möglichst viele Prozesse Platz haben? Diese Frage stellt sich prinzipiell nicht nur für den Hauptspeicher, sondern gilt natürlich auch für den Auslagerungsplatz auf der Festplatte, den *swap space*.

3.1.1 Zuordnung durch feste Tabellen

Die einfachste Möglichkeit besteht darin, ein verkleinertes Abbild des Speichers zu erstellen: die **Speicherbelegungstabelle**. Jede Einheit einer solchen Tabelle (beispielsweise ein Bit) ist einer größeren Einheit (z. B. einem 32-Bit-Wort) zugeordnet. Ist das Wort belegt, so ist das Bit Eins, sonst Null.

In Abb. 3.1 ist eine solche Zuordnung gezeigt. Als Speichereinheit wurde ein größeres Stück (z. B. 4 KiB) gewählt. Die Anordnung der Datenblöcke A, B, C, beispielsweise Programme, wird vom Betriebssystem verwaltet.

Eine solche Belegungstabelle benötigt also bei 32 MiB Speicher selbst 1 MiB. Soll ein freier Platz belegt werden, so muss dazu die gesamte Tabelle auf eine passende Anzahl von aufeinanderfolgenden Nullen durchsucht werden.

3.1.2 Zuordnung durch verzeigerte Listen

Der belegte bzw. freie Platz ist meist wesentlich länger als die Beschreibung davon. Aus diesem Grund lohnt es sich, anstelle einer festen Tabelle eine Liste von Einträgen über die Speicherbelegung zu machen, die in der Reihenfolge der Speicheradressen über Zeiger miteinander verbunden sind. In Abb. 3.2 ist dies für das obige Beispiel aus Abb. 3.1 dargestellt.

Ein Eintrag der Liste besteht aus drei Teilen: der Startadresse des Speicherteils, der Länge und dem Index (Zeiger) des nächsten Eintrags.

Eine solche Belegungsliste lässt sich auch in zwei Listen zerteilen: eine für die belegten Bereiche, deren Einträge im Fall von Prozessen mit dem Prozesskontrollblock PCB verzeigert sind, und eine nur für die unbelegten Bereiche. Ordnen wir diese Liste noch zusätzlich nach

Abb. 3.1 Eine direkte
Speicherbelegung und ihre
Belegungstabelle

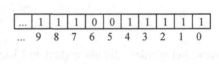

Speicherbelegung　　　　　　　Belegungstabelle

Abb. 3.2 Eine Speicherbelegung und die verzeigerte
Belegungsliste

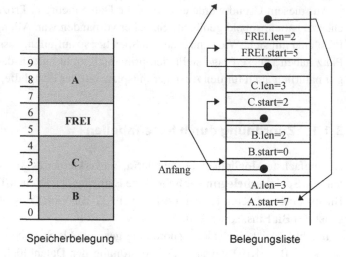

Speicherbelegung   Belegungsliste

der Größe der freien Bereiche, so muss normalerweise nie die ganze Liste durchsucht werden. Allerdings wird auch dadurch das Verschmelzen angrenzender, freier Bereiche erschwert. Eine doppelte Verzeigerung ermöglicht das Durchsuchen der Liste in beiden Richtungen.

Beispiel *Heap management*

Eine listenbasierte Speicherverwaltung ist beispielsweise für das Speichermanagement eines Heaps sinnvoll, der vom jeweiligen Benutzerprogramm verwaltet wird. In MODULA-2 bedeutet dies beispielsweise, eine alternative Implementierung der Prozeduren ALLOCATE(.) und DEALLOCATE(.) zu schreiben. Der freie Platz kann durch Einträge der Art

```
TYPE        EntryPtr  = POINTER TO EntryHead;
            EntryHead = RECORD
                              next:  EntryPtr;
                              size:  CARDINAL;
                        END;
VAR         rootPtr:    EntryPtr;
            nextStart:  EntryPtr;
            FirstFree,  NoOfEntryHeads:  CARDINAL;
```

verwaltet werden, die als verkettete Liste miteinander verbunden sind; eingeleitet durch den Anker, einem Zeiger namens rootPtr. Jeder freie Platz wird am Anfang mit einem solchen Eintrag überschrieben. Ein freier Platz für die Liste kann also nicht kleiner als die Länge TSIZE(EntryHead) eines Eintrags sein. Wird ein freier Platz registriert, so wird ein neuer Eintrag vom Typ `EntryHead` darin erstellt und in die *frei*-Liste eingehängt; ist der Platz zu klein, so wird er ignoriert.

Es ist einfacher und schneller, nur eine einzige Liste zu führen, die Liste der freien Plätze. Allerdings ist es sicherer, auch eine Liste der belegten Plätze zu führen, um bei der Platzrückgabe die Angaben über die Lage und die Länge des zurückgegebenen Platzes überprüfen zu können und so Fehlprogrammierungen des Benutzerprogramms aufzudecken. Besonders in der Debugging-Phase ist dies durchaus sinnvoll; eine solche Überprüfung kann dann in späteren Phasen bei der Laufzeitoptimierung abgeschaltet werden.

3.1.3 Belegungsstrategien

Unabhängig von dem Mechanismus der Speicherbelegungslisten gibt es verschiedene Strategien, um aus der Menge der unbelegten Speicherbereiche den geeignetsten auszusuchen. Ziel der Strategien ist es, die Anzahl der freien Bereiche möglichst klein zu halten und ihre Größe möglichst groß.

Die wichtigsten Strategien sind

- *FirstFit*
  Das erste, ausreichend große Speicherstück, das frei ist, wird entsprechend belegt. Dies bringt meist ein Reststück mit sich, das unbelegt übrig bleibt.
- *NextFit*
  Die *FirstFit*-Strategie führt dazu, dass in den ersten freien Bereichen nur Reststücke (*Verschnitt*) übrigbleiben, die immer wieder durchsucht werden. Um dies zu vermeiden, geht man wie *FirstFit* vor, setzt aber beim nächsten Mal die Suche an der Stelle fort, an der man aufgehört hat.
- *BestFit*
  Die gesamte Liste bzw. Tabelle wird durchsucht, bis man ein geeignetes Stück findet, das gerade ausreicht, um den zu belegenden Bereich aufzunehmen.
- *WorstFit*
  Sucht das größte vorhandene freie Speicherstück, so dass das Reststück möglichst groß bleibt.
- *QuickFit*
  Für jede Sorte von Belegungen wird eine extra Liste unterhalten. Dies gestattet es, schneller passende Freistellen zu finden. Werden beispielsweise in einem Nachrichtensystem regelmäßig Nachrichten der Länge 1 KiB verschickt, so ist es sinnvoll, eine extra Liste für 1-KiB-Belegungen zu führen und alle Anfragen damit schnell und ohne Verschnitt zufriedenzustellen.
- *Buddy*-Systeme
  Den Gedanken von *QuickFit* kann man nun dahin erweitern, dass für jede gängige Belegungsgröße, am besten Speicher in den Größen von Zweierpotenzen, eine eigene Liste vorsieht und nur Speicherstücke einer solchen festen Größe vergibt. Alle Anforderungen

müssen also auf die nächste Zweierpotenz aufgerundet werden. Ein Speicherplatz der Länge 280 Bytes = 256 + 16 + 8 = $2^8 + 2^4 + 2^3$ Bytes muss also auf $2^9 = 512$ Bytes aufgerundet werden.

Ist kein freies Speicherstück der Größe 2^k vorhanden, so muss ein freies Speicherstück der Größe 2^{k+1} in zwei Stücke von je 2^k Byte aufgeteilt werden. Beide Stücke, die **Partner** (*Buddy*), sind genau gekennzeichnet: Ihre Anfangsadressen sind identisch bis auf das k-te Bit in ihrer Adresse, das invertiert ist. Beispiel: … XYZ0000 … und … XYZ1000 … sind die Anfangsadressen von Partnern.

Dies lässt sich ausnutzen, um sehr schnell (in einem Schritt!) prüfen zu können, ob ein freigewordenes Speicherstück einen freien Partner in der Belegungstabelle hat, mit dem es zu einem (doppelt so großen) Stück verschmolzen werden kann, ohne freie Reststücke zu hinterlassen.

Beispiel Buddy-*Speicherzuweisung*

Angenommen, wir benötigen Speicherstücke der Größen 80 KiB, 8 KiB, 9 KiB, 3 KiB und 50 KiB in der genannten Reihenfolge von einem Speicherstück von 256 Kibibyte. Dann lässt sich die Zuordnung ganz gut mit Hilfe eine Binärbaumes visualisieren, bei dem jedes Speicherstück durch seine beiden *Buddy* notiert ist, siehe Abb. 3.3. Da es sich jedes Stück in zwei Unterstücke aufspalten lässt, bilden alle Speicherstücke zusammen einen Binärbaum.

Man sieht, dass jedes Speicherstück, das benutzt wird, meist noch ein unbenutztes Reststück, den Verschnitt, enthält.

Beide Vorgänge, sowohl das Suchen eines passenden freien Stücks (bzw. das dafür nötigen Auseinanderbrechen eines größeren) als auch das Zusammenfügen zu größeren Einheiten lässt sich rekursiv über mehrere Partnerebenen (mehrere Zweierpotenzen) durchführen, siehe Knolton (1965).

Abb. 3.3 Visualisierung einer Speicherzuteilung im *Buddy*-System

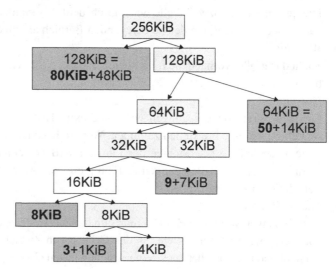

Bewertung der Strategien

Die vergleichende Simulation der verschiedenen Strategien führte zu einer differenzierten Bewertung. So stellte sich heraus, dass *FirstFit* von der Platzausnutzung etwas besser als *NextFit* und *WorstFit* ist und überraschenderweise auch besser als *BestFit*, das dazu neigt, nur sehr kleine, unbelegbare Reste übrig zu lassen. Eine Anordnung der Listenelemente nach Größe der Bereiche erniedrigt dabei die Laufzeit von *BestFit* und *WorstFit*.

Wissen wir mehr über die Verteilung der Speicheranforderungen nach Zeit oder Beleggröße, so können mit *QuickFit* und anderen, speziellen Algorithmen bessere Resultate erzielt werden.

Die Leistungsfähigkeit des *Buddy*-Systems lässt sich mit folgender Rechnung kurz abschätzen: Nehmen wir an, für den Hauptspeicher der Größe 2^n werden alle 2^n möglichen Stückgrößen S daraus mit gleicher Wahrscheinlichkeit verlangt (was sicher nicht vorkommt, aber mangels plausiblerer Annahmen vorausgesetzt sei). Dann ist die mittlere Speicheranforderung $\langle S(n) \rangle$ mit

$$\langle S(n) \rangle = \sum_{S=1}^{2^n} P(S)S = \frac{1}{2^n} \sum_{S=1}^{2^n} S = \frac{1}{2^n} \cdot \frac{2^n(2^n+1)}{2} = 2^{n-1} + 1/2 \approx 2^{n-1},$$

$$da \sum_{i=1}^{m} i = \frac{m(m+1)}{2}$$

Für die tatsächliche Belegung muss auf Zweierpotenzen aufgerundet werden, d. h. bei der Anforderung eines Stückes der Größe $S_a = 2^{k-1} + Rest$ wird stattdessen ein Stück der Größe $S_b = 2^k$ reserviert. Der Rest besteht im Erwartungswert nach obiger Rechnung näherungsweise aus der Hälfte des 2^{k-1} großen Stückes. Das Verhältnis zwischen der mittleren Anforderung S_a und tatsächlicher Belegung S_b ist somit für die Speichergröße der Stufe k

$$Effizienz = \frac{S_a}{S_b} = \frac{2^{k-1} + 2^{k-2}}{2^k} = \frac{2 \cdot 2^{k-2} + 2^{k-2}}{4 \cdot 2^{k-2}} = \frac{3}{4} = 75\%$$

Das Ergebnis unserer Überschlagsrechnung: Ein Viertel des Platzes wird unabhängig von *k* auf jeder Stufe ungenutzt dazugeschlagen, so dass dies für das ganze *Buddy*-System gilt. Dadurch charakterisiert sich das Partnersystem als ein Belegungsverfahren, das zwar schnell, aber nicht sehr effizient ist. Die Ursache liegt in der groben Partitionierung durch Speicherplatzverdoppelung. Korrigiert man dies, indem man nicht nur gleich große, sondern auch halbe oder viertel Partner zulässt, so erhöht sich der Ausnutzungsgrad für den Speicher; die Verwaltung wird aber auch komplizierter, siehe Peterson und Norman (1977).

Fragmentierung und Verschnitt

Obwohl im allgemeinen die Belegungslisten eine gute Zuordnung der Belegungswünsche zu den freien Speicherstücken gestalten, neigen trotzdem die direkten

Speicherbelegungsverfahren dazu, den Speicher in viele kleine, unbelegbare Reststücke zu zersplittern (**Fragmentierung**). Dies geschieht unabhängig davon, ob es bei der programminternen Speicherbelegung (z. B. Heap) vom **internen Verschnitt** herrührt oder bei der Speicherzuweisung für das gesamte Programm im Hauptspeicher von den freien Stücken zwischen den Programmen, dem **externen Verschnitt**. Aus diesem Grund ist die Verschmelzung freier Bereiche eine der wichtigsten Funktionen der Speicherverwaltung.

Für das spezielle Problem der Speicherzuweisung bei der Einlagerung von Prozessen vom Massenspeicher gibt es mehrere, spezielle Strategien. Belegen wir den Speicher zuerst mit den größten Prozessen, um die kleineren Prozesse zum „Stopfen" der Lücken zu verwenden, so resultiert dies in einer Schedulingstrategie, die gerade das Gegenteil von der *Shortest-Job-First*-Strategie bedeutet und damit besonders lange Laufzeiten garantiert.

Abweichend davon kann man ein faires Scheduling für jede Prozessgröße erreichen, indem man den Gesamtspeicher in eine feste Anzahl unterschiedlich großer Partitionen unterteilt. Jede Partitionsgröße erhält dann ihre eigene Warteschlange, so dass die Speicherzuordnungstabellen fest sind und eine Fragmentierung nicht auftritt. Eine solche Lösung war beispielsweise im IBM-Betriebssystem OS/MFT (*Multiprogramming with Fixed number of Tasks*) für das OS/360 (Großrechnersystem) vorhanden. Natürlich bringt ein solches starres, inflexibles System eine schlechte Betriebsmittelauslastung mit sich.

3.1.4   Aufgaben zur Speicherbelegung

Aufgabe 3.1-1 Belegungsstrategien

Gegeben sei ein Swapping-System, dessen Speicher aus folgenden Löchergrößen in ihrer Speicherreihenfolge besteht: 10 KiB, 4 KiB, 20 KiB, 18 KiB, 7 KiB, 9 KiB, 12 KiB und 15 KiB. Welches Loch wird bei der sukzessiven Speicherplatzanforderung von 12 KiB, 10 KiB, 9 KiB mit *First-Fit* ausgewählt? Wiederholen Sie die Anforderungen für *Best-Fit, Worst-Fit* und *Next-Fit* (Skizze).

Aufgabe 3.1-2 Speicherreservierung im Buddy-System

Ein Buddy-System verwalte einen Speicher der Größe 256 KiB. Zu Beginn ist lediglich ein Speichersegment von 50 KiB genutzt, was durch das Buddy-System mit einem Segment der Größe 64 KiB (und somit 14 KiB Verschnitt) bedient wurde:

0 KiB   *128 KiB*   *256 KiB*

50+14 KiB	64 KiB frei	128 KiB frei

Erfüllen Sie nun die folgenden Anfragen in der angegebenen Reihenfolge und zeichnen Sie den Speicher nach jedem Schritt neu:

17 KiB allozieren, 33 KiB allozieren, 50 KiB freigeben, 17 KiB freigeben, 30 KiB allozieren, 48 KiB allozieren, 60 KiB allozieren, 48 KiB freigeben, 33 KiB freigeben, 78 KiB allozieren, 50 KiB allozieren, 32 KiB allozieren.

Falls sich eine Anforderung nicht erfüllen lassen sollte, so machen Sie dies deutlich. In unserem Szenario wollen wir annehmen, dass der anfragende Prozess in diesem Fall eine Fehlermeldung erhalten würde.

Geben Sie den Gesamtverschnitt am Ende aller Anfragen an und zeichnen Sie den dazugehörenden Binärbaum.

3.2 Logische Adressierung und virtueller Speicher

Bedingt durch die schlechte Speicherausnutzung der Speicherverwaltung gab es verschiedene Bemühungen, neue Lösungen für diese Probleme zu finden.

3.2.1 Speicherprobleme und Lösungen

Eine Lösungsmöglichkeit für das Problem der Speicherfragmentierung besteht in der Kompaktifizierung des freien Speichers durch „Zusammenschieben" der belegten Bereiche. Diese Lösung ist allerdings sehr aufwendig und verlangt für die praktische Anwendung eine spezielle Hardware.

Relozierung von Programmcode
Dabei tritt außerdem ein Problem in den Vordergrund, das bisher noch nicht angesprochen wurde: das Problem der „absoluten Adressierung". Beim Binden der übersetzten Programmteile weist der Binder allen Sprungbefehlen und Variablenreferenzen eine eindeutige, absolute Speicheradresse zu, wobei immer von einer Basisadresse, beispielsweise Null, im Programm hochgezählt wird. Möchte man nun ein Programm in einem anderen Speicherstück mit anderen Adressen benutzen, als für das es gebunden wurde, müssen die Adressreferenzen vorher geeignet bearbeitet (**reloziert**) werden. Dafür gibt es verschiedene Lösungen:

- Der erzeugte Programmcode darf nur relative Adressen (z. B. Adresse = absolute Adresse – Programmzähler PC) enthalten. Dies ist nicht immer möglich für alle Prozessortypen und alle Befehle und verlangt zusätzliche Adressarithmetik zur Laufzeit.
- Die Verschiebungsinformation wird zusätzlich beim Programm auf der Platte gespeichert. Beim Laden in den Hauptspeicher muss jede Adressreferenz einmal errechnet und dann an die entsprechende Stelle geschrieben werden. Dies erfordert bis zum doppelten Speicherplatz auf dem Massenspeicher und ist für *swapping* nicht geeignet. In einigen Kleinrechnern (z. B. ATARI ST) ist es implementiert.
- Die Verschiebungsinformation ist als Basisadresse in einem speziellen Hardwareregister der CPU vorhanden und wird bei jedem Zugriff genutzt.

Der erhöhte Aufwand, dieses Problem zu lösen, muss nun für die Lösung anderer Probleme weiter vergrößert werden.

Speicherzusatzbelegung

So ist zum Beispiel unklar, wie die Anforderungen eines Prozesses behandelt werden sollen, der bereits im Hauptspeicher ist und zusätzlichen Speicher benötigt. Lösungen dafür sind:

- Der anfordernde Prozess wird stillgelegt, seine neue Speichergröße wird notiert, und er wird ausgelagert. Beim nächsten Mal, wenn er eingelagert wird, berücksichtigt man bereits die neue Größe und schafft damit Raum für die zusätzlichen Anforderungen. Dies ist die Strategie der alten UNIX-Versionen.
- Die freien Bereiche (externer Verschnitt) zwischen den Prozessen im Hauptspeicher werden dem jeweiligen Prozess hinzugeschlagen. So wird der freie Platz nach „unten" (zu kleineren Adressen) durch die Stackerweiterung und nach „oben" durch die Heap-vergrößerung besetzt.

Speicherschutz

Ein weiteres Problem ist die Tatsache, dass von dem Speicherplatz ein bestimmter Teil dauerhaft vom Betriebssystemkern, den Systempuffern usw. belegt ist. Dieser Teil darf weder freigegeben noch irrtümlich vom Benutzerprogramm verwendet werden. Dazu werden in vielen Betriebssystemen spezielle Speicheradressen (*fences, limits*) vorgesehen, die nicht über- bzw. unterschritten werden dürfen. Sorgt ein spezielles Hardwareregister im Prozessor dafür, dass dies bei der Adressierung auch beachtet wird, so müssen die Grenzen nicht als Konstanten fest in der Adressierlogik eingebaut werden.

Ein ähnliches Problem ist der Schutz des Speichers, den der Prozess eines Benutzers verwendet, vor den Programmen der anderen Benutzer. Nicht nur aus Datenschutzgründen, sondern auch aus praktischen Überlegungen heraus sollten fehlerhafte Programme anderer Nutzer die eigene Arbeit nicht stören dürfen. Der Zugriff eines Prozesse auf den Speicher eines anderen Prozesses muss also verhindert werden.

Zu den bisher genannten Problemen kommt nun noch die Erkenntnis, dass es wichtig ist, die Adressierung auf einem Rechner für den Programmierer so einfach wie möglich zu machen und damit eine bessere Portabilität und Wartungsfreundlichkeit für die Programme zu erreichen. Der gesamte rechnerspezifische Adressierungsaufwand soll versteckt werden zugunsten eines klaren, einfachen, abstrakten Speichermodells: des virtuellen Speichers.

3.2.2 Der virtuelle Speicher

Das Wunschbild des Programmierers besteht in einem Speicher, der mit der Adresse Null anfängt und sich kontinuierlich bis ins Unendliche erstreckt. Leider ist dem aber in der Realität nicht so: Meist ist in den unteren Speicherbereichen, wie erwähnt, das Interruptsystem und das Betriebssystem untergebracht; die Speicherbereiche sind nicht kontinuierlich, da andere Programme noch im Speicher vorhanden sind und dynamisch Platz anfordern und zurück-geben; und letztendlich spielt eine Rolle die Tatsache, dass Hauptspeicher (noch) teuer ist und deshalb meist nicht genug vorhanden ist, um alle Programme gleichzeitig zu versorgen.

Aus diesen Gründen hat sich das Konzept des **virtuellen Speichers** entwickelt, bei dem die Wunschvorstellung des Programmierers als Zielvorgabe dem System aus Prozessorhardware und Betriebssystem vorgegeben wird. In den meisten heutigen Betriebssystemen gibt es dazu zwei Dienstleistungen, die von der Hardware gemeinsam mit dem Betriebssystem für die Speicherverwaltung bereitgestellt werden müssen:

- Mehrere Fragmente (Speicherbereiche) müssen für das Programm so dargestellt werden, als ob sie von einem kontinuierlichen Bereich, anfangend bei null, stammen.
- Verlangt das Programm mehr Speicher als vorhanden, wird nicht das ganze Programm, sondern es werden nur inaktive Speicherbereiche auf einen Sekundärspeicher (Massenspeicher, z. B. Magnetplatte) ausgelagert (*geswappt*) und die frei werdenden Bereiche zur Verfügung gestellt.

In der folgenden Abb. 3.4 ist links der gewünschte, virtuelle Speicherbereich gezeigt, der dem Programm von der Speicherverwaltung vorgespiegelt wird, und rechts der tatsächliche, **physikalische Speicher**.

Die Aufgabe, aus der logischen die physikalische Adresse zu generieren, muss sehr schnell gehen und wird deshalb im Programmablauf für jede Speicherreferenz von einer speziellen Hardwareeinheit, der **Memory-Management-Unit MMU,** durchgeführt. In vielen modernen Prozessoren, so z. B. im Motorola MC68040 und im Intel Pentium Prozessor, ist die MMU bereits auf dem Prozessorchip enthalten.

Welche Mechanismen gibt es nun für die gewünschte Abbildung von virtuellem auf tatsächlich vorhandenen Speicher?

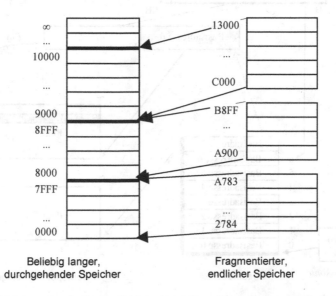

Abb. 3.4 Die Abbildung physikalischer Speicherbereiche auf virtuelle Bereiche

3.3   Seitenverwaltung (*paging*)

Einer der einfachsten Mechanismen der Implementierung eines virtuellen Adressraums besteht darin, den Speicher in gleich große Einheiten, sogenannte **Seiten** (**pages**), einzuteilen. Übliche Seitengrößen sind z. B. 1 KiB, 4 KiB oder 8 KiB. Die Adresse und der Zustand jeder Seite werden in einer **Seitentabelle** (*page table*) geführt, die für jedes Programm im Hauptspeicher vorhanden ist.

3.3.1   Prinzip der Adresskonversion

Zur Umrechnung der im Programm verwendeten virtuellen Adresse auf die tatsächliche physikalische Adresse des Hauptspeichers wird die virtuelle Adresse zunächst in zwei Teile geteilt, s. Abb. 3.5. Der eine Teil mit den geringstwertigen Bits (*Least Significant Bits* LSB) wird meist *offset* genannt und stellt den relativen Abstand der Adresse zu einer Basisadresse dar. Den Wert dieser Basisadresse erhält man, indem der zweite Teil (links in der Abbildung) mit den höchstwertigen Bits (*High Significant Bits* HSB) als ein Index verwendet wird (in unserem Beispiel die Zahl 6), der einen Eintrag in der Seitentabelle bezeichnet. Dieser Eintrag enthält die gesuchte Basisadresse. Die vollständige physikalische Adresse erhält man durch Verkettung der Basisadresse mit dem *offset*. In Abb. 3.5 ist dieser zweistufige ÜbersetzungsProzess, bei dem für jeden Prozess andere Seitentabellen

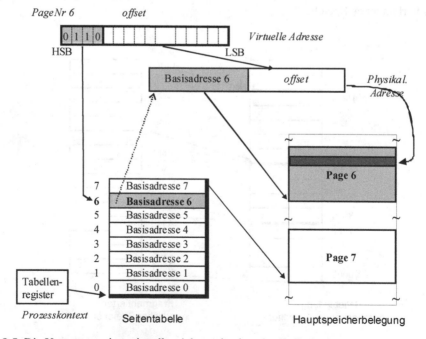

Abb. 3.5 Die Umsetzung einer virtuellen Adresse in eine physikalische Adresse

benutzt werden, visualisiert. Dabei ist die Grenze zwischen *PageNr* und *offset* innerhalb der Binärzahl der virtuellen Adresse abhängig von der jeweils verwendeten Hardware.

Man beachte, dass der tatsächlich vorhandene Hauptspeicher zwar ebenfalls in Seiten (Speicherpartitionen) eingeteilt sein kann, die effektive Lage und Größe der virtuellen Seite durch den Adressierungsmechanismus aber unabhängig davon ist. Die dadurch definierte, physikalische Speicherportion wird deshalb auch als **Seitenrahmen** (**page frame**) bezeichnet. Um die Übersetzung möglichst schnell durchzuführen, wird meist die Prozess-spezifische Adresse der Seitentabelle in einem speziellen Register gehalten; die gesamte Adresszusammensetzung findet in der MMU statt.

Für die Auslagerung und Ergänzung der Seiten ist in hohem Maße das Betriebssystem zuständig. Zeigt das Statusbit einer Seite an, dass sie nicht im Speicher ist, so muss sie erst vom Massenspeicher übertragen werden. Dazu generiert die MMU ein Signal „**Seitenfehler**" (**page fault**) in Form einer Programmunterbrechung, d. h. eines Interrupts. Dieser Interrupt wird vom Betriebssystem behandelt, das in der Interruptroutine eine wenig benutzte Seite auswählt, sie auf die Platte zurückschreibt, dafür die benötigte Seite einliest und die Tabelle entsprechend korrigiert. Anschließend wird nach dem Rücksprung vom Interrupt der Maschinenbefehl mit der vorher fehlgeschlagenen Adresskonversion wiederholt und dann das Programm weiter ausgeführt.

3.3.2 Adresskonversionsverfahren

Bisher betrachteten wir den Fall, dass eine beliebige Adresse des virtuellen Adressraums auf eine korrespondierende Adresse des physikalischen Raums direkt abgebildet wurde. Dies ist nicht immer möglich. Nehmen wir beispielsweise an, dass für jede Seite ein Eintrag in der Seitentabelle nötig ist, so ergeben sich bei einer 16-Bit-Wortbreite und einer Seitengröße von 12 Bit $\cong$ 4 KiB genau $16 - 12 = 4$ Bit $\cong$ 16 Einträge. Eine solche Tabelle ist leicht zu handhaben und zu speichern und war deshalb früher bei den PDP-11-Rechnern der Fa. Digital weit verbreitet. Schwieriger wird es nun bei 32-Bit-Wortbreiten, bei denen 20 Bit $\approx 10^6 = 1$ Million Einträge nötig sind. Bei der neuesten 64-Bit-Architektur mit 52 Bit $= 4{\cdot}10^{15}$ Seiteneinträgen stoßen wir allerdings an die Grenzen des Systems: Dies ist mehr, als Neuronen in einem Gehirn sind, und sogar mehr als die öffentliche Verschuldung in der BRD.

Das Problem rührt daher, dass für den gesamten virtuellen Adressraum eine Aussage über eventuell vorhandenen, korrespondierenden physikalischen Speicher gemacht werden muss, obwohl für den größten Teil der virtuellen Adressen überhaupt kein Speicher da ist. Dieses Dilemma lässt sich auf verschiedene Weise lösen.

- *Adressbegrenzung*
  Die erste Idee, die man zur Lösung dieses Problems haben kann, besteht in der Begrenzung des virtuellen Adressraums auf eine maximal sinnvolle Größe. Begrenzen wir beispielsweise den Adressraum auf 30 Bit, was einem virtuellen Speicher von ca. 1 GB

pro Prozess entspricht, so benötigen wir bei 4 KiB = 12 Bit Seiteneinteilung eine Seitentabelle mit 18 Bit $\cong$ 256 K Einträgen pro Prozess, was durchaus im Bereich des Möglichen ist.

Allerdings ist diese Maximalgröße unabhängig von der tatsächlichen Größe des Prozesses. Für die meisten (!) Prozesse ist sie viel zu groß; der Tabellenplatz wird unnütz verschenkt: Für einen 1 GB großen Prozess ist eine 1 MB große Seitentabelle vielleicht angemessen, nicht aber für einen kleinen Prozess von 50 KB!

Auch für den Compiler ist die Adressbeschränkung nicht sinnvoll: Für das Anwachsen des Stacks ist es vorteilhaft, ihn von sehr hohen Adressen nach unten wachsen zu lassen und damit von vornherein eine große Lücke zwischen Stack und der untersten möglichen Adresse vorzusehen.

- *Multi-level-Tabellen*

Aus diesen Gründen haben sich andere Ansätze durchgesetzt. Eine der wichtigsten Ideen versucht, die Information, *ob* ein Speicherbereich überhaupt genutzt wird, von der Information, *wie* bei einem genutzten und existierenden Bereich die Adresse transformiert wird, getrennt zu halten und damit Platz zu sparen. Dazu wird die Gesamtadresse in mehrere Teile unterteilt.

Beispiel *Adressunterteilung*

32-Bit-Wort, Seitengröße = 8 KiB $\cong$ 13 Bit

ungenutzt	Tab 1	Tab 2	12	*offset*	0

```
0 0 1 0 1 0 0 0 1 0 0 0 0 1 0 0 0 0
```

Aufteilung von 32 Bit in 13 bei diesem Beispiel ungenutzten Bits, einer 3-Bit-Tabelle 1, einer 2-Bit-Tabelle 2 und 13-Bit-*offset*. Die Adresse $41488_{10} = 121020_8$ teilt sich also auf in einen Index = 1 für Tabelle 1, Index = 1 für Tabelle 2 und einen *offset* = 528.

Jeder Adressteil erhält eigene Tabellen, wobei bei der Tabelle für die hohen Adressen (*page base table*) nur vermerkt ist, ob für diese virtuelle Adresse Speicher existiert und wenn ja, wo die dazugehörende Tabelle (*page table*) der Seitenbelegung steht. In Abb. 3.6 ist dies für die zweigeteilte Adresse (zweistufige Tabelle) gezeigt, wobei die Suche durch die Tabellen mit dickeren Pfeilen angedeutet ist.

Jeder Teil der Adresse wirkt als Index in derjenigen Tabelle, die durch gestrichelte Pfeile angedeutet ist; der *offset* ist ein Index auf der tatsächlich existierenden Seite im Hauptspeicher. Da jede Adresse zu einer Seite gehören kann, die nicht im Hauptspeicher ist, kann auch die Adresse der ersten Tabelle zu einem *page fault* führen. In diesem Fall wird dann die Seite eingelagert, die die gewünschte Tabelle enthält und dann die Instruktion erneut wiederholt, bis die eigentliche virtuelle Seite ermittelt ist, sie sich im Speicher befindet, die physikalische Adresse ermittelt und die gewünschte Speicherzelle angesprochen wurde.

Unter Linux wird ein zweistufiges Tabellensystem ähnlich wie in Abb. 3.6 verwirklicht. Im 32-Bit i386-Linux sind die beiden Tabellen durch je 10 Bit indiziert; der

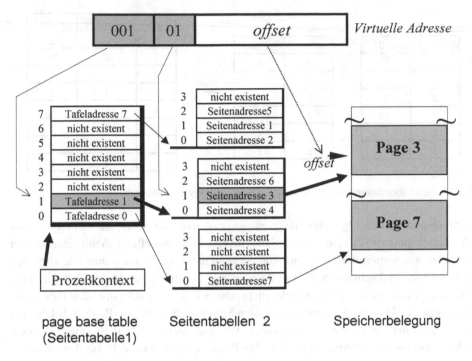

Abb. 3.6 Eine zweistufige Adresskonversion

12-Bit *offset* entspricht gerade einer 4KiB-Seitengrösse. Die erste Tabelle der Größe 1KiB enthält 256 Adressen auf die 256 Tabellen á 4 KiB der zweiten Stufe, die zusammen 1 MB belegen und die Verweise auf die max. 1 Mill. Seiten des max. 4 GiB großen Speichers enthalten.

Analog existiert ein solcher Ansatz auch für dreistufige (SPARC Rechner von SUN) und vierstufige Seitentabellen (MC 68030 von Motorola und AMD Athlon 64), wobei das sequentielle Durchsuchen mehrerer Verweise, nur um eine Adresse herauszufinden, auch bei einer Hardwareunterstützung sehr lange dauert und deshalb die Programmausführung stark verzögert, beim AMD Athlon beispielsweise um ca. 80 %. Hier kommen spezielle Cache-Techniken zum Einsatz, die wir uns im Folgenden genauer ansehen.

Besitzen Betriebssysteme intern ein bestimmtes Zugriffsmodell, so stellt es eine besondere Aufgabe dar, die Software auf die zu verwendende Hardware abzubilden. Ein Beispiel dafür sind die vierstufigen Seitentabellen ab Linux 2.6, die auf die zweistufigen Seitentabellen der Intel IA32-Architektur („x86") abgebildet werden müssen.

• *Invertierte Seitentabellen*

Die mehrstufigen Seitentabellen führten zu verschiedenen Versuchen, die lange Suche durch unbenutzte Tabellen abzukürzen. Ein Weg besteht darin, nur eine Tabelle für die relativ wenigen, tatsächlich existierenden Speicherseiten des physikalischen Speichers aufzustellen. Anstelle also als Schlüssel alle möglichen (sehr vielen) virtuellen Adressen auf die linke Seite zu schreiben und die tatsächliche, physikalische Adresse (falls vorhanden) auf die rechte Seite, vertauscht man die rechte mit der linken Seite und listet in

ProzeßId=1

virt.	reell
0	5
1	-
2	2
3	-
4	7
5	-

ProzeßId=2

virt.	reell
0	0
1	-
2	-
3	-
4	1
5	3

reell	virtuell	ProcId
0	0	2
1	4	2
2	2	1
3	5	2
4	-	-
5	0	1
6	-	-
7	4	1

Abb. 3.7 Zusammenfassung von Seitentabellen zu einer inversen Seitentabelle

fortlaufender Reihenfolge links alle (wenigen) existierenden Seiten auf und rechts dazu die zugeordnete virtuelle Adresse der Seite (**inverse Seitentabelle**). Um mit einer solchen verkürzten, invertierten Tabelle eine Adressierung umzusetzen, muss man alle virtuellen Adressen rechts durchsuchen, bis man die passende, aktuelle Seite gefunden hat, und dann links die physikalische Seite dazu ablesen. In Abb. 3.7 ist eine solche Inversion für ein einfaches Beispiel von zwei Prozessen mit ihren Seitentabellen gezeigt. Beide Tabellen sind rechts zu einer einzigen zusammengefasst. Wie man sieht, reicht die virtuelle Adresse allein nicht aus, da der Adressraum bei allen Prozessen gleich ist, z. B. bei den virtuellen Seiten 0 und 4. Um die gleichen virtuellen Adressen trotzdem eindeutig den unterschiedlichen Adressen im Hauptspeicher (*page frames*) zuordnen zu können, muss zusätzlich ein Prozessindex, beispielsweise die Prozessnummer, hinzugenommen werden.

- *Assoziativer Tabellencache*
  Sowohl bei den Multi-level-Tabellen als auch bei den invertierten Seitentabellen stellt sich das Problem, dass die Auswertung der Tabelleninformation zur Adressumsetzung viel Zeit kostet. Aus diesem Grund ist es üblich geworden, dass die letzten Zuordnungen von virtuellen zu reellen Seiten in einem kleinen, schnellen Speicher (Cache) gespeichert werden, wie z. B. beim MC 68030. Dieser Speicher wird zuerst durchsucht, bevor auf die regulären Tabellen zugegriffen wird.

  Der Cache ist in der Regel speziell für einen inhaltsorientierten Zugriff (**Assoziativspeicher**) gebaut; nach dem Präsentieren der virtuellen Seitenadresse wird in einem Zeittakt ausgegeben, ob die Umsetzung dieser Seitenadresse gespeichert ist und wenn

Abb. 3.8 Funktion eines assoziativen Tabellencache

Assoziativspeicher

ProcId		virtuelle				reelle Seite	
1	0	0	0	0	0	0	
1	0	1	0	0	0	1	
0	1	0	0	1	0	2	
1	0	0	1	0	1	3	
0	1	0	0	0	0	5	X
0	1	1	0	0	0	7	
↑	↑	↑	↑	↑	↑	⇓	

Abfragewort

0	1	0	0	0	0	5	Antwort

ja, wie die physikalische Adresse dazu lautet. In Abb. 3.8 ist dies schematisch gezeigt. Die Bits der virtuellen Seitennummer sind in Spalten extra aufgeführt, die der reellen Seiten nur pauschal als Dezimalzahl.

Um eine Abfrage in einem Zeitschritt zu erreichen, ist eine Zusatzelektronik an den Speicherzellen integriert, die für den ganzen Cache spaltenweise (bitweise) als Anforderung die Bits der virtuellen Adresse (hier: ProzessId = 1, virt. Seite = 0) jeweils mit den Werten des Einträge vergleicht. Sind bei einem Eintrag alle Vergleiche mit den Anforderungsbits erfolgreich, so wird ein *enthalten*-Flag für diesen Eintrag gesetzt (X in obiger Abbildung) und der korrespondierende physikalische Adresswert (hier: reelle Seite = 5) ausgelesen. Eine solche zusätzliche Hardwareeinheit ergänzt hervorragend die tabellenorientierte Multi-Level Adresskonversion und beschleunigt den durchschnittlichen Zugriff auf den Speicher stark.

Ein solcher Assoziativspeicher wird auch als **translation lookaside buffer TLB** bezeichnet. Dabei trägt der assoziative Cachespeicher so viel zu der Adressübersetzung bei, dass man bei einem großen Cache auch auf die übrige Hardware zum Auslesen der Seitentabellen verzichten kann. Statt dessen führt man die Adressübersetzung bei den wenigen Ereignisse, bei denen die Übersetzung im Cache fehlt, wie beim MIPS R2000 RISC-Prozessor mit Software durch, ohne dadurch die Leistung des Prozessors stark zu beeinträchtigen.

3.3.3   Gemeinsam genutzter Speicher *(shared memory)*

Eine weitere wichtige Möglichkeit, die das virtuelle Speichermodell eröffnet, ist die dynamische, kontrollierte gemeinsame Nutzung von Speicherbereichen durch mehrere Prozesse. Dies ist besonders dann sinnvoll, wenn bei vielen Benutzerprozessen derselbe Code verwendet wird, beispielsweise wenn mehrere Benutzer denselben Texteditor benutzen, oder wenn mehrere Benutzerprogramme dieselben Bibliotheken (z. B. C-Bibliothek) verwenden. Aber auch gemeinsame, globale Datenbereiche sind sinnvoll, beispielsweise für die InterProzesskommunikation. Dazu können diese Speicherbereiche als Nachrichtenpuffer (*Mailboxen*) verwendet werden.

Um bestimmte physikalische Speicherbereiche in die virtuellen Adressräume mehrerer Prozesse abbilden zu können, sind verschiedene Maßnahmen notwendig. Zum einen müssen Betriebssystemaufrufe geschaffen werden, um einen Speicherbereich eines Prozesses als globalen gemeinsamen Speicher (**shared memory**) zu deklarieren. Den Bezeichner dafür, der vom Betriebssystem zur Verfügung gestellt wird, dient dann allen anderen Prozessen als Referenz. Zusätzlich muss aber auch gewährleistet sein, dass diese Seiten nicht gelöscht werden, wenn einer der Prozesse, der diese als eigene Seiten in seinem Adressraum führt, beendet wird. Für die Synchronisation der Zugriffe auf den gemeinsamen Speicherbereich sollten auch Semaphoroperationen vom Betriebssystem bereitgestellt werden. In Abb. 3.9 ist eine solche Situation für drei Prozesse gezeigt.

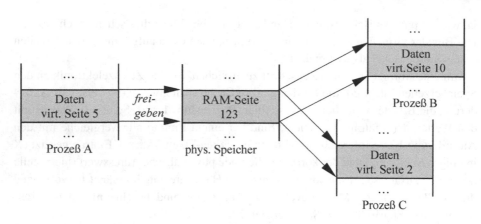

Abb. 3.9 Die Abbildung auf gemeinsamen Speicher

3.3.4   Virtueller Speicher in UNIX und Windows NT

Das Konzept des virtuellen Speichers ist in UNIX und Windows NT verschieden implementiert und ändert sich von Version zu Version. Im Allgemeinen sind die 32 Bit-Versionen
durch die 4 GB-Addressierungsgrenze begrenzt, während die 64 Bit-Versionen nur durch
den aktuellen Speicherausbau bzw. maximale interne Tabellenlängen bestimmt werden.

Virtueller Adressraum in UNIX

In Linux (i386) ist der virtuelle Adressraum 32 Bit, also 4 GB groß. Der gesamte virtuelle
Adressraum von 4 GB ist in zwei einzelne Unterabschnitte aufgeteilt: den *kernel space*
und den *user space*. Der *user* kann dabei nur auf die ersten 3 GB zugreifen; erst im *kernel
mode* ist auch der Betriebssystemkern für die Systemaufrufe ansprechbar.

Im Benutzerprozess wächst der Stack von oberen Adressbereichen nach unten; der
Heap von unteren Adressbereichen durch die Systemdienste `sbrk()` und `malloc()` nach
oben. Dies ist in folgender Abb. 3.10 gezeigt.

Im höchsten Adressbereich existiert ein Bereich, der für besonders schnellen Zugriff auf
Ein- und Ausgabegeräte *(I/O map)* vorgesehen ist, deren Puffer oder Register unter einer
Adressreferenz ausgelesen und beschrieben werden können **(memory mapped devices)**.
Natürlich kann dies der normale Benutzerprozess mit den normalen Zugriffsrechten nicht
selbst machen, sondern wird unter der Kontrolle des Betriebssystems im *kernel mode*
durchgeführt. Physikalisch ist der Kern im untersten Adressbereich ab der physikalischen
Adresse null eingelagert, so dass für den Kern immer automatisch auch im realen Adress-
modus ohne MMU das lineare Adressmodell gilt.

Virtueller Adressraum in Windows NT

Windows NT war bereits ab der ersten Version für einen 64 Bit virtuellen Adressraum
vorgesehen, aber bis NT 5.0 nur in 32 Bit realisiert. Diese 4 GB sind in zwei Bereiche

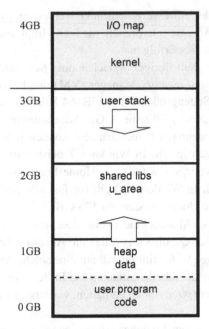

Abb. 3.10 Die Auslegung des virtuellen Adressraum bei Linux

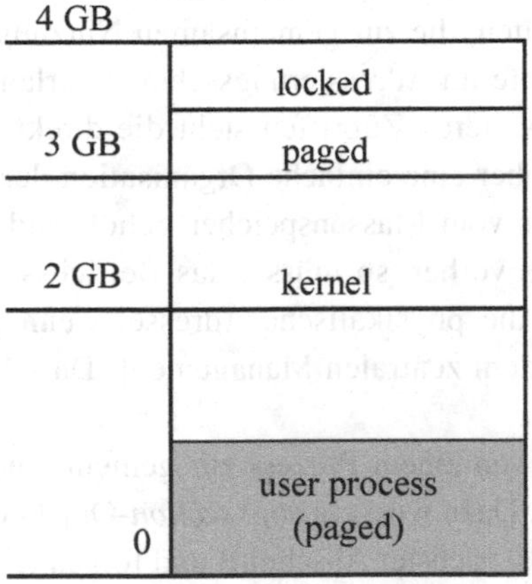

Abb. 3.11 Die Unterteilung des virtuellen Adressraums in Windows NT 32 Bit

unterteilt: einen 2 GB großen Adressraum für den BenutzerProzess und einen 2 GB Raum für alle restlichen Funktionen. Die Unterteilung ist in Abb. 3.11 gezeigt. Oberhalb von 2 GB sind der Systemkern und alle Systemtabellen lokalisiert, die sich durch besonders kurze Zugriffszeiten auszeichnen. Da alle Seiten des Systemkerns immer im Hauptspeicher stehen und für das Betriebssystem keine Schutzmechanismen beim Zugriff darauf nötig sind, wird der Zugriff auf die Kernadressen dadurch erreicht, dass im *kernel mode*

die obersten beiden Bits der Adresse unterdrückt werden und der Rest der virtuellen
Adresse als physikalische Adresse interpretiert wird. Die Implementierung von Windows
NT muss sicherstellen, dass dies Erfolg hat.

Im Gegensatz dazu liegt dem übrigen Speicher eine Seitenstruktur und -verwaltung
zugrunde, die von dem *virtual memory*-Manager (VM) durchgeführt wird. Diese unterstützt Hardware-definierte Seitengrößen von 4 KiB–64 KiB; im Normalfall 4 KiB.

Bei 64 Bit-Versionen („X64") fällt die 4 GB-Adressierungsobergrenze weg. Dafür
machen sich interne Begrenzungen bemerkbar: So können unterschiedliche Versionen
unterschiedliche Obergrenzen haben. In Windows 7 beispielsweise hat die X64-Home
Basic-Version eine Obergrenze von 8 GiB, die Home-Premium-Version 16 GB und die
Enterprise-Version 192 GB. In Windows 10 gilt für fast alle X64-Versionen eine Obergrenze von 2 TB, bis auf die Home-Version mit 128 GB.

Die Seitenverwaltung des VM sieht eine zweistufige Seitentabelle vor: Die erste Stufe
enthält als Tabelle ein sog. „page directory", das die Adressen der Tabellen der zweiten
Stufe enthält. Erfolgt ein *page fault* beim Zugriff auf eine solche Adresse, so wird die Seite
eingelagert, in der die fehlende Tabelle enthalten ist. In der zweiten Tabelle ist dann die
physikalische Seitennummer *(page frame)* enthalten, verbunden mit weiteren Informationen wie Zugriffsrechte etc.

Für den gemeinsam genutzten Speicher *(shared memory)* gibt es eine Sonderrege-
lung. Anstelle der physikalischen Seitennummern enthält die zweite Tabelle einen Index
einer besonderen Tabelle: der *Prototype Page Table PPT*. In dieser Tabelle sind die
Adressen aller Seiten enthalten, die zur gemeinsamen Nutzung deklariert werden. Die
Einführung einer dritten Stufe im Adressierungsschema verlangsamt zwar den Zugriff
beim ersten Mal (bei den weiteren Zugriffen steht die direkte Referenz im assoziativen Cache TLB), gestattet aber eine einfache Organisation der Seiten. Wird eine Seite
nach dem Auslagern wieder vom Massenspeicher geholt und an einen anderen Platz
im Hauptspeicher gelegt als vorher, so müsste das Betriebssystem alle Tabellen aller
Prozesse durchsuchen und die physikalische Adresse, wenn gefunden, entsprechend
abändern. Dies entfällt bei dem zentralen Management: Das Betriebssystem kann sich
auf die PPT beschränken.

Speicherbereiche können von einem Prozess zur gemeinsamen Nutzung mit anderen
Prozessen deklariert werden. Dazu wird ein sog. *section*-Objekt erzeugt, das als eine spezielle Datei betrachtet wird (s. nächster Abschnitt) und folgende Eigenschaften aufweist:

- Objektattribute: maximale Größe, Seitenschutz, *paging/mapped file*: JA/NEIN, gleicher Adressbeginn bei allen Prozessen: JA/NEIN
- Objektmethoden: Erzeugen, Öffnen, Ausweiten, Ausschnitt wählen, Status abfragen

Möchten die anderen Prozesse einen deklarierten Datenbereich auch nutzen, so müssen sie
das mit einem Namen und Zugriffsrechten wie bei einer Datei versehene *section*-Objekt

öffnen und sich einen Ausschnitt daraus wählen. Dieser Ausschnitt erscheint dann in ihrem virtuellen Adressraum so, als ob er ein normaler Speicherabschnitt wäre.

Zur Verwaltung der physikalischen Seiten (*page frames*) gibt es in Windows NT eine besondere Datenstruktur im Kern: die *Page Frame Database* (PFD). Sie enthält für jede existierende Seite einen Eintrag, so dass also jeder Seitennummer in den Tabellen der zweiten Stufe ein Index in der PFD entspricht und umgekehrt. Im Unterschied zu den Statusbits einer virtuellen Seite stehen in der PFD die Statusinformationen der reellen Seite, die eine der folgenden Zustände haben kann:

Valid	wird benutzt; es existiert ein gültiger *page table*-Eintrag
Zeroed	ist frei und ist mit Nullen initialisiert
Free	frei, aber noch nicht initialisiert
Standby	im Zustand „transition": Die Seite gehört offiziell nicht mehr zum Prozess, kann aber zurückgeholt werden
Modified	*Standby* + beschrieben
Bad	physikalisch fehlerhaft (*parity errors* etc.) und kann nicht benutzt werden.

Durch Zeiger in jedem Eintrag sind gleichartige Einträge zu einer Liste miteinander verbunden. Neben den normalen *(valid)* Seiten gibt es also fünf Listen. Die *Page Frame Database* wird von allen Prozessen benutzt und ist deshalb für den Multiprozessorbetrieb mit einem Semaphor *(spin lock)* gesichert.

Da allerdings nur ein Semaphor für die gesamte Datenstruktur benutzt wird, kann bei hoher *paging*-Frequenz die PFD zu einem Flaschenhals der Systemleistung werden. Eine parallele Version mit mehreren, jeweils *spin lock* gesicherten Abschnitten wäre zwar im Parallelbetrieb schneller, aber nicht im Monoprozessorbetrieb und wurde deshalb nicht implementiert.

Virtueller Adressraum in Großrechnern

In Großrechnern haben wir sehr große Hauptspeichergrößen von einigen tausend Gigabyte. Da auf diesen Großrechnern meist mehrere virtuelle Betriebssystem laufen (s. Kap. 1), deren 32-Bit-Versionen auf max. 4 GB begrenzt sind, muss der Hauptspeicher in mehrer Untereinheiten zerlegt werden können. Dazu existiert meist eine hardware-unterstützte, logische Partitionierung. Jede logische Partition LPAR hat entsprechende Register und CPU-gestützte Adressumsetzung, um die von der Software angesprochenen Hardware-Adressen in die tatsächlichen Hardwareadressen der LPAR umzusetzen, so dass das virtuelle Betriebssystem und der Anwenderjob zusammen in einer eigenen Partition ablaufen. Die gesamte I/O-Verwaltung aller logischen Partitionen durch den Hypervisor ist davon getrennt und läuft in einer eigenen Partition (*hardware system area* HSA) ab.

Durch die Hardwareunterstützung ist der Leistungsverlust mit ca. 1,5 % nur gering.

3.3.5   Aufgaben zu virtuellem Speicher

Aufgabe 3.3-1 Virtuelle Adressierung

Wir haben einen Computer mit virtuellem Speicher.
Folgende Daten sind bekannt:

- 32 virtuelle Seiten
- 8 physische Seiten
- 11 Bit Seitenoffset

Beantworten Sie damit folgende Fragen:

a) Wie viele Bits werden für die Adressierung von virtuellen Seiten benötigt?
b) Wieviel physischen Speicher hat der Computer?
c) Wie groß ist der virtuelle Adressraum des Computers?
d) Wie viele Bits werden für die Adressierung der physischen Seiten benötigt?

Aufgabe 3.3-2 Adresstabellen

Eine Maschine hat virtuelle 128-Bit-Adressen und physikalische 32-Bit-Adressen. Die Seiten sind 8 KW groß.

a) Wie viele Einträge werden für eine konventionelle bzw. für eine invertierte Seitentabelle benötigt?
b) Wie viele Stufen werden für eine mehrstufige Seitentabelle benötigt, um unter 1 MW (wobei 1 W = 1 Eintrag) Seitentabellenlänge zu bleiben?

Aufgabe 3.3-3 Einstufige Adressumrechnung

a) Berechnen Sie zu den gegebenen virtuellen Adressen 2204_H und $A226_H$ jeweils die physikalische Adresse. Der *offset* beträgt 13 Bit und die Seitennummer hat 3 Bit. Verwenden Sie folgende Basis-Seitentabelle:

Seite	Seitenrahmen
0	7
1	0
2	1
3	6
4	4
5	2
6	3
7	5

b) Wie müsste eine Speicherverwaltung erweitert werden, damit die Seiten ausgelagert werden können?

Aufgabe 3.3-4 Zweistufige Adressumrechnung

Gegeben seien die folgenden 4 virtuellen 16-Bit Speicheradressen in Hexadezimaldarstellung:

a. 75B4
b. 8AC6
c. 1E9C
d. 5B3E

Die Adresse ist von links nach rechts kodiert. Das erste Bit wird nicht benutzt. Die nächsten 3 Bits kodieren den jeweiligen Index in der Basis-Seitentabelle, die weiteren 3 Bits den Index in der entsprechenden Tafel. Die übrigen 9 Bits bilden den *Offset*.

	Index 0			Index 1		Offset									
15	14	13	12	11	10	9	8	7	6	5	4	3	2	1	0

Bestimmen Sie anhand der folgenden Abbildung die zu a)–d) gehörenden physikalischen 32 Bit-Adressen. Geben Sie diese in Hexadezimaldarstellung an.

Die physikalische Speicheradresse der Basis-Seitentabelle ist 9A38B75A.

7	NIL	7	B47AB75A	7	NIL	7	NIL
6	39BE	6	NIL	6	B125	6	D2A6
5	B3C7	5	5A37B75A	5	4CC1	5	8AC6
4	5B4C	4	A3EBB75A	4	3333	4	2BE9
3	NIL	3	B47AB75A	3	B97C	3	NIL
2	1A75	2	A3EBB75A	2	NIL	2	D17F
1	87D3	1	A3EBB75A	1	5E4A	1	NIL
0	A380	0	5A37B75A	0	NIL	0	7A34
	B47AB75A		9A38B75A		5A37B75A		A3EBB75A

Aufgabe 3.3-5 Mehrstufige Seitentabelle

Eine Maschine habe einen virtuellen Adressraum. Die Speicherverwaltung benutzt eine zweistufige Seitentabelle mit einem assoziativen Cache (Translation Lookaside Buffer TLB) mit einer durchschnittlichen Trefferrate von 90 %. Beachten Sie, dass ein Zugriff zwei „Wege" benutzen kann: TLB oder über die Seitentabelle.

a) Wie groß sind die mittleren Zeitkosten für den Zugriff auf den Hauptspeicher HS, wenn die Zugriffszeit des Speichers 100 ns und die Zugriffszeit des TLB 10 ns beträgt? (Es wird angenommen, dass keine Seitenfehler auftreten!)

b) In a) wurden Seitenfehler ausgeschlossen. Wir wollen nun den vereinfachten Fall untersuchen, in dem Seitenfehler nur beim Hauptspeicherzugriff auf das Datum auftreten sollen (vereinfachende Annahme: Seitentabellen sind im HS und werden nicht ausgelagert!). Die Häufigkeit von Seitenfehlern sei $1 : 10^5$. Ein Seitenfehler koste 100 ms. Wie ist dann die mittlere Zugriffszeit auf den Hauptspeicher *page fault*?

Hinweis:

mittlere Zugriffszeit = Trefferzeit + Fehlzugriffsrate × Fehlzugriffszeit.

c) Welche Probleme verursacht Mehrprogrammbetrieb für den TLB und für andere Caches? Denken Sie vor allem an die Identifikation der Blöcke.

3.3.6 Seitenersetzungsstrategien

Ergibt sich nach der Adressübersetzung, dass eine benötigte Seite fehlt (*page fault*), so muss sie vom Massenspeicher gelesen und in den physikalischen Hauptspeicher geladen werden. Dabei stellt sich aber die Frage: an welche Stelle? Welche der vorhandenen Seiten soll damit überschrieben werden?

Ersetzen wir eine beispielsweise häufig benutzte Seite, so müssen wir sie bald wieder nachladen, was die Programmlaufzeit erhöht. Es ist deshalb Aufgabe einer guten Strategie, diejenige Seite zu finden, die ersetzt werden kann, ohne solche Probleme zu erzeugen. Eine solche Strategie kann man auch als Schedulingstrategie für einen Seitentauschprozessor ansehen, der in der Warteschlange Anforderungen für die benötigten Seiten enthält. Je besser die Strategie, umso schneller die Abarbeitung der Seitenanforderungen.

Dabei kommt uns die Tatsache zur Hilfe, dass die meisten Referenzen in einem Programm nur lokal erfolgen, also keine Folge beliebiger Seiten vorhanden ist (**Lokalitätseigenschaft**). Diese Lokalität kommt zum einen dadurch zustande, dass die Programme meist sequentiell mit hintereinander abgelegten Befehlen abgearbeitet werden und Programmsprünge bei Schleifen lokal erfolgen, zum anderen sind auch die Einzeldaten einer Datenstruktur auch in einem Stück hintereinander abgelegt. Bei einer völlig zufälligen Folge der Befehle oder Daten hätten wir ein Problem: Wir könnten nichts über die Seite des nächsten Zugriffs vorhersagen; alle Strategien für eine Seitenersetzung wären vergebens. Stattdessen können wir nun versuchen, die Kurzzeitstatistik auszunutzen.

Die Folge der Nummern der benötigten, referenzierten Seiten, die **Referenzfolge** (**reference string**), charakterisiert dabei den Weg des Kontroll- und Datenflusses während der Programmausführung. Wüssten wir diese Folge im Voraus, so könnten wir uns bei der Seitenersetzung darauf einstellen. Dies ist die Grundlage der optimalen Strategie zur Seitenersetzung.

- *Die* **optimale** *Strategie*
  Belady (1966) konnte zeigen, dass genau dann die wenigsten Ersetzungen vorgenommen werden, wenn man folgende Strategie benutzt:

  Wähle die Seite zum Ersetzen, die am spätesten in der Zukunft benutzt werden wird.

  In Abb. 3.12 ist dies an der Referenzfolge 1,2,3,1,4,1,3,2,3, ... für einen Hauptspeicher mit nur drei Seiten zu den verschieden Zeitpunkten t = 1,2, ... gezeigt.

Abb. 3.12 Die optimale
Seitenersetzung

Ziel	1	2	3	1	4	1	3	2	3
RAM1	1	1	1	1	1	1	1	②	2
RAM2	-	2	2	2	④	4	4	4	4
RAM3	-	-	3	3	3	3	3	3	3

$t =$ 1   2   3   4   5   6   7   8   9

Die Tabelle ist dabei wie folgt zu lesen: Jede Spalte zeigt den Zustand des Speichers zu einem Zeitpunkt, wobei die Zeit von links nach rechts in der Tabelle zunimmt. Die neuen, ersetzenden Seiten sind in der Abbildung mit umkreisten Ziffern notiert. Im Beispiel wird bei t = 5 die Seite 2 überschrieben (ersetzt), da sie von den möglichen Seiten {1,2,3} diejenige ist, die in der Folge 4,1,3,2, … am spätesten benutzt wird.

Wir erkennen, dass bei dieser Strategie im Beispiel nur 2 Ersetzungen vorgenommen werden musste. Allerdings kann die optimale Strategie so nur bei deterministischen Programmen benutzt werden, für die alle Seitenanforderungen im voraus bekannt sind. Da es solche Programme praktisch nicht gibt, wird die Strategie nur als Referenz benutzt, um alle anderen Strategien in ihrer Leistungsfähigkeit zu vergleichen.

Verschiedene Zusatzinformationen führen uns zu verschiedenen Strategien (*page replacement*-Algorithmen) zur Seitenersetzung. Eine der einfachsten Strategien, die wir immer dann verwenden, wenn wir keine weiteren Informationen haben, ist die

- **FIFO (First-In-First-Out)**– *Strategie*
  Ersetze die älteste Seite
  Die neu eingelagerten Seiten lassen sich in der Reihenfolge ihres Einlesens jeweils ans Ende einer Liste stellen, ohne die Statusbits R und M zu berücksichtigen. Wählen wir als Kandidat zum Ersetzen jeweils die Seite am Anfang der Liste, so haben wir die „älteste" Seite. Ihre Ersetzung, so vermuten wir, wird am wenigsten auffallen. In Abb. 3.13 ist die einfache FIFO-Strategie an unserem vorigen Beispiel gezeigt.
  Im Vergleich zur optimalen Strategie aus Abb. 3.12 sind hier zwei zusätzliche Seitenersetzungen, also ein Maximum von vier Seitenersetzungen nötig nach dem initialen Füllen der RAM-Seiten.

Leider ist die Vermutung über den Wert älterer Seiten nicht ganz zutreffend, beispielsweise für die Seite, die das Hauptprogramm enthält. Deshalb ist es sinnvoll, statt dessen

Abb. 3.13 Die
FIFO-Seitenersetzung

Folge	1	2	3	1	4	1	3	2	3
RAM1	1	1	1	1	④	4	4	4	③
RAM2	-	2	2	2	2	①	1	1	1
RAM3	-	-	3	3	3	3	3	②	2

$t =$ 1   2   3   4   5   6   7   8   9

mehr oder weniger detaillierte Kurzzeitstatistiken über die benutzten Seiten aufzustellen und Strategien zur Seitenersetzung entwickelt, die auf der Auswertung der Statistik basieren und dies als Prognose für die Zukunft ansehen. Damit wird versucht, die optimale Strategie so gut wie möglich anzunähern.

Eine der einfachsten Auswertungen stützt sich auf die Statusbits R (= *referenced*, Seite benutzt, auch manchmal als A-Bit *accessed* bezeichnet) und M (= *modified*, Seite wurde verändert und muss zurückgeschrieben werden, auch manchmal als D-Bit *dirty* bezeichnet), die neben der Adressinformation im Eintrag der Seitentabelle existieren. Wird das R-Bit nach Ablauf einer Zeitspanne durch einen Zeitzähler (Überschreiten einer Zeitschranke) zurückgesetzt, so sagt R = 1 aus, dass die entsprechende Seite erst kürzlich benutzt wurde (die Zeitschranke ist noch nicht überschritten) und deshalb möglichst nicht ersetzt werden soll. Wird die Seite referiert, so muss mit dem Setzen von R = 1 auch der Zeitzähler initialisiert werden. Dabei ist für jede Seite ein Zähler nötig. Dies ist allerdings etwas teuer, so dass man als Annäherung auch einen Zeitzähler für alle R-Bits verwenden kann, der diese periodisch alle auf einmal zurücksetzt. Da für den Algorithmus nicht das absolute Zeitintervall, sondern nur die Benutzungsunterschiede der Seiten in einem Intervall nötig sind, kann die Rücksetzung der R-Bits auch bei einem besonderen Ereignis, beispielsweise einem Seitenfehler, erfolgen.

Die Verfügbarkeit von elementarer Statistikinformation führt uns nun zu einer Abwandlung des Clock-Algorithmus.

- **Second Chance–** *Strategie*
  Ersetze die älteste, unbenutzte Seite
  Wir betrachten noch zusätzlich zum FIFO-Eintrag den Zustand des R-Bits für die älteste Seite zu. Ist es 1, so wird die Seite noch benötigt. In Abwandlung der reinen FIFO-Strategie kann man deshalb diese Seite wieder ans Ende der Liste stellen, R = 0 setzen und damit die Seite so behandeln, als ob sie neu angekommen wäre: Sie erhält eine „zweite Chance" (*second chance*-Algorithmus). War dagegen R = 0, so wird sie ersetzt; bei M = 1 wird sie vorher zurückgeschrieben.
- **Clock-Algorithmus**
  Dieses Verfahren kann man vereinfacht implementieren, indem man die FIFO-Liste zu einem Ring schließt. Da nur eine bestimmte, maximale Seitenzahl im Hauptspeicher Platz hat, verändert sich die Ringgröße nicht. Nur die Markierung „älteste Seite" verschiebt sich bei jeder Seiteneinlagerung und läuft im Ring der Tabelleneinträge um einen Eintrag weiter, wie der Zeiger einer Uhr (*clock*-Algorithmus). In Abb. 3.14 ist dies visualisiert.
  Hier ist gezeigt, wie der Zeiger auf die älteste Seite (gestrichelter Pfeil) nach der Ersetzung durch die neueste Seite um eine Stelle weiterrückt (ununterbrochener Pfeil) und nun die nächst-älteste Seite als „Älteste Seite" ausweist. Wie beim *second chance*-Algorithmus wird geprüft, ob die älteste Seite ein R-Bit = 1 aufweist. Wenn ja, wird es zurückgesetzt und nicht ausgelagert.
- **LRU** (Least Recently Used) -*Strategie*
  Genauer als eine FIFO-Liste und als die qualitative Existenz einer Seitenreferenz in einem Intervall ist es auch, quantitativ die Zeit im Intervall zu messen, die eine Seite

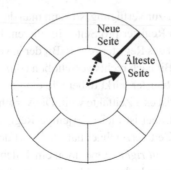

Abb. 3.14 Der Clock-Algorithmus

unbenutzt im Speicher zugebracht hat. Damit kann bei mehreren Seiten mit R = 0 die älteste ermittelt und ersetzt werden:

> *Ersetze die Seite, die die längste Zeit nicht benutzt wurde.*

Dies klingt einfach, ist aber nicht einfach zu implementieren. Für die Referenzfolge ist die Forderung klar: Wähle die Seite, die in der Folge den größten Abstand zur aktuellen Seite hat. Wurde sie noch nicht benutzt, so ist der Abstand unendlich. Die Strategie nimmt an, dass aus einem großen Abstand in der Referenzfolge in die Vergangenheit auch ein großer Abstand in die Zukunft folgt, also implizit die optimale Strategie damit verwirklicht wird. In Abb. 3.15 ist die LRU-Strategie an unserem vorigen Beispiel gezeigt.

Die Seitenfolge 1,2,3 füllt zunächst nur den Speicher. Bei Seite 4 kommt die Vergangenheit ins Spiel: Obwohl Seite 2 neuer als Seite 1 ist, wird sie als die am wenigsten benutzte Seite ersetzt, im Unterschied zu FIFO. Mit dieser Strategie erreichen wir mit zwei Ersetzungen ein Ergebnis, das (in diesem Beispiel) so gut wie die Optimalstrategie ist.

Für die Implementierung dieser Strategie gibt es verschiedene Wege, die aber alle einigen Aufwand bereiten. So könnte eine Hardwarelösung aussehen, dass ein Zähler hochläuft, z. B. der normale Zeitzähler für Uhrzeit und Datum. Bei jedem Zeittick wird der Zeitstand automatisch in den Tabelleneintrag der gerade aktiven Seite übernommen. Alle inaktiven Seiten konservieren also einen alten Zählerstand. Wird nun die älteste Seite gesucht, so muss nur nach der kleinsten Zeitzahl in den Tabelleneinträgen gesucht werden.

Abb. 3.15 Die
LRU-Seitenersetzung

Folge	1	2	3	1	4	1	3	2	3
RAM1	1	1	1	1	1	1	1	1	1
RAM2	-	2	2	2	④	4	4	②	2
RAM3	-	-	3	3	3	3	3	3	3

$$t = \quad 1 \quad 2 \quad 3 \quad 4 \quad 5 \quad 6 \quad 7 \quad 8 \quad 9$$

Steht keine Hardware dafür zur Verfügung, so kann man das Altern der inaktiven Seiten auch approximativ durch ein Register pro Seite simulieren. Dazu wird in regelmäßigen Zeitabständen als oberstes Bit des Registers das R-Bit der jeweiligen Seite gesetzt und der ganze Registerinhalt um ein Bit nach rechts verschoben (*shift right*). In Abb. 3.16 ist dies für drei Seiten gezeigt. Das Register wirkt dabei wie ein gewichtetes Kurzzeitfenster für die Seitenaktivität; bei 8 Bits ist es 8 Zeittakte weit. Die Verschiebung nach rechts bewirkt ein *Altern* der Information. Dabei ist meist derjenige Registerwert am größten, der die häufigste Aktivität in letzter Zeit verzeichnet hat; der Wert der Aktivität sinkt mit wachsendem Zeitabstand, da eine *shift right* – Operation ein Teilen durch zwei der korrespondierenden Binärzahl im Register bedeutet. Allerdings ist diese Abbildung nicht immer plausibel: Hat Seite A den Registerwert 11111000 so ist sie sicher neuer als 00000111 der Seite B und damit vorzuziehen, aber 00100000 von Seite A deutet gegenüber 00011111 von B nicht auf eine heftige Benutzung hin, obwohl die Binärzahl größer ist.

Alternativ könnte man auch bei R = 1 eins auf den Wert des Registers addieren und bei R = 0 eins subtrahieren, aber dies dauert länger als eine einfache *shift*-Operation.

Die zu ersetzende Seite nach der LRU-Strategie weist also meistens die kleinste Zahl in ihrem Schieberegister auf.

- **NRU** (**N**ot **R**ecently **U**sed)-*Strategie*
  Die FIFO-Strategie nutzt die Seitenstatistik nur wenig oder gar nicht aus. Dies kann man mit einfachen Mitteln verbessern. Mit Hilfe der zwei Bits (R und M) lassen sich dazu die Seiten in folgende vier Klassen einteilen:

$$0)\ R = 0, M = 0$$
$$1)\ R = 0, M = 1$$
$$2)\ R = 1, M = 0$$
$$3)\ R = 1, M = 1$$

Es ist klar, dass die Seiten der Klasse 0 (R = 0, M = 0) am wenigsten benutzt sind und deshalb zuerst ersetzt werden sollten, eher noch als die modifizierten, aber länger nicht referenzierten Seiten der Klasse 1 (R=0, M=1), die vielleicht nochmals benötigt werden. Wichtiger noch aber sind die tatsächlich referenzierten Seiten mit R=1 (Klasse 2), auf die mit M = 1 (Klasse 3) sogar geschrieben wurde.

Abb. 3.16 Realisierung von LRU mit Schieberegistern

4	3	2	1	0		-1	-2	-3	-4	-5	-6	-7	-8	*Zeitpunkt t*
1	1	0	0	0	→	1	0	0	1	1	1	0	1	Seite A
0	1	1	0	1	→	1	1	0	1	1	0	1	0	Seite B
0	1	0	1	0	→	0	1	0	1	1	0	1	1	Seite C

R-Bit

Damit ist eine Gewichtung oder Priorität für die Seiten festgelegt worden:

Ersetze die Seiten der Klasse mit der kleinsten Nummer

Dies ist auch als **RNU** (**R**ecently **N**ot **U**sed) bekannt. Da der Zustand der beiden Bits nur vier Möglichkeiten unterscheidet, muss bei einer größeren Zahl von Seiten bei gleicher Nummer durch Zufall entschieden werden. Diese Strategie kann deshalb nicht sehr differenziert wirken.

- **NFU** (*Not Frequently Used*) bzw. **LFU** (*Least Frequently Used*)
Bei der NRU-Strategie wurde die in einem gemeinsamen Intervall am wenigsten benutzte Seite ersetzt. Verfügt man über eine bessere Statistik, so kann man diejenige Seite ersetzen, die unter allen Seiten am geringsten benutzt wurde mit der Hoffnung, dass sie durch das Lokalitätsprinzip auch in Zukunft am wenigsten gebraucht werden wird:

Ersetze die Seiten mit der geringsten Benutzungsfrequenz

Dazu wird für jede Seite die Häufigkeit gemessen, mit der sie in der Zeitspanne seit der Existenz des Prozesses benutzt wird. Dazu wird für jede Seite ein Zähler geführt, der periodisch bei Benutzung (R = 1) erhöht und nie zurückgesetzt wird. Die Seite mit dem kleinsten Wert wird dann ersetzt. Für die Referenzfolge bedeutet dies, diejenige Seite zu wählen, die bisher am wenigsten referiert wurde. Bei gleich häufiger Nutzung wird die zu ersetzende Seite zufällig ausgewählt.

Problematisch an dieser Strategie ist, dass früher stark benutzte Seiten, die inzwischen obsolet geworden sind (etwa der Initialisierungscode), schwer aus dem Hauptspeicher verdrängt werden können, da ihr Zahlenwert zu hoch ist. Es ist deshalb sinnvoll, als Zeitspanne nicht die gesamte Existenzdauer zu wählen, sondern ein kürzeres Intervall. Dies lässt sich dadurch erreichen, dass man einen Alterungsmechanismus (periodisches Nullsetzen, Dekrementieren etc.) vorsieht, um die aktuelle Nutzung pro Zeiteinheit (Frequenz) zu bestimmen.

Die LFU-Strategie bestimmt die Nutzungsfrequenz einer Seite. Dies ist proportional zu der aktuellen Wahrscheinlichkeit, die Seite zu nutzen, und ermöglicht über das Lokalitätsprinzip eine Aussage über die nahe Zukunft. Sie kommt damit der optimalen Strategie sehr nahe. Wird allerdings ein zu großes Intervall gewählt, so werden beim Wechsel der Seitenstatistik (nichtstationäre Wahrscheinlichkeitsverteilung) die neu eingelagerten Seiten zuerst überschrieben; das System reagiert zu träge und damit nicht optimal.

- Die *working set* – Strategie
Die Menge W(t,Δt) der Seiten, die zum Zeitpunkt *t* in einem Δt Zeitticks breiten Zeitfenster benutzt werde, ist ziemlich wichtig, enthält sie doch unter anderem die besonders häufig benutzten Seiten. Ohne sie kann der Prozess nicht effizient arbeiten; sie wird deshalb als **Arbeitsmenge** oder **working set** (Denning 1980) bezeichnet. Das

mittlere, erwartete *working set* $\langle W(t,\Delta t)\rangle_t$ charakterisiert einen gesamten Prozessverlauf. Man beachte, dass diese Definition von der ursprünglichen Definition von Denning abweicht, der damit nur die minimale Anzahl der Seiten bezeichnete, die überhaupt für die Ausführung eines Prozesses notwendig sind.

Beispiel *Die Arbeitsmenge bei Denning*

Haben wir in einem Programm die Maschinenbefehle

```
MOVE A,B
MOVE C,D
```

und die Speicherplätze der Variablen A, B, C, D befinden sich auf verschiedenen Seiten, so kann der Prozess nur arbeiten, wenn er neben der Codeseite auch die vier Seiten der Adressreferenzen zur Verfügung hat. Er benötigt also minimal 5 Seiten, so dass nach Denning sein *working set* = 5 Seiten beträgt, unabhängig wie oft weitere Seiten benutzt werden.

Nachdem wir ein Verständnis für den Begriff der Arbeitsmenge gewonnen haben können wir nun die entsprechende Strategie formulieren:

Ersetze eine der Seiten, die nicht zum augenblicklichen working set gehören.

Da in dem Fenster alle zuletzt benötigten Seiten enthalten sind, könnte man denken, dass die Strategie identisch zu der LRU-Strategie ist. Dies stimmt aber nicht: Bei LRU wird die älteste unbenutzte Seite überschrieben, hier aber eine Seite außerhalb des Fensters, die durchaus vorher heftig benutzt worden sein kann. Die Ersetzungsstrategie geht also ebenfalls wie bei LRU in der Referenzfolge zurück, betrachtet aber nur die Seiten außerhalb des Fensters. In Abb. 3.17 ist die Strategie an unserem Beispiel gezeigt. Sie unterscheidet sich in diesem Beispiel nicht von der LRU-Strategie, da nur eine Seite außerhalb des *working set* ist.

Da wir maximal drei Seiten im Speicher haben, muss hier die Fenstergröße $\Delta t = 3$ sein. Wiederholen sich Seitenanforderungen innerhalb des Fensters, so ist das *working set* zu diesem Zeitpunkt kleiner als das Fenster, etwa im Zeitpunkt t = 6, wo das *working set* nur aus den Seiten eins und vier besteht.

Die Implementierung dieser Strategie ist nicht einfach, da die Größe des *working set* unbekannt ist und ständig wechselt. Eine gute Näherung besteht darin, mit Hilfe einer Kurzzeitstatistik, beispielsweise der R- und M-Bits, das *working set* zu bestimmen.

Abb. 3.17 Die working set – Seitenersetzung bei $\Delta t = 3$

Ziel	1	2	3	1	4	1	3	2	3
RAM1	1	1	1	1	1	1	1	1	1
RAM2	-	2	2	2	④	4	4	②	2
RAM3	-	-	3	3	3	3	3	3	3

$t =$ *1*   *2*   *3*   *4*   *5*   *6*   *7*   *8*   *9*

Ein anderer Weg besteht darin, für das *working set* zunächst einen Wert anzunehmen. Über die gemessene Zahl F der Seitenersetzungen pro Zeiteinheit (Seitentauschrate) bzw. die Zeit zwischen zwei Ersetzungen kann man nun diesen Wert so justieren, dass die Ersetzungsrate (*page fault frequency*) um einen Richtwert pendelt. Die Ersetzungsstrategie wird so dynamisch von der Lastverteilung zwischen den Prozessen abhängig gemacht und deshalb im Unterschied zu den statischen Algorithmen mit festen Warteschlangenlängen bzw. Fenstergrößen arbeiten als „Dynamischer Seitenersetzungsalgorithmus" bezeichnet.

Die Anwendung der verschiedenen Strategien ist sehr unterschiedlich. Die Auswahl der besten Strategie und das Design weiterer Techniken werden verständlicher, wenn wir etwas tiefer in die Mechanismen der Seitenersetzung hineinschauen.

3.3.7 Modellierung und Analyse der Seitenersetzung

Dazu versuchen wir in diesem Abschnitt, aus der Beobachtung heraus Modelle für die Strategien und das Verhalten der Algorithmen zu finden. Betrachten wir dazu zuerst die Frage, wie groß eigentlich eine Seite sein sollte.

Die optimale Seitenlänge
Sei k die Hauptspeichergröße und s die Größe einer Seite. Hierbei handelt es sich bei s nicht um die Hardwaregröße einer Seite, sondern die Größe, die das Betriebssystem einer Seite zuweist; z. B. indem es mehrere HW-Seiten für eine SW-Seite verwendet.
Nehmen wir an, dass

- pro Prozess jede einstufige Seitentabelle $\lceil k/s \rceil$ Einträge aufweist, wobei jeder Eintrag eine Speichereinheit (z. B. Wort) in Anspruch nimmt.
- die Gesamtlänge der Daten pro Prozess zufallsmäßig über alle Prozesse uniform verteilt ist, so dass bei den Prozessen bei der letzten Seite alle Werte aus dem Intervall] 0,s] als Reststück des Verschnitts auftreten können, egal, welche Gesamtlänge gefragt war. Der über alle Prozesse gemittelte Verschnitt pro Prozess ist damit s/2 Speichereinheiten, z. B. Worte pro Prozess.

Dann entsteht ein mittlerer Verlust von

$$V = (k/s + s/2) \equiv k f_v$$

Speichereinheiten pro Prozess mit einem Verlustfaktor f_v. Einerseits wird bei größeren Seiten die Seitentabelle kleiner, andererseits aber auch der Verschnitt größer. Umgekehrt wird bei kleineren Seiten der Verschnitt geringer, aber die Tabellengröße steigt dafür an. Zwischen beiden Extremen gibt es ein lokales Minimum. Das Minimum an Verlust erhalten wir, wenn die Ableitung bezüglich *s* null wird:

$$\frac{\partial V(s_{opt})}{\partial s} = 0 \Leftrightarrow \left(\frac{1}{2} - \frac{k}{s_{opt}^2} \right) = 0 \Leftrightarrow \frac{1}{2} = \frac{k}{s_{opt}^2} \Leftrightarrow s_{opt} = \sqrt{2k} \text{ und } f_v = 2/s_{opt}$$

Beispiel

Sei $k = 5000$ (KW), so ist $s_{opt} = 100$ (KW) mit dem Verlustfaktor $f_v = 2/100 = 2\ \%$ des Hauptspeichers.

Die Seitengröße, die tatsächlich in Betriebssystemen verwendet wird, richtet sich aber noch an weiteren Kriterien aus. Beispielsweise bedeuten große Seiten bei geringen zusätzlichen Speicheranforderungen (Erweiterung des Stacks oder Heaps) einen hohen, unnützen Verschnitt, der mit dem Modell einer pro Seite gleichverteilten Speicheranforderung nicht übereinstimmt. Aus diesem Grund sind die Seitengrößen meist kleiner.

Weitere Faktoren für die Seitengröße sind die Zeit, die benötigt wird, um eine Seite auf den Massenspeicher zu verlagern (große Seiten haben eine relativ kleinere Transferzeit, da die Suchzeit hinzukommt), sowie der Speicherverschnitt des Massenspeichers bei einer mittleren Dateigröße. Da die meisten Dateien ca. 1 KiB groß sind, liegt für eine effiziente Ausnutzung der Massenspeicher die tatsächlich verwendete Seitengröße in diesem Bereich. Würden wir nämlich bei einer mittleren Dateigröße von 1 KiB eine Seitengröße von 100 KiB festlegen, so sind im Durchschnitt bei jeder Datei 99 KiB = 99 % ungenutzt – eine sehr schlechte Betriebsmittelauslastung.

Um beiden Forderungen nach kleinen Speichereinheiten und großen Transfermengen Rechnung zu tragen, versuchen deshalb viele Betriebssysteme, bei kleiner Seitengröße (1 KiB) immer große Portionen (mehrere Seiten) bei der Ein- und Ausgabe zu berücksichtigen (*read ahead*).

Die optimale Seitenzahl

Eine weitere wichtige Sache, die alle Systemadministratoren interessiert, ist die Antwort auf die Frage, wie viele Prozesse im Hauptspeicher zugelassen werden sollten. Dies entspricht der Frage, wie viele Seiten pro Prozess im Hauptspeicher reserviert sein müssen.

Betrachten wir dazu ein Beispiel. Wir vergleichen den FIFO-Algorithmus für ein System mit 4 (linke Tabelle) und 5 (rechte Tabelle) RAM-Seiten.

Wir finden eine erstaunliche Tatsache: Bei 4 RAM-Seiten sind nur 7 Ersetzungen nötig, bei 5 Seiten dagegen sind es 8 Ersetzungen, obwohl mehr Hauptspeicher verfügbar ist! Diese Tatsache, die bei manchen Algorithmen auftreten kann, heißt nach ihrem Entdecker Belady *Beladys Anomalie*.

Betrachten wir im Gegensatz dazu den LRU-Algorithmus. Dazu führen wir zunächst eine andere Form der Notation ein, indem wir die RAM-Seiten und die auf den Massenspeicher ausgelagerten Seiten (DISK-Seiten) gemeinsam so anordnen, dass in der Tabelle immer die in der spezifischen Reihenfolge des Algorithmus ersten Seiten ganz oben stehen. Rückt eine Seite auf die erste Zeile der jeweiligen Speicherart, so werden alle anderen Seitennummern entsprechend in die unteren Zeilen verschoben. Beim FIFO-Algorithmus steht also oben immer die zuletzt eingelagerte Seite, beim LRU-Algorithmus immer die zuletzt benutzte.

Jede Spalte ist horizontal in zwei Teile geteilt: Im oberen Teil stehen die Seitennummern, bei denen die Seiten im Hauptspeicher (RAM) sind, und im unteren Teil stehen die Nummern der Seiten, die sich ausgelagert auf dem Massenspeicher (DISK) befinden. Die Reihenfolge dehnt sich dabei über die Markierung vom RAM in den DISK-Speicherbereich aus. Dabei ist nicht die tatsächliche Lage notiert, sondern nur die Prioritätsreihenfolge der jeweiligen Strategie. Die angeforderte Seite ist identisch mit der ersten Zeile des RAM-Bereichs; die ausgelagerte (ersetzte) Seite ist ans Ende der Warteschlange in den Zeilen des DISK-Bereichs notiert. Die Reihenfolgen von RAM und DISK gehen ineinander über.

Die Anomalie aus Abb. 3.18 ist zur Verdeutlichung nochmals nun in dieser Notation in Abb. 3.19 gezeichnet.

Betrachten wir nun die LRU-Seitenersetzung. Hier biete sich ein etwas anderes Bild, siehe Abb. 3.20.

Die zusätzliche Verfügung über eine RAM-Seite ändert (im Unterschied zur FIFO) nicht die Seiten, die im Hauptspeicher stehen. Dies ist durchaus logisch: Bei der LRU-Strategie stehen die am meisten benutzten Seiten immer ganz oben in der Prioritätsliste, unabhängig davon, ob sie ausgelagert oder im RAM sind und damit unabhängig von der Grenze zwischen RAM und DISK.

Die Prioritätsliste des LRU lässt sich so auch mit Hilfe eines Stack-Mechanismus implementieren: Hochpriotäre Seiten stehen ganz oben und verschieben alle anderen früher benutzte nach unten. Die Seite, die über die RAM-DISK-Grenze hinweg verschoben wird,

Folge	3	4	0	1	5	6	0	1	2	3	5	6
RAM1	0	④	4	4	4	⑥	6	6	6	6	6	6
RAM2	1	1	⓪	0	0	0	0	0	②	2	2	2
RAM3	2	2	3	①	1	1	1	1	1	1	③	3
RAM4	3	3	2	2	⑤	5	5	5	5	5	5	5

Folge	3	4	0	1	5	6	0	1	2	3	5	6	Folge
0	0	0	0	⑤	5	5	5	5	③	3	3	RAM1
1	1	1	1	1	⑥	6	6	6	6	⑤	5	RAM2
2	2	2	2	2	2	⓪	0	0	0	0	⑥	RAM3
3	3	3	3	3	3	3	①	1	1	1	1	RAM4
-	4	4	4	4	4	4	4	②	2	2	2	RAM5

Abb. 3.18 Die FIFO-Seitenersetzung

a) 4 RAM-Seiten

Folge	3	4	0	1	5	6	0	1	2	3	5	6
RAM	3	④	⓪	①	⑤	⑥	6	6	②	③	3	3
RAM	2	3	4	0	1	5	5	5	6	2	2	2
RAM	1	2	3	4	0	1	1	1	5	6	6	6
RAM	0	1	2	3	4	0	0	0	1	5	5	5
DISK		0	1	2	3	4	4	4	0	1	1	1
DISK				2	3	3	3	4	0	0	0
DISK					2	2	2	3	4	4	4

b) 5 RAM-Seiten

Folge	3	4	0	1	5	6	0	1	2	3	5	6
RAM	3	4	4	4	⑤	⑥	⓪	①	②	③	⑤	⑥
RAM	2	3	3	3	4	5	6	0	1	2	3	5
RAM	1	2	2	2	3	4	5	6	0	1	2	3
RAM	0	1	1	1	2	3	4	5	6	0	1	2
RAM	-	0	0	0	1	2	3	4	5	6	0	1
DISK					0	1	2	3	4	5	6	0
DISK						0	1	2	3	4	5	6
DISK							0	1	2	3	4	4

Abb. 3.19 Die FIFO-Seitenersetzung in Reihenfolge-Notation

Folge	3	4	0	1	5	6	0	1	2	3	5	6
RAM	③	④	⓪	①	⑤	⑥	0	1	②	③	⑤	⑥
RAM	2	3	4	0	1	1	6	0	1	2	3	5
RAM	1	2	3	4	0	0	1	6	0	1	2	3
RAM	0	1	2	3	4	5	5	5	6	0	1	2
DISK		0	1	2	3	4	4	4	5	6	0	1
DISK				2	3	3	3	4	5	6	0	
DISK				2	2	2	3	4	4	4		

3	4	0	1	5	6	0	1	2	3	5	6	Folge
3	4	0	1	⑤	⑥	0	1	②	③	⑤	⑥	RAM
2	3	4	0	1	1	6	0	1	2	3	5	RAM
1	2	3	4	0	0	1	6	0	1	2	3	RAM
0	1	2	3	4	5	5	5	6	0	1	2	RAM
	0	1	2	3	4	4	4	5	6	0	1	RAM
			2	3	3	3	4	5	6	0		DISK
			2	2	2	3	4	4	4			DISK

Abb. 3.20 Die LRU-Seitenersetzung

wird ausgelagert auf den Massenspeicher. Die Stack-Liste ist dabei gleich, egal wie viel RAM bereit steht, siehe Abb. 3.20. Derartige Algorithmen, die immer die gleiche Liste aufbauen, also die gleichen m Seiten im Speicher halten, unabhängig davon, ob sie mit m oder mit $m + 1$ RAM-Seiten die gleiche Referenzfolge abarbeiten, heißen deshalb *Stack-Algorithmen*. Es lässt sich zeigen, dass bei Ihnen Beladys Anomalie nicht auftreten kann.

Das bedarfsgetriebene Einlagern und Ersetzen von Seiten wird als **demand paging** bezeichnet. Im Gegensatz dazu kann man das (wahrscheinlich) nötige Einlagern der Seiten des *working sets* voraussehen und diese Seiten eines schlafenden Prozesses laden, bevor der Prozess wieder aktiviert wird (**prepaging**).

Thrashing und seine Ursachen

Wenn ein Rechner mit vielen Aufgaben beladen wird, können wir manchmal beobachten, dass er plötzlich sehr langsam wird; alle Aktivität scheint im Zeitlupentempo zu erfolgen, der Rechner „quält" sich. Dabei ist allerdings die Plattenaktivität schlagartig stark angestiegen. Dieses Verhalten wird als *thrashing* bezeichnet. Warum ist das so? Und wie können wir es verhindern?

Dazu müssen wir wissen, dass *thrashing* zwei verschiedene Ursachen haben kann: Zum einen tritt es kurzzeitig auf, wenn ein schlechter Seitenersetzungsalgorithmus Seiten auf die Platte schiebt, weil zu wenig Hauptspeicherplatz da ist, und danach wenn mehr Platz da ist, meint, nun kann er die Seiten wieder hereinholen – und damit wieder den Speicher füllt. Hier „flattern" dauernd dieselben Seiten hinaus und hinein. Eine solche Instabilität kann kurzzeitig auftreten, dauert aber nicht lange.

Zum anderen aber kann bei der Rechner durch zu viele Prozesse und ihre Speicheranforderungen überlastet sein – und dies geht von allein nicht weg. Betrachten wir deshalb diesen Fall etwas genauer. Sehen wir in einem Speicher von k Seiten einen Prozess vor, der m < k Seiten benötigt, so wird der Prozess erst einmal durch Seitentauschen nicht verzögert. Seine Bearbeitungsdauer habe den Wert B_1. Angenommen, wir starten nun weitere derartige Prozesse. Obwohl nach n Prozessen der gesamte Speicherbedarf mit $n \cdot m > k$ größer ist als das Speicherangebot, ist die gesamte Bearbeitungsdauer $B_G \approx n \cdot B_1$ nur linear erhöht. Der zusätzliche, notwendige Austausch der Seiten scheint keine Zeit zu kosten – warum?

Betrachten wir dazu die Phasen, in denen Seiten vorhanden sind (mittlere Seitenverweilzeit ts, Zustand *running*), und Phasen, in denen auf Seiten gewartet werden muss (t_w, mittlere Wartezeit, Zustand *blocked*), jeweils zusammengefasst zu kompakten Zeiten,

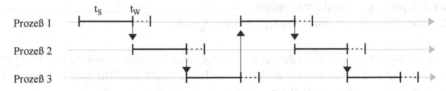

Abb. 3.21 Überlappung von Rechen- und Seitentauschphasen bei $t_S > t_w$

inklusive des Betriebssystemaufwands für Scheduling und Dispatching. In Abb. 3.21 ist für drei Prozesse ein solcher Phasenablauf gezeichnet, wobei der Zustand *ready* ohne Linie gezeichnet ist. Wie man sieht, sind die Wartezeiten mit $t_S > t_w$ für den Seitenaustausch so kurz, dass immer ein rechenbereiter Prozess gefunden werden kann, der in der Wartephase der anderen abgearbeitet werden kann. Obwohl in jedem Prozess bei B_i/t_S Phasen eine Wartezeit t_w entsteht, wirkt sich diese nicht aus: Die Gesamtdauer ist durch die Summe der t_S bestimmt. Allerdings geht dies nicht für beliebig viele Prozesse gut.

Füllen wir den Rechner mit immer weiteren Prozessen, so beobachten wir einen erstaunlichen Effekt: Nach einer gewissen Zahl von Prozessen geht die Bearbeitungsdauer der einzelnen Prozesse plötzlich schlagartig hoch – die Prozesse „quälen" sich durch die Bearbeitung. Durch die zusätzliche Belastung mit Prozessen nimmt einerseits die verfügbare Seitenzahl im Speicher pro Prozess ab (und damit die Länge der Phase t_S) und andererseits die Zahl der Seitenaustauschaktivitäten zu (und damit t_w). Da zwei Seitentauschprozesse nicht gleichzeitig ablaufen können, tritt bei $t_w > t_S$ an die Stelle des am wenigsten verfügbaren Betriebsmittels „Hauptprozessor" (CPU) das Betriebsmittel „Seitenaustauschprozessor" (PPU, meist mit DMA realisiert). In Abb. 3.22 ist gezeigt, wie nun jede Austauschphase auf die andere warten muss; die Gesamtbearbeitungsdauer G wird überproportional größer als $n \cdot B_i$ und ist hauptsächlich durch die Summe der t_w bestimmt.

Eine genauere Analyse mit Hilfe einer Modellierung der Wahrscheinlichkeit des Seitenwechsels bei linear steigender Speicherauslastung ist im Anhang gegeben. Die einfache Modellierung zeigt, dass dabei die Bearbeitungszeit dramatisch nicht-linear ansteigen kann. Grundlage dafür ist die sog. **Lokalitätseigenschaft** von Programmen: Programmcode hat meist nur lokale Bezüge zu Daten und weist geringe Sprungweiten auf. Ist der Speicher aber zu gering, um den meisten lokalen Referenzen zu genügen, so steigt die Notwendigkeit stark an, neue Seiten einzulagern. Die Einlagerung einer ausreichenden Anzahl benachbarter Seiten ist also die Grundlage jeder Seitenwechselstrategie. Ohne die Lokalitätseigenschaft wären alle Seitenersetzungsstrategien wirkungslos und damit sinnlos.

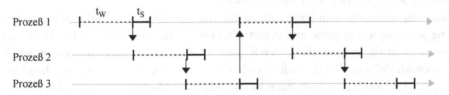

Abb. 3.22 Überlappung von Rechen- und Seitentauschphasen bei $t_S < t_w$

Schlussfolgerungen und Strategien

Aus den bisherigen Untersuchungen ergibt sich folgendes:

* Es ist wichtig, dass die Seiten der Arbeitsmenge aller Prozesse (*working set*) Platz im Speicher finden. Ist dies nicht möglich, so sollte die Zahl der Prozesse so lange verringert werden, bis dies der Fall ist.
* Allerdings reicht dies nicht aus. Entscheidend ist auch, das Speicherangebot auf das Verhältnis von Seitenverweilzeit zu Seitenwechseldauer abzustimmen. Ist dies nicht der Fall, so erhalten wir den *thrashing*-Effekt, selbst wenn wir genügend Speicher für das *working set* bereitstellen.

Wie können wir nun ein günstiges Systemverhalten zu erzielen? Dazu sind Hardware- und Softwaremaßnahmen nötig.

* *Hardwaremaßnahmen*
 Auf dem Gebiet der Hardwaremaßnahmen lassen sich zum einen große Seitenverweilzeiten t_S erreichen, indem man die Seiten groß macht. Dies ist so lange sinnvoll, wie die Wartezeit für eine Seite überwiegend von einer initialen Zugriffsverzögerung (Festplatten: ca. 10 ms) und nicht von der Übermittlungzeit abhängt. Besser wären verzögerungslose Massenspeicher mit schnellem Zugriff, wie dies bei Festkörperspeichern angestrebt wird. Allerdings übernimmt dann in diesem Fall der Massenspeicher die Rolle des Hauptspeichers, so dass die gesamte Problematik sich nur verschiebt.
 Zum anderen kann man t_T verkleinern, indem man mehrere Massenspeicher parallel für die Seitenauslagerung vorsieht (mehrere *swapping*-Platten).
* *Programmierungsmaßnahmen*
 Kleine Seitenwechselwahrscheinlichkeit wird bei einer starken lokalen Ausrichtung des Programmcodes auf der Programmierebene erreicht. Dies lässt sich beispielsweise durch Kopieren von Prozeduren der untersten Schicht einer Aufrufhierarchie derart durchführen, dass sie in der Nähe der aufrufenden Prozeduren stehen. Ein Beispiel dafür ist die Einrichtung von „Inline-Prozeduren" anstelle eines Prozeduraufrufs. Dies ist auch bei großen Schleifen zu beachten, die besser in mehrere Schleifen kleinen Codeumfangs aufgeteilt werden sollten.
 Auch der Algorithmus kann geeignet geändert werden, z. B. kann eine Matrizenmultiplikation so aufgeteilt werden, dass sie zeilenweise arbeitet, falls die Matrix zeilenweise abgespeichert ist. Bei spaltenweiser Abarbeitung würden sonst häufiger die Seiten gewechselt werden.
* *Working Set und Page Fault Frequency-Modell*
 Auch das Betriebssystem kann einiges tun, um den *thrashing*-Effekt zu verhindern. Eine Strategie wurde schon angedeutet: Können wir für jeden Prozess mit Hilfe einer Kurzzeitstatistik, beispielsweise der R- und M-Bits, das *working set* bestimmen, so müssen wir dafür sorgen, dass nur so viele Prozesse zugelassen werden, wie Hauptspeicher für das *working set* vorhanden ist (**working-set-Modell**). Dies ist beispielsweise bei BS2000 (Siemens) und CP67 (IBM) der Fall.

Eine andere Strategie untersucht, ob die gemessene Zahl F der Seitenersetzungen pro Zeiteinheit (Seitentauschrate) bzw. die Zeit zwischen zwei Ersetzungen einen vorgegebenen Höchstwert F_0 überschreitet (**page-fault-frequency-Modell, PFF**) bzw. unterschreitet. Ist dies der Fall, so müssen Prozesse kurzzeitig stillgelegt werden. Ist dies nicht der Fall, so können mehr Prozesse aktiviert werden. Simulationen (Chu und Opderbek 1976) zeigen ein leicht besseres Verhalten gegenüber dem *working set*-Modell.

- *Das Nutzungsgradmodell*

Eine andere Idee besteht darin, die Systemleistung als solche direkt zu steuern. Dazu betrachten wir nochmals die Ausgangssituation. Je mehr Prozesse wir dazu nehmen, umso höher ist die Auslastung der CPU – so lange, bis die Wartezeit t_w größer als t_s wird. In diesem Fall staut sich alles bei der Seitenaustauscheinrichtung. Wir können dies als einen „Seitenaustauschprozessor PPU" modellieren (Abb. 3.23) und die Systemleistung $L(n,t)$ als gewichtete Summe der beiden Auslastungen η_{CPU} und η_{PPU} schreiben:

$$L(n,t) = w_1\eta_{CPU} + w_2\eta_{PPU} \quad \textit{Nutzungsgrad}$$

mit den Gewichtungen w_1 und w_2.

Simulationen (Badel et al. 1975) zeigen, dass ein solches Modell tatsächlich zunächst ein Ansteigen und dann rasches Abfallen des Nutzungsgrads bei Überschreiten einer kritischen Prozesszahl beinhaltet. Wie bei der adaptiven Ermittlung der Prozessparameter in Abschn. 2.2.2 kann auch hier $L(n,t)$ aus gemessenen Größen bestimmt werden. Sinkt L ab, so muss die Zahl der Prozesse vermindert, ansonsten erhöht werden. Auch eine verzögerte Reaktion (Hysterese) ist denkbar, um schnelle, kurzzeitige Änderungen zu vermeiden.

- *Globale vs. lokale Strategien*

Eine weitere Möglichkeit besteht darin, die Prozesse und ihren Platzbedarf nicht isoliert voneinander zu sehen, sondern den vorhandenen Platz dynamisch zwischen ihnen aufzuteilen. Dazu kann man beispielsweise nicht jedem Prozess den gleichen Speicherplatz, sondern den Platz proportional zu der Prozessgröße zuweisen. Auch eine initiale Mindestspeichergröße sollte eingehalten werden. Allerdings beachtet diese Strategie nicht die tatsächlich benötigte Zahl von Seiten, die (dynamisch wechselnde) Größe des *working set*.

Über die lokale Festlegung dieser Größe für jeden Prozess hinaus kann man versuchen, eine globale Strategie über alle Seiten aller Prozesse zu verfolgen, die i. allg. erfolgreicher ist. Dabei arbeiten die vorher eingeführten Algorithmen wie LRU und LFU auf der Gesamtmenge aller Seiten und legen damit die Arbeitsmenge der Prozesse dynamisch fest. Für den PFF-Algorithmus bedeutet dies, dass das Betriebssystem den

Abb. 3.23 Das Nutzungsgradmodell

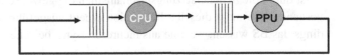

Speicherplatz derart verteilen sollte, dass die Seitenersetzungen pro Zeiteinheit (*page-fault-frequency*) bei allen Prozessen gleich werden.

Der Nachteil der globalen Strategien liegt darin, dass ein Prozess Auswirkungen auf alle anderen haben kann. Existiert beispielsweise ein Prozess mit großen Platzansprüchen, so werden alle anderen gezwungen, öfter die Seiten zu wechseln und dabei zu warten. Bei einer lokalen Strategie dagegen muss nur der große Prozess warten; alle anderen können mit ihrem freien Platz weiterarbeiten. Dies ist zwar für die Gesamtheit aller Prozesse nicht optimal, es wird aber in Multi-user-Systemen von den einzelnen Benutzern als gerechter empfunden.

Die Strategie der „lazy evaluation"

Eine weitere Idee, um den Arbeitsaufwand für die Seiten zu reduzieren liegt in dem Prinzip der **lazy evaluation**. Hierbei werden alle Aktionen so lange wie möglich hinausgeschoben; es könnte ja sein, dass sie unterdessen überflüssig werden. Beispiele dafür sind

- *Copy On Write*
  Wird die Kopie einer Seite benötigt, so wird die Originalseite nur mit einer Markierung (Statusbit **copy on write** = on) versehen. Erst wenn auf die Seite zum Schreiben zugegriffen wird, wird vorher die ursprünglich benötigte Kopie erstellt und dann die Seite modifiziert.
- *Page Out Pool*
  Statt die Seiten, die auf den Massenspeicher verlagert werden, sofort hinauszuschreiben, kann man sie in einem Depot zwischenlagern (Zustand *standby*). Damit kann eine Seite, die nochmals benötigt wird, sofort wieder benutzt werden, ohne sie extra von der Platte holen zu müssen.

  Ein solcher **page out pool** bildet ein Reservoir an Seiten, die unterschiedlich verwendet werden können. Gibt es sehr wenig freie Seiten, so kann man sie sofort für neue Seiten wiederverwenden; ist mehr Platz da, so lässt man sie etwas länger liegen und betrachtet sie als „potentiell aktive Reserve".

Randprobleme

Neben dem Hauptproblem, wie der begrenzte Speicherplatz auf die konkurrierenden Prozesse aufgeteilt werden soll, gibt es auch andere Probleme, die eng mit dem Seitenmanagement zusammenhängen.

- *Instruktionsgrenzen*
  Der Seitenfehler-Interrupt, der von der Adressierungshardware ausgelöst wird, wenn die Zieladresse nicht im Speicher ist, führt zum Abbruch des gerade ausgeführten Maschinenbefehls.

  Ist durch die Seitenersetzungsmechanismen die gewünschte Seite im Hauptspeicher vorhanden, so muss dieselbe Instruktion erneut ausgeführt werden. Dazu muss allerdings das BS wissen, wo eine aus mehreren Bytes bestehende Instruktion angefangen hat und nicht nur, wo sie eine ungültige Adresse referiert hatte. Aus diesem Grund sollte sie zum einen atomar sein, also keine Auswirkungen haben, wenn sie abgebrochen wird, und zum anderen ihre Anfangsadresse (PC) an einen Platz (in einem Register) abgespeichert sein (z. B. wie bei der PDP11/34).

Ist dies nicht der Fall und das BS muss sich erst mühsam aus den Daten eines Microcode-Stacks oder anderen Variablen die nötigen Daten erschließen, so wird eine Seitenersetzung unnötig verzögert.

- *I/O Pages und Shared Pages*
  Ein weiteres Problem stellt die Behandlung spezieller Seiten dar. Wird für einen Prozess ein I/O-Datenaustausch angestoßen und ein anderer Prozess erhält den Prozessor, so kann es sein, dass die I/O-Seite des wartenden Prozesses im Rahmen einer globalen Speicherverteilung ausgelagert und die physikalische Seite neu vergeben wird. Erhält nach dem Seitentausch der I/O-Prozessor die Kontrolle, so wird die falsche Seite für I/O benutzt – fatal für beide Prozesse. Abhilfe schafft in diesem Fall eine Markierung von I/O-Seiten und der Ausschluss markierter Seiten vom Seitenaustausch.

  Ein weiteres Problem sind Seiten, die von mehreren Prozessen benutzt werden (*shared pages*, *shared memory*), beispielsweise Codeseiten einer gemeinsamen Bibliothek (z. B. *C-library*, *Dynamic Link Library DLL*). Diese Seiten haben erhöhte Bedeutung und dürfen nicht mit einem Prozess ausgelagert oder bei Beendigung gestrichen werden, falls sie auch von einem anderen Prozess referiert werden. Auch dies muss bei den Seitenersetzungsalgorithmen berücksichtigt werden.

- *Paging Demon*
  Die Arbeit der Seitenersetzungsalgorithmen kann effizienter werden, wenn man den Code als einen Prozess kapselt (*paging demon*) und ihn regelmäßig in Lastpausen ablaufen lässt. Dabei können nicht nur Anforderungen entsprochen werden, sondern auch vorausschauend Platz freigeräumt, wahrscheinlich benötigte Seiten eingelagert (*prepaging*), Statistikinformationen aktualisiert und regelmäßige Systemdienste ausgeführt werden, wie beispielsweise das Management des vorher erwähnten *page out pools*.

3.3.8 Beispiel UNIX: Seitenersetzungsstrategien

In Linux wird ein historisch gewachsener Algorithmus angewendet. Dazu existieren mehrere Prozesse: der *kswapd* wird für jeden Speichergerät aufgesetzt und prüft periodisch, ob noch genügend Seiten zur Verfügung stehen. Ist dies nicht mehr der Fall, so wird der *page frame reclaiming algorithm* PFRA (Gorman 2004) aufgerufen, um in den Seitenlisten geeignete Seiten zu finden, gekennzeichnet durch die *Read*- und *Modified*-Bits. Insgesamt unterscheidet er dabei vier Kategorien: a) löschbare, nicht referenzierte Seiten, b) synchronisierbare Seiten, etwa von Festplatten, c) auslagerbare Seiten (*swappable*), sowie d) nicht anforderbare Seiten (vom Kern benutzte Seiten und *locked pages*). Die globale Liste der zur Verfügung stehenden Seiten ist in LRU-Manier geordnet.

Der Algorithmus versucht maximal 32 Seiten auf einmal zu ersetzen und beginnt damit bei Kategorie a) zuerst. Ist dies nicht ausreichend, so werden die Seiten von Kategorie b) mit einem Clock-ähnlichen Algorithmus durchsucht; im ersten Durchgang wird das R-Bit zurückgesetzt und im zweiten Durchgang auf Änderung überprüft. Dies geschieht zuerst für die nicht beschriebenen, dann die allgemein referierten und zuletzt für die Einzelseiten der Prozesse. Ist auch dies nicht ausreichend, dann wird Kategorie c) durchsucht und bei mehr als 10 % beschriebener Seiten die auslagerbaren und synchronisierbaren Seiten von dem *pdflush*-Prozess in den Seitenpool (*paging area*) verschoben. Damit wird die Festplattenaktivität für die Seitenersetzung möglichst gering gehalten. Gesperrte Seiten bleiben unbeachtet. Die Belegung der Seitenrahmen selbst wird übrigens mit dem Buddy-Algorithmus durchgeführt.

Auch HP-UX Unix unterstützt die beiden Mechanismen des *swapping* und *paging*. Die direkte Speicherzuordnung des *swapping* wird immer dann benutzt, wenn schnelle Zugriffszeiten benötigt werden. So wird beispielsweise bei der Erzeugung von jedem Prozess automatisch eine Platzreservierung im *swap*-Bereich für die Auslagerung des Prozesses vorgenommen. Der *swap*-Bereich selbst kann verschieden organisiert sein: als eigenständige physikalische Einheit (*swap disk*), als logische Einheit (logisches Laufwerk), als Teil der Platte (*swap section*) oder als Teil eines Dateisystems (*swap directory*), wobei die Alternativen in der Reihenfolge ihrer Zugriffsdauern aufgeführt wurden.

Für die Seitenersetzung gibt es in UNIX ein Zusammenspiel von zwei Mechanismen, die als zwei Hintergrundprozesse (**Dämonen**) ausgeführt sind.

Der Dämon zur Seitenauslagerung (*pageout demon*) setzt in regelmäßigen Zeitabständen das R-Bit (reference bit) jeder Seite zurück. Nach dem Zurücksetzen wartet er eine feste Zeitspanne Δt ab und lagert dann alle Seiten aus, deren R-Bit immer noch 0 ist.

Dieser Mechanismus tritt allerdings nur dann in Kraft, wenn weniger als 25 % des „freien" Speicherplatzes (d. h. der Hauptspeichergröße, verringert um die Betriebssystemkerngröße, die Dämonen, die Gerätetreiber, die Benutzeroberfläche usw.) verfügbar ist. Da das Durchlaufen aller Seiten für einen Zeiger zu lange dauert, wurde in Berkeley UNIX für das Nachprüfen der R-Bits und das Auslagern ein zweiter Zeiger eingeführt, der dem ersten um Δt nachläuft. Dieser „zweihändige" Uhrenalgorithmus wurde in das UNIX System V nicht übernommen. Statt dessen, um die Auslagerungsaktivität nicht schnellen, unnötigen Fluktuationen zu unterwerfen, werden die Seiten erst ausgelagert, wenn sie in n aufeinanderfolgenden Durchgängen unbenutzt bleiben.

Ist noch weniger Platz verfügbar, so tritt ab einem bestimmten Schwellwert `desfree` der *swapper demon* auf den Plan, deaktiviert so lange Prozesse und verlagert sie auf den Massenspeicher, bis das Minimum an freiem Speicher wieder erreicht ist. Ist es überschritten, so werden wieder Prozesse aktiviert. Im System V wurden dafür zwei Werte, `min` und `max`, eingeführt, um Fluktuationen an der Grenze zu verhindern. Betrachten wir beispielsweise einen großen Prozess, der ausgelagert wird, so erhöht sich der freie Speicher deutlich. Wird der Prozess wieder hereingeholt, so erniedrigt sich schlagartig der freie Speicher bis unter die Interventionsgrenze, und der Prozess wird wieder ausgelagert. Dieses fortdauernde Aus- und Einlagern („Seitenoszillation") wird verhindert, wenn der resultierende freie Speicher zwar größer als `min` ist (so dass kein weiterer Prozess ausgelagert wird), aber noch nicht größer als `max` (so dass auch noch kein Prozess eingelagert wird).

Hilft auch dies nicht, um den *thrashing*-Effekt zu verhindern, so muss vom Systemadministrator eingegriffen werden. Maßnahmen wie der Einsatz eines separaten *swap device* (Trennung von *swap system* und normalem Dateisystem), die Verteilung des *swapping* und *paging* auf mehrere Laufwerke oder die Installation von zusätzlichem Hauptspeicher kann die gewünschte Erleichterung bringen.

3.3.9 Beispiel Windows NT: Seitenersetzungsstrategien

In den vorhergehenden Abschnitten wurde ausgeführt, dass globale Strategien und Seitenersetzung, die auf der Häufigkeit der Benutzung der Seiten beruht, am günstigsten sind und die besten Ergebnisse bringen. Im Gegensatz dazu beruht die normale Seitenersetzungsstrategie in Windows NT auf lokaler FIFO-Seitenersetzungsstrategie. Die Gründe dafür sind einfach: Da globale Ersetzungsstrategien Auswirkungen von einem sich problematisch verhaltenden Prozess auf andere Prozesse haben, wählten die Implementatoren zum einen eine Strategie, die sich nur lokal auf den einzelnen Prozess beschränkt, um das subjektive Benutzerurteil über das Betriebssystem positiv zu stimmen. Zum anderen ist von den Seitenersetzungsmechanismen der einfachste und mit dem wenigsten Zeitaufwand durchführbare der FIFO-Algorithmus, so dass im Normalfall sehr wenig Zeit für Strategien verbraucht wird. Der Fehler, dabei auch häufig benutzte Seiten auszulagern, wird dadurch gemildert, dass die Seiten einen „zweite Chance" bekommen: Sie werden zunächst nur in einen *page-out-pool* im Hauptspeicher überführt, aus dem sie leicht wieder zurückgeholt werden können. Mit dieser Maßnahme reduziert man auch den Platten I/O, da dann Cluster von modifizierten Seiten mit M = 1, die vor einer Benutzung auf Platte zurückgeschrieben werden müssen, in einem Arbeitsgang beschrieben werden können.

Ist allerdings zu wenig Speicher im System, so tritt ein zweiter Mechanismus in Kraft: das *automatic working set trimming*. Dazu werden systematisch alle Prozesse durchgegangen und überprüft, ob sie mehr Seiten zur Verfügung haben als eine feste, minimale Anzahl. Diese Minimalgröße kann innerhalb bestimmter Grenzen von autorisierten Benutzern (Systemadministrator) eingestellt werden. Die aktuelle Anzahl der benutzten Seiten eines Prozesses wird in Windows NT als „working set" bezeichnet (im Gegensatz zu unserer vorigen Definition!). Verfügt der Prozess über mehr Seiten als für das *minimal working set* nötig ist, so werden Seiten daraus ausgelagert und das *working set* verkleinert.

Hat nun ein Prozess nur noch sein Minimum an Seiten, produziert er Seitenfehler und ist wieder zusätzlicher Hauptspeicherplatz vorhanden, so wird die *working set*-Größe wieder erhöht und dem Prozess damit mehr Platz zugestanden.

Bei der Ersetzung wird ein Verfahren namens „clustering" angewendet: Zusätzlich zu der fehlenden Seite werden auch die anderen Seiten davor und danach eingelagert, um die Wahrscheinlichkeit eines weiteren Seitenfehlers zu erniedrigen. Dies entspricht einer größeren effektiven Seitenlänge.

Eine weitere Maßnahme bildet die Anwendung des *copy on write*-Verfahrens, das besonders beim Erzeugen neuer Prozesse beim POSIX-Subsystem mit `fork()` wirksam ist. Da die Seiten des Elternprozesses nur mit dem *copy on write*-Bit markiert werden und der Kindsprozess meist danach gleich ein `exec()`-Systemaufruf durchführt und sich mit einem anderen Programmcode überlädt, werden die Seiten des Elternprozesses nicht unnötig kopiert und damit Zeit gespart.

Der gleiche Mechanismus wird auch bei den gemeinsam genutzten Bibliotheksdateien *Dynamic Link Libraries* DLL genutzt, die physisch nur einmal geladen werden. Ihre statischen Daten werden durch einen *copy on write*-Status gesichert. Greifen nun mehrere verschiedene Prozesse darauf zu und verändern die Daten, so werden nur die Daten davor auf private Datensegmente kopiert.

3.3.10 Aufgaben zur Seitenverwaltung

Aufgabe 3.3-6 Seitenersetzung

Was sind die grundlegenden Schritte einer Seitenersetzung?

Aufgabe 3.3-7 Referenzketten

Gegeben sei folgende Referenzkette: 0 1 2 3 3 2 3 1 5 2 1 3 2 5 6 7 6 5. Jeder Zugriff auf eine Seite erfolgt in einer Zeiteinheit.

a) Wie viele Working-Set-Seitenfehler ergeben sich für eine Fenstergröße $h = 3$?
b) Welches weitere strategische Problem ergibt sich, wenn innerhalb eines Working-Sets eine neue Seite eingelagert werden muss? Überlegen Sie dazu, wann es sinnvoll ist, eine Seite des Working-Sets zu setzen, und wann es sinnvoll ist, eine Seite hinzuzufügen und ggf. die Fenstergröße h dynamisch zu verändern, falls die maximale Working-Set-Größe noch nicht ausgeschöpft ist!

Aufgabe 3.3-8 Auslagerungsstrategien

Ein Rechner besitzt vier Seitenrahmen. Der Zeitpunkt des Ladens, des letzten Zugriffs und die R und M Bits für jede Seite sind unten angegeben (die Zeiten sind Uhrticks):

Seite	Geladen	Letzte Referenz	R	M
0	126	279	0	0
1	230	260	1	0
2	120	272	1	1
3	160	280	1	1

a) Welche Seite wird NRU ersetzen?
b) Welche Seite wird FIFO ersetzen?
c) Welche Seite wird von LRU ersetzt?
d) Welche Seite wird die Second-Chance ersetzen?

Aufgabe 3.3-9 Working-Set

a) Was versteht man unter dem *working set* eines Programms, wie kann es sich verändern?
b) Welchen Effekt hat eine Erhöhung der Anzahl der Seitenrahmen im Arbeitsspeicher in Bezug auf die Anzahl der Seitenfehler? Welchen Effekt hat das auf die Seitentabellen?

Aufgabe 3.3-10 Seitenersetzung vs. swapping

Was sind die wichtigsten Eigenschaften von *page faults, working set* und *swapping*? Beschreiben Sie deren Vor- und Nachteile.

Aufgabe 3.3-11 Thrashing

a) Was ist die Ursache von *thrashing*?
b) Wie kann das BS dies entdecken, und was kann es dagegen tun?

Aufgabe 3.3-12 Thrashing selbst erleben

Erzeugen Sie nun selbst eine Thrashing-Situation. Besorgen Sie sich dafür eine möglichst große Bilddatei (am besten mehr als 1 GB) und öffnen sie diese mehrfach als Kopie, bis ihr Arbeitsspeicher voll ist.

a) Beobachten und dokumentieren sie dabei jeweils, wie sich ihr PC im Laufe des Experiments verhält bezüglich der CPU – Auslastung, des freien und virtuellen Speichers und der I/O-Aktivität.
b) Nachdem der Hauptspeicher voll ist, öffnen Sie weiterhin Bilder (ohne die alten zu schließen), bis Sie fast nicht mehr arbeiten können. Dokumentieren Sie auch hier die Leistungsdaten.
c) Schließen Sie danach alle Bilder wieder und dokumentieren die Veränderungen (Prozesse, CPU-Auslastung etc. …), die Sie erkennen, im Vergleich zu dem Stand, bevor sie mit Thrashing angefangen haben. Sollten sich Bilder nicht mehr öffnen lassen, nehmen sie ein anderes Anzeigeprogramm.
d) Nennen Sie Lösungswege, wie man die Probleme des beobachteten Thrashing beheben kann.

3.4   Segmentierung

Unsere bisherige Sicht eines virtuellen Speichers modelliert den Speicher als homogenes, kontinuierliches Feld. Tatsächlich wird er aber in dieser Form von Programmierern nicht verwendet. Statt dessen gibt es sowohl benutzerdefinierte als auch immer wiederkehrende Datenabschnitte (**Segmente**) wie Stack und Heap, die sich dynamisch verändern und deshalb einen „Abstand" im Adressraum zueinander benötigen. In Abb. 3.24a ist übersichtsweise die logische Struktur der Speicherauslegung eines Programms in UNIX gezeigt. In Abb. 3.24b ist die Speichereinteilung für das Beispiel eines Compilers gezeigt. Hier kommt das Problem hinzu, dass jedes Segment der Arbeitsdaten im Umfang (schraffierter Bereich in der Zeichnung) während der Programmausführung dynamisch wachsen und schrumpfen kann. Als Beispiel kann die Symboltabelle in den Quellcodebereich hineinwachsen: Es kommt zur Kollision der Adressräume.

Aus diesem Grund verfeinern wir unser einfaches Modell des virtuellen Speichers mit Hilfe der logischen Segmentierung zu einem **segmentierten** virtuellen Speicher. Zur Implementierung verwendet das Modell eine Speicherverwaltung, die an Stelle der Seitentabelle eine Tabelle der Segmentadressen (**Segmenttabelle**) benutzt. Die für ein Programm oder Modul jeweils gültige Segmenttabelle wird dann in entsprechenden Registern, den **Segmentregistern**, als Kopie gehalten, um die Umrechnung zwischen virtuellen und physikalischen Adressen zu beschleunigen. Bei der Umschaltung zwischen Programmen oder Moduln, die gleichzeitig im Hauptspeicher liegen, wird dann nur noch die Gruppe der Segmentregister neu geladen.

In der folgenden Abb. 3.25 ist als einfaches Beispiel die Segmentadressierung beim INTEL 80286 gezeigt, bei dem zwei Codesegmente und zwei Datensegmente von Moduln existieren. Dazu kommen noch ein Stacksegment und zwei große, globale Datensegmente. Wendet man dies auf mehrere Programme an, so benötigt man dazu jeweils eine

Abb. 3.24 Die logische Unterteilung von Programmen

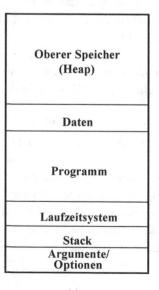

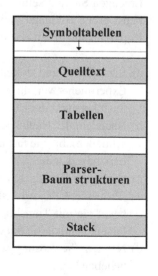

(a)   (b)

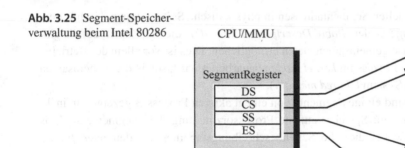

Abb. 3.25 Segment-Speicherverwaltung beim Intel 80286

Segmenttabelle und zusätzliche (Betriebs-)Systemstack- und globale Datenbereiche, z. B. zur Interprogrammkommunikation. Es ist günstig, die Zeiger zu den Segmenten in eigenen Registern zu halten. Beim 80286 sind dies je ein *CodeSegment*-Register CS, *DataSegment*-Register DS, *StackSegment*-Register SS und ein *ExtendedDataSegment*-Register ES.

Da die Segmente größere, unregelmäßige Speichereinheiten darstellen, kann der Speicher beim Ausladen eines größeren Segments und Einladen eines kleineren Segments von dem Massenspeicher nicht optimal gefüllt werden: Aus diesem Grund kann es beim häufigen *Swappen* zu einer Zerstückelung des Speichers kommen; die kleinen Reststücke können nicht mehr zugewiesen werden und sammeln sich verstreut an. Deshalb werden gern Paging und Segmentierung miteinander kombiniert, um die Vorteile beider Verfahren zu gewinnen: Jedes Segment wird in regelmäßige Seiten unterteilt.

Der gesamte Ansatz sei am Beispiel des Intel 80486 in Abb. 3.26 übersichtsweise gezeigt. Die Datenstrukturen sind in zwei Teile gegliedert: in lokale Segmente, beschrieben durch die *Local Description Table LDT*, die für jeden Prozess privat existieren und die

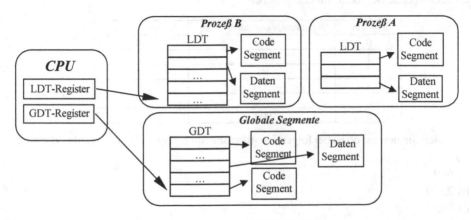

Abb. 3.26 Lokale und globale Seitentabellen beim INTEL 80486

Übersetzung der virtuellen Segmentadressen in physikalische Seitenrahmen durchführen, sowie in globale Segmente der *Global Description Table GDT*, die den Zugriff auf die globalen, für alle Prozesse gemeinsamen Daten ermöglichen. Dies ist vor allem der Betriebssystemcode, der vom Prozess im *kernel mode* abgearbeitet wird, sowie die gemeinsamen Speicherbereiche im System (*shared memory*).

In der Abbildung sind einige Segmente von einem aktiven Prozess B gezeigt; ein inaktiver Prozess A wartet im Speicher auf die Prozessorzuteilung. Die Segmente sind als Blöcke gezeichnet, wobei dies die Seitenbeschreibungstabellen mit den *page frames* zusammenfasst. Man sieht, dass bei der Prozessumschaltung der Übergang auf den virtuellen Adressraum von Prozess A sehr einfach ist: Man muss nur im LDT-Register den anderen Zeiger zu der LD-Tabelle von Prozess A laden – das ist alles.

Der Vorteil des segmentierten virtuellen Speichers liegt in einer effektiveren Adressierung und Verwaltung des Speichers. Die Segmentbasisadressen sind fest; existieren dafür Register in der CPU, so ist die erste Stufe der Adresskonversion schnell durchgeführt. Ist ein Segment homogen konstruiert (also ohne „Adresslöcher"), so ist es in dem verfeinerten Modell möglich, je nachdem ob das Speichersegment wächst oder abnimmt, in mehrstufigen Tabellen die dynamische Erzeugung und Vernichtung zusätzlicher Tabellen vorzusehen.

In diesem Fall ergänzen sich beide Modelle, der segmentierte Speicher und die Seiten des virtuellen Speichers, in geeigneter Weise: Das Modell der Segmente gibt eine inhaltliche Grobstrukturierung der Programmdaten vor, der virtuelle Speicher ermöglicht die fragmentfreie Implementierung der Segmente.

Der gemischte Ansatz von Segmenten und Seiten ist allerdings ziemlich aufwendig, da beide Verwaltungsinformationen (Segmenttabellen und Seitentabellen) geführt, erneuert und genutzt werden müssen. Aus diesem Grund nehmen bei heutigen Prozessoren das Adresswerk und die MMU einen wichtigen Platz neben der reinen Rechenleistung ein: Sie entscheiden mit über die Abarbeitungsgeschwindigkeit der Programme.

Aufgabe 3.4-1 Segmenttabellen

Es sei folgende Segment-Tabelle gegeben:

Segment	Segmentanfangsadresse	Segmentlänge
0	219	600
1	2300	14
2	90	100
3	1327	580
4	1952	96
5	900	30

Finden Sie heraus, ob es bei folgenden Adressen Speicherzugriffsfehler gibt oder nicht.

a) 649

b) 2310

c) 195

d) 1727

3.5 Cache

Die Vorteile einer schnellen CPU-Architektur kommen erst dann richtig zum Tragen, wenn der Hauptspeicher nicht nur groß, sondern auch schnell ist. Dies ist bei den heutigen dynamischen Speichern (*DRAM*) aber nicht der Fall. Um die preiswerten, aber relativ zum Prozessor langsamen Speicher trotzdem einsetzen zu können, benutzt man die Beobachtung, dass Programmcode meist nur lokale Bezüge zu Daten und geringe Sprungweiten aufweist. Diese **Lokalitätseigenschaft** der Programme ermöglicht es, in einem kleinen Programmabschnitt, der in einen schnellen Hilfsspeicher, den **Cache**, kopiert wird, große Abarbeitungsgeschwindigkeiten zu erzielen.

Die einfachste Möglichkeit, den Cache zu füllen, besteht darin, anstatt den Inhalt nur einer Adresse die Inhalte der darauf folgenden Adressen gleich mit in den Cache auszulesen, bevor sie explizit verlangt werden. Der Datentransport vom langsamen DRAM (Dynamic Random Access Memory) wird hierdurch nur einmal ausgeführt. Der Datenblock (z. B. 4 Bytes) wird in einem schnellen Transport (*burst*) über den Bus in den Cache (*pipeline cache*) geschafft, wobei der Cache bei einem schnellen Bus und langsamen RAM auch beim RAM lokalisiert sein kann. Diese Art von Cache ermöglicht eine ca. 20 %ige Steigerung der Prozessorleistung. In Abb. 3.27 ist dies schematisch dargestellt.

Enthält der einfache Cache allerdings viele Daten, so kann es leicht sein, dass sie veralten und nur unbrauchbare, nichtaktuelle Daten darin stehen. Eine komplexere Variante des Caches enthält deshalb zusätzliche Mechanismen, um den Cache-Inhalt zu aktualisieren. Dazu werden alle Adressanfragen der CPU zuerst vom Cache bearbeitet, wobei für Instruktionen und Daten getrennte Cachespeicher (**instruction cache**, **data cache**) benutzt werden können (*Harvard*-Architektur). Ist der Inhalt dieser Adresse im Cache vorhanden (**Hit**), so wird schnell und direkt der Cache ausgelesen, nicht der Hauptspeicher. Ist die Adresse nicht vorhanden (**Miss**), so muss der Cache aus dem Hauptspeicher nachgeladen werden. In Abb. 3.28 ist das prinzipielle Schema dazu gezeigt.

Allerdings bereitet der Cache jedem Betriebssystementwickler ziemliche Kopfschmerzen. Nicht nur in Multiprozessorumgebungen, sondern auch in jedem Monoprozessorcomputer gibt es nämlich auch Einheiten, die parallel und unabhängig zur CPU arbeiten, beispielsweise die Ein- und Ausgabegeräte (Magnetplatte etc.), s. Abb. 3.29. Greifen diese direkt auf den Speicher zu, um Datenblöcke zu lesen oder zu schreiben (***direct memory***

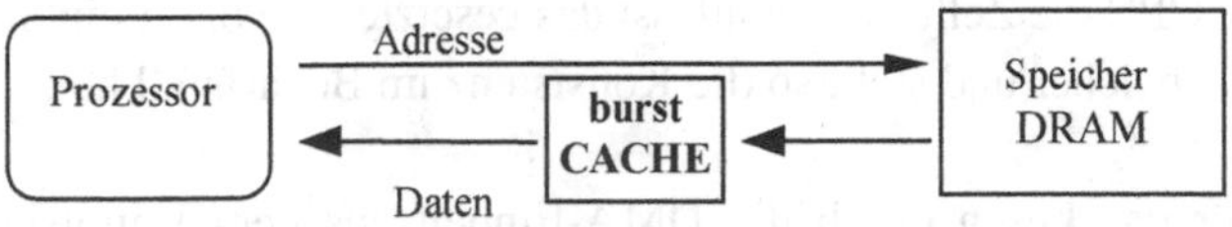

Abb. 3.27 Benutzung eines pipeline-burst-Cache

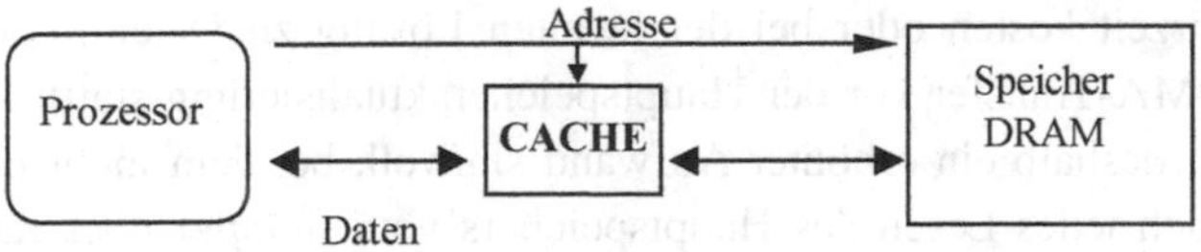

Abb. 3.28 Adress- und Datenanschluss des Cache

Abb. 3.29 Dateninkonsistenz
bei unabhängigen Einheiten

access, **DMA**), so beeinflusst diese Unterbrechung die Abarbeitung des Programms normalerweise nicht weiter. Nicht aber in Cache-Systemen: Hier werden Cache und Hauptspeicher unabhängig voneinander aktualisiert.

Dies führt zu **Dateninkonsistenzen** zwischen Cache und Hauptspeicher, für deren
Behebung es verschiedene Strategien gibt. Dazu unterscheiden wir den Fall, dass der
zweite Prozessor (DMA-Transfer) den Speicher ausliest (*Read*) von dem, dass er hinein-
schreibt (*Write*). Im ersten Fall werden anstelle der aktuellen Daten des Caches die alten
Daten aus dem Hauptspeicher vom zweiten Prozessor gelesen und z. B. ausgegeben.

Für dieses Problem existieren zwei Lösungen:

- *Durchschreiben* (*write through*): Der Cache wird nur als Lesepuffer eingesetzt;
  geschrieben wird vom Prozessor über den Systembus direkt in den Hauptspeicher. So
  sind die Daten im Hauptspeicher immer aktuell. Dies ist allerdings langsam, es verzögert den Prozessor.
- *Rückschreiben* (*write back*): Der Cache besorgt das Zurückschreiben selbst, ohne den
  Prozessor damit zu belästigen. Dies geht schneller für den Prozessor, verlangt aber
  einen zusätzlichen Aufwand beim Cache.

Beide Strategien verhindern aber auch die zweite Situation nicht, dass ein anderes Gerät
durch DMA den Speicher verändert, ohne dass dies im Cache reflektiert wird. Um diese
Art von Dateninkonsistenzen zu umgehen, muss der Cache mit einem Zusatzteil (*snooper*)
versehen werden, der registriert, ob eine Adresse seines Bereiches auf dem Adressbus des
Hauptspeichers zum Lesen oder Schreiben referiert wird. In diesem Fall gibt es eine dritte
Lösung:

- *Aktualisieren* (*copy back*). Wird der Hauptspeicher beschrieben, so wird für die entsprechende Speicherzelle im Cache vom *snooper* ein spezielles Bit gesetzt. Liest die
  CPU die Zelle, so veranlasst das gesetzte Bit vorher einen Cachezugriff auf den Hauptspeicher und stellt so die Konsistenz im Bedarfsfall her.

Für das Lesen durch die DMA-Einheit aus dem Hauptspeicher kann man zum einen
die beiden obigen Strategien verwenden, die allerdings bei der ersten Lösung Prozessorzeit kosten oder bei der zweiten Lösung zu Dateninkonsistenzen führen, wenn der
DMA-Transfer vor der Hauptspeicheraktualisierung stattfindet. Zur Prozessorentlastung
ist deshalb ein erhöhter Aufwand sinnvoll, bei dem nicht nur das Beschreiben, sondern
auch jedes Lesen des Hauptspeichers vom *snooper* überwacht wird. Wird eine Adresse

angesprochen, deren Datum sich im Cache befindet, so antwortet stattdessen der Cache und übermittelt den korrekten Wert an den DMA-Prozessor.

Diese Hardwarestrategien werden unterschiedlich in Systemen realisiert, beispielsweise durch *Cache Coherent Non-uniform Memory Access* (cc-NUMA). Das Betriebssystem muss sich darauf einstellen und alle Cache-Effekte, die nicht transparent für die Software sind (Dateninkonsistenzen), bei dem Aufsetzen der Aktionen berücksichtigen. Beispielsweise ist der Zustand des *shared memory* in einem Multiprozessorsystem ohne *write through-* oder *copy back*-Einrichtung nicht immer aktuell. Eine Kommunikation über *shared memory*, beispielsweise zwischen einem Debugger und dem überwachten Prozess, muss dies berücksichtigen und nach Aktionen alle Daten des Prozesses, in dem Programmierfehler gesucht werden, neu einlesen. Abhilfe schaffen hier Mechanismen, die in Hardware implementiert werden.

Beispiel *Intel MESI*

In symmetrischen Multiprozessorsystemen ist die für ungehinderten, gleichzeitigen Zugriff aller Prozessoren nötige Bustransferrate des zentralen Systembusses zu teuer und deshalb nicht vorhanden. Diese Begrenzung wird meist dadurch kompensiert, dass die Benutzerdaten dafür in einem prozessorspezifischen Cache gehalten und dort lokal bearbeitet werden. Die für globale Daten entstehenden Cacheinkonsistenzen werden beim MESI-Protokoll der Fa. Intel folgendermaßen gelöst: Jede Speichereinheit im Cache (*cache line*) hat ein Statuswort, das die vier Gültigkeitsstufen M (*modified*), E (*exclusive*), S (*shared*) und I (*invalid*) bezeichnet. Jeder Cache enthält einen *snooper*, der prüft, ob ein Datum, das im Cache ist, von einem anderen Prozessor in dem gemeinsamen Speicher geändert worden ist. Bei der Anforderung eines Datums wird deshalb zuerst geprüft, ob das Datum modifiziert wurde. Wenn ja, so muss es neu vom globalen Speicher eingelesen werden, sonst nicht. Wichtig dabei ist, dass vor allem die Software nichts davon mitbekommt, also die lokalen Caches sowohl für das Betriebssystem als auch für die Benutzerprogramme transparent funktionieren.

Es gibt noch eine weitere Zahl von Cachestrategien, auf die aber hier nicht weiter eingegangen werden soll.

Die Cacheproblematik ist nicht nur in Multiprozessorsystemen, sondern auch in vernetzten Systemen sehr aktuell. Hier gibt es viele Puffer, die als Cache wirken und deshalb leicht zu Dateninkonsistenzen führen können, wenn dies vom Nachrichtentransportsystem (Betriebssystem) nicht berücksichtigt wird.

Aufgabe 3.5-1 (Cache):

Der dem Hauptspeicher vorgeschaltete Cache hat eine Zugriffszeit von 50 ns. In dieser Zeit sei die Hit/Miss-Entscheidung enthalten. Der Prozessor soll auf den Cache ohne Wartezyklen und auf den Hauptspeicher mit drei Wartezyklen zugreifen können.

Die Trefferrate der Cachezugriffe betrage 80 %. Die Buszykluszeit des Prozessors ist 50 ns. Berechnen Sie

a) die durchschnittliche Zugriffszeit auf ein Datum sowie
b) die durchschnittliche Anzahl der benötigten Wartezyklen.

3.6   Speicherschutzmechanismen

Eine der wichtigsten Aufgaben, die eine Speicherverwaltung erfüllen muss, ist die Isolierung der Programme voneinander, um Fehler, unfaires Verhalten und bewusste Angriffe zwischen Benutzern bzw. ihren Prozessen zu verhindern.

Bei dem Modell eines virtuellen, segmentierten Speichers haben wir verschiedene sicherheitstechnische Mittel in der Hand. Die Vorteile einer virtuellen gegenüber einer physikalischen Speicheradressierung geben uns die Möglichkeit,

- eine vollständige Isolierung der Adressräume der Prozesse voneinander zu erreichen. Da jeder Prozess den gleichen Adressraum, aber unterschiedlichen physikalischen Speicher hat, „sehen" die Prozesse nichts voneinander und können sich so auch nicht beeinflussen.
- einem jeden Speicherbereich bestimmte Zugriffsrechte (*lesbar, beschreibbar, ausführbar*) konsistent zuordnen und dies auch hardwaremäßig überwachen zu können. Wird beispielsweise vom Programm aus versucht, den Programmcode selbst zu überschreiben (bedingt durch Speicherfehler, Programmierfehler, Compilerfehler oder Viren), so führt dies zu einer Verletzung der Schutzrechte des Segments und damit automatisch zu einer Fehlerunterbrechung (*segmentation violation*), also einem speziellen Systemaufruf, der vom Betriebssystem weiter behandelt werden kann. Auch der Gebrauch von Zeigern ist so in seinen Grenzen überprüfbar; eine beabsichtigte und unbeabsichtigte Beeinflussung anderer Programme und des Betriebssystems wird unterbunden.
- die einfachen Zugriffsrechte (*read/write*) für verschiedene Benutzer verschieden zu definieren und so eine verfeinerte Zugangskontrolle auszuüben.

Die Sperrung von Seiten gegen unerlaubten Zugriff, etwa die Ausführung von Code auf einem Stack, kann man also durch Setzen von speziellen Bits, den NX (*no execute*) Bits, verhindern. Leider ist es bei dem heutzutage vorherrschenden linearen Programmiermodell, das Code und Daten vermischt, schwer möglich, einzelnen Seiten eine exklusive Verwendung zuzuordnen. So lässt sich eine missbräuchliche Befehlsausführung auf Daten nicht verhindern, wenn auf derselben Seite auch Code steht und dasselbe Segmentregister verwendet wird.

Ein weiteres Problem stellt die Hardwareunterstützung dar. Die weit verbreitete Intel 32 Bit x86-Architektur unterstützt solchen Zugriffsschutz durch Extrabits nur dann, wenn auch eine PEA (*physical address extension*) existiert und aktiviert werden kann, also eine Erweiterung des 32 Bit-Adressraums um bis zu 10 weiteren Bits. Allerdings besitzen alle modernen 64Bit-Rechnerarchitekturen inzwischen die Möglichkeit, den Hardwarezugriff auf den Hauptspeicher mittels spezieller Zugriffsrechte (Bits) abzusichern.

Außerdem gibt es noch weitere Speicherschutzmechanismen, die hardwaremäßig abgesichert werden können:

- *Memory Curtaining*
  Spezielle Speicherstellen, die hochsensitive Informationen enthalten wie Schlüssel von Verschlüsselungssystemen etc. müssen besonders geschützt werden. Dies kann man mit speziellen Hardwaremaßnahmen erreichen, etwa wie Intel mit der „*Trusted Execution Technology TXT*". Hier wird neben einem sicheren Bootstrap durch den TPM-Chip (s. Kapitel „Sicherheit") auch alle Hardwareressourcen eines Prozesses (z. B. Maus oder Keyboard) exklusiv während der Ausführung alleinig dem Prozess gewidmet.
- *Sealed Storage*
  Persönliche Informationen können gestohlen werden. Eine Idee, dies zu verhindern, besteht darin, sie zu kodieren und nur dann eine Dekodierung zu ermöglichen, wenn der Hardwarekontext (CPU-Nummer, Hash-Wert der verwendeten Hardwareplattform aus Mainboard, Festplatten und Hauptspeicher) stimmt. Dies kann zum Schutz vertraulicher Informationen genutzt werden, aber auch, um Musikstücke beim *Digital Rights Management DRM* nur auf einem einzigen Rechner abspielbar zu machen.

3.6.1 Speicherschutz in UNIX

In UNIX gibt es über die üblichen, oben beschriebenen Speicherschutzmechanismen hinaus spezielle Sicherheitskonzepte. So werden unter Linux generell die NX-Bits unterstützt. Unter OpenBSD kommen noch zusätzliche Mechanismen zum Einsatz:

- „W^X" (W XOR X): Jede Seite ist entweder schreib- oder ausführbar (via NX-Bit), aber nicht beides. Dies ist auch unter Linux mit Kernel-*patches* (PAX etc.) möglich.
- Wird bei der Speicheranforderung mittels des Systemaufrufs *malloc* mehr als eine Seite Speicher angefordert, so wird dahinter eine „*guard page*" Sicherung gesetzt, so dass ein *segmentation fault* ausgelöst wird, wenn die Seite dahinter referiert wird.
- Der Compiler nutzt eine spezielle „*ProPolice*"-Taktik: lokale Variable etwa Puffer, werden auf dem Stack nach den lokalen Variablen mit Zeigern angeordnet, so dass ein Pufferüberlauf keine Sprungadressen überschreiben kann. Außerdem wird ganz am Schluss ein sog. „*Canary*"-Wert auf den Stack gelegt, der vor dem Rücksprung der Funktion auf Unversehrtheit getestet wird. Wenn er verändert ist, bedeutet dies, dass ein Overflow aufgetreten war. Das Programm wird in diesem Fall sicherheitshalber abgebrochen.

3.6.2 Speicherschutz in Windows NT

Die Speicherschutzmechanismen in Windows NT ergänzen die dem virtuellen Speicher inhärenten Eigenschaften wie die Isolierung der Prozesse voneinander durch die Trennung der Adressräume, die Einführung eines *user mode*, in dem nicht auf alle möglichen Bereiche im virtuellen Speicher zugegriffen werden darf, sowie die Spezifizierung der Zugriffsrechte (Read/Write/None) für *user mode* und *kernel mode*.

Zusätzlich gibt es eine Sicherheitsprüfung, wenn der Prozess einen Zugang zu privatem oder gemeinsam genutztem Speicher versucht. Die Schwierigkeit, derartige Mechanismen portabel zu implementieren, liegen in den enormen Unterschieden, die durch verschiedene Hardwareplattformen (wie beispielsweise der RISC-Prozessor MIPS R4000, der bis Windows NT Version 4 unterstützt wurde, im Unterschied zum Intel Pentium) bei den hardwareunterstützten Mechanismen existieren. Beispielsweise kann beim R4000 im *user mode* prinzipiell nur auf die unteren 2 GB zugegriffen werden, ansonsten wird eine Fehlerunterbrechung (*access violation*) wirksam. Ab Windows 8 ist eine Installation auf Hardware ohne NX-Bits nicht mehr möglich.

Auf den Hardwaremechanismen baut nun der VM Manager auf, der bei einem Seitenfehler eingeschaltet wird. Zusätzlich zu den einfachen Zugriffsrechten (Read Only, Read/ Write) verwaltet er noch die Informationen (*execute only, guard page, no access* und *copy on write*, die mit der Prozedur `VirtualProtect()` gesetzt werden können. Diese werden nun näher erläutert.

- *Execute Only*
  Das Verbot, Daten zu schreiben oder zu lesen ist besonders bei gemeinsam genutzten Programmcode (z. B. einem Editor) sinnvoll, um unerlaubte Kopien und Veränderungen des Originalprogramms zu verhindern. Da dies von der Hardware meist nicht unterstützt wird, ist es i.d.R. mit *ReadOnly* identisch.
- *Guard Page*
  Wird eine Seite mit dieser Markierung versehen, so erzeugt der Benutzerprozess eine Fehlerunterbrechung (*guard page exception*), wenn er versucht, darauf zuzugreifen. Dies ermöglicht beispielsweise einem Subsystem oder einer Laufzeitumgebung, ein dynamisches Feld, hinter dem die Seite markiert wurde, automatisch zu erweitern, wenn auf Feldelemente zugegriffen wird, die noch nicht existieren. Nach der Fehlerunterbrechung kann der Prozess normal auf die Seite zugreifen.

  Ein gutes Beispiel dafür ist der Mechanismus zur Regulierung der Stackgröße, die mit Hilfe einer *guard page exception* dynamisch bei Bedarf erhöht wird.
- *No Access*
  Diese Markierung verhindert, dass auf nichtexistierende oder verbotene Seiten zugegriffen wird. Dieser Status wird meist verwendet, um bei der Fehlersuche (*debugging*) einen Hinweis zu erhalten und den Fehler einzukreisen.
- *Copy on Write*
  Den Mechanismus des *copy on write*, der auf Seite 150 erklärt wurde, kann auch für den Schutz von Speicherabschnitten verwendet werden. Wird ein gemeinsamer

Speicherabschnitt von Prozessen nur als „privat" deklariert, so wird zwar eine Zuordnung in den virtuellen Adressraum wie in Abb. 3.9 vorgenommen, aber die virtuellen Seiten des Prozesses werden „*copy on write*" markiert. Versucht nun ein Prozess, eine solche Seite zu beschreiben, so wird zuerst eine Kopie davon erstellt (mit *read/write*-Rechten, aber ohne *copy on write* auf der Seite) und dann die Operation durchgeführt. Alle weiteren Zugriffe erfolgen nun auf der privaten Kopie und nicht mehr auf dem Original – für diese eine Seite.

Eine weitere wichtige Speicherschutzeinrichtung ist die für die C_2-Sicherheitsstufe geforderte Löschung des Seiteninhalts, bevor eine Seite einem Benutzerprozess zur Verfügung gestellt wird. Dies wird vom VM-Manager automatisch beim Übergang einer Seite vom Zustand *free* zum Zustand *zeroed* durchgeführt.

3.6.3 Sicherheitsstufen und *virtual mode*

Einen zusätzlichen Schutz bietet das Konzept, Sicherheitsstufen für die Benutzer einzuführen. Die in Kap. 1 eingeführten Zustände *user mode* und *kernel mode* sind eine solche Einteilung. Sie besteht hier aus zwei groben Stufen, einem privilegierten Modus (*kernel mode*), in dem der Code alles darf, beispielsweise auf alle Speicheradressen zugreifen, und einem nicht-privilegierten Modus (*user mode*), in dem ein Prozess keinen Zugriff auf das Betriebssystem und alle anderen Prozesse hat. Diese Sicherheitsstufen lassen sich noch weiter differenzieren, wobei die Stufen nach dem Vertrauen angeordnet sind, das man in die jeweiligen Repräsentanten hat. Ihre Wirkung hängt sehr stark davon ab, ob sie auch von der Hardware unterstützt werden. Da man zu jeder Stufe nur über die vorhergehende kommt, kann man dies auch mit dem Zwiebelschalenmodell aus Abschn. 1.2 als ein System von *Ringen* modellieren, um ihre Abgeschlossenheit zu zeigen.

Beispiel: *Intel 80x86-Architektur*

Die weitverbreitete Intel-80X86-Prozessorlinie besitzt in den moderneren Versionen mehrere Sicherheitsstufen. Wird der Prozessor durch ein elektrisches Signal zurückgesetzt, so befindet er sich im *real mode* und ist damit 8086 und 80186 kompatibel. Der wirksame Adressraum ist mit dem physikalischen Adressraum identisch; alle Prozesse können sich gegeneinander stören. Üblicherweise wird nach einem *reset* zuallererst das Betriebssystem eingelesen, das in diesem Modus seine Tabellen einrichtet. Dann aber setzt es das *virtual mode*-Bit (das nicht zurückgesetzt werden kann) und setzt so die MMU in Betrieb und damit den Zugriffsschutz der Ringe. Alle weiteren Speicherzugriffe benutzen virtuelle Adressen, die nun erst übersetzt werden müssen; alle nun aufgesetzten Prozesse sind in ihrem jeweiligen virtuellen Adressraum isoliert voneinander, laufen im *user mode* und müssen die kontrollierten Übergänge benutzen, um in den *kernel mode* von Ring 0 zu kommen.

Literatur

Badel M., Gelenbe E., Leroudier I., Potier D.: Adaptive Optimization of a Time-Sharing System's Performance. Proc. IEEE 63, 958–965 (1975)

Belady L. A.: A Study of Replacement Algorithms for a Virtual Storage Computer. IBM Systems Journal 5, 79–101 (1966)

Chu W. W., Opderbek H.: Analysis of the PFF Replacement Algorithm via a Semi-Markov Model. Commun. of the ACM 19, 298–304 (1976)

Denning P. J.: Working Sets Past and Present. IEEE Trans. on Software Eng. SE-6, 64–84 (1980)

Gorman M.: Understanding the Linux Virtual Memory Manager. Prentice Hall 2004, https://www.kernel.org/doc/gorman/pdf, [24.4.2016]

Knolton K. C.: A Fast Storage Allocator. Commun. of the ACM 8, 623–625 (1965)

Peterson J.L., Norman,T.A.: Buddy Systems. Commun. of the ACM 20, 421–431 (1977)

Dateiverwaltung

4

Inhaltsverzeichnis

© Springer-Verlag GmbH Deutschland 2017

R. Brause, *Betriebssysteme*,

DOI 10.1007/978-3-662-54100-5_4

Bei einer Unterbrechung oder nach dem Ablauf eines Prozesses stellt sich die Frage: Wie speichere ich meine Daten so ab, dass ich später wieder damit weiterarbeiten kann? Diese als „**Persistenz** der Daten" bezeichnete Eigenschaft erreicht man meist dadurch, dass man die Daten vor dem Beenden des Programms auf einen Massenspeicher schreibt. Allerdings haben wir das Problem, dass bei großen Massenspeichern die Liste der Dateien sehr lang werden kann. Um die Zugriffszeiten nicht ebenfalls zu lang werden zu lassen, ist es deshalb günstig, eine Organisation für die Dateien einzuführen.

4.1   Dateisysteme

Dazu schreiben wir uns zunächst alle Dateien in eine Liste und vermerken dabei, was wir sonst noch über die Datei wissen, z. B. das Datum der Erzeugung, die Länge, Position auf dem Massenspeicher, Zugriffsrechte usw.

Eine solche Tabelle ist nichts anderes als eine relationale Datenbank. Geben wir zu jedem Datensatz (*Attribut*) auch Operationen (*Prozeduren, Methoden*) an, mit denen er bearbeitet werden kann, so erhalten wir eine objektorientierte Datenbank. Haben wir außerdem noch Bild- und Tonobjekte, die das Programm erzeugt oder verwendet, so benötigen wir eine Multimedia-Datenbank, in der zusätzlich noch die Information zur Synchronisierung beider Medien enthalten ist. Allgemein wurden für kleine Objekte die *Persistent Storage Manager PSM* und für große Datenbanken die *Object-Oriented Database Management Systems OODBMS* entwickelt.

Wir können alle Mechanismen, die zur effizienten Organisation von Datenbanken erfunden wurden, auch auf das Dateiverzeichnis von Massenspeichern anwenden, beispielsweise die Implementierung der Tabelle in Datenstrukturen (z. B. Bäumen), mit denen man sehr schnell alle Dateien mit einem bestimmten Merkmal (Erzeugungsdatum, Autor, …) heraussuchen kann.

Allerdings müssen wir dabei auch die Probleme berücksichtigen, die Datenbanken haben. Ein wesentliches Problem ist die Datenkonsistenz: Erzeugen, löschen oder ändern wir die Daten einer Datei auf dem Massenspeicher, so muss dies auch im Datenverzeichnis vermerkt werden. Wird diese Operation abgebrochen, beispielsweise weil der schreibende Prozess abgebrochen wird (z. B. bei Betriebsspannungsausfall, *power failure*), so sind die Daten im Verzeichnis nicht mehr konsistent. Nachfolgende Operationen können Dateien überschreiben oder freien Platz ungenutzt lassen. Einen wichtigen Mechanismus, um solche Inkonsistenzen auszuschließen, haben wir in Abschn. 2.3.2 kennengelernt: das Zusammenfassen mehrerer Operationen zu einer *atomaren Aktion*. Ausfalltolerante Dateisysteme müssen also alle Operationen auf dem Dateiverzeichnis als atomare Aktionen implementieren.

Die Bezeichnung der Dateien mit einem Namen anstatt einer Nummer ist eine wichtige Hilfe für den menschlichen Benutzer. In der Dateitabelle in Abb. 4.1 können nun zwei Dateien mit gleichem Namen vorkommen. Da sie zwei verschiedene Nummernschlüssel haben, sind sie trotzdem für die Dateiverwaltung klar unterschieden, nicht aber für den

Abb. 4.1 Dateiorganisation als Tabelle

Nummer	Name	Position	Länge	Datum	...
0	Datei1.dat	264	1024	11.12.87	
1	MyProgram	234504	550624	23.4.96	
2	Datei2.dat	530	2048	25.1.97	
...	...	...	...	...	...

Abb. 4.2 Hierarchische Dateiorganisation

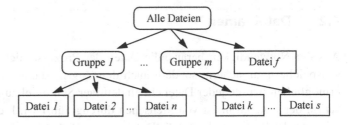

menschlichen Benutzer, der seine Operationen (Löschen, Beschreiben usw.) nur mit dem Namen referenziert. Wie kann man nun eindeutige Namen bilden, um dieses Problem zu lösen?

Eine Möglichkeit besteht darin, die Dateien hierarchisch in Untergruppen zu gliedern und daraus eindeutige Namen abzuleiten. In Abb. 4.2 ist eine solche Organisation gezeigt.

Die Gruppen können ebenfalls wieder zu einer Großgruppe zusammengestellt werden, so dass schließlich eine Baumstruktur resultiert. Diese Art der Dateiorganisation ist sehr verbreitet. Die Gruppenrepräsentanten werden als **Dateiordner** oder als Kataloge/Verzeichnisse (**directory**) bezeichnet. Dabei können auch Einzeldateien und Ordner gemischt auf einer Stufe der Hierarchie vorhanden sein, wie dies oben mit „Datei *f*" angedeutet ist.

Eine alternative Dateiorganisation wäre beispielsweise die Einrichtung einer Datenbank, in der alle Dateien mit ihren Eigenschaften und Inhaltsangaben verzeichnet sind. Die Übersicht über alle Dateien ist dann in einem *data directory* vorhanden. In den meisten Betriebssystemen werden aber nur einfache, hierarchische Dateisysteme benutzt.

Eine weitere Möglichkeit in hierarchischen Systemen ist die zusätzliche Vernetzung. Betrachten wir dazu das Beispiel in Abb. 4.3. Hier sind zwei Verzeichnisse gezeigt: das von Rudi und das von Hans, die beide Briefe abgespeichert haben.

Abb. 4.3 Querverbindungen in Dateisystemen

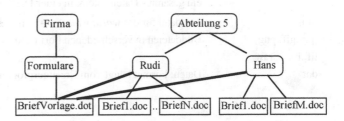

Da die Briefvorlage, die sie dafür benutzen, immer aktuell bleiben soll, haben sie eine Querverbindung zu der verbindlichen Firmenbriefvorlage gezogen, so dass sie alle dieselbe zentral verwaltete Vorlage mit demselben Briefkopf und den aktuellen Angaben benutzen. Die ursprüngliche Baumstruktur der Verzeichnishierarchie wird so zu einem azyklischen Graphen.

4.2   Dateinamen

Aus der Notwendigkeit heraus, die Daten der Prozesse nicht nur dauerhaft auf Massenspeichern zu sichern, sondern auch den Zugriff darauf durch andere Prozesse zu ermöglichen, wurde jeder Datei ein eindeutiger Schlüssel zugewiesen. Da die Organisation der Dateien meist von Menschen durchgeführt wird, ebenso wie die Programmierung der Prozesse, die auf die Dateien zugreifen, hat sich anstelle einer Zahl (wie z. B. die Massenspeicherposition) als Schlüssel eine symbolische Namensgebung durchgesetzt, wie „Datei1" oder „Brief an Alex". Dies hat den Vorteil, dass die interne Verwaltung der Datei (Position, Länge usw.) nach außen verborgen bleibt; die Datei kann aktualisiert und an einer anderen Stelle auf dem Massenspeicher abgelegt werden, ohne dass sich ihr Name (und damit die Referenz in allen darauf bezogenen Programmen!) ändert.

4.2.1   Dateitypen und Namensbildung

Historischerweise bestehen Namen aus zwei Teilen, die durch einen Punkt getrennt sind: dem eigentlichen Namen und einem Anhang (**Extension**), der einen Hinweis auf den Verwendungszweck der Datei geben soll. Beispielsweise soll der Name „Brief. txt" andeuten, dass die Datei „Brief" von der Art „txt" ist, eine einfache Textdatei aus ASCII-Buchstaben. Es gibt verschiedene Namenskonventionen für die Anhänge wie beispielsweise

.odt,.doc,.docx	Textdokument in dem speziellen Format des Texteditors
.c,.cc,.java,.py	Quellcodes in verschiedenen Programmiersprachen
.pdf	*Portable Document File*: Dateien nur zum Ausdrucken
.zip,.gz,.7z	Komprimierte Dateien
.tar, rar	ein gesamtes Dateisystem, in einer Datei abgespeichert
.html	Textdatei für das *world wide web*-Hypertextsystem
.jpg,.gif,.png	Bilddateien in verschiedenen Formaten
.tif,.bmp,.raw	
.dat	Daten; Format hängt vom Erzeugerprogramm ab

Wie man bemerkt, besteht die Extension meist nur aus wenigen, manchmal etwas kryptischen Buchstaben. Dies ist darin begründet, dass zum einen manche Dateisysteme nur wenige Buchstaben für die Extension (MS-DOS: 3!) erlauben, und zum anderen in der Bequemlichkeit der Benutzer, nicht zu viel einzutippen.

Es gibt noch sehr viele weitere Endungen, die von dem jeweiligen Anwendersystem erzeugt werden und zur Gruppierung der Dateien dienen. Da der gesamte Dateiname beliebig ist und vom Benutzer geändert werden kann, sind einige Programmhersteller dazu übergegangen, die Dateien „ihrer" Werkzeuge noch intern zu kennzeichnen. Dazu wird am Anfang der Datei eine oder mehrere, typische Zahlen (*magic number*) geschrieben, die eine genaue Kennzeichnung des Dateiinhalts erlauben.

Beispiel UNIX *Dateinamen*

Dateinamen in UNIX können bis zu 255 Buchstaben haben. In der speziellen System-V-Version sind es weniger: 14 für den Hauptnamen und 10 für die Extension.

Ausführbare Dateien, Bibliotheken, übersetzte Objekte und Speicherabzüge (*core dump*) in UNIX haben meist eine feste, genormte Struktur, die *Executable and Linkable Format* (ELF)-Struktur. Sie ist unabhängig von der Wortbreite (32 oder 64 Bit) und der CPU-Architektur. Der Dateianfang ist (in Pseudocode-Notation)

```
TYPE File Header =    RECORD
        ei_magic :        4BYTES        //*Magische Zahl 0x 7F 45 4c 46 *//
        ei_class :        BYTE          //* 1 = 32 Bit, 2 = 64Bit *//
        ei_data :         BYTE          //* 1 = little endian, 2 = big endian *//
        ei_version :      BYTE          //* 1 = original ELF *//
        ei_osabi :        BYTE          //* OSABI *//
        ei_abiversion:    BYTE          //* OSABI-Version *//
        ei_pad:           7BYTES        //* nicht benutzt *//
        ei_abiversion:    2BYTES        //* relocatable /executable /shared /core *//
        ei_machine:       2BYTES        //* Maschinencode-Architektur *//
                ...
    END
```

Als allererstes steht eine „magische Zahl" am Dateikopf; sie enthält nach der Hexzahl 7F die Buchstaben ELF. Nach einigen allgemeinen Angaben über Wortlänge und Bytefolgen (*little/big endian*: s. Abschn. 6.2) folgt dann die Angabe, welches Betriebssystem verwendet werden kann, also welches ABI (*application binary interface*) verwendet wurde. Dabei bedeuten

`ei_osabi` = 0x00	System V
0x01	HP-UX
0x02	NetBSD
0x03	Linux
0x06	Solaris
0x07	AIX
0x08	IRIX
0x09	FreeBSD
0x0C	OpenBSD
0x0D	OpenVMS
0x0E	NSK op.system
0x0F	AROS
0x10	Fenix OS
0x11	CloudABI

`ei_machine` = 0x00	No spec. instruct.set
0x02	SPARC
0x03	x86
0x08	MIPS
0x14	PowerPC
0x28	ARM
0x2A	SuperH
0x32	IA-64
0x3E	x86-64
0xB7	AArch64

Eine spezielle Kennung am Anfang der Datei ist nur eine mögliche Implementierung, um verschiedene Dateiarten voneinander zu unterscheiden. Diese Art der Unterscheidung ist allerdings sehr speziell. Man könnte auch direkt einen Dateityp zusätzlich zum Dateinamen angeben und damit – unabhängig von der Extension – implizit sinnvolle Operationen für die Datei angeben. Diese Art der Typisierung ist allerdings nicht unproblematisch.

Beispiel *Dateityp durch Namensgebung*

In UNIX und Windows NT wird der Typ einer Datei mit durch den Namen angegeben. Beispielsweise bedeutet eine Datei namens *Skript.doc.zip*, dass dies eine Datei „Skript" ist, deren editierbare Version im PDF-Format mit einem Programm ins Format *zip* komprimiert worden ist. Um diese Datei zu lesen, muss man also zuerst ein *unzip*-Programm aufrufen (meist kann das auch das Komprimierungsprogramm) und dann die entstandene Datei einem passenden Editor übergeben. Diese Anweisungsfolge ist Konvention – sie ist weder in der Datei noch in dem Dateityp *komprimiert* enthalten. Wäre für die Datei ein Typ im Verzeichnis angegeben, so könnte man nur die erste Operation automatisch durchführen, aber nicht die zweite. Eine Typisierung müsste also in der Datei vermerkt oder es müssten geschachtelte Typen möglich sein.

Ein Problem bei typisierten Dateien ist die Vielfalt der möglichen Typen. Es muss auch möglich sein, neue Typen zu deklarieren und die entsprechenden sinnvollen Aktionen dafür anzugeben. Dazu existiert eine Konvention für die inhaltliche Charakterisierung von Dateien, die übers Internet verschickt werden können: der Medientyp MIME (*Multipurpose Internet Mail Extensions*). Er gibt an, welchen Inhalt eine Datei hat, etwa `text/html` für Webseiten oder `audi/mpeg` für eine MP3-Audiodatei.

Beispiel Email *Dateitypen und Programmaktionen*

Jedes Email-Programm, das zum Ausführen ein Doppelklick auf einen Dateianhang ermöglicht, hat vorher das jeweilige Anwendungsprogramm registriert, das für eine Datei dieses MIME-Typs ausgeführt werden muss. Der MIME-Typ wird dabei aus der Datei erschlossen, etwa aus der Dateiextension, oder per Hand vom Benutzer in eine Tabelle eingetragen.

Dies kann zu Problemen führen, etwa wenn eine Textdatei in einem MAC OS-System nur intern als Text gekennzeichnet ist und keine Extension besitzt. Wird sie an ein MS Windows-System geschickt, so ist unklar, was damit zu tun ist. Da dort der Inhalt aus der Extension gefolgert wird, die aber in dem Beispiel fehlt, führt ein Doppelklick zu nichts und der Benutzer kann sie so nicht bearbeiten. Erst eine manuelle Umbenennung mit einer. *doc*-Extension ermöglicht die gewohnte Bearbeitung.

Beispiel UNIX *Dateitypen und Programmaktionen*

Im UNIX gibt es verschiedene grafische Benutzeroberflächen, in der ein Dateimanager enthalten ist. Damit ist es möglich, für speziellen Dateien für jede Dateiart (Extension) verschiedene Aktionen (Programme) anzugeben. Beim direkten Doppelklick mit der linken Maustaste auf den Dateinamen wird die als erste angegebene Applikation gestartet. Im Debian-System ist dies beispielsweise in der Datei */usr/share/applications/mimeinfo.cache* enthalten.

Die Liste aller Extensionen und der dazu gehörenden Aktionen bzw. Programme wird dazu beim Starten des Fenstermanagers für eine Benutzersitzung eingelesen.

Beispiel Windows NT *Dateitypen und Programmaktionen*

Unter Windows NT gibt es einen sogenannten *Registration Editor*, der eine eigene Datenbank aller Anwendungen, Treiber, Systemkonfigurationen usw. verwaltet. Alle Programme im System müssen dort angemeldet werden, ebenfalls alle Extensionen. Ein Doppelklick auf den Dateinamen im Dateimanager-Programm (*Explorer*) ruft das assoziierte Programm auf, mit dem Dateinamen als Argument.

Man beachte, dass in allen Beispielen die Typinformation der Datei nicht bei der Dateispezifikation vom Betriebssystem verwaltet wird, sondern in extra Dateien steht und mit extra Programmen aktuell gehalten und verwendet wird. Dies ist nicht unproblematisch. Die beste Art der Dateiverwaltung ist deshalb die Organisation aller Daten als allgemeine Datenbank, in der zusätzliche Eigenschaften von Dateien wie Typ durch zusätzliche Merkmale (Spalten in Abb. 4.1) verwirklicht werden. Damit wird der Dateityp mit dem Dateinamen inhaltlich verbunden, so dass das Betriebssystem beim Zugriff von Programmen auf die Datei vorher prüfen kann, ob das Dateiformat dem einlesenden Programm bekannt sein kann (Konsistenzcheck) und fehlerhafte oder unzulässige Zugriffe verhindert. Dies ist ähnlich wie die Überprüfung von Datentypen von Übergabeparametern einer Prozedur oder Methode durch den Compiler oder Interpreter.

Ein anderes Problem ist die Eindeutigkeit der Namensreferenz, wenn Dateien aus Datei-systemen, die lange Dateinamen erlauben, in Dateisystemen verwendet werden sollen, die nur kurze Namen erlauben. Beispielsweise sind die Namen „MeineAllerKleinsteDatei" und „MeineAllerGrößteDatei" in einem Dateisystem, das nur die ersten 8 Buchstaben beachtet, völlig identisch und damit ununterscheidbar. Hier muss eine Methode gefunden werden, die eine eindeutige Zuordnung erlaubt.

Beispiel Windows NT *Namenskonversion*

Da Windows NT auch MS-DOS-Dateisysteme neben dem NT-Dateisystem NTFS ver-walten kann, stellt sich hier das Problem, NTFS-Dateien mit max. 215 Zeichen langen Namen in eindeutige MS-DOS-Namen mit max. 12 Zeichen zu konvertieren. Dies wird mit folgenden Algorithmus erreicht:

(1) Alle Buchstaben, die illegal in MS-DOS sind, werden aus dem NTFS-Namen ent-fernt, also z. B. Leerzeichen, 16-Bit-Unicodezeichen usw., sowie vorangestellte und abschließende Punkte. Alle Punkte innerhalb des Namens, bis auf den letzten, werden ebenfalls entfernt. Gleich, Semikolon und Komma werden zum Unter-strich. Alle Kleinbuchstaben werden in Großbuchstaben umgewandelt.

(2) Von der Zeichenkette vor dem Punkt werden alle bis auf die ersten 6 Buchstaben entfernt und dann die Zeichen „~1" vor dem Punkt eingefügt. Die Zeichenkette nach dem Punkt wird nach 3 Zeichen abgeschnitten und die gesamte Zeichenkette zu Großbuchstaben konvertiert.

(3) Gibt es eine Datei, die den gleichen Dateinamen aufweist, so werden statt „~1" die Zeichen „~2" eingefügt. Existiert diese Datei auch schon, so wird „~3" usw. gewählt, bis der Name noch nicht existiert.

4.2.2   Pfadnamen

Durch die hierarchische Ordnung der Dateien ist eine eindeutige Namensgebung möglich: Es reicht, von der Wurzel des Baumes alle Knoten aufzulisten, die auf dem Pfad zu der Datei durchlaufen werden. Der **Pfadname** einer Datei wird aus der Kette der Knotennamen gebildet und enthält als Trennungszeichen zwischen den Knotennamen meist ein spezielles Zeichen, das typisch ist für das Betriebssystem. Beispielsweise ist in Abb. 4.3 für *Brief1.doc* der UNIX-Pfadname *Abteilung5/Rudi/Brief1. doc*, und in Windows NT *Abteilung5\Rudi\Brief1.doc*. Dabei sind durch Querverbindungen durchaus mehrere Namen für dieselbe Datei möglich: *Abteilung5/Rudi/BriefVorlage.dot* ist identisch mit *Firma/Formulare/BriefVorlage.dot*.

Der oberste Knoten im Dateisystem, die Wurzel, wird meist mit einem besonderen Symbol, beispielsweise „//", bezeichnet. In UNIX ist dies ein einfaches „/", in Windows NT ist dies „\".

Um auf dem Pfad nicht nur abwärts in Richtung der Blätter abzusteigen, gibt es meist auch in jedem Verzeichnis ein spezielles Verzeichnis mit dem Namen „..", das die Bedeutung „darüber liegendes Verzeichnis" hat und in Pfadnamen mit dieser Bedeutung

Abb. 4.4 Gültigkeit relativer
Pfadnamen

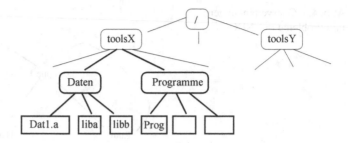

verwendet werden kann. Bei der Interpretation des Dateinamens wird es als Schritt nach oben in Richtung der Dateiwurzel ausgeführt. Ein weiteres Zeichen „." bedeutet „dieses Verzeichnis hier" und ist gleichbedeutend mit dem Verzeichnis, in dem man sich befindet. Beispielsweise lässt sich in Abb. 4.3 die Datei *Brief1.doc* bei *Rudi* auch von *Hans* aus mit dem Pfadnamen *../Rudi/Brief1.doc* ansprechen. Ein solcher **relativer Pfadname** erlaubt es, ganze Dateibäume von Werkzeugen (Programmen) an verschiedene Stellen im Dateisystem zu verschieben, ohne dass dabei die Pfadnamen, die in den Programmen verwendet werden, geändert werden müssen. Beispielsweise ist der relative Pfadname „../ *Daten/Dat1.a*" der Datei „*Dat1.a*" in Abb. 4.4 für das Programm „*Prog*" aus dem Ordner „*Programme*" immer richtig – egal, ob sich der gesamte Dateibaum unter „*toolsX*" oder „*toolsY*" befindet.

4.2.3   Beispiel UNIX: Der Namensraum

In UNIX wird ein hierarchisches Dateisystem verwendet, ähnlich wie in Abb. 4.2 gezeigt, und danach der Namensraum gebildet. Zusätzlich zu der Baumstruktur kann man aber auch Querverbindungen (*links*) zwischen den Dateien mit dem „ln"-Kommando herstellen.

Für das Verhalten der Namenshierarchie muss man unterscheiden, ob die Verzeichnisse mit den Dateien auf demselben Laufwerk untergebracht sind oder nicht. Sind sie es, so ist eine direkte Querverbindung möglich (*physical link,* **hard link**). Sind sie dagegen auf unterschiedlichen Laufwerken untergebracht, so kann man nur eine logische Querverbindung (**symbolic link**) vornehmen, bei der unter dem Dateinamen im Verzeichnis auf die Originaldatei, repräsentiert mit ihrem Pfadnamen, verwiesen wird.

Der Unterschied in den Querverbindungen macht sich bemerkbar, wenn mehrere Prozesse oder Benutzer auf eine Datei bzw. ein Verzeichnis zugreifen, um es zu löschen. Betrachten wir dazu das Dateisystem in Abb. 4.5, gezeichnet ohne die Unterscheidung der Dateinamen durch ovale und viereckige Formen.

Seien die Verzeichnisse „Gruppe1" und „Gruppe2" auf verschiedenen Massenspeichern (Laufwerken) untergebracht, so ist im Unterschied zur Querverbindung *Rudi/Datei2* zu *Hans/Datei2*, die dieselbe Datei bezeichnen (*hard link*), die Querverbindung von *Gruppe2* zu *Datei3* (gestrichelt in Abb. 4.5) nur als eine logische Verbindung (*symbolic link*) mit der Namensreferenz *../Gruppe1/Hans/Datei3* möglich.

Abb. 4.5 Querverbindungen
und Probleme in UNIX

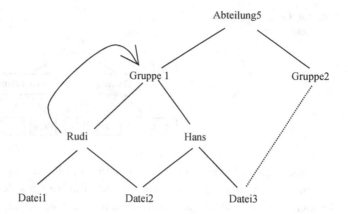

Wird nun in UNIX eine Datei gelöscht, so bleibt sie so lange erhalten, wie mindestens ein *physical link* darauf existiert. Wird also in unserem Beispiel die Datei *Rudi/Datei2* gelöscht, so bleibt sie noch unter dem Namen *Hans/Datei2* erhalten und kann verwendet werden. Wird dagegen *Hans/Datei3* gelöscht, so ist die entsprechende Datei auch tatsächlich völlig gelöscht: Die Namensreferenz (*symbolic link*) im Verzeichnis *Gruppe2* ist zwar noch vorhanden, aber beim Zugriff auf die Datei über diese Namensreferenz erfolgt sofort eine Fehlermeldung: Eine Datei mit diesem Namen gibt es nicht mehr.

Die Entscheidung im UNIX-Betriebssystem, eine Datei vollständig zu löschen oder nicht, hängt also von einem Zähler, der Zahl der *hard link*-Referenzen, ab. Dieser UNIX-Mechanismus ist zwar in einer Multiprozessumgebung ein einfaches Mittel, kann aber auch zu Fehlern führen. Nehmen wir an, wir befinden uns in Abb. 4.5 auf Verzeichnis Rudi und erstellen einen *hard link* auf *Gruppe1*. Aus dem azyklischen Graphen wird so ein zyklischer Graph. Danach gehen wir nach ganz oben im Dateisystem, auf die Wurzel *Abteilung5*. Da das Löschen von Verzeichnissen, die nicht leer sind, verboten ist (um Fehler zu verhindern), können wir *Gruppe2* nicht löschen. Anders dagegen bei *Gruppe1*: Hier gibt es noch eine zweite Verbindung (vom Verzeichnis *Rudi*), so dass es zulässig ist, eine davon zu löschen. Dies führt allerdings zu der Situation, dass nun ein Verzeichnis *Gruppe1* mit Unterverzeichnissen und Dateien existiert, das nicht mehr benutzt werden kann, Platz wegnimmt und trotzdem nicht gelöscht werden kann. Dies lässt sich nicht verhindern: Zwar sind Querverbindungen möglich, aber die Prüfung auf Zyklen und Zerlegung des Dateigraphen bei jeder Löschoperation ist zu aufwendig und wird deshalb nicht gemacht. Aus diesem Grund sind in neueren UNIX-Versionen zu Verzeichnissen nur noch *symbolic links* möglich.

Für das Erzeugen und Löschen von Dateien gibt es in UNIX übrigens einen ähnlichen Mechanismus: Erzeugt ein Prozess eine Datei und öffnen dann andere Prozesse diese Datei, so verschwindet sie nicht beim Löschen durch den Erzeuger. Sie existiert so lange, bis der letzte Prozess die Prozedur `close ()` aufruft und damit der Referenzzähler null wird.

Das gesamte hierarchische Dateisystem zerfällt normalerweise in verschiedene Teilgraphen, die auf unterschiedlichen Laufwerken ihre Dateien haben. Beim Starten des Systems (*bootstrap*) wird das Dateisystem des Laufwerks als Grundsystem geladen. Aufbauend auf

Abb. 4.6 Die Erweiterung des
Dateisystems unter UNIX

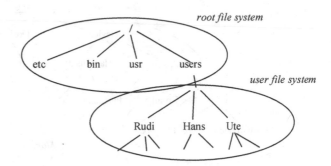

den Wurzelknoten (*root*) kann man nun weitere Dateisysteme anderer Laufwerke einhängen (Systemaufruf `mount()`), wobei der Wurzelknoten jedes Unterdateisystems auf den Namen des angegebenen Verzeichnisses (*mount point directory*) abgebildet wird. In Abb. 4.6 ist ein solcher zusammengesetzter Dateibaum gezeigt.

4.2.4 Beispiel Windows NT: Der Namensraum

Der Namensraum in Windows NT umfasst alle globalen Objekte, unabhängig davon, ob es reine Dateien (*files*) oder auch andere Objekte wie Kommunikationskanäle (*named pipes*), Speicherbereiche (*shared memory*), Semaphore, Ereignisse oder Prozesse sind. Alle Objekte mit einem globalen Namen sind dabei den gleichen Schutzmechanismen für den Zugriff unterworfen.

Das hierarchische Namenssystem beginnt mit dem Wurzelknoten „\", in dem Objekte (Dateien etc.) oder Objektverzeichnisse existieren. Objektverzeichnisse sind Objekte, die als Attribute (Variablen und Konstanten) die Namen der Objekte enthalten; als Methoden sind Erzeugen, Öffnen und Abfragen des Verzeichnisses möglich. Dies ist nicht nur im *kernel mode*, sondern auch im *user mode* möglich, so dass nicht nur der Betriebssystemkern, sondern auch das OS/2 und POSIX-Subsystem Verzeichnisse anlegen können. Für jede Objektart (Datei, Prozess etc.) gibt es spezielle Versionen der drei Methoden, die von unterschiedlichen Kernmodulen (I/O-Manager, Prozessmanager usw.) zur Verfügung gestellt werden.

Dabei ist es sowohl möglich, den globalen Namensraum aus unterschiedlichen Objektverzeichnissen aufzubauen, als auch (wie in UNIX) mit logischen Namen Querverbindungen zu schaffen.

Beispiel *Namensräume in Windows NT*

Im Namensraum des Objektmanagers existieren verschiedene Objekte, siehe Abb. 4.7. Eines davon, Objekt „A:", ist eine logische Querverbindung (*symbolic link object*) zu dem Dateisystemobjekt „Floppy0". Mit jedem Objekt ist auch eine „Durchsuchen"-Methode spezifiziert. Möchte nun der Editor die Datei *A:\Texte\bs_files.doc* öffnen, so fragt er beim Objektmanager nach diesem Objekt. Der Objektmanager durchsucht nun seinen

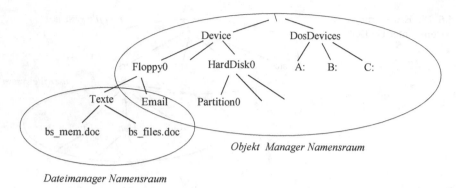

Abb. 4.7 Ergänzung der Namensräume in Windows NT

Namensraum, wobei jedes Objekt mit seiner „Durchsuchen"-Methode untersucht wird. Kommt er nun zu „A:", so wird die spezielle *symbolic-link-parsing*-Methode (s. Abb. 4.7) verwendet:

Die Zeichenkette „A:" wird ersetzt durch die Zeichenkette „*\Device\Floppy0*" und dann dem Objektmanager übergeben. Dieser arbeitet den Pfadnamen erneut ab, bis er auf das Dateiobjekt „*Floppy0*" stößt. Die „Durchsuchen"-Methode hierfür arbeitet nun auf dem Namensraum des Dateisystem-Managers und durchsucht den Pfad mit speziellen, auf das Dateisystem der Floppy zurechtgeschnittenen Prozeduren, bis schließlich ein Dateiobjekt für „bs_files.doc" zurückgegeben werden kann.

Mit diesem Mechanismus ist es in Windows NT möglich, so unterschiedliche Dateisysteme wie das MS-DOS FAT-System, das *H*igh-*P*erformance-*F*ile-*S*ystem HPFS von OS/2 und das *NT*-*F*ile-*S*ystem NTFS einheitlich zu integrieren. Auch Spezialsysteme wie z. B. das CD-ROM Dateisystem oder das verschlüsselte Dateisystem Encrypting File System EFS aus Windows 2000 lassen sich so elegant integrieren.

Für das Löschen einer Datei, also eines Objekts, das von mehreren Prozessen benutzt wird, gelten ähnliche Mechanismen wie bei UNIX. Bedingt durch die Implementierung gibt es allerdings zwei Referenzzähler: einen Zähler für die Anzahl der *object handles*, die an Benutzerprozesse ausgegeben wurden, und einen für die Anzahl der Zeiger, die an das Betriebssystem anstelle von Objekten für einen schnellen Zugriff vergeben wurden. Sinkt der *user*-Referenzzähler für die Namensreferenzen auf null, so wird das Objekt im Namensraumgelöscht, so dass kein Prozess mehr darauf zugreifen kann. Allerdings bleibt es so lange noch im Speicher erhalten, bis auch der Zähler für die Referenzen des Betriebssystems ebenfalls auf null gesunken ist. Erst dann wird der Speicher freigegeben und wiederverwendet. Mit diesem Mechanismus wird verhindert, dass ein Objekt, das von mehreren Prozessen bearbeitet wird, aus Versehen von einem gelöscht wird, bevor die anderen damit ebenfalls fertig sind.

Der doppelte Referenzzähler verhindert auch, dass beispielsweise ein Prozessobjekt von einem Prozess erzeugt wird und dann mit dem Terminieren des Erzeugerprozesses zu Ende geht, obwohl noch ein Kindsprozess davon einen Bezug zum Objekt hat. Die noch erhaltene Referenz des Betriebssystems zum ablaufenden zweiten Prozess sichert die Existenz des Dateiobjekts bis zum expliziten Ableben des letzten Bezugs.

Probleme mit rückbezüglichen Verzeichnisstrukturen werden dadurch vermieden, dass alle Querverbindungen in Verzeichnissen nur über *symbolic links* hergestellt werden. Die Ungültigkeit von Querverbindungen zu gelöschten Objekten wird erst bemerkt, wenn sie referiert werden und müssen vom aufrufenden Programm behandelt werden.

4.2.5   Aufgaben

Aufgabe 4.2-1 Isoliertes Verzeichnis

Angenommen, ein Verzeichnis „Test" sei über */root/* ... zu erreichen. Legen Sie ein Unterverzeichnis darin an. Legen Sie einen *hard link* auf das übergeordnete Verzeichnis an. Es existiert nun ein zirkulärer *link*. Versuchen Sie jetzt, das Verzeichnis Test aus dem *root*-Pfad zu löschen. Was erreichen Sie?

Aufgabe 4.2-2 Namenskonversion

Im vorangehenden Beispiel zur Namenskonversion wurde der Algorithmus für Windows NT beschrieben, um einen langen Namen in einen kurzen, eindeutigen Dateinamen zu konvertieren.

a) Wie viele lange Dateinamen, die in den ersten 6 Buchstaben übereinstimmen, lassen sich so eindeutig mit nur 8 Buchstaben kodieren?

b) Wie könnte man das Schema abändern, um mit 8 ASCII-Buchstaben eine größere Anzahl langer Dateinamen eindeutig zu kodieren? Warum, meinen Sie, haben die Implementatoren diese Möglichkeit nicht gewählt?

Aufgabe 4.2-3 Extension und Inhalt

ASCII – Dateien haben die gemeinsame Eigenschaft, dass sie lesbaren Text enthalten. Warum kann bei diesen Dateien die Dateinamenserweiterung (Extension) wichtig sein? Wann kann bei Dateien darauf verzichtet werden?

Aufgabe 4.2-4 Pfadnamen

a) Was sind die Vor- und Nachteile von relativen gegenüber absoluten Pfadnamen? Wo/wann sollte man welchen Typ einsetzen? Vollziehen Sie dies z. B. anhand eines Compilersystems nach!

b) Wie viele Platten-Leseoperationen werden benötigt, um das Änderungsdatum von einer Datei */home/os/source/aufgabe6/musterlösung.pdf* auszulesen?

Nehmen sie an, dass der Indexknoten für das Wurzelverzeichnis im Speicher liegt, sich jedoch keine weiteren Elemente entlang des Pfades im Speicher befinden. Nehmen sie außerdem an, dass alle Verzeichnisse jeweils in gesonderten Plattenblöcken gespeichert sind.

4.3   Dateiattribute und Sicherheitsmechanismen

In dem Verzeichnis, in dem der Name einer Datei steht, wird meist auch zusätzliche Information über die Datei aufbewahrt. Dies sind neben der Länge der Datei (in Bytes oder „Blöcken" (Seiten)), ihrem Erzeugungs- und Modifikationsdatum auch verschiedene Attribute, die logische Werte („Flags"), beispielsweise „verborgen" (*hidden*) oder „Systemdatei" (*system*), sein können, wie der Erzeuger und der jetzige Besitzer der Datei.

Eine besondere Art der Statusinformation sind die sicherheitsrelevanten Angaben wie die Zugriffsrechte von Personen und Programmen auf die Datei. Ähnlich wie bei den Basismechanismen des Speicherschutzes versucht man, durch gezielte Maßnahmen die Fehlfunktionen von Programmen sowie bewusste Angriffe von Benutzern auszuschließen. Die vom POSIX-6-Komitee vorgeschlagenen Maßnahmen beinhalten:

* das Prinzip, für die Erfüllung einer Aufgabe nur die geringstmöglichen Rechte einzuräumen (**least privilege**)
* die Zugriffskontrolle durch diskrete Angaben zu ergänzen (**discretionary access control**), also z. B. durch Zugangs- oder Kontrolllisten (**Access Control Lists ACL**), in denen alle Leute enthalten sind, die Zugriff auf diese Datei haben, sowie ihre genau spezifizierten Rechte. Dies sind zusätzliche Spezifikationen der normalen Zugriffsrechte.
* eine verbindliche Zugangskontrolle, unabhängig vom Erzeuger (**mandatory access control**). Der Zugang zu dem Objekt sollte nur von Prozessen mit größeren Rechten erfolgen. Leider wurde dies 1997 zurückgezogen.
* die Aufzeichnungen von Zuständen des Objekts (**audit trail**), um bei missbräuchlicher Verwendung die Ursachen und Personen herausfinden zu können.

Demgegenüber implementieren Betriebssysteme nur sehr beschränkt die obigen Forderungen.

4.3.1   Beispiel UNIX: Zugriffsrechte

In UNIX gibt es drei verschiedene Zustandsvariablen (Flags): *Lesen* (R), *Schreiben* (W) und *Ausführen* (X). Alle Dateien, auch die Verzeichnisse, haben einen solchen Status. Bei Verzeichnissen bedeutet r = Lesen der Dateiliste erlaubt

w = Ändern der Dateiliste, z. B. durch Kopieren einer Datei „an diese
 Stelle", ist möglich

x = Durchsuchen der Dateiliste erlaubt.

Bei den Zugriffsberechtigten unterscheidet UNIX drei Kategorien: Eigentümer (*owner*),
Gruppenmitglied (*user group member*) und alle anderen (*others*).

Beispiel *Anzeige der Zugriffsrechte*

Ein „normales" Kommando `ls` zeigt alle Dateien und ihre Zugriffsrechte außer denen,
die mit dem Zeichen „." beginnen. Diese sind damit verborgen. Lässt man sich mit
dem Kommando `ls -al` alle Dateien eines Verzeichnisses anzeigen, so erhält man
beispielsweise den Ausdruck

```
drwxr-xr-x      brause     512      Apr23     15:55    .
drwxr-xr-x      off        512      May17     17:53    ..
-rw-r--r--      brause     44181    Apr23     15:56    data1.txt
```

In der erstem Spalte sind die Zugriffsrechte aufgeführt. Nach dem ersten Zeichen, das
die Art der Datei aufführt (`d` = *directory*, `l` = *link*, `-` = einfache Datei), sind für die
drei Kategorien von Benutzern *owner, group, others* jeweils die drei Zugriffsrechte
aufgeführt, wobei für „Recht nicht gewährt" ein „-" notiert ist. Die übrigen Spalten
zeigen den Benutzernamen, Dateigröße, Erzeugungsdatum sowie den Dateinamen an.
Beispielsweise besagt der erste Eintrag, dass eine Datei namens „. ", also das aktuelle
Verzeichnis, dem Benutzer „brause" gehört und nur von ihm beschrieben werden kann.
Es ist 512 Bytes lang und am 23. April um 15 Uhr 55 erzeugt worden. Es kann (ebenso
wie das darüber liegende Verzeichnis „.. ") von allen gelesen und benutzt werden.

Zusätzlich gibt es noch die Möglichkeit in UNIX, für die Ausführung eines Programms
die Zugriffsrechte des Eigentümers an das Programm zu binden statt an den Ausführenden (*userId*) oder seine Gruppe (*groupId*). Damit können die Funktionen von System-
programmen auch von „normalen" Benutzern ausgeführt werden, wenn dies ausdrücklich
erwünscht ist (*set user Id, set group Id* Status). Wird ein spezieller Status (*sticky bit*) bei
einem Verzeichnis gesetzt, so kann ein normaler Benutzer die Dateien von anderen Benutzern in diesem Verzeichnis nicht löschen oder umbenennen.

In verschiedenen UNIX-Versionen (z. B. MAC OS, OpenVMS, Linux, BSD, Solaris)
gibt es *Access Control Lists*, die aber sehr unterschiedliche Mechanismen haben und
deshalb in Netzwerken bei der Kopplung der Rechner Probleme bereiten können. Aus
diesem Grund gibt es eine verstärkte Aktivität der X/Open-Gruppe, UNIX auch bei den
Sicherheitsnormen auszubauen und zu vereinheitlichen.

4.3.2   Beispiel Windows NT: Zugriffsrechte

Das Dateisystem in Windows NT wird über einen objektorientierten Mechanismus verwaltet. Unabhängig von den Zugriffsrechten, die für jedes Objekt im Namensraum von Windows NT gelten (wie etwa Prozesse, Semaphore, Speicherbereiche usw.), gibt es noch spezielle Eigenschaften für **Dateiobjekte**:

Attribute
- Dateiname
- Typ des Geräts, auf dem die Datei liegt
- *Byte offset:* aktuelle Position in der Datei
- *share mode:* Status (read/write/delete) der Datei für andere während der Benutzung
- *open mode:* Art und Weise der Dateioperation (synchron/asynchron, mit/ohne Cachepuffer, sequentiell/beliebiger Zugriff, ...)
- *file disposition:* temporäre oder dauerhafte Datei

Methoden
CreateFile (), OpenFile (), ReadFile (), WriteFile (), CloseFile (), abfragen/setzen von Dateiinformationen, abfragen/setzen von erweiterten Attributen, sichern/freigeben der Dateilänge, abfragen/setzen von Geräteinformationen, abfragen eines Verzeichnisses, ...

Jedes Dateiobjekt ist nur eine Kopie der Kontrollinformation einer Datei; es kann also auch mehrere Dateiobjekte geben, die dieselbe Datei referieren. Deshalb gibt es globale Informationen, die in der Datei selbst (und nicht im Dateiobjekt) gespeichert sind und auch dort nur verändert werden können.

Jede **Datei** besitzt verschiedene Dateiattribute, die als Datenströme variabler Länge implementiert sind. Diese sind vor allem

- *Standardinformation* wie
  - Erzeugungsdatum und -zeit, Datum und Zeit des letzten Zugriffs und der letzten Änderung,
  - die aktuelle Dateilänge,
  - logische Dateiattribute der Werte JA/NEIN wie z. B. Systemdatei, verborgene Datei, Archivdatei, Kontrolldatei, nur Lesen, komprimierte Datei usw.
- *Dateiname* (*file name*), wobei dies bei bestehenden *hard links* auch mehrere sein können, unter anderem auch der MS-DOS-Kurzname.
- *Sicherheitsdaten* (*security descriptor*): ACL mit Eigentümer, Erzeuger und möglichen Benutzern der Datei. Dabei ist ab Windows 2000 der Sicherheitsdeskriptor ausgelagert, um eine zentrale Sicherheitsinformation für mehrere Dateien zu ermöglichen

und so bei konsistenter Behandlung vieler Dateien mit gleichen Rechten Platz für die Beschreibung zu sparen.

- *Dateiinhalt*: Dieses Attribut enthält die eigentlichen Daten; bei Verzeichnissen ist darin eine Indexstruktur mit den verzeichneten Dateien gespeichert.
- Interessanterweise werden damit die eigentlichen Daten zu einem von vielen Attributen. Da der Benutzer auch weitere Attribute erzeugen kann, sind somit auch weitere, zusätzliche Datenströme möglich. Im Unterschied zum Hauptdateinamen, z. B. „MeineDatei.dat", werden die Nebendaten vom Programmierer mit einem zusätzlichen Namen referiert, der durch einen Doppelpunkt getrennt ist, etwa „MeineDatei.dat : MeinKommentar". Dies schafft vielfältige Möglichkeiten, Zusatzinformationen an eine Datei zu hängen (etwa den Namen des Bearbeitungsprogramms, den Kontext bei der letzten Bearbeitung usw.), ohne die Hauptdaten zu verändern. Dabei wird für jeden Datenstrom eine eigenständige Statusinformation geführt wie aktuelle und maximale, allozierte Länge, Semaphore (*file locks*) für Dateiabschnitte usw.

Die logischen Attribute werden beim Setzen oder Zurücksetzen auch durch die assoziierten Methoden unterstützt. Beispielsweise wird eine Datei, die das Attribut „komprimiert" zugewiesen bekommt, automatisch sofort komprimiert. Dies gilt auch für einen ganzen Dateibaum.

Die Sicherheitsmechanismen in Windows NT sind etwas stärker differenziert als in UNIX. Zu jeder Datei gibt es eine detaillierte Zugriffsliste (*Access Control List ACL*), in der die Zugriffsrechte aller Benutzer aufgeführt sind. Zusätzlich zu den Standardnamen wie „Administrator", „System", „Creator", „Guest", „EveryOne", … kann man weitere Benutzer und ihre Rechte spezifizieren. Dabei kann man entweder spezifizieren, was der Benutzer darf und/oder was er nicht darf.

Dieses Schutzsystem ist nicht auf Dateien beschränkt, sondern wird generell bei allen globalen Objekten im Namensraum von Windows NT angewendet und einheitlich geführt. Dabei wird auch ein *auditing* (Aktionsprotokollierung) für die Zugriffe auf Dateien und Verzeichnisse unterstützt. In neueren Windows NT Versionen (Windows 2000) ist außerdem ein netzwerkübergreifender Verzeichnisdienst nutzbar (*active directory*), der alle Objekte im Namensraum verwaltet und damit für die Administration einen kontrollierten, einheitlichen, netzweiten Zugang zu allen Ressourcen (Dateien, Drucker, etc.) ermöglicht.

4.3.3   Aufgaben

Aufgabe 4.3-1 Objektorientierte Dateiverwaltung

Angenommen, man wollte die Dateiverwaltung in UNIX objektorientiert gestalten. Welche Attribute und Methoden sind für ein UNIX-Verzeichnisobjekt (*directory*) nötig? Welche für ein Dateiobjekt?

Aufgabe 4.3-2 Access Control List

Was sind die Vor- und Nachteile einer *Access Control List*, die jeweils beim Benutzer für alle Dateien angelegt wird, gegenüber einer, die jeweils bei der Datei für alle Benutzer abgespeichert wird?

4.4   Dateifunktionen

Es gibt sehr viele Arten von Operationen, die auf Daten – und damit auch auf Dateien – möglich sind. In diesem Abschnitt wollen wir einige davon betrachten, die typisch sind für Dateien auf Massenspeichern.

4.4.1   Standardfunktionen

In den meisten Betriebssystemen gibt es einige Grundfunktionen, mit denen Dateien gelesen und geschrieben werden können.

Dies sind

* *Create File*
  Anlegen einer Datei. Üblicherweise werden als Parameter sowohl der Name (eine Zeichenkette) als auch die Zugriffsarten (Schreiben/Lesen, sequentiell/wahlfrei) spezifiziert. Der Aufrufer erhält eine Dateireferenz zurück, mit der er bei allen weiteren Funktionen auf die Datei zugreifen kann. Eine solche Dateireferenz (*file identifier, file handle*) kann eine Zahl sein (Index in einem internen Feld von Dateieinträgen) oder ein Zeiger auf eine interne Dateistruktur.
* *Open File*
  Beim Öffnen einer bestehenden Datei werden verschiedene Datenstrukturen initialisiert, so dass weitere Zugriffe schneller gehen. Hierzu gehören das Abprüfen der Zugriffsrechte sowie die Einrichtung von Puffern und Zugriffsstrukturen.
* *Close File*
  Schließen einer Datei. Dies ermöglicht, die Verwaltungsinformationen der Datei auf dem Massenspeicher zu aktualisieren und anschließend den Platz der Datenstrukturen der Dateiverwaltung im Hauptspeicher wieder freizugeben.
  Ähnlich wie bei der Interprozesskommunikation in Abschn. 2.4.1 kann man das Paar `OpenFile`/`CloseFile` dadurch ersetzen, dass man anstelle der festen Kommunikationsverbindung eine verbindungslose Kommunikation erlaubt: Alle Zugriffe werden in der Reihenfolge ihres Eintreffens ohne vorhergehendes `OpenFile ()` durchführt. Dies ist allerdings für eine lokale Datenorganisation nicht so effizient: Anstelle den Dateizugriff nur einmal einzurichten (Prüfen der Zugriffsrechte, Aufsuchen der Dateiblöcke, …), muss man dies bei jedem Zugriff durchführen, was einen unnötigen Verwaltungsaufwand bedeutet.

- *Read File/Write File*
  Als Parameter erhält dieser Systemaufruf üblicherweise die Dateireferenz sowie einen Puffer und die Anzahl der Bytes, die gelesen bzw. geschrieben werden sollen. Gibt es nur eine (default) Datei und entspricht die Zahl der Bytes der Puffergröße, so reicht ein Parameter, der Zeiger zum Datensatz.
- *Seek File*
  Eine einfache, sequentiell organisierte Datei besitzt eine Position (Index), an der gerade gelesen oder geschrieben wird. Diese Dateiposition wird nicht nur intern als Verwaltungsinformation aktualisiert, sondern kann in manchen Dateisystemen auch vom Programm gesetzt werden. Von einem sequentiellen Bearbeiten, z. B. von Magnetbändern (*sequential access*), kommt man so zu dem wahlfreien Zugriff (*random access*), wie dies beim Arbeiten mit Magnetplatten und CD-ROM üblich ist.

Je nach Betriebssystem werden diese Systemdienste unterschiedlich vom System unterstützt. Dies umfasst sowohl die Frage, ob das Lesen/Schreiben gepuffert ist oder ob das Benutzerprogramm dies selbst tun muss, als auch die Reaktion des Systems auf einen anormalen Zustand, etwa wenn keine Daten gelesen oder geschrieben werden können, weil beispielsweise beim Read () noch keine Daten verfügbar sind oder beim Write () das Laufwerk noch nicht bereit ist. Meist ist das Read () in diesem Fall für den Benutzerprozess blockierend (vgl. Prozesskommunikation, Abschn. 2.4.1), das Write () aber nicht. Stattdessen werden die Daten gepuffert; bei Pufferüberlauf oder Laufwerksdefekt wird eine Fehlermeldung zurückgegeben. Üblicherweise gibt es noch ergänzende Funktionen wie DeleteFile (), RenameFile (), CopyFile (), AppendFile (), Flush-Buffer () usw., die aber stark vom Betriebssystem abhängig sind.

4.4.2 Beispiel UNIX: Dateizugriffsfunktionen

In UNIX liefern die Systemaufrufe fd=creat(name,mode) und fd= open(name,mode) eine Zahl zurück, den *file descriptor* fd. Diese Zahl ist die Referenz für alle anderen Zugriffe wie

- read (fd, buffer, nbytes)   liest *n* Bytes in einen Puffer,
- write(fd, buffer, nbytes)   schreibt *n* Bytes aus einem Puffer,
- close(fd)   schließt eine Datei.

Dieser *file descriptor* ist der Index in einem Feld (*file descriptor table*) aus Einträgen (Zeigern), die sich auf Dateistrukturen beziehen. Die Zahl der Dateien und damit die Zahl der möglichen Einträge (also die maximale Zahl für fd) ist fest und wird bei der Übersetzung des Betriebssystems angegeben und bestimmt so die Größe der Verwaltungsstrukturen für Dateien, die jeweils in der *user structure* eines Prozesses abgespeichert werden.

Der *file descriptor* spielt eine wichtige Rolle in UNIX. Standardmäßig wird vor dem Starten eines Prozesses (Programms) der *file descriptor* 0 für die Eingabe (*stdin*), 1 für die Ausgabe (*stdout*) und 2 für die Ausgabe bei Fehlern (*stderr*) reserviert. Dies macht man sich in UNIX zunutze, um Programme miteinander zu einer gemeinsamen Funktion zu verbinden. In Abschn. 2.4 lernten wir das Kommunikationskonstrukt *pipe* kennen. Um das Beispiel, bei dem mehrere Prozesse in einer Informationskette

```
Programm1 | Programm2 |.. | ProgrammN
```

durch die *shell* aufgesetzt werden zu realisieren, setzt der Elternprozess mehrere Kindsprozesse an und erzeugt für jeweils eine Kommunikationsverbindung eine *pipe*. Dann initialisiert der Elternprozess die Dateideskriptoren für jeden Prozess derart, dass für den *pipe*-Eingang `fd=1` im Sendeprozess und den *pipe*-Ausgang `fd=0` im Empfängerprozess gilt. In Abb. 4.8 ist dies gezeigt.

Die Zuordnung der Dateideskriptoren ist allerdings nur Konvention; jeder Prozess kann über gezieltes Schließen und Öffnen der Dateien auch andere Zuordnungen der Dateideskriptoren erreichen: Beim Öffnen wird immer der freie Dateideskriptor mit der kleinsten Nummer vom System zuerst benutzt.

### 4.4.3	Beispiel Windows NT: Dateizugriffsfunktionen

Die Grundfunktionen für Dateizugriffe sind, wie bereits gesagt, als Methoden von Dateiattributen konzipiert. Zu den üblichen, oben aufgezählten Methoden kommen noch weitere Funktionen für Dateien wie `FlushBuffer ()` sowie die typischen Verzeichnisoperationen (lese, schreibe, durchsuche Verzeichnis usw.) hinzu. Allen gemeinsam ist ein interessantes Konzept: Alle Operationen, welche die Dateistruktur auf dem Massenspeicher verändern, sind als *atomare Transaktionen* implementiert. Dazu gibt es einen speziellen Dienst, den *log file service* LFS, der bei jedem Dateizugriff (Transaktion) vom Kern aufgerufen wird und spezielle *log records* für das Dateisystem schreibt. Bevor die eigentlichen Dateien auf dem Massenspeicher durch eine Transaktion geändert werden, müssen die *log records* aller Operationen für eine Transaktion davon auf den Massenspeicher geschrieben werden. Dieses als *write-ahead logging* bezeichnete Konzept ermöglicht es, bei einem Systemabsturz (Stromausfall etc.) das Dateisystem wieder sauber aufzusetzen. War der Absturz vor dem Hinausschreiben des log-Puffers, so sind alle Operationen vergessen und müssen erneut durchgeführt werden. War der Absturz zwischen log-I/O-Abschluss und Datei-I/O-Abschluss, so muss beim Wiederanlaufen geprüft werden, welche der notierten

Abb. 4.8 Das pipe-System in UNIX

Operationen bereits durchgeführt worden sind und welche noch nicht. Je nach Lage werden dann die noch fehlenden Operationen für eine Transaktion noch durchgeführt oder widerrufen, so dass am Ende jede Transaktion entweder vollständig oder gar nicht durchgeführt wurde. Der genaue Ablauf wird in (Custer 1994) geschildert.

Dieses Konzept hat aber einige wichtige Annahmen, die nicht in jedem Fall unbedingt erfüllt sein müssen. So muss die Übermittlung der log-Daten fehlerfrei sein – wird die log-Datei inkonsistent, weil der Datentransfer fehlerhaft war, so wird sie unbrauchbar. Die Annahme besteht also darin, dass ein passiver Defekt das System in einen sicheren Zustand (*fail save*) bringt (z. B. vollständige Datenunterbrechung durch Betriebssystemabsturz etc.), nicht aber ein aktiver Fehler (z. B. defekter DMA-Datentransfer) die Daten korrumpiert.

4.4.4 Strukturierte Zugriffsfunktionen

Die bisher genannten Zugriffsfunktionen sind sehr einfacher Art und bedeuten nur eine Trennung der physikalischen, gerätespezifischen Zugriffsalgorithmen von den logischen Dateioperationen. In vielen Systemen gibt es nun Operationen, die darauf aufbauend einen strukturierten Zugriff auf Dateien ermöglichen, der mehr an der logischen Organisation der Daten in der Datei als an deren Implementierung orientiert ist. Es gibt mehrere Standardmodelle für eine Datenstrukturierung:

Sequentielle Dateien (sequential files)
In der Vergangenheit verarbeitete man mit Computern lange Datenlisten, die als sequentiell angeordnete Sätze (*records*) organisiert waren. Da diese Datensätze bei umfangreichen Dateien (z. B. Kartei des Einwohnermeldeamts, Datei der Rentenversicherung etc.) auf Magnetbändern existierten und hintereinander bearbeitet wurden, reichte diese Organisationsform lange Zeit aus. Das Dateimodell von PASCAL beispielsweise geht von solchen sequentiellen Lese- und Schreiboperationen ganzer Datensätze mittels der Operationen put () und get () aus.

Möchte man allerdings in einer anderen Reihenfolge als der abgespeicherten auf die Daten zugreifen, so dauert dies sehr lange.

Wahlfreie Dateien (random access files)
Diesen Nachteil vermeidet eine Dateiorganisation, die einen Zugriff auf alle sequentiell angeordneten Datensätze in beliebiger Reihenfolge zulässt. Eine effiziente Realisierung dieses Konzepts wurde erst mit dem Aufkommen von Festplattensystemen als Massenspeicher möglich. Fast alle Dateisysteme ermöglichen diese Art des Zugriffs durch eine zusätzliche Positionsangabe (*offset*) beim Zugriff auf die Datei.

Obwohl sowohl bei sequentiellem als auch bei wahlfreiem Dateizugriff eine Zugriffsart durch die andere realisiert werden kann, ist es nicht sehr sinnvoll, auf eine davon zu verzichten. Sequentielle Dateien beispielsweise kann man schnell auf mehreren hintereinander folgenden Spuren einer Magnetplatte ablegen und lesen, für wahlfreie Dateien ist dies nicht von Vorteil.

Liegt allerdings eine inhaltliche Organisation der Datei vor, so sind beide Methoden langsamer als eine, die auf diese Organisation Rücksicht nimmt und sie effizient mit den Betriebsmitteln implementiert. Aus diesem Grund gibt es speziell für Datenbanksysteme weitere Zugriffsmethoden.

Indexsequentielle Dateien (index-sequential files)

Diese Dateien bestehen aus Datensätzen, die nach einem Kriterium (*Schlüssel*) geordnet sind und denen am Anfang der Datei ein Index (Inhaltsverzeichnis) vorangestellt ist. In diesem Indexverzeichnis sind Verweise auf den Schlüssel (Typ von Einträgen bei einer Einwohnerdatei, z. B. Einwohnername, Geburtstag usw.) derartig strukturiert und aufgeführt, dass man schnell auf den Teil der Datei zugreifen kann, der den interessanten Wertebereich des Schlüssels beherbergt. Da eine solche Struktur typisch für alle Dateisysteme ist und deshalb sehr häufig vom Betriebssystem in den Datenstrukturen von Verzeichnissen (*directory*) verwendet wird, wollen wir uns dies genauer ansehen. In Abb. 4.9 ist eine mögliche Indexstruktur, eine Baumstruktur, am Beispiel einer Einwohnerdatei gezeigt, die nach einem Schlüssel (dem Alter) geordnet ist. Die Schlüssel (Altersangaben) seien 5, 15, 26, 42, 48, 56, 80, 82, 97, 37, 50. Die eigentlichen Datensätze werden über die Pfeile aus der 3. Stufe erreicht und sind nicht abgebildet.

Der jeweils größte Schlüssel (größte Zahl) eines Dateiabschnitts (viereckiger Behälter in Abb. 4.9) aus dem Index 3. Stufe ist als ein Index im Behälter der 2. Stufe nochmals vermerkt. Entsprechend sind als Indizes der 1. Stufe jeweils die größten Schlüssel eines Behälters der 2. Stufe aufgeführt, usw. Sucht man den Datensatz eines bestimmten Schlüssels x, so muss man von der Wurzel des Baumes, hier: von den Indizes der zweiten Stufe ausgehend das Intervall bestimmen, in dem sich der gesuchte Schlüssel befindet, und sich dann sequentiell durch die Hierarchie nach unten bewegen, bis man den Schlüssel des Datensatzes gefunden hat. Dann kann man den Datensatz mit Hilfe der Informationen im daran hängenden Blatt zielgerichtet aus der Datei lesen. Ein solcher Baum aus drei Ebenen kann direkt für eine Dateispeicherung eingesetzt werden: Die oberste Ebene ordnet dem Index Zylindernummern einer Festplatte zu, die zweite Ebene für den Index die Spurnummern innerhalb des Zylinders und die unterste Ebene die Sektoren bzw. Datenabschnitte (*records*) auf einer Spur selbst. Auf der obersten Ebene notieren wir neben jedem Schlüssel genau eine Zylindernummer. Damit vereinbaren wir für jeden Zylinder den maximalen Schlüssel, dessen Daten im Zylinder gespeichert werden. Mit einer solchen Zuordnung wird der Zugriff schnell: dem

Abb. 4.9 Baumstruktur für zweistufigen, index-sequentiellen Dateizugriff

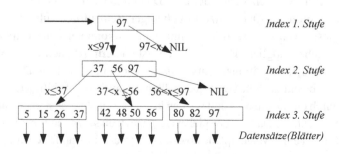

großen Indexabstand in der obersten Stufe entspricht dem großen zeitlichen Unterschied beim Zugriff auf verschiedenen Zylinder; der geringe Abstand bei den Blättern entspricht der geringe (zeitliche) Abstand beim Lesen oder Schreiben benachbarter Sektoren einer Spur. Eine solche Dateispeicherung wird als **index-sequentielle** Datei bezeichnet.

Bei der Zuordnung einer solchen Baumstruktur auf die physikalischen Gegebenheiten (Spuren, Zylinder, Sektoren) bekommt man leicht Probleme, wenn man versucht, Datensätze herauszunehmen oder neue zusätzlich einzugliedern. Beispielsweise schafft die Eingliederung des Satzes mit dem Schlüssel „41" in Abb. 4.9 ziemliche Probleme, da der Behälter (reservierter Speicherabschnitt, *container*) eine maximale Kapazität von vier Schlüsseln hat und bereits vier Schlüssel enthält. Die deshalb nötigen Hilfsstrukturen für die Angliederung der Zusatzdaten „wuchern" unkontrolliert bei häufigen Änderungen der Daten und erfordern bald ein komplettes Neuschreiben der Datei. Dies tritt besonders bei Datenorganisationen mit sehr vielen Schlüsseln und häufigen Änderungen auf, etwa wenn das Indexverzeichnis (*directory*) ein Inhaltsverzeichnis des Dateisystems darstellt und als Schlüssel die Dateireferenzen (Namen, Dateinummern) des Massenspeichers enthält. Für ein effizientes Dateisystem ist es also unumgänglich, die Schlüssel im Indexverzeichnis nach einem anderen Schema zu organisieren, das sowohl eine schnelle Suche als auch flexibles Hinzufügen und Herausnehmen von Schlüsseln gestattet.

B-Bäume

Dazu führen wir zwei Änderungen ein. Zuerst notieren wir jeden Schlüssel in den Knoten des Baumes nur einmal. Dies spart Platz und Suchzeit: haben wir einen Schlüssel gefunden, so müssen wir nicht weitersuchen. Zum anderen speichern wir bei dem Schlüssel auch direkt die Referenzen zu den *records*. Die Blätter des Baumes sind hier nicht die eigentlichen Datensätze, auf diese wird ja direkt von den Schlüsseln verwiesen. Stattdessen dienen die Blätter als potentielle Verzweigungen nur als Platzhalter und enthalten keine Information.

Nun können wir uns einen Baum über folgende Regeln bilden:

- Jeder Knoten (Behälter) enthält maximal m Verzweigungen und damit $m - 1$ Schlüssel.
- Wird ein Schlüssel in einen bereits vollen Behälter eingeführt, so wird stattdessen der Behälter in zwei gleiche Teile geteilt und der mittlere Schlüssel wird in einen Behälter eine Ebene höher verlagert.

Betrachten wir unser obiges Beispiel mit maximal 4 Schlüsseln pro Schlüsselbehälter ($m = 5$) und den Schlüsseln 5, 15, 26, 42, 48, 56, 80, 82, 97, 37, 50. Wir gehen von einem leeren Schlüsselbehälter aus und füllen ihn mit den Schlüsseln 5, 15, 26, 42 bis er voll ist. Der nächste Schlüssel (hier „48") bringt den Behälter zum Überlaufen. Um dies zu verhindern wird nun der Inhalt des Behälters in zwei Teile geteilt und auf zwei Behälter verteilt, wobei ein Schlüssel in der Mitte abgezweigt werden muss, um bei der Suche auf den richtigen Behälter zu verweisen. Dieser Schlüssel wandert nach oben in einen Behälter als Index 1. Stufe. Bei ungeradem m gibt es immer einen mittleren Schlüssel (sonst nehmen

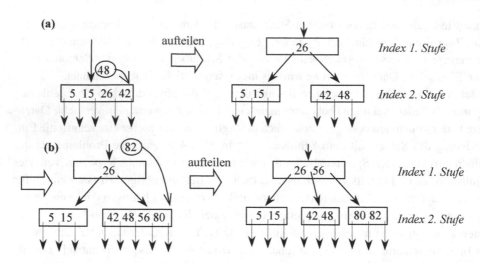

Abb. 4.10 Der Aufbau des B-Baums mit m = 5

wir den letzten der linken Hälfte), in diesem Fall ist es der Schlüssel 26. Es entsteht eine
zweischichtige Hierarchie, siehe Abb. 4.10a.

Die weiteren Schlüssel 56 und 80 können direkt eingegliedert werden, da der Behälter
maximal $m - 1 = 4$ Schlüssel enthalten kann. Wird der Schlüssel 82 eingeführt, so muss
wieder geteilt werden und Schlüssel „56" geht nach oben verschoben, siehe Abb. 4.10b.
Nun können die restlichen Schlüssel 97, 37 und 50 problemlos eingegliedert werden. Der
fertige Baum ist in Abb. 4.11 zu sehen.

Mit der neuen Baumstruktur haben wir zusätzlich zum schnelleren Zugriff auch einen
weiteren Vorteil gewonnen: Wir können leicht zusätzliche Schlüssel einfügen.

Dabei funktioniert folgender Einfügealgorithmus bei Überlaufen eines Behälters:

- Teile den Schlüsselbehälter mit k Schlüsseln auf in zwei Behälter mit den Schlüsseln
  $S_1..S_{\lceil k/2 \rceil - 1}, S_{\lceil k/2 \rceil + 1}..S_k$ auf.
- Den Schlüssel $S_{\lceil k/2 \rceil}$ in der Mitte verschiebe nach oben in die vorige Stufe.
- Falls dort der Schlüsselbehälter überläuft, verfahre dort genauso.

Abb. 4.11 Der fertige Baum
des Beispiels mit m = 5

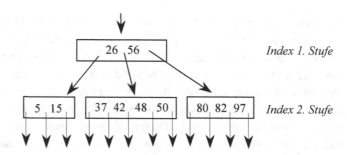

Die Löschoperation von Schlüsseln ist analog invers.

Man beachte, dass wir den Baum so errichtet haben, dass auf derselben Ebene jeweils ungefähr die gleiche Zahl von Verzweigungen pro Behälter abgehen (der Baum ist „ausgewogen"). Dabei achten wir darauf, dass die Schlüsselbehälter gut gefüllt sind, also bei maximal m Verzweigungen oder $m - 1$ Schlüsseln mindestens die Hälfte $\lceil m/2 \rceil$ der möglichen Verzweigungen auch tatsächlich genutzt werden. Nur bei der Wurzel kann der Fall auftreten, dass nur ein Schlüssel (bzw. zwei Verzweigungen) vorhanden ist, obwohl m wesentlich größer sein kann.

Eine solche Datenstruktur hat einen Namen: Es ist ein **B-Baum**, siehe Knuth (1998) oder Comer (1979). Formal gesehen ist ein B-Baum ein Baum, bei dem

(1) Die Wurzel mindestens 2 und maximal m Äste hat,
(2) jeder Ast bzw. Knoten (bis auf die Wurzel und Blätter) in minimal $k = \lceil m/2 \rceil$ und maximal $k = m$ Äste verzweigt,
(3) jeder Knoten $k - 1$ Schlüssel (Indizes) enthält,
(4) alle Blätter auf derselben Ebene sind. Allerdings sind sie uninteressant, da sie keine Schlüssel enthalten, und erfüllen nur Stellvertreterfunktion für Schlüssel oder potentielle Verzeigungen.

Ein solcher Baum ist „von der **Ordnung** m". Es lässt sich zeigen, dass wir bei insgesamt N Schlüsseln im gesamten Baum genau $N + 1$ Blattverzweigungen in der untersten Stufe haben.

Ein B-Baum kann schnell durchlaufen werden: Die Wurzel hat mindestens 2 Verzweigungen und jede Verzweigung in der nächsten Stufe wieder mindestens $\lceil m/2 \rceil$ Verzweigungen, so dass auf jeder der n Stufen mindestens $2 \cdot \lceil m/2 \rceil \cdot \lceil m/2 \rceil \cdot .. = 2 \cdot \lceil m/2 \rceil^{n-1}$ Verzweigungen vorhanden sind. Die Zahl der Verzweigungen auf der n-ten Stufe ist gleich der Anzahl der Blattverzweigungen, also bei N Schlüsseln genau $N + 1$. Bei der Mindestanzahl von Verzweigungen auf jeder Stufe ist die Zahl n von Stufen die nötig sind, um alle Schlüssel im Baum unterzubringen, maximal. Es gilt auf der n-ten Stufe

$$2 \cdot \lceil m/2 \rceil^{n-1} = N + 1 \text{ oder } n - 1 = \log_{\lceil m/2 \rceil}(N+1)/2$$

Mehr Stufen sind also nicht möglich, da wir immer nur die minimale Schlüsselzahl pro Container und damit pro Stufe bedacht haben. Allerdings ist auch bei dieser extrem dünn mit Schlüsseln besetzten Baumstruktur ein dramatischer Zeitgewinn gegeben: Bei einer Containergröße von $m = 200$ und insgesamt $N = 2$ Millionen Schlüsseln benötigen wir lediglich $n - 1 = \log_{100}(10^6) = \log_{100}(100^3) = 3$, also $n = 4$ Stufen, um aus 2 Millionen Schlüsseln eine Datei zu finden! Die B-Bäume tendieren also dazu, selbst bei großer Anzahl von Dateneinträgen sehr flach zu bleiben.

B*-Bäume

Es gibt verschiedene Varianten des B-Baumes. Beispielsweise kann man auf jeder Stufe den Wert für m verschieden wählen. Dies ändert im Prinzip die Algorithmen nicht, sondern

nur die resultierende Baumstruktur. Im Folgenden wollen wir nun eine andere wichtige
Möglichkeit betrachten, die sich davon abhebt und auch meist von Betriebssystemen und
Datenbankorganisationen verwendet wird.

Die Grundidee zur Verbesserung der einfachen Baumstruktur durch den B-Baum
bestand darin, nicht nur volle „Behälter" (Abschnitte) zu verwenden, sondern bei zusätzlichen Datensätzen einen Abschnitt in zwei neue zu zerteilen und die Änderungen im Index
der nächsten Stufe zu reflektieren. Die Abschnitte sind dann durch Zeiger dynamisch
miteinander verbunden. Die Füllung der zwei neuen Behälter kann dabei allerdings sehr
gering sein. Um dies zu verbessern und die Behälter nicht so oft teilen zu müssen, können
wir nun Schlüssel des zu vollen Knotens zu einem weniger vollen Nachbarn „hinüberfließen" lassen, so einen Ausgleich erzielen und die Schlüsselbehälter besser auslasten. Diese
Idee lässt sich in folgendem Algorithmus formulieren:

- Hat ein Nachbarbehälter mit $k < m - 1$ weniger Schlüssel, so verteile die $t = k + m$
  Schlüssel gleichmäßig auf beide Behälter. Dazu nehme den dazugehörenden Schlüssel
  der nächst-höheren Stufe hinzu, teile davon $\lfloor t/2 \rfloor$ Schlüssel für den linken Behälter ab,
  verschiebe den Schlüssel mit Index $i = \lfloor t/2 \rfloor + 1$ in die nächst-höhere Stufe und gebe die
  restlichen $\lceil t/2 \rceil$ Schlüssel in den rechten Behälter.

Aber auch in dem Fall, wenn kein Hinüberfließen möglich ist, können wir eine Verbesserung erreichen:

- Haben beide Nachbarbehälter $m - 1$ Schlüssel, so fasse einen Schlüsselbehälter mit $m - 1$
  Schlüsseln, den überlaufenden Behälter mit m Schlüsseln sowie den dazugehörenden
  Schlüssel der nächst-höheren Stufe zu einer einzigen Schlüsselmenge zusammen.
  Diese enthält nun die Schlüssel $S_1, \ldots, S_{2m}$.
- Teile diese Menge zu *drei* Behältern auf. Jeder Behälter enthält dann abzüglich der beiden
  Schlüssel für die nächst-höhere Ebene $(2m - 2)/3$ Schlüssel. Da dies nicht immer ganz-
  zahlig ist, modifizieren wir die Anzahl zu jeweils $\lfloor (2m - 2)/3 \rfloor$, $\lfloor (2m - 1)/3 \rfloor$ und $\lfloor (2m)/3 \rfloor$
  Schlüsseln, wobei zwei Schlüssel S_A und S_B mit den Indizes $A = \lfloor (2m - 2)/3 \rfloor + 1$ und
  $B = A + \lfloor (2m - 1)/3 \rfloor + 1$ nach oben in die nächst-höhere Indexstufe wandern.

Jede der drei Partitionen ist nun nicht mehr halb, sondern mit $(2m - 2)/3 = (m - 1)(2/3)$
mindestens zu 2/3 voll mit Schlüsseln, was eine Verbesserung gegenüber dem B-Baum
ist. Ein solcher Baum wird als **B*-Baum** bezeichnet. Dabei ist die Definition der Struktur
nicht an die Operationen darauf gebunden: Solange die Baumcharakteristik (Baumdefini-
tion) nicht verändert wird, sind alle Optimierungsoperationen zulässig, etwa das „Hinüberfließen" auch beim B-Baum.

Für unser Beispiel ist das Resultat vom Einfügen des Schlüssels „41" in den Baum aus
Abb. 4.11 in der folgenden Abb. 4.12 gezeigt. In (a) ist dies für den B-Baum und in (b) für
den B*-Baum bei $m = 5$ illustriert. Man sieht, dass in (a) ein neuer Behälter geschaffen
werden musste, während in (b) ein „Überfließen" dies verhinderte.

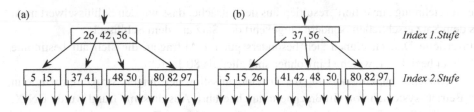

Abb. 4.12 Einfügen des Schlüssels „41" im (**a**) B-Baum und (**b**) im B*-Baum

Formal unterscheidet sich ein B*-Baum in seiner Definition vom B-Baum durch folgende, geänderte Bedingung 1)

1a) Jeder Ast bzw. Knoten (bis auf die Wurzel und Blätter) verzweigt in minimal $k = (2m - 1)$ /3 und maximal m Äste.

2b) Die Wurzel hat mindestens 2 und maximal $2\lfloor(2m - 2)/3\rfloor + 1$ Verzweigungen. Damit kann die Wurzel beim Überfließen in zwei Behälter zu je $\lfloor(2m - 2)/3\rfloor$ Schlüssel (plus ein Schlüssel als neue Wurzel) geteilt werden.

Es gibt noch weitere Variationen des B-Baumes (s. Comer 1979), auf die aber hier nicht weiter eingegangen werden soll.

Mehrfachlisten (multi-lists), Invertierte Dateien (inverted files)

Bei der Dateiorganisation von Mehrfachlisten werden die Informationen über die (sequentiell) angeordneten Datensätze nach unterschiedlichen Schlüsseln geordnet. Für jeden Schlüssel werden die Referenzen zu den Datensätzen, in denen der Schlüssel auch enthalten ist, als Index an den Anfang der Datei geschrieben. In Abb. 4.13 ist dies für Mehrfachlisten gezeigt.

Dabei sind die Listen, mit dem Kopfeintrag startend, nach dem Index des Satzes geordnet, siehe Schlüssel 1 und 2. Man kann sie aber auch nach auf- oder absteigenden Werten des Schlüssels ordnen, so dass die Verzeigerungsstruktur in Abb. 4.13 unübersichtlicher wird. Dies ist mit der Liste der Sätze für Schlüssel m (1,3,2,6,5,8) gezeigt.

Fassen wir alle Zeiger eines Schlüssels jeweils im Index am Anfang der Datei zusammen und schreiben sie nicht in die Datensätze, so wird dies als **invertierte Datei** bezeichnet.

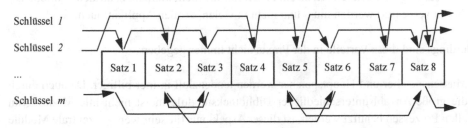

Abb. 4.13 Mehrfachlisten einer sequentiellen Datei

Die Bezeichnung „invertiert" resultiert aus der Tatsache, dass wir den Schlüsselwert nicht aus dem Satz erschließen, sondern umgekehrt den Satz aus dem Schlüssel.

Invertierte Dateien eignen sich besonders gut für Abfragen, die sich auf bestimmte Schlüssel beziehen („welche Einwohner sind älter als 80 Jahre").

Die effiziente Implementierung der Dateiorganisation der obigen Strukturen wurde in den Betriebssystemen von Großrechnern durchgeführt. Aus diesem Grund wurde UNIX, das nur die allereinfachste Art des Dateizugriffs (wahlfreier Zugriff) implementiert, jahrelang als Computersystem für Datenbankanwendungen ausgeschlossen, da man in den Anwenderprogrammen nicht auf den höheren Operationen aufbauen konnte. Die Zwischenschicht zwischen den komplexen Operationen und den einfachen Grundmechanismen von wahlfreiem `Read/WriteFile ()` des Betriebssystems musste jeder Anwender selbst schreiben, was die Portierung derartiger Datenbanken auf UNIX in hohem Maße hemmte. Inzwischen spielen derartige Überlegungen nur noch in sehr speziellen Anwendungen eine Rolle, da neue, schnelle Prozessoren und Laufwerke den Leistungsverlust einer solchen zusätzlich nötigen Zwischenschicht mehr als ausgeglichen haben.

4.4.5   Gemeinsame Nutzung von Bibliotheksdateien

Zu den von den Anwendungsprogrammen genutzten Funktionen eines Betriebssystems gehören nicht nur die Systemaufrufe des Kerns, sondern auch Systemfunktionen, die in Systembibliotheken enthalten sind. Diese Funktionen bieten grundlegende, für viele Anwendungen benötigte Prozeduren und Datenstrukturen, ohne sie gleich in den Kern zu verlagern.

Die Systembibliotheken werden naturgemäß von vielen Prozessen gleichzeitig benutzt. Sie werden deshalb gern nur einmal in den Speicher geladen und mit Speichermechanismen allen Programmen in Form von *shared pages* (s. Abschn. 3.3) zur Verfügung gestellt. In Unix ist dies vorzugsweise die *C-Library*, in Windows NT die *Dynamic Link Libraries DLL*.

Die Vorteile des Konzepts sind:

- Es wird weniger Hauptspeicher und Massenspeicher benötigt, da die Bibliothek nur einmal vorhanden ist und nicht als Kopie an jeder Applikation hängt
- Die Wartung wird erleichtert, da ein Fehler nur in einem kleinen, zentralen Bibliotheksmodul verbessert werden muss und nicht in vielen, großen Applikationen.

Allerdings sind diese Vorteile in der Praxis nicht immer gegeben:

- Massenspeicher und Hauptspeicher werden tendenziell immer billiger. Da auch durch die große Anzahl unterschiedlicher Bibliotheksmodule meist nicht alle Module von allen Prozessen benutzt werden, ist dieser Aspekt nur für sehr wenige, zentrale Module gültig, nicht aber für die Masse der Anwendungsbibliotheken.

- Jedes Bibliotheksmodul hat eigene Adressreferenzen, die beim Laden im Hauptspeicher entsprechend der Lage im virtuellen Adressraum einheitlich gesetzt werden. Meist sind die Module so kompiliert, dass sie mit Adresse Null anfangen, so dass die virtuelle Adressabbildung nur die höheren Adressbits berührt. Bei vielen Bibliotheksmodulen ist es nun nicht immer möglich, dass alle Prozesse denselben Adressraumteil für dieses Modul zur Verfügung haben, so dass im Endeffekt der Lader doch wieder eine Kopie des Moduls auf einen anderen Adressplatz laden muss und der Speichervorteil wegfällt.
- Die Wartung ist auch erleichtert, wenn das Bibliotheksmodul zentral ist; es kann durchaus als Kopie mehrfach in Applikationen benutzt werden.

Außerdem treten bei gemeinsam genutzten Bibliotheksdateien einige Probleme zusätzlich auf (Windows NT: „DLL-Hölle"):

- Manche Module sind Teil einer Gruppe. Ersetzt man ein Modul durch eine neuere Version, so müssen alle anderen ebenfalls durch eine dazu passende Version ersetzt werden. Wird dies nicht beachtet, so können schwere Fehler unklarer Ursache daraus resultieren, beispielsweise, weil das alte Modul vorher nichtdokumentierte Seiteneffekte benutzte oder tolerant gegenüber Datenfehlern war, das neue Modul dagegen dies nicht leistet.
- Veränderte Schnittstellen (Zahl oder Typ der Argumente), die laufzeitmäßig nicht überprüft werden, führen ebenfalls zu Fehlern unklarer Ursache.

Aus diesen Gründen verzichtet man tendenziell darauf, jede Applikationsbibliothek zentral zur Verfügung zu stellen, sondern belässt die Bibliotheksmodule als Kopie lokal bei der Applikation. Gibt es eine neue Bibliotheksversion, so funktioniert die Applikation immer noch unproblematisch mit der lokalen alten Version.

Beispiel Windows NT *DLL management*

Da es in Windows 2000 rund 2800 Systembibliotheken gibt, ist die korrekte Verwaltung sehr wichtig. Im Unterschied zu früheren Versionen, bei denen jedes beliebige Anwendungsprogramm seine DLLs in die Systemordner schreiben durfte und damit leicht Instabilitäten des Systems hervorrufen konnte, ist dies in Windows 2000 strikt verboten und werden vom *Windows File Protection* (WFP)-Mechanismus überwacht. Alle Systembibliotheken sind dort registriert und werden automatisch durch eine Sicherheitskopie aus einem Ordner „%windir%\System32\dllcache" ersetzt, wenn sie unbefugt abgeändert werden und keine korrekte digitale Signatur mehr tragen. Nur korrekt signierte Bibliotheken, wie sie etwa durch *Service Packs* bereitgestellt werden, sind hier erlaubt.

Nicht-Systembibliotheken werden grundsätzlich lokal bei der Applikation abgespeichert. Lokale DLLs, werden zuerst geladen, auch wenn eine entsprechende Systembibliothek existiert.

Eine Prozess-spezifische Ausführung von Bibliotheken funktioniert erst dann nicht mehr, wenn globale Datenstrukturen verwaltet werden müssen. Dies ist in Windows 2000 bei etwa 20 zentralen DLL des Betriebssystems der Fall, etwa „kernel32.dll", „user32.dll" und „ole32.dll", die speziell registriert sind.

Ab Windows Vista/Server 2008 wurde dieser WFP-Mechanismus ersetzt durch den *Windows Resource Protection* (WRP)-Mechanismus. Dabei werden zusätzlich zu den wichtigen Systemdateien auch Teile der Registry geschützt. Der Mechanismus garantiert, dass Originaldateien nur von einen *TrustedInstaller* geändert werden und ersetzt alle Originaldateien im Bedarfsfall aus dem Ordner „%windir%\winsxs\Backup" für den Neustart. Die einzigen Instanzen, die diese Originaldateien installieren oder ändern dürfen, sind die vom *TrustedInstaller* installierten Windows *service packs, hot fixes, upgrades* oder *update files*.

Zur Überprüfung und Wiederherstellung der Integrität der Systemdateien genügt es, ein Prüfprogramm *sfc* (*system file checker*) mit der Option *–scannow* im Administratormodus (Administratorkonsole) laufen zu lassen.

4.4.6   Speicherabbildung von Dateien (*memory mapped files*)

Dateien mit wahlfreiem Zugriff ähneln in ihrem Zugriffsmodell stark dem normalen Hauptspeicher mit wahlfreiem Zugriff (RAM). Diese Analogie kann man weiter treiben: Dateien auf Massenspeichern kann man als Fortsetzung des normalen Hauptspeichers auf einem Massenspeicher ansehen. Deshalb liegt es nahe, einen weiteren Schritt zu tun und konsequenterweise eine direkte Verbindung von einer Datei, die in Abschnitte der Länge einer Seite unterteilt ist, mit einem Bereich des Hauptspeichers herzustellen (**memory mapped file**), der ebenfalls in Seiten untergliedert ist.

Eine solche Verbindung wird mit Systemaufrufen erreicht, in denen die Seiten einer Datei als Ersatz von Hauptspeicherseiten in den virtuellen Adressraum eines Prozesses abgebildet werden. In Abb. 4.14 ist dies illustriert.

Abb. 4.14 Abbildung von Dateibereichen in den virtuellen Adressraum

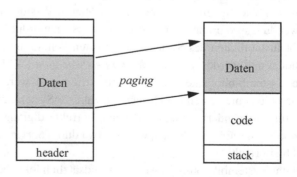

Datei auf Platte   virt. Adreßraum im Hauptspeicher

Die Realisierung eines solchen Mechanismus ist relativ einfach: Als Ort, auf den die Seiten des Prozesses ausgelagert werden, wird der Ort der Datei auf dem Massenspeicher angegeben. Dies hat verschiedene Vorteile:

- *Schnelligkeit*
  Die Seite der Datei wird nur dann tatsächlich gelesen, wenn sie benutzt wird; unnötiges Kopieren von Daten entfällt.
- *automatische Pufferung*
  Bei den meisten Programmen, die Dateien benutzen, muss eine interne Pufferlogik geschrieben werden, um nur wenige, effiziente Lese-/Schreiboperationen durchführen zu müssen. Dies entfällt bei der Speicherabbildung: Die gesamte Pufferung wird mit dem *Paging*-Mechanismus automatisch und effizient vom Betriebssystem durchgeführt.

Zusätzliche Semaphoroperationen erlauben es, solche Speicherbereiche auch mit mehreren Prozessen gemeinsam zu benutzen.

Aus diesen Gründen gibt es einen solchen Mechanismus in vielen Betriebssystemen. Er findet allerdings dort seine Grenzen, wo eine bestehende Datei nicht nur gelesen und beschrieben wird, sondern sich zusätzlich in ihrer Länge ändert. Dies ist mit der Speicherabbildung nicht möglich.

Beispiel UNIX *Memory mapped files*

In Linux gibt es die Systemaufrufe

`mmap ()`	stellt eine Abbildung von virtuellem Adressraum in den Bereich einer Datei her.
`munmap ()`	beendet die Abbildung. Wurde der Speicherinhalt verändert, so werden die veränderten Seiten auf die Datei zurückgeschrieben.
`msync ()`	aktualisiert die Datei aus dem Speicher.

Zusätzlich ist es in HP-UX-UNIX möglich, Semaphore für den Speicherbereich zu erzeugen (`msem_init ()`), die Bereiche zu sperren (`msem_lock`) oder freizugeben (`msem_unlock`) sowie die Semaphore wieder zu entfernen (`msem_remove`).

Beispiel Windows NT *Memory mapped files*

Für die Abbildung zwischen Speicher und Dateisystem sind VM-Manager und I/O-Manager gemeinsam zuständig. Durch den Aufruf `CreateFileMapping ()` wird ein Objekt erzeugt, das auch von anderen Prozessen unter dem angegebenen Namen mit `OpenFileMapping ()` geöffnet werden kann. Dabei kann ein beliebiger Bereich (1 Byte bis 2 GB) deklariert werden. Teilbereiche daraus können mit `MapViewOfFile ()` in den virtuellen Adressraum abgebildet werden. Mit dem Aufruf `FlushViewOfFile ()` kann der Dateibereich aktualisiert und mit `UnmapViewOfFile ()` wieder geschlossen werden.

Dieser Mechanismus lässt sich auch zur Prozesskommunikation nutzen, indem man als gemeinsamen Speicherbereich eine Datei wählt, die mit dem *file mapping*-Mechanismus direkt von mehreren Prozessen bearbeitet werden kann. Für die Synchronisation derartiger Zugriffe sind keine speziellen Funktionen vorgesehen, sondern die Verwendung normaler Semaphore.

4.4.7 Besondere Dateien (*special files*)

Es gibt verschiedene Mechanismen des Betriebssystems, die sich mit Hilfe des Dateisystems elegant umsetzen lassen, ohne aber „echte" Dateien zu erzeugen oder zu behandeln.

Eine der bekanntesten Erweiterungen ist die UNIX-Modellierung von physikalischen Geräten als sogenannte **special files**. Jedem Namen einer Datei, die mit dem Status eines *special file* gekennzeichnet wird, ist ein physikalisches Gerät zugeordnet. Alle Zugriffe und Statusänderungen für diese symbolische Datei wirken sich stattdessen direkt auf dem Gerät aus. Wird beispielsweise auf solch eine Datei geschrieben, so werden in Wirklichkeit die Daten zu dem Gerät, beispielsweise einem Terminal, transportiert und dort auf dem Bildschirm dargestellt. Öffnet ein Prozess das *special file* des Terminals zum Lesen, so empfängt er alle Zeichen, die auf der Tastatur geschrieben werden.

Der Vorteil einer solchen Modellierung liegt in der Tatsache, dass so einerseits der effiziente, direkte Zugriff der Benutzer auf die physikalischen Eigenschaften von Geräten möglich wird, andererseits aber auch die Schutz- und Verwaltungsmechanismen des Betriebssystems wirken und so der Zugriff geregelt und kontrolliert eingeschränkt werden kann.

Beispiel UNIX *Special files*

In UNIX existiert ein Verzeichnis mit dem Pfadnamen/*dev*, in dem Dateien für verschiedene Geräte existieren. Es gibt zwei Arten von Gerätedateien: sequentielle Dateien (*character-oriented special files*), die für alle zeichenorientierten Geräte wie Terminals, Bandgeräte, Drucker usw. eingesetzt werden, und wahlfreie Dateien (*block-oriented special files*), bei denen beliebige Speicherabschnitte (**Blöcke**) wahlfrei angesprochen werden können, beispielsweise Magnetplatten, Disketten usw. Jedes dieser *special files* wird mit Hilfe eines Systemaufrufs `mknod ()` erzeugt und spricht beim Aufruf (`open ()`, `close ()`, `read ()`, `write ()`) spezielle Prozeduren an, die vom Gerätetreiber zur Verfügung gestellt werden. Beispielsweise können auf das gerade benutzte Terminal mit dem Dateinamen /*dev/tty* Buchstaben ausgegeben und gelesen werden. Auch symbolische Geräte, etwa ein Zufallszahlengenerator /*dev/random* als Eingabe oder ein Mülleimer /*dev/null* für die Ausgabe, können eingebunden werden.

Man beachte, dass mit diesem Mechanismus dasselbe Gerät unter verschiedenen *special file*-Namen verborgen sein kann. Beispielsweise kann ein Magnetband als *character special file* wie eine kontinuierliche, sequentielle Datei behandelt werden. Unter einem anderen Namen kann man es aber auch als *block-oriented special file* ansprechen und damit direkt auf einen der sequentiell gespeicherten Blöcke zugreifen, also einen Block mit der Nummer 15 vor einem Block der Nummer 5 lesen. Für diese Operation müssen intern noch zusätzlich Positionierungsbefehle im Gerätetreiber verwendet werden.

Bis auf einige wenige Geräte wie Drucker und Terminal, die kein *block device* emulieren können, ist es deshalb möglich, alle Geräte sowohl als·*character special files* als auch als *block special files* anzusprechen. Da diese Schnittstelle nur Zugriff auf die reinen Daten ohne Struktur und Verwaltungsinformation gestattet, werden diese *special files* auch als **raw devices** bezeichnet.

Um ein auf einer Platte existierendes Dateisystem zu nutzen, muss vorher mit dem `mount()`-Befehl der Wurzelknoten auf ein Verzeichnis des existierenden Dateisystems abgebildet werden. Alle Dateien, die vorher in dem Verzeichnis waren, sind damit erst einmal überlagert von dem neuen Dateisystem und deshalb nicht mehr zugänglich.

Die *special files* stellen in UNIX aus Benutzersicht die einzige Möglichkeit dar, auf physikalische Geräte zuzugreifen. Alle Statusänderungen (wie Änderung der Übertragungsgeschwindigkeit und Modus bei seriellen Leitungen) müssen durch den speziellen Systemaufruf `ioctl ()` unter Angabe des entsprechenden *special file* durchgeführt werden. Möchte man eine spezielle Hardwareeigenschaft nutzen, beispielsweise eine höhere Dichte beim Schreiben von Magnetbändern oder das automatische Zurückspulen nach dem `close ()`-Aufruf, so erzeugt der Administrator in UNIX mit `mknod ()` einen neuen *special file*, der dem Treiber die entsprechenden Parameter beim Aufruf übergibt.

Beispiel Windows NT *Virtual files und Special files*

Die Designer von Windows NT lernten von den existierenden Betriebssystemen und übernahmen den Mechanismus der *special files* von UNIX und ermöglichen den Zugriff auf Geräte, Netzwerkverbindungen etc. mittels normaler Dateioperationen. Jedem Gerät entspricht eine **virtuelle Datei** (*virtual file*), die wie alle Objekte bestimmte, festgelegte Methoden hat, die man ansprechen kann und die auf entsprechenden Dienstleistungsprozeduren der Gerätetreiber (s. nächstes Kap. 5) beruhen. Dabei teilten sie die Verwaltung des Namenraums unterschiedlichen Managern zu. Die Verwaltung der Objekte untersteht dem allgemeinen Objektmanager; die Dateisysteme, die sich auf den Geräten befinden, obliegen dagegen dem I/O- und dem Dateimanager des Kerns.

4.4.8 Aufgaben zu Dateikonzepten

Aufgabe 4.4-1 OpenFile

Ein Betriebssystem kann Dateioperationen auf zwei verschiedene Arten durchführen: Entweder muss der Benutzer zum Dateizugriff die Datei vorher öffnen (Normalfall), oder dies geschieht automatisch beim ersten Zugriff auf die Datei.

Im ersten Fall sieht ein Dateizugriff dann z. B. wie folgt aus:

`Open ()` ... `read ()` ... *weitere beliebige I/O-Ops* ... `Close ()`

Im anderen Fall hätte man nur die Dateizugriffe (I/O-Ops); die Datei würde dann bei Programmende geschlossen. Welche Vor- und Nachteile besitzen die beiden Varianten?

Aufgabe 4.4-2 `write`-Befehl

Es gibt den Befehl *write*, um in Dateien zu schreiben. Gibt es solch einen Befehl auch für Verzeichnisse? Wenn ja, welchen, wenn nein, warum nicht?

Aufgabe 4.4-3 (`copy`-Befehl)

Jedes Betriebssystem kennt Befehle zur Verwaltung von Dateien. Versetzen Sie sich in die Lage eines Betriebssystemarchitekten, der einen `copy`-Befehl schreibt.

a) Implementieren Sie den `copy`-Befehl zum Kopieren einer Datei des Betriebssystems mit den Bibliotheksfunktionen zur Dateiverwaltung (`read`, `write`, ...).
b) Welche Änderungen müssten für den `move`-Befehl vorgenommen werden? Reicht es, erst zu kopieren und dann die Datei im Quellverzeichnis zu löschen? (Denken Sie an Schutzmechanismen!)

Wie müsste der `copy`-Befehl aussehen, um ganze Verzeichnisse mit ihren Unterverzeichnissen zu kopieren? Implementieren Sie ihn.

Aufgabe 4.4-4 Indexbaum

Gegeben sei eine hierarchisch verzeigerte Indexliste, die als mehrstufige Übersetzung von logischer zu physikalischer Blocknummer dient. Sei m die Anzahl der Verzweigungen (Adressen) eines jeden Blocks einer n-stufigen Übersetzung. Wir haben D adressierbare Speichereinheiten auf der n-ten Stufe der Indexliste. Man gehe davon aus, dass im Mittel $m/2$ Einträge pro Block durchsucht werden müssen, wobei m eine reelle Zahl sei.

Berechnen Sie das optimale m, bei dem die mittlere Suchzeit t minimal ist.

Aufgabe 4.4-5 B*-Bäume

Zeigen Sie: Für die Aufteilung von 2m-2 Schlüsseln in drei Teile gilt
$$2m - 2 = \lfloor (2m - 2)/3 \rfloor + \lfloor (2m - 1)/3 \rfloor + \lfloor (2m)/3 \rfloor.$$
Untersuchen Sie dafür die drei Fälle, wenn jeweils 2m − 2, 2m − 1 oder 2m glatt durch 3 teilbar ist.

Aufgabe 4.4-6 B-Bäume vs. B*-Bäume

1. Zeichnen Sie den Baum, der sich für m = 4 (4 Verzeigungen pro Container) nach Einfügen der Schlüssel 7, 22, 9, 30 ergibt
   a) in die leere Wurzel eines B-Baumes
   b) in die leere Wurzel eines B*-Baumes
2. Zeichnen Sie den Baum, der sich für m = 4 nach Einfügen der Schlüssel 16 und 3 ergibt
   a) in folgenden B-Baum

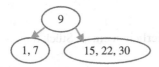

   b) in folgenden B*-Baum

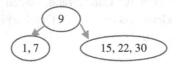

Aufgabe 4.4-7 I/O

Warum wird in UNIX zwischen der Standardausgabe und der Standardfehlerausgabe unterschieden, wenn doch beide *per default* auf den Bildschirm gehen?

Aufgabe 4.4-8 echo auf *special devices*

Was passiert, wenn Sie in UNIX einen Text mit dem Programm echo auf*/dev/tty* oder*/dev/null* ausgeben?

4.5 Implementierung der Dateiorganisation

Die grundsätzlichen Probleme der Implementierung einer Speicherverwaltung haben wir schon in Abschn. 3.1 kennengelernt. Auch bei der Organisation des Speicherplatzes auf Magnetbändern und Festplatten können wir diese Strategien verwenden, um freien und belegten Platz zu verwalten.

4.5.1 Kontinuierliche Speicherzuweisung

Die Grundstruktur einer solchen Methode ist relativ einfach: Zu Beginn des gesamten Speicherplatzes steht ein Index (Verzeichnis), in dem alle Dateien aufgeführt sind, und der

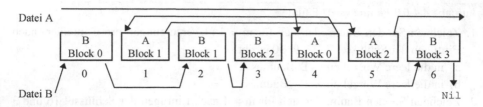

Abb. 4.15 Speicherung von Dateien mittels Listen

Platz, wo die Datei steht. Die Datei selbst ist kontinuierlich in einem Stück hintereinander geschrieben.

Dieses Konzept ist historisch gewachsen in einer Zeit, in der für jede Datei ein eigenes Magnetband reserviert war und die Dateiverzeichnisse Übersichten an Stahlschränken mit Reihen von Magnetbändern waren. Da dieses Konzept für Dateiveränderungen viel zu inflexibel ist, wird es nur noch benutzt, um viele kleine Dateien (z. B. Objekte) in einer größeren Datei (z. B. Objektbibliothek) unterzubringen.

4.5.2 Listenartige Speicherzuweisung

Eine Alternative zu einem kontinuierlichen Speicherabschnitt besteht darin, den Speicher in gleich große Abschnitte (*Blöcke*) zu unterteilen und alle Blöcke einer Datei mit Zeigern zu einer Liste zu verbinden.

Der Vorteil einer solchen Methode liegt darin, dass auch bei einem defekten Verzeichnis (irrtümliche Löschung usw.) die gesamte Datei wiederhergestellt werden kann, wenn die Dateiblöcke doppelt verzeigert und die Dateiinformationen (Name, Zugriffsrechte etc.) auch am Anfang der Datei enthalten sind.

Der Nachteil des Ansatzes liegt im ineffizienten Zugriff auf die Datei: Möchte man den 123. Block lesen, so muss man alle 123 Blöcke vorher lesen, um durch die Liste bis zum Block 123 vordringen zu können. In Abb. 4.15 ist ein solcher Ansatz gezeigt.

4.5.3 Zentrale indexbezogene Speicherzuweisung

Den Nachteil der Dateilisten kann man vermeiden, indem man die Informationen über die Sequenz der Blocknummer, also die Liste aufeinanderfolgender Blöcke, nicht auf das Speichermedium verteilt, sondern in einem zentralen Block zusammenfasst. Die zentrale Indexstruktur ist für unser Beispiel dann eine Liste, in der jeder Eintrag die Blocknummer des darauffolgenden Blocks enthält, siehe Abb. 4.16.

Abb. 4.16 Listenverzeichnis

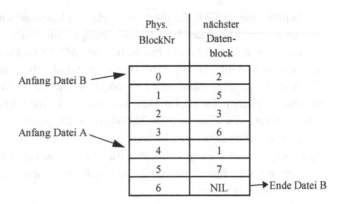

	Phys. BlockNr	nächster Datenblock	
Anfang Datei B →	0	2	
	1	5	
	2	3	
Anfang Datei A →	3	6	
	4	1	
	5	7	
	6	NIL	→ Ende Datei B

Beispiel *Belegungstabelle von Disketten bei MS-DOS*

Unter MS-DOS ist jede Diskette in Sektoren (Datenblöcke) der Länge 512 Byte eingeteilt. Abgesehen vom Sektor 0, dem Bootstrap Sektor, ist in den Sektoren 1–5 eine Belegungstabelle (*File Allocation Table* FAT) untergebracht, von der eine Sicherheitskopie in den Sektoren 6–10 existiert. Die FAT besteht aus Einträgen der Länge 12 BITs oder 3 Hexadezimalzahlen der Werte 000_H–FFF_H, so dass in $5 \cdot 512 = 2560$ Bytes maximal $2560/1{,}5 = 1706$ Einträge Platz finden. Jeder Eintrag steht für eine Speichereinheit der Diskette. Jede Speichereinheit, genannt *Cluster*, ist 1024 Bytes (2 Sektoren) lang, so dass eine MS-DOS-Diskette bei dieser Kodierung maximal 1,7 MB Kapazität erreichen kann und jede Datei mindestens 1 KB lang ist.

Jeder Tabelleneintrag hat über die reine Tatsache der Belegung hinaus folgende Bedeutung:

000_H	freier Cluster
$001_H \ldots FF0_H$	Cluster belegt; Eintrag = Nummer des nächsten Clusters der Datei
$FF1_H \ldots FF7_H$	unnutzbarer, defekter Cluster (Oberflächenfehler des Materials)
$FF8_H \ldots FFF_H$	letzter Cluster einer Datei

Da die beiden ersten Einträge zur Verwaltung genutzt werden und die Daten bei Sektor 18 anfangen, ergibt sich bei 2 Sektoren pro Cluster die erste Sektornummer eines Clusters zu

$$\text{Sektornummer} = (\text{Index des Clustereintrags} - 2) * 2 + 18$$

Der normale Tabelleneintrag ermöglicht es, unabhängig von der Tatsache der Belegung auch den nachfolgenden Cluster einer Datei zu bestimmen, so dass die Angabe eines Startclusters genügt, um eine Datei vollständig von der Diskette zu lesen. Es ist also sinnvoll, über die statische *belegt*-Information hinaus die Einträge zu verketten. Allerdings schränkt diese Kodierung die mögliche Anzahl der verwalteten Cluster ein; auch bei beliebig langer FAT, die über die 5 Sektoren hinausgehen würde, kann man nur bei maximal $2^{12} = 4096$ Index bzw. Clustereinträgen nur 4 MB an Clusterplatz verwalten.

Aus diesem Grund ist bei Festplatten das MS-DOS-Tabellenformat geändert: Der Clusterindex ist eine 16-Bit-Zahl. Dies bedeutet allerdings auch, dass mit $2^{16} = 65.536$ Clustern der gesamte Plattenplatz abgedeckt werden muss. Bei einer 2-GB-Platte, einer durchaus üblichen Größe für PCs, bedeutet dies eine Clustergröße = Speicherplatz/ Clusteranzahl von $2^{31}/2^{16} = 2^{15} = 32.768$ Bytes. Da die meisten Dateien im Bereich von 1 KB sind, verschenkt man also im Normalfall 31 KB von 32 KB – eine sehr schlechte Speicherplatzausnutzung. Deshalb wird eine solche physische Platte bei MS-DOS in mehrere logische Platten unterteilt, die jeweils mit einem eigenen Dateisystem kleinere Clustergrößen zulassen.

Allerdings hat diese Methode das Problem, dass bei großen Dateisystemen die zentralen Listen sehr groß werden können. Da das gesamte Verzeichnis im Hauptspeicher sein muss, um es durchsuchen zu können, wird dauerhaft Platz im Hauptspeicher belegt, ohne ihn tatsächlich zu benutzen.

Beispiel: Bei 2 GB = 2^{31} Byte Festplattenplatz und einer Blockgröße von 1 KB = 2^{10} Byte muss eine Indexliste von mindestens $2^{31}/2^{10} = 2^{21} = 2$ Millionen Einträgen geführt werden. Jeder Eintrag muss dabei alle anderen 2 Mill. Einträge referieren können, so dass 3 Byte pro Eintrag nötig sind. Dies bedeutet, dass für eine zentrale Indexliste immer 2 Mill. mal 3 Byte = 6 MB Hauptspeicher reserviert sein müssen – ohne dass die Einträge auch alle benutzt werden!

Aus diesen Gründen wurde beim Nachfolgesystem FAT 32, das auch in Windows 2000 enthalten ist, ein 32-Bit Datenwort als Clusterindex verwendet und so auch kleineren Dateilängen Rechnung getragen.

4.5.4 Verteilte indexbezogene Speicherzuweisung

Eine wichtige Alternative zu einer zentralen Indexdatei für den gesamten Massenspeicher besteht darin, für jede Datei eine eigene Indexliste zu führen und sie jeweils in einem Block abzuspeichern, vgl. Abb. 4.17. Nur wenn die entsprechende Datei tatsächlich angesprochen wird, muss der dazugehörende Indexblock eingelesen werden.

Abb. 4.17 Verteilung der Dateiindexliste auf die Dateiköpfe

Datei A
4
1
5
7
...

Datei B
0
2
3
6
NIL

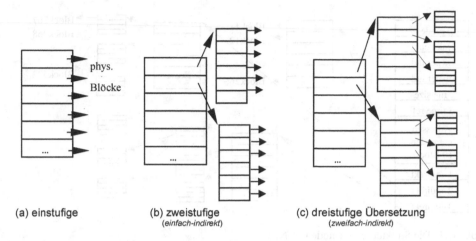

(a) einstufige   (b) zweistufige   (c) dreistufige Übersetzung
                        (einfach-indirekt)   *(zweifach-indirekt)*

Abb. 4.18 Mehrstufige Übersetzung von logischer zu physikalischer Blocknummer

Die Indexlisten werden natürlich länger, je länger die dazugehörenden Dateien werden. Nun beobachtet man in existierenden Dateisystemen, dass sehr viele Dateien mit wenigen Blöcken und wenige Dateien mit vielen Blöcken existieren. Aus diesem Grund kann man den Hauptindexblock so auslegen, dass er für die meisten Dateien ausreichend ist. Für die wenigen Dateien, die mehr Indexplatz benötigen, müssen wir einen weiteren Indexblock anlegen, dessen logische Adresse am Ende der Indexliste steht. Sind die Dateien sehr groß, so wird auch dies zu langsam, da dann alle Indexblöcke sequentiell von der Platte gelesen werden müssten, um die physikalische Adresse des gesuchten Blocks zu finden. Es ist stattdessen sinnvoll, die verzeigerten Indexlisten hierarchisch zu organisieren und so die Übersetzung der logischen Blockadresse der Datei zur physikalischen Adresse des Geräts zu beschleunigen. In Abb. 4.18 ist das Prinzip dafür verdeutlicht, das stark an die mehrstufige Übersetzung von virtuellem zu physikalischem Adressraum erinnert, vgl. Abschn. 3.3.

4.5.5   Beispiel UNIX: Implementierung des Dateisystems

Das bekannteste Betriebssystem, das die zuletzt erwähnte Methode verwendet, ist UNIX. Hier ist eine spezielle Variante im Gebrauch, die versucht, in einem Indexblock sowohl die relevante Information für kurze als auch für lange Dateien zu halten.

Dazu besteht der erste Indexknoten (**i-node**) aus einem allgemeinen Teil, in dem Namen usw. vermerkt sind. Danach folgen die ersten 10 Adressen der Datenblöcke, falls die Datei kleiner als 10 Blöcke (10 kB) ist. Ist sie größer, so müssen die weiteren Blöcke extra untergebracht werden. Dazu folgt ein Zeiger zu einem Block mit bis zu 256 Einträgen von Blocknummern der Platte. Reichen diese Angaben für $10 + 256 = 266$ kB Plattenplatz nicht aus, so wird ein Zeiger zu einem zweifach- und danach, wenn diese weiteren $2^8 \cdot 2^8 = 2^{16}$ Blöcke $= 67$ MB nicht ausreichen, zu einem dreifach-indirekten Übersetzungsbaum eingeführt. In Abb. 4.19 ist dies für ein Beispiel übersichtsweise gezeigt.

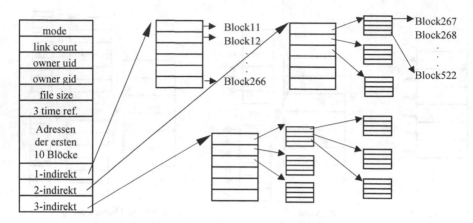

Abb. 4.19 Die Struktur einer i-node in UNIX

Der oben angedeutete Inhalt einer *i-node* ist in konkreten Systemen modifiziert und erweitert mit wesentlich mehr internen Angaben, z. B. in System V mit der Semaphorinformation zur Sperrung der Datei, Platz für Zeiger, wenn die *i-node* als freier Speicherplatz in die doppelt verkettete *free*-Liste gehängt wird, Einträgen für die mount ()-Tabelle, Statusinformation für den Zugriff im Netzwerk usw. Auch die doppelt- und dreifach-indirekte Tabelle ist in System V nicht vorhanden, dafür aber Zeiger zur Fortsetzung der *i-node* in weiteren Blöcken.

Jeder Datei ist also genau eine *i-node* zugeordnet, auch den Dateiverzeichnissen (*directory*) selbst als einer gespeicherten Datei. Die *i-node*-Nummern werden sequentiell vergeben, ihre korrespondierende, aktuelle Lage auf dem Massenspeicher (phys. Blocknummer) ist in einem speziellen Block (*super node*) zusammengefasst. Wird die *super node* zerstört, so ist das Dateisystem unbrauchbar.

Die eindeutige Schlüsselreferenz einer Datei ist die *i-node*-Nummer, auch wenn mehrere Referenzen (Dateinamen) für dieselbe Datei in verschiedenen Verzeichnissen existieren.

Ein Verzeichnis ist deshalb sehr einfach aufgebaut: Es enthält nur die *i-node*-Nummer der Datei und den Namen (sowie Länge des Namens und des Eintrags), mehr nicht. Alles andere, wie Zugriffsrechte usw., ist im ersten Block der Datei gespeichert. Da jedes Verzeichnis eine Länge besitzt, die ein Vielfaches der Blockgröße (also einer schnell transportierbaren Speichereinheit) ist, können Verzeichnisse schnell und effizient gelesen und gespeichert werden. Die zusätzliche Angabe der Namenslänge bzw. Eintragsgröße (= auf Wortgrenze erweiterte Namenslänge) erlaubt es, auch kurze Namenseinträge effizient in einem Verzeichnis zu speichern.

Die Grundstruktur des UNIX-Dateisystems ist also zur schnelleren Suche wie ein Baum aufgebaut und liegt fast allen anderen Dateisystemen zugrunde. In der heutigen Zeit sind darüber hinaus noch weitere Dateisysteme für Unix hinzugekommen, die in vielen Punkten weit über das Grundsystem hinausgehen. So wurde von Oracle seit 2007 das **btrfs** (*B-tree file system*) als freie Software sowohl für Linux als auch für Windows freigegeben und bei *facebook* weiterentwickelt. Es ist als balancierter Baum (B-Baum, s. Seite 210) mit den

Datenelementen in den Blättern (B$^+$-Baum) aufgebaut und kann so besonders schnell (in logarithmischer Zeit) durchsucht werden, wachsen und schrumpfen. Außerdem nutzt es die *copy on write*-Idee, um Datenblöcke bei Kopieroperationen erst dann neu zu schreiben, wenn sie verändert wurden. Ansonsten wird nur eine Referenz zu den Originaldaten statt der Kopie verwendet. Die Unterstützung von RAID-Datenreplikation, Prüfsummen, inkrementelle Datensicherung, Datenkompression, online-Defragmentierung und dynamische i-nodes macht es auch für kommerzielle Anwendungen interessant.

Die hauptsächliche Motivation, ein neues Dateisystem einzuführen, ist vor allem die maximale Größe einer einzelnen Datei sowie die maximale Größe des gesamten Dateisystems (Anzahl der Dateien, Anzahl der Ordner, Schachtelungstiefe, Gesamtzahl speicherbarerer Datenblöcke). Für *btrfs*, das bereits als Nachfolger des Unix-Standardbetriebssystem *ext3* bzw. *ext4* gehandelt wird, kann eine Datei maximal 16 Exbibyte (2^{64} Byte), 2^{64} Dateien in 2^{64} Bytes Gesamtspeicher enthalten. Dies sollte für die meisten Anwendungsfälle ausreichend sein.

4.5.6   Beispiel Windows NT: Implementierung des Dateisystems

Die Grundeinheit zur Dateiverwaltung ist in Windows NT ein *volume*. Dies ist eine logische Massenspeichereinheit; sie kann sowohl aus einer einzigen Festplatte als auch aus mehreren, auf verschiedenen Platten existierenden Speicherbereichen bestehen, die nach außen zu einer logischen Einheit zusammengefasst wurden.

Jedes *volume* besteht prinzipiell nur aus einer Sorte Daten: aus Dateien (*files*), die durchnumeriert sind. Jede Datei hat eine eindeutige 64-Bit-Nummer (*file reference number*); sie besteht aus einer 48-Bit-Dateinummer und einer zusätzlichen 16-Bit-Sequenznummer. Die Sequenznummer wird nach jedem Löschen der zur Dateinummer gehörenden Datei inkrementiert, so dass man zwischen der Referenz zu einer inzwischen gelöschten und der aktuellen Datei unterscheiden kann, auch wenn sie die gleichen Dateinummern referieren.

Die Vorteile des Konzepts, alle Informationen als Dateien zu präsentieren, sind:

* einfacher, konsistenter Dateizugriffsmechanismus, sogar auf die *boot*-Information.
* Die Sicherheitsinformationen sind getrennt nach Verwaltungsteilen (Tabellen, Objekte) und damit besser anpassbar an die inhaltlichen Notwendigkeiten der jeweiligen Verwaltungsfunktion.
* Werden Plattenteile unbrauchbar, so können die Verwaltungsinformationen unsichtbar für den Benutzer auch auf andere Plattenteile verlagert werden.

Jedes *volume* enthält eine Datei, die zentrale Tabelle *Master File Table* MFT, in der alle Dateien verzeichnet sind einschließlich ihrer selbst, siehe Abb. 4.20.

Der Einträge für die MFT selbst enthält alle Daten (Start, Länge etc.) der MFT als Datei. Eine Sicherheitskopie ist ebenfalls als Datei eingetragen. In Abb. 4.21 ist ein solcher Eintrag visualisiert. Die einzelnen Dateiattribute sind in Abschn. 4.3.2 näher erläutert. Die Zuordnung der virtuellen, bei 0 beginnenden linear aufsteigenden virtuellen

Datei 0	*Master File Table*
Datei 1	*Sicherheitskopie der MFT* für die Metadateien, in Plattenmitte lokalisiert
Datei 2	*log file*: Alle Operationen, die die NTFS-Struktur ändern, werden hier verzeichnet und garantieren so atomare Dateitransaktionen.
Datei 3	*volume file*: Statusinformationen des *volume* wie Name, NTFS-Version usw. Ist das *corrupted*-Bit gesetzt, so muß das `chkdsk`-Programm durchgeführt werden, das das Dateisystem auf Konsistenz prüft und festgestellte Fehler repariert.
Datei 4	*attribute definition table*: Hier sind alle Attributstypen verzeichnet, die im *volume* vorkommen, sowie ihr Status, beispielsweise ob sie indiziert oder wiederhergestellt werden können.
Datei 5	*root directory*: Name des Wurzelverzeichnisses, z. B. „\"
Datei 6	*bitmap file:* Belegungstabelle der volume-Speichereinheiten (Cluster), vgl. Abschn. 3.1.1
Datei 7	*boot file* : Diese Datei wird durch das Formatierungsprogramm erzeugt und enthält den *bootstrap*-Code von Windows NT und die physikalische Geräteadresse der MFT-Datei.
Datei 8	*bad cluster file:* Verzeichnis der unbrauchbaren *volume*-Cluster

~ ... ~

Datei 16	Normale Benutzerdateien und Verzeichnisse

Abb. 4.20 Die Reihenfolge der ersten 16 Dateien, der NTFS-Metadata Files

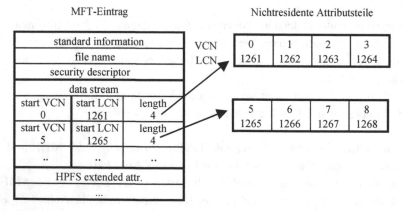

Abb. 4.21 Die Struktur eines MFT-Eintrags

Clusternummern VCN zu den logischen Clusternummern LCN des Geräts, auf dem die Daten liegen, ist ebenfalls in der Dateibeschreibung enthalten. Da der Speicherplatz normalerweise nicht zusammenhängend ist, liegen die einzelnen Speicherplatzstücke als Einträge in der Liste vor. Die eigentlichen Daten werden dabei als „erweiterte, nichtresidente Attribute" betrachtet. Reicht der reservierte Platz im Eintrag für diese Liste nicht aus, etwa weil die Datei zu stark fragmentiert ist, so ist im *data stream* die Information hinterlegt, in welchen zusätzlichen Clustern die weiteren Listeneinträge stehen.

Existieren Speicherblöcke, die nur aus Nullen bestehen, und ist als Standardattribut „komprimiert" für die Datei angegeben, so werden die leeren Blöcke nicht gespeichert. Stattdessen werden bei der Zählung der virtuellen Cluster die entsprechenden Clusterblöcke einfach übersprungen, so dass in einer VCN-Sequenz „Löcher" existieren können, siehe die VCN- und LCN-Bezeichnungen der Datenblöcke in Abb. 4.21.

Beim Lesen der Daten wird dies vom NTFS-Dateisystem bemerkt und statt dessen entsprechende, mit Nullen initialisierte Blöcke zurückgegeben. Enthalten die Blöcke von „komprimiert"-Dateien keine Nullen, so wird ein allgemeiner Kompressionsalgorithmus angesprochen, der aber auf Schnelligkeit und nicht auf Kompressionsleistung optimiert wurde. Bei einem Verzeichnis (*directory*) besteht der Datenstrom aus einem Index mit Dateinamen, deren Puffer in Form eines B*-Baumes (wie bei HPFS in OS/2) organisiert sind, vgl. Abschn. 4.4.4.

Dieser Index besteht aus drei Teilen: zum einen aus mehreren, in lexikalischer Reihenfolge indizierten Namen (*index root*) und ihren Angaben, zum zweiten aus den Zuordnungstabellen VCN→LCN der Zusatzpuffer (nichtresidente Daten) (*index allocation*) und zum dritten aus den Belegungstabellen (*bitmaps*) dieser Puffer. In Abb. 4.22 ist als Beispiel die Datei des Wurzelverzeichnisses (*file reference number* 5 der MFT) gezeigt.

Jeder Eintrag (hier: „file X") besteht aus der *file reference number*, dem Namen, Zeitstempel und Dateilänge, die von der MFT hierher kopiert wurden. Damit ist zwar ein zusätzlicher Synchronisationsaufwand verbunden, der sich aber durch kürzere Suchzeiten

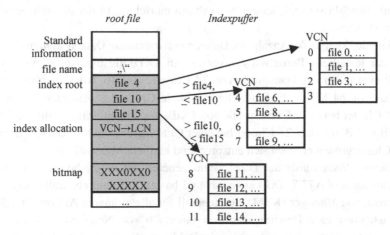

Abb. 4.22 Die Dateistruktur des Wurzelverzeichnisses

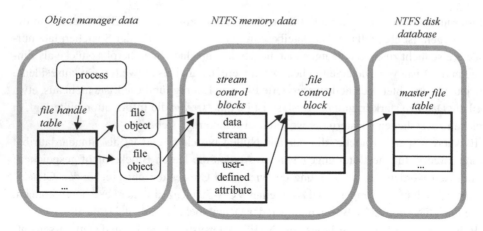

Abb. 4.23 Datenstrukturen für eine NTFS-Datei

in Verzeichnissen lohnt. Die Dateinamen sind, wie erwähnt, in lexikalischer Reihenfolge indiziert. Jeder Dateiname verweist auf einen Indexpuffer, der Einträge mit kleinerem Index (z. B. „file1", „file2", „file3" vor „file4") enthält. Ein solcher B*-Baum wächst dabei eher in die Breite als in die Tiefe und erlaubt so schnelle Suchoperationen.

Die Zusatzpuffer enthalten die Dateiangaben in gepackter Form; bei der erstmaligen Benutzung (*mount*) des Dateisystems muss die Datenstruktur im Speicher ausgepackt werden. Dadurch ist pro Puffer von 2 KB oder 4 Cluster mit je 512 Byte die Speicherung von ca. 15 Dateinamen möglich.

In der folgenden Abb. 4.23 ist ein Gesamtüberblick über die Datenstrukturen gegeben, die zur Benutzung einer NTFS-Datei nötig sind.

Dabei kann man drei Bereiche unterscheiden: die Datenstrukturen, die vom Objektmanager für einen Prozess im Speicher aufgebaut werden, die Datenstrukturen, die vom NTFS-Treiber im Speicher errichtet werden und die Strukturen, die der NTFS-Treiber auf dem eigentlichen Massenspeicher zur Verwaltung einrichtet. In der Abbildung ist jeder Bereich grau umrandet.

Die maximale Dateigröße, Anzahl der Dateien und maximale Dateisystemgröße hängen stark von der jeweiligen Betriebssystemversion ab. Derzeitig unterstützt Windows NT Version 10 eine maximale Dateigröße von 2^{28} Cluster, also 16 TiB (2^{44} Byte) bei einer Clustergröße von 64 KiB = 2^{16} Byte. Die maximale Größe des gesamten Dateisystems umfasst 2^{64} Cluster bei einer Clustergröße von 1 KiB, implementierungsbedingt allerdings nur 256 TiB (2^{48} Byte), d. h. 2^{32} Cluster bei einer Clustergröße von 64 KiB (2^{16} Byte). Bei kleineren Clustergrößen ergeben sich entsprechend kleinere Maximalwerte.

Seit Windows Vista wurde das Dateisystem generell auf mögliche atomare Transaktionen (*Transactional NTFS*, TxF) erweitert und basiert auf dem ebenfalls eingeführten *Kernel Transaction Manager* (KTM), der generell für alle atomaren Aktionen im System zuständig ist, etwa auch Dateitransaktionen innerhalb von Netzwerken. Da der TxF-Service allerdings sehr wenig genutzt wird, rät Microsoft von dessen Benutzung durch Anwendungen ab, da er zukünftig wegfallen könnte.

4.5.7 Aufgaben zu Dateiimplementierungen

Aufgabe 4.5-1 i-Nodes und Bitmaps

a) Zwei Informatikstudentinnen, Caroline und Leonore, diskutieren über Indexknoten (I-nodes). Caroline behauptet, dass Speicher so schnell und billig geworden ist, dass es sinnvoll ist, eine Kopie der I-node in den Cache des Prozesses zu laden und dort direkt damit zu arbeiten, und nicht bei jedem Zugriff auf die Datei umständlich das Original auf der Platte zu benutzen.

  Leonore ist anderer Meinung.

  Wer hat Recht?

b) Das UNIX – Dateisystem hat 1 KiB – Blöcke und 4 Byte Plattenadressen. Was ist die maximale Dateigröße, falls die I-nodes zehn direkte Eintrage und jeweils einen einfach-, einen doppelt und einen dreifach-indirekten Eintrag besitzen?

c) Nachdem eine Plattenpartition formatiert worden ist, sieht der Anfang einer Bitmap zur Verwaltung der freien Speicherblöcke so aus: 1000 0000 0000 0000, wobei der erste Block durch das Wurzelverzeichnis belegt sei. Das System sucht nach freien Blöcken, indem es immer mit der niedrigsten Blocknummer beginnt.

  Nachdem die Datei A geschrieben worden ist und nun sechs Blöcke belegt, sieht die Bitmap folglich so aus: 1111 1110 0000 0000. Stellen Sie die Bitmap nach jeder der folgenden weiteren Aktionen dar:
  – Die Datei B wird geschrieben, B benötigt fünf Blöcke.
  – Die Datei A wird gelöscht.
  – Die Datei C wird geschrieben, C benötigt acht Blöcke.
  – Die Datei B wird gelöscht.

Aufgabe 4.5-2 Speicherverwaltung von Dateien

Die zusammenhängende Speicherung von Dateien führt zu Plattenfragmentierung. Handelt es sich dabei um interne oder externe Fragmentierung?

Literatur

Comer D.: The Ubiquitous B-Tree. ACM Computing Surveys 11, 121–137 (1979)
Custer H.: Inside the Windows NT File System. Microsoft Press, Redmond, Washington 1994
Knuth D.: The Art of Computer Programming, Vol. 3: Sorting and Searching. Addison-Wesley, Reading, MA, 2nd ed., 1998

Ein- und Ausgabeverwaltung

5

Inhaltsverzeichnis

Die Leistungsfähigkeit eines Computersystems hängt nicht nur vom Prozessortyp und von der Wortbreite (16, 32 oder 64 Bit) ab, sondern im wesentlichen von der Geschwindigkeit,

© Springer-Verlag GmbH Deutschland 2017
R. Brause, *Betriebssysteme*,
DOI 10.1007/978-3-662-54100-5_5

mit der die Daten zwischen den Ein- und Ausgabegeräten (Massenspeicher, Netzwerkanschluss etc.) und dem Prozessor/Hauptspeichersystem transferiert werden können. Im Unterschied zu meist rein wissenschaftlichen Anwendungen, wo die Rechenleistung (*Mi*llionen *F*Ließkomma- *O*perationen *p*ro *S*ekunde MFLOPS) gefragt ist, bestehen die Anforderungen normaler Rechenanlagen aus einer bunten Mischung sehr verschiedener Programmarten: Rechenteile, Datenbankapplikationen, Verwaltungsaufgaben usw. Deshalb verwenden alle leistungsmessenden Programme (*benchmark*-Programme) Aufgaben, deren Abarbeitung stark vom Gesamtsystem aus Prozessor, Speicher, Massenspeicher und Datentransferarchitektur bestimmt ist.

Dabei spielt die Datenein- und -ausgabe eine wichtige Rolle. Aus diesen Gründen sehen wir uns nun nach der Prozessor- und Speicherverwaltung in den vorigen Kapiteln die Ein- und Ausgabearchitektur von Betriebssystemen näher an.

5.1   Die Aufgabenschichtung

In Betriebssystemen waren früher die Wechselbeziehungen zwischen Anwenderprogramm und Ein- und Ausgabegeräten sehr innig – jeder Anwenderprogrammierer setzte sein eigenes, „effizientes" System auf, um den Datenfluss zwischen seiner Anwendung und dem Peripheriegerät zu steigern. Dieser Ansatz führte aber nicht nur dazu, dass jeder sein eigenes, geräteabhängiges Programm hatte, sondern auch zu Fehlern und Überschneidungen, wenn mehrere Programme auf dasselbe Gerät zugreifen wollten (z. B. MS-DOS). Da dies in *multi user*-Umgebungen nicht mehr tragbar war, wurden die gerätetypischen Programmteile abgetrennt und als eigene Module (**Treiber**) ins Betriebssystem integriert. Dies fördert nicht nur die Portabilität eines Programms über unterschiedliche Rechnerarchitekturen hinweg und hilft, Fehler zu vermeiden, sondern erspart auch dem Anwendungsprogrammierer Arbeit.

Die Grundaufgabe eines Treibers ist es also, alle gerätespezifischen Initialisierungsschritte und Datentransfermechanismen vor dem Anwenderprogramm hinter einer einheitlichen, betriebssystemspezifischen Schnittstelle zu verbergen. In unserer Notation aus Kap. 1 ist der Treiber also eine *virtuelle Maschine*; er vermittelt zwischen Betriebssystem und physikalischem Gerät.

Die Aufgaben eines Treibers sind auf die Initialisierung der Datenstrukturen und des Geräts sowie Schreiben und Lesen von Daten begrenzt. Zusätzlich kommen aber noch weitere Aufgaben hinzu, die nur mit dem Betriebssystem zusammen durchgeführt werden können:

- Übersetzung vom logischen Programmiermodell zu gerätespezifischen Anforderungen
- Koordination der schreibenden und lesenden Prozesse für das Gerät
- Koordination verschiedener Geräte gleichen Typs
- Pufferung der Daten
- usw.

Diese zusätzlichen Aufgaben kann man in einer weiteren Softwareschicht zusammenfassen, so dass im Allgemeinen mehrere Schichten virtueller Maschinen oder Treiber zwischen dem Anwenderprozess und dem physikalischen Gerät liegen. In Abb. 5.1 ist dies illustriert.

Die Einführung einer Schichtung erlaubt es, zusätzliche Aufgaben für die Datenbearbeitung in Form von Extraschichten in die Bearbeitungsreihenfolge einzufügen. Beispielsweise sieht ein Plattentreiber die Platte als ein Speichergerät an, dessen Speicheradressen durch eine Vielzahl verschiedener Parameter wie Laufwerks-, Sektor-, Plattennummer usw. bestimmt ist. Er übersetzt die Schreib- und Leseanforderungen, die von einem einfachen, linearen Modell von 0.N Speicheradressen ausgehen, in die Adressierlogik des Plattenspeichers. Dieser Umsetzung von logischer zu physikalischer Adresse kann man nun einen weiteren Treiber vorschalten: Die Umsetzung von einer logischen, relativen Adresse innerhalb einer Datei zu der logischen, absoluten Adresse des Speichergeräts, auf dem sich die Datei befindet, wird ebenfalls von einem Dateitreiber durchgeführt.

Die Problematik, für ein neues oder existierendes Gerät einen passenden Treiber zu entwickeln, sollte nicht unterschätzt werden. Fast alle neueren Betriebssysteme leiden nicht nur unter dem Problem, zu wenige Anwendungen zu haben, sondern insbesondere darin, dass die Treiber neuer Geräte meist nur für die am meisten verkauften Betriebssysteme entwickelt werden und damit die Verbreitung des Betriebssystem behindern. Es ist deshalb für jedes Betriebssystem wichtig, eine einfache Schnittstelle für Treiber (oder noch besser: ein Entwicklungssystem) öffentlich zur Verfügung zu stellen.

Eine interessante Initiative bildet in diesem Zusammenhang die seit 1994 im Unix-Bereich agierende *Uniform Driver Interface* UDI-Initiative aus mehreren großen Firmen. Sie versuchen, eine betriebssystemunabhängige, plattformneutrale Treiberschnittstelle zu entwickeln, um die Verwendung neuer Hardware auf möglichst vielen Systemen zu beschleunigen. Das UDI-Konzept ist in Abb. 5.2 visualisiert.

Die UDI-Spezifikation besteht dabei zum einen aus einer Programmierbeschreibung des UDI-Treibers und zum anderen aus einer plattformunabhängigen Ablaufumgebung, die nach oben eine Schnittstelle zum Betriebssystem hat und nach unten zur Hardwareplattform und damit dem eigentlichen Treiber eine einheitliche Umgebung anbietet. Zwar müssen sowohl Betriebssystemschnittstelle als auch Hardwareabhängigkeiten für die Ablaufumgebung programmiert werden, aber nur einmal für jedes Betriebssystem und nur einmal für jede Hardware. So wird die Vielfalt aller Kombinationen aus Hardware und Betriebssystem vermieden, der Programmieraufwand sinkt und die Zuverlässigkeit und Wartbarkeit erhöht.

user mode	Benutzerprozeß
kernel mode	*kernel*-Verteiler
	Auftragsverwaltung
	Pufferung
	Treiber
	Controller
	Gerät

Abb. 5.1 Grundschichten der Geräteverwaltung

Abb. 5.2 Die Schichtung und Schnittstellen des UDI-Treibers

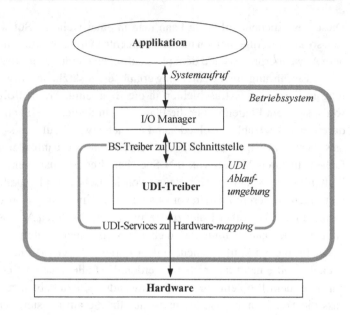

5.1.1 Beispiel UNIX: I/O-Verarbeitungsschichten

Auch Unix ist nach verschiedenen Gesichtspunkten in Schichten eingeteilt. An dieser Stelle sollen zwei Schichtungskonzepte vorgestellt werden: Das Konzept des virtuellen Dateisystems und das der Datenströme und Filter (*streams*-Konzept).

Dateisystemtreiber

Unter Unix gibt es verschiedene Dateisysteme. Aus diesem Grund gab es schon früh das Bestreben, den Zugriff auf Dateien mit Standardfunktionen einer Dateisystemschnittstelle durchzuführen und die eigentliche Implementierung auf nachfolgende Schichten zu verlagern. Ein gutes Beispiel dafür ist die Schichtung in Linux, gezeigt in Abb. 5.3. Die Dateisystemschicht, grau schraffiert in der Zeichnung, besteht selbst wieder aus Unterschichten: dem virtuellen Dateisystem VFS, das die Verwaltung der Dateiinformationen (*i-nodes*, *i-node cache*, Verzeichniscache) und die Anbindung an die Benutzerprozesse

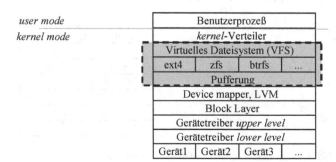
Abb. 5.3 Die Dateisystemschichtung unter Linux

vornimmt, und den eigentlichen Dateisystemen wie das ext4 fs, btrfs, etc. die unterschiedliche Strategien der Implementierung von Dateioperationen (Lesen, Schreiben) und Verzeichnissen durch Allokation und Freigabe von Blöcken bereitstellen. Eine gemeinsame Pufferung dient allen Dateisystemen.

Ab Version 2.6 gibt es in Linux ein spezielles Dateisystem: das System-Dateisystem. Es implementiert den Gedanken, alle rechnerspezifische Hardwaredaten, die eigentlich nur in den Treibern stehen, dem Administrator einheitlich in Form einer Baumstruktur zur Verfügung zu stellen, siehe Abb. 5.4. Dazu wird das virtuelle, systemeigene Dateisystem SysFS verwendet, das üblicherweise auf das Verzeichnis/sys gemountet wird. Nach dem *mount* lassen sich die Daten bequem als Dateien lesen und verändern. In sind die wichtigsten Äste des SysFS gezeigt. Die einzelnen Äste des Baumes sind Kategorien, nach denen die Informationen gegliedert sind. Beispielsweise ordnet die Kategorie „Klassen" alle Geräte nach traditionellen Funktionen wie „Eingabegeräte", „Netzwerke" oder „Konsolen". Die Kategorie „Busse" wiederum zeigt als Attribute bzw. Dateien die Art und Weise, wie die Geräte mit dem System verbunden sind. Hier sind sowohl der serielle USB-Bus als auch der parallele PCI-Bus zu finden mit ihren angeschlossenen Geräten bzw. Karten. Bei „Geräten" sind auch virtuelle Geräte möglich.

Alle Hardwareeinheiten sind dabei einheitlich in Form von Kernelobjekten (*kobject*) definiert, so dass formal nicht nur ein USB-Gerät im laufenden Betrieb entfernt werden kann (*hot pluggable*), sondern im Extremfall auch ein Prozessor in einem Multiprozessorsystem.

Die Zusammenfassung und Management der physikalischen Blöcke von Geräten und ihre Abbildung auf logische Geräte (virtuelle Geräte) wird im *btrfs* durch eine Zwischenschicht, den *Logical Volume Manager* LVM, erreicht. Er befindet sich in der *device mapper*-Schicht (s. Abb. 5.3) und ermöglicht damit die Beschreibung der Dateien mittels logischer Blöcke eines einzigen Massenspeichers, der dann dynamisch mittels Tabellen auf echte Blöcke mehrerer echter Festplatten abgebildet werden können. Dies ermöglicht es, zur Laufzeit bei Bedarf neue Geräte mit neuem Speicher hinzuzufügen und damit das Dateisystem konsistent zu erweitern oder fehlerhafte Geräte zu ersetzen. Auch die transparente Parallelisierung von Dateizugriffen auf verschiedene physikalische Geräte wird so möglich, so dass *thrashing* automatisch abgemildert werden kann.

Abb. 5.4 Beispiel für einen SystemFS-Dateibaum

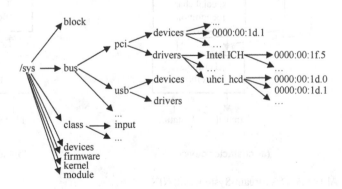

Das stream-System

Die grundsätzliche Schichtung des UNIX-Kerns wurde in Abb. 1.7 gezeigt. Zusätzlich zu den normalen Schichten ist es im *stream system*, einer UNIX-Erweiterung in System V (HP-UX, SUN-OS, …), möglich, andere Bearbeitungsstufen („Treiber") in den Bearbeitungsablauf einzufügen. In Abb. 5.5a ist dies für das Terminalsystem gezeigt, in Abb. 5.5b für eine Festplatte.

Beim zeichenorientierten Gerät in Abb. 5.5a ist ein Treiber (*special char recognition*) in den Verarbeitungsweg eingeschoben, der besondere Buchstaben, die als Kommandos dienen (z. B. DEL zum Löschen des letzten Buchstabens, Control-C zum Abbruch des laufenden Prozesses usw.), sowie besondere Zeichenkonversion (z. B. 6 Leerzeichen für ein TAB-Zeichen usw.) erkennt und entsprechende Aktionen veranlasst.

Ein gesonderter Zugang (*raw interface*) erlaubt es, ohne eine „höhere" Verarbeitung des Zeichenstroms (ohne lokales Echo, ohne Control-C usw.) direkt Zeichen zu senden und zu empfangen. Dieser Weg ist besonders für serielle Datenverbindungen zwischen Computern interessant zum Zwecke des Datenaustauschs, da hier alle Zeichen als Daten aufgefasst werden müssen und nicht als Buchstaben oder Kontrollsignale.

Blocktreiber-Zwischenschicht

Unter Linux (V4.0) wie auch unter anderen Unix-Derivaten (NetBSD, DragonFlyBSD) gibt es noch einige Unterschichtungen, speziell für Block-orientierte Ein- und Ausgabe.

Zum einen gibt es die Zwischenschicht des *device mappers*, siehe Abb. 5.3. Diese Schicht hat mehrere mögliche Funktionalitäten. So bildet sie die Verbindung von logischen zu physikalischen Blöcken mittels des LMV, kann aber auch beispielsweise den

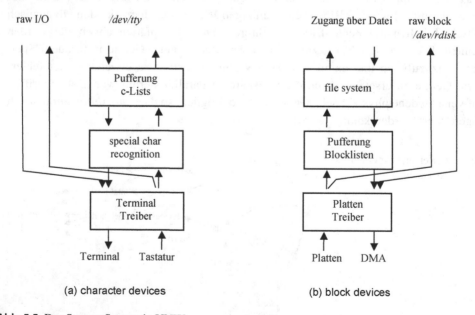

(a) character devices

(b) block devices

Abb. 5.5 Das Stream-System in UNIX

Datenstrom (den Block) verschlüsseln (*dm-crypt*), ein Software-RAID erzeugen und verwalten (*dm-raid*), Pufferfunktionen bereitstellen (*dm-cache*) oder den Systemzustand festhalten und abspeichern. Interessanterweise ist jede Funktion „stackable", also dynamisch hintereinander aufrufbar. Die Zwischenschicht kann also mehrmals hintereinander sich aufrufen und dann durchlaufen werden, bevor die nächste Schicht angesprochen wird.

Eine weitere Zwischenschicht ist der *block layer*. Hier werden die Blöcke gesammelt und mit Hilfe von mehreren Warteschlangen auf Anfrage (Interrupt!) den eigentlichen Gerätetreibern zur Verfügung gestellt.

Den Abschluss bildet die Zwischenschicht der allgemeinen (*upper level*) Gerätetreiber, die je nach Typ die Gemeinsamkeiten der jeweiligen Gerätetypen verwalten. Sie spricht dann mithilfe der *low level*-Treiber aus der letzten Zwischenschicht die Firmen-spezifischen Treiber an, die dann tatsächlich die Hardware bedienen.

5.1.2 Beispiel Windows NT: I/O-Verarbeitungsschichten

Die Schichtung in Windows NT ist dynamisch und hängt vom jeweiligen Systemdienst ab. In Abb. 5.6 ist links die einfache Schichtung für serielle Geräte gezeigt, rechts die multiple Schichtung für Massenspeicher.

Dateisystemtreiber
Alle Betriebssystemaufrufe für Ein- und Ausgabe werden im I/O-Manager zu Aufträgen in Form eines *I/O Request Package* IRP gebündelt und weitergeleitet. Jedes dieser Auftragspakete enthält im Kopf die Folge der Adressaten sowie den Datenplatz, so dass ein Auftrag in der Schichtung von oben nach unten und mit den Ergebnissen aktualisiert wieder zurück an den Benutzerprozess wandert. Dabei werden – je nach Auftrag – unterschiedlich viele Stationen bzw. Schichten durchlaufen. In Abb. 5.6 ist dies visualisiert.

Im linken Bild ist eine einfache Auftragsfolge dargestellt, im rechten Bild die Auftragsfolge für ein virtuelles Speichergerätbei, bei der die dynamische Schichtung („stackable") ausgenutzt wird. Hier wird zuerst auf Basis der Dateiangabe die Anfrage nach einem Dateistück

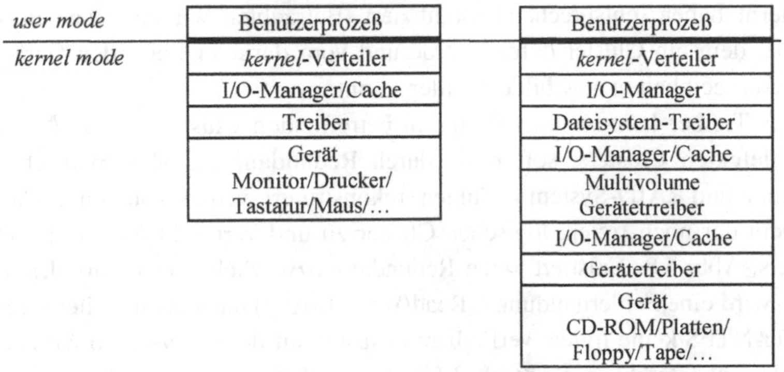

user mode	Benutzerprozeß	Benutzerprozeß
kernel mode	*kernel*-Verteiler	*kernel*-Verteiler
	I/O-Manager/Cache	I/O-Manager
	Treiber	Dateisystem-Treiber
	Gerät Monitor/Drucker/ Tastatur/Maus/…	I/O-Manager/Cache
		Multivolume Gerätetreiber
		I/O-Manager/Cache
		Gerätetreiber
		Gerät CD-ROM/Platten/ Floppy/Tape/…

Abb. 5.6 Einfache und multiple Schichtung in Windows NT

vom Dateisystemtreiber in die Anfrage nach einer relativen Blocknummer innerhalb der Datei und dann in die absolute Blocknummer des Speichergeräts umgesetzt. Danach wird dieser Auftrag an den Treiber weitergeleitet, der multiple Geräte bedient. Dieser übersetzt die logische Blocknummer des virtuellen Gerätes in die logische Blocknummer eines der Geräte, etwa einer Festplatte, und schickt dieser Festplatte den Auftrag. Am Schluss übersetzt der Gerätetreiber den Auftrag für einen logischen Block des Geräts in einen Auftrag für eine physische Adresse, etwa einen Zylinder und einen Sektor. Nach dem Abarbeiten dieses Auftrags geht das Ergebnis zurück zum Ursprung: Alle Aufträge werden in der inversen Reihenfolge beendet, bis der Dateisystemtreiber das gewünschte Datenstück an den Benutzerprozess liefern kann.

Die Existenz der Treiber ist dynamisch: Im Unterschied zu älteren UNIX-Versionen kann man in Windows NT (wie auch bei den modernen Unix-Versionen) während des Betriebs neue Treiber einklinken oder herausnehmen, um bestimmte Aufgaben zu erfüllen.

Dateisystemtreiber und bad cluster mapping

Da auch die Dateisystemverwaltung selbst wieder nur ein Treiber ist, können in Windows NT mit mehreren Treibern auch mehrere Dateisystemarten parallel existieren. So gibt es jeweils einen Treiber für Windows NT-NTFS, einen für MS-DOS-FAT und einen für OS/2-HPFS. Alle Zugriffsoperationen für Dateisysteme sind als Methoden eines Dateisystemtreibers implementiert. Sie unterscheiden sich nicht nur in den Datenstrukturen und Dienstleistungen, die sie mit Hilfe der darunter liegenden Gerätetreiber auf den Massenspeichern errichten, sondern auch in der Reaktion auf auftretende Fehler. Treten beispielsweise in MS-DOS FAT und in OS/2 HPSF nicht korrigierbare Fehler durch defekte Speichereinheiten (Blöcke oder Cluster) auf, die nicht von den darunter liegenden Gerätetreibern, beispielsweise dem fehlertoleranten Treiber *FtDisk* (oder den mikroprozessorgesteuerten Gerätecontrollern z. B. bei SCSI-Geräten), durch Reserveeinheiten abgefangen werden können, so wird bei Fehlern nur ein „corrupted"-Bit gesetzt. Beim nächsten initialen Gebrauch des Dateisystems (*mount*) wird dann ein extra Hilfsprogramm („check disk") `chkdsk` aufgerufen, das im Dateisystem auf dem Massenspeicher dauerhaft die entsprechenden Speichereinheiten in Tabellen (*bad cluster mapping*) einträgt und von der weiteren Verwendung ausschließt.

Im Gegensatz dazu wird dies bei NTFS dynamisch durchgeführt. Dazu wird die Zuordnung der virtuellen Cluster zu den logischen Clustern, die wir im letzten Abschn. 4.5.4 kennen gelernt haben, entsprechend modifiziert. Betrachten wir dazu das Beispiel in Abb. 5.7, bei dem ein Cluster defekt wurde und vom darunter liegenden Gerätetreiber nicht auf Reserveeinheiten abgebildet werden konnte.

Der NTFS-Treiber kennzeichnet dazu den betreffenden Cluster als „*bad*", weist die Daten des defekten Clusters, sofern sie durch Redundanz im Massenspeichersystem (Spiegelplatten und RAID-Systeme, s. unten) rekonstruiert werden konnten, im laufenden Betrieb einem der noch freien, logischen Cluster zu und vermerkt dies in der Dateibeschreibung, s. Abb. 5.8. Existiert keine Redundanz bzw. Sicherheitskopie des defekten Clusters, so wird eine Fehlermeldung („Read/Write Error") nach oben weitergegeben.

Gibt es für NTFS keine freien, verfügbaren Cluster auf dem *volume*, so wird auch hier prinzipiell das betreffende „*corrupted*"-Bit des *volume* gesetzt, und beim nächsten *mount* wird automatisch das `chkdsk`-Programm gestartet.

Abb. 5.7 Ausfall eines Clusters in NTFS

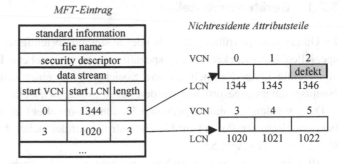

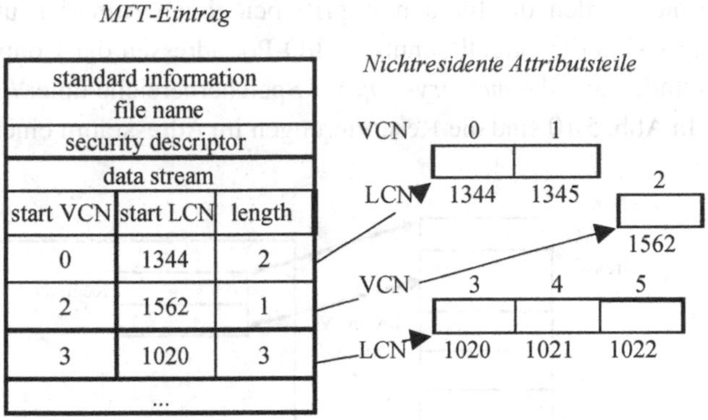

Abb. 5.8 Ersatz eines Clusters in NTFS

Konnten die Daten des defekten Clusters rekonstruiert werden und gibt es keine Ersatzcluster, so wird außerdem bei jedem I/O des Clusters eine Warnung an den I/O-Manager (bzw. Benutzer) gegeben, da nun ohne redundante Daten keine Fehlertoleranz mehr existiert und der Inhalt des defekten Clusters bei jedem Lesen aus den Sicherheitskopien erschlossen werden muss.

5.2 Gerätemodelle

Die Entwicklung von Treibern für ein Betriebssystem muss das Verhalten von physikalischen Geräten auf ein vom Betriebssystem erwartetes Verhalten (*Schnittstelle*) abbilden. Dazu ist es nötig, dass der Programmierer etwas mehr von den Geräten weiß. Da viele Geräte ein sehr ähnliches Verhalten haben, lohnt es sich, die typischsten Modelle zu betrachten, um die charakteristischen Parameter zu verstehen.

Dazu können wir grob zwischen zwei Arten von Geräten unterscheiden: Geräte mit *wahlfreiem* Zugriff, die Adressierinformation benötigen, und Geräte mit *seriellem* Datentransfer ohne Adressinformation. Beide Gerätearten erhalten ihre Aufträge über eine spezielle Hardwareschnittstelle.

5.2.1   Geräteschnittstellen

Im Unterschied zu früher gibt es bei der Systembus-orientierten Rechnerarchitektur keine
speziellen Hardwarekanäle und spezielle, dafür vorgesehene Prozessorbefehle, sondern
alle Geräte können einheitlich wie Speicher unter einer Adresse im Adressraum des
Hauptspeichers angesprochen werden (*memory-mapped I/O*).

Dazu werden von einer speziellen Platine (**Controller**) im Rechner interne Speicherbereiche (Register, Puffer) zur Gerätekontrolle auf den Adressbereich des Hauptspeichers
abgebildet, siehe Abb. 5.9.

Allerdings kennt die Intel 80X86-Architektur sowohl direkte Adressierung mittels spezieller I/O-Befehle (I/O-Ports), als auch den memory-mapped I/O-Ansatz. Aus diesem
Grund werden die für den Zugriff benötigten Adressen unterschiedlich notiert. Unter
Linux sind die aktuell benutzten I/O-Portadressen der Controller, unter /proc/ioports
zu finden und die *memory-mapped* Speicherbereiche unter /proc/iomem.

In Abb. 5.10 sind die Reservierungen im Adressraum eines Standard-PC gezeigt.

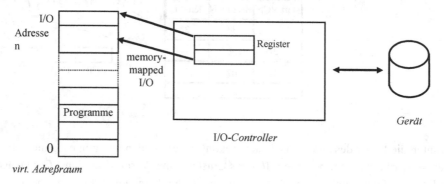

Abb. 5.9 Adressraum, Controller und Gerät

Abb. 5.10 I/O-Port-Adressen
der Standardperipherie eines
PC

I/O ports (hexadezimal)	Gerät
000-00F	DMA Controller
020-021	Interrupt Controller
040-043	Timer
200-20F	Game controller
2FB-2FF	Serial ports (secondary)
320-32F	Hard disk controller
378-37F	Parallel port
3D0-3DF	Graphics controller
3F0-3F7	Floppy disk controller
3F8-3FF	Serial ports (primary)

5.2.2 Initialisierung der Geräteschnittstellen

Die Register der Geräte sind anfangs mit unspezifischen Daten belegt. Insbesondere die Information, welcher DMA-Kanal und welcher Interrupt von welchem Gerät benutzt werden soll, fehlen. Auch die Adressen der Befehls- und Kontrollregister können sich bei den Geräten überschneiden und müssen deshalb in einem Rechnersystem koordiniert werden. Diese Koordination wird bei jedem Neustart des Rechners durchgeführt und ist eine der frühesten Aufgaben des Betriebssystems.

Diese Aufgabe wird bei neueren Controllern vereinfacht durch vordefinierte Protokolle. Ein sehr bekanntes Protokoll ist das „Plug-and-Play" (PnP) -Protokoll. Hierbei identifiziert das Betriebssystem zunächst alle beteiligten Geräte und fragt dann bei allen Controllern an, welche Ressourcen (DMA, IRQ, Registeradressen, etc.) benötigt werden. Bei PCI-Bus-Controllern ist dies durch eine Standardschnittstelle vereinfacht, bei der sowohl der Hersteller der Karte als auch der Chips, Geräte- und Versionsnummer sowie die Geräteklasse direkt als Zahlen aus der Karte gelesen werden können. In entsprechenden Geräte-Beschreibungsdateien (INF-Dateien in Windows NT) sind dann für diese Geräte alle wichtigen Daten (mögliche Registeradressen, Interrupts usw.) hinterlegt. Feste, nicht-konfigurierbare Geräte (*legacy devices*) müssen aber vorher manuell angegeben werden. Danach werden die Ressourcen nach einer Strategie verteilt und dies den Geräten mitgeteilt. Da dies ein langwieriger Prozess ist, wird meist die Tabelle verwendet, die beim letzten Start gültig und auf Platte gespeichert war (Windows 98, Windows NT) bzw. die vom Computer Mainboard Betriebssystem (BIOS) errechnet und in dessen nicht-flüchtigen ESCD -Bereich abgespeichert wurde (Linux).

Betrachten wir nun als typischen Vertreter aus der Gruppe der wahlfreien Geräte den Plattenspeicher.

5.2.3 Plattenspeicher

Das Modell eines Plattenspeichers steht für eine ganze Modellgruppe aller Speichermedien, die eine sich drehende Scheibe verwenden. Dazu gehören neben den Festplattenspeichern auch CompactDisk (CD-R, CD-RW, DVD-R, DVD-RW), Disketten (31/2 Zoll, SuperDisk) und Wechselplattensysteme. Alle haben gewisse Modelleigenschaften gemeinsam. Betrachten wir als Beispiel den Festplattenspeicher genauer.

Der übliche magnetische Plattenspeicher besteht aus einer Aluminiumscheibe, die mit einer hauchdünnen Magnetschicht, z. B. Eisenoxid, überzogen ist. Wird nun auf einem langen Arm ein winziger Elektromagnet (**Schreib-/Lesekopf**) darauf gebracht und die Scheibe in Rotation versetzt, so kann der Kopf auf einer kreisförmigen Bahn (**Spur**) die Eisenoxidpartikel verschieden magnetisieren („schreiben"). Umgekehrt rufen die kleinen, magnetischen Partikel beim Vorbeigleiten an dem Elektromagneten einen kleinen Induktionsimpuls in der Spule hervor. Bei diesem „Lesen" der magnetisch fixierten Information wird jede Magnetisierungsänderung als Bit interpretiert, so dass auf jeder Spur eine

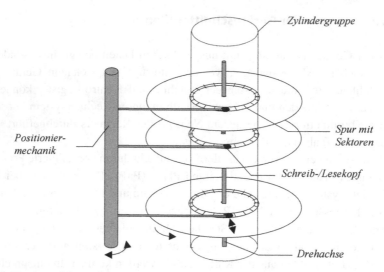

Abb. 5.11 Plattenspeicheraufbau

Bitsequenz gespeichert werden kann. Da eine Spur sehr viel Information speichern kann, unterteilt man eine Spur nochmals in Untereinheiten gleicher Größe, genannt **Sektoren**.

Nun muss man nur noch den Arm kontrolliert über die Scheibe zwischen Mittelpunkt und Rand bewegen, um viele derartige Spuren schreiben und lesen zu können.

Das Grundmodell eines derartigen Plattenspeichers bleibt immer gleich, ganz egal ob man als Plattenbelag Eisenoxid, Chromdioxid oder ein optisch aktives Medium (CD-ROM, DVD) verwendet, und egal ob man die Platten flexibel aus Kunststoff mit Eisen-oxidfüllung macht (*floppy disk*) oder mehrere davon mit jeweils einem Kopf von oben und von unten an der Scheibe übereinander anordnet, siehe Abb. 5.11.

Sind mehrere Platten übereinander auf dieselbe Drehachse montiert, so werden alle Köpfe normalerweise von derselben Mechanik zusammen gleichartig bewegt. Alle Köpfe befinden sich also immer auf einer Spur mit der gleichen Nummer, aber verschiedenen Platten. Alle Spuren mit der gleichen Spurnummer liegen übereinander und bilden die Mantelfläche eines imaginären Zylinders, siehe Abb. 5.11. Die Menge der Spuren mit derselben Nummer wird deshalb auch als **Zylindergruppe** bezeichnet. Man beachte, dass diese Notation von gleichzeitig lesbaren Spuren an Bedeutung verliert, je mehr Spuren auf der Platte existieren und je ungenauer deshalb die Positionierung auf allen Spuren gleichzeitig wird. Bei den mehr als 2000 Zylindern moderner Laufwerke muss deshalb jede Spur unabhängig von den anderen Spuren eines Zylinders betrachtet werden.

Bei allen Konstruktionen muss ein Kopf mechanisch bewegt werden, um eine Spur zu lesen. Möchte man genau in der Spurmitte aufsetzen, den Spuranfang und die Abschnitte der Spur erkennen, so sind außerdem Hilfsinformationen wie regelmäßige Impulse (Formatierung) sowie spezielle Justierinformation (extra *Servospuren* an der Plattenunterseite) nötig. Für den Modellierer eines Plattenlaufwerks und Programmierer der Kontrollmecha-nismen sind folgende Parameter des Plattenmodells wichtig:

- Es existiert eine mittlere Zugriffszeit t_S (*average seek time*) pro Spur (ca. 8–10 ms bei Magnetplatten, ca.100 ms bei CD-ROM, 250 ms bei Floppy Disks usw.).
- Bei gegebener fester Umdrehungsgeschwindigkeit muss man auf einer Spur eine bestimmte Zeit t_D (*rotational delay*) warten, bis der gewünschte Sektor unter dem Kopf erscheint. Im schlimmsten Fall ist dies die Zeit t_R für eine ganze Drehung.
- Die maximale Transfergeschwindigkeit (*Datenrate*) ist gegeben durch die Schreibdichte (Bits pro mm), die Rotationsgeschwindigkeit und die Spurlänge.

Dabei erhöhen zusätzliche Platten linear die Speicherkapazität bei gleicher Zugriffszeit, dagegen erhöhen zusätzliche Spuren mit größerem Radius die Kapazität bei wachsender Zugriffszeit. Zusätzliche Köpfe erniedrigen die Zugriffszeit bei gleicher Kapazität; im Extremfall ist auf jeder Spur ein extra Kopf, so dass keine Kopfbewegung mehr stattfindet (*fixed head disks*).

Das obige Modell eines Plattenzugriffs unterscheidet also zwischen dem mittleren Zeitbedarf t_S, den Kopf auf die richtige Spur zu bewegen (*average seek time*), dem Zeitbedarf t_D, um den richtigen Sektor zu finden (*average rotational delay*), und dem Zeitbedarf t_T, die Daten beim Lesen/Schreiben in einem Stück zu transferieren (*transfer time*). Die erste Verzögerung wird durch die Kopfmechanik verursacht, die zweite durch die Umdrehungsgeschwindigkeit der Platte und der Länge der Spur (*m* Bytes pro Spur) und die dritte durch die Dichte der Information auf der Spur.

Die gesamte Zugriffszeit T in Abhängigkeit von der zu übertragenden Information ist somit

$$T(k) = t_S + t_D + t_T$$

und mit $t_D = t_R/2$ für *k* Bytes, die auf *k/m* Spuren im günstigsten Fall in einem Stück gelesen werden

$$T(k) = t_S + \frac{t_R}{2} + \frac{k}{m} t_R \qquad \textit{lineares Modell} \qquad (5.1)$$

Dies ist linear in *k*. Die *Datentransferrate* k/t_T ist dann allerdings eine nicht-lineare Funktion, die überproportional mit *k* ansteigt, so dass sich eine große, in einem Schritt (*atomar*) transferierbare Speichereinheit (Sektorgröße, Blockgröße, Seitengröße) anbietet, wie sie auch von der Optimierung des Hauptspeicherverbrauchs durch Seitentabellen gefordert wird, siehe Abschn. 3.3.6.

Das lineare Modell der Zugriffszeit hat in der Praxis allerdings ziemliche Probleme, die mit entsprechenden Verbesserungen des Modells fast vollständig eliminiert werden können. Dabei ergibt sich eine Rangordnung der Modellfehler, siehe (Ruemmler und Wilkes 1994):

- Die Köpfe werden am Anfang einer Bewegung beschleunigt und konvergieren dann zu einer Bewegung mit konstanter Geschwindigkeit, siehe Abb. 5.12. Bei kurzen Distanzen befindet der Kopf sich immer in der Beschleunigungsphase, bei langen Distanzen in der gleichförmigen Bewegung. Kurze Distanzen sind deshalb immer proportional zur quadratischen Zeit, lange eher zur linearen Zeit. Untersuchungen zeigten einen dadurch bedingten Fehler des rein linearen Modells von ca. 15 %.

- Bei der mittleren Zugriffszeit t_S stellt sich immer die Frage: Wie wird diese Zeit ermittelt? Was wird als Verteilung der Positionsaufträge vorausgesetzt? Ein uniforme Verteilung (was in der Praxis nicht vorkommt) oder ein reelles Dateisystem unter Last? Eine nutzungsabhängige Messung ergab einen Fehler der konstanten mittleren Suchzeit von 35 %.

- Entscheidend für die Leistungsfähigkeit ist aber der Einbau eines Puffers. Ohne Puffer ist die Übertragungsgeschwindigkeit an die Leistungsfähigkeit des Busses gebunden, der die Platte an das Gesamtsystem anschließt. Ist die Platte schneller als der Bus, so muss die Platte warten – bei jedem Verzug um eine Umdrehung. Ein Puffer kann die Gesamtleistung stark steigern (über 114 %), siehe Abb. 5.12 rechts. Die gestrichelte Linie zeigt die Leitung eines Modells ohne, die durchgezogene Line mit Puffer.

Es gibt außerdem ein Problem beim Plattenmodell: Alle Spuren einer Platte haben unterschiedliche Länge. Ist nun die Magnetisierungsdichte und damit die Zahl der Bits pro mm^2 auf der Oberfläche überall gleich, so hat jede Spur eine andere Zahl von Bits; je länger die Spur, um so mehr sind es. Da aber die Zeit für eine Umdrehung und damit für eine Spur immer gleich ist, haben wir bei jeder Spur eine unterschiedliche Datenrate (Bits pro Sek.). Dies stellt sowohl für die Empfangselektronik ein zusätzliches Problem dar, da dann der Bittakt für jede Spur extra definiert werden muss, als auch für die Software des Treibers, da die Zahl der Speichereinheiten (Sektoren) auf jeder Spur unterschiedlich ist.

Um den zusätzlichen Hardware- und Softwareaufwand zu vermeiden, kann man deshalb alle Spuren in die gleiche Anzahl von Sektoren unterteilt. Dabei können die innersten Spuren nur bis zur Grenze ihrer Kapazität beschrieben werden; existierende Unregelmäßigkeiten der Beschichtung ergeben zusätzlich Fehler. Deshalb werden die innersten Spuren bei manchen Medien nicht genutzt (z. B. *floppy disk*: nur 80 Spuren statt 82); die Mehrheit der Spuren hat dafür durch die geringere Ausnutzung eine höhere Störsicherheit.

Bei modernen Festplatten geht man einen Kompromiss zwischen beiden Konzepten ein: Die Festplatte ist in ca. 20–40 Bereiche (*Zonen*) unterteilt. In jeder Zone haben die Spuren die gleiche Anzahl von Sektoren und der Treiber kann die gleiche Geometrie ausnutzen.

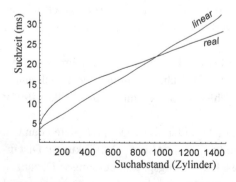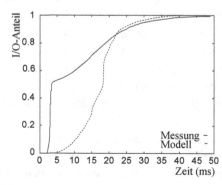

Abb. 5.12 Modellierungsfehler bei Suchzeit und Transferzeit (nach Ruemmler 94)

Verlässt der Kopf eine Zone und setzt in einer anderen Zone auf, so werden aus einer Tabelle des Treibers die korrespondierenden Parameter eingelesen. Dabei ändert sich auch die Datentransfergeschwindigkeit: In den äußeren Zonen werden bei konstanter Umdrehungsgeschwindigkeit mehr Sektoren pro Sekunde gelesen als in den inneren Zonen.

Ohne auf weitere Modellierungsmöglichkeiten einzugehen, die das Modell noch besser an die Realität anpasst, können wir nun eine abschließende Bewertung abgeben:

1) Eine gute Modellierung kann den Modellierungsfehler stark verkleinern. Dabei bedeutet „Modellierung" ein Programm, was möglichst viele mechanische Merkmale typischer Plattenlaufwerke umfasst. Auch müssen parallele Controlleraktionen wie mechanische Sektorsuche, Cache, Busarbitrierung zum Hauptspeicher und DMA-Datentransfer auf dem Bus berücksichtigt werden. Ein Betriebssystemtreiber, der das Gesamtverhalten aus Mechanik, Controller und Systembus berücksichtigt, kann zweifelsohne den Durchsatz stark steigern.

2) Allerdings ist es aus der Sicht des Betriebssystemarchitekten nicht sinnvoll, sich dieses gerätespezifische Wissen anzueignen und danach den Gerätetreiber zu optimieren. Jede Anwendungsart und -ort eines Betriebssystems ist anders: Hauptspeichergröße, CPU-Zyklen, Busart und Busdurchsatz wechseln in verschiedenen Rechnern bei gleichem Betriebssystem. Besonders wichtig: Dies gilt auch für die Geräteausführung. Es ist deshalb weder sinnvoll, alle Geräteparameter des Treibers mühsam an das neue Gerät in der aktuellen Rechnerkonfiguration anzupassen, noch finanziell vertretbar, für jedes neue Modell eines Herstellers bei jedem Anwender einen eigenen Treiber zu schreiben.

Eine Zugriffsoptimierung für Platten sollte also nicht im Betriebssystem stattfinden, sondern in dem eingebetteten System des Plattencontrollers. Stattdessen sollte vom Betriebssystem nur ein einfaches, klares Modell eines virtuellen Geräts ohne spezielle Zeiten berücksichtigt werden, etwa das eines großen, linearen Speicherfeldes; die eigentliche detailreiche, effiziente Modellierung sollte dagegen beim Hersteller erfolgen. Er allein kennt alle internen mechanischen Konstruktionsdetails und kann mit Hilfe des internen Controllers die Schnittstelle zum Betriebssystem auf die internen Einzelschnittstellen zu Motorelektronik und Cache effizient abbilden. Dabei sollte dieser interne Treiber (Kontrollprogramm) adaptiv seine Betriebsparameter an die jeweils aktuelle Lastverteilung (Datendurchsatz, Reihenfolge der Suchaufträge, …) beim Betrieb anpassen.

Man sollte also auf Herstellerseite die Geräteeigenschaften im gerätespezifischen Controller bzw. oder im Treiber kapseln und dem Betriebssystem nur durch eine genormte Schnittstelle (Gerätemodell) zur Verfügung stellen, ähnlich wie ein abstrakter Datentyp.

Beispiel UNIX *Zugriffsoptimierung bei Platten*

Zur Leistungsoptimierung der Dateisysteme kann man sich die Tatsache zunutze machen, dass bei einer gemeinsamen Positionierungsmechanik alle Köpfe immer auf derselben Spur und die Speicherblöcke der Spuren eines Zylinders, wenn der Kopf einmal auf diesem Zylinder ist, schnell zugreifbar sind. In Berkeley-UNIX erhält jede Zylindergruppe deshalb eine extra *super node* und damit eine extra Verwaltung. Wenn neue *i-nodes* und Dateiblöcke alloziert werden, so geschieht dies automatisch vorrangig auf der jeweiligen Zylindergruppe. Dadurch wird das Lesen und Schreiben von Dateien sehr beschleunigt, da nach dem Zugriff auf die *i-node* alle weiteren Operationen keine Zeit mehr zum Positionieren des Schreib-/Lesekopfes benötigen.

Vom Gerätemodell wird also hier die Tatsache benutzt, dass Zylinder und Spuren existieren. Die absoluten Zugriffs- und Transferzeiten je nach Modell bleiben unberücksichtigt.

Geräteschnittstelle

Üblicherweise gibt es bei einem wahlfreien Gerät wie einer Festplatte folgende Register:

- **Statusregister** *(read only)*
  Der Speicherinhalt dieses Dateiwortes wird vom Controller aktualisiert und gelesen. Es dient als Statusregister, jedes Bit hat eine besondere Bedeutung. Beispiel: Bit 4 = 1 bedeutet, dass das Lesen beendet wurde und das Ergebnis im Datenpuffer gelandet ist. Bit 8 = 1 heißt, das ein Lesefehler dabei aufgetreten ist.
- **Befehlsregister***(write only)*
  In dieses Register wird der Code für einen Befehl (Schreiben/Lesen/Formatieren/ Positionieren …) geschrieben, der ausgeführt werden soll. Das Hineinschreiben des Befehlscodes in dieses Register lässt sich als Prozeduraufruf interpretieren, bei dem die Parameter aus dem Inhalt der anderen Register bestehen.
- **Adressregister**
  Sie enthalten die Speicherzellen-Adresse auf dem Gerät (Gerät, Spur/Zylinder, Sektor, Platte, Kopf …) und die Zahl der zu transferierenden Bytes. Die Angaben setzen dabei eine Information über die Geometrie der Festplatte voraus, also die Anzahl der verfügbaren Köpfe, Sektoren usw. Diese Information muss nicht echt sein, sondern kann auch nur das Modell widerspiegeln, das der Controller nach außen hin als Schnittstelle repräsentiert; die tatsächliche Kopfzahl, Spurzahl, Zylinder- und Sektorenzahl kann intern ganz anders sein.
- **Datenpuffer**
  Alle Daten, die auf diese Adresse geschrieben werden, landen in einem internen Puffer in der Reihenfolge, in der sie geschrieben werden. Umgekehrt kann der Puffer hier sequentiell ausgelesen werden. Meist sind Ein- und Ausgabepuffer getrennt, so dass ein Puffer nur gelesen und der andere nur geschrieben werden kann.
- Ein **Interruptsystem**, das nach der Ausführung eines Befehls einen Interrupt auslösen kann.

Besitzt das Gerät sehr viele Parameter, die man einstellen kann, so benötigt man viele Register, und es geht sehr viel Adressraum für den Prozess dafür verloren. Bei kleinen Adressräumen ist es deshalb üblich, dass nur eine Adresse existiert, in die man den Zeiger (die Adresse) zum Auftragspaket oder auch sequentiell ganze Datenpakete (Aufträge) mit genau festgelegten Formaten schreiben muss.

Ein wichtiger Mechanismus für den Datenaustausch mit dem Gerät ist das Verschieben von ganzen Datenblöcken zwischen dem Gerätepuffer des Controllers und dem Hauptspeicher. Dies wird prozessorunabhängig mit speziellen Chips, (*Direkt Memory Access* DMA) durchgeführt. Die DMA-Chips existieren dabei nicht nur im Speichersystem, sondern auch auf den Controllerplatinen und können unabhängig voneinander arbeiten (*DMA-Kanäle*).

5.2.4 SSD-RAM-Disks

Für das Verhalten eines Massenspeichers im Betriebssystem ist nur der Treiber verantwortlich: Er bildet eine virtuelle Maschine. Man kann deshalb an die Stelle des realen Massenspeichers auch einen Bereich des Hauptspeichers als virtuelle Platte verwenden, ohne dass dies im Betriebssystem auffällt und anders behandelt werden müsste.

Eine solche **Solid State Disk (SSD)** oder **RAM-Disk** ist dadurch natürlich sehr schnell; für die darauf befindlichen Dateien gibt es keine mechanischen Verzögerungszeiten beim Schreiben und Lesen. Man muss nur bei der SDRAM-Variante vor dem Ausschalten des Rechners alle Dateien auf echten Massenspeicher kopieren, um sie dauerhaft zu erhalten; bei der FLASH-Speicher-Ausführung ist dies nicht nötig.

Allerdings stellt sich hier prinzipiell die Frage, wozu man einen Teil des sowieso chronisch zu kleinen Hauptspeichers als Massenspeichergerät deklarieren soll. Effiziente Strategien für Cache und *paging*, verbunden mit der direkten Abbildung von Dateibereichen auf den virtuellen Adressraum, senken ebenfalls die Zugriffszeit und verwalten dynamisch den kleinen Hauptspeicher.

Die Antwort auf diese Frage hängt stark vom benutzten System ab.

- Möchte man Systeme schneller machen, deren Hauptspeichergröße ausgeschöpft ist, etwa ein 32-Bit Betriebssystem mit 4 GB, so ermöglicht zusätzlicher Hauptspeicher als RAM-Disk einen schnellen Prozessauslagerungsbereich (*swap file*). Dies gilt auch, wenn generell ein besonders schnelles Dateisystem nötig ist. SSD ermöglichen ein ca. 10-fach schnelleres System bei ca. 100-fach schnelleren Datentransferraten. Damit erhalten wir ein System mit den Vorteilen größerer Cachebereiche, ohne auf ein 64-Bit-System wechseln zu müssen.
- Ist der Rechner (z. B. Notebook) portabel, so ermöglicht eine SSD einen störungsfreien Betrieb auch bei starken Erschütterungen, etwa bei Autofahrten oder anderen *outdoor*-Anwendungen.
- In solch einem Rechner wird bei einer SSD auch nur 20 % des Platzes gegenüber einer Festplatte benötigt.
- Eine RAM-Disk ist auch sinnvoll, wenn man mit fester, vorgegebener Software arbeiten muss, die temporäre Dateien erzeugt und auch durch zusätzlichen Hauptspeicher

dies nicht vermeiden kann. Ein Beispiel dafür sind Compiler: Liegen die Zwischen-
dateien des Kompiliervorgangs auf einer RAM-Disk, so erhöht sich die Kompilierge-
schwindigkeit erheblich.

- Allerdings kann man auch auf ein solches RAM-Dateisystem verzichten, wenn der
  page-out-pool groß genug ist, um alle Dateiblöcke für das Schreiben zwischenzula-
  gern. Der Lesezugriff auf die temporäre Datei erfolgt dann über diese Blöcke, die nicht
  von einem Massenspeicher geholt werden müssen und deshalb genauso schnell sind
  wie eine RAM-Disk.

Möchte man allerdings eine FLASH-SSD als Systemplatte verwenden, so gibt es einige
Dinge zu beachten:

- Werden Dateien gelöscht, so reicht es für Magnetplatten aus, nur die Verwaltungsinformationen (*i-nodes, directories*) zu löschen; der Inhalt wird bei der nächsten Speicherung nebenbei überschrieben. Dies ist bei FLASH-Speichern so nicht möglich. Stattdessen muss eine Speicherzelle vor dem Neubeschreiben explizit gelöscht werden.
  Wurde dies nicht getan, so dauert das Schreiben doppelt so lange: erst muss die Zelle
  gelöscht und dann neu beschrieben werden.

  Um diese Verzögerung zu vermeiden, kann das Betriebssystem einen expliziten
  TRIM-Befehl an das Laufwerk übermitteln, der das Löschen bewirkt. Dazu muss
  allerdings die gegenüber dem ATA-Interface verbesserte Schnittstelle AHCI (*Advanced Host Controller Interface*) auf der Hauptplatine existieren und im BIOS aktiviert
  sein. Weiterhin muss das Betriebssystem diesen Befehl beherrschen, was standardmäßig erst ab Windows 7, Linux ab Kernel 2.6.33 und MacOS 10.7 im Kern implementiert ist.

- Beherrscht der SSD-Controller bereits ein *garbage collection*, so ist der TRIM-Befehl
  nicht mehr nötig, da dann bereits Schreibanweisungen für belegte Blöcke intern als
  Löschanweisungen interpretiert werden. Werden die neuen Daten in Reserveblöcken
  oder Cachebereichen zwischengespeichert, so kann parallel dazu das Löschen durchgeführt werden.

- Die SSD erlauben nur eine begrenzte Zahl an Schreiboperationen pro Zelle, meist
  3000–100.000, maximal bei industriellen SSD ca. 5 Millionen. Würden wir eine
  Zelle oft zum Schreiben verwenden, so wäre bei einem Schreibzyklus von 1 ms die
  Zelle in ca. 16 Minuten an ihrer Grenze von 1 Mill. Zyklen angekommen und damit
  defekt. Damit eignen sich kurzlebige SSDs nicht für häufiges Schreiben etwa von
  Auslagerungsdateien.

- Eine Lösung für dieses Problem bietet eine interne Nutzungsverteilung über sog. *wear
  level*-Algorithmen an: Die Zuordnung der logischen Blocknummern zu den echten physikalischen Blocknummern geschieht im internen SSD-Controller und verändert sich
  immer dann, wenn ein Block überschrieben wird. Anstelle den Block neu zu beschreiben, wird stattdessen ein bisher unbenutzter Block verwendet. Nach außen hin ändert

sich nichts, aber intern wird so der benutzte Bereich gleichmäßig verteilt. Damit wird die Nutzungsdauer der SSD zwar erhöht, bleibt aber endlich.

- Möchte man deshalb eine FLASH-SSD als Festplattenersatz für eines Systempartition (in Windows: C:/) einsetzen und eine möglichst lange Lebensdauer erreichen, so sollte man in Windows den Systemrettungsdienst abschalten, den/user-Ordner, in dem alle temporären user-Daten in C: abgelegt werden, auf eine Magnetplatte verschieben, den *hibernate*-Modus abschalten, die Auslagerungsdatei auf Magnetplatten verlagern, die für SSDs sinnlose automatische Defragmentierung deaktivieren, sowie alle vorausschauenden, aber nun unnötigen Lesedienste wie *SuperFetch*, *Prefetch*, *Indexdienst*, *ReadyBoost* und *Bootoptimierung* abschalten.

Im Allgemeinen rechnet man mit einer Verringerung von ca. 45 % der Kosten pro GB pro Jahr bei den Festplatten; bei den SSD (z. B. NAND-Flash) dagegen von über 50 %. Es ist deshalb abzusehen, wann Festplatten nicht mehr in Rechnern verwendet werden, sondern nur noch optimierte, langlebige FLASH-Speicher.

Werden die SSDs durch schnelle Datenverbindungen direkt über den Speicherbus an die CPU angebunden, so ergibt sich ein neuer Trend: die Zusammenführung von Hauptspeicher und Massenspeicher zu einer einheitlichen Speicherarchitektur.

5.2.5 Serielle Geräte

In Kap. 4 bemerkten wir schon, dass auf fast alle Geräte sowohl sequentiell als auch wahlfrei zugegriffen werden kann, bis auf die „echten" seriellen Geräte wie Tastatur und Drucker, bei denen dies normalerweise nicht möglich ist. Die Bezeichnung „serielle Geräte" bezieht sich also auf die Art und Weise, wie Daten übergeben werden müssen: jedes Zeichen hintereinander, ohne Adressinformation für das Gerät.

Meist geschieht das mit geringer Geschwindigkeit (wenigen KB pro Sekunde). Dies sind die klassischen Randbedingungen von Terminals, langsamen Zeilendruckern und Tastaturen. Allerdings gibt es auch sehr schnelle serielle Verbindungen, die nicht zeichenweise vom Treiber bedient werden, sondern größere Datenblöcke zur Übertragung über DMA zur Verfügung gestellt bekommen. Ihre Ansteuerung wird dann mit Hilfe einer Mischung aus Techniken für Treiber von zeichen- und blockorientierten Geräten durchgeführt.

Geräteschnittstelle

Die Schnittstelle zum Controller von seriellen Geräten ist (ebenso wie die bei wahlfreien Geräten) mittels Speicheradressen ansprechbar:

- Ein **Kontrollregister** sorgt für Statusmeldungen, die Übertragungsgeschwindigkeit (z. B. 1200, 2400, 4800, 9600, 19.200 Baud, gemessen in Daten- + Kontrollbits pro Sekunde), und den Übertragungsmodus „synchron" oder „asynchron". Bei *asynchroner*

Übertragung werden in unregelmäßigen Abständen Daten (Zeichen) übermittelt; bei *synchroner* Übertragung folgen alle Zeichen in festem zeitlichen Abstand und Format.

- Ein **Eingaberegister** enthält das zuletzt empfangene Zeichen, das vom Treiber dort ausgelesen wird.
- In das **Ausgaberegister** wird das zu sendende Zeichen vom Treiber geschrieben; unmittelbar darauf wird es vom Controller gesendet.
- Ein **Interruptsystem** löst nach jedem gesendeten bzw. empfangenen Zeichen einen Interrupt aus.

Die meisten seriellen Geräte arbeiten außerdem mit einer **Flusssteuerung**, die im Kontrollregister gesetzt wird. Üblich ist entweder eine Hardwaresteuerung über extra Drähte (RS232-Norm), oder aber es werden spezielle Zeichen (Control-S, Control-Q, genannt XON und XOFF) zur Steuerung gesendet. Droht beim Empfänger der Empfangspuffer überzulaufen, so sendet er XOFF und veranlasst damit den Sender, mit dem Senden aufzuhören. Ist der Puffer leer, sendet der Empfänger XON und signalisiert so dem Sender, weiterzusenden. Allerdings funktioniert diese Mechanik nur dann, wenn der Empfänger sein Signal rechtzeitig sendet, so dass der Sender auch genügend Zeit hat, das Kontrollzeichen zu empfangen, zu interpretieren und im Treiber umzusetzen, bevor der Empfängerpuffer überläuft.

5.2.6   Aufgaben zu I/O

Aufgabe 5.2-1 I/O memory mapping

a) Was ist I/O-*memory mapping* und wozu dient es?
b) Informieren Sie sich über Systemuhr (*Real Time Clock*) und finden Sie durch geeignete Befehle auf Windows und Linux die I/O-Adressen und den dazugehörenden Interruptvektor heraus.

5.3   Multiple Plattenspeicher: RAIDs

Eine weitverbreitete Methode, die Plattenkapazität zu erhöhen, besteht darin, mehrere kleine Platten gemeinsam als eine große virtuelle Platte zu verwalten. Haben wir für jede Platte ein extra Laufwerk, so muss man pro Laufwerk nur noch eine geringere Kapazität vorsehen und kann dafür kleine, preiswerte Laufwerke einsetzen. Ein solches System wird als RAID (**R**edundant **A**rray of **I**ndependent **D**isks) bezeichnet und ist außerordentlich beliebt bei großen kommerziellen Datenbanken. Im Gegensatz dazu wird der klassische Fall einer einzigen Festplatte als SLED (**S**ingle **L**arge **E**xpensive **D**isk) bezeichnet.

Für das Betriebssystem ist diese neue Hardwarevariante transparent: Der Treiber zeigt nur ein einziges, virtuelles, schnelles Laufwerk großer Kapazität; die Realisierung als

Plattensammlung ist für die Schnittstelle zu den höheren Betriebssystemschichten unwichtig. Diese Basiseigenschaft wird als **RAID-linear** bezeichnet.

Ein weiterer Vorteil multipler Plattenspeicher kann genutzt werden, wenn mehrere unabhängige Prozesse oder *threads* im Betriebssystem existieren. Ihre Unabhängigkeit und damit die mögliche parallele, schnellere Abarbeitung wird behindert, wenn die an sich unabhängigen Daten alle auf einem gemeinsamen Massenspeicher versammelt sind, dessen Abschnitte nicht unabhängig voneinander gelesen werden können. Setzen wir nun mehrere Laufwerke anstelle eines einzigen mit festgekoppelten Köpfen (s. Abb. 5.11) ein, so können die Daten der unabhängigen Prozesse auch auf unabhängigen Plattenspeichern abgelegt werden, und damit wird der Datenzugriff für die Prozesse erheblich schneller. In Abb. 5.13 ist eine solche Aufteilung von Daten auf multiple Laufwerke (dargestellt als Säulen) zu sehen. Dazu wird der gesamte logische Speicherplatz in Abschnitte (*stripes*) aufgeteilt. Korrespondierende, gleich große Abschnitte verschiedener Laufwerke werden vom Treiber als gemeinsamer Speicherbereich (**Streifen**) angesehen und bilden einen einheitlichen Speicherbereich für eine Prozessgruppe. Der Treiber im Betriebssystem hat dabei die Aufgabe, die Verteilung und Zusammenfassung der Daten vorzunehmen und dazu die Abbildung virtueller Speichereinheiten auf die logischen Einheiten unterschiedlicher Laufwerke durchzuführen.

Beispiel Windows NT *Plattenorganisation*

In diesem Betriebssystem kann bei der initialen Formatierung von logischen Plattenbereichen (*Partitionen*) die Option angegeben werden, die Plattenbereiche als *Streifen* zu organisieren.

Eine andere, ähnliche Option besteht darin, mehrere Partitionen beliebiger Größe von unterschiedlichen Platten zu einer neuen logischen Platte (*volume*) zusammenzufassen. Der virtuelle Plattenadressraum kann so unregelmäßig auf unterschiedliche Platten verteilt werden.

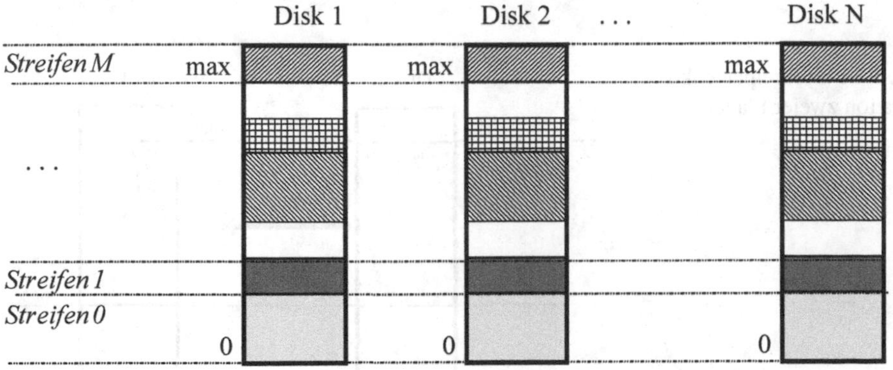

Abb. 5.13 Neugruppierung der Plattenbereiche in Streifen

Machen wir den Streifen sehr schmal, z. B. 4 Byte oder auch einen Block groß, so wird der gesamte Datenpuffer, aufgeteilt in sequentielle Abschnitte der Länge 4 Byte bzw. ein Block, sehr schnell auf das Plattenfeld verteilt geschrieben oder gelesen. Eine solche schnelle, aber nicht ausfallsichere Konfiguration wird als **RAID-0**-System bezeichnet und gern für die großen Datenmengen in der Video- und Bildproduktion eingesetzt.

Systeme aus multiplen Laufwerken haben neben der höheren **Zugriffsschnelligkeit** und größeren **Speicherkapazität** noch einen weiteren wichtigen Vorteil: Mit ihnen kann man Ausfälle von Platten tolerieren. Für diese Art von Fehlertoleranz, der **Ausfalltoleranz**, sieht man für die Daten einer Platte eine exakte Kopie auf einer Platte eines anderen Laufwerks vor; die andere Platte ist bezüglich ihrer Daten wie ein Spiegel (*mirror*) der einen Platte aufgebaut. In Abb. 5.14 ist das Schema einer solchen **Spiegelplatten**konfiguration gezeigt.

Allerdings muss diese Kopie ständig aktualisiert werden. Der Treiber, der eine solche Konfiguration bedienen kann, muss dazu bei jedem Schreibvorgang auf Platte 1 eine Kopie auf Platte 2 bewirken, was eine zusätzliche Belastung des Betriebssystems und der I/O-Hardware bewirkt. Eine solche ausfallsichere, aber ineffiziente Konfiguration von Spiegelplattenpaaren wird als **RAID-1**-System bezeichnet. Führen wir den Gedanken der Spiegelplatten in die Streifenkonfiguration von Abb. 5.13 ein, so erhalten wir ein schnelles, ausfallsicheres **RAID-0/1** System, das in Finanzanwendungen (Lohnbuchhaltung) eingesetzt wird.

Man kann versuchen, den Zeitverlust bei den Lesevorgängen der Spiegelplatten wieder zu kompensieren. Verfügt der Treiber über den augenblicklichen Zustand der Platten, so kann er zum Lesen diejenige der beiden Platten auswählen, deren Lesekopf der gewünschten Spur am nächsten ist; der andere Plattenkopf kann bereits für den nächsten Auftrag positioniert werden oder in anderen, nicht gespiegelten Partitionen schreiben oder lesen.

Den großen Platzbedarf der replizierten Platten für ein schnelles, ausfallsicheres RAID-0/1-System kann man durch einen Trick drastisch senken. Dazu wird jedes Bit eines Datenwortes auf eine extra Platte geschrieben – für ein 32-Bit-Wort benötigt man also 32 Laufwerke. Dies verteilt erst mal die Daten, spart aber noch keinen Platz. Dann wird jedes Wort mit einer speziellen Signatur versehen, beispielsweise einem 6-Bit-Zusatz, so dass

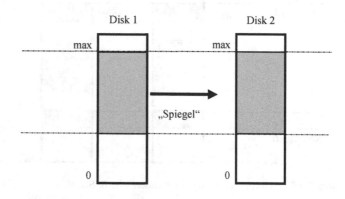

Abb. 5.14 Spiegelplattenkonfiguration zweier Platten

im Endeffekt jedes Datenwort von einem Controller auf 38 Laufwerke verteilt wird. Dies bedeutet nicht nur einen enormen Datenfluss, sondern ermöglicht auch eine große Ausfalltoleranz ohne die Gesamtheit aller Daten zu replizieren. Da nicht jede Bitkombination der 38-Bit-Datenworte möglich ist, kann man auch bei mehreren ausgefallenen oder defekten Platten auf den korrekten 32-Bit-Code schließen, s. MacWilliams und Sloane (1986).

> **Beispiel** *Fehlerkorrektur durch Paritätsbildung*

Angenommen, wir wollen die Zahlen 10, 7, 3 und 12 abspeichern und garantieren, dass bei Verlust einer der Zahlen die fehlende wieder rekonstruiert werden kann. Wie können wir dies erreichen?

Dazu bilden wir bei n Bits, die unabhängig voneinander abgespeichert werden, als Kontrollinformation ein $(n + 1)$-tes Bit, das Paritätsbit p, nach der folgenden XOR-Funktion $\oplus$ zweier Binärvariablen a und b:

a b	$p=a\oplus b$	$p\oplus b$
1 1	0	1
1 0	1	1
0 1	1	0
0 0	0	0

Es folgt direkt aus der Tabelle

$$a \oplus 0 = a$$

$$a \oplus a = 0$$

und somit $p\oplus b = a\oplus b\oplus b = a\oplus 0 = a$

Mit $p\oplus b = a$ wissen wir nun, dass bei bekannter Parität p der Ausfall von einem Bit a toleriert werden kann, da wir a direkt aus p und b wiederherstellen können. Dies gilt natürlich auch, wenn b selbst wiederum aus vielen Termen besteht, beispielsweise

$$b = b_1 \oplus b_2 \oplus \ldots \oplus b_{n-1}$$

Bei n Binärvariablen, aus denen wir die Parität bilden, kann also eine davon mit Hilfe der anderen und der Parität wieder erschlossen werden. Für unsere vier Zahlen von oben bedeutet dies bei Ausfall von Zahl 3:

Paritätsbildung	Rekonstruktion
Zahl 1: 10 = 1 0 1 0	Zahl 1: 10 = 1 0 1 0
Zahl 2: 7 = 0 1 1 1	Zahl 2: 7 = 0 1 1 1
Zahl 3: 3 = 0 0 1 1	Parität: 2 = 0 0 1 0
Zahl 4: 12 = 1 1 0 0	Zahl 4: 12 = 1 1 0 0
Parität: 0 0 1 0 = 2	Ergebnis: 0 0 1 1 = 3

Behandeln wir nun 8 Binärvariablen (zusammengefasst in einem Byte) parallel, so gilt dies für jedes Bit in diesem Byte und damit für das ganze Byte. Speichern wir also jedes Bit – auch das Paritätsbit – auf einem anderen Massenspeicher, so können wir beim Ausfall eines Speichers aus den n verbliebenen Bits das fehlende direkt rekonstruieren und damit den Ausfall des einen Massenspeichers tolerieren. Bilden wir mehrere Fehlerkorrekturbits (ECC, MacWilliams und Sloane 1986), so können wir auch den Ausfall mehrerer Laufwerke tolerieren.

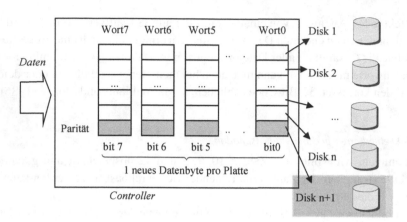

Abb. 5.15 Datenzuweisung beim RAID-2-System

Für ein fehlerkorrigierendes **RAID-2**-System werden die Bits der zu speichernden Daten-worte extra behandelt und gespeichert. Die ist in Abb. 5.15 für ein Fehlertoleranzbit (Pari-ty-Bit) dargestellt.

Die Datenworte sind als Säulen gezeigt, die in ihre Bits aufgeteilt werden. Das i-te Bit aller Worte wird so auf der i-ten Platte gespeichert. Der Bitstrom für eine Platte lässt sich im Controller wieder in Bytes zusammenfassen, so dass als Speichersysteme handelsüb-liche Platten genommen werden können. Beim Raid-2-System wird von jedem Wort ein allgemeiner fehlerkorrigierender Code (*Error Correcting Bits* ECC) gebildet, dessen ein-zelne Bits jeweils auf einer eigenen Platte gespeichert werden. Würden wir die Spindeln der einzelnen Platten zwangssynchronisieren, so ist das Gesamtsystem zwar nicht schnel-ler als ein einzelnes Laufwerk mit n Platten, aber dafür fehlertolerant.

Natürlich können wir auch die Parität statt über die Säulen über die Zeilen, also über alle m Worte eines Puffers, bilden. Das sich ergebende Wort aus Paritäten (ECC) wird dann nach jeweils m Worten auf einer extra Platte gespeichert. In diesem Fall ist die Zahl der Platten nicht gleich der Zahl der Bits pro Wort, sondern m und damit beliebig; jedes Wort wird nicht in Bits aufgespalten, sondern mit anderen als Teilpuffer (etwa in einem Streifen) auf eine Platte gespeichert. Wir erhalten so ein **RAID-3**-System. Da hier genauso wie bei der reinen Parität von RAID-2 die gesamte Fehlertoleranzinformation aller Blöcke auf einem einzigen Laufwerk gespeichert ist, darf hier nur ein einziges Laufwerk ausfal-len. Ein weiterer Nachteil ist die kurze Länge der Fehlertoleranzinformation: Hier sollten wie bei RAID-2 die Spindeln der Laufwerke synchronisiert sein, um die Zugriffszeit t_D möglichst klein zu halten.

Fassen wir weiter die Datenbits zu größeren Abschnitten zusammen (z. B. zu Blöcken oder *stripes*) und speichern jeden Block wie bei RAID 0 jeweils auf einer separaten Platte, so wird dies als **RAID-4**-System bezeichnet. Da hier zusätzlich bei jedem Schreiben auch die Fehlertoleranzinformation aktualisiert werden muss, dauert das Schreiben länger: RAID-4 bietet keinen Geschwindigkeitsvorteil wie RAID-0. Die Lesegeschwindigkeit entspricht etwa der einer Einzelplatte im Block-Lesemodus.

Abb. 5.16 Wechselsei-
tige Abspeicherung der
Fehlertoleranzinformation

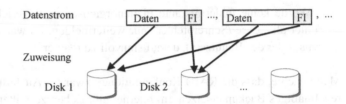

Ein Alternative dazu besteht darin, die häufige gelesene Fehlertoleranzinformation FI
für jeden Block bzw. *stripe* extra auf einem anderen Laufwerk zu sichern und so die I/O-
Belastung der Aktualisierung auf alle Platten gleichmäßig zu verteilen. Dies ist ein **RAID-
5**-System. Das Schema dafür ist in Abb. 5.16 gezeigt. Die Raid-5 Systeme werden gern für
Datenbankserver und Internetserver eingesetzt.

Für den Betriebssystemarchitekten besteht die Hauptaufgabe darin, die Komplexität
und das Fehlertoleranzverhalten modular in das RAID-Subsystem bzw. den Treiber zu
verlagern und das Betriebssystem vom Speichersystem unabhängig zu machen: Für das
Betriebssystem sollte nur ein einfaches, virtuelles Speichersystem sichtbar sein.

Bei der Wahl zwischen einer Softwarelösung und einer Hardwarelösung für RAID
sollte man neben dem Vorteil einer einheitlichen, HW-unabhängigen reinen SW-Lösung
auch ihre Nachteile bedenken: Sie ist sehr aufwändig und stellt viele Probleme, insbesondere das Wiederanlaufen nach einem Hardwarefehler. Aber auch die Hardwarelösungen
oder SW/HW-Kombinationen können Probleme bereiten, wenn die RAID-Platten nach
einem Defekt durch Controller oder Hardware anderer Hersteller bedient werden sollen.
Ursache ist die Konfigurationsdatei (*Configuration Data on Disk COD*), in der bei der
Initialisierung des RAID-Systems die Zuordnung der Platten zu den RAID-Einheiten,
Angaben zum RAID-Level und ähnliches gespeichert werden und bei jedem Hersteller
anderes Format hat. Eine Normung der Datei (*Disk Data Format DDF*) durch die SNIA-
Gruppe war deshalb eine wichtige Voraussetzung für die Portabilität und Backup-Manage-
ment der RAID-Konfigurationen.

Beispiel Windows NT *Fehlertoleranz durch Spiegelplatten und RAID*

Für eine fehlertolerante Dateiverwaltung gibt es in Windows NT einen speziellen Treiber:
den FtDisk-Treiber. Dieser wird zwischen den NTFS-Treiber und den eigentlichen
Gerätetreiber geschoben; er bildet als Zwischenschicht eine virtuelle Maschine, die alle
auftretenden Fehler selbst abfangen soll, unsichtbar und unbemerkt von allen höheren
Schichten. Tritt nun ein Fehler (*bad sector*) auf, so werden die Daten des fehlerhaften
Blocks von der Spiegelplatte gelesen oder mit Hilfe der Fehlerkorrekturinformation (Pari-
täts-*stripes*) rekonstruiert. Dann wird für den fehlerhaften Sektor ein neuer Sektor vom
Gerät angefordert (*bad sector mapping*) und die Daten darauf geschrieben. Damit existiert wieder die nötige Datenredundanz im System. Gibt es keine freien Sektoren (*spare
sectors*) mehr oder kann das Gerät kein *sector mapping*, so wird der wiederhergestellte
Datenblock zusammen mit einer Warnung an den Dateisystemtreiber weitergegeben.

Wurde keine fehlertolerante Plattenorganisation eingerichtet, so kann FtDisk den Fehler als „Lese-/Schreibfehler" nur weitermelden. Es war dann Sache des Dateisystems (oder des Benutzers), darauf sinnvoll zu reagieren.

Man beachte, dass die RAID-Konfigurationen zwar für Ausfalltoleranz sorgen, aber kein regelmäßiges Backup ersetzen. Im Internet gibt es herzzerreißende Geschichten von Systemadministratoren, die durch Softwarefehler ganze RAID-Konfigurationen korrumpiert erhielten und bitter enttäuscht wurden. Weitere Informationen zu höheren RAID-Stufen sind beispielsweise unter *http://www.acnc.com/raid.html* zu finden.

5.3.1 RAID-Ausfallwahrscheinlichkeiten

Die Ausfallwahrscheinlichkeit eines RAID-Systems lässt sich leicht aus den Ausfallwahrscheinlichkeiten der Einzelkomponenten errechnen. So ist der Ausfall eines RAID0-Systems genau dann gegeben, wenn nur eine der beteiligten Platten D_1 oder D_2 ausfällt. Zum numerischen Errechnen der Ausfallwahrscheinlichkeit des Gesamtsystems stellen wir uns eine Tabelle mit allen Zuständen auf und notieren jeweils die Einzelwahrscheinlichkeiten. Dabei gehen wir davon aus, dass jede Platte unabhängig von der anderen ausfällt. Der Zustand „intakt" sei mit 1 und „defekt" mit 0 notiert, wobei die Ausfallwahrscheinlichkeiten von D_1 mit P_1 und von D_2 mit P_2 notiert seien, siehe Abb. 5.17.

Das Gesamtsystem fällt aus, wenn nur eine der beiden Platten oder Beide ausfallen. Die Ausfallwahrscheinlichkeit P_J des Gesamtsystems ist also $P(S_3) + P(S_2) + P(S_1)$ oder kürzer $P_J = 1 - P(S_0) = 1 - [(1 - P_1)(1 - P_2)] = P_1 + P_2 - P_1 P_2$.

Auf diese Weise lassen sich mit Hilfe einer Tabelle alle RAID-Kombinationen untersuchen.

Wie lange wird das System nun noch leben? Um dies vorherzusagen, müssen wir die vom Hersteller gegebene Angabe der „mittleren Dauer zwischen zwei Ausfällen" MTBF in Wahrscheinlichkeiten umrechnen. Angenommen, wir haben eine konstante Ausfallrate, also eine konstante Wahrscheinlichkeit des Ausfalls. Diese Annahme entspricht strukturell der Annahme einer konstanten Wahrscheinlichkeit in Abschn. 2.2.7, dass ein Job ankommt. Dort errechneten wir, dass die Wahrscheinlichkeit eines Jobs bei der Exponentialverteilung

Abb. 5.17 Die Zustände des Gesamtsystems und seine Einzelzustände

Zustand	Disk D_1	Disk D_2	Ausfallwahrscheinlichkeit
S_0	1	1	$(1-P_1)(1-P_2)$
S_1	1	0	$(1-P_1) P_2$
S_2	0	1	$P_1 (1-P_2)$
S_3	0	0	$P_1 P_2$

$$P_J(t) = 1 - P_N(t) = 1 - e^{-\lambda t}$$

liegt. In unserem Fall ist die Rate $\lambda = 1/\text{MTBF}$, sodass wir

$$P_J(t) = 1 - e^{-t/\text{MTBF}}$$

erhalten.

Ist das immer der Fall? Dazu sehen wir uns die Ausfallwahrscheinlichkeit eines Geräts über die ganze Lebensdauer an. Es ist bekannt, dass sie als „Badewannenkurve" modelliert werden kann; siehe die blaue, resultierende Kurve in Abb. 5.18.

Wir können dabei drei Phasen erkennen: die erste Phase der Ausfälle durch Werksfehler, die mit der Zeit schnell abnimmt. Dann die zweite Phase des Normalbetriebs mit ungefähr konstanter Ausfallrate und am Ende der Lebensdauer die dritte Phase mit exponentiellem Anstieg der Ausfallwahrscheinlichkeit durch Alterung. Die Angabe der MTBF und damit all unsere Berechnungen beruhen also auf dem „Normalbetrieb" in Phase 2 und sind nur eine Approximation der Realität für unsere Zwecke. Wir müssen also den Herstellerangaben kritisch gegenüberstehen; sie verdeutlichen nur einen Trend und geben keine stark belastbare Aussage für den augenblicklichen Zeitpunkt. Trotzdem können wir für unsere Modellrechnungen zum Vergleich verschiedener Systeme die MTBF und damit die Wahrscheinlichkeiten der verwendeten Komponenten einfach übernehmen.

Eine besondere Situation tritt ein, wenn wir einen Ausfall als Folge eines anderen Ausfalls haben, etwa die Überlastung eines Systems als Folge eines Ausfalls einer Komponente. Hier ist es günstig, mit bedingten Wahrscheinlichkeiten zu rechnen.

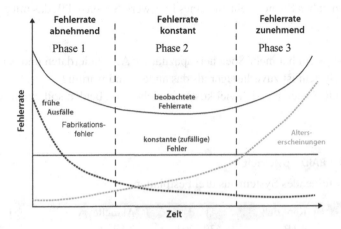

Abb. 5.18 Entwicklung der Ausfallwahrscheinlichkeit eines Geräts

5.3.2 Aufgaben zu RAID

Aufgabe 5.3-1 RAID-Ausfall

Die Wahrscheinlichkeit, dass eine Festplatte in einem gegebenen Zeitraum einen Fehler (Head-Crash) aufweist betrage p.

a) Bestimmen Sie die Wahrscheinlichkeit, dass im Beobachtungszeitraum Daten verloren gehen, für eine Konfiguration mit zwei gleichen Platten für ein RAID-0-System.
b) Bestimmen Sie die Wahrscheinlichkeit, dass im Beobachtungszeitraum Daten verloren gehen, für eine Konfiguration mit vier gleichen Platten für ein RAID-01-System, wobei jeweils zwei RAID-0 Platten mittels *striping* zu einem Subsystem verbunden sind und beide Subsysteme mittels RAID 1 gespiegelt werden.

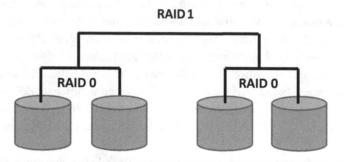

Aufgabe 5.3-2 RAID und NON-RAID

Angenommen, Sie haben ein System S_1 aus 5 Laufwerken, die jeweils eine Kapazität von 1TB haben und mit der Wahrscheinlichkeit $p = 0{,}1$ % ausfallen. Sie sind als RAID 5 zusammengeschaltet.

Außerdem haben Sie noch ein einzelnes Laufwerk S_2 von 4 TB, das mit $p_2 = 0{,}001$ % ausfällt.

a) Welches System hat mehr Speicherkapazität für Anwenderdaten und warum?
b) Welches System ist zuverlässiger als das andere und warum?
c) Wenn beide Systeme gleich viel kosten, welches von beiden sollte man kaufen, und warum?

Aufgabe 5.3-3 RAID-Ausfallzeit

Gegeben sei folgendes System aus drei Festplatten:

Platte	Kapazität	MTBF	Aktuelles Alter
D1	4 TB	630.720 h	3 Jahre
D2	6 TB	858.480 h	2 Jahre
D3	8 TB	1.156.320 h	1 Jahr

mit folgendem Aufbau

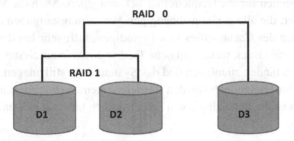

a) Geben Sie an, welche Datenmenge darin abgespeichert werden kann, und erklären Sie, wie diese Zahl zustande kommt.

b) Das genannte System wird von jetzt an 3 Jahre lang genutzt. Berechnen Sie die Wahrscheinlichkeit, dass es während dieser Zeit zu einem Datenverlust kommt.
Es gelten folgende Annahmen:
   – Beim Auftreten von Fehlern gelten keinerlei Abhängigkeiten zwischen den Festplatten.
   – Während der bereits erfolgten Betriebszeit traten keinerlei Fehler auf.

Aufgabe 5.3-4 RAID-Folgefehler

Leider trifft eine wichtige Voraussetzung für die Berechnung der Ausfälle meist nicht zu: Die einzelnen Platten fallen nicht unabhängig voneinander aus.

Angenommen, Sie haben einen RAID5-Verbund von drei Platten D1, D2 und D3, wobei D1 und D2 im selben Schacht stecken. Dies bedeutet, dass neben den Einzelausfallwahrscheinlichkeiten P1, P2 und P3 auch eine bedingte Wahrscheinlichkeit Pa existiert, mit der nach dem Ausfall einer Platte kurz darauf die andere Platte auch ausfällt, etwa durch Überhitzung.

Wie hoch ist die Ausfallwahrscheinlichkeit P des Gesamtsystems als Funktion von P1, P2, P3 und Pa?

5.4   Modellierung und Implementierung der Treiber

Das Schreiben eines Gerätetreibers erfordert traditionellerweise ein erhebliches Grundwissen vom Programmierer, sowohl über das Gerät und den Controller als auch über die intimen Einzelheiten aus dem Arbeitsleben des Betriebssystems. Die meisten Fehler in Betriebssystemen resultieren deshalb auch aus neuen Treibern, die mit neuen Peripheriegeräten in das Betriebssystem eingegliedert werden und im *kernel mode* ungehindert Folgefehler produzieren können. Auch der Angriff auf ein System wird gern über präparierte Treiber eingeleitet.

Vor diesem Hintergrund ist es daher sehr wichtig, dass die Betriebssystemhersteller klare, explizite Schnittstellen für die Gerätetreiber bekanntgeben. Auch die Vorgabe und Existenz höherer Treiber, die alle geräteunabhängigen Verwaltungsaufgaben (Führen der Auftragslisten, Verwalten des Cachepuffers usw.) erledigen, hilft sehr bei der Treibererstellung. Ein weiterer Vorteil ist es, wenn man neue Treiber direkt in ein System einhängen kann, ohne den Kern neu binden zu müssen und das System dazu stillzulegen. Derartigen Forderungen wird sehr unterschiedlich von den Betriebssystemen entsprochen.

Ein weiteres Problem ist die Behandlung von Fehlern. Auch hier gibt es wenige gekennzeichnete Schnittstellen.

5.4.1 Beispiel UNIX: Treiberschnittstelle

Traditionellerweise lassen sich UNIX-Treiber nicht nachladen, sondern werden übersetzt und mit dem Kern statisch verbunden. Diese Einschränkung ist allerdings bei modernen Unix-Versionen (z. B. Linux, HP-Unix, aber nicht bei OpenBSD) aufgehoben, obwohl dynamisch ladbare Treiber ein potentielles Sicherheitsrisiko darstellen.

Jeder Treiber implementiert eine Reihe von mehr oder weniger festgelegten Prozeduren, die in einer einheitlichen Tabelle zusammengefasst werden. Da sie in C geschrieben werden, sind die Treiber einigermaßen portabel. Alle Prozeduren der Treiber werden als Adressen in einer RECORD-Struktur (*conf.h*) pro Gerät definiert und in einer zentralen Tabelle *conf.c* angeordnet, die auch mit einem Programm *config* erzeugt werden kann. Jedem Gerät (Controller) wird eine eindeutige Nummer (*major device number*) zugeordnet. Wird nun eine der Prozeduren aufgerufen, so geschieht dies nur über die zentrale Tabelle. Jeder Tabelleneintrag besteht aus einer RECORD-Struktur, in der die Adressen der Treiberprozeduren des Geräts aufgelistet sind. Der Index des Tabelleneintrags entspricht der Nummer des Geräts.

Diese zentrale, in Linux dynamisch aufgebaute Tabelle, ist die einzige Aufrufverbindung vom Betriebssystem zu den Treibern. Sie ist in zwei Abschnitte nach blockorientierten (*block device switch* bdevsw) und zeichenorientierten Geräten (*character device switch* cdevsw) geordnet.

Beispiel *Auszug aus conf.c eines SUN-OS für block- und character devices*

```
struct bdevsw    bdevsw[] = {
      { tmopen,   tmclose,  tmstrategy,   tmdump,    /*0*/
             0,   B_TAPE},
      { nodev,    nodev,    nodev,        nodev,     /*1*/
             0,   B_TAPE},
      { xyopen,   nulldev,  xystrategy,   xydump,    /*2*/
        xysize,       0},        … };
struct cdevsw    cdevsw[] = {
```

```
{ cnopen,    cnclose,  cnread,    cnwrite,   /*0*/
  cnioctl,   nulldev,  cnselect,  0,
     0,         0,      },
{   nodev,    nodev,  nodev,     nodev,     /*1*/
    nodev,    nodev,  nodev,     0,
  &wcinfo,       0,      },
{   syopen,   nulldev, syread,    sywrite,   /*2*/
    syioctl,  nulldev, syselect,  0,
     0,         0,      },      ...  };
```

Die blockorientierten Geräte haben hier die synchronen Aufrufe open, close, strategy, dump, psize und flags, die zeichenorientierten Geräte die Aufrufe open, close, read, write, ioctl, reset, select, mmap, stream, segmap. Die asynchronen Interrupt-Service-Routinen sind nicht hier, sondern in einem gesonderten Assemblermodul eingetragen.

Nicht jedes logische Gerät hat auch eine Implementierung der möglichen Treiberprozeduren: Existiert keine Implementierung, so wird dies mit nodev angegeben und führt beim Aufruf zu einer Fehlermeldung; soll einfach „nichts" passieren, so wird dies mit nulldev abgefangen. Kann ein Gerät sowohl zeichenorientiert als auch blockorientiert angesprochen werden, so sind die entsprechenden Treiberprozeduren des einen Geräts in beiden Tabellen vermerkt.

Beim Auftritt von Fehlern (Gerät nicht eingeschaltet, Spur defekt, Lesefehler etc.) wird die entsprechende Fehlernummer in den Eintrag der *user structure* des Benutzerprozesses geschrieben. Bemerkt der Treiber eine Situation, die er absolut nicht mehr beherrscht (falsche Pufferadressen etc.) und die nicht ignoriert werden kann, so bleibt als letzte Möglichkeit, die Prozedur *panic* aufzurufen, die einen Fehlertext ausdruckt und das gesamte Betriebssystem anhält.

Bei bestimmten Prozeduren, die vom Benutzerprozess aus aufgerufen werden (wie open (), close (), read (), write ()), stehen als Argumente und zur Fehlerrückmeldung bestimmte Einträge der *user structure* (u.u_offset, u.u_count, u.u_error etc.) zur Verfügung.

Die Prozeduren (Dienstleistungen) der Treiber sind für ein Gerät xx, z. B. xx = mt (Bandgerät) oder xx = rk (Plattenlaufwerk):

- **XX_init**
  Eine Prozedur zur Initialisierung des Treibers und des Geräts. Diese wird beim Systemstart ausgeführt.
- **XX_read, XX_write** *character devices*
  Eine Prozedur zum direkten Lesen und Schreiben von Daten im raw-Modus.
- **XX_open, XX_close**
  Eine Prozedur, die bei open (), und eine, die bei close () aufgerufen wird. Diese Prozeduren dienen hauptsächlich dazu, die Geräte bei jeder Benutzung initialisieren zu

können, und haben gerätespezifische Bedeutung. Beispielsweise kann ein Magnetband bei `mt_close` das Band zum Anfang zurückspulen, damit man es entnehmen kann, ein Drucker einen Seitenvorschub durchführen usw.

- **XX_ioctl** *character devices*
  Dieser Aufruf erhält die Parameter, die man beim Systemaufruf `ioctl ()` angegeben hat, und dient zur Einstellung des Geräts, beispielsweise der Übertragungsgeschwindigkeit und Modus bei seriellen Geräten.

- **XX_strategy** *block devices*
  Diese Prozedur wird zum Lesen und Schreiben von Einzelblöcken (*block device*) verwendet und besorgt neben der Übersetzung von logischer Blocknummer zu physikalischer Speicheradresse zusätzlich noch eine spezielle Lese- und Schreibstrategie, um den Durchsatz zu verbessern, siehe Abschn. 5.1.1.
  Die Information, ob es sich beim übergebenen Auftragsblock um einen Lese- oder Schreibauftrag handelt, ist im Kopf des Blocks vermerkt. Da die `strategy`-Prozedur auch asynchron aus einem Interrupt-Handler heraus aufgerufen werden kann, um den nächsten Block dem Gerät zu übergeben, sind alle Argumente und Fehlerrückmeldungen nur im Kopf der Blockstruktur (*buf.h*) enthalten, da der Treiber nicht auf den Benutzerprozess zugreifen kann, um sich die Parameter zu holen. Die Blöcke entsprechen also einer Nachricht an den Treiber, in der Auftrag und Parameter vermerkt sind.

- **XX_intr**
  Auch die Interrupt-Service-Routine gehört in UNIX zum Treiber und ist in C geschrieben. Sie setzt voraus, dass bereits alle Register gerettet wurden (durch eine vorgeschaltete Assemblerroutine), und transferiert nur die Daten bzw. setzt den nächsten DMA-Transfer mit Hilfe der verketteten Auftragsliste auf.

Es gibt noch weitere Prozeduren, die aber von der jeweiligen UNIX-Version abhängig sind und Spezialfunktionen erfüllen, siehe Egan und Teixera (1990).

5.4.2 Beispiel Windows NT: Treiberschnittstelle

In Windows wird versucht, für alle Varianten (Windows SC, Windows CE 3.0, Windows 98, Windows NT 5.0 bzw. Windows 2000) das gleiche Treibermodell zu verwenden, um einen existierenden Treiber in allen Betriebssystemen nutzen zu können. Das Win-32-Treibermodell WDM stellt eine Bibliothek von Standardroutinen für Ein- und Ausgabe sowie kompatible Gerätetreiber für Windows 98 bzw. Windows 2000 zur Verfügung. Es gibt drei verschiedene Treiberklassen: Eingabegeräte (*Human Interface Device* HID) wie Maus, Tastatur, Datenhandschuhe etc., Standbildgeräte wie Scanner, sowie Geräte für Datenströme wie Video und Audio. Für jede Klasse gibt es einen Klassentreiber, der die Grundfunktionalität implementiert, und einen gerätespezifischen Treiberzusatz („Minitreiber").

Die Treiber in Windows NT müssen bestimmte Konventionen einhalten. Dazu gehören folgende Prozeduren, vgl. Nagar (1997):

- *Eine Initialisierungsprozedur (load driver)*
  Sie wird vom I/O-Manager ausgeführt, wenn der Treiber ins Betriebssystem geladen wird, und erzeugt im wesentlichen ein Objekt, unter dem der I/O-Manager das Gerät erkennt und in dem die folgenden Prozeduren referiert sind.
- *Eine Abschlussprozedur (unload driver)*
  Diese Prozedur gibt alle Systemressourcen wie Speicher, Puffer usw. frei, so dass der I/O-Manager sie aufräumen kann.
- *Eine Gruppe von Service-Funktionen (dispatch routines)*
  wie Schreiben, Lesen oder andere Funktionen des Geräts. Diese Funktionen werden von den Ein- und Ausgabeaufträgen (*I/O Request Package* IRP) angesprochen.
- *Eine Prozedur, um den Datentransfer zu starten (start I/O)*
  sowie mindestens eine Prozedur, um den Datentransfer *abzubrechen (cancel I/O)*. Die Ausführung und Auswahl dieser Prozedur wird sicher davon abhängen, wieweit der Datentransfer schon gediehen ist.
- *Eine Interrupt-Service-Routine (ISR)*
  Das Interruptsystem von Windows NT gibt die Kontrolle bei einem Geräte-Interrupt an diese Prozedur. Da dies auf hoher Priorität geschieht, wird von der ISR erwartet, dass sie so bald wie möglich den ISR-Aufruf in einen speziellen Prozeduraufruf (*Deferred Procedure Call* DPC) umwandelt und diesen Aufruf als Arbeitspaket in die Warteschlange der DPCs einhängt. Die DPCs laufen unter geringer Priorität ab, so dass andere Interrupts diese unterbrechen können.
- *Eine zur ISR gehörende DPC-Prozedur*
  Die DPC-Prozeduren werden aufgerufen, wenn die Priorität der laufenden Prozesse unter die definierte DPC-Priorität gefallen ist. Die DPC-Prozedur erledigt die Hauptarbeit der ISR, insbesondere den Datentransfer zu vervollständigen und den nächsten Auftrag aus der Warteschlange einzuleiten.
- *Eine Prozedur, um den Datentransfer abzuschließen (completion routine)*
  Diese Prozedur kann von einem Treiber im IRP angegeben werden, so dass sie nach der Funktion eines tieferen Treibers zum Abschluss aufgerufen wird. Die Prozedur gibt Informationen über Erfolg, auftretende Fehler oder Abbruch an höhere Treiber (z. B. das Dateisystem) weiter und ermöglicht diesem einen adäquaten Abschluss des Auftrags.
- *Eine fehlernotierende Prozedur (error logging)*
  Diese gibt die Fehlerinformationen an den I/O-Manager weiter, der sie in eine Fehlerdatei schreibt.

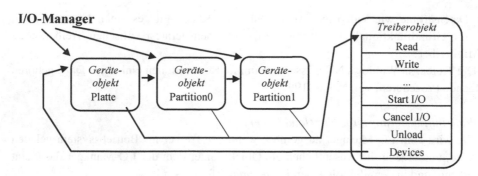

Abb. 5.19 Die Verbindung von Geräte- und Treiberobjekten

Beim Laden des Treibers wird nicht nur ein Treiberobjekt (*driver object*) für den Zugriff des I/O-Managers erzeugt, sondern auch für jedes Gerät bzw. jede Gerätefunktion ein Geräteobjekt (*device object*). Die Geräteobjekte stellen dabei den Bezugspunkt für die Benutzung der Treiber dar. Beispielsweise wird beim Öffnen der Datei *Device\ Floppy0\Texte\bs_files.doc* (s. Abb. 4.7) der Name *Device\Floppy0* abgetrennt: Er stellt den Namen des Geräteobjekts dar, das den Bezugspunkt für den I/O-Manager darstellt. Der I/O-Manager, der vom Dateisystem beauftragt wird, reicht das IRP weiter über das Geräteobjekt an den dafür zuständigen Treiber. Dazu sind alle Geräteobjekte der physikalischen, logischen und virtuellen Geräte durch einen Zeiger auf ihr Treiberobjekt mit dem Gerätetreiber verbunden; umgekehrt sind sie auch Teil einer Liste des Treiberobjekts, mit der der I/O-Manager beim Beenden des Treibers (*unload driver*) nachprüfen kann, welche Geräteobjekte davon betroffen sind. In Abb. 5.19 ist diese Verbindung illustriert.

Besondere, allgemein benutzte Funktionen wie beispielsweise die Kontrolle des PCI-Bus sind in spezielle Treiber ausgelagert, die vor oder nach dem eigentlichen Gerätetreiber aufgerufen werden. In diesem Sinne wirken sie ähnlich den Filtern im Unix *stream*-System.

Die Gerätetreiber haben bei ihren Funktionen verschiedene Nebenbedingungen zu beachten. Einer der wichtigsten Faktoren ist die Tatsache, dass der Betriebssystemcode auf verschiedenen Prozessoren eines Multiprozessorsystems ausgeführt werden kann.

Dies erzwingt die Koordination beim Zugriff auf die Daten, die systemweit (*global data*) oder mit anderen Instanzen zusammen (*shared data*) genutzt werden. Dies bedeutet für einen Treiber, dessen Code gleichzeitig auf mehreren Prozessoren abgearbeitet wird, dass er seinen Zugriff auf die Register eines Gerätes durch einen *spin lock* absichern muss. Auch der Zugriff auf die Datenstruktur des Treibers (Auftragsliste etc.) muss so abgesichert werden.

Im Unterschied zu Monoprozessorsystemen muss auch beim Interruptsystem darauf Rücksicht genommen werden. Auch die Interrupt-Service-Routine, die auf höchster Priorität läuft, kann nicht davon ausgehen, alleinigen Zugang zu den Geräteregistern, Auftragslisten usw. zu haben – eine Kopie des Treiber auf einem anderen Prozessor mit geringerer Priorität kann gleichzeitig auf die Daten zugreifen. Deshalb gibt es im Kern zusätzlich zu den (*busy wait*) *spin lock*-Prozeduren spezielle *kernel*-Synchronisationsprozeduren.

Eine weitere Aufgabe für Treiber ist die Reaktion auf den Zusammenbruch der Versorgungsspannung (*power failure*). Hier wird vom Netzteil vorausgesetzt, dass es die Versorgung nach dem *power failure*-Signal noch einige Millisekunden aufrecht erhalten kann, in denen wichtige Daten gesichert werden können. Ein Treiber muss also bei seinen Aktionen atomare Teile unterscheiden, die nicht gestört werden dürfen, um die Datenintegrität zu wahren. Vor solch einem Abschnitt muss er sich versichern, dass kein *power failure*-Zustand vorliegt, dann den *power failure*-Interrupt sperren, die eigenen Daten schreiben und dann den Interrupt wieder freigeben. Im Falle eines *power failure* dagegen muss das Gerät in einen kontrollierten, bekannten Zustand versetzt werden, bevor die Spannung zusammenbricht.

Ist das System mit einem batteriegestütztem RAM-Bereich ausgestattet, in den alle wichtigen Prozessdaten (Prozesskontext) gerettet werden konnte, so ist es möglich, nach dem Wiederherstellen der Versorgungsspannung die Programmausführung fortzusetzen.

Das Schreiben eines Treibers für Windows NT ist nicht einfach und erfordert eine genauere Auseinandersetzung mit der Materie, siehe Oney (1999) oder Viscarola und Mason (1999).

5.4.3   I/O Treiber in Großrechnern

Im Allgemeinen haben Großrechner eine solche Rechengeschwindigkeit, dass man sie nicht mit langsamem I/O ausbremsen will. Anstelle von Treibern besitzen sie deshalb meist Kommunikationskanäle zu dedizierten I/O-Rechner („control units"), die nur für I/O zuständig und dafür optimiert sind. Damit ist die I/O-Funktionsschicht komplett vom Großrechner ausgelagert. Dies entspricht einer Software-Hardware-Migration wie wir sie in Kap. 1 kennen gelernt haben. Beispielsweise wird der Linux CFQ I/O-Scheduler nicht auf dem Hauptrechner, sondern auf den I/O-Rechner (*mainframe control unit*) ausgeführt.

Das Netzwerk aus Kommunikationskanälen vermittelt nicht nur zwischen mehreren I/O-Rechnern und mehreren Großrechnern, sondern ermöglicht auch die Anbindung zusätzlicher Netzwerke für Speicherung und *backup*. Außerdem wird der I/O meist noch auf dem Weg vom Netzwerk zu den CPUs des Großrechners in einem L2 Cache gepuffert, so dass einem schnellen Zugriff der CPUs auf I/O-Daten nichts mehr im Wege steht.

5.4.4   Aufgaben zu Treibern

Aufgabe 5.4-1 Treiber

a) Was ist ein Treiber und was der Unterschied zwischen einer abstrakten Maschine, einem Treiber und einem Gerätetreiber?

b) In welchem Systemmodus laufen Treiber? Warum?

c) Recherchieren Sie: Was ist ein FUSE-Treiber?

d) Wie wird der dazu gehörende Treiber bei dem Interrupt eines Geräts ausgewählt?

5.5   Optimierungsstrategien für Treiber

Im vorigen Abschnitt kamen wir zu der Erkenntnis, dass eine Aufgabentrennung sehr
sinnvoll ist zwischen Hersteller eines Geräts und Betriebssystem. Alle gerätespezifischen Dinge sollten möglichst im Treiber oder Controller gekapselt sein und der
spezifische Treiber sollte vom Hersteller mitgeliefert werden. Dies ist die Theorie.
Leider ist es aber in der Praxis oft so, dass für dieses spezielle Betriebssystem oder
das neue Gerät kein Treiber verfügbar ist, so dass wir uns selbst des Problems annehm-
men müssen. In diesem Fall können wir einige Konzepte früherer Kapitel auch hier
anwenden. In diesem Abschnitt soll dies am Beispiel des rotierenden Massenspeichers näher ausgeführt werden. Dabei steht die Bezeichnung „Treiber" allgemein für
alle gerätespezifischen Module, also etwa auch für die Software des eingebetteten
Gerätecontrollers.

Angenommen, wir haben einen Treiber für ein Gerät geschrieben, indem wir uns durch
die Bits und Bytes des Gerätecontrollers durchgehangelt und die kargen Unterlagen des
Herstellers intelligent mit detektivischem Spürsinn interpretiert haben – welche Strategien
können wir nun einem „höheren", möglichst geräteunabhängigen Treiber implementieren,
um für eine ganze Geräteklasse den Zugriff zu optimieren?

5.5.1   Optimierung bei Festplatten

Es existiert eine Reihe von Schedulingalgorithmen, um die Reihenfolge der Blöcke
möglichst „gut" den Schreib-Leseköpfen von Festplatten anzubieten. Dabei stellt sich
aber die Frage: Lohnt sich überhaupt der Einsatz komplizierter Schedulingalgorithmen?
Studien zeigen, dass die normale Arbeitsliste nur einen einzigen Auftrag enthält (Lynch
1972). Dies bedeutet: Alle Strategien sind in diesem Fall gleich gut wie die einfache
FCFS-Strategie.

Die Strategien zur Abarbeitung der Block-Arbeitsliste sind nicht die einzige Optimie-
rungsmöglichkeit der Zugriffszeit. Auch die Entscheidung, wo die Platte logisch anfängt,
kann den Zugriff schneller machen: Bildet man den logischen Block 0 mit dem zentralen
Index nicht auf (Sektor 0, Spur 0) am Rand der Platte ab, sondern auf die mittlere Spur,
so ist der mittlere Weg des Kopfes bei ungepuffertem Zugriff zu allen Spuren kleiner als
vom Rand aus und der Zugriff damit deutlich schneller. Wird dagegen der zentrale Index
als Kopie im Hauptspeicher gehalten, so ist nur noch die Folge der Positionierungsbefehle
entscheidend und nicht mehr die Lage des zentralen Index.

Die bisher besprochenen Mechanismen der Leistungssteigerung im Treiber müssen allerdings alle im Kontext des Controllers gesehen werden. Prinzipiell kann leicht der Fall auftreten, dass alle Optimierungsmaßnahmen des Treibers vom Controller, der meist mit eigenem Mikroprozessor ausgestattet ist, durch eigene Optimierungsstrategien ausgebremst werden. Beispielsweise benötigen moderne, schnelle Mikroprozessorgesteuerte Controller kein Scheduling; sie haben ihre eigenen Strategien. Auch haben manche Controller die Möglichkeit, defekte Blöcke durch Ersatzblöcke auf speziellen, normal nicht zugänglichen Spuren zu ersetzen. Diese spezielle Abbildung tritt immer dann in Kraft, wenn ein defekter Block angesprochen wird, und ist transparent nach außen, kann also nicht vom Treiber bemerkt werden. Damit erweisen sich alle Bemühungen des Treibers, die Kopfbewegung zu minimieren, als obsolet: Die dazwischenliegenden Bewegungen zur Ersatzspur lassen keine Optimierung von außen mehr zu. Es ist deshalb sehr sinnvoll, die Schnittstellen zwischen Treiber und Controller vom Hersteller aus systematisch zu durchdenken und vorauszuplanen. Beispielsweise kann man bestimmte geräteabhängige Optimierungen wie Kopfbewegung und Sektorsuche dem Controller zuweisen und dort kapseln; nach außen hin sind nur die Leistungen (Speicherung von Blöcken mit logischen Adressen etc.) sichtbar, die unabhängig von der implementierten Elektronik und Mechanik erbracht werden.

5.5.2 Pufferung

Eine wichtige Leistungsoptimierung bei Massenspeichern, die für starken Durchsatz benötigt werden (z. B. bei Datenbankanwendungen), kann man mit einem Puffer (Datencache) erreichen, der auf verschiedenen Ebenen eingerichtet werden kann.

Auf der Ebene des Dateisystemtreibers ist es üblich, die wichtigsten, am meisten benutzten Blöcke einer Datei zu puffern, wobei man ihn in zwei verschiedene Arten (Schreib- und Lesepuffer) unterteilen kann, jeden mit eigener Verwaltung.

Auf unterster Treiberebene kann man größere Schreib- und Leseeinheiten puffern, beispielsweise eine ganze Spur. Nachfolgende Schreib- und Leseoperationen beziehen sich meist auf aufeinanderfolgende Sektornummern und können mit der gepufferten Spur wesentlich schneller durchgeführt werden.

Allerdings hat die Pufferung auch hier die gleichen Probleme wie in Abschn. 3.5 beschrieben. Bei der Verwaltung muss sichergestellt werden, dass beschriebene Blöcke und Sektoren auch für die Anfragen anderer Prozesse verwendet werden, um die Datenkonsistenz zu garantieren.

Wichtig ist dabei die Synchronisierung der Pufferinhalte mit dem Massenspeicher, bevor das Rechnersystem abgeschaltet wird. Bei Versorgungsspannungsausfall (*power failure*) muss dies sofort von den gepufferten Treibern eingeleitet werden.

Auch hier muss man sorgfältig die Schnittstelle zum Controller beachten. Manche Controller haben bereits einen Cache intern integriert; hier ist es sinnlos, auch auf Treiberebene einen Cache anzulegen.

Beispiel UNIX *Pufferung*

Die Pufferung der seriellen *character files* wird über Listen aus Zeilen (c-list) durchgeführt. Aus diesem Grund wird ein RETURN(Zeilenende/Neue Zeile)-Zeichen benötigt, um einen Text von der Tastatur einzulesen. Besondere Statusbits dieses *special file* erlauben es allerdings auch, für eine reine Zeicheneingabe (Cursor-Tasten etc.) sofort jedes Zeichen ohne Pufferung zu lesen oder das lokale Echo eines Zeichens auf dem Monitor zu unterdrücken.

Das Puffersystem für die *block devices* benutzt als Speichereinheiten die Blöcke. Für jeden Treiber gibt es eine Auftragsliste von Blöcken, die gelesen bzw. geschrieben werden sollen. Die Liste aller freien Blöcke ist doppelt verzeigert und in einem Speicherpool zentral zusammengefasst. Außerdem gibt es zwei Zugangswege zu den *block devices*: zum einen über einen Dateinamen und damit über das Dateisystem und über die xx_strategy-Prozedur und zum anderen über den *special file* als *raw device* über die xx_read/ write-Prozedur.

Da durch die Pufferung der *i-nodes* das gesamte Dateisystem bei einem Netzausfall hochgradig gefährdet ist, werden in regelmäßigem Takt (alle 30 Sek.) von der sync ()-Prozedur alle Puffer auf Platte geschrieben und die Datenkonsistenz damit hergestellt. Dies wird auch beim Herunterfahren des Systems (*shut down*) durchgeführt.

Beispiel Windows NT *Pufferung*

Zur Verwaltung des Ein- und Ausgabecache gibt es einen speziellen *Cache Manager*. Dieser alloziert dynamisch Seiten im Hauptspeicher und stellt ein *memory mapping* zwischen den Hauptspeicherseiten und einer Datei her. Die Anzahl der so erzeugten *section objects* ist dynamisch: Sie hängt sowohl vom verfügbaren Hauptspeicher als auch von der Zugriffshäufigkeit auf die Dateiteile ab. Dies geschieht dadurch, dass diese Seiten des Cache-Managers wie die Speicherseiten eines normalen Prozesses vom *Virtual Memory Manager* verwaltet werden: Die Anzahl der im Hauptspeicher sich befindenden Seiten wird über den normalen *working set*-Mechanismus und den *paging*-Mechanismus (s. Abschn. 3.3) reguliert.

Für die Pufferung der seriellen Ein- und Ausgabe mussten spezielle Mechanismen entwickelt werden, um die Ergebnisse der Programme aus dem Multi-tasking nonpreemptiven Windows 3.1 (16 Bit) auf dem Multi-tasking preemptive Windows NT zu erhalten. Für jedes Gerät gibt es nun in Windows 3.1 eine einzige I/O-Warteschlange, auch für serielle Geräte. Werden in verschiedene Fenster Eingaben (Zeichen, Mausklicks etc.) gegeben, so werden sie als jeweils eine Eingabeeinheit in den Eingabepuffer gestellt. Üblicherweise liest und schreibt ein Prozess unter Windows 3.1 beliebig lange (*non-preemptive*), bis er die für ihn bestimmte Eingabe abgearbeitet hat, und wird dann beim Lesen auf den Eingabepuffer blockiert, wenn die weitere Eingabe nicht für ihn ist. Der zum Fenster gehörende Prozess wird dann vom Windows-Manager aktiviert und liest seinen Pufferanteil ein.

Gehen wir nun zu einer preemptiven Umgebung über, bei der ein Prozess sofort deaktiviert werden kann, wenn seine Zeitscheibe abgelaufen ist, so führt dies bei nur einem Eingabepuffer zu Problemen – der neu aktivierte Prozess liest fehlerhaft die für den deaktivierten Prozess bestimmten Daten. Dies ist auch der Fall, wenn der Prozess „abstürzt", also fehlerhaft vorzeitig terminiert. Aus diesen Gründen hat in Windows NT jeder *thread* seine eigene Eingabewarteschlange – ungelesene Eingabe für einen *thread* verbleibt beim Prozess und wird nicht vom nächsten *thread* versehentlich gelesen; das System wird robust gegenüber fehlerhaften Prozessen.

Wie kann man zwei derart unterschiedliche Systeme wie Windows 3.1 und Windows NT miteinander integrieren? Die Logik der non-preemptiven Prozesse aus Windows 3.1 ähnelt sehr der Logik von Leichtgewichtsprozessen (*threads*). Die Idee ist nun, den Mechanismus der *threads* in Windows NT dafür zu nutzen. Dazu behandelten die Designer von Windows NT das Windows 16-Bit-Subsystem (WOW), das die 16-Bit-Tasks als eigene *threads* gestartet hatte, wie einen einzigen Prozess. Diesem Prozess wird zwar regelmäßig der Prozessor entzogen (wie allen anderen NT Prozessen auch), bei der Prozessorrückgabe erhält aber der letzte laufende *thread* automatisch wieder die Kontrolle – als ob kein Prozesswechsel stattgefunden hätte. Somit wird genau das Verhalten erreicht, das im alten Windows/DOS System üblich war.

Allerdings ist es auch möglich, die 16-Bit-Applikationen in getrennten Adressräumen als eigene Prozesse ablaufen zu lassen. In diesem Fall verhalten sie sich natürlich nicht mehr zwangsläufig wie früher unter Windows 3.1, so dass dies nicht bei allen alten Applikationen sinnvoll ist.

5.5.3   Synchrone und asynchrone Ein- und Ausgabe

Bei der Ein- und Ausgabe ist es im Programm üblich, abzuwarten, bis ein Betriebssystemaufruf erfolgreich abgeschlossen wurde (**synchrone** Ein- und Ausgabe). Nun dauert es aber meistens eine gewisse Zeit, bis die Ein- oder Ausgabe durchgeführt wurde. Diese Zeit könnte das Programm besser mit anderen, ebenfalls wichtigen Arbeiten nutzen. Gerade in Programmen, die aus verschiedenen, unabhängig arbeitenden Teilen (*threads*) bestehen, ist nicht einzusehen, warum alle *threads* blockiert werden, obwohl nur einer auf eine Ein- oder Ausgabe wartet.

Eine Möglichkeit, die Blockierung zu verhindern, besteht in der Anerkennung der *threads* als eigenständige Leichtgewichtsprozesse durch das Betriebssystem wie in MACH oder Windows NT. Bei ihnen wird generell nur der aufrufende *thread* blockiert und nicht die anderen eines Prozesses. Dies ist aber nicht immer im Betriebssystem gegeben.

Eine andere Möglichkeit dafür bietet **asynchrone** Ein- und Ausgabe. Der Systemaufruf leitet dabei die Ein- und Ausgabeoperation nur ein; das Ergebnis muss von einem *thread* später mit einem speziellen Befehl abgeholt werden. Diese Art von Systemaufrufen stellt besondere Anforderungen an das Betriebssystem, da sowohl der Auftrag als auch das Ergebnis unabhängig vom beauftragenden Prozess zwischengespeichert und verwaltet werden muss.

Beispiel UNIX *Asynchrones I/O*

In manchen UNIX-Versionen gestatten spezielle Systemaufrufe die Umschaltung auf nicht-blockierendes Schreiben und Lesen. Bei Rücksprung aus der Lese- bzw. Schreib-prozedur wird die Zahl der gelesenen bzw. geschriebenen Bytes zurückgegeben. Ist sie null, so konnte nicht gelesen bzw. geschrieben werden.

Eine andere Möglichkeit bietet das `signal ()`-System in UNIX. Üblicherweise gibt es ein eigenes Signal (SystemV-Linie: SIGPOLL, BSD-Linie: SIGIO), das beim Auftreten des gewünschten I/O-Ereignisses an den Prozess gesendet wird. Setzt er vorher entsprechende Prozeduren auf, die dann aufgerufen werden, so lässt sich der asynchrone I/O wie ein Interrupt behandeln. Alternativ dazu kann der Prozess auch nach etwas Aktivität in eine Pause (`sigpause ()`) gehen und dort auf das Signal warten.

Beispiel Windows NT *Asynchrones I/O*

Die Art und Weise, wie hier die Ein- und Ausgabe durchgeführt wird, hängt von einem Parameter ab, der beim `WriteFile ()`, `ReadFile ()`, `CreateFile ()` etc. ange-gegeben wird.

Im Normalfall durchläuft der Systemaufruf alle Schichten (Systemservice, I/O-Ma-nager, Gerätetreiber, Transfer-Interrupt, I/O-Manager, Rücksprung) und hält bei einem `ReadFile ()`-Aufruf den Prozess so lange an, bis die gewünschten Daten vorliegen. Wird dagegen ein Parameter „overlapped" angegeben, so geht der Kontrollfluss nach dem Absetzen und Einleiten des Datentransfers sofort zurück an den Aufrufer. Der Prozess kann weiterarbeiten und andere Dinge tun. Um die gewünschten Daten abzu-holen, wird ein Aufruf `wait(fileHandle)` abgesetzt, der den aufrufenden Prozess (*thread*) so lange blockiert, bis die gewünschten Daten vorliegen. Das Objekt `file-Handle` wird in den „signalisiert"-Zustand versetzt und der Prozess damit aufgeweckt. Nun kann er erneut den Systemaufruf `ReadFile ()` ausführen und endlich die Daten lesen.

Allerdings muss man darauf achten, dass nicht ein zweiter *thread* dasselbe `file-Handle` benutzt, um einen asynchronen I/O einzuleiten und abzuwarten – das Signal an das `fileHandle` weckt beide *threads* auf, auch wenn nur einer der beiden Aufträge ausgeführt wurde. Liest oder überschreibt nun ein *thread* seinen Puffer in der falschen Annahme, dass er schon transferiert sei, so resultieren falsche Daten bei der Ein- und Ausgabe. Ein Ausweg aus dieser Situation ist die Benutzung von eigenen Ereignisob-jekten oder APCs (*Asynchronous Procedure Call*) für jeden *thread*.

Eine andere Alternative, das Problem zu umgehen, besteht in der Anwendung der Prozeduren `ReadFileEx ()` und `WriteFileEx ()`, die als Parameter noch die Angabe einer Abschlussprozedur (*completion routine*) gestatten. Unabhängig davon erhält der aufrufende *thread* die Kontrolle sofort zurück und kann weiterarbeiten. Danach muss der *thread* sich in einem Wartezustand begeben, beispielsweise durch den Aufruf von `SleepEx ()`, `WaitForSingleObjectEx ()` oder `WaitForMultipleObjectsEx ()`.

Ist das Lesen bzw. Schreiben asynchron dazu beendet, so wird der *thread* aufgeweckt und die angegebene Abschlussprozedur aufgerufen, die weitere Schritte veranlassen kann.

5.5.4 Aufgaben zur Treiberoptimierung

Aufgabe 5.5-1 I/O-Dienste

Welche Dienste bietet der BS-Kern einem I/O-Subsystem bzw. Geräten? Nennen Sie mindestens zwei.

Aufgabe 5.5-2 Pufferung

Betrachten Sie folgendes Schichtenmodell:

Dateisystem
Multi-device-Treiber
Gerätetreiber
Controller
Gerät

Welche Vor- und Nachteile ergeben sich, falls Pufferung in jeweils eine der Schichten eingeführt wird? Unterscheiden Sie dazu die vier Fälle beim Übergang von einer Schicht zur anderen. Achten Sie insbesondere auf Dateninkonsistenzen bei parallelen Aktionen.

Literatur

Egan J., Teixera T.: UNIX Device-Treiber. Addison-Wesley, Bonn 1990

Lynch W. C.: Do Disk Arms Move? Performance Evaluation Review, ACM Sigmetrics Newsletter 1, 3–16 (1972)

MacWilliams F., Sloane N.: The Theory of Error-Correcting Codes. North-Holland, Amsterdam 1986

Nagar R.: Windows NT File System Internals – Building NT File System Drivers. O'Reilly & Assoc., Sebastopol, CA 1997

Oney W.: Programming the Microsoft Windows Driver Model, Microsoft Press, Redmond, WA 1999

Ruemmler C., Wilkes J.: An introduction to disk drive modeling, IEEE Computer 27 (3), pp.17–29, March 1994.

Viscarola P.G., Mason W.A.: Windows NT Device Driver Development, Macmillan Technical Publishing, Indianapolis, IN 1999

Netzwerkdienste

6

Inhaltsverzeichnis

© Springer-Verlag GmbH Deutschland 2017

R. Brause, *Betriebssysteme*,

DOI 10.1007/978-3-662-54100-5_6

Im Unterschied zu Großrechnern (*main frame*), die zentral bis zu 1000 Benutzer bedienen können, sind die meisten Rechner in Firmen, Universitäten und Behörden nur wenigen Benutzern vorbehalten (*single user*-Systeme). Um trotzdem systemweite Dienste und Daten innerhalb der Firmen oder Institutionen nutzen zu können, sind die Rechner in der Regel vernetzt. Aus diesem Grund sollen in diesem Abschnitt die netztypischen Teile von Betriebssystemen näher betrachtet werden.

Beginnen wir mit einer kurzen Zusammenfassung der Grundbegriffe in Rechnernetzen, um ein gemeinsames Verständnis der Betriebssystemteile zu erreichen. In Abb. 6.1 ist ein solches lokales Netzwerk (Local Area Network **LAN**) abgebildet wie es sich oft in kleineren Arztpraxen, Unternehmen oder Filialen findet.

Dabei sind die einzelnen Rechner über ein Kabel miteinander verbunden. Üblicherweise werden dazu zwei miteinander verdrillte, isolierte Drähte verwendet (bis 1 GHz) oder für größere Datenmengen Licht, das in Glasfasern geleitet wird. Ist das Signal in einer langen Leitung zu schwach geworden, so muss es durch einen **Repeater** verstärkt werden.

Das Ziel, alle Rechner eines Netzes miteinander zu verbinden, kann man sowohl durch einen Kabelstrang erreichen, der an den Enden miteinander verbunden sein kann (Ringarchitektur), als auch dadurch, dass jeder Rechner mit einem Kabel zu einem zentralen Punkt verbunden ist (Sternarchitektur). In Abb. 6.2 ist ein solche Architektur gezeigt, in

Abb. 6.1 Ein typisches lokales Netzwerk

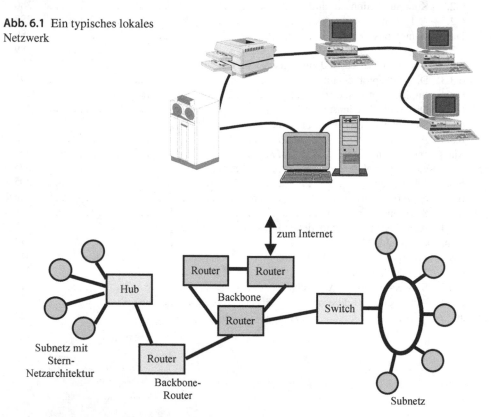

Abb. 6.2 Subnetze und Backbone eines Intranets

der die Rechner als Kreise und die Vermittlungseinheiten als Vierecke gezeichnet sind. Werden die Kabelstücke durch den Apparat des zentralen Punkts zu einem einzigen, elektrisch zusammenhängenden Netzwerk geschaltet, so wird dieser als **Hub** bezeichnet. Ein solches Netz hat zwar physisch eine Sternstruktur, logisch entspricht dies aber einer einzigen, langen Leitung. Solch eine Struktur wird gern verwendet, da sie die zentrale Kontrolle jeden Anschlusses erlaubt: fehlerhaften Rechnern im Netz kann jederzeit „der Stecker gezogen" werden, ohne die anderen Rechner im Netz zu blockieren.

Der Übergang der Signalinhalte von einem Netz in ein angeschlossenes anderes wird durch ein spezielles Gerät, eine Brücke (**Bridge**) oder ein **Gateway**, ermöglicht. Grundsätzlich betrachtet eine solche Bridge alle Signale und leitet diejenigen ins Nachbarnetz um, die als solche kenntlich gemacht wurden. Schnelle Brücken, die auch noch weitere Funktionen zur Vermittlung beherrschen, werden als **Switch** bezeichnet. Wird die Brücke gezielt angesprochen und beauftragt, die Signale aus dem lokalen Netz, wo sie erzeugt wurden, zum Zielrechner in ein anderes Netz geeignet weiterzuleiten, so spricht man von einem **Router**. Sowohl ein Hub als auch ein Switch kann zu einem Router ausgebaut werden.

Man kann mehrere Netze über Router oder Gateways zusammenkoppeln. In Firmennetzen („Intranet") bildet die Kopplung über ein spezielles Netz, das keine Drucker oder andere gemeinsam genutzte Geräte (Ressourcen) enthält und nur zur zuverlässigen Verbindung der Subnetze zuständig ist, eine wichtige Geschäftsgrundlage. Es wird deshalb als **Backbone**-Netz bezeichnet im Unterschied zu Netzen, die nichts weiterleiten können, den **Stub**-Netzen. Router, die zu diesem zentralen Daten-Umschlagplatz vermitteln, sind die **Backbone-Router**.

Für die logische Sicht der Nachrichtenverbindungen im Netz können wir zwei Typen unterscheiden: Entweder bauen wir erst eine Verbindung auf und senden dann die Nachrichten (**verbindungsorientierte** Kommunikation), oder aber wir fügen zu den Nachrichten die Empfängeradresse hinzu und erreichen so eine **verbindungslose** Kommunikation.

Für die Realisierung der logisch-verbindungsorientierten Kommunikation kann man jedoch auch wiederum beide Konzepte verwenden: wir können physikalisch eine feste Verbindung errichten und dann senden (z. B. mit einer Telefon-Standleitung) oder nur den physikalischen Weg durch ein Netzwerk über mehrere Rechner durch spezielle Nachrichten initialisieren und dann die Nachrichten auf diesen vorbereiteten Weg schicken. Die exklusive Rechner-Rechner Verbindung ist dann nur logisch vorhanden; tatsächlich können mehrere solche Verbindungen dieselben Leitungen benutzen, ohne sich zu stören.

Für die Realisierung beider logischer Konzepte in einem Netzwerk reicht es, die Nachrichten in Abschnitte (**Datenpakete**) zu zerteilen und mit einer Empfängeradresse versehen als zeitliche Abschnitte der Signale (Signalpakete) in das Netz einzuspeisen. Die Datenpakete enthalten als Zielbezeichnung eine Zahl, die Adresse des Empfängers, sowie die Adresse des Senders. Dazu wird beispielsweise beim Ethernet jedem Netzwerkanschluss (Platine) eines Rechners innerhalb eines LAN eine 32-Bit-Zahl zugewiesen, die MAC (Media Access Control). Dies ist eine Hardwareadresse, die nur einmal auf der Welt existiert und der Platine bei der Herstellung „eingebrannt" wird. Damit können nicht

zufällig zwei Platinen mit gleicher MAC in einem Ethernet existieren und es ist immer
eindeutig, für wen ein Datenpaket bestimmt ist.

Für kleine Netze reicht dies aus; bei größeren benötigen wir aber eine andere, symbolische Adresse, aus der leicht geschlossen werden kann, in welchem Netz der Zielrechner
ist. Da diese Adresse immer gleich sein sollte, egal, ob wir einen Ersatzcontroller in den
Rechner stecken oder ob wir gar einen neuen Rechner an die Stelle setzen, muss diese
Adresse unabhängig von der Hardware sein und zusammen mit Vorschriften (Protokollen)
definiert sein, wie die Adressen zu behandeln sind. Dazu betrachten wir einen Verbindungsaufbau zwischen Rechnern eines Netzes etwas systematischer.

Client-Server Systeme

Üblich ist dabei die sogenannte Client-Server-Funktionsaufteilung: Spezielle Computer
enthalten zentrale Unternehmensdaten (*file server*), dienen als schnelle Rechner (*computing server*), nehmen kritische Datentransaktionen (*transaction server*) vor und steuern
besondere Druckgeräte (*print server*). Dies ermöglicht zusätzliche Funktionalität für die
Mitglieder einer Arbeitsgruppe:

- *electronic mail*
  Elektronische Nachrichten dienen als Notizzettel und Kommunikationsmittel, zur Ter-
  minabsprache und Projektkoordination.
- *file sharing*
  Dokumente und Daten können gemeinsam erstellt und genutzt werden. Dies vermeidet
  Inkonsistenzen zwischen verschiedenen Kopien und Versionen und hilft dabei auch,
  Speicherplatz zu sparen.
- *device sharing*
  Der Ausdruck von Grafik und Daten auf beliebigen Druckern im Netz (*remote printing*)
  ermöglichen die Anschaffung auch teurer Drucker für die ganze Arbeitsgruppe oder
  alternativ das Einsparen von Investitionen. Dies gilt allgemein für alle Spezialhardware
  wie *high-speed scanner,* Farblaserdrucker, Plotter usw.
- *processor sharing*
  Durch die Verteilung von Einzelaufgaben eines Rechenjobs auf die Rechner der
  anderen Gruppenmitglieder kann mit der ungenutzten Rechenzeit der anderen der
  eigene Job schneller bearbeitet und abgeschlossen werden oder aber Investitionen in
  mehr Rechengeschwindigkeit gespart werden.

Ist der Unterschied zwischen dem einzelnen Computer und dem Netzwerk für den
Benutzer nicht mehr zu sehen, so sprechen wir von einem **verteilten Computersystem**.
Die oben genannten Funktionen werden dabei durch ein gezieltes Zusammenspiel mehrerer Betriebssystemteile auf verschiedenen Rechnern erreicht. Die Netzwerkerweite-
rung kann deshalb auch als eine Erweiterung des Betriebssystems angesehen werden.

Die oben geschilderten Vorteile sind in Netzen zwar möglich; sie werden aber durch
die Vielfalt der eingesetzten Rechnermodelle, Betriebssysteme und Programmiersprachen

stark behindert: Die Zusammenarbeit der Rechner leidet unter den unterschiedlichen Netzwerknormen, die in der Hardware und Software existieren. Deshalb wollen wir in diesem Kapitel die wichtige Rolle des Betriebssystems genauer unter die Lupe nehmen und die Aufgaben, Funktionsmodelle und Lösungen näher untersuchen, die ein Netzwerkanschluss für ein Betriebssystem mit sich bringt.

Einen wichtigen Versuch, die inhomogene Landschaft zu vereinheitlichen, stellt dabei das *Distributed Computing Environment* (DCE) der Herstellervereinigung *Open Software Foundation* (OSF) (später *OpenGroup*) dar, das als komplexes Softwarepaket (1 Mill. Codezeilen) verschiedene Lösungen für Client-Server-Arbeitsverwaltung (z. B. *threads*), Dateiverwaltung und Sicherheitsmechanismen enthält.

Verteilte Betriebssysteme

Ein Betriebssystem, das mit anderen Betriebssystemen über Netzverbindungen gekoppelt wird und jeweils vollständig vorhanden ist, wird als **Netzwerkbetriebssystem** bezeichnet. Man kann nun eine Aufgabe, etwa das Führen von Dateien, innerhalb eines Netzes auch unter den Rechnern aufteilen. Bezüglich dieser Aufgabe spricht man dann von einem **verteilten System**, in unserem Beispiel von einem verteilten Dateisystem. Die Funktionen des verteilten Systems beschränken sich im Fall eines Netzwerkbetriebssystems auf höhere Dienste und benutzerspezifizierte Programmsysteme.

Im Gegensatz dazu befindet sich jede Komponente eines **verteilten Betriebssystems** nur einmal exklusiv auf einem Rechner des Netzwerks. Dabei müssen alle Komponenten bzw. Rechner zusammenarbeiten; es gibt also nur ein Betriebssystem für das gesamte Netzwerk.

Ein solches Betriebssystem verwendet nur die untersten Schichten des Transportprotokolls, um seine auf verschiedene Rechner verteilten Dienste schnell ansprechen zu können. In Abb. 6.3 ist die Schichtung für den Kern eines solchen Systems gezeigt. Der Rest des Betriebssystemkerns, der noch auf jedem Rechner existiert, ist meist als Mikrokern (vgl. Kap. 1) ausgeführt. Ähnlich dem MACH-Kern enthält der Mikrokern nur die allernötigsten Dienste, um Kommunikation und schnelle Grunddienste für Speicherverwaltung und Prozesswechsel durchzuführen.

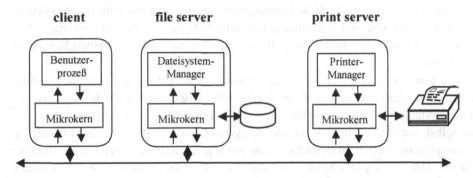

Abb. 6.3 Ein verteiltes Betriebssystem

Alle anderen Dienste wie Dateisystemverwaltung (*file server*), Drucker (*print server*), Namensauflösung (*directory server*), Job Management (*process server*) usw. sind auf anderen, spezialisierten Rechnern lokalisiert. Diese Art von Betriebssystem hat folgende Vorteile:

- *Flexibilität*
  Weitere Dienste (*computing server* etc.) können nach Bedarf im laufenden Betrieb hinzugefügt oder weggenommen werden; das Computersystem kann inkrementell erweitert werden.
- *Transparenz*
  Die Dienste im Netzwerk können erbracht werden, ohne dass der Benutzer wissen muss, wo dies geschieht.
- *Fehlertoleranz*
  Prinzipiell ist so auch Fehlertoleranz möglich; das System kann intern rekonfiguriert werden, ohne dass der Benutzer dies merkt.
- *Leistungssteigerung*
  Da alle Dienste parallel erbracht werden, kann durch zusätzliche Rechner auch höherer Durchsatz erzielt werden.

Fairerweise muss man allerdings hinzufügen, dass verteilte Betriebssysteme durch den größeren Hardwareaufwand auch Nachteile haben, beispielsweise wenn ein Service nur einmal vorhanden ist und gerade dieser Rechner ausfällt: Das ganze Netz ist dann bezüglich dieser Dienstleistung funktionsunfähig.

Ein grundsätzliches Problem verteilter Betriebssystemkerne ist auch der Zeitverlust für einen Service durch die Kommunikation. Für ein leistungsfähiges System lohnt es sich also nur, größere Arbeitspakete „außer Haus" bearbeiten zu lassen; die Mehrzahl der kleinen Aktionen, die in einem Betriebssystemkern existieren, lassen sich schneller auf demselben Prozessorsystem ausführen.

Ein weiterer Punkt sind die Netzwerkdienste. Auch bei identischen, replizierten Betriebssystemkernen, die autonom alle Betriebssystemfunktionen wahrnehmen können, gibt es spezielle höhere Dienste (wie netzweite Zugriffskontrolle usw.), deren Funktionalität verteilt ist. Da diese Grunddienste bereits teilweise zum Betriebssystem gerechnet werden und im Lieferumfang des Betriebssystems enthalten sind, handelt es sich mehr oder weniger auch um verteilte Betriebssysteme, ohne aber einen Mikrokern zu besitzen.

Aus diesen Gründen ist es müßig, die Streitfrage zu entscheiden, ob ein zentrales (*main frame*) oder ein verteiltes (*Client-Server*) Betriebssystem besser sei: Die meisten Betriebssysteme sind eine Mischung aus einem reinen Netzwerkbetriebssystem, das alles selbst macht und nur lose an andere Systeme anderer Rechner angekoppelt ist, und einem reinen verteilten Betriebssystem, das alle Dienste auf spezialisierte Rechner verlagert. Der Umfang des Kerns zeigt dabei den Übergangszustand zwischen beiden Extremen an.

In Abschn. 6.5.2 ist dieses Thema nochmals am Beispiel des Netzcomputers diskutiert.

6.1   Das Schichtenmodell für Netzwerkdienste

Bei der Vernetzung von Rechnern kommt in erster Linie zum isoliert arbeitenden Computer ein Controller für den Netzwerkanschluss als zusätzliche Platine hinzu. Meist ist die Datenverbindung seriell, so dass nun ein zusätzliches serielles Gerät mit einem Treiber im Betriebssystemkern eingebunden werden muss.

Für die logische Sicht der Nachrichtenverbindungen können wir wieder unser Schema aus Abschn. 2.4.1 verwenden: Entweder bauen wir erst eine Verbindung auf und senden dann die Nachrichten (verbindungsorientierte Kommunikation), oder aber wir fügen zu den Nachrichten die Empfängeradresse hinzu und erreichen so eine verbindungslose Kommunikation. Für die Realisierung der logisch-verbindungsorientierten Kommunikation kann man jedoch auch wiederum beide Konzepte verwenden: Wir können physikalisch eine feste Verbindung errichten und dann senden (z. B. mit einer Telefon-Standleitung) oder nur den physikalischen Weg durch ein Netzwerk über mehrere Rechner durch spezielle Nachrichten initialisieren und dann die Nachrichten auf diesen vorbereiteten Weg schicken. Die exklusive Rechner-Rechner Verbindung ist dann nur logisch vorhanden; tatsächlich können mehrere solche Verbindungen dieselben Leitungen benutzen, ohne sich zu stören. Für die Realisierung beider logischer Konzepte in einem Netzwerk reicht es also, die Nachrichten in Abschnitte (**Datenpakete**) zu zerteilen und mit einer Empfängeradresse versehen in das Netz einzuspeisen.

Normalerweise handelt es sich bei der Netzverbindung der Rechner nicht um eine physikalische Punkt-zu-Punkt-Verbindung, sondern mehrere Computer sind mit einem Kabel verbunden. Um einen bestimmten Rechner anzusprechen, müssen auf dem Kabel nicht nur die Daten, sondern auch die Adressinformation übertragen werden. Diese weitere Verwaltungsinformation (Nachrichtenlänge, Quersumme zur Prüfung auf Übertragungsfehler usw.) wird mit den Daten in einem Nachrichtenpaket zusammengefasst. Aufgabe der Basiselektronik des Controllers ist es, die Übersetzung zwischen dem elektrischen Signal im Kabel und dem logischen Format der Nachrichtenpakete sowohl für das Lesen (Empfangen) als auch für das Schreiben (Senden) durchzuführen. Mit Hilfe dieser Dienstleistung müssen weitere Funktionen wie Sendekontrolle, Aufbau einer logischen Nachrichtenverbindung zu einem anderen Rechner mit Hilfe einer Sequenz von Nachrichtenpaketen usw. aufgebaut werden. Die Folge mehrerer fest vorgegebener Schritte eines Nachrichtenaustauschs für einen Zweck (die Menge der Kommunikationsregeln) wird als **Protokoll** bezeichnet.

Der Aufbau immer höherer Dienste, die sich auf einfache, niedere Funktionen (*Dienste*) stützen, entspricht unserer Strukturierung durch virtuelle Maschinen aus Kap. 1 und ist durch das ISO-OSI-Schichtenmodell standardisiert, s. Abb. 6.4.

Die verschiedenen Schichten, von 7 bis 1 absteigend durchnummeriert, haben dabei folgende Aufgaben:

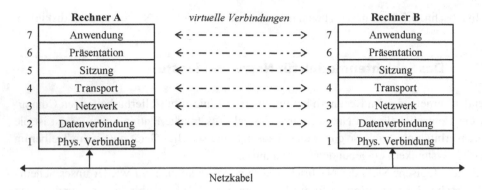

Abb. 6.4 Das Open System Interconnect (OSI)-Modell der International Organization for Standardization (ISO, früher International Standards Organization)

7) Auf der **Anwendungsschicht** werden benutzerdefinierte Dienste wie Dateitransfer (*FTP*), spezielle Grafikanwendungen, Sicherheitsüberprüfung, Nachrichtenaustausch (*electronic mail*) usw. angeboten.

6) Die **Präsentationsebene** formatiert die Daten und legt ihre Kodierung oder ihr Kompressionsformat fest und gruppiert die Daten, beispielsweise in ein anwenderabhängiges RECORD-Format.

5) Auf der **Sitzungsebene** wird festgelegt, wer Sender und Empfänger ist (z. B. *remote login*), wie Fehler beim Datenaustausch behandelt werden usw. Sie wird meist vernachlässigt.

4) Die **Transportschicht** wandelt nun den Strom von Daten um in Datenpakete, achtet auf die Nummerierung und, beim Empfang, auf die richtige Folge der Pakete. Hier wird auch zum ersten Mal auf die darunterliegende Hardware Rücksicht genommen. Verschiedene Ansprüche an die Fehlertoleranz (TP0 bis TP4) lassen sich hier wählen. Typische Protokollvertreter sind das *Transmission Control Protocol* **TCP** oder das *User Datagram Protocol* **UDP**.

3) Auf der **Netzwerkschicht** werden alle Fragen und Probleme behandelt, die mit der Netzwerktopologie und der Vermittlung zusammenhängen. Festlegen des Übertragungsweges, Nachrichtenumleitung bei Nachrichtenverkehrsstatus auf bestimmten Strecken, Maschinenkonfigurationen, Grenzen durch Bandweite und Kabellänge, kurzum, alle zu beachtenden technischen Nebenbedingungen des Netzwerks werden hier behandelt. Für eine verbindungslose Kommunikation wird meist das *Internet-Protokoll* **IP** und das **X.25** Protokoll (Datex-P) verwendet.

Wird auf dieser Schicht eine Flusskontrolle für die Pakete verwendet (z. B. nach IEEE 802.3x), so kann das Überlaufen von Puffern beim Empfänger beispielsweise für UDP verhindert werden.

2) Die **Ebene der Datenverbindung** unterteilt die großen, unregelmäßigen Datenmengen der Nachrichten in einzelne kleine Pakete (*frames*) von fester Größe bzw. festem Format, sendet sie und wiederholt die Sendung, wenn keine Rückmeldung erfolgt oder

die Prüfsumme (CRC) beim Empfänger nicht stimmt. Sie erfüllt damit die Funktion einer Datensicherung, wobei allerdings die Datenpakete auf dem Weg zum Empfänger sich überholen können. Beispiele: LLC (*Logical Link Control*), LAPD (*Link Access Procedure for D-channels*).

1) Die Datenpakete werden zum Senden auf der **physikalischen Ebene** als Bits in elektrische oder optische Impulse umgesetzt und auf das Übertragungsmedium gebracht. Beispiel dafür sind die serielle ITU-T V.24-Spezifikation, der Betrieb von 10 Mbit pro Sekunde auf verdrillten Drähten (*twisted pair*) 10BaseT oder auch die Spezifikation der Übertragung auf Fiberglasleitungen FDDI.

Üblicherweise werden Schicht 1 und 2 durch Hardware behandelt und als *Network Access Layer* bezeichnet. Populäres Beispiel für einen solchen kontinuierlichen Übergang zwischen der physikalischen Anschlussspezifikation und dem unteren Paketprotokoll ist das **Ethernet**.

Die Pakete der Anwendungsdaten, die die einzelnen Schichten mit den untergeordneten Schichten austauschen, bestehen dabei aus einem Kopfteil (Header), der die Kontrollinformation des Datenpakets für die Schicht enthält, den eigentlichen Daten, die von der Schicht mit der jeweils höheren Schicht ausgetauscht werden, und einem Ende (*Tail*). In Abb. 6.5 ist eine solche sukzessive Kapselung der Information durch die verschiedenen Schichten schematisch gezeigt.

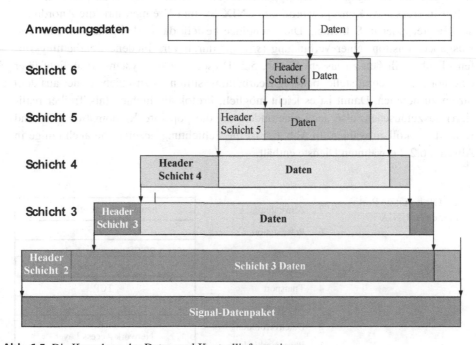

Abb. 6.5 Die Kapselung der Daten und Kontrollinformationen

Jeder einzelne Header hat eine genau festgelegte Länge und Format, bei der die Bedeutung jedes Bits entsprechend dem Protokoll, das die Schicht benutzt, genormt ist.

Die Realisierung und Nutzung dieses Modells ist sehr unterschiedlich und sehr umstritten. Im einfachsten Fall kann man eine Punkt-zu-Punkt-Verbindung zwischen zwei Computern herstellen, indem man die (fast immer vorhandenen) seriellen Anschlüsse, die für Drucker und andere langsame Geräte vorgesehen sind, mit einem Kabel verbindet. In diesem Fall erfüllt der Chip für die serielle Schnittstelle die Funktionen der Schicht der Datenverbindung; der elektrische Ausgangstreiber ist dann Schicht 1. Für einen Datenaustausch kann man dann ein Terminal-Emulationsprogramm verwenden, beispielsweise das populäre Kermit-Programm. Dieses beinhaltet sowohl Befehle zum Senden von Daten (Schicht 7) als auch Mechanismen zur Kodierung in Datenpakete (Schicht 6). Die Schichten 5, 4 und 3 entfallen hierbei, da es nur eine dedizierte Punkt-zu-Punkt-Verbindung ist.

Das Konzept, Verbindungen zwischen Rechnern auf der Anwendungsebene direkt herzustellen (*end-to-end*-Strategie), wird mittels *gateways* implementiert.

Beispiel UNIX *Kommunikationsschichten*

Die einzelnen Schichten sind in UNIX sehr unterschiedlich vertreten. Historisch gewachsen war UNIX nicht für Netzwerke konzipiert. Da aber der Quellcode des Betriebssystems schon von Anfang an für Universitäten frei verfügbar war, wurden wichtige Entwicklungen und Konzeptionen für Netzwerke an UNIX ausprobiert.

Ein interessantes Konzept wurde mit UNIX System V eingeführt: die Anordnung der Gerätetreiber in Schichten. Die Grundidee besteht darin, den gesamten Ein- und Ausgabedatenstrom einer Verbindung (*stream*) durch verschiedene Bearbeitungsstufen (Treiber) fließen zu lassen, s. Abb. 5.2. Dieses *streams*-System ermöglicht über eine normierte Schnittstelle, beliebig Bearbeitungsstufen einzuschieben oder aus dem Strom zu nehmen. Damit ist es leicht möglich, Protokollschichten (als Treiber realisiert) auszutauschen, also auch eine andere als die populäre Kombination TCP und IP als Protokoll zu wählen. In Abb. 6.6 ist die Schichtung gezeigt, die auch einige in Abschn. 6.2.2 erwähnten Dienste enthält.

Abb. 6.6 Oft benutzte Protokollschichten in UNIX

7	Anwendung	named pipes, rlogin, …
6	Präsentation	XDS
		BS-Schnittstelle: sockets
5	Sitzung	*ports, IP Adresse*
4	Transport	TCP
3	Netzwerk	IP
2	Datenverbindung	Network Access Layer
1	Phys. Verbindung	

Der Aufruf der Transportdienste im Kern geschieht so über spezielle Systemaufrufe. Eine Applikation kann also entweder auf hoher Ebene spezielle Konstrukte wie *named pipes* usw. (s. Abschn. 6.2.2) nutzen, oder aber sie kann tief auf den `Socket()`-Betriebssystemdiensten aufsetzen, um eine Kommunikation über das Netzwerk zu erreichen.

Beispiel Windows NT *Kommunikationsschichten*

In Windows NT sind verschiedene Netzwerkdienste untergebracht, die eine Kompatibilität sowohl zu den proprietären MS-DOS-Netzwerkprotokollen (MS-Net, *Server Message Block*-Protokoll **SMB**, *Network Basic Input-Output System* **NetBIOS**-Interface, *NetBIOS over TCP/IP* **NBT**) als auch zu den Protokolldiensten anderer Hersteller erlauben sollen. Die in Abb. 6.7 skizzierte Architektur zeigt, dass die im ISO-OSI-Modell vorgesehene Schichtung nur sehr unvollständig befolgt wurde. Die Transportschicht wird durch die alternativen Protokolle NetBEUI (*NETBIOS Extended User Interface*) und IPX/SPX der Fa. Novell und durch das populäre TCP/IP abgedeckt. Sie setzen auf der Standardschnittstelle für Netzwerkcontroller, der *Microsoft Network Driver Interface Specification* **NDIS**, auf.

Die höheren Schichten 5, 6 und 7 werden auch alternativ von der SMB-Schicht abgedeckt, die direkt die Aktionen einer Applikation auf ein anderes Rechnersystem abbildet. Eine Applikation kann also entweder das SMB-Protokoll, den Redirector-Dienst oder aber den direkten Zugang zu den Sockets, NBT und NetBIOS nutzen, um eine Kommunikation zu erreichen.

Abb. 6.7 OSI-Modell und Windows NT-Netzwerkkomponenten

7	Anwendung	files, named pipes, mail slots
6	Präsentation	Subsysteme
5	Sitzung	Redirector
4	Transport	NetBIOS / NBT / Windows-Sockets
3	Netzwerk	NetBEUI / IPX/SPX / TCP/IP
2	Datenverbindung *NDIS Protokoll*	NDIS-Treiber
1	Phys. Verbindung	Network Access Layer

Abb. 6.8 Virtual Private Network

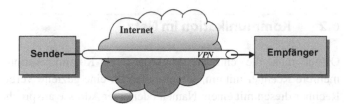

Sender — Internet — VPN — Empfänger

Die Konzeption eines solchen Schichtensystems gestattet es, zusätzliche Schichten darauf
zu setzen, ohne die Funktionalität darunter zu beeinflussen. So kann man beispielsweise
alle Kommunikation vor dem Senden verschlüsseln und beim Empfänger wieder entschlüsseln. Der dabei benutzte Kommunikationskanal kann ruhig abgehört werden; die
Lauscher können mit den Daten nichts anfangen. Das Konzept ist in Abb. 6.8 visualisiert.
Auf dieses Weise kann man sich trotz unsicherer Internetverbindungen ein eigenes, priva-
tes Netzwerk (Virtual Private Network VPN) schaffen.

Bemerkung
Bei Netzwerken mit höheren Ansprüchen wie *E-Mail* und gemeinsame Nutzung von
Dateien sind die Schichten etwas komplexer. Auch die Netzwerkschichten bieten sich
deshalb zur Software-Hardwaremigration an.

In billigen Netzwerkcontrollern ist meist nur ein Standard-Chipset enthalten, das die
zeitkritischen Aspekte wie Signalerzeugung und -erfassung durchführt. Dies entspricht den
virtuellen Maschinen auf unterster Ebene. Alle höheren Funktionen und Protokolle zum
Zusammensetzen der Datenpakete, Finden der Netzwerkrouten und dergleichen muss vom
Hauptprozessor und entsprechender Software durchgeführt werden, was die Prozessorleistung für alle anderen Aufgaben (wie Benutzeroberfläche, Textverarbeitung etc.) drastisch mindert. Aus diesem Grund sind bei neueren Netzwerkcontrollern viele Funktionen
der Netzwerkkontrolle und Datenmanagement auf die Hardwareplatine migriert worden;
der Hauptprozessor muss nur wenige Anweisungen ausführen, um auf hohem Niveau (in
den oberen Schichten) Funktionen anzustoßen und Resultate entgegenzunehmen.

Dabei spielt es keine Rolle, ob die von dem Netzwerkcontroller übernommenen Funktionen durch einen eigenen Prozessor mit Speicher und Programm erledigt werden oder durch
einen dedizierten Satz von Chips: Durch die eindeutige Schnittstellendefinition wird die
angeforderte Dienstleistung erbracht, egal wie. Es hat sich deshalb bewährt, dass der Controller nicht nur Chips enthält, die die Schichten 1 und 2 abhandeln, sondern auch ein eigenes
Prozessorsystem mit Speicher und festem Programm in ROM, das den Hauptprozessor des
Computersystems entlastet und Schichten 3 und 4 für ein spezielles Übertragungsmedium
(z. B. Ethernet) und ein spezielles Protokoll (z. B. die Kombination *Transmission Control
Protocol* **TCP** mit IP, das **TCP/IP**) implementiert. Diese „intelligenten" Controller können
dann mit Treibern des Betriebssystems auf hohem Niveau zusammenarbeiten.

Für das Betriebssystem ist also wichtig zu wissen, welche der Schichten und Systemdienste im Controller bereits vorhanden sind und welche extra bereitgestellt werden
müssen.

6.2   Kommunikation im Netz

Öffnet man die einfache Punkt-zu-Punkt-Kommunikationsverbindung und bezieht
mehrere Rechner mit ein, so muss man für eine gezielte Verbindung zu einem einzelnen
Rechner diesen mit einem Namen oder einer Adresse ansprechen können.

6.2.1 Namensgebung im Netz

Es gibt verschiedene Namenskonventionen in Netzen, die je nach Anwendung eingesetzt werden. Dabei können wir grob zwischen den weltweit genutzten Namen in großen Netzen (insbesondere im Internet) und den Namen in eng gekoppelten lokalen Netzen unterscheiden

Namen im weltweiten Netz

Im weltweiten Rechnerverbund des **Internet** hat sich eine Namenskonvention durchgesetzt, die historisch gewachsen ist. Dazu sind alle Organisationen in den USA in verschiedene Gruppen eingeteilt worden: com für Firmen, edu für Universitäten und Schulen, gov und mil für Regierung und Militär, net für Netzwerkanbieter und org für meist gemeinnützige Organisationen. Innerhalb einer solchen Gruppe (*Top Level-Domäne*) wird jedem Gruppenmitglied (**Domäne**) ein Name zugewiesen, z. B. für die Universität Berkeley aus der *Top Level*-Domäne edu der Name berkeley. Der volle Name für einen Rechner der Universität setzt sich aus dem Domänennamen und dem Rechnernamen zusammen, die mit einem Punkt als Trennzeichen verbunden werden.

Beispiel *Rechnernamen*

Der volle Name des Rechners OKeeffe der Universität Berkeley lautet
   okeeffe.berkeley.edu
   wobei Groß- und Kleinschreibung nicht beachtet werden. Für den Rest der Welt wurde eine andere Vereinbarung getroffen: Anstelle des Gruppennamens erscheint die Länderabkürzung. Ein Rechner diokles des Fachbereichs Informatik der Universität Frankfurt hat also den Namen

```
diokles.informatik.uni-frankfurt.de
```

Eine solche symbolische Adresse ist manchmal zu lang und muss nicht eineindeutig sein: Für einen Rechner kann es mehrere Namen geben. Es existiert deshalb für jeden Rechner ebenfalls eine eindeutige logische Zahl, die aus der Aneinanderreihung von vier Zahlen je 8 Bit, also einer 32-Bit-Internetadresse (in der IP-Version 4) bestehen.

Beispiel *Numerische Internetadresse bei IPv4*

Der obige Rechner hat auch die numerische Adresse

```
141.2.1.2
```

Diese 32-Bit Adresse teilt sich dabei auf in eine Netzwerknummer 141.2. und eine Rechnernummer 1.2. Die innere Aufteilung der Rechnernummer auf Subnetze und Rechner innerhalb der Subnetze ist dabei variabel, und der Institution überlassen.

Dabei gibt es mit maximal 32 nutzbaren Bits nur 65.535 mögliche Netzadressen – viel zu wenig für die große Menge an neuen Institutionen außerhalb der USA, besonders in Europa und im asiatischen Raum, zu versorgen. Zusätzlich sind einige Adressräume schon vorbelegt: `127.0.0.0` für den lokalen Computer und `10.0.0.0`, `172.16.0.0-172.31.0.0` und `192.168.0.0` für die Adressierung in lokalen Netzwerken.

Deshalb wird ein neuer IP-Standard Version 6 (IPv6) mit 128 Bit gefördert – genug Adressen, um auch allen kleinen Geräten wie Mobilrechnern, Handys oder Kühlschränken eine eigene IP-Adresse zuzuweisen. Dies erleichtert auch den Aufbau von besonders sicheren Verbindungen (Virtual Private Networks).

Die IP-Nummern (NetzId) werden zentral von einer Institution (ICANN *Internet Corporation for Assigned Names and Numbers* bzw. für Deutschland: DENIC) genauso wie die Domänennamen vergeben, wobei die RechnerId von der Domänenorganisation (hier: der Universität) selbst verwaltet wird. Dies vereinfacht die Verwaltung und wird gern dazu verwendet, vorhandene Subnetze und ihre Rechner auf die RechnerId abzubilden.

Abgesehen von der logischen Zahl existiert übrigens in jedem Netzwerkcontroller für das TCP/IP-Protokoll auch eine weitere, feste Zahl, die für den Controller einzig ist, fest eingebaut ist und nicht verändert werden kann (im Unterschied zu den logischen Nummern der IP-Adresse). Beim Aufbau einer Verbindung wird zuerst diese physikalische Nummer referiert, dann erst die logische Bezeichnung.

Die Zuordnung von der logischen numerischen Adresse zu der symbolischen Adresse aus Buchstaben muss mit Hilfe einer Tabelle vorgenommen werden. In UNIX-Systemen ist sie unter */etc/hosts* zu finden, in anderen Systemen ist es eine echte Datenbank.

Ein solcher Internetname kann nun dazu verwendet werden, einen Dienst auf einem Rechner anzufordern.

Beispiel *Dienste im Internet*

Im World Wide Web (**WWW**), einem Hypertext-Präsentationsdienst, setzt sich als Adresse ein *Uniform Resource Locator* (**URL**) aus dem Namen für das Protokoll des Dienstes (z. B. `http://` für das Hypertextprotokoll HTTP), dem Internetnamen des Rechners und dem lokalen Dateinamen zusammen. Für den Dateikopierdienst (File Transfer Protocol; **FTP**) lautet dann die URL der Domäne `uni-frankfurt.de` und der Datei `/public/Text.dat`

`ftp://ftp.informatik.uni-frankfurt.de/public/Text.dat`

Man beachte, dass die Groß- und Kleinschreibung zwar unwichtig beim Internetnamen, nicht aber beim Dateinamen im lokalen Dateisystem ist! Der Rechner uni-frankfurt.de wird also auch in der Schreibweise Uni-Frankfurt.DE gefunden, nicht aber die Datei /public/Text.dat in der Schreibweise /Public/text.dat. Das Wurzelverzeichnis des so referierten Dateibaums ist willkürlich und wird für jedes Protokoll anders gesetzt. Wird beispielsweise das Verzeichnis /Data/Web als Wurzel eingetragen, so hat die Datei /Data/Web/images/Background.gif die URL http://informatik.uni-frankfurt.de/images/ Background.gif.

Die Zuordnung des Namens zur logischen IP-Adresse ist nicht automatisch, sondern muss in einer Namensliste nachgesehen werden. Im lokalen Netz wird dies von einem **name server** erledigt, der entweder die gewünschte Rechneradresse direkt in seiner Liste aller bekannten Rechner stehen hat oder aber bei einem weiteren Rechner nachfragen muss. Die Rechnernamen und ihre Dienste einer ganzen Domäne werden in einem speziellen *Domain Name Server* (**DNS**) geführt, wobei jeder DNS nur die direkt angeschlossenen Computer sowie weitere DNS-Rechner kennt, an die er Anfragen für ihm unbekannte Rechner weiterleitet.

Namen im regionalen Netz

Beim Zusammenschluss mehrerer lokaler Netze zu einem regionalen Netz (*wide area network* **WAN**), bestehend aus mehreren Domänen, ist meist das Problem zu bewältigen, netzübergreifend und herstellerneutral die Möglichkeiten und Dienste (Drucker, Such-dienst, Rechenkapazität, etc.) anzubieten. Dabei ist nicht nur das Problem zu bewältigen, einen netzübergreifenden, einheitlichen Namen für die Ressource zu finden um sie anzu-sprechen, sondern überhaupt das Wissen über ihre Existenz (und ihr Verschwinden) zu erhalten.

Eine weitverbreitete Methode dafür ist die Einrichtung eines globalen Namendienstes, beispielsweise des bereits erwähnten DNS. Allerdings sind für eine effiziente Ressourcen-verwaltung noch mehr Informationen erforderlich als nur der Namen, bei einem Drucker etwa, ob er PostScript kann, welcher Druckertyp es ist und wieviel Toner zu einem Zeit-punkt noch übrig ist. Für diese Aufgabe wurde der Standard X.500 im Jahre 1988 von der CCITT spezifiziert. Er enthält DAP (*Directory Access Protocol*), das zum Zugriff auf die Informationen dient, DSP (*Directory Service Protocol*), mit dem die Kommunikation zwi-schen Servern durchgeführt wird, und DISP (*Directory Information Shadowing Protocol*).

Allerdings setzt X.500 auf dem vollständigen ISO/OSI-Schichtenprotokoll auf, was alle Implementierungen sehr langsam und aufwendig machte. Deshalb wurde eine ver-einfachte Version, das LDAP (*Lightweight DAP*), sehr begrüßt. Sie nimmt dadurch einen Teil der Last vom Klienten, indem sie direkt auf der TCP/IP-Schicht aufsetzt. Der LDAP-Dienst bietet neben einem einheitlichen Namen auch die Möglichkeit, Objekte und ihre Attribute aufzunehmen.

Beispiel Windows 2000 *Active Directory Service ADS*

Der ADS in Windows 2000 setzt auf den Mechanismen und Diensten von LDAP auf und bietet einen Dienst an, bei dem die Namensgebung der Unternetze einheitlich zusam-mengefasst wird in der Form <NamensID>://<Pfad>, etwa „Unix://Hera/Zentrale". Der NamnsID bezeichnet den hersteller- bzw. systemabhängigen obersten Knoten (*root*) einer Domäne, der Pfad den in diesem Untersystem gebräuchlichen Pfad. Jedes Untersystem wird als „aktives Objekt" behandelt, das seine Angaben (Attribute) von selbst aktuell hält. Ein solches „aktives Verzeichnis" kann auch selbst wieder als Eintrag (Objekt) ein anderes „aktives Verzeichnis" enthalten, so dass das gesamte System aus Domänen eine Baumstruktur bildet. Die Blätter des Baumes sind die gewünschten Ressourcen. Eine spezielle Schnittstelle ADSI gestattet es, die Ressourcen abzufragen und zu verändern. Wird auf dasselbe Objekt von zwei verschiedenen Seiten geschrieben, so bleibt nur die letzte Änderung erhalten. Sequenznummern des Objektzustandes (USN) gestatten es dem zugreifenden Dienst, Kollisionen zu erkennen.

Namen im lokalen Netz

Mit dem Internetnamen haben wir eine Möglichkeit, einen Namen für einen Rechner zu finden, kennengelernt. In einem lokalen Netz (*local area network LAN*), beispielsweise bei mehreren Rechnern, die in einem großen Raum stehen oder über mehrere Räume einer Arbeitsgruppe verteilt sind, ist diese explizite Namenskonvention aber zu inflexibel. Um eine Datei von einem Rechner zu einem anderen zu transportieren, muss man beide Rechnernamen sowie die Pfadnamen der lokalen Dateisysteme angeben. Diese Flexibilität interessiert den Benutzer eigentlich gar nicht; seine Arbeitsgruppe bleibt ja immer gleich.

Es ist deshalb sinnvoll, vom Betriebssystem aus Mechanismen bereitzustellen, mit denen der Zugriff auf das Dateisystem eines anderen Rechners transparent gestaltet werden kann. Sind mehrere Rechner in einem lokalen Verbund zusammengeschaltet, so kann man beispielsweise die Dateisysteme von den Rechnern „Hera" und „Kronos" zu einem gemeinsamen, homogenen Dateibaum wie in Abb. 6.9 zusammenschließen. Als gemeinsame, virtuelle Wurzel des Dateisystems erscheint das Symbol //; es dient als Schlüsselzeichen für Dateianfragen. Ein solcher Ansatz stellt das Dateisystem auf beiden Rechnern gleichartig dar; alle Benutzer der Rechner referieren den gleichen Namensraum.

Es gibt aber auch andere Ansätze. Angenommen, wir stellen nur eine einseitige Verbindung her und binden den Rechner Kronos in unserem Beispiel an das Verzeichnis „AndereAbteilungen". Alle Anfragen auf Hera werden nun an Kronos weitergeleitet, dort bearbeitet und an Hera zurückgegeben. Für den Benutzer von Hera bietet sich nun ein Bild des Dateisystems, wie es in Abb. 6.10a gezeigt ist.

Für den Benutzer von Kronos aber hat sich nichts geändert; er bemerkt nicht in Abb. 6.10b den zusätzlichen Service, den Kronos für Hera bietet und hat nur Sicht auf das eigene, beschränkte Dateisystem: Die Dateisysteme sind inhomogen zusammengekoppelt.

Abb. 6.9 Ein homogener
Dateibaum im lokalen Netz

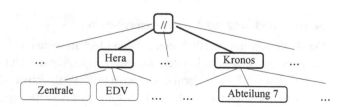

(a) Sicht von Hera   (b) Sicht von Kronos

Abb. 6.10 Lokale, inhomogene Sicht des Dateibaums

Beispiel UNIX *Das DFS-System*

Das **Andrew File System** (AFS) der Carnegie-Mellon-Universität unterstützt eine globale, homogene Dateisicht und wurde als *Distributed File System* (DFS) dem DCE-Paket beigelegt. Für jede Datei wird entschieden, ob sie *local* oder *remote* existiert, und alle Zugriffe danach organisiert. Dabei benutzt es Stellvertreterprozesse, um Daten und Protokoll zwischen den Rechnern auszutauschen, vgl. Abb. 6.22.

Beispiel UNIX *Das NFS-System*

Die Namensgebung im **Network File System** (NFS), das von der Fa. SUN für Berke-ley-UNIX entwickelt wurde und inzwischen auch bei anderen UNIX-Versionen ver-breitet ist, orientiert sich nach dem zweiten, inhomogenen Modell. Es geht davon aus, dass ein (oder mehrere) Dateiserver im Netz existieren, die jeweils ein Dateisystem zur Verfügung stellen. Möchte ein Rechner ein solches System nutzen, so kann er mit einem speziellen `mount()`-Befehl (der z. B. im Startup-File `/etc/rc` enthalten sein kann) den Dateibaum des Servers unter einem bestimmten Verzeichnis zuweisen.

Da dies auf jedem Rechner anders geschehen kann, ist der Dateibaum auf jedem Rechner möglicherweise unterschiedlich. Beim Einsatz des NFS-Systems ist also sorg-fältige Planung des Namensraums nötig.

Beispiels Windows NT *Namensraum im Netz*

In Windows NT gibt es zwei verschiedene Mechanismen, um auf Dateien anderer Rechner zuzugreifen. Der eine Mechanismus bedient sich der *symbolic links*, wie sie bereits in Abschn. 4.2.2 vorgestellt wurden. In dem Verzeichnis der Geräte `\Device` wird für jede Netzdateiart (MS-*Redirector File System*, Novell *NetWare File System*, ...) ein besonderer Treiber eingehängt, dessen *parse*-Methode zum Aufbau einer Netzver-bindung und zur Abfrage des Netzdateisystems führt. Setzt man nun am Anfang eine Gerätebezeichnung, z. B. „`v:`", auf diesen Netzwerktreiber, so wird er automatisch beim Öffnen einer Datei angesprochen. In Abb. 6.11 ist die Abfolge eines solchen umgeleiteten Dateinamens zu sehen.

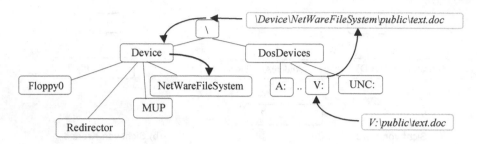

Abb. 6.11 Auflösung von Netzwerk-Dateianfragen

Der zweite Mechanismus benutzt das spezielle Microsoft-Namensformat „Universal Naming Convention UNC", in dem alle Netzwerknamen mit dem Zeichen „\\" beginnen. Bemerkt das Windows32-Subsystem, dass ein solcher Name benutzt wird, so wird „\\" automatisch durch das DOS-Gerät „UNC:" ersetzt. Von diesem geht ein *symbolic link* zu einem Treiber namens MUP (Multiple UNC Provider). Dieser fragt nun mit einem IRP bei jedem registrierten Netzwerk-Dateimanager an, ob der entsprechende Pfadname erkannt wird. Ist dies bei mehreren der Fall, so entscheidet die Reihenfolge der Registrierung der Dateimanager in der Registrationsdatenbank.

Beispiel *Auflösung der Dateinamen mit UNC*

Angenommen, wir wollen die Datei *textserv**public**text.doc* öffnen. Dann wird diese Anfrage zu *UNC:**textserv**public**text.doc* und weiter zu *Device**MUP**textserv*\ *public**text.doc* übersetzt. Vom Treiber *Device**MUP* wird nun die Zeichenkette *textserv**public**text.doc* an die Treiber *Redirector*, *NetwareFileSystem* usw. weitergegeben und die korrespondierende *parse*-Methode aufgerufen. Jeder Treiber fragt über seine Netzwerkverbindung bei seinem Dateiserver an, ob diese Datei existiert. Wenn ja, öffnet er eine Verbindung dazu.

Im Windows NT-Namensraum ist also wie beim NFS-Dateisystem keine einheitliche Sicht auf die Dateisysteme garantiert. Die Netzwerkverbindungen werden wie beim NFS-System anfangs eingerichtet und garantieren nur einen lokalen Zusammenhang eines Dateiservers zu einem Klienten.

6.2.2   Kommunikationsanschlüsse

Die Modelle der Namensgebung in Netzwerken benötigen auch Mechanismen, um sie zu implementieren.

Ports

Hier hat sich das Konzept der *Kommunikationspunkte* durchgesetzt: Jeder Rechner besitzt als Endpunkt der Netzwerkkommunikation mehrere Kommunikationsanschlüsse. An der

Dienst	Portnummer	Protokoll
Telnet	23	TCP
FTP	21	TCP
ssh	22	TCP
SMTP	25	TCP
http	80	TCP
https	443	TCP
portmap	111	TCP
rwhod	513	UDP
portmap	111	UDP

Abb. 6.12 Zuordnung von Portnummern und Diensten

Schnittstelle zur TCP/IP-Schicht sind dies die **Ports** („Türen"), die durchnummeriert sind. Einigen der 16-Bit-Portnummern ist per Konvention (*well known port number*) ein besonderer Dienst zugeordnet, dem man Aufträge geben kann. In Abb. 6.12 ist ein Auszug aus einer Liste von Zuordnungen gezeigt, die man beispielsweise in UNIX in der Datei */etc/services* findet.

Einen solchen Kommunikationspunkt kann man auch mit einem Briefkasten (*mailbox*) vergleichen, wie er zur Kommunikation in Abschn. 2.4.1 eingeführt wurde. Für den Mailbox-Dienst muss das Betriebssystem allerdings zusätzlich zwei Warteschlangen einrichten: eine für die eingehenden Nachrichten und eine für die zu sendenden Nachrichten. Außerdem muss jede Warteschlange mit einem Semaphor abgesichert sein. Die Gesamtheit dieser Prozeduren und Datenstrukturen bildet eine Schicht, die auf den Ports aufsetzt und als Endpunkte einer Interprozesskommunikation angesehen werden kann.

Eine solche Kommunikationsverbindung zwischen zwei Prozessen A und B lässt sich also beschreiben durch ein Tupel

(**Protokoll**, RechnerAdresse von **A**, ProzessId von **A**,

RechnerAdresse von **B**, ProzessId von **B**)

Beispiel UNIX *Transport Layer Interface TLI*

Mit UNIX System V, Version 3 wurde 1986 das **Transport Layer Interface** (TLI) eingeführt, das aus einer Bibliothek `libnsl.a` von Funktionen (Network Service Library) besteht und auf der Transportschicht aufsetzt. Eine leicht verbesserte Form wurde von X/Open-Normierungsgremium als „Extended Transport Interface XTI" aufgenommen. Das obige Fünf-Tupel, das die Kommunikationsverbindung spezifiziert, dient hier dazu, um den Prozessen direkt die Kommunikation über sogenannte Transportendpunkte zu ermöglichen. In Abb. 6.13 ist das Modell gezeigt. In TLI kann ein Prozess nach Wahl synchron oder asynchron kommunizieren; in XTI ist dies nur synchron möglich. Da die Transportschicht transparent ist, kann man verschiedene Parameter beispielsweise des TCP/IP-Protokolls nicht beeinflussen. Dies kann sich nachteilig auswirken.

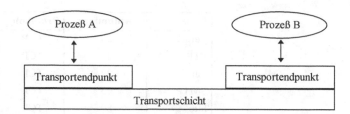

Abb. 6.13 Kommunikation über Transportendpunkte

Sockets

Ein weiteres logisches Kommunikationsmodell ist das **Socket**-Modell, das eine punktorientierte Kommunikation organisiert. Es unterscheidet zwischen einem *Server*, der die Kommunikation für eine Dienstleistung anbietet und auf Kunden (*Clients*) wartet, und den Kunden, die eine zeitweilige Kommunikation zu ihm aufbauen.

Am Anfang müssen beide, Server und Client, einen Socket mit dem Systemaufruf `socket()` unter einem Namen einrichten. Zusätzliche Prozeduren erlauben es, den Socket an einen Port zu binden. Der Name des aufrufenden Prozesses wird mit einem `bind()`-Systemaufruf im System registriert. Der Prozess tritt damit aus der Anonymität heraus und ist offiziell unter diesem Namen von außen ansprechbar. Der Serverprozess wartet nun mit `listen()`, bis ein Clientprozess mit `connect()` eine Verbindung zu ihm verlangt. Ist der Kunde akzeptiert, so bestätigt der Serverprozess die Verbindung mit `accept()` und die eigentliche Kommunikation kann beginnen. In Abb. 6.14 ist der Ablauf des Kommunikationsprotokolls im Socket-Konzept gezeigt, wobei die Namensgebung mit Etiketten visualisiert ist. Beim Schließen des Sockets mit dem normalen `close()`-Systemaufruf kann noch angegeben werden, ob die Daten im Puffer gesendet oder gelöscht werden sollen.

Derartige Socket-Kommunikationsverbindungen sind auch zwischen den Prozessen auf dem lokalen Computer möglich und stellen damit eine Möglichkeit der Interprozesskommunikation dar, die unabhängig von der Prozesserzeugungsgeschichte (siehe z. B. die Restriktion bei *pipes* in Abschn. 2.4.1) ist.

Named Pipes

Ein weiteres wichtiges Kommunikationsmodell ergibt sich, wenn wir die namenlosen *pipes* aus Abschn. 2.4.1 mit einem Namen versehen (**named pipes**) und sie damit

Abb. 6.14 Kommunikationsablauf im Socket-Konzept

```
Client
socket()                                                          socket()       Server

bind(„Kunde")    Kunde          ServerDienst  bind(„ServerDienst")

connect()                                                         listen()
                                                                  accept()

send()  →                                                         recv()
recv()  ←                                                         send()

close()                                                           close()
```

zu einer speziellen Art von schreib- und lesbaren Dateien machen, auf die auch von außerhalb der Prozessgruppe zugegriffen werden kann. Ist eine solche Datei auf einem vernetzten Rechner eingerichtet, so kann man über das Netzwerk-Dateisystem darauf zugreifen und so eine Interprozesskommunikation auch zwischen Rechnern durchführen.

Beispiel UNIX *named pipes*

Die Netzwerkfähigkeit von *named pipes* gilt allerdings nicht für das NFS-Dateisystem, da *named pipes* in UNIX als *special file* mit `mknod()` eingerichtet werden. Zu jeder *named pipe* gehört also ein Treiber, der anstelle des Datei-Massenspeichers die Puffer des Betriebssystems zur Zwischenspeicherung und dem Aufbau der FIFO-Datenwarteschlange nutzt.

Named pipes lassen sich also meist nur zur Interprozesskommunikation nutzen, wenn alle beteiligten Prozesse auf demselben Rechner sind. Im Unterschied dazu erlaubt die in SYSTEM V innerhalb des *Stream System* eingeführte STREAM von der Art *named pipe* eine mit Namen versehene Kommunikationsverbindung zu einem Prozess auf einem anderen Rechner. Mit den Aufrufen `socketpair()` wird ein bidirektionaler TCP/IP-Kommunikationskanal eröffnet; mit `bind()` erhält er noch zusätzlich einen Namen, unter dem er auf dem anderen Rechner referiert werden kann.

Beispiel Windows NT *named pipes*

In Windows NT wird der Aufruf `CreateNamedPipes()` zum Erzeugen einer *named pipe* Kommunikationsverbindung ebenfalls über spezielle Treiber abgehandelt. Im Unterschied zum NFS-Dateisystem ist der Zugriff auf dieses im globalen Namensraum angesiedelte Objekt aber auch über das Netzwerk möglich, so dass Prozesse auf verschiedenen Rechnern über eine *named pipe* mit `ReadFile()` und `WriteFile()` kommunizieren können. Üblicherweise wird die *named pipe* auf dem Server erzeugt, so dass alle Clients sie danach für einen Dienst nutzen können.

Eine *named pipe* wird normal als Datei geöffnet, wobei allerdings ein UNC-Name verwendet werden muss der Form

```
\\ComputerName\PIPE\PipeName
```

Lokale *named pipes* benutzen für *ComputerName* das Zeichen „ . "

Das *named pipe*-Konstrukt in Windows NT ist unabhängig vom verwendeten Übertragungsprotokoll. Es ist allerdings nur zwischen Windows NT (oder OS/2)-Rechnern möglich im Unterschied zum Socket-Konstrukt, das kompatibel zu UNIX-Sockets ist. Für eine *named pipe*-Verbindung zu UNIX muss dort ein besonderer Prozess, z. B. der *LAN Manager for UNIX* LM/U, installiert sein.

Mailboxdienste

Im Unterschied zu den bisher betrachteten bidirektionalen Punkt-zu-Punkt-Kommunikationsverbindungen erlauben allgemeine Mailboxdienste das Senden von Nachrichten von einem Prozess an mehrere andere (*multicast* und *broadcast*). Das Kommunikationsmodell dafür entspricht einem Senden eines Briefes an einen Empfänger: Voraussetzung für den Empfang ist die Existenz eines Briefkastens beim Empfänger; ob der Brief auch angekommen ist, bleibt dem Sender aber verborgen, wenn er nicht einen Bestätigungsbrief in den eigenen Briefkasten erhält. Dabei ist der Empfang der Nachrichten beim Server allerdings zusätzlichen Beschränkungen unterworfen, die stark vom darunterliegenden Transportprotokoll abhängen:

* Die Reihenfolge der Nachrichten beim Sender muss nicht die gleiche beim Empfänger sein.
* Der Empfang einer Nachricht ist nicht garantiert.

Beispiel Windows NT *mailslots*

Der Briefkasten entspricht hier einem **mailslot** beim Server, der mit dem `CreateMailslot`(*MailBoxName*)-Systemaufruf erzeugt wird. Das Senden von Nachrichten wird beim Client mit dem `CreateFile`(*MailSlotName*)-Systemaufruf eingeleitet, jede Nachricht mit einem `WriteFile()`-Aufruf verschickt und die Kommunikation mit `CloseFile()` beendet. Der Name eines *mailslot* beim `CreateFile()`-Aufruf hat dabei das Format

$$MailSlotName = „\backslash\backslash ComputerName\backslash\texttt{mailslot}\backslash MailBoxName"$$

Wird für *ComputerName* das Zeichen „." verwendet, so wird ein lokaler *mailslot* auf dem Rechner mit dem Namen *MailBoxName* angesprochen; wird ein echter Computername dafür gesetzt, so wird dieser Rechner kontaktiert. Ist *ComputerName* ein Domänenname, so werden die Nachrichten an alle Rechner der Domäne geschickt. Beim Zeichen „*" für *ComputerName* wird auf das angeschlossene Netzwerk ein *broadcast* durchgeführt, wobei alle Rechner angesprochen werden, die einen *mailslot* mit dem Namen *MailBoxName* haben. Üblicherweise wird dies der Name eines Dienstes sein; der erste freie Dienst wird sich darauf melden.

Da in Windows NT nur unzuverlässige Datagrammdienste für *mailslots* verwendet werden, gelten die obigen Einschränkungen von Briefkästen.

In Windows NT kann außerdem die maximale Länge einer Nachricht, die jeweils mit einem `SendFile()` bzw. `ReadFile()` übermittelt wird, stark vom verwendeten Transportprotokoll abhängen. Beim NetBEUI-Protokoll beträgt beispielsweise die Länge bei Punkt-zu-Punkt-Nachrichten maximal 64 KB, bei *broadcast*-Nachrichten nur maximal 400 Byte.

Allgemein reicht das Mailboxkonzept kaum aus, um Nachrichten strukturiert auszutauschen. Selbst wenn man eine zuverlässige, verbindungsorientierte Transportschicht und keinen ungesicherten Datagrammdienst für das darunterliegende Transportprotokoll voraussetzt, so muss man trotzdem zusätzliche Regeln (ein zusätzliches Protokoll) einführen, was die Nachrichten bedeuten, wann eine *mailbox* wieder gelöscht werden kann und wie mit unbeantworteten Nachrichten verfahren werden soll. Aus diesen Gründen kann man den *mailbox*-Dienst eher als eine weitere Zwischenschicht für höhere Dienste ansehen.

Remote Procedure Calls

Es gibt in Rechnernetzen verschiedene, netzwerkweite Dienste wie die elektronische Post oder das Drucken von Dateien im Netzwerk. Einer der wichtigsten Dienste, auf den sich viele Programme stützen, ist der Aufruf von Prozeduren auf dem Server durch den Client. Dieser Prozedur-Fernaufruf (**Remote Procedure Call** (RPC), *Remote Function Call* (RFC)) funktioniert für den aufrufenden Prozess wie ein einfacher, lokaler Prozeduraufruf; die Realisierung durch einen Auftrag, der über ein Netzwerk an einen anderen Rechner geht, dort ausgeführt wird und dessen Ergebnisse über das Netzwerk wieder zum aufrufenden Prozess zurückkommen, bleibt dabei verborgen.

Das Konzept eines Prozedurfernaufrufs ist sehr wichtig. Durch das hohe Abstraktionsniveau kann es gut geräte- und architekturunabhängig eingesetzt werden und hat sich deshalb als ein universeller Mechanismus für Client-Server-Anwendungen bewährt, der auch noch in sehr inhomogenen Netzwerken funktioniert.

Die Implementierung eines RPC benutzt dazu entweder Prozeduren, die den gleichen Namen wie die Originale haben (*stub procedures*), aber statt dessen nur die Argumente verpacken und über eine Transportschicht zum Server schicken. Oder aber es wird nur ein RPC aufgerufen, dem der Name der gewünschten Prozedur als Parameter beigefügt wird.

Beim Server werden die Argumente wieder entpackt und den eigentlichen Prozeduren mit einem normalen Prozeduraufruf übergeben. Die Ergebnisse durchlaufen in umgekehrter Richtung die gleichen Stationen. In Abb. 6.15 ist das Grundschema eines RPC gezeigt. Wie bei normalen Prozeduren, so gibt es auch hier zwei Versionen: synchrone RPCs, die den aufrufenden Prozess so lange blockieren, bis die gewünschte Leistung

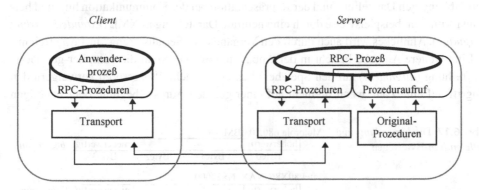

Abb. 6.15 Das Transportschema eines RPC

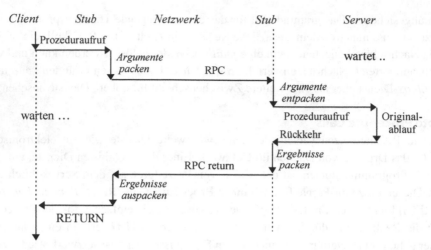

Abb. 6.16 Ablauf eines synchronen RPC

erbracht wurde, und asynchrone RPCs, die den aufrufenden Prozess benachrichtigen, wenn die RPC-Ergebnisse vorliegen. In Abb. 6.16 ist der Ablauf eines synchronen RPC gezeigt.

Ein besonderes Problem bei einem Prozeduraufruf bilden die unterschiedlichen Hard- und Softwaredatenformate, die in den verschiedenen Rechnersystemen verwendet werden. Beginnen wir mit der Hardware. Eine einfache 32-Bit-Integerzahl, bestehend aus 4 Byte, wird in manchen Systemen mit dem höchstwertigen Byte auf der niedrigsten Byteadresse (Format **big endian**) abgelegt, in anderen auf der höchsten Byteadresse (Format **little endian**).

In Abb. 6.17 ist die Bytefolge auf zwei verschiedenen Prozessorarchitekturen gezeigt. Auch das Format von Fließkommazahlen (IEEE 754-1985: Mantisse 23 Bit, Exponent 8 Bit, Vorzeichen 1 Bit) kann verschieden sein, genauso wie die Kodierung von Buchstaben (ASCII-Code oder EBCDIC-Code).

Die Schicht zum Einpacken und Auspacken der Argumente (*data marshaling*) und Ergebnisse muss allen diesen Fragen Rechnung tragen und die Daten zwischen ihrer platt-formabhängigen Darstellung und der Repräsentation bei der Kommunikation hin- und her-transformieren, beispielsweise durch eine neutrale Darstellung in XML (*extended markup language*). Ähnliches wird auch durch den Vorgang der „Serialisierung" in Java erreicht.

Eine weitere Aufgabe besteht in der Anpassung der Daten an die compiler-generierte Aufreihung (*alignment*) auf den Speicheradressen. Manche Prozessoren verweigern den Zugriff auf eine Zahl, wenn sie nicht auf einer geraden Adresse beginnt, oder benötigen

Abb. 6.17 Die *big endian*- und *little endian*-Bytefolgen

Motorola 680X0, IBM 370

höherwertig			niederwertig	*big endian*
Byte0	Byte1	Byte2	Byte3	

Intel 80X86, VAX, NS32000

höherwertig			niederwertig	*little endian*
Byte3	Byte2	Byte1	Byte0	

zusätzliche Zyklen. Aus diesem Grund fügen die Compiler, wenn sie beispielsweise in einem RECORD nach einem Buchstaben eine Zahl speichern wollen, vorher ein Leerzeichen ein. Auch dies muss vom *data marshaling* beachtet werden.

Beispiel UNIX *Remote Procedure Calls*

Ein RPC in UNIX (nicht zu verwechseln mit dem *remote copy*-Kommando *rcp*) wird mit Hilfe spezieller Bibliotheken verwirklicht (SYSTEM V: in */usr/lib/librpc.a*, sonst in */lib/libc.a* enthalten) und besteht aus zwei Schichten: zum einen aus den RPC-Mechanismen für die Stubprozeduren und zum anderen aus dem Verpacken/Entpacken der Argumente mit Hilfe der *External Data Representation* XDR-Schicht.

Insgesamt sind auch die RPC-Prozeduren wieder in höhere und niedere Aufrufe geschichtet. Die oberste Schicht besteht aus den Aufrufen `registerrpc()`, mit dem beim Server ein Dienst (eine Prozedur) angemeldet wird, der Prozedur `svr_run()`, mit der der Serverprozess sich blockiert und auf einen RPC wartet, und der Prozedur `callrpc()`, mit der der Clientprozess die gewünschte Prozedur auf dem Server aufruft.

Die mittlere Schicht wird von Prozeduren für Client und Server gebildet, um Parameter des Transportprotokolls, Berechtigungsausweise usw. einzustellen (Prozeduren mit dem Präfix `clnt_` und `svc`).

Die unterste Schicht reguliert sehr tiefgehende Details des RPC/XDR-Protokolls und sollte nicht ohne Not direkt angesprochen werden (Präfix `pmap_`, `auth_`, `xdr_`).

Das RPC-System ist in UNIX beispielsweise über das *Network File System* (NFS) realisiert; viele Zusatzdienste zu NFS benutzen RPCs zu ihrer Implementierung.

Einen anderen Zugang bietet das RPC-System im DCE-Softwarepaket, in dem die Dienste in einer *Interface Definition Language* (IDL) abstrakt formuliert werden. Ein Compiler übersetzt dann die Prozeduraufrufe in Stub-Aufrufe und regelt zusammen mit einer Laufzeitunterstützung die Kommunikation und die Anfrage bei einem Verzeichnisdienst aller verfügbaren Server, so dass der aufrufende Client (und damit der Programmierer) vorher nicht wissen muss, auf welchem Rechner im Netz die benötigten Dienste (Dateien, Rechenleistung usw.) zur Verfügung stehen.

Beispiel Windows NT *Remote Procedure Calls*

Windows NT bietet eine breite Palette von synchronen und asynchronen RPCs, siehe Sinha (1996). Die RPCs können sowohl auf die gleiche Maschine an einen anderen Prozess als auch auf einen bestimmten Server (verbindungsorientierter Aufruf) oder einen bestimmten Service auf einen unbestimmten Server (verbindungsloser Aufruf) zugreifen. Dabei können verschiedene low-level-Mechanismen und Transportprotokolle benutzt werden, s. Abb. 6.18. Die Formatierung bzw. das Verpacken der Argumente für den RPC wird von Stubprozeduren übernommen, die die Daten in das *Network Data Representation*(NDR)-Format übertragen.

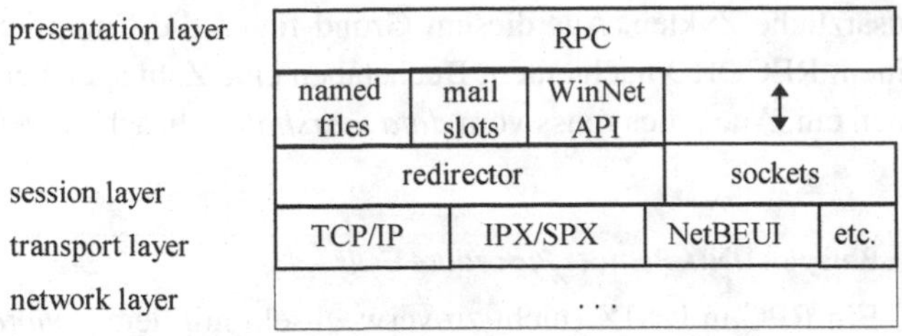

Abb. 6.18 Die Schichtung der   presentation layer
RPC in Windows NT

	RPC			
named files	mail slots	WinNet API	$\updownarrow$	

session layer

redirector			sockets	

transport layer

TCP/IP	IPX/SPX	NetBEUI	etc.

network layer

. . .			

Die Stubprozeduren müssen dabei vom Programmierer nicht selbst erstellt werden; ein spezieller Compiler (Microsoft RPC IDL Compiler MIDL) erstellt aus Konfigurationsdateien zusätzlichen Code der mit dem Client bzw. Serverprogramm kompiliert und gelinkt wird und zur Laufzeit spezielle Bibliotheken anspricht. Dadurch wird die Netzwerkverbindung für den Programmierer vollständig transparent. Besondere Protokolle können über ein Präfix vor dem Pfadnamen des gewünschten Service gewählt werden. Beispielsweise wird mit „ncacn_ip_tcp: MyServer[2004]" das TCP/IP-Protokoll benutzt, um beim Rechner *MyServer* an Port 2004 einen Dienst anzufordern.

6.2.3   Aufgaben

Aufgabe 6.2-1 Schichtenprotokolle

In vielen Schichtenprotokollen erwartet jede Schicht ihr eigenes Kopfformat am Anfang einer Nachricht. In jeder Schicht wird beim Durchlaufen die Nachricht als Datenpaket betrachtet, das mit einem eigenen Format und einem eigenen Nachrichtenkopf versehen an die nächste Schicht nach unten weitergereicht wird. Es wäre sicherlich effizienter, wenn es einen einzigen Kopf am Anfang einer Nachricht gäbe, der die gesamte Kontrollinformation enthält, als mehrere Köpfe. Warum wird dies nicht gemacht?

Aufgabe 6.2-2 Endian

Ein SPARC-Prozessor benutzt 32-Bit-Worte im Format *big endian*. Falls nun ein SPARC-Prozessor die ganze Zahl 2 an einen 386-Prozessor sendet, der das Format *little endian* verwendet, welchen Wert sieht der 386-Prozessor (unter Vernachlässigung der Transportschicht)?

Aufgabe 6.2-3 Internetadressierung

Gegeben ist die logische Internetadresse 134.106.21.30

a) Welche 32-Bit-Zahl ist dies, wenn alle Zahlen innerhalb der logischen Internetadresse die gleiche Anzahl Bits benötigen? Welcher Dezimalzahl entspricht sie?

b) Finden Sie heraus, welcher Rechner unter dieser Adresse zu erreichen ist (Hinweis: Benutzen Sie den Netzdienst **nslookup**!).

c) Angenommen, die angegebene 32-Bit-Zahl sei im *big endian*-Format dargestellt. Welche Dezimalzahl ergibt sich, wenn das *little endian*-Format benutzt wird?

d) Welche Portnummern verwenden folgende Servicedienste **ftp, telnet** und **talk** auf den Rechnern Ihrer Abteilung? (Schauen Sie in UNIX dazu in der Datei */etc/services* nach!)

Aufgabe 6.2-4 Server und Adressierung im Netz

Recherchieren Sie: Was ist ein DNS-Server und was im Gegensatz dazu ein DHCP-Server, und wofür werden sie benötigt?

Aufgabe 6.2-5 Remote Procedure Calls

a) Erklären Sie: Was ist ein RPC? Wann ist die Verwendung von RPCs sinnvoll bzw. wann ist es sinnvoller, auf sie zu verzichten?

b) Wie werden bei RPCs Parameter und/oder Datenstrukturen übertragen? Wie wird mit diesem Problem in Java umgegangen?

c) In Abschn. 6.2 wurde die Implementierung von RPCs behandelt. Was muss unternommen werden, um „normale" (UNIX)-RPCs durch Stubprozeduren bzw. Stubprozeduren durch „normale" RPCs zu ersetzen?

6.3 Dateisysteme im Netz

Der Zugriff auf gemeinsame Dateien mit Hilfe eines Netzwerkes ist eine wichtige Arbeitsgrundlage für Gruppen und damit eine der wesentlichen Funktionen der Vernetzung. Es ist deshalb sehr sinnvoll, sich nicht nur über die Tatsache zu freuen, dass so etwas möglich ist, sondern auch einen genaueren Blick darauf zu werfen, wie dies vor sich geht. Deshalb soll in den folgenden Abschnitten ein Überblick über die Konzepte und Probleme verteilter Dateisysteme gegeben und die Verhältnisse bei UNIX und Windows NT betrachtet werden. Zusätzliche Beispiele anderer Dateisysteme findet der/die interessierte Leser/in in der Übersicht von Levy und Silberschatz (1990).

6.3.1 Zugriffssemantik

Betrachten wir nur einen einzigen Prozess im gesamten Netz, so ist ein Netzdateisystem relativ einfach: Statt eine Datei auf dem lokalen Dateisystem anzulegen, zu lesen und zu schreiben, wird dies in Form von Aufträgen an ein anderes Rechnersystem weitergereicht, das diese Aufträge durchführt. So weit, so gut.

Anders sieht die Lage allerdings aus, wenn wir mehrere Prozesse im System zulassen, die alle auf derselben Datei arbeiten: Was passiert dann? Für diesen Fall gibt es mehrere mögliche Konzepte, die in den verschiedenen Netzdateisystemen implementiert sind und als **Zugriffssemantik** bezeichnet werden. Wir können dabei folgende Fälle unterscheiden:

- *Read Only File*
  Die Datei ist im Netz nur lesbar. In diesem Fall erhalten alle Prozesse Kopien der Datei, die beliebig gelagert und gepuffert werden können: Es entstehen keine Probleme.
- *Operationssemantik*
  Die ausgeführten Operationen der Prozesse auf der Datei verändern diese in der Reihenfolge der sukzessiv ausgeführten Operationen. Wird also ein `read()` von Prozess A, `write()` von Prozess B und folgend ein weiteres `read()` von A initiiert, so erfährt A beim zweiten `read()` die Änderungen, die B vorher auf der Datei vorgenommen hat. Da dies in UNIX-Systemen so implementiert ist, wird dies auch als *UNIX-Semantik* referiert.
- *Sitzungssemantik*
  Arbeiten mehrere Prozesse auf einer Datei, so erhalten alle Prozesse zunächst eine Kopie der Datei, die sie verändern können. Erst wenn ein Prozess die Datei schließt, wird die gesamte Kopie zurückgeschrieben. Dies bedeutet, dass die Version des letzten Prozesses, der die Datei schließt, alle anderen überlagert und auslöscht.
- *Transaktionssemantik*
  Das Konzept der unteilbaren Handlung, die entweder vollständig in der spezifizierten Reihenfolge stattfindet oder gar nicht (*atomic transaction* aus Abschn. 2.4), lässt sich auch hier anwenden. Öffnen und modifizieren wir eine Datei atomar, so wird vom Netzdateisystem garantiert, dass dies unabhängig von allen anderen Prozessen in einem einzigen, gesicherten Arbeitsgang geschieht. Während dieses Vorgangs ist also die Datei für den Zugriff durch andere gesperrt.

Der konkrete Arbeitsablauf in einer Gruppe hängt stark davon ab, welches der Modelle implementiert ist. Dazu kommt noch das Problem, dass die konkreten Auswirkungen des jeweiligen Modells noch zusätzlich von der Hardware, den implementierten Puffern und Kommunikationsprotokollen abhängen.

Betrachten wir dazu beispielsweise die Operationssemantik. Angenommen, Prozess B schreibt etwas auf die Datei und Prozess A liest von der Datei. Beide Anfragen erreichen den Dateiserver zu einem Zeitpunkt (und damit in einer Reihenfolge), die vom verwendeten Netzwerk, vom Netzwerkprotokoll und von der Last auf den beteiligten Computern abhängt. Ob Prozess A die von B geschriebenen aktuellen Daten liest oder die alte, nichtaktualisierte Form der Datei erhält, ist also von der Implementierung abhängig, nicht von der Zugriffssemantik.

Problematisch ist, wenn in einem Betriebssystem lokal die eine Semantik, im Netz aber die andere Semantik implementiert ist. Wenn die beteiligten Prozesse teilweise auf demselben Rechner und teilweise auf anderen Rechnern im Netz lokalisiert sind und auf gemeinsamen Dateien arbeiten, muss man die Zusammenarbeit der Prozesse eines Prozesssystems sorgfältig planen, um Fehlfunktionen zu vermeiden.

6.3.2 Zustandsbehaftete und zustandslose Server

Bereits bei Kommunikationsverbindungen haben wir danach unterschieden, ob diese durch ein Verbindungsprotokoll eingeleitet (verbindungsorientierte Kommunikation) oder die Daten nur mit einer Adresse versehen direkt transferiert werden (verbindungslose Kommunikation). Eine solche Unterscheidung können wir auch beim Zugriff auf die Dateisysteme im Netzwerk machen. Wird eine Datei geöffnet, bevor darauf zugegriffen wird, so werden wie bei der verbindungsorientierten Kommunikation extra Datenstrukturen im Server errichtet, die Zugriffsrechte werden geprüft und der Zugriff wird registriert. Dem Kunden wird eine spezielle Dateikennung übergeben, so dass alle nachfolgenden `read()`- und `write()`-Operationen mit dieser Kennung sofort bearbeitet werden können.

Der Server hat damit einen bestimmten Zustand errichtet; erst ein Abschluss der Zugriffe mit `close()` bewirkt ein Löschen der Verwaltungsinformation und ein Freigeben des dafür belegten Speichers. Ein solches zustandsbehaftetes Vorgehen hat folgende Vorteile:

- *Schneller Zugriff*
  Der nachfolgende Zugriff auf die Dateien geht sehr schnell, da zum einen die Aufträge zum Schreiben und Lesen keine Adress- und Benutzerangaben mehr benötigen, deshalb kürzer sind und schneller über das Netz transportiert werden können, und zum anderen die Angaben nicht mehr nachgeprüft werden müssen, bevor ein Zugriff erfolgen kann.
- *Effizienter Cache*
  Da alle Angaben über den Zugriffszustand auf dem Server geführt werden, können effiziente Cachestrategien (*read ahead* etc.) für die Datei den Zugriff beschleunigen.
- *Vermeiden von Auftragskopien*
  Durch Führen einer Nachrichtennummer für eine Datei können Kopien desselben Auftrags, die in Vermittlungsrechnern erzeugt werden, aussortiert werden.
- *Dateisperrung möglich*
  Für die Transaktionssemantik können Dateien den Zustand „gesperrt" annehmen. Dies ist besonders bei Datenbanken wichtig.

Allerdings hat ein zustandsbehafteter Server auch Probleme, die dafür sprechen, keine Zustände bei Servern zuzulassen:

- *Client crash*
  Wenn ein Client „abstürzt" und damit der Zugriffsschlüssel für die Datei verlorengeht, bleibt die Datei immer offen, und die Verwaltungsinformation belegt unnötig Platz.
- *Server crash*
  Versagt ein Server, so ist der gesamte Zustand der Dateibearbeitung gelöscht. Der Client muss dann erfahren, in welchem Zustand die Datei ist und an der Stelle der

Bearbeitung weitermachen. Dies erfordert verschiedene Maßnahmen von seitens des Client und zusätzlichen Aufwand.

* *Begrenzte, gleichzeitig benutzte Dateienanzahl*
Die Speicherbelegung beim Server für die Zustandsinformation (Tabellen etc.) beschränkt die Anzahl gleichzeitig geöffneter Dateien.

Ein zustandsloser Server ist also im Prinzip *fehlertoleranter* und verlangt keinen zusätzlichen Aufwand zum Aufbau einer Kommunikationsverbindung, hat aber dafür bei zustandsorientierten Diensten, wie Sperren einer Datei oder Eliminieren von Auftragskopien, mehr Probleme.

Beispiel UNIX *NFS-Server und Network Lock Manager*

Der am häufigsten benutzte Netzdateiserver NFS war ursprünglich ein zustandsloser Server, wobei jeder Rechner gleichzeitig Server oder Client sein kann. Der `open()`-Aufruf zum Öffnen einer Netzdatei wird auf dem Client in einen `lookup()`-Befehl übersetzt, der auf dem Server eine dem Zugriff erleichternde, interne 32-Byte-Referenz für die Datei ausliest und dem Client zurückgibt. Alle Zustände wie aktuelle Position in der Datei usw. sind auf dem Client gespeichert; die `read()`- und `write()`-Aufrufe senden neben den Daten auch die Server-Dateireferenz, Position in der Datei usw. Für die Implementierung einer Transaktionssemantik muss eine Möglichkeit zum Sperren einer Datei (*Locking*) vorhanden sein, was aber bei einem zustandslosen Server nicht existiert. Deshalb entschloss sich die Firma Sun, drei Jahre nach dem Erscheinen von NFS auch *file locking* für NFS einzuführen. Da die NFS-Protokolle zustandslos waren, wurde dieser Dienst durch einen RPC-Dienst (*Network Lock Manager* NLM) erfüllt, der das komplexe Zusammenwirken mehrerer Protokolle und Dienste erfordert. Dieses Zusammenwirken ist auf verschiedenen UNIX-Systemen verschieden, da teilweise bereits lokale Locking-Mechanismen (z. B. in System V) existieren. Durch die ausschließliche Nutzung von TCP statt UDP ist NFS ab Version 4 nun auch zustandsbehaftet.

Beim Berkeley-BSD-System ist für das *file locking* ein spezieller Prozess (Dämon) *lockd* zuständig, der sich auf jedem Rechner befindet und den Dienst durch Kommunikation erfüllt. In Abb. 6.19 ist ein solcher Vorgang gezeigt.

Abb. 6.19 Der Vorgang zum Sperren einer Datei

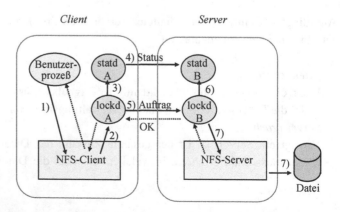

Der Vorgang besteht aus folgenden Schritten:

(1) Ein Benutzerprogramm auf Rechner A setzt einen Aufruf an das System ab, um einen Bereich einer Datei zu sperren.

(2) Der *Lock*-Dämon auf Rechner A erhält darauf vom NFS-Client Kernmodul einen *Lock*-Auftrag für Rechner B.

(3) Der *Lock*-Dämon auf A registriert die Anfrage bei einem speziellen Statusmonitor *statd* auf Rechner A mittels einer RPC-Prozedur.

(4) Der Statusmonitor *statd* A wendet sich an den korrespondierenden Statusmonitor auf Rechner B. Dieser speichert den Namen von Rechner A in einer Datei */etc/sm*.

(5) Nun wird der eigentliche Auftrag an den *Lock*-Dämonen B geschickt mittels eines RPC.

(6) Der *Lock*-Dämon B registriert die Sperrung beim Monitor B,

(7) und sperrt schließlich die gewünschte Datei. Anschließend wird die erfolgreiche Durchführung dem Auftraggeber angezeigt.

Die zusätzliche Registrierung des *Lock*-Auftrages bei den speziellen Statusmonitoren schützt vor der Gefahr, dass bei einem Systemabsturz eine Datei ewig gesperrt bleibt. Beim Absturz des Servers versucht der Lockdienst grundsätzlich, die vorher existierenden Tabellen wieder aufzubauen, und zwar auf Client und Server gleichermaßen.

Anders ist die Lage, wenn mehrere Clients eine Datei sperren wollten, aber nur einer erfolgreich war. Dieser Client sei nun abgestürzt und würde durch seine exklusive Datei-belegung alle anderen Interessenten blockieren. Hier setzt die Funktion der Monitoren ein: Bei jeder Sperranfrage prüfen sie, ob der bisher sperrende Prozess noch „am Leben" ist. Registriert der lokale Monitor das Ableben des sperrenden Prozesses, so wird die frühere Sperrung aufgehoben, und der anfragende Prozess erhält die Datei zum Sperren.

Man beachte, dass ab Version 4 die Protokolle zum Einbinden und Sperren von Dateisystemen ausschließlich über TCP (Port 2049) laufen und damit die erforderlichen Zustände verwalten können, so dass das gesamte System vereinfacht werden konnte.

Hinweis: Das Protokoll schützt zwar vor unkontrolliertem Zugriff auf dieselbe Datei, nicht aber vor Verklemmungen im Netzwerk. Obwohl ein Warndienst auf lokaler Rechner-ebene sinnvoll und möglich ist, wäre der Aufwand dafür in einem Netz einfach zu hoch und wird deshalb nicht implementiert.

6.3.3 Die Cacheproblematik

Bei der Betrachtung der *memory mapped files* (Abschn. 4.4) und der I/O-Verwaltung (Abschn. 5.4) bemerkten wir, dass hier effiziente Pufferstrategien den Datenfluss erheb-lich beschleunigen können, aber auch eine Menge Probleme verursachen können. Dies ist bei Netzwerkdateisystemen nicht anders. Installieren wir beispielsweise einen Puffer auf einem Rechnersystem mit Prozess A, so können alle Anfragen von Prozess A auf diese Daten schnell beantwortet werden und belasten nicht das Netz. Allerdings werden

Abb. 6.20 Übertragungsschichten und Pufferorte für
Dateizugriffe im Netz

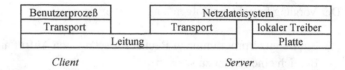

dabei die Änderungen von Prozess B am Original auf dem anderen Rechnersystem nicht berücksichtigt.

Hier treten also die typischen Cacheprobleme auf, wie wir sie in den Abschn. 3.5 und 5.4 kennengelernt haben. In Abb. 6.20 ist zur Übersicht ein Bild aller beteiligten Übertragungsschichten gezeigt. Auf jeder Schicht kann ein Puffer implementiert werden; jede Schicht hat dann ihre speziellen Probleme.

Man beachte, dass Leiter bei hohen Frequenzen auch Daten puffern: Bei $f = 1$ GHz Übertragungsrate (10^9 Bits/sec) und einer Ausbreitungsgeschwindigkeit der elektrischen Impulse von $c = 3 \cdot 10^8$ m/sec resultieren $f/c = 3,3$ Bit/m Information – also 10 kB Speicherung in der Leitung bei einem Abstand von 3 km zwischen den Rechnern.

Entscheidend für das Auftreten der Cache-Konsistenzproblematik ist dabei, ob die Prozesse, die eine Datei gemeinsam bearbeiten, verschiedene Puffer oder denselben Puffer nutzen. In Abb. 6.21 ist die grundsätzliche Situation für zwei Prozesse A und B gezeigt, die auf ein Datenobjekt schreiben wollen.

Nutzen sie verschiedene Puffer, so kommt es zu Konsistenzproblemen: Alles, was in Puffer A landet, ist nicht mit dem verträglich, was in Puffer B steht. Erst wenn die Transportwege sich vereinigen und ein gemeinsamer Weg durch einen gemeinsamen Puffer („Objektpuffer") vorliegt, gibt es keine Konsistenzprobleme im Normalbetrieb. Dabei ist es unerheblich, ob der einzelne Puffer in Wirklichkeit aus vielen Puffern besteht, beispielsweise Puffer A aus dem Heap von Prozess A zuzüglich dem Betriebssystempuffer auf Rechner A und dem Treiberpuffer des Netzwerks auf Rechner A: Die Problematik bleibt die gleiche. Unkritisch sind jeweils die gemeinsamen Puffer, als meist alle Puffer, die auf der Serverseite vorhanden sind.

Die Hauptstrategien, um die beschriebenen Probleme zu lösen, verwenden eine Mischung bekannter Konzepte.

Abb. 6.21 Cachekohärenz bei gleichen und unterschiedlichen Puffern

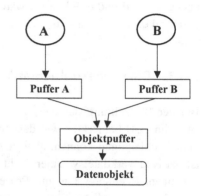

- *Write Through*
  Werden Kopien von einer Datei geändert, so wird der Änderungsauftrag außer an die Kopie im Cache auch an das Original auf dem Server geschickt, um der Operationssemantik zu genügen.

- *Delayed Write*
  Problematisch an der *write through*-Lösung ist allerdings die Tatsache, dass der Cachevorteil für den Netzwerkverkehr nicht mehr vorhanden ist. Dies lässt sich etwas verbessern, wenn man alle `write()`-Aufträge sammelt und in einem Paket zum Server schickt (*delayed write*), was aber wieder die Semantik der Zusammenarbeit verändert.

- *Zentrale Kontrolle*
  Um die Änderungen in den Kopien auf allen anderen Rechnern ebenfalls wirksam werden zu lassen, muss jeweils das lokale Cachesystem mit dem zentralen Server zusammenarbeiten. Dies kann sofort nach jeder Änderung des Originals geschehen, oder aber erst bei tatsächlichem Gebrauch der Daten. In letzterem Fall vergleicht bei jedem Lesen der Cachemanager seine Dateidaten (Versionsnummer, Pufferquersumme etc.) mit der des Servers. Sind sie identisch, erfolgt das Lesen aus dem Cache; wenn nicht, wird der Leseauftrag an den Server weitergegeben.

- *Write On Close*
  Eine Alternative zu der Operationssemantik ist die Sitzungssemantik. Dafür reicht es aus, die gesamte geänderte Kopie der Datei nach einem `close()` des Prozesses an den Dateiserver zurückzuschicken und das Original so zu aktualisieren. Das Problem, dass mehrere inkonsistente Kopien der einen Originaldatei auf verschiedenen Rechnern existieren können, muss dann bei der Sitzungssemantik berücksichtigt werden und nicht mehr beim Cache.

Allgemein lässt sich sagen, dass die Einführung von Cache auf dem Dateiserver in jedem Fall den Durchsatz erhöht, ohne allzu viele Probleme zu verursachen. Die Bereitstellung von Cache auf dem Client-Rechner dagegen ist zwar noch effizienter, bringt aber unter Umständen bei Dateiänderungen Konsistenzschwierigkeiten mit sich. Aus diesem Grund existieren bei verteilten Datenbanken spezielle Sperrprotokolle.

6.3.4 Implementationskonzepte

Es gibt verschiedene Ideen, wie man Netzwerkdateisysteme implementieren kann. Die beiden populärsten Möglichkeiten sehen vor, entweder den Dateiservice als eigenständigen Prozess oder aber nur als speziellen Treiber im Betriebssystemkern zu installieren. In Abb. 6.22 ist die erste Konfiguration gezeigt, bei der sowohl auf Client- als auch auf Serverseite Prozesse existieren. Man beachte, dass die Betriebssystemschichten symmetrisch sind; der konzeptionelle Unterschied drückt sich nur in der Art des Sender- bzw. Empfängerprozesses aus.

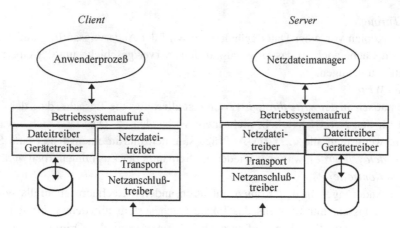

Abb. 6.22 Implementierung eines Netzdateiservers auf Prozessebene

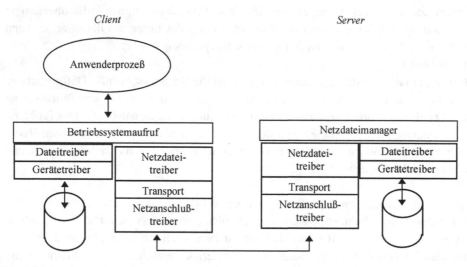

Abb. 6.23 Implementierung eines Netzdateiservers auf Treiberebene

Im Unterschied zu diesem Mechanismus, der auf Interprozesskommunikation beruht, ist in Abb. 6.23 ein Implementierungsschema auf Treiberebene gezeigt. Die Clientseite ist hier genauso gestaltet; auf der Serverseite ist dagegen kein Managerprozess vorhanden. Die Anfragen werden direkt im Betriebssystemkern verwaltet und auf das lokale Dateisystem umgeleitet.

Dieser Ansatz implementiert das Netzwerkserver-Dateisystem auf Treiberebene und verhindert so das aufwendige Kopieren der Daten aus den Systempuffern in den Adressbereich eines Serverprozesses und zurück in die Systempuffer zum Schreiben im lokalen Dateisystem des Servers. Allerdings wird so die Konfiguration asymmetrisch:

Das Netzdateisystem setzt nicht mehr auf einem Stellvertreterprozess und regulären Interprozesskommunikation auf, sondern auf speziellen Schichten (Treibern) des Kerns. Die beiden Konzepte werden unterschiedlich realisiert.

Beispiel UNIX *Das NFS-System*

Im NFS-System gibt es zwei Protokolle: eines, das das Einhängen (`mount()`) eines Serverdateisystems unter ein Verzeichnis im Client regelt, und eines, das den normalen Schreib-/Leseverkehr betrifft. Das erste Protokoll wird zwischen zwei Prozessen durchgeführt: dem anfragenden Clientprozess, meist beim Starten des Clientsystems, und einem speziellen Dämon *mountd* auf dem Server. Dazu schickt der *mount*-Prozess des Client eine Nachricht an den *mountd*-Dämon auf dem Server, der sich mit einem Systemaufruf `getfh()` ein *file handle* (Dateisystemdeskriptor) von der NFS-Serverschicht holt und an den Clientprozess zurückgibt. Dieser führt nun damit einen Systemaufruf `mount()` aus und verankert so das Serverdateisystem in der NFS-Clientschicht des Betriebssystemkerns.

Das zweite Protokoll des Schreib-/Lesevorgangs auf Dateien wurde unter Leistungsgesichtspunkten in den Betriebssystemkern verlegt. Obwohl auf dem Server das Programm *nfsd* anfangs als Prozess gestartet wird, läuft es doch bald auf den Systemaufruf `nfs_svc()` in den *kernel mode*, aus dem es nicht mehr zurückkehrt. Dieser Ansatz implementiert das Netzwerkdateisystem auf Treiberebene mit den erwähnten Leistungsvorteilen. In Abb. 6.24 ist die grundsätzliche Architektur gezeigt.

Eine wichtige Rolle spielt dabei die zusätzliche Schicht für ein virtuelles Dateisystem VFS, das die Dateisystemoperationen abstrahiert. Alle Operationen im VFS (System V:

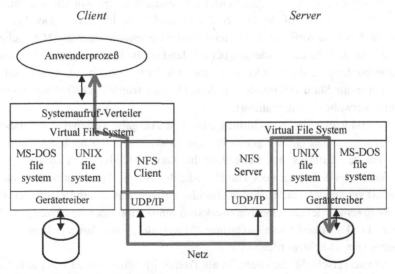

Abb. 6.24 Die Architektur des NFS-Dateisystems

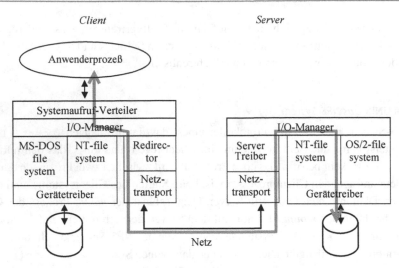

Abb. 6.25 Implementierung des Netzdateisystems in Windows NT

File System Switch FSS) sind Methoden von Objekten, den *virtual i-nodes* (vnode), und sind je nach Objekt dateisystemspezifisch implementiert. So ist ein Umschalten zwischen MS-DOS-Dateien, UNIX-Dateien und NFS-Dateien problemlos möglich.

Beispiel Windows NT *Netzdateisysteme*

Die Implementierung der Netzdateisystemdienste von Windows NT ist aus den gleichen Gründen wie bei NFS in den Betriebssystemkern gelegt worden und baut damit auf dem Treibermodell auf. In Abb. 6.25 ist eine Übersicht gezeigt. Der *Redirector*-Treiber hat dabei die Aufgabe, die Dateisystemanfragen, die über das Netz gehen, auf die gleiche Art zu behandeln, wie dies bei lokalen Dateiaufträgen geschieht. Dazu muss er Netzverbindungen, die gestört sind, über die Transportschicht wieder aufbauen. Auch die gesamte Statusinformation (welche Dateien wurden geöffnet usw.) wird vom Redirector verwaltet und aktualisiert.

Die Unterstützung der asynchronen Ein- und Ausgabe verlangt dabei besondere Mechanismen. Anstatt einen eigenen Prozess zu erzeugen, der nach der asynchronen Ausführung des Auftrags durch das Netz die Kontrolle erhält und aufgeweckt wird, benutzt Windows NT einen Pool von *threads*, der für die Treiberinitialisierung beim Systemstart verwendet wurde, um die Abschlussprozeduren für ein IRP durchzuführen.

Der *Redirector* wickelt seine Netzwerkkommunikation über das *Transport Driver Interface* (TDI) ab, dessen Kanäle (*virtual circuits*) durch das darunter liegende Transportsystem verwirklicht werden.

Die Dateiserverschicht, die ebenfalls als Treiber installiert ist, ist kompatibel zu den existierenden SMB-Protokollen der MS-Net- und LAN-Manager-Software.

6.3.5   Die WebDAV-Dienste

Die bisherigen Implementationskonzepte setzen beim Betriebssystem auf der Ebene der Treiber an, so dass transparent auf Dateisysteme auf anderen Rechnern mittels eines Netzwerks zugegriffen werden kann. Es gibt nun ein Konzept, dass ganz anders auf der obersten Schicht der Anwendungsebene Dateien über das Netz lesen, schreiben und verändern kann: das WebDAV-Konzept. Dabei steht „DAV" als Abkürzung für „Web-based Distributed Authoring and Versioning". Das Konzept dahinter ist einfach: Erweitert man das bekannte HTTP-Protokoll im Internet, das von den meisten Webbrowsern verwendet wird, um einige Elemente zum Kopieren (COPY) und Verschieben (MOVE) von Dateien von einem Rechner im Netz zu einem Anderen und ergänzt es mit Befehlen zum Erstellen von Verzeichnissen (MKCOL) und zum Lesen und Schreiben der Dateieigenschaften (PROPFIND und PROPPATCH) sowie Befehlen zum exklusiven Sperren der Dateien (LOCK/UNLOCK), so erhält man die genormten Befehle (RFC 5323, RFC 3253) des WebDAV.

Diese Befehle können nun von verschiedenen Prozessen benutzt werden, um mit Hilfe des WebDAV-Protokolls Dateien direkt aus dem lokalen System übers Netz zu einem Server zu senden oder die Dateien zu empfangen.

Der Vorteil dieser Methode gegenüber tieferen Eingriffen ins Betriebssystem liegt in der leichteren Konfigurierbarkeit: Es ist nur ein erweitertes HTTP-Protokoll zu benutzen und es müssen keine besonderen Ports freigeschaltet werden. Sogar die verschlüsselte Version HTTPS kann verwendet werden.

Beispiel Windows NT *WebDAV*

Ab Windows XP ist das Aufsetzen einer WebDAV-Verbindung mit einem Server möglich, der einen WebDAV-Service anbietet. Dazu muss zunächst eine Verbindung mit dem Server erstellt werden. Dies lässt sich in XP in der Netzwerkumgebung mit „Netzwerkressource hinzufügen" und dem damit aufgerufenen Assistenzprogramm durchführen, bei dem man die http-URL, Benutzer und Passwort für die Verbindung angibt; bei Windows 7 erreicht man dies durch den Aufruf „Netzlaufwerk verbinden" unter „Extras" beim Netzwerk- und Freigabecenter. Auf diesem Fenster gibt es einen Link „Verbindung mit einer Website herstellen … ", der wieder den Assistenten aufruft.

Die Verbindung wird dann symbolisch mit Hilfe eines Ordnersymbols im Explorer angezeigt und kann wie ein „normaler" Ordner geöffnet und Dateien daraus oder hinein kopiert werden.

Auf Serverseite werden bei Windows die *Internet Information Services* (IIS) eingesetzt, um die Anfragen zu beantworten.

Beispiel OS X *WebDAV*

Bei dem Apple-Betriebssystem ist der WebDAV-Zugriff ebenfalls bereits eingebaut und muss nur mit einer neuen Netzwerkverbindung über die http-URL, Benutzer und Passwort eingerichtet werden über den Menüpunkt „Gehe zu", Untermenü „Mit Server verbinden" im Finder-Programm.

Beispiel Linux *WebDAV*

Beim Benutzer, dem Client, kann man entweder ein Weblaufwerk einbinden (*mounten*), indem man den Open-source Treiber *davfs* installiert (http://sourceforge.net/projects/dav/). Oder man verwendet beispielsweise beim Konqueror-Browser direkt die Webadresse mit dem Protokollpräfix „webdav://URL". Für eine SSL-Verbindung muss „webdavs:" verwendet werden und Port 443 freigegeben sein.

Auf Serverseite enthält meist der Apache-Server ein DAV-Modul, so dass nur noch das Modul in *httpd.conf* angegeben, ein passendes Verzeichnis erstellt und die Zugriffsrechte auf Serverseite konfiguriert werden müssen.

6.3.6   Sicherheitskonzepte

Es ist klar, dass auch im Netzwerk nicht mehr Sicherheit zum Schutz von Dateien möglich ist, als das lokale Dateisystem von sich aus bietet. Alle zusätzlichen Sicherheitsprüfungen müssen extra installiert und durchgeführt werden.

Eine besondere Schwierigkeit besteht darin, Dateisysteme mit verschiedenen Sicherheitsmechanismen und Sicherheitsstufen konsistent miteinander zu koppeln. Beispielsweise macht es nicht nur Schwierigkeiten, Dateien mit einem langen Namen in Groß- und Kleinschreibung von UNIX- und Windows NT-Servern mittels PC-NFS auf ein MS-DOS-Dateisystem mit kurzem Namen (max. acht Buchstaben) und Großbuchstaben abzubilden, sondern die Zugriffsrechte von *Access Control Lists* unter Windows NT lassen sich auch schwer auf die simplen Zugriffsrechte unter UNIX abbilden, wo derartige ACL noch nicht existierten.

Der Übergang von einem Sicherheitssystem in ein anderes mittels eines Netzwerkdateisystems ist deshalb meist nur mit vielen Inkonsistenzen und Widersprüchen zu bewerkstelligen; es ist fast unmöglich, alle Sicherheitslücken zu schließen.

Beispiel UNIX *NFS-Sicherheitssystem NIS*

Im NFS-Dateisystem werden alle Benutzer des Systems in einer besonderen Liste (*yellow pages*) geführt, ähnlich wie Handwerker in den gelben Seiten eines Telefonbuches. Diese Liste wird von einem besonderen Prozess, dem **Network Information System** NIS, verwaltet und enthält außer dem Tupel (Benutzer, Passwort) auch Einträge über den aktuellen Codeschlüssel für einen chiffrierten Datenaustausch zwischen

Client und Server, differenzierte Benutzergruppen und ähnliche Mechanismen, die in der speziellen Variante *secure NFS* verwendet werden können.

Für die Anforderung von Diensten mittels eines RPC wird das NFS-System verwendet. Spezifiziert man als Sicherheitsausweis den Modus „UNIX-Authentifikation", so hat der RPC-Sicherheitsausweis das Format der üblichen UNIX-Zugriffskennung von Benutzer- und Gruppen-Id. Auch wenn beide Systeme, Client und Server, die gleiche Art von Sicherheitsmechanismen haben, so können auch hier Sicherheitslücken existieren. Beispielsweise sollte ein Administrator (*super user*) mit der Benutzer-Id = 0 auf dem Client nicht automatisch auch alle Dateien des Administrators auf dem Server ändern können, auch wenn die Id auf beiden Systemen die gleiche ist. Aus diesem Grund werden alle Anfragen mit Benutzer-Id = 0 auf dem Server in Benutzer-Id = −2 („Datei für externen *super user*") abgebildet, was mit den normalen Sicherheitsmechanismen weiterbehandelt werden kann.

Das NIS ermöglicht darüber hinaus, generell zentral die Zuordnung von Benutzern zu den Benutzer-Ids auf dem Dateisystem des Servers zu regeln, so dass keine Überschneidungen und Inkonsistenzen von Dateien verschiedener Benutzer auftreten, die lokal auf unterschiedlichen Rechnern jeweils zufälligerweise in */etc/passwd* die gleiche Benutzer-Id erhalten.

Trotz verschiedener Anstrengungen enthält das Sicherheitssystem des NFS noch einige Lücken. Für weitergehende Ansprüche sei deshalb auf das Kerberos-System verwiesen, das im übernächsten Kapitel beschrieben ist.

Beispiel Windows NT *Sicherheit in Netzdateisystemen*

In Windows NT sind die Dateien, wie in Abschn. 4.3 dargelegt, mit Zugangskontrolllisten ACL versehen, die für jeden Benutzer bzw. jede Benutzergruppe die Zugriffsrechte regeln. Diese Sicherheitsmechanismen werden auch auf den Dateiservern bereitgestellt. Dazu muss jeder Benutzer, bevor er eine Datei öffnen kann, in der Benutzerdatei des *Security Account Managers* (SAM) sowohl auf dem Client-Rechner als auch auf dem Server registriert sein. Fehlt die Registrierung oder sind die verschlüsselten Passwörter auf Client und Server nicht identisch, so wird der Zugriff auf die Dateien des Servers prinzipiell verweigert. Aber auch bei erfolgter Registrierung gelten immer noch die Zugriffsbeschränkungen der ACL wie auf dem lokalen Dateisystem.

Man beachte, dass dieses Konzept keine automatische Kontrolle des Client-Administrators über den Server mit sich bringt, so lange beide unterschiedliche Passwörter benutzen.

Im Konzept ab Windows 2000 ist die Sicherheitspolitik grundlegend überarbeitet worden. Hier gibt es nicht nur die Authentifikations- und Verschlüsselungsmechanismen des weiter unten behandelten Kerberos-Systems (s. Kap. 7), sondern auch das netzübergreifendes Adressierungssystem ADS, bei dem jedes Objekt auf einem Rechner im Netz einer Domäne im Intranetz genau bezeichnet und dessen Zugang systemweit reguliert werden kann.

6.3.7   Aufgaben

Aufgabe 6.3-1 Zugriffssemantiken

a) Wollen mehrere Personen gleichzeitig sowohl lesend als auch schreibend auf eine Datei zugreifen, so kann diese je nach verwendeter Zugriffssemantik nach Abschluss der Änderungen unterschiedliche Zustände aufweisen.

Beschreiben Sie den Zustand einer Datei davon ausgehend, dass zwei Personen diese Datei öffnen, Änderungen vornehmen und die Datei dann schließen, für folgende Zugriffssemantiken:

   i) die Operationssemantik

  ii) die Sitzungssemantik

 iii) die Transaktionssemantik

b) Microsoft Office Online erlaubt das gemeinsame Arbeiten an Dokumenten. Welcher der bisher kennengelernten Zugriffssemantiken entspricht die Funktionsweise dieser Anwendung? Begründen Sie Ihre Lösung.

Aufgabe 6.3-2 Serverzustände

a) Man unterscheidet zwischen zustandsbehafteten und zustandslosen Servern. Was sind die Vor- und Nachteile dieser beiden Konzepte?

b) Können bei NFS-Servern Verklemmungen auftreten? Begründen Sie Ihre Antwort.

6.4   Massenspeicher im Netz

Eines der attraktivsten Vorteile eines Netzes besteht darin, Ressourcen für mehrere Rechner nutzbar zu machen. Ein wichtiges Beispiel dafür bilden die Speicherressourcen. Verbindet man alle wichtigen Massenspeicher mit schnellen Leitungen untereinander und mit den Dateiservern, so wird ein spezielles Netz nur zur Speicherung gebildet. Ein solches Netz wird Speichernetz SN genannt. Alle Server, Netzverbindungen und Speichergeräte lassen sich zu einem Speicherbereich, dem **Storage Area Network** SAN zusammenfassen. In Abb. 6.26 ist ein solches Netz gezeigt.

Das SAN-Konzept fasst alle Speicher im Netz (beispielsweise unternehmensweit) zu einem virtuellen Massenspeicher zusammen. Dabei werden zwei Ebenen unterschieden: Die Blockebene, bei der einzelne Speicherblöcke zu logischen, größeren Blöcken zusammengefasst werden, und der Dateiebene, bei der für jede Datei die virtuelle Speicheradresse, der Dateiname, die Zugriffsrechte usw. verwaltet werden („Metadaten"). Die für die Verwaltung, Wartung und Konfiguration dieses virtuellen Speichers nötigen Programme lassen sich als Betriebssystem des virtuellen Speichers auffassen.

Die verschiedenen Ebenen können wir mithilfe eines Schichtenmodells in der Funktionalität besser fassen als mithilfe eines Verbindungsgraphen. In Abb. 6.27 ist eine solche SAN-Architektur gezeigt, wie sie von der *Storage Network Industry Association* SNIA vorgeschlagen wurde.

Abb. 6.26 Ein Speicher-
netzwerk

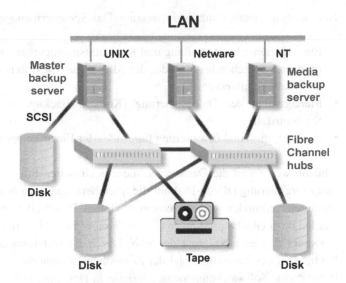

Abb. 6.27 Das SAN Schichtenmodell nach SNIA.org

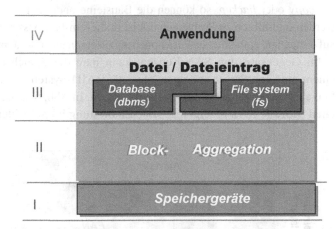

Die Vorteile eines spezialisierten Speichernetzes auf Netzebene sind klar:

- Ein spezialisiertes Speichernetz stört nicht den normalen Datenverkehr
- Trotzdem wird die Flexibilität eines allgemeinen Netzwerks behalten, das ermöglicht, Geräte unterschiedlicher Hersteller zu integrieren („IT-Konsolidierung")
- Eine zentrale Sicherheitsverwaltung vereinheitlicht Authentifikation, Zugriffskontrolle und Verschlüsselung, etwa um Datendiebstahl im Netz unmöglich oder unwirksam zu machen.
- Die Datenströme können besser der gewünschten Anforderung (*Quality of Service*) angepasst und ihre Topologie zentral konfiguriert werden.
- Die Netzüberwachung für Ereignisbehandlung, Wartung und Diagnose wird vereinfacht.
- Es ermöglicht ein zentrales Speichermanagement.

Besonders der letzte Punkt ist interessant. Das Speichermanagement beinhaltet nämlich

- Eine effiziente Lastverteilung und Kapazitätsmanagement, etwa durch die Regruppierung von Speicherclustern oder der Migration von Daten zwischen Bandlaufwerken und Plattenlaufwerken.
- Management der Datensicherung (Kopien, Backup, Rollback und *Recovery* im Schadensfall)
- Konfiguration und Erweiterung (*upgrade*) der Einzelkomponenten

Üblicherweise sind die Dateiserver, die mit virtuellen Speicheradressen, also Speicherblockadressierung (Block-I/O) auf die Speichermedien zugreifen, durch schnelle Datenleitungen verbunden, die mit einem schnellen Protokoll versehen sind. Üblicherweise werden dazu Glasfaserleitungen (*Fiber Channel* FC) mit dem FC-Protokoll verwendet.

Es gibt aber auch Nachteile des SAN: Durch die Verteilung der Funktionen auf mehrere Rechner ist das Zusammenspiel der Komponenten mehrerer Hersteller ziemlich komplex. Benutzt eine Softwarekomponente spezielle, in Hardware implementierte Funktionen, etwa *file copy* oder *backup*, so können die Bausteine anderer Hersteller dafür nicht verwendet werden und führen zu Problemen. Es ist in diesem Fall besser, bei SAN-Komponenten nur auf einfachen, einheitlichen Funktionen aufzusetzen und alle „Optimierungen" zu vermeiden.

Im Gegensatz zum SAN-Konzept kann man die Speichereinheiten auch zentral bei einem einzigen Server anordnen, etwa als RAID-System, und die FC-Verbindungen des Speichernetzes nur auf diesen Server beziehen. In Abb. 6.28 ist ein solcher **Network Attached Storage** NAS gezeigt und seine Einordnung im Schichtenmodell.

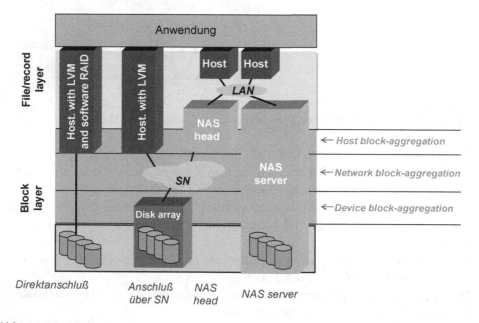

Abb. 6.28 Das NAS-Modell

In diesem Fall garantiert das Speichernetz einen schnellen Zugriff auf die Daten und der Server (*host*) eine Netzwerkanbindung. Ein solcher NAS enthält neben dem Speichernetz alle Funktionen des Speichermanagers wie Zugriffsverwaltung, Backup, Rollback usw. die sonst im SAS existieren. Wie in Abb. 6.28 gezeigt, lässt sich die Schicht „Blockaggregation" aus Abb. 6.27 unterteilen in drei Unterschichten: Die Aggregation der Blöcke mehrerer Geräte auf Geräteebene, die Aggregation mehrerer Geräte auf Netzwerkebene und die Aggregation von Blöcken im Betriebssystem auf Hostebene. Abbildung 6.28 zeigt dabei mehrere mögliche Systeme nebeneinander: Ein konventionelles System, bei dem die Geräteansteuerung direkt vom Rechner ausgeht, ein System, bei dem ein Netzwerk zur flexiblen Konfiguration zwischen Rechner und Speichermedien geschaltet ist und ein NAS-Server, der diese unteren Schichten bereits enthält. Der NAS-Betriebsteil ohne Speicher kann auch als Extrarechner (NAS-Head) ausgelagert sein.

Wird ein NAS innerhalb einem SAN als ein Speichermedium unter vielen betrieben, so kann man es als ein „SAN im SAN" ansehen oder ein „SAN-in-a-box".

6.5   Arbeitsmodelle im Netz

Im Unterschied zu Multiprozessorsystemen, die eine leichte Arbeitsaufteilung von parallel ausführbarem Code und den Prozessoren gleichen Typs ermöglichen, sind vernetzte Computer mit verschiedenen Problemen konfrontiert.

- Die Übermittlung von Daten übers Netz kostet Zeit, so dass sich nur Codestücke zur parallelen Abarbeitung lohnen, die keine oder wenig Kommunikation haben.
- Auch die Verlagerung von Code „außer Haus" ist nur sinnvoll, wenn es sich um größere Arbeitspakete handelt, also Aufwand und Ertrag in vernünftigem Verhältnis zueinander stehen.
- Die Netze sind meist inhomogen aus Computern verschiedener Hersteller und verschiedenen Betriebssystemen zusammengesetzt. Ein lauffähiges Programm auf einem Rechner muss deshalb nicht auf allen Rechnern im Netz ablauffähig sein.

Ein Jobmanagementsystem, das den Wahlspruch „Nicht der Einzelrechner, sondern das Netz ist der Computer" verwirklichen will, muss deshalb auf die obigen Probleme ganz konkret eingehen.

6.5.1 Jobmanagement

Es gibt verschiedene Jobmanagementsysteme, die es erlauben, ungenutzte Rechenzeit in Workstation-pools zu nutzen. Derartige Systeme werden besonders in Luft- und Raumfahrt, Automobil- Entwicklungsabteilungen usw. genutzt, wo viele hochwertige Rechner versammelt sind. Die Anforderungen an ein solches *Load Sharing Facility*-System sind folgende:

- Die *Lastverteilung* für alle Jobarten und Leistungsklassen soll ausgewogen sein.
- Für unterschiedliche Anforderungen an Betriebsmittel wie Rechenzeit und Speicherbedarf sollen verschiedene *zentrale Warteschlangen* geführt werden.
- Die *Jobdurchlaufzeiten* sollen optimiert werden.
- Die *Lizenzen* von Programmen sollen transparent (Workstation-unabhängig) verwaltet werden.
- Trotz der zusätzlichen Belastung soll der *normale, interaktive Betrieb* der Workstations störungsfrei möglich sein.
- Die Workstations sollen im Lastverbund möglichst in der *Nacht*, an Wochenenden und im Urlaub genutzt werden können.
- Die Gesamtkonfiguration soll übersichtlich sein und *leicht gewartet* werden können.

Diese Forderungen sind nicht einfach zu erfüllen, da ein Jobmanagementsystem nicht auf alle Faktoren Einfluss hat. So kann es zwar mit einer guten Benutzeroberfläche und einfachen Konfigurationsmechanismen die Wartung des Systems vereinfachen, durch *batch*-Möglichkeiten die Nacht- und Feiertagsstunden nutzen und über Netzwerkkommunikation Jobs auf Rechner verschieben, aber die Zuordnung von Jobs zu Rechnern ist nicht beliebig. So sind nicht nur Speicherbedarf, Prozessortyp, Betriebssystem und lokaler Plattenbedarf für temporäre Dateien zu beachten, sondern die Lizenzen mancher Programme sind auch an ganz bestimmte Rechner gebunden (*node locking*) oder in der Gruppe nur auf einer bestimmten, maximalen Anzahl von Rechnern gleichzeitig ausführbar (*floating licence*).

Auch die Priorität der verlagerten Jobs muss so gewählt sein, dass der eigentliche Benutzer des Rechners immer Vortritt hat und deshalb die zusätzliche Nutzung „seines" Rechners nicht bemerkt.

6.5.2 Netzcomputer

Ein völlig anderes Konzept für verteilte und vernetzte Systeme stellt das Netzcomputerkonzept dar, das von der Firma Oracle, Sun, IBM, Apple usw. entwickelt wurde. Enthält ein „normaler" Rechner noch alle Betriebssystemkomponenten selbst, um autonom mit Platten, Drucker etc. arbeiten zu können, so sind in Systemen mit verteiltem Betriebssystem die verschiedenen Betriebssystemfunktionen als spezielle Server (Dateiserver, Prozessserver etc.) auf spezialisierte Rechner verlagert.

Dieses Client-Server-Konzept eines verteilten Betriebssystems wird nun beim Netzcomputer **NC** auf die Spitze getrieben: Außer einem Hauptspeicher, einem Prozessor, einem Netzanschluss und einem Bildschirm enthält er nichts weiter. Selbst die Software des Betriebssystems (Dienstprogramme, BS-Kern usw.) ist auf einen Mikrokern, bestehend aus dem nackten BS-Kern mit den Schichten des Netzanschlusses sowie den Funktionen zum Laden von Programmen, reduziert. Alle Programme, die sonst auf der lokalen Festplatte liegen, kommen aus dem Netz; selbst das Betriebssystem kann über einen fest eingebauten

ROM-*bootstrap loader* beim Einschalten des Geräts übers Netz geladen werden. Alle Leistungen wie Speicherung von Dateien, Druckservice usw. werden von speziellen Servern vollbracht.

Die Managementvorteile eines solchen Mikrokernkonzepts gegenüber den üblichen Netzen aus PCs in Firmen liegen auf der Hand:

- *Aktuelle Dateien*
  Durch die zentrale Wartung der benutzten Daten sind diese immer aktuell und konsistent. Dies bezieht sich sowohl auf die Teile des Betriebssystems, die über das Netz geladen werden (Treiber, Dienstprogramme usw.) als auch auf die Benutzerprogramme und die verwendeten Dateien.
- *Billigere Hardware*
  Der NC benötigt weniger Hardware, da bestimmte Betriebssystemteile und lokaler Plattenplatz für die Dienstprogramme entfallen. Dies macht den NC billiger in der Anschaffung.
- *Billigere Wartung*
  Die Pflege der Systemsoftware, die Lizenzvergabe und die Konfiguration auf dem NC werden nur einmal zentral durchgeführt und gepflegt. Dies macht den NC billiger in der Wartung, was nicht unerheblich ist: Man rechnet für die Software- und Konfigurationspflege eines PCs den gleichen Betrag pro Jahr wie für den Kauf.
  Auch die Hardwarereparatur ist einfacher, da die Computerteile beliebig ausgetauscht werden können: Alle Benutzerdateien und -profile liegen auf dem Zentralrechner und gehen dabei nicht verloren.
- *Höhere Datensicherheit*
  Durch die zentrale Datensicherung kann bei einem Rechnerausfall die Arbeit auch bei unzuverlässigen oder vergesslichen Mitarbeitern weitergehen. Auch der Datendiebstahl ist ohne Peripherielaufwerke nicht mehr so einfach möglich, ebenso wie das Installieren von Spielen oder unabsichtliche Verbreiten von Viren.
- *Bessere Ausnutzung von Ressourcen*
  Neben der besseren Nutzung von Druckern, Fax-Anlagen usw., die allgemein durch die Anbindung an das Netzwerk möglich wird, ist speziell beim NC die bessere Ausnutzung der Massenspeicher im zentralen *pool* möglich. Die notwendigen Erweiterungen können sich besser am jeweiligen Bedarf orientieren.

Aber auch die Nachteile eines solchen Konzepts sind deutlich:

- *Erhöhter Netzaufwand*
  Laufen alle Applikationen über das Netz, so müssen das firmeninterne Netz (*Intranet*) und die dabei verwendeten Server in der Leistung (Durchsatz und Speicherkapazität) deutlich gesteigert werden. Dies kostet zusätzlich Geld.
- *Erhöhter Pufferaufwand*
  Fügt man zur Pufferung von Daten und häufig benötigten, großen Programmen noch zusätzliche Hardware (Hauptspeicher, Massenspeicher) in den NC ein, um die Ladezeiten

und die Netzbelastung klein zu halten, wie dies schon bei den UNIX-Grafiksichtgeräten (X-Terminals) nötig wurde, so werden die Kostenvorteile des NC wieder relativiert.

* *Bevormundung der Benutzer*
Durch die zentrale Wartung der Software und das Management der Hardware fühlen sich die Anwender durch die EDV-Zentrale wie früher bevormundet: Nur die Zentrale entscheidet, welche Programme benutzt werden können und wieviel Speicherplatz dem einzelnen zugewiesen wird.

* *Eingeschränkter Datenschutz*
Befindet sich der Server nicht innerhalb der Firma oder Arbeitsgruppe, sondern außerhalb bei einem Dienstleister, so können Personal- oder Firmendaten leicht dort abgegriffen werden, ohne Schutzmöglichkeit durch die eigene Firma. Ist durch Unachtsamkeit, Korruption oder Angriff durch Schadsoftware (Viren etc.) beim Server der Datenschutz ausgehebelt, liegen alle Daten der Arbeitsgruppe oder Firma frei zur Verwertung vor. Durch die zentrale Speicherung sind Wirtschaftsspionage und Erpressung durch Verschlüsselung aller Daten (*Ransomware*) leichter möglich.

Die Akzeptanz und damit die Zukunft der Netzcomputer ist deshalb zurzeit noch ungewiss. Ein kommerzielles Beispiel dafür ist das bekannte *Chromebook* von Google, das auf *Chrome OS* beruht, einer Entwicklungsvariante des quelloffenen *Chromium*-Betriebssystems. Es besteht im Wesentlichen aus einem Webbrowser, der auf einem Linux-Kern läuft. Alle Anwendungen und Nutzerdaten befinden sich auf Servern der Firma Google.

Eine interessante Alternative ist zweifelsohne ein Computernetzwerk, das jedem seinen individuell konfigurierten Arbeitsplatz gestattet, aber durch zentrale Wartung für die Standardprogramme die meisten Konfigurationsprobleme am Arbeitsplatz verhindert und für aktuelle Dateien sorgt, siehe Abschn. 6.5.3.

Java-Applets

Ein deutliches Problem in diesem Konzept ist die Inkompatibilität der Hardware und Software bei verschiedenen Rechnern verschiedener Hersteller. Um dieses Problem zu umgehen, wird eine einheitliche Programmiersprache benutzt: Java. Die objektorientierte Sprache Java (Sun 1997) ähnelt in der Syntax sehr C++, hat aber als Vereinfachung keine Zeiger, keine Mehrfachvererbung und ein verbessertes Schnittstellenkonzept.

Jeder NC erhält als Programm die Folge von Maschinenbefehlen einer virtuellen Maschine: der **Java Virtual Machine**, die von der Firma Sun, den Entwicklern von JAVA, spezifiziert wurde. Aufgabe des NC-Prozessors (und aller anderen Maschinen, die den JAVA-Code ausführen sollen) ist es nun, diese virtuelle Maschine zu emulieren. Die Aufgabe eines Betriebssystems eines solchen NC besteht darin, die Ablaufumgebung für über das Netzwerk geladene Java-Programme (**applets**) bereitzustellen.

Insbesondere ist dies

* die **Hauptspeicherverwaltung** durch automatische Speicherreservierung für Objekte sowie Aufspüren und Beseitigen von gelöschten bzw. nicht benutzten Objekten (*garbage collection*)

- die **Isolation** verschiedener, gleichzeitig ablaufender Programme voneinander und zum restlichen System. Um dies schnell und einfach zu ermöglichen, gibt es in Java keine Zeiger und Adressen, und die Aktionsmöglichkeiten der Netzprogramme und Applets auf dem NC sind sehr beschränkt.
- die **Interpretation** des Byte-Code der *Java Virtual Machine*, falls sie nicht direkt emuliert wird. Insbesondere müssen die elementaren JAVA-Datentypen auf die Wortlänge der Zielmaschine angepasst werden.
- die Bereitstellung der **Standardfunktionen** für Grafik, Ein- und Ausgabe, soweit dies dem Netzprogramm oder Applet überhaupt gestattet ist. Generell haben Netzprogramme keinen Zugriff auf lokale Platten, Drucker etc.

Die Notwendigkeit einer einfachen, sicheren Programmiersprache für Netze ergab sich bei der explosiven Ausbreitung und Anwendungen der Hypertextsysteme im World Wide Web (WWW). Vielen Anbietern reichte die Funktionalität einer einfachen Textseite nicht mehr aus. Anstatt aber immer neue Spezialfunktionen in die Hypertext-Präsentationsprogramme (*web browser*) aufzunehmen, ist es besser, den Code für eine Spezialfunktion vom Anbieter direkt zu laden und sie lokal durch einen im *web browser* integrierten Java-Interpreter auszuführen. Der Java-Code erfüllt diese Anforderungen durch die normierte, festgelegte Maschinenbefehlsspezifikation und die normierte, standardisierte Laufzeitbibliothek. Dies ermöglicht den *web browsern* auch, ihre eigentlichen Funktionen flexibler zu erfüllen – neue, unbekannte Protokolle und Funktionen können so durch Laden spezieller *Java content handler* installiert werden, ohne den *browser* neu schreiben zu müssen.

Der Nachteil eines solchen Ansatzes liegt darin, dass durch die begrenzten Möglichkeiten eines Applets keine großen Aufgaben bewältigt werden können. Alle Dateizugriffe, temporäre Dateien und andere lokalen Ressourcen sind aus Sicherheitsgründen verboten – und beschränken damit die Applets auf ihre Rolle als kleine Hilfsfunktionen für Browser etc.

6.5.3 Schattenserver

Eine häufige Konfiguration eines Netzdateisystems besteht aus einem zentralen Dateiserver und vielen Satellitenrechnern, also PCs, Laptop-Computer oder andere Kleincomputer wie Notebooks oder Organizer. Bei dieser Konfiguration, in der die Satellitenrechner eigene, nur lose gekoppelte Dateisysteme besitzen, ist die konsistente Aktualisierung aller Dateien und Programme im System ein ernstes Problem. Dies tritt meist in zweierlei Formen auf:

- *Roaming*
  Manche Benutzer, beispielsweise Außendienstmitarbeiter, Telearbeiter oder Mitarbeiter einer Firma, die zwischen Arbeitsgruppen an verschiedenen Geschäftsstellen wechseln, müssen Dokumente und Dateien ohne dauernde Netzverbindung zur Zentrale

editieren und beim Aufbau der Netzverbindung ihre neue Dateien überspielen sowie eigene aktualisieren. Dabei verlangen diese Benutzer überall die gleiche Arbeitsumgebung, egal wo sie andocken.

- *Wartung*
  Jeder Computernutzer möchte einerseits alle möglichen Programme nutzen und Daten erzeugen, andererseits aber für Konfigurationspflege, Programmaktualisierung und Datensicherung möglichst keinen Aufwand betreiben. Die Administration von Rechnernetzen verursacht aber viele Kosten: man rechnet ungefähr den Anschaffungspreis pro Jahr pro PC.

Für die Lösung der Problematik kann man zwischen zwei Konzepten unterscheiden:

- *Zentrale Aktualisierung*
  Üblicherweise hat der Netzwerkmanager die Möglichkeit, aktiv die Konfiguration eines am Netz hängenden Computers zu verändern. Dies erfordert aber das Wissen um eine nötige Veränderung sowie die benötigten Daten für jeden einzelnen Computer. Aus diesem Grund sind jedem Netzwerkmanager inhomogene Systeme aus unterschiedlicher Hardware und Software ein Graus und Quelle ständigen Ärgers.
- *Dezentrale Aktualisierung*
  Statt dessen kann auch jeder einzelne Arbeitsplatzcomputer neben seinen speziellen Programmen und Nichtstandard-Dienstleistungen einen vom Benutzer nicht beeinflussbaren Teil (Dateisystem) enthalten, der regelmäßig (z. B. nach dem Anschalten des Rechners oder in festen Zeitabständen) mit der Konfiguration bzw. den Datenbeständen eines oder mehrerer, benutzerspezifizierten Server automatisch durch ein besonderes Programm (Dämon, Agent usw.) abgeglichen wird. Die benötigten Dateibestände und Server (Programmserver, Objektserver) werden dazu einmal beim initialen Einrichten des Rechners festgelegt. Der Rechner arbeitet also damit wie ein Netzcomputer, der große Teile des Betriebssystems und der benötigten Anwenderprogramme im Cache hält, um die Zugriffszeit zu senken. Der Agentenprozess der Aktualisierung hat dabei die Funktion eines Cache-Snoopers (siehe Abschn. 3.5), der den Cache aktuell hält. Der Arbeitsplatzcomputer ist also „wie ein Schatten" des eigentlichen Dateiservers, wobei nur die tatsächlich benutzten Dateien und Verzeichnisstrukturen auf dem Arbeitsplatzcomputer vorhanden sind. In Abb. 6.29 ist ein solches Konzept gezeigt. Der gestrichelt umrandete

Abb. 6.29 Das Konzept des Schattenservers (*shadow server*)

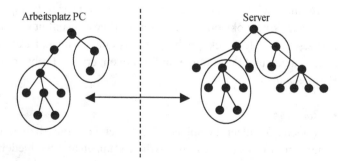

Teil des Dateisystems auf dem Server wird direkt auf den PC abgebildet durch PC-Server-Kommunikation konsistent gehalten. Wird eine Datei auf einem der beiden „Spiegel" verändert, so muss sie möglichst rasch auf den anderen kopiert werden. Ebenso müssen Löschanforderungen oder Dateiumbenennungen immer bei beiden durchgeführt werden.

Ein solcher Ansatz hat viele Vorteile:

- *Aktuelle Versionen*
  Es sind immer alle aktuellen Versionen verfügbar, ohne dass der Benutzer sich darum kümmern muss oder der Administrator sie ihm überspielt.
- *Datensicherung*
  Die Benutzerdaten werden automatisch auf dem Server gesichert.
- *Netzunabhängigkeit*
  Bei Ausfall des zentralen Servers oder bei Netzwerksstörungen kann (im Unterschied zum NC!) jeder netzunabhängig weiterarbeiten.
- *Adaptive Konfiguration*
  Die sich zeitlich ändernde Konfiguration der Benutzerprogramme ist immer auf dem neuesten Stand; die auf dem Rechner existierenden Programme sind auch tatsächlich die benötigten.
- *Rechnerunabhängige Konfigurationen*
  Im Unterschied zur zentralen Wartung muss beim Wechsel eines Benutzers zu einem anderen Arbeitsplatz (anderen Rechner) die neue Konfiguration nicht aufgespielt werden, sondern stellt sich automatisch ein.
- *Geringere Wartungskosten*
  Sowohl die Softwarewartung, die zentral und damit kostengünstig abgewickelt werden kann, als auch die Hardwarewartung, die ein unterschiedliches Spektrum an Rechner einsetzen und ersetzen kann, werden preiswerter.

Beispiel Linux

Ab Version 2.2 gibt es bei der freien Unix-Variante LINUX die Möglichkeit, das Dateisystem „Coda" zu benutzen (CODA 1999). Das Coda-Dateisystem (Satyanarayanan et al. 1990) ist ursprünglich für das *mobile computing* an der Carnegie Mellon University geschaffen worden und verwendet eine Architektur ähnlich der in Abb. 6.30.

Die Implementation benutzt wie beim Netzdateiserver in Abb. 6.23 einen Betriebssystemtreiber, der alle Dateiaufrufe (CreateFile, OpenFile, CloseFile, RenameFile usw.) abfängt und umleitet. Dieser spezielle Dateisystemtreiber hängt im Kern und leite die Dateiaufrufe (*File System Calls*) aus dem *kernel mode* an einem Prozess („Venus Cache Manager") im *user mode* um. Dieser Prozess sieht nach, ob die gesuchte Datei im lokalen Dateisystem (Coda-Dateisystem, implementiert mittels eines Unix *raw device special file*) vorhanden ist oder nicht. Wenn ja, so wird die Information über Blocknummer usw. der lokalen Platte normal ausgelesen und wieder an den *user process* zurückgegeben. Dieser merkt nichts von der Umleitung; er erhält direkt die gewünschte Datei.

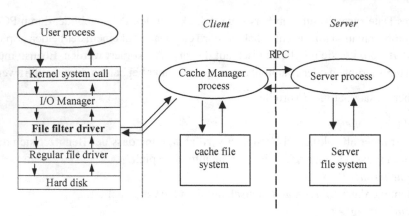

Abb. 6.30 Struktur des Coda-Dateisystems

Anders dagegen, wenn die Datei nicht vorhanden ist oder als „verändert" markiert wurde. In diesem Fall wendet der Manager sich mittels RPC an den Server und fragt nach der neuesten Version, die dann kopiert wird. Erst die Blockangaben der kopierten Datei werden sodann über den Filtertreiber an den Benutzerprozess zurückgegeben.

Man beachte, dass zwar alle Veränderungen bei beiden Partnern notiert werden, alle Dateien aber erst dann kopiert werden, wenn sie wirklich gebraucht werden (*lazy evaluation*).

Die gesamte Coda-Software enthält übrigens noch weitere Komponenten wie fehlertolerante Backup-Server. Auch hier wirkt wieder das Schatten- oder Spiegelprinzip: Ist ein Server ausgefallen und das Dateisystem per Hand völlig neu initialisiert worden, so bemerkt das Coda-System daraufhin die Inkonsistenz beider Server und bringt den ausgefallenen automatisch auf den neuesten Stand.

Die Idee der Schattenserver wird übrigens auch für NFS genutzt, etwa in Linux, bei dem der NFS-Server durch einen transparenten Dateisystem-Cache (*CacheFS*) entlastet wird. Hier werden Dateien vom NFS-Server in einem lokalen, separaten Dateisystem gehalten.

Beispiel Windows

In Windows NT 5, genannt Windows 2000 gibt es verschiedene Mechanismen, die ein solches Konzept unterstützen. Neben dem Konzept des aktiven Verzeichnisses (*active directory*), das alle Dateiänderungen im gesamten Netz von unten nach oben propagiert und damit das gesamte hierarchische Dateisystem aktuell hält, stützen sich die Kopiemechanismen des Schattenservers auf ein „IntelliMirror" genanntes Produkt, das durch Konsistenzmechanismen die lokalen und globalen Dateisysteme beim *roaming* abgleicht.

Seit Windows NT 5.1, genannt Windows XP, ist dieses Konzept allgemein zugänglich und wird als „Offline-Aktualisierung", bezeichnet. Dazu werden alle zu synchronisierenden

Dateien bzw. Ordner, die vom Server im Netz freigegeben sind, beim Client in einen speziellen Ordner „Offline-Dateien" aufgenommen. Loggt sich der Client-Benutzer ein oder aus, so kann eine Synchronisierung aller Objekte des Offline-Ordners erfolgen. Je nach Optionen, die bei der Einrichtung der Synchronisation einmal festgelegt werden, überschreibt die neue Client-Datei die alte Datei gleichen Namens auf dem Server, oder sie wird selbst von der alten Server-Datei überschrieben, oder die neue Datei wird mit einer neuen Versionsnummer neben die alte auf dem Server gespeichert. Die jeweilige Politik kann der Benutzer entweder bei jedem Konfliktfall neu auswählen oder einmal für immer festlegen.

6.5.4 Aufgaben zu Arbeitsmodellen im Netz

Aufgabe 6.5-1 Offlinedateien

a) Geben Sie einen Ordner auf einem beliebigen Gerät via SMB-Protokoll als Netzlaufwerk frei (z. B. als Windows-Dateifreigabe oder unter Linux mit Samba) und speichern Sie eine Textdatei in diesem. Verwenden Sie nun ein anderes Gerät Dieses sollte Windows als Betriebssystem verwenden und Schreibrechte für das Netzlaufwerk haben. Machen Sie den Ordner des Netzlaufwerkes auf diesem Gerät als Offlinedatei verfügbar. Trennen Sie anschließend die Verbindung zum Netzwerk, ändern Sie den Inhalt der Datei und speichern Sie diese. Stellen Sie anschließend die Netzwerkverbindung wieder her und starten Sie Ihren PC neu.
Wie hat sich der Inhalt der Datei auf dem Netzlaufwerk verändert?
Hinweise:
– Die Verwaltung der Offlinedateien finden Sie unter Systemsteuerung/*Alle Systemsteuerungselemente/Synchronisierungscenter/Offlinedateien verwalten*
– Sollte Ihnen nur ein einziger PC zur Verfügung stehen, so können Sie mit VirtualBox einen zweiten PC simulieren. Hierzu müssen Sie den virtuellen PC mit einer Netzwerkbrücke verbinden. Die zugehörige Option finden Sie unter *Ändern/Netzwerk/Angeschlossen an.*

b) Welchem aus diesem Kapitel bekannten Prinzip entspricht das in a) dokumentierte Verhalten bzw. die Funktionsweise von Offlinedateien unter Windows? Erklären Sie die Funktionsweise dieses Prinzips!

Aufgabe 6.5-2 Schattenserver und Netzwerkcomputer

a) Wie funktioniert ein Netzwerk mit Schattenserver (SS), und wie ein Netzwerk mit Netzwerk-Computern NC?
b) Was unterscheidet einen Client im SS-Netz von einem Client im NC-Netz funktionell, hardware- und softwaremäßig?
c) Welche Vorteile bietet die jeweilige Konfiguration?

6.6   Middleware und SOA

In vielen Firmen habt sich im Laufe der Jahre eine bunte Mischung aus diversen Rechnerfabrikaten und -formen, Anwendungen aus verschiedenen Programmiersprachen und Kommunikationsnormen und Netzkomponenten verschiedener Hersteller angesammelt und stellen ein massives Problem dar.

- Sie können nicht zusammenarbeiten, da sie unterschiedliche Schnittstellen haben: Datenformate, Befehle und Funktionen sind inkompatibel.
- Sie ergänzen sich nicht, da die Funktionalität nicht aufeinander abgestimmt ist meist Überschneidungen oder Lücken existieren.
- Sie können nicht einfach weggeworfen werden, da meist die Alltagsarbeit darauf beruht.
- Sie sind schwer wartbar, da kaum Dokumentation oder Quelltexte existieren.

Dies ist in Abb. 6.31 visualisiert. Was kann man tun, um dieses kostspielige Chaos zu beseitigen?

Eine mögliche Lösung für eine IT-Konsolidierung liegt auf der Hand und wird gern von Herstellerfirmen propagiert: Alles aus einer Hand. Diese Lösung ist möglich, wenn man ganz neu anfängt, aber bei einer Firma, die im laufenden Betrieb „das Rad wechseln" muss, schafft eine solche Monokultur neue Probleme: Neben der gefährlich starken Abhängigkeit von einem einzigen Hersteller und seiner Modell- und Lizenzpolitik ist eine solche „Rundumerneuerung" auch nicht konfliktfrei, ist teuer und dauert lange, meist zu lange.

Abb. 6.31 Heterogenität als Problem

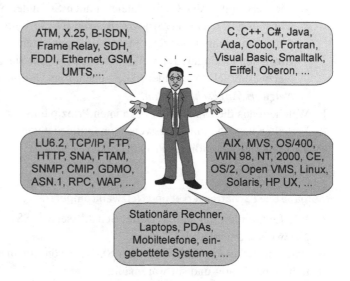

6.6.1 Transparenz durch Middleware

Es gibt aber noch eine zweite Lösung: Statt einheitlichen Komponenten fordert man nur ein reibungsloses Zusammenspiel, die **Interoperabilität**, der Komponenten. Trotz unterschiedlicher Hardware, unterschiedlicher Betriebssysteme, unterschiedlicher Kommunikationsprotokolle und unterschiedlicher Programmiersprachen kann durch Einbau einer Vermittlungsschicht, der sog. Middleware, zwischen Anwendung und Ziel ein Zusammenwirken erreicht werden. In Abb. 6.32 ist dies am Beispiel von kommunizierenden Applikationen visualisiert, die unterschiedlich auf verschiedene Datenbanken zugreifen wollen.

Rein technisch gesehen hilft hier wieder unser Schichtenmodell mit seinen virtuellen Maschinen: Die Middleware verhält sich für jede der mögliche Anforderungen wie die gewünschte Datenbank und das gewünschte Protokoll, siehe Abb. 6.33.

Die Anwendung muss auf keine Transportprotokolle oder andere Dinge Rücksicht nehmen; alle notwendigen Einstellungen werden in der Middleware vorgenommen. Umgekehrt sieht die Datenbank dadurch nur noch Standardapplikationen; alle abweichenden Zugriffsarten

Abb. 6.32 Middleware als Vermittlungsschicht

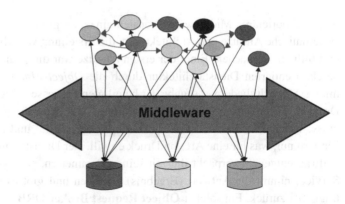

Abb. 6.33 Schichtung der Middleware

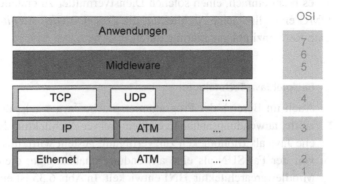

Abb. 6.34 Beispiel Middleware: SAP/R3 3-tiers
Architektur

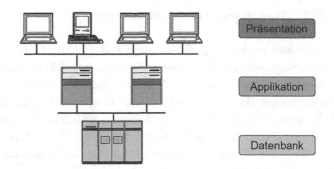

und – protokolle werden von der Middleware verdeckt. In Abb. 6.34 ist die dreigegliederte
Architektur von SAP/R3 gezeigt, bei der Applikationen die Aufgabe übernommen haben,
zwischen Präsentationsprogrammen und den dazu nötigen Daten zu vermitteln.

6.6.2   Vermittelnde Dienste

Neben proprietären Middleware-Diensten einzelner großer Herstellerfirmen gibt es auch
systematische Ansätze und Architekturen, die Erstellung von Middleware zu vereinfachen
und billiger zu machen. Einer der ersten Ansätze war die Konzeption einer allgemeinen,
objektorientierten Dienstarchitektur durch die *Object Management Group* OMG 1989
mit ca. 800 Mitgliedern. Aufgabe der beteiligten Prozesse sollte es sein, alle Anfragen an
Drucker, Datenbanken usw. so zu vermitteln, dass der anfragende Prozess nicht wissen
muss, welcher Drucker im Pool noch Kapazität frei hat und ausreichend Toner besitzt,
sondern nur, was für eine Art von Druck er will. Der Dienstvermittler (Broker) nimmt den
Auftrag entgegen, verpackt ihn mit seinen Parametern, schickt ihn an den betreffenden
Service, nimmt die Antwort (Ergebnis) entgegen und gibt es an den betreffenden Auftraggeber zurück. Ein solcher **Object Request Broker** ORB ist sehr praktisch; allerdings
ist es nicht einfach, einen solchen Dienstvermittler zu erstellen. Deshalb konzipierte das
OMG eine allgemeine Architektur, die *Common ORB Architecture* **CORBA**, und führte
eine Referenzimplementierung durch.

Beispiel Java-Technologie

Auch im Bereich der Programmiersprache Java wuchs die Erkenntnis, das die dedizierte, anwendungsabhängige Client-Server-Architektur, die für die Programmiersprache Java als Bibliotheken zur Verfügung gestellt wird, nicht ausreicht. Deshalb wurde
von der Fa. SUN als eine anwendungsunabhängige, dienstvermittelnde Schicht die
Middlewarearchitektur **JINI** entwickelt. In Abb. 6.35 ist ein Überblick gezeigt.

Jini ist eigentlich eine Menge von Schnittstellen (API), die die Java2-Plattform für
verteilte Programmierung erweitert. Als Abstraktionsschicht ermöglicht sie dynamische

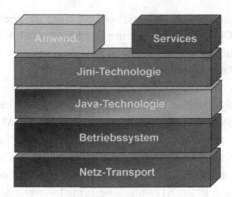

Abb. 6.35 Architekturschichten von Jini

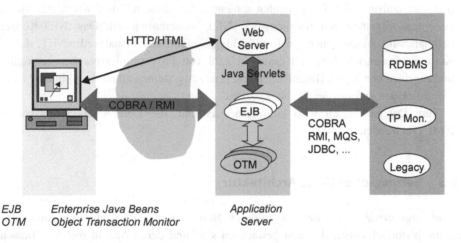

| EJB | Enterprise Java Beans | Application |
| OTM | Object Transaction Monitor | Server |

Abb. 6.36 Thin clients/Thick server durch Middleware

Systeme mit wechselnder Anzahl von Servern und Clients, die über den *naming*-Service sich registrieren, suchen und finden, und auch wieder entfernen können. Die Architektur baut auf RMI zur Kommunikation auf.

Als Anwendungsbeispiel ist in Abb. 6.36 ein *Thin client-Thick Server* Modell gezeigt, das die verschiedenen vorgestellten Techniken einsetzt, um datenbankbasierte Anwendungen in Middlewaretechnik zu realisieren.

Beispiel Windows NT

Unabhängig davon konzipierte Microsoft ein System zur Kopplung verschiedener Anwendungen, das Common Object Model **COM**. Es definiert einen binären, proprietären, aber sprachunabhängigen Standard für den Zugriff auf Objekte durch eine Tabelle von verfügbaren Funktionen (Methoden) eines Objekts. Allerdings stellte sich

bald heraus, dass in Netzen weitere Funktionalität nötig ist. Dies führte zur Entwicklung von Distributed COM **DCOM**, das mit der Microsoft Interface Definition Language MIDL programmiert werden muss und im Gegensatz zu CORBA nur *Remote
Procedure Calls* zur Datenübermittlung im Netz benutzt.

Für die Anwendung von DCOM bei Datenbanken ist aber noch die Unterstützung
von Transaktionen nötig. Deshalb integrierte Microsoft einen Transaction Server MTS
in das COM/DCOM-System. Diese Middleware, genannt **COM+**, nimmt dabei noch
zusätzliche Aufgaben wie Cachefunktionen der Datenbank, Lastbalancierung zwischen den Objekt-Servern und Unterstützung asynchroner Aufrufe (*Queued Compo-
nents*). Portierungen von DCOM auf andere, nicht-Windowsbasierte Systeme (etwa auf
Solaris und OS/390 durch EntireX) ermöglichen eine Interoperabilität auch zu anderen
Betriebssystemen und Rechnern.

Das COM+-Modell ist noch stark von den verwendeten Sprachen und Kommunikationsmechanismen der Komponenten abhängig. Aus diesem Grund wurde das Modell
zu einem allgemeineren Rahmenwerk **.NET** weiterentwickelt. Das .NET-Konzept
beinhaltet im Wesentlichen ein Entwicklungssystem, das VisualStudio.NET, das die
Komponentenentwicklung mit einer Vielzahl von Programmiersprachen ermöglicht
und die dazu benötigten Bibliotheken und Laufzeitsysteme enthält. In Abb. 6.37 ist ein
Überblick der Architekturschichten gezeigt.

Zum Datenaustausch wird ein offenes Format, die Datenbeschreibungssprache
XML, verwendet.

6.6.3 Service-orientierte Architektur

Wie anfangs erwähnt, existiert in größeren Betrieben eine Vielzahl von Anwendungen, die historisch entstanden und gewachsen sind und deren Anzahl mehrere Tausend

Abb. 6.37 Gesamtschichtung
der .NET-Architektur

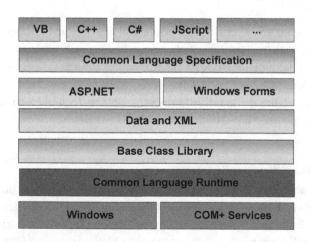

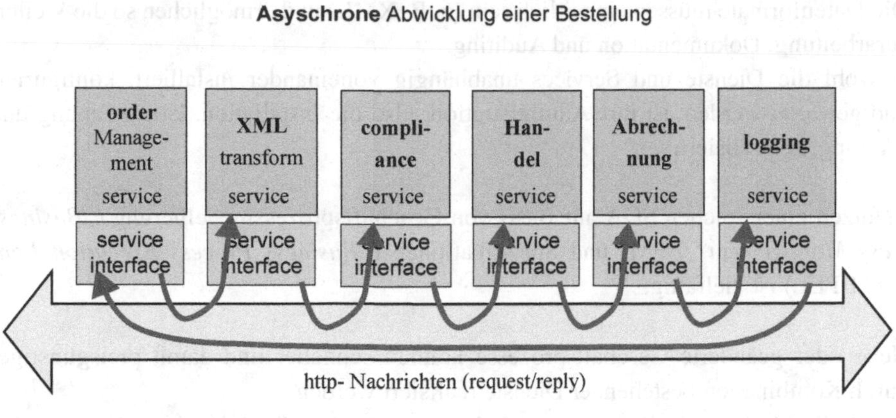

Asychrone Abwicklung einer Bestellung

Abb. 6.38 Ablauf einer Bestellung durch *enterprise service bus* (IBM)

umfassen können. Diese unterschiedlichen Komponenten haben Probleme beim Zusammenspiel, hohe Kosten bei Wartung und massive Problem bei notwendigen Änderungen und Neukonfigurationen.

Im vorigen Abschnitt sahen wir, dass die Konzeption einer Middleware hier neue Möglichkeiten bietet. Dieses Konzept kann man nun verallgemeinern: alle alten Applikationen werden durch eine Zwischenschicht gekapselt und neu zusammengeführt. Die Idee besteht darin, alle alten Applikationen über Zusatzteile auf einheitliche Schnittstellen zu bringen und sie in ein gemeinsames Rahmenwerk einzubinden. Hier wird das bewährte Konzept, unabhängige Softwaremodule flexibel über eine gemeinsame Schnittstellendefinition zusammenzuschalten, neu belebt und als „Service-orientierte Architektur" (SOA) in Betriebe eingeführt.

Im Wesentlichen besteht es aus einer gemeinsamen Schnittstelle (z. B. „Enterprise Service Bus" ESB, s. Keen 2004) sowie einigen mehr oder weniger genormten Regeln, wie die Servicedienste (Module) miteinander kommunizieren sollen (Krafzig 2004; Woods 2004). In Abb. 6.38 ist dies am Beispiel eines Bestellungsablaufs visualisiert.

Entscheidend für den Erfolg einer SOA-Architektur ist allerdings ein systematisches Vorgehen bei der Aufgabenverteilung unter den Diensten. Dazu muss zuerst ein Geschäftsmodell (Ablauf und Interaktion von Geschäftsprozessen) formuliert werden, deren fachliche Programmteile dann in modularisierter Form als SOA umgesetzt werden. Typisch und erforderlich für die Servicedienste ist eine Informationskapselung durch die Schnittstellendefinitionen, wie sie für abstrakte Datentypen üblich ist:

- Die Dienste implementieren bei fest definierten Funktionszusicherungen bestimmte Leistungen, ohne dabei anzugeben, auf welche Art dies geschieht.
- Ihr Aufruf wird durch einen für alle Module einheitlichen, losen (d. h. nachrichtenbasierten) Kommunikationsmechanismus (SOA-Protokoll SOAP) sichergestellt.

- Die Datenformate müssen einheitlich sein (z. B. XML) und ermöglichen so die Weiterverarbeitung, Dokumentation und Auditing.
- Obwohl die Dienste und Services unabhängig voneinander installiert, konfiguriert und gewartet werden, ist ihre Administration, also die Installation, Überwachung und Wartung, zentralisiert.

Der Nutzen einer solchen SOA auf Basis von Geschäftsprozessmodellierung („*Business Process Management*" BPM) und Spezifikationen („*Business Process Execution Language*" BPEL) ist vielfältig:

- Neue oder geänderte Geschäftsprozesse können schneller und damit preisgünstiger durch Kombination bestehender Dienste realisiert werden.
- Durch die Modularisierung, klare Aufgabentrennung und Funktionskapselung werden die Systeme beherrschbarer und leichter wartbar.
- Damit ist auch eine Auslagerung unwirtschaftlicher Teile an Fremdanbieter (*outsourcing*) wird durch die Modularisierung leichter möglich.
- Bewährte, ältere Systeme können weiter genutzt werden, ohne Neuentwicklungen zu blockieren oder sie mit Kompatibilitätsforderungen zu belasten (Investitionsschutz). Die älteren Einzeldienste können dann Stück für Stück durch moderne Versionen (z. B. Hardware-Software-Kombinationen) ersetzt werden.

Beispiel

Ein typisches Beispiel einer SOA ist die Nutzung Web-basierten Dienste über einen Browser (Web-orientierte Architektur WOA) [Erl04]. Die durch die Anfragen über das zustandslose Client-Server-Protokoll *http* beauftragten Dienste nutzen dann gemeinsame Standards für Kommunikation (http), Darstellung (z. B. Xhtml), Datenrepräsentation (z. B. XML), Sprachen (*Asynchronous Javascript and* XML: Ajax) und externe Dienste. Dies zielt allerdings eher auf die gemeinsame Darstellung verschiedener Datenquellen auf dem Bildschirm ab, weniger auf eine verzahnte SOA-Funktionalität, wie sie mit Hilfe von CORBA innerhalb einer Firma implementiert werden kann.

Beispiele für WOA sind *NetWeaver* von SAP, *WebSphere* von IBM oder *.NET* von Microsoft.

6.6.4 Aufgaben zu Middleware

Aufgabe 6.6-1 Middleware

a) Angenommen, Sie haben 100 verschiedene Programme, die über ein Netzwerk auf einer von fünf verschiedenen Datenbanken arbeiten. Dabei wird jeweils eine bestimmte Netzwerkfunktionalität (Protokoll) von zwei möglichen vorausgesetzt. Wie viele Programmversionen können Sie abdecken, wenn Sie dafür eine Middleware einführen und wie viele Versionen müssen damit nicht neu programmiert werden?

b) Was sind die Unterschiede und die Gemeinsamkeiten von einem RPC-Aufruf und einer CORBA-Anfrage?

Literatur

CODA: siehe http://www.coda.cs.cmu.edu im World Wide Web (1999)

Levy E., Silberschatz A.: Distributed File Systems: Concepts and Examples. ACM Computing Surveys 22(4), 322–374 (1990)

Satyanarayanan M., Kistler J.J., Kumar P., Okasaki M.E., Siegel E.H., Steere D.C.: Coda: A Highly Available File System for a Distributed Workstation Environment. IEEE Trans. On Computers 39(4), 1990

Sinha A.: Network Programming in Windows NT. Addison-Wesley, Reading, MA 1996

Sun: siehe http://java.sun.com im World Wide Web (1997)

Keen,M. et al.: Patterns: Implementing an SOA Using an Enterprise Service Bus, IBM Redbooks, s. http://www.redbooks.ibm.com/redbooks/pdfs/sg246346.pdf 2004

Krafzig D., Banke K., Slama D.: Enterprise SOA: Service-Oriented Architecture Best Practices. The Coad Series, Prentice Hall PTR 2004

Woods D.: Enterprise Services Architecture. Galileo Press, Bonn 2004

Sicherheit

7

Inhaltsverzeichnis

© Springer-Verlag GmbH Deutschland 2017
R. Brause, *Betriebssysteme*,
DOI 10.1007/978-3-662-54100-5_7

Sicherheitsfragen in Computersystemen sind keine technischen Probleme, sondern menschliche Probleme. Ein Computer funktioniert auch ohne Sicherheitseinrichtungen technisch einwandfrei. Besonders aber wenn ein Computer nicht mehr isoliert, mit wenigen, vertrauten Benutzern betrieben, sondern in ein Netz mit vielen, unbekannten Benutzern eingegliedert wird, tauchen Sicherheitsprobleme auf. Eines der wichtigsten Aufgaben eines Systemadministrators besteht darin, diese Probleme zu erkennen und Zeit und Geld dafür aufzuwenden, um sie zu beheben oder mindestens entsprechende Maßnahmen dafür zu ergreifen. Viele der notwendigen Vorkehrungen betreffen die Sicherheitsmechanismen des Betriebssystems. Aus diesem Grund werden wir in diesem Abschnitt näher auf die möglichen Gefahren und Gegenmaßnahmen eingehen.

7.1 Vorgeschichte

Nachdem im November 1988 ein sich selbst replizierendes Programm einen Großteil aller ans Internet angeschlossenen UNIX-Computer an der Carnegie-Mellon-Universität (USA) infiziert und lahmgelegt hatte, wurde dort das *Computer Emergency Response Team* CERT gegründet, das systematisch versucht, Sicherheitslücken in Computersystemen zu entdecken, zu dokumentieren und zu beseitigen. Für 1996 rechnete das CERT mit ca. 4000 erfolgreichen Einbruchsversuchen durch ca. 30.000–40.000 Angreifer (*Hacker*), die immer neue Sicherheitslücken in den Systemen entdecken oder die bekannten schneller ausnutzen, als die Systemadministratoren sie beseitigen können (oder wollen). Obwohl inzwischen „der moderne Dieb mit seinem Computer mehr stehlen kann als mit vorgehaltener Waffe" (*National Research Councel*) und „der Terrorist von morgen keine Bomben mehr legt, sondern nur eine Taste drückt und damit viel mehr Schaden anrichtet" (Wissenschaftsrat des US-Kongresses), wird bisher wenig getan, um sichere Rechnersysteme zu konstruieren.

Im Zusammenhang damit ist es interessant zu wissen, dass auch das US-Verteidigungsministerium (Pentagon) Arbeitsgruppen betreibt, die Kriegführung durch maximale Schädigung feindlicher Computersysteme vorbereiten. Dies schließt nicht nur den Einbruch in Computer über eine Netzwerkverbindung und das Manipulieren oder Löschen wichtiger Dateien ein, sondern auch den gezielten Hardwaredefekt von Computern am Netz. Man kann beispielsweise durch wiederholtes Ausführen bestimmter Instruktionen bestimmte Teile eines Mikroprozessors, die dafür nicht ausgelegt sind, überhitzen und damit den Prozessor generell schädigen.

Voraussetzung für die Angriffe auf Computersysteme über das Netzwerk ist das Eindringen von Daten in einen Computer über das Netz. Dies kann auf unterschiedlichen Wegen geschehen.

7.2 Passworte

Eine der naheliegenden Möglichkeiten, über ein Netz einzudringen, ist die Computerbenutzung (*„Einloggen"*) über das Netz, beispielsweise mit einem Programm wie `Telnet`.

Das Problem, die Zugangskontrolle über ein Schlüsselwort (*Passwort*) zu umgehen, wird von den Einbrechern auf verschiedene Weise gelöst:

7.2.1 Passwort erfragen

Ein in der Effizienz bisher unerreichte Angriffsart vermag auch gut geschützte Systeme zu durchdringen: Der logistische Angriff. Hierbei ruft der potentielle Einbrecher einfach telefonisch bei einem Mitarbeiter an, gibt sich als Mitarbeiter des Rechenzentrums aus und fragt „aus Kontrollgründen" das Passwort ab. Viele Menschen fallen leider darauf herein. Auch die elektronische Version mittels Email hat Erfolge: So genannte *Phishing*-Mails („Fishing" ausgesprochen) täuschen eine seriöse Herkunft vor – meist von Banken, Kreditkarteninstituten, Online-Auktionshäusern- und Bezahldiensten – und fordern den Empfänger zur Eingabe persönlicher Daten, Passwörter, Kreditkartennummern und PIN-Codes auf. Dazu wird der Anwender entweder auf eine präparierte Webseite geleitet oder ein entsprechendes HTML-Formular in der Mail nimmt die Daten auf. Es ist klar, dass die eingegebenen Daten „zum Datenabgleich" nicht bei der Bank, sondern beim Betrüger landen.

7.2.2 Passwort erraten

Einer der typischen Fehler besteht darin, die Standardpasswörter der Herstellerfirma des Betriebssystems für Systemadministration, Service usw. nach Inbetriebnahme des Rechners nicht zu ändern, beispielsweise, weil vergessen wurde, das entsprechende Manual zu lesen. Sind die Standardpasswörter bekannt, so ist es kein Problem, von außen in ein System zu kommen.

Ein weiterer, oft begangener Fehler legaler Benutzer besteht darin, nur normale Worte (Vornamen, Bäume, Tiere, Städte, Länder usw.) zu verwenden. Ist die Datei der verschlüsselten Passwörter frei lesbar (wie in UNIX-Systemen unter */etc/passwd*), so kann ein harmloser Besucher wie *guest* (der häufig vorhandene Name für unbekannte Besucher) die Datei kopieren und mit dem Verschlüsselungsmechanismus alle Einträge eines Lexikons (bei 250.000 Einträgen und 1 ms pro Eintrag dauert dies nur 4 Minuten!) verschlüsseln und mit den Einträgen der Passwortdatei vergleichen – meist sind ein oder mehrere Benutzer dabei, die so einfache Passwörter haben, dass sie im Lexikon stehen.

Auch der Name, die Zimmer- oder Telefonnummer sind als Passwörter leicht zu erraten; über das Netz werden diese Daten von den Programmen *finger* und *who* geliefert.

Gegenmittel wie aufgezwungene Passwörter (z. B. Zufallszahlen) helfen auch nicht: Die Benutzer vergessen sie oder schreiben sie auf am Terminal befestigte Zettel, deutlich sichtbar für jeden zufällig Vorbeikommenden. Auch der regelmäßig erzwungene Wechsel des Passwortes hilft nicht: Benutzer wehren sich dagegen, neue Passwörter zu lernen und überlisten das System, um die alten zu verwenden.

Eine Möglichkeit, zu simple Passwörter zu verhindern, besteht darin, gleich bei der Eingabe das neue Passworts daraufhin zu prüfen, ob es leicht zu erraten ist.

7.2.3 Passwort abhören

Hat ein Eindringling Kontrolle über einen Übermittlungsrechner des Netzwerks gewonnen, so kann er den Nachrichtenverkehr, beispielsweise eines legalen Benutzers beim Einloggen, mitverfolgen und aufzeichnen. Damit kann er sich später selbst einloggen, selbst wenn das Passwort vom Benutzer vorher verschlüsselt wurde.

Abhilfe schafft hier nur entweder ein zeitabhängiges, verschlüsseltes Passwort des Benutzers (z. B. wenn der Benutzer sich über einen Satellitenrechner in den Netzwerkcomputer einloggt) oder ein Sicherheitsprotokoll, das zwischen den Computer (bzw. der „intelligenten" Zugangskarte) des Benutzers und den Netzwerkcomputer geschaltet wird und dessen Parameter (und damit die Protokolldaten) ständig wechseln.

7.3   Trojanische Pferde

Aus der griechischen Sage wissen wir, dass die Stadt Troja nicht durch Überwindung ihrer starken Mauern eingenommen wurde, sondern dadurch, dass die Einwohner ein vermeintlich harmloses, großes hölzernes Pferd in ihre Stadt rollten. Die im Innern verborgenen Angreifer bemerkten die Trojaner nicht, und wurden so in der Nacht innerhalb ihrer starken Mauern im Schlaf überrascht.

Genau dieser Strategie, bekannt als „Trojanisches Pferd", bedienen sich verschiedene Eindringlinge, um in ein System zu kommen. Dazu werden Lücken in normalen Diensten, die im Netz existieren, benutzt, um eigene Programme in einen Computer zu schmuggeln. Typische Lücken gibt es beispielsweise bei folgenden Diensten:

- *E-mail-Programme*
  Eine Botschaft eines unbekannten Absenders kann alles mögliche enthalten – beispielsweise auch nicht druckbare Zeichen (Escape-Sequenzen), die beim Auflisten des Textes der Botschaft nicht ausgedruckt werden, sondern das Terminal dazu veranlassen, unter einer Funktionstaste Befehle zu speichern.
  Passiert dies dem Systemadministrator (*super user*) eines UNIX-Systems, so werden beim nächsten Betätigen der Funktionstaste die Befehle abgeschickt mit der Befehlsgewalt des *super users*. Löscht der letzte Befehl das Zeilenecho und die Belegung der Funktionstaste, so bemerkt der *super user* nichts von seiner unfreiwillig gegebenen Anweisung, beispielsweise bestimmte Zugriffsrechte auf bestimmte Dateien zu verändern, so dass der Eindringling sie später ungehindert als Gast manipulieren kann.
  Eine Gegenmaßnahme dafür besteht darin, in *E-mail*-Daten prinzipiell alle nicht druckbare Zeichen auszufiltern.

- *World-Wide-Web-Dienste*

  Die Browser des Hypertextsystems WWW benutzen meist verschiedene Hilfsprogramme, um besondere Dienste auszuführen. Beispiele dafür sind Bild- und Tondisplayprogramme für verschiedene Dateiformate. Ist etwa eine Postscriptdatei im Netz vorhanden und der Benutzer möchte sie ansehen, so wird die Datei übers Netz geladen und einem speziellen Programm, meist *ghostview*, übergeben, das die darin enthaltenen Texte und Bilder auf dem Bildschirm darstellt. Leider ist aber Postscript nicht nur eine Seitenbeschreibungssprache, sondern auch eine Programmiersprache und kann ausführbare Programme enthalten, die von *ghostview* im Namen des Benutzers ohne dessen Wissen sofort ausgeführt werden. Diese Eigenschaft kann man bei der Konfiguration abstellen, wenn das Wissen um die Gefahr vorhanden ist und der Administrator die Dokumentation gut gelesen hat ...

  Eine andere Möglichkeit des Eindringens bietet die Active-X-Technologie der Fa. Microsoft: Die Objekte, die über das Netz geladen werden und Code enthalten, haben die Rechte des ausführenden Programms und damit prinzipiell Zugriff auf den gesamten Rechner. Dies kann dazu führen, dass unbemerkt nach Besuch einer Webseite Spionageprogramme auf dem Rechner installiert werden, die Passworte, Bankzugangsdaten u. ä. protokollieren und an Kriminelle weiterleiten.

- *FTP file transfer-Dienste*

  Auf jedem vernetzten Rechner existiert i. d. R. ein Dateitransferdienst *ftp*, der von außen aufgerufen werden kann. Dies kann als Einstiegspunkt genommen werden. Der ftp-Prozess auf einem Rechner hat normalerweise nur sehr wenig Rechte. Sind diese aber falsch konfiguriert oder die Zugriffsrechte für Dateien von anderen Benutzern falsch gesetzt, so kann der Angreifer von außen manipulierte Dateien, beispielsweise eine Passwortdatei, in einen Computer kopieren und so den Angriff von außen vorbereiten.

  Aus diesem Grund sollte der ftp-Prozess praktisch keinerlei Zugriffsrechte haben und seine Aktionsmöglichkeiten sollten auf einen kleinen, genau festgelegten Dateibaum begrenzt werden.

- *Dateien aus dem Internet*

  Leider sind es nicht nur die kostenlosen Spielprogramme aus dem Internet, die Trojanische Pferde enthalten, sondern auch „normale" Dateien, die ausführbar sein können. Hierzu zählen alle Textdateien mit Makros (z. B. .doc oder. docx vom MS-Word), oder zur Ausführung bestimmte Dateien, etwa die MS Office-Dateiarten mit den Extensionen .ade, .adp, .mde, .vbe, .vbs, oder die Windows Systemdateien mit .wsf, .wsh, .scr, .sct, .reg, .pcd, .jse, .hta, .crt. Sie sollten alle nicht automatisch ausgeführt werden, sondern bei Ausführung nur einen Editor öffnen.

7.4 Der *buffer overflow*-Angriff

Einer der ältesten und bisher durch die Jahre erfolgreichster Angriffsmechanismus ist das Erzeugen eines *buffer overflow*. Hierbei wird beim Aufruf eines Programms über das

Netzwerk ein Argument (Zeichenkette) übergeben, das viel zu groß ist für den Zeichen-
puffer des Programms. Ein Beispiel dafür ist der Aufruf einer CGI-Funktion (Funktion
auf einem Webserver, die von jedem, der die Webseite im Internet besucht, angesprochen
werden kann) oder die Eingabe bei einem Datenbankrecherche-Programm. Um zu verstehen, wieso man mit einer harmlosen Eingabe einen Rechner direkt übernehmen kann,
müssen wir nur uns die typischen Programmiermechanismen vergegenwärtigen. Beim
Einlesen einer Zeichenkette landet sie meist früher oder später auf dem Stack, entweder
weil die Stringvariable dynamisch und nicht statisch ist, oder weil der Eingabestring als
Argument einer Funktion übergeben wird. In beiden Fällen wird beim Kopieren der Eingabepuffer eine *string copy*-Prozedur `strcpy(Quelle, Ziel)` verwendet, die die gesamte
Eingabekette kopiert, egal, wie lang sie ist. Auf dem Stack wird üblicherweise ein Stan-
dardplatz (ca. 80 Zeichen) pro String reserviert. Ist die Zeichenkette länger, so werden
alle anderen Daten auf dem Stack ebenfalls überschrieben, etwa die Rückkehradresse der
Kopierprozedur. Sind die überschreibenden Bytes vom Angreifer so gewählt worden, dass
sie den Maschinencode eines Angriffsprogramms repräsentieren, so wird statt beim Rücksprung nicht die korrekte Rücksprungadresse vom Stack gelesen, sondern die Gefälschte,
die hinein in das Angriffsprogramm führt. Statt des Systemprogramms wird nun das
Angriffsprogramm, ausgestattet mit den Rechten des Systemprogramms, ausgeführt.

Wie kann man sich vor solchen Angriffen schützen? Der wirkungsvollste Versuch ist
sicherlich, auf Betriebssystemebene das Stacksegment für ausführenden Code zu sperren,
also die Prozessrechte für das Stacksegment auf Lesen und Schreiben zu beschränken.
Da inzwischen diese Angriffsart auch auf das Heap (Daten) -Segment ausgedehnt wird,
sollte nur noch das reine Programmcodesegment Ausführungsrechte erhalten, wobei das
Setzen reiner Lese- und Ausführungsrechte auf dem Programmsegment das Ändern und
Überschreiben verhindert.

Versucht man, auf Programmierebene den Pufferüberlauf zu verhindern, so kommt
hier zuerst die Benutzung von Programmiersprachen in Frage, die den Index bei Feldern
ständig überprüfen und bei Überlauf einen Fehler melden, etwa die Sprache Java. Möchte
man C verwenden, so lassen sich spezielle Funktionen benutzen, etwa der Gebrauch von
`strncpy()` anstelle von `strcpy()`, bei der das Ziel des Kopierens der Zeichenkette vor
Gebrauch überprüft wird. Bei reinen Binärversionen kann man noch zwischen Programm
und Bibliothek eine Zwischenschicht schalten, die die Argumentüberprüfung übernimmt.

7.5   Viren

Ein anderer Ansatz besteht darin, den Angriff gegen das System nicht per Hand auszuführen, sondern als Programm ablaufen zu lassen. Ist darin noch zusätzlich eine Möglichkeit
zum Kopieren (Vervielfältigen) des Einbruchprogramms enthalten, so kann sich dieses
Programm wie eine Infektion von Computer zu Computer weiterverbreiten. Allerdings
benötigt es dazu meist andere Programme (z. B. Netzwerk- oder Systemprogramme) als
Überträger, so dass diese Art von Programmen **Viren** genannt werden.

Es gibt verschiedene Arten von Viren. Beherrschten früher noch Viren das Feld, die auf Wechselmedien (Floppy-Disk, USB-Sticks) vorhanden waren und beim Starten (*booten*) des Systems oder bei der automatischen Ausführung des Startprogramms auf dem USB-Stick aktiviert wurden, so kommt die heutzutage auf Windows und Unix-Systemen am meisten verbreitete Form von Viren aus dem Internet durch Anklicken eines *email*-Anhangs oder eines Internet-Links. Der Virus siedelt sich dabei in den ausführbaren Dateien der Benutzer an. Dazu fügt der Virus einen zusätzlichen Codeteil an das Programmende an, der eine Viruskopie enthält. In Abb. 7.1 ist das Prinzip gezeigt.

Der Virus klinkt sich so in die Startsequenz ein, dass er zuerst ausgeführt wird, sein dunkles Tagewerk vollbringt und erst danach die Kontrolle an das Originalprogramm weitergibt. Das läuft ab, ohne dass der Benutzer dabei etwas von den anderen Dingen ahnt, die er mit der Aktivierung des Programms verursacht hat. Infiziert der Virus nur langsam und unregelmäßig das Dateisystem, so kann man sicher sein, dass keiner etwas davon bemerkt. Näheres darüber ist in (Spafford et al. 1990) zu finden.

Da Anti-Virenprogramme die Viren durch typische Befehlssequenzen am Programmende erkennen, gibt es mittlerweile Viren, die ihren Code nicht mehr direkt an die Programme anhängen, sondern nur aus dem verschlüsselten Viruscode sowie einer Entschlüsselungsprozedur bestehen. Erst zur Laufzeit wird der Code zu dem eigentlichen Programm expandiert und ausgeführt. Da auch diese Spielart an typischen (codierten) Befehlssequenzen erkannt werden können, versuchen die polymorphen Viren durch dauernde Mutation des Schlüssels ihren Befehlscode zu bei jeder Infektion zu verändern.

Die dritte Art von Viren besteht aus Prozeduren, die einem Objekt beigefügt werden, ohne dass der Benutzer dies merkt. Ein typisches Beispiel dafür sind Textdateien, die mit entsprechenden benutzerdefinierten Funktionen zusammen abgespeichert werden, beispielsweise die in einer hardwareunabhängigen Hochsprache (Makrosprache) geschriebenen Funktionen für den Microsoft-Word-Editor. Bezieht man eine Word-Datei von einem fremden Rechner, so kann ein in der Makrosprache geschriebener Virus darin enthalten sein (**Makrovirus**), der im Dokument nicht als Text sichtbar ist. Im Unterschied zu einem herkömmlichen Virus wird er nicht direkt mit dem Wirtsprogramm gestartet, sondern erst beim Laden der Daten. Durch seine Unabhängigkeit von der Betriebssystem- und Compilerumgebung ist ein Makrovirus extrem portabel und ansteckend. Unbekannte Textdateien sollten also zuerst mit einem Virenscanner auf unbekannte Funktionen (Makros) abgesucht und dann erst geladen werden.

Abb. 7.1 Die Infektion eines Programms

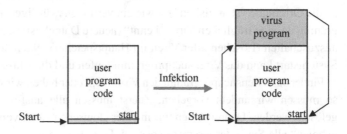

Ein wichtiger Schutz ist deshalb die Typisierung von Dateien und die Registrierung im Betriebssystem, welche Programme auf welchen Typ mit welchen Rechten zugreifen dürfen. Ist beispielsweise registriert, dass ausführbare Dateien nur vom Linker erzeugt werden können, so kann ein Virus nicht Programme beschreiben und damit sich nicht in andere Programme einschleusen.

Leider ist die Ausdehnung dieser Systematik auf die Makros ausführenden Programme wie Word oder Excel nicht möglich, da die Ausführungseigenschaften vom Makros nirgendwo spezifiziert werden und deshalb auch nicht beachtet werden können. Hier besteht Verbesserungsbedarf.

7.5.1   Wie kann man einen eingeschleppten Virus entdecken?

Wie entdeckt man, dass ein Virus sich im System angesiedelt hat? Eine Möglichkeit ist, von allen ausführbaren Dateien die Quersumme (Prüfsumme) zu bilden und sie in extra Dateien abzuspeichern. Ist das Format dieser Prüfsummendatei geheim, so kann der Virus sie nicht fälschen, und eine regelmäßige Überprüfung der Quersummen kann zur Entdeckung führen.

Eine andere Idee besteht darin, eine genau definierte Testdatei (Lockvogel) zu installieren und regelmäßig zu überprüfen. Ist sie vom Virus verändert worden, so kann man damit nicht nur die Anwesenheit des Virus feststellen, sondern auch den Code extrahieren und den Virus im ganzen Rechnersystem gezielt suchen und löschen.

Ein dritter Test besteht darin, den Datenstrom ins Netz durch eine *firewall* laufend zu überwachen. Meist versuchen Viren, mit einem unbekannten Server Kontakt aufzunehmen. Muss jede neue Verbindung vom Benutzer genehmigt werden, so kann das auffallen. Nachteilig ist bei diesem Konzept, dass der Benutzer laufend eingreifen und entscheiden muss. Dies kann leicht zum Überdruss und Abschalten der *firewall*-Funktion führen.

7.5.2   Was kann man dagegen tun, wenn man einen Virus im System entdeckt hat?

Das bewährte Mittel dazu heißt: Erst einmal Ruhe bewahren (*Don't panic*). Haben wir ein kleines System (z. B. einen PC), so ist die Strategie klar:

Gibt es auf einem separaten Datenträger eine saubere Kopie des Betriebssystemkerns (z. B. die Original-Systemdiskette) sowie ein vertrauenswürdiges und aktuelles Antivirusprogramm, das den fraglichen Virus „kennt" (neuere Datenbasis!), dann reicht es, den Rechner auszuschalten (Löschen aller Viren im Hauptspeicher). Nach dem Einschalten und einem Systemstart kann das Virensuchprogramm laufen und die Massenspeicher „reinigen".

Findet das Virensuchprogramm den Virus nicht oder haben wir gar kein solches Programm, so müssen wir anders vorgehen. Zuerst müssen alle ausführbaren Benutzerprogramme gelöscht werden. Dann müssen wir in einer „logischen Kette von vertrauenswürdigen Maßnahmen" alle Systemprogramme ersetzen. Dazu booten wir das System von einer sauberen

BS-Kopie (die wir hoffentlich noch haben) und installieren alle wichtigen Systemprogramme neu. Dabei verwenden wir nur die Originalprogramme der Systemdiskette. Dann werden alle weiteren Hilfsprogramme und Systeme erneut installiert (bzw. von den Originalmedien kopiert), bis alles wieder wie vorher war. Zum Schluss werden alle Benutzerprogramme erneut kompiliert.

Bei einem großen Computersystem (z. B. *main frames*) kann man aber leider nicht so vorgehen, da der Betrieb weiterlaufen soll. Hier hilft ein Scannerprogramm, das alle in Frage kommenden Dateien systematisch auf den Virus hin prüft und sie gegebenenfalls „reinigt". Allerdings ist der Erfolg eines solchen Ansatzes nicht garantiert: Ist das Reinigungsprogramm langsamer als der Virus oder ebenfalls infiziert, so ist dem kein Erfolg beschieden. Man kann zwar analog zu der biologischen Abwehr spezielle Antiviren schreiben („Antikörper"), aber ihr Erfolg und der Zeitpunkt, wann sie sich selbst abschalten und vernichten sollen, sind höchst unklar.

Das einzige und probate Mittel in einem solchen Fall (und bei anderen Störfällen!) ist und bleibt die logische Vertrauenskette. Man geht von einem ganz sicher funktionierenden Minimalsystem aus und erweitert es mit vertrauenswürdigen Schritten solange, bis das Gesamtsystem wieder vertrauenswürdig ist.

7.5.3 Aufgaben zu Viren

Aufgabe 7.5-1 Sicherheit

Ein beliebtes Mittel zum Abhören von Passwörtern besteht in einem Programm, das „login:" auf den Bildschirm schreibt. Jeder Benutzer, der sich an den Rechner setzt, wird seinen Namen und sein Passwort eintippen. Registriert dieses Programm die Daten, erscheint eine Meldung wie „Passwort falsch, bitte wiederholen Sie" oder ähnliches, und es beendet sich. So fällt es nicht einmal auf, dass hier ein Passwort gestohlen worden ist. Wie können Sie als Benutzer oder Administrator den Erfolg eines solchen Programms verhindern?

Aufgabe 7.5-2 Viren-was tun?

a) Angenommen, Sie bemerken einen Virus auf Ihrem PC. Unter welchen Umständen reicht es nicht aus, die Massenspeicher mit einem Virensuchprogramm zu „reinigen"?

b) Recherchieren Sie: Wie kann es sein, dass ein Virus in einem Server vorhanden ist, obwohl er weder im Hauptspeicher noch auf der Festplatte sich als Programm nachweisen lässt? Erklären Sie jede der Möglichkeiten ausführlich.

Aufgabe 7.5-3 Anti-Virenprogramme

a) Was sind die gängigen Strategien, die Antivirenprogramme zum Erkennen von Viren und Ähnlichem nutzen? Wie funktionieren diese und wann versagen sie?

b) Beurteilen Sie die Aussage „Je mehr verschiedene Antiviren Programme ich auf meinem Computer installiert habe, desto sicherer wird dieser."

7.6   Rootkits

Eine der größten Herausforderungen für die Erkennung und Beseitigung von Malware
sind in den letzten Jahren die sog. **Rootkits** geworden. Ihr Name rührt von den Administratorrechten (*root*-Rechten unter Unix) her, die diese Software benötigt, um sich zu
installieren. Ihr Zweck ist einfach: Sie soll verhindern, dass Malware (Viren, Würmer,
Trojaner, …) entdeckt und beseitigt werden. Sie bildet also so eine Art Schutzprogramm
für alle „bösen" Programme. Die Art und Weise, wie Rootkits dies tun, greift tief in die
Funktionen der Betriebssysteme ein und ist deshalb für uns sehr interessant. Die Grundidee dabei ist relativ einfach: Fange alle Aufrufe ab, die Dateien, Ordner oder Prozesse
auflisten können und manipuliere sie so, dass die „bösen" Dateien, Ordner, Prozesse und
Netzwerkverbindungen ausgeblendet werden getreu nach dem Motto: Was nicht gesehen
wird, kann auch nicht vernichtet werden.

Die Rootkit-Angriffe kann man in zwei verschiedene Kategorien einteilen, entsprechend der Art und Weise, sich im Betriebssystem einzuklinken: die *user mode*-Rootkits
und die *kernel mode*-Rootkits.

7.6.1   User mode-Rootkits

Die Grundidee bei diesem Angriff besteht darin, alle Anfragen eines Programmes für
Dateien, Ordner und Prozesse über die eigenen Prozeduren umzulenken und dabei zu zen-
sieren. Dazu wird beim *dll import hooking* beim dem Systemprogramm die Einträge in der
Import-Tabelle der benutzten Prozeduren umgebogen auf die manipulierten Prozeduren
des Rootkits. Beispielsweise wird in Windows NT beim Anzeigen von Ordnerinhalten die
Methode „FindFirstFile" benutzt. Wird der Zeiger zu der User-API-Bibliothek „Kernel32.
dll" umgebogen auf das Rootkit, so werden alle Anfragen vom Rootkit untersucht, bevor
sie an Kernel32.dll weitergeleitet werden. In Abb. 7.2 ist ein solche Konfiguration gezeigt,
beispielsweise durch das „Vanquish rootkit".

Damit können alle Dateien, die auf der „unsichtbar"-Liste des Rootkit stehen, ausgeblendet und so nicht mehr gefunden werden. Dies gilt analog auch für Prozesse und Netzwerkverbindungen (TCP/IP-Ports).

Möchte man diese Zensur auch für alle Systemprogramme, etwa den Windows Task
Manager oder für ein Antiviren-Programm durchführen, so wird bereits auf aller-
unterster Ebene bei den low-level-Systemaufrufen angesetzt, in Windows NT etwa bei
„Ntdll.dll".

Eine dritte Angriffsmethode geht noch einen Schritt weiter: Sie modifiziert wie
ein Virus den Zielprozess so, dass zuerst das Rootkit angesprochen wird, dann erst
der eigentliche Prozesscode. Ein Beispiel dafür ist der „Hacker-Defender" von www.
rootkit.com.

Abb. 7.2 Angriff eines *user mode*-Rootkits unter Windows NT

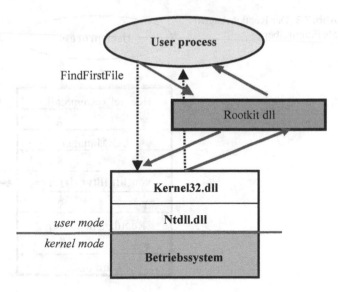

7.6.2   Kernel mode-Rootkits

Am schlimmsten sind die kernel mode rootkits: Sie können sich, einmal installiert, fast perfekt verbergen. Es gibt drei verschiedene Ansätze dafür:

- Sie klinken sich in der *system call*-Verteilertabelle ein und simulieren bestimmte *system calls*, so dass sie dazu aufgerufen werden (*„system call hooking"*). Die dazu gehörenden Rootkit-Programmzeilen befinden sich in einem Treiber, der geladen wird.
- Eine andere Methode besteht darin, die Datenstrukturen des Kernels (z. B. Liste aller Prozesse) direkt zu fälschen, ohne, dass dabei das Dispatchen leidet. Diese Methode ist riskant für die Autoren, da bei Fehlern in undokumentierten Datenstrukturen des Kerns etwa bei Windows NT das System abstürzt und das Rootkit in Gefahr läuft, entdeckt zu werden. *Beispiel*: „FU-rootkit".
- Eine dritte Methode installiert sich explizit als Filter-Treiber in das Dateisystem, so dass bei allen Anfragen die *malware*-Dateien ausgeblendet werden, siehe Abb. 7.3. *Beispiel*: „NT Rootkit".
- Eine vierte, sehr raffinierte Methode geht noch einen Schritt weiter. Um die Entdeckung der Malware zu verhindern werden keine verdächtigen Dateien geschrieben, Prozesslisten gefälscht oder Treiber geladen, sondern der Code wird direkt im Hauptspeicher in einem laufenden Systemprozess abgelegt, beispielsweise durch den „Code Red"-Wurm im Microsoft Internet Information Server. Natürlich überlebt diese Angriffsart einen Reboot-Vorgang nicht, aber dies ist bei den meisten Servern unwichtig: Sie werden fast nie abgeschaltet. Solange die Infektionsrate von Server zu Server höher ist als die Abschaltrate wird ein solcher Angriff Erfolg haben.

Abb. 7.3 Der Rootkit-Angriff
als Filtertreiber

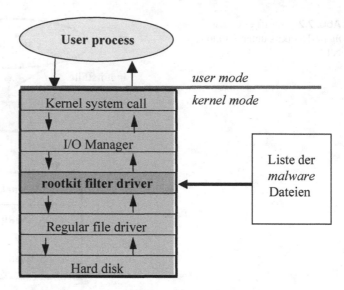

- Eine weitere Methode besteht darin, die Firmware von Geräten (/Festplattencontroller, Netzwerkcontroller, …) zu infizieren. Wird eine solche Festplatte gebooted, so kann die Bootanforderung (Lesen von Block0 bzw. des MBR) bereits zur Installation des Virus im MBR bzw. im Hauptspeicher führen; Teile des Hauptspeichers können so für den normalen Betriebssystemzugang unbemerkt gesperrt werden. Eine solche „Spezialbehandlung" ist nach den Enthüllungen von Snowden bereits von der NSA an Geräten vorgenommen worden, die von der USA in bestimmte Länder exportiert wurden.

7.6.3 Ring -1, Ring -2, Ring -3 Rootkits

Angesichts der neueren Entwicklungen bei Rootkits stellen die *kernel mode*-Rootkits noch einen harmloseren Ansatz dar. Entsprechend der verschiedenen Sicherheitsringe im Zwiebelschalen-Modell aus Abschn. 3.6.3 kann man nun den innersten Ring 0 noch in weitere Ringe (oder Basisschichten) untergliedern. Sie unterscheiden sich von den CPU-Instruktionsrechten dadurch, dass sie entweder noch privilegierter sind als die „normalen" CPU-Befehle und noch weniger kontrolliert werden können. Jede einzelne Schicht ist als Angriffsziel von Malware im Visier. Die Angriffsschichten sind

- **Ring -1:** Üblicherweise setzen die Betriebssysteme, um gut portierbar zu sein, auf eine abstrakte Hardware (HAL) auf. Eine solche gut strukturierte Schnittstelle ermöglicht es leicht, eine Zwischenschicht (virtuelle Maschine) zwischen das Betriebssystem und die Hardware zu schieben. Eine solche Schicht wird als Hypervisor bezeichnet und wird allgemein zur Lastverteilung auf Großrechnern benutzt, siehe Abschn. 1.8. Geschieht dies nun durch Malware, so kann das Schadprogramm alles vorspiegeln, was es will: Infizierte Speicherbereiche im RAM und auf Festplatten werden verborgen, Kommunikation zwischen Programmen und Hardware, etwa Tastatur oder Netzwerken, kann abgehört werden usw. Ein prominentes Beispiel für einen solchen Code ist ein *Blue Pill* genannter Code (*proof of concept*).

Dieser Angriff ist auch auf bereits laufende Hypervisoren auf Großrechnern möglich, so dass auch ein Hypervisor, etwa XEN, unterwandert werden kann (Wojtczuk et al. -1,-3 2008).

- **Ring -2:** Noch tiefer treten die Rootkits ein, die den System Management Mode (SMM) der Intel x86 Prozessoren ausnutzen (Embleton et al. 2013). Dieser historisch ursprünglich zur Verwaltung gedachte Modus kann einen eigenen, von außen unsichtbaren privaten Speicherbereich aufmachen, jede Instruktion ohne Sicherheitsüberprüfung ausführen und läuft im non-präemptiven Modus ohne Speicherbereichsüberprüfung. Ursprünglich nur für low-level-Aufgaben gedacht wie Temperaturkontrolle und Energiemanagement im BIOS gedacht, können damit beispielsweise Tastaturangaben abgefangen (*key logging*) und mittels Direktzugriff durch eine Netzwerkkarte verschickt werden.

  Und das alles, ohne dass es das Betriebssystem bemerken kann.

- **Ring -3:** Ein davon unabhängiger, noch tieferer Eingriff ist möglich, wenn außer dem Hauptprozessor noch ein Nebenprozessor existiert, der einen eigenen Speicherbereich und eine Direktverbindung zu den Netzwerkchips hat. Dies gibt es nicht? Weit gefehlt! Die *Intel Active Management Technologie* AMT (memory controller hub MCH chipset „*northbridge*") auf Mainboards ist ein solcher Fall und ist als Chipsatz zur zentralen Verwaltung von Rechnern gedacht. Wird sie gehackt, so kann dies weder durch Antivirenprogramme noch durch andere Software bemerkt werden. Weder ein Reset noch eine Neuinstallation des Betriebssystems helfen hier weiter.

7.6.4 Entdeckung und Bekämpfung der Rootkits

Die wichtigste Aufgabe besteht zunächst darin, die Rootkits überhaupt erst einmal zu finden. Kaum ein Virenscanner überprüft die Systeme auf alle bekannten Rootkits, obwohl das Problembewusstsein dafür wächst.

Möchte man ein System näher untersuchen, so sollte man den Systemstatus mit möglichst unterschiedlichen Programmen testen und die verschiedenen Systemsichten miteinander vergleichen. Beispielsweise kann ein Diagnoseprogramm das Dateisystem sowohl auf oberster Zugriffsebene durch die User-API (z. ReadFile) als auch durch die System-API (z. B. *Read raw data*) zugreifen (*High level* vs. *low level scan*). Ergeben sich dabei Unterschiede in den Dateiangaben, so lässt sich dies auf ein Rootkit zurückführen (z. B. Russinovich 2006).

Bei der *kernel mode* Rootkit-Angriffsmethode haben wir aber Probleme, den Angriff zu bemerken: Die Malware existiert, ohne dass sie im Dateisystem, der Prozessliste oder Netzliste explizit auftaucht. Hier kann man nur noch die Größe des Codes eines Programms auf dem Massenspeicher mit der Größe im Hauptspeicher vergleichen und feststellen, ob es Unterschiede gibt. Allerdings wird dieser Diagnoseansatz in Windows NT dadurch erschwert, dass vom Hersteller keine veröffentlichten Schnittstellen angeboten werden, um die Speicherbelegung eines Programms im Hauptspeicher abzufragen. Hier hilft nur der Trick, eine Zwischenschicht zwischen Betriebssystem und Hardware zu legen, und die Wirkung von direkten und „normalen" Hardwareoperationen zu vergleichen.

Bei den *Ring -1*-Angriffen ist es noch schwieriger, dies zu bemerken. Die einzige Möglichkeit besteht darin, die Umschaltzeiten des Hypervisors zwischen den Virtuellen Maschinen zu messen und mit den Originalzeiten zu vergleichen. Sind sie zu lang, so ist eine Schadprogramm-Zwischenschicht eingebaut worden (Wojtczuk et al. 2008) Auch die Installation eines vertrauenswürdigen Hypervisors von Anfang an, der Angriff auf diese Zwischenschicht verhindert, kann helfen (Rutkowska 2007).

Ring-2 Angriffe mittels der Befehle im *System Management Modus* können nur indirekt bemerkt werden. Da z. B. *key logging* über die Umleitung von Interrupts funktioniert, muss die Interrupt-Tabelle auf Konsistenz zur Standardtabelle geprüft werden. Allerdings ist dies nicht unproblematisch, da Änderungen auch von normalen Ereignissen (z. B. Anpassung von USB-Geräten an den Tastaturinput) bewirkt sein können, oder auch nicht. Abhilfe schafft hier, in der CPU ein Sperr-Bit D_LCK so früh wie möglich beim Booten zu setzen, um zu verhindern, dass der Modus durch einen infizierten Treiber ausgenutzt wird (Embleton et al. 2013).

Einen *Ring -3*-Angriff ist sehr schwer festzustellen und zu unterbinden. Hier geht die Aufmerksamkeit auf das Unterbinden einer Infektion, beispielsweise durch besser geschützte, signaturgesicherte Flash-Speicher. Dies ist aber eine Aufgabe der Hardware-Hersteller und nicht der Anwender.

Die beste Möglichkeit der Bekämpfung von Rootkits besteht also darin, sie gar nicht erst zur Ausführung zu bringen. Da ihre Aktion von den root-Administratorrechten bei der Infektion abhängt, ist es wichtig, die Zugriffsrechte sauber zu konfigurieren und bei der Systembenutzung möglichst wenig als Benutzer mit Administratorrechten tätig zu sein.

7.7   Zugriffsrechte und Rollen

Hat sich ein Eindringling erst einmal Zugang zu einem Computersystem verschafft, so kann er auf verschiedene Weise versuchen, die Administratorenrechte darauf zu erlangen. Gerade auf UNIX-Rechnern, die keine abgestuften Administratorenrechte kennen, bedeutet die Übernahme eines wichtigen Systemprogramms meist auch die Übernahme der gesamten Kontrolle über den Rechner. Wie ist es nun möglich, vom Status eines

„normalen" Benutzers zu Administratorrechten zu gelangen? Dazu gibt es verschiedene Wege, die folgende Schwachstellen nutzen:

7.7.1 Zugriffsrechte im Dateisystem

Sind die Schreib- und Leseberechtigungen für Systemdateien falsch gesetzt, so kann ein Eindringling dies leicht ausnutzen.

Beispiel *Kommandopfad*

Üblicherweise werden Kommandos in UNIX so abgearbeitet, dass an verschiedenen Stellen im Verzeichnisbaum danach gesucht wird und die erste ausführbare Datei mit dem Kommandonamen, die gefunden wird, auch als Programm ausgeführt wird. Die Reihenfolge der Stellen ist in der Zeichenkette mit dem Namen PATH gespeichert. Möchte ich z. B. den Befehl *cmd* ausführen lassen, so wird nach */bin/cmd, /usr/bin/cmd, /usr/local/bin/cmd*, und *./cmd* gesucht. Hat jemand Zugriffsrechte auf eines dieser Verzeichnisse im Dateibaum, so kann er unter dem offiziellen Kommandonamen seine eigene Version des Kommandos dort hineinstellen, beispielsweise der Kommandos *ssh*, *su* oder auch nur *ls* zum Anzeigen der Dateien.

Führt ein Benutzer nun ein solches Programm aus, so kann es die gewünschten Ergebnisse liefern – und zusätzlich (bei *ssh* und *su*) die Passwörter in einer Datei des Eindringlings speichern (Trojanische Pferde). Auch ein *login*-Programm ist denkbar, das ein Standardpasswort des Eindringlings kennt und ihn ohne Kennung einlässt.

7.7.2 Zugriffsrechte von Systemprogrammen

Viele Dienstprogramme für Arbeiten am Betriebssystem haben umfangreiche Rechte. Beispielsweise muss ein Editor auf alle Dateien eines beliebigen Benutzers schreiben und lesen können; ein *E-Mail*-Programm muss die elektronischen Briefdateien allen Benutzern in ihren Briefkasten schreiben dürfen und ein Prozessstatusmonitor (z. B. *ps* in UNIX) muss Zugriff auf Tabellen des Betriebssystemkerns haben. Gelingt es, die Aktionen des Systemprogramms so auszunutzen, dass es andere als vorgesehene Dinge tut, so hat der Angreifer sich im System eingenistet.

Beispiel *Emacs-Fehler*

Im GNU-Emacs-Editor hatte man die Möglichkeit, mit *movemail* eine *E-Mail* in ein Verzeichnis zu schreiben. Allerdings prüfte der Editor (obwohl Systemprogramm) nicht nach, ob das Zielverzeichnis auch dem aktuellen Benutzer gehört und ermöglichte

so, andere Systemdateien zu überschreiben. Dies war eine der Lücken, die deutsche
Hacker 1988 nutzten, um im Auftrag des KGB in militärische Computer der USA einzudringen und auf Militärgeheimnisse hin zu untersuchen.

Meist sind von diesen Problemen neue Versionen oder inkorrekt installierte Systemprogramme betroffen. Einen Sicherheitstest auf Zugriffsrechte und andere Schwachstellen
wie zu einfache, ungültige oder fehlerhafte Passwörter bietet das Softwarepaket COPS
von CERT für UNIX, das kostenlos bezogen werden kann (COPS 1997). Weitere Informationen sind auch z. B. in (SAT 1997) über das Werkzeug Satan sowie über neuere Sicherheitspatches in (DFN 1997) zu finden.

7.7.3 Zugriffslisten und Fähigkeiten

Bisher war das Beste, was wir an Sicherheitsmechanismen betrachtete hatten, die Zugriffs-
listen, kurz ACL (Access Control Lists) genannt. In diesen Listen werden für ein Objekt
alle Nutzer und ihre Rechte aufgeführt, sowohl als Positivliste, was sie dürfen, als auch
als Negativliste, wer etwas nicht darf (obwohl alle Welt es sonst darf). Es gibt nun einen
zweite Sicht auf die Dinge: die Sicht der Benutzer. Anstatt jedem Objekt einen Liste mit-
zugeben kann man auch jedem Nutzer einen Liste zuordnen, wo alle drin steht, was er darf
und was nicht, entsprechend seinen **Fähigkeiten** (*Capability Oriented Approach*). Die
beiden Sichten sind zwei Seiten der selben Medaille: einer Zugriffsmatrix aus Nutzern und
Objekten, in der für jedes Paar aus (Nutzer, Objekt) die Zugriffsmöglichkeiten vermerkt
sind. In Abb. 7.4 ist ein Beispiel dafür gezeigt.

Dabei bildet die Liste der Fähigkeiten jeweils eine Zeile der Matrix, die Liste der ACL
jeweils eine Spalte. Betrachten wir allerdings ein großes System etwa ein Netz aus 1000
Computern und 1000 Nutzern, so kommen wir schnell an die Grenze einer solchen Matrix.
Anstelle für jeden Nutzer jede Zugriffsart für jedes existierende (und neu erstellte!) Objekt
zu spezifizieren, ist es sinnvoll, die Nutzer in Kategorien wie „Administrator", „Benutzer", „Gast" usw. einzuteilen und nur jeder dieser Kategorien oder Rollen ein differenzier-
tes Profil zuzuordnen. Damit reduziert sich die zu spezifizierenden Situationen erheblich
und damit auch die Arbeit des Administrators.

Abb. 7.4 Die Matrix der
Zugriffsrechte

	Objekt 1	Objekt 2	Objekt 3	Objekt 4
Nutzer 1	r w	r	r w x	
Nutzer 2		r	r x	r x
Nutzer 3	x		r x	

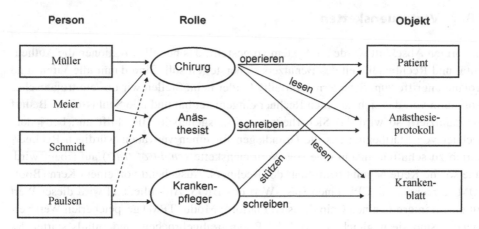

Abb. 7.5 Rollen und Zugriffsrechte

Beispiel: Krankenhausrollen

In einem Krankenhaus hat jeder Mitarbeiter seine Rolle, die sich nach seinen Fähigkeiten richtet. Sinnvollerweise können aber einige Mitarbeiter durch Zusatzqualifikation verschiedene Rollen einnehmen, je nach den Umständen, siehe Abb. 7.5.

Dabei dürfen hier die Chirurgen die Anästhesieprotokolle nur lesen; sie schreiben darf aber nur das dafür zuständige Fachpersonal, die Anästhesistin. Allerdings hat Herr Paulsen auch eine Sonderausbildung absolviert, so dass er auch Frau Müller bei der Chirurgie assistieren darf. Wie wir sehen, kann man bei der Erstellung von Rollen die Zugriffsrechte genau auf die Arbeit zuschneiden und muss dies nicht explizit an einzelne Nutzer binden. Dieselbe Person kann also bei der Ausübung unterschiedlicher Rollen (und damit unterschiedlicher Arbeiten) auch unterschiedliche Zugriffsrechte für die jeweilige Arbeitszeit bekommen.

Ein wichtiges Beispiel für ein solches *Capability-oriented System* ist das Authentifizierungssystem Kerberos.

7.7.4 Aufgaben

Aufgabe 7.7-1 ACL und Rollen

a) Wie funktionieren *access control lists* ACL und wie das *capability-oriented model* COM?

b) Was sind die Vorteile von ACL und von COM?

c) Welche Vorteile bietet darüber hinaus das Rollen-Modell?

7.8   Vertrauensketten

Im vorigen Abschnitt wurde ein System vorgestellt, das bei allen Aktionen die Authentizität und Rechtmäßigkeit des Benutzers sicherstellen soll. Sind damit alle Viren- und Trojanerangriffe zum Scheitern verurteilt? Leider nein. Stellen wir uns ein trojanisches Programm vor, das sich auf allen Rechner eingenistet hat und alle Schlüssel bei Bedarf kommuniziert, so wird das Sicherheitssystem ausgehebelt. Hier hilft nur, bei jedem Rechner von Startbeginn aus die Grundlagen für einen vertrauenswürdigen Rechnerbetrieb zu schaffen, indem eine sog. Vertrauenskette (*chain of trust*) aufgebaut wird. Eine solche Kette beginnt beim Start des Rechners. Ausgehend von einem Kern (Boot-ROM) errechnet die CPU einen Hash-Wert des BIOS. Anschließend wird dieser Wert mit einem intern in einen Chip (Trusted Platform Modul TPM) gespeicherten Wert verglichen. Sind sie ungleich, so wird der Bootrap abgebrochen; andernfalls startet der Kern das BIOS. In Abb. 7.6 ist dies gezeigt.

Der gleiche Vorgang wird nun vom BIOS beim Lader des Betriebssystems und von diesem beim Betriebssystem selbst durchgeführt. Am Schluss prüft das Betriebssystem jede einzelne Anwendung, ob sie vertrauenswürdig ist und führt sie dann erst aus.

Ein solcher „sicherer Start" ist als *secure startup* in Windows Vista integriert und wurde von der „*trusted Computing*"-Initiative angeregt.

Der Kryptochip TPM dient dabei nicht nur zur Speicherung und Überwachung der Quersummen und Verschlüsselung, sondern auch der Generierung von Zufallszahlen und anderen Schlüsseln für kryptografische Verfahren, etwa dem Kerberossystem oder bei der Datenverschlüsselung von Massenspeichern zum Schutz bei Diebstahl.

Allerdings ist eine solche Hardwareüberwachung von Programmen nicht unproblematisch: Sind beliebige Programme zur Registrierung möglich, so reduziert sich der Virenschutz; schränkt man den Zugriff auf wenige, vertrauenswürdige Programme ein, so liegt ein Missbrauch nahe, bei dem nur Programme bestimmter Hersteller zugelassen werden. Zusammen mit der Möglichkeit, den TPM als Basis für die digitale Rechteverwaltung (*Digital Rights Management* DRM) zu benutzen, hat die „*Trusted Computing*" Initiative einiges Misstrauen bei verschiedenen Nutzergruppen erregt.

Zusätzlich gibt sie auch keine Antwort auf die gängigsten Angriffsarten: alle Angriffe durch *buffer overflow*-Mechanismen oder andere Angriffsarten, die offiziellen, aber schlecht programmierten Code benutzen, können so nicht abgewehrt werden.

Abb. 7.6 Die Vertrauenskette beim Starten

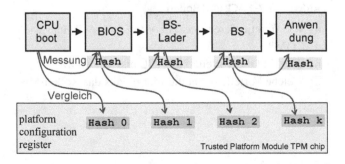

7.9   Sicherheit in Unix und Windows NT

Im Folgenden sollen nun die Sicherheitsmechanismen in UNIX und Windows NT beschrieben werden. Für eine genauere Beschreibung der notwendigen UNIX-Sicherheitskonfiguration siehe z. B. Groll (1991) und Farroes (1991).

Beispiel UNIX *Authentifizierung (Benutzeridentifizierung)*

Die grundsätzliche Personenzugangskontrolle erfolgt in UNIX mit einem Benutzernamen, der allgemein bekannt sein kann, und einem Passwort, das nur der Benutzer persönlich kennt. Bevor eine Sitzung eröffnet wird, prüft das *login*-Programm, ob der Benutzername und das dazu eingetippte Passwort registriert sind. Ist dies der Fall, so wird für den Benutzer ein besonderer Prozess (die Shell) erzeugt, der als Kommandointerpreter fungiert und die Zugriffsrechte und Identifikationen des Benutzers hat. Alle weiteren, vom Benutzer erzeugten Prozesse zum Ablaufen seiner Programme erben die Rechte der *shell* und haben damit die Rechte des Benutzers. In Abb. 7.7 ist der *login*-Ablauf gezeigt.

Wie bereits in Abschn. 4.3.1 beschrieben, ist jedem Benutzer eine *Benutzerkennung* uid und eine *Gruppenkennung* gid zugeordnet, für die bei jeder Datei Zugriffsrechte definiert werden. Diese Kennungen stehen mit dem verschlüsselten Passwort und dem Namen des Benutzers (getrennt durch „:") in der Datei */etc/passwd*, dessen Einträge beispielsweise lauten

```
root:Igl6derBr45Tc:0:0:The Superuser:/:/bin/sh
brause:ntkyb1ioøkk3j:105:12:&Brause:/user/user2/NIPS:/bin/csh
```

Der erste Eintrag ist der Benutzername, der zweite das verschlüsselte Passwort, der dritte die Benutzerkennung uid, dann die Gruppenkennung gid, der Name des Benutzers, sein Startverzeichnis und der Name des Startprozesses (der Shell). Die Gruppennamen sind in der Datei */etc/group* definiert, beispielsweise

```
staff:*:12:boris,peter,brause
```

wobei das erste der Gruppenname ist, dann folgt das verschlüsselte GruppenPasswort (hier mit „*" leer) dann die Gruppenkennung gid und dann die Benutzernamen, die zusammen die Gruppe bilden. Ein Benutzer kann dabei in verschiedenen Gruppen gleichzeitig sein.

Abb. 7.7 Ablauf beim login

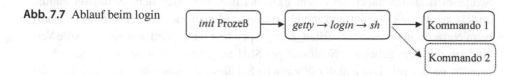

Beispiel Linux *Authentifizierung (Benutzeridentifizierung)*

Die öffentliche Speicherung der Nutzerdaten, insbesondere des (verschlüsselten) Passworts, bietet eine gute Angriffsfläche. Aus diesem Grund wurde in Linux die Datei in nur in den von der *root* kontrollierten Bereich */etc/shadow* verlagert und für alle anderen Nutzer gesperrt. Auch das Format der Einträge hat sich geändert. Es ist *Name:Pass:DOC:MinTag:MaxTag:Warn:DeaktivIn: DeaktivSeit:Frei* mit dem Beispiel *brause:ntkyb1ioøkk3j:12952:0: 99999:7:::*

Der Benutzer heißt hier »brause«, das verschlüsselte Passwort lautet »ntkyb1ioøkk3j«, das Passwort wurde am 12952. Tag nach 1.1.1970 das letzte Mal verändert und kann frühestens in 0 Tagen (also heute) und muss spätestens in 99999 Tagen (ca. 274 Jahren) geändert werden – in dem Fall also immer. 14 Tage vor Ablauf des Passwortes (sofern Sie diesen Tag überleben) soll eine Warnung ausgegeben werden. Die anderen Werte wurden vom Administrator nicht definiert und sind leer.

Dies gilt übrigens auch für die Gruppenrechte; die Datei */etc/group* wurde nach */etc/ gshadow* verschoben und gegen den Zugriff aller anderen Nutzer gesichert.

Beispiel UNIX *Autorisierung (Vergeben von Rechten)*

Jeder Prozess in UNIX hat zwei verschiedene Zugriffsrechte: die Zugriffsrechte seines Erzeugers, genannt „reelle Rechte" `ruid` und `rgid`, und damit die des Benutzers sowie die effektiven Rechte `euid` und `egid`, die der Prozess tatsächlich zur Laufzeit hat. Wird ein Programm ausgeführt, das von einem anderen Benutzer und einer anderen Gruppe erzeugt wurde, so werden die bei der Datei vermerkten Angaben nicht beachtet, und es wird `euid : = ruid` sowie `egid : = rgid` gesetzt. Auch wenn das Programm vom *super user* erzeugt wurde und ihm gehört, so hat es doch nur die Zugriffsrechte des Benutzers.

Manche Programme (wie *E-Mail*-Programme etc.) müssen allerdings auch auf Dateien (z. B. *mailbox*) anderer Benutzer schreiben. Um dem Programm die stärkeren Rechte von `root` zu geben, kann man nun zusätzlich bei einer Datei vermerken, dass ihre Zugriffsrechte (`uid` bzw. `gid`) auf den Prozess (auf `euid` und `egid`) übertragen werden und damit `ruid` und `rgid` nicht beachtet werden (*set user id-* bzw. *set group id*-Attribute setzen).

Beispiel UNIX *Authentifikation in Netzen*

In lokalen UNIX-Netzen kann man sich mit dem ssh-Protokoll einfach und sicher in fremden Netzen anmelden und eine verschlüsselte Verbindung (VPN) erzeugen. Die Schlüssel bestehen dabei aus einem Paar, bei dem der öffentliche Schlüssel einmal mittels *ssh-keygen* erzeugt und mittels *ssh-copy-id* zum Zielrechner kopiert und dort beim Nutzer unter *~/.ssh/authorized_keys* gespeichert wird. Wird nun eine aktuelle Verbindung mit dem geheimen Schlüssel per SSH aufgebaut, so wird beim Zielrechner geprüft, ob der geheime und der öffentliche Schlüssel zusammenpassen und dann die Verbindung ohne Passwortabfrage aufgesetzt.

Beispiel Windows NT *Benutzerauthentifikation*

Für die Funktion als Server wurden bei Windows NT besondere Konzepte implementiert. Über die lokalen *Access Control Lists* ACL der lokalen Dateisysteme hinaus wurde die Kontrolle von verschiedenen, sich global und lokal überschneidenden Benutzergruppen (*domain control*) eingerichtet. Damit gibt es also insgesamt drei verschiedene Möglichkeiten für einen Benutzer, sich im Rechnersystem anzumelden:

- eine *lokale Anmeldung*, bei der sich der Benutzer mit seinem lokalen Benutzernamen auf seinem Computer anmeldet
- eine *Netzwerk-Anmeldung*, um Zugriff auf die Dateien eines Dateiservers zu erhalten
- eine *Anmeldung in einer Domäne*, mit der der Zugriff auf die Rechner und die Dienste der Domäne geregelt wird.

Obwohl jede *Windows NT Workstation* NTW als kleiner Server fungieren kann, hat jede Domäne einen besonderen Server: den *Windows NT Server* NTS, der als *domain controller* DC fungiert. Um Verfügbarkeit und Leistung zu erhöhen, kann es in einer größeren Domäne nicht nur einen, sondern mehrere DCs geben. Von diesen fungiert aber immer einer als Hauptcontroller (*primary domain controller* PDC), die anderen als Nebencontroller (*backup domain controller* BDC), die vom Hauptcontroller aktualisiert werden. So ist die Benutzerauthentifizierung auf einem BDC möglich, aber nicht die direkte Modifizierung der Account-Daten. Dies kann nur indirekt von den Systemadministratoren erreicht werden, die die Daten der Domäne verwalten. Dabei ist die Abbildung auf die PDC und BDC transparent.

Der Austausch zwischen Benutzern und Daten verschiedener Domänen kann durch Einrichtung von Vertrauensrelationen (*trust relationship*) zwischen den Domänen erleichtert werden, so dass ein Benutzer von einer Domäne in einer anderen automatisch bestimmte Zugriffsrechte erhält. Welche Rechte dies sind, muss explizit beim Einrichten der Vertrauensrelationen festgelegt werden. Diese Konstruktion erleichtert beispielsweise die Zusammenarbeit zwischen verschiedenen Firmen oder den Abteilungen einer Firma, ohne zu große Privilegien und zu großen Datenzugriff gewähren zu müssen.

7.10   Sicherheit im Netz: Firewall-Konfigurationen

Ein wichtiges Konzept, um die Ausbreitung von Feuer auf mehrere Häuser zu verhindern, ist die Isolierung der Häuser oder Hausabschnitte durch spezielle Brandschutzmauern und Brandschutztüren. Dieses Konzept stand Pate bei den Bestrebungen, den Schaden bei einem Systemeinbruch in einem Computernetz auf ein Gebiet zu begrenzen. Die Brandschutzmauer (**fire wall**) besteht in diesem Fall aus einem speziellen Vermittlungsrechner (**router**), der als Bindeglied zwischen einem lokalen Netz und der feindlichen Außenwelt fungiert, beispielsweise dem Internet, siehe Kienle (1994). Dieser *firewall router* hat die Aufgabe, alle Datenpakete zu untersuchen (*screening*) und Pakete mit unerwünschter Internetadresse oder Portadresse auszusondern und zu vernichten. Dazu verwendet er eine

Positivliste und eine Negativliste von Portnummern, die entweder ausdrücklich erlaubt oder verboten sind. Weiterhin kann er Datenpakete von Rechnern des internen Netzes (Intranet) mit IP-Adressen, die nach außen unbekannt sind, in den „offiziellen" IP-Adressraum abbilden. Dies erlaubt nicht nur, alte Netze problemlos ans Internet anzubinden, sondern unterbindet auch den direkten Durchgriff von Hackern des Internets auf das interne Netzwerk. Da all dies sehr schnell gehen muss, um den Datenverkehr nicht unnötig zu behindern, wird das *screening* meist als Kombination von Software- und Hardware-maßnahmen verwirklicht.

Allerdings haben wir dabei ein Problem: Woher soll der *fire wall router* wissen, welche Internetadressen (Rechner) und Portadressen (Dienste) problematisch sind? Meist ist dies benutzer- und kontextabhängig: Portnummern wechseln, dem System unbekannte Benutzer antworten aus dem Internet, eine Folge von Portbenutzungen ist erlaubt, aber nicht die Einzelbenutzung. Dies führt bei starren Listen bald zu Problemen. Aus diesem Grund wird dem *fire wall router* noch ein zweiter Rechner zur Seite gestellt: der *relay host*. Er befindet sich außerhalb des LAN und ist beispielsweise über einen allgemeinen Vermittlungsrechner (*external router*) mit dem Internet verbunden. In Abb. 7.8 ist eine solche klassische *fire wall*-Konfiguration gezeigt. Auf dem *relay host* befinden sich nun alle wichtigen Programme (*application relay software*) und Netzwerkdienste.

Ihre Ausführung ist dabei bestimmten Restriktionen unterworfen, die mit programmab-hängigen Zugangskontrolllisten (ACL) überprüft werden. In diesen Listen sind nicht nur die Benutzer und ihre Zugriffsrechte verzeichnet, sondern auch wer welche Funktionen des Programms benutzen darf. Zusätzliche Programme (*wrapper*) können Kommunikationsverbindungen überprüfen und Datenpakete auch auf dem *relay host* unterdrücken.

Die Sicherheitskriterien, die der *relay host* mit seinen ausgewählten, gesicherten Programmen und Internetverbindungen erfüllt, kann man nun leicht auf den *fire wall router* übertragen. Dazu erlaubt man dem *fire wall router* nur noch, Datenpakete zwischen den Rechnern des LAN und dem *relay host* durchzulassen; alle anderen Daten werden ausge-filtert und gelöscht. Alle Kommunikationsverbindungen laufen damit zwangsweise über den *relay host*; vom Internet gibt es für Eindringlinge in dieser Konfiguration zwei Sicherheitsbarrieren: den *external router* und den *relay host*.

Sparen wir uns den externen Router und kombinieren ihn mit dem *relay host,* so sparen wir zwar Geld, senken aber die Sicherheitsschranke. Eine weitere Möglichkeit besteht

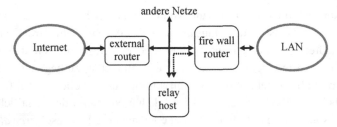

Abb. 7.8 Die klassische fire-wall-Konfiguration

Abb. 7.9 Die dual-homed-host-Konfiguration

darin, alle drei Funktionen in einem einzigen *fire wall*- Rechner zu integrieren. In Abb. 7.9 ist diese *dual homed host* genannte Sparversion gezeigt.

Auch hier leidet die Sicherheit: Ist es einem Angreifer gelungen, in den *dual homed host* einzubrechen, so ist die Brandschutzmauer vollständig durchbrochen. Aus diesem Grunde gibt es Systeme, die ausgefeiltere Mechanismen zur Benutzerkontrolle anbieten. Eines der bekanntesten ist das Kerberos-System.

7.11   Die Kerberos-Authentifizierung

Hat man ein sehr großes Netz von Rechnern, etwa 1000 Workstations wie sie beim US-Forschungsinstitut MIT bereits 1988 vorhanden waren, so ist die Strategie von Unix oder Windows NT, sich bei jedem Dienst (Email, Drucker, *remote login*, Dateiserver, etc.) mit Passwort und Nutzernamen anmelden zu müssen, sehr hinderlich. Kann man den Dienst ohne Anmeldung nutzen, so ist das auch nicht besonders attraktiv: Niemand mag es, wenn seine Email von anderen gelesen wird oder seinen Dateien „aus Versehen" gelöscht werden. Den Kompromiss zwischen beiden Vorgehensweisen stellt beispielsweise ein zentraler Vermittler dar, der alle Nutzer und ihre Passworte sowie alle Dienste und ihre Passworte kennt. Möchte man einen Dienst nutzen, so wendet man sich an ihn und bezieht von ihm die nötigen Passworte und Ausweise gemäß der über einen selbst dort gespeicherten Fähigkeiten und Rollen-Berechtigungen. Eines der am weitesten verbreiteten Systeme ist das Kerberos-Authentifizierungssystem.

Das Kerberos-Sicherheitssystem (Steiner et al. 1988) ist Teil des Athena-Projekts, das für das Netz am MIT eine systematische Verwaltung entwickelte. In einem solchen Netz tritt die Frage auf, ob der anfragende Prozess, der eine Dienstleistung haben will, auch der ist, der er zu sein vorgibt. Das Problem der Authentizität ist also nicht nur auf das Einloggen eines Benutzers beschränkt, sondern gilt für alle Dienstleistungen im Netz. Da es sehr problematisch ist, ein offenes, nicht verschlüsseltes Passwort über mehrere (eventuell angezapfte) Rechner zu schicken, wurden im Athena-Projekt drei verschiedene Protokolle spezifiziert, um das Problem der Sicherheit zu lösen.

Die zentrale Idee besteht darin, alle Anfragen zu verschlüsseln und den Inhalt (Absender usw.) an die Kenntnis des involvierten Schlüssels zu binden. Bei der Verschlüsselung wird im Allgemeinen eine Einwegfunktion f (*trap function*) verwendet, die nicht einfach umgekehrt werden kann. Der eigentliche Inhalt von $y = f$ (Nachricht, Schlüssel s_1) ist deshalb nicht einfach mit der Kenntnis von f und y zu ermitteln. Üblicherweise gibt es dazu eine

Dekodierungsfunktion g(.), die mit Hilfe eines zweiten Schlüssels s_2 die ursprüngliche Nachricht wiederherstellen kann:

$$Nachricht = g(y, s_2) = g\big(f(Nachricht, s_1), s_2\big)$$
$$= gs_2\big(fs_1(Nachricht)\big)$$

Gilt für Schlüssel $s_1 = s_2$ und Kodierung/Dekodierung f = g, so spricht man von *symmetrischer* Kodierung, ansonsten von *asymmetrischer* Kodierung. Für einen Überblick über solche Verfahren siehe Preneel et al. (1993). Im Kerberos-System wird mit dem DES (Data Encryption Standard) ein symmetrisches Verschlüsselungsverfahren verwendet.

7.11.1 Das Kerberos-Protokoll

Die drei Protokolle kommen folgendermaßen zum Einsatz:

* *Benutzerauthentifizierung* (*Single Sign on Protocol*)
  Beim Einloggen des Benutzers mit dem Kerberos läuft alles zunächst wie gewohnt ab: Der `kinit()`-Prozess wird gestartet und der Benutzer tippt sein geheimes Passwort ein. Dies wird in einen DES-Schlüssel S_0 umgewandelt und zunächst lokal gespeichert. Dann schickt `kinit()` den Benutzernamen im Klartext an einen speziellen Prozess, den *Authentication Server* AS. Dieser sucht in seiner zentralen Datenbank nach und ermittelt das Passwort des Benutzers und damit auch den dazu gehörenden DES-Schlüssel S_0. Sodann stellt er ihm einen Sitzungsausweis T_G (*ticket*) aus (Zeit, NutzerName etc., verschlüsselt mit seinem geheimen Schlüssel S_T) und erwürfelt sodann einen Zufallsschlüssel S_1 für alle weitere Kommunikation mit dem Benutzer, den er aber mit Hilfe von S_0 verpackt (verschlüsselt). Beides wird zusammen als Nachricht an den Benutzer (bzw. den lokalen `kinit()`-Prozess) geschickt. Die Nachricht besteht also zwei Teilen

$$[User, S_1]_0, \quad T_G = [User, Zeit]_T$$

* wobei eine Verschlüsselung jeweils mit Klammern und dem Schlüsselindex notiert sei. Mit S_0 dekodiert `kinit()` den ersten Teil der Nachricht und speichert den Schlüssel S_1 ab; der Schlüssel S_0 kann sofort vernichtet werden und wird nicht mehr benutzt. Wozu enthält der erste Teil redundante Information? Nun, zum einen weiß der Benutzer, wenn er seinen Namen richtig herausbekommt, dass er richtig dekodiert hat, zum anderen, dass der Schlüssel valide ist, da nur der echte AS den Namen mit S_0 verpacken kann. Der zweite Teil, der Sitzungsausweis T_G, kann nicht entschlüsselt werden; so wie er ist wird er einfach nur lokal abgespeichert. Damit ist der Benutzer so lange zentral registriert wie der Sitzungsausweis gilt. In Abb. 7.10 ist dies verdeutlicht.

  Die Rahmenschattierung eines Objekts entspricht der Schlüsselschattierung, mit der das Objekt verschlüsselt wurde.

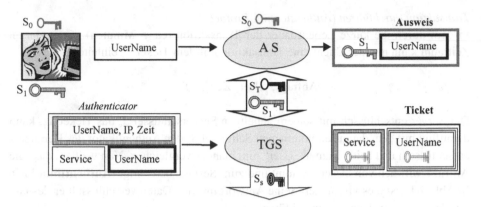

Abb. 7.10 Sitzungsausweis und Transaktionsausweis

- *Schlüsselverteilung (Key Distribution Protocol)*
  Möchte nun der Benutzer einen Dienst, etwa *remote login*, nutzen, so setzt er den Befehl „rlogin" oder ähnliches ab. Der so entstandene Benutzerprozess schickt kein „rlogin" im Klartext zum Server; einen solchen Dienst gibt es nicht mehr. Stattdessen müssen alle Anfragen fälschungssicher gemacht werden. Allerdings schickt der Prozess auch nicht sofort eine verschlüsselte Anfrage zum Server: Dieser weiß ja gar nicht, mit welchem Schlüssel die ankommende Nachricht verschlüsselt ist. Stattdessen fragt der Benutzerprozess zuerst bei einer neutralen Instanz, dem *Transaction Grant Server* TGS (dem Bruder vom AS) nach einer Erlaubnis bzw. dem Passwort des Dienstes mittels einer Anfrage

$$\text{Service}, [\text{User}, \text{Zeit}]_1, T_G$$

  zum TGS. Dieser entschlüsselt zuerst den Ausweis T_G mit seinem Standardgeheimschlüssel und sieht so, dass ein „User" etwas von ihm will. Der User hat vom AS in der mit dem TGS gemeinsamen Datenbank den Vermerk „Sitzungsschlüssel S_1" bekommen, so dass der TGS auch den Abschnitt davor, den sog. „Authentikator" entschlüsseln kann. Er vergleicht den darin befindlichen Benutzernamen mit dem in Frage kommenden aus T_G; stimmen sie überein, so hat sich der Benutzer ausgewiesen. Ist der verlangte Service auch für ihn freigegeben, so stellt der TGS eine Antwort der Form

$$[\text{Service}, S_2]_1, \ T_T = [\text{User}, S_2, \text{Zeit}]_S$$

  aus. Die Antwort enthält wieder in verschlüsselter Form den Namen des verlangten Dienstes zur Kontrolle sowie den Schlüssel für die Kommunikation sowie ein Ticket T_T, das in nicht fälschbarer Form den Kontext enthält.

- *Transaktion durchführen (Authentication Protocol)*
  In dem durch die kurze Lebensdauer der Transaktion (ca. 5 Minuten) spezifizierten Zeitraum kann nun der Client eine Transaktion mit dem Ticket T_T einleiten:

$$\text{Anfrage, } [\text{User, Zeit}]_2, T_T$$

Der Server entschlüsselt mit seinem geheimen Serverschlüssel S_S das Ticket T_T, kann daraufhin mit dem daraus entnommenen Schlüssel S_2 den Authentikator des Benutzers entschlüsseln und beide Namen „User" miteinander vergleichen. Nun weiß er, dass die Anfrage wirklich von „User" stammt und zum Service berechtigt (**Authentifikation**). In Abb. 7.11 ist dies visualisiert.Seine Antwort mit den Daten verschlüsselt er deshalb mit dem gleichen Transaktionsschlüssel:

$$[\text{Ergebnis}]_2$$

Eventuell legt er auch noch einen weiteren Schlüssel S_3 bei, mit dem die darauf folgende Kommunikation, etwa alle Kommandos für das *rlogin*, verschlüsselt werden.

In obigen Beispielen steht übrigens „User" stellvertretend für den Benutzernamen, IP-Adresse usw.

7.11.2 Kerberos Vor- und Nachteile

Die Authentifikation in obiger Form hat verschiedene Vorteile:

- Eine Kopie der Ausweise oder Tickets ist zwar möglich, aber sie lässt sich nicht zur Täuschung einsetzen, da für jede Anfrage der Authentikator fehlt. Dieser kann aber nur gefälscht werden, wenn der entsprechende Schlüssel bekannt ist, was aber ohne den entsprechenden Schlüssel, also das Passwort, nicht einfach ist.
- Eine Fälschung der Ausweise oder Tickets ist nicht möglich, da die Schlüssel von TGS und Dienst unbekannt sind.
- Alle Tickets und Authentifikatoren lassen sich auch vom Benutzer selbst nicht beliebig aufbewahren und verwenden – durch die Zeitvalidierung kann man die Benutzerrechte einschränken, ohne dass ihm alte Ausweiskopien weiterhelfen.

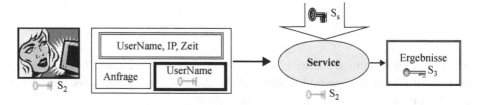

Abb. 7.11 Transaktions- (Service-) durchführung

- Da das Benutzerpasswort nur einmal eingegeben werden muss, bemerkt der Benutzer von dem ganzen Authentifikationsprotokoll nichts weiter – eine wichtige Voraussetzung für die Akzeptanz.

Die oben skizzierten drei Protokolle werden in mehreren gekoppelten LANs (**Domänen**) nun durch ein viertes ergänzt: Möchte ein Client eine Leistung eines Servers nutzen, der in einem anderen LAN arbeitet, so schickt er zuerst eine Anfrage an den TSG „seines" LANs für eine geschützte Transaktion mit dem TSG des Nachbar-LANs, dem vertraut wird. Ist dies erfolgreich, so wird in der Transaktion nach einem Transaktionsticket für den weiter benachbarten TSG gefragt, und so fort, bis der Client schließlich ein Ticket für den TSG des LANs mit dem gewünschten Server hat. Nun kann er die gewünschte Leistung direkt beim Server mit dem erhaltenen Ticket und Schlüssel durchführen, als ob dieser direkt im LAN wäre.

Das Kerberos-System ist zwar ziemlich sicher; es gibt aber einige Schwierigkeiten dabei zu überwinden:

- Der Dienst funktioniert nur, wenn die Uhren aller Rechner synchron gehen und damit die Zeitschranken überprüft werden können. Dies erfordert in Gegenden ohne Funkzentraluhr (z. B. USA) ein Zeitauthentifizierungssystem, um eine Manipulation der Uhren zu verhindern – ein Unding, da ja auch dieses auf einem solchen Dienst aufgebaut sein müsste.
- Die eingebauten festen Zeitschranken für die Transaktionsschlüssel und Sitzungsschlüssel (z. B. 5 Minuten und 8 Stunden) erzeugen Probleme, wenn Transaktionen länger dauern oder Benutzer länger arbeiten. Hier wird eine Ticket-Eigenschaft „verlängerbar" wichtig, die aber schon existiert.
- Transaktionsschlüssel und -tickets werden in Dateien abgelegt, die in Multi-user-Umgebungen von anderen evtl. gelesen werden könnten. Lokale Zugriffsbeschränkungen sind deshalb besonders hier wichtig.

Es ist deshalb noch ein langer Weg zu einem sicheren System, besonders wenn mehrere Systeme mit unterschiedlichen Sicherheitsmechanismen zusammengekoppelt werden. Aus diesem Grund gibt es Bestrebungen der X/Open-Gruppe, mit einheitlichen Sicherheitsrichtlinien XBSS (*X/Open Baseline Security Specifications*) lückenlose Sicherheit in Netzen zu erzielen.

7.11.3 Aufgaben zur Netz-Sicherheit

Aufgabe 7.11-1 Firewall

Was sind die Nachteile eines *firewall*-Systems, das alle Datenpakete untersucht?

Aufgabe 7.11-2 Recherchieren Sie: Anonymität im Netz

a) Nennen Sie mindestens vier verschiedene Kriterien, anhand deren man beim Surfen im Internet identifiziert werden kann. Erklären Sie, wie bzw. warum anhand dieser Kriterien eine Identifikation des Nutzers möglich ist.

b) Erklären Sie Gegenmaßnahmen, um eine Identifikation anhand der unter a) genannten Kriterien zu verhindern oder zu erschweren.

Aufgabe 7.11-3 Recherchieren Sie: Netzattacken

a) Erklären sie, worum es sich bei einem so genannten *Honey Pot* handelt und wie ein solcher funktioniert.
b) Wobei handelt es sich bei den so genannten DoS Attacken? Wie funktionieren diese und wie kann man sich gegen sie schützen?
c) Erklären sie das Prinzip des „*Port Knocking*".

Aufgabe 7.11-4 Kerberos

a) Was ist der Unterschied zwischen Autorisierung und Authentifikation?
b) Wozu werden in Kerberos zwei Schlüssel S_1 und S_2 statt einem benötigt? Was ist der Unterschied zwischen den Schlüsseln?

Literatur

COPS: siehe ftp://ftp.cert.org/pub/cops im World Wide Web

DFN: siehe http://www.cert.dfn.de im World Wide Web

Embleton S., Sparks S., Zou C.: SMM Rootkits: A New Breed of OS Independent Malware, Security and Communication Networks, 12(6) 1590–1605, December 2013, http://www.eecs.ucf.edu/~czou/research/SMM-Rootkits-Securecom08.pdf [10.1.2016]

Farroes R.: UNIX System Security. Addison-Wesley, Reading, MA 1991

Groll M.: Das UNIX Sicherheitshandbuch. Vogel Verlag, Würzburg 1991

Kienle M.: Firewall Konzepte: Sicherheit für lokale Netze ohne Diensteinschränkung. iX, Verlag Heinz Heise, Hannover, Juli 1994

Preneel B., Govaerts R., Vandewalle I. (eds): Computer Security and Industrial Cryptography. LNCS 741, Springer-Verlag Berlin, 1993

Russinovich M., Cogswell B.: RootkitRevealer, 2006, http://www.sysinternals.com (freeware)

Rutkowska J.: IsGameOver() Anyone? Presented at *Black Hat, USA*. Aug 2007, http://invisiblethingslab.com/resources/bh07/IsGameOver.pdf [10.1.2016]

SAT: siehe http://www.trouble.org im World Wide Web

Spafford E., Heaphy K., Ferbrache D.: A Computer Virus Primer. In: P. Denning (ed.): Computers Under Attack. Addison-Wesley, Reading, MA 1990

Steiner J. G., Neumann B. C., Schiller I.: Kerberos: An Authentication Service for Open Network Systems. Proc. Winter USENIX Conference, Dallas, TX, pp. 191–202, 1988

Wojtczuk R., Rutkowska J., Tereshkin A.: Proc. Black Hat conf. 2008
  1. Subverting the Xen Hypervisor,
     http://invisiblethingslab.com/resources/bh08/part1.pdf [10.1.2016]
  2. Detecting & Preventing the Xen Hypervisor Subversions,
     http://invisiblethingslab.com/resources/bh08/part2-full.pdf [10.1.2016]
  3. Bluepilling the Xen Hypervisor,
     http://invisiblethingslab.com/resources/bh08/part3.pdf [10.1.2016]

Benutzeroberflächen

8

Inhaltsverzeichnis

Der Benutzer eines Programms kann nicht sehen, was sich im Rechner abspielt. Deshalb ist es für die Bedienung eines interaktiven Programms wichtig, die Ein- und Ausgabe so zu konzipieren, dass der Benutzer immer weiß, was von ihm erwartet wird. Die Art und Weise, wie die Aktionen zwischen den Programmen eines Rechners und dem Benutzer gestaltet werden, wird als **Benutzeroberfläche** (Bedienoberfläche, Bedieneroberfläche, *user interface*) bezeichnet. Dabei spielen Eingabe sowie Darstellung und Ausgabe der

© Springer-Verlag GmbH Deutschland 2017   **351**
R. Brause, *Betriebssysteme*,
DOI 10.1007/978-3-662-54100-5_8

verarbeiteten Daten eine wichtige Rolle. Neben den traditionellen, menschenlesbaren Ausgabegeräten wie Drucker und Plotter ist heute vor allem die grafische Darstellung (*Visualisierung*) der Daten am Bildschirm in den Vordergrund gerückt.

Allerdings stellt die grafisch-interaktive Benutzeroberfläche heutiger Computer hohe Anforderungen an die Rechnerressourcen und ist deshalb sowohl vom Codeumfang als auch vom Ressourcenverbrauch (CPU, Speicher usw.) einer der Hauptteile eines personenbezogenen Rechners geworden, die fest im Betriebssystem verankert sein müssen, um effizient zu funktionieren. Dazu werden auf der Hardwareseite spezialisierte Grafikkarten mit Grafikprozessoren und schnellem Bildwiederholspeicher vorgesehen. Auch im Hauptprozessor sollen zusätzliche Maschinenbefehle für Grafik (z. B. Intel MMX) helfen, die Programmabarbeitung zu beschleunigen.

Die Unterstützung des Betriebssystems für die grafisch-interaktive Benutzeroberfläche ist deshalb ein wichtiges Anliegen an die Architektur aller modernen Betriebssysteme. Aus diesem Grund wollen wir uns in diesem Abschnitt näher mit den Anforderungen, Konzepten und Implementierungsfragen von Benutzeroberflächen im Hinblick auf die traditionellen Betriebssystemteile und Rechnerressourcen beschäftigen.

8.1   Das Design der Benutzeroberfläche

Die heutigen grafischen Benutzeroberflächen basieren auf den grundlegenden Arbeiten der Xerox-Forschungsgruppen um den STAR-Computer und das Smalltalk-80-Projekt Anfang der 80er Jahre. Sie konzipierten nicht nur einen Einpersonencomputer mit einem seitengroßen Rastergrafik-Bildschirm (für damalige Verhältnisse revolutionär und viel zu kostspielig, weshalb der Xerox-STAR und seine Kopie, das Apple-Lisa-System, keine kommerziellen Erfolge wurden), sondern entwickelten auch systematisch sowohl die radikal objektorientierte Sprache als auch die Benutzeroberfläche dazu. Dabei modellierten sie auf dem Bildschirm die Büroumgebung dadurch, dass jedem Gegenstand wie Papierseite, Papierkorb, Drucker, Ablage, Ordner etc. ein symbolisches Bild (**Ikon**) zugeordnet wurde, aus dem man seine Bedeutung erkennen kann. Die normalen Aktionen (wie Mappe öffnen, Dokument ablegen usw.) wurden als Aktionen zwischen den Ikonabbildern der Realität auf einer imaginären Schreibtischoberfläche modelliert (**Schreibtischmetapher**).

Motiviert durch experimentelle Erfahrungen, stellten sie folgende Leitideen auf:

- Statt sich viele Tastensequenzen für die Aktionen zu merken und sie jeweils einzutippen, soll der Benutzer die Aufgabe direkt zeigen können, die er erledigen will. Dazu entwickelten sie ein **Zeigeinstrument**, die „Maus". Die Anzahl ihrer Tasten ergab sich in Experimenten optimal zu zwei; drei waren zu kompliziert zu bedienen, und eine war zu wenig.

- Das **Selektieren** von Text durch Ziehen der Maus oder Mehrfachklicken zum Selektieren unterschiedlich großer Textteile wurde hier zum ersten Mal verwirklicht.

- Statt sich alle möglichen Kommandos zu merken und einzutippen, sollten sie von der jeweiligen Anwendung als Auswahlliste (**Menü**) angeboten werden. Diese kann auch hierarchisch mit Untermenüs strukturiert sein („progressiver Ausschluss" möglicher Befehle).
- Die Anzahl der Kommandos sollte möglichst gering sein, die Kommandos selbst möglichst universal und unabhängig (**orthogonal**) voneinander in ihren Auswirkungen. Folgende Befehle wurden als ausreichend angesehen: MOVE, COPY, DELETE, UNDO, HELP und ShowProperties. Beispielsweise kann man mit COPY sowohl eine Textzeile im Editor als auch ein ganzes Dokument oder ein Bild kopieren, obwohl dies jeweils unterschiedliche Funktionen impliziert. Bei „ShowProperties" handelt es sich um die Präsentation eines interaktiv änderbaren Datenblatts, das die Aus- und Eingabe von Kontextparametern gestattet, etwa von Schriftgröße, Stil, Art etc. bei einem Textobjekt.
- Die Universalkommandos wurden sowohl speziell reservierten Funktionstasten zugeordnet (**shortcut**) als auch als Menü am rechten Mausknopf angeboten.
- Alle Daten (Properties) und Dokumente entstehen durch Veränderung bestehender Daten und Anpassung an die spezielle Aufgabe, ähnlich einer Objektvererbungshierarchie. Deshalb existierte auch kein CREATE-Kommando; die Autoren sahen es als zu komplex für Menschen an.
- Der Benutzer sollte nur immer auf einer Programmebene sein, von der aus er alle Aktionen starten kann, und nicht in einem Modus landen, bei dem er nicht mehr weiß, wo in der Eingabehierarchie er sich befindet und wie er wieder herauskommt („Don't mode me in"). Dazu wurden z. B. bei Smalltalk alle Operationen in polnischer Notation erfasst: Zuerst werden die Argumente ausgewählt, dann die Funktion für die Argumente.
- Das Aussehen der Dokumente auf dem Bildschirm entspricht dem tatsächlichen Ausdruck (*What You See Is What You Get:* **WYSIWYG**). Dazu wurde der Bildschirm wie ein Blatt Papier hochkant gestellt und verschiedene Buchstabenfonts und -größen eingeführt.

Als problematisch wurde die Abbildung der physikalischen Geräte auf ihre elektronische Simulation (Ikon) empfunden: Was sollte z. B. mit einem Dokument geschehen, wenn man es auf ein Druck-Ikon zieht? Soll es auf dem Schreibtisch verbleiben und eine Kopie davon im Drucker? Dies gibt es nicht in der Wirklichkeit. Oder soll es im Drucker verschwinden? Dann müsste es danach auch gelöscht sein S oder soll es nach dem Druck wieder „herauskommen"?

Es ist erstaunlich, wie selbstverständlich vieles von der Schreibtischmetapher heutzutage Eingang in die Benutzeroberfläche von Computern gefunden hat, ohne dass ihr konkreter Nutzen experimentell belegt wird. Statt optimale Einstellungen für die Fenster und Ikone (z. B. Komplexität, Farbe etc.) auf fundierter Grundlage zu bestimmen, wird es dem Benutzer überlassen, selbst das Beste für ihn herauszufinden (*Benutzeranpassung* der Oberfläche).

Allerdings haben sich auch einige allgemeine Designprinzipien herauskristallisiert, die unverbindlich als *style guides* vorgeschlagen für jede konkrete Benutzeroberfläche mit Inhalt gefüllt werden müssen. Sie sollen verhindern, dass ein bestehendes Element in seinem Verhalten geändert wird und neue Elemente hinzugefügt werden, wenn die gewünschten Funktionen schon von der Oberfläche unterstützt werden. Beispielsweise sollen gelten (Microsoft 1995):

- *Benutzerkontrolle (user in control)*
  Der Benutzer muss immer die Kontrolle über den Rechner haben und nicht nur reagieren. Dies bedeutet, auch automatische Arbeitsgänge kontrollierbar zu machen sowie keine Zustände (*modes*) in der Benutzerschnittstelle zu verwenden (s.o.). Falls es sich aber nicht umgehen lässt, sollte dieser Zustand sichtbar sein und einfach abgebrochen werden können.
- *Rückkopplung (feedback)*
  Die Benutzeroberfläche sollte ein Eingabeecho oder eine Reaktion bereitstellen für den Benutzer, beispielsweise mit visuellen oder auditiven Mitteln, um ihm zu zeigen, dass alles seinen Wünschen entsprechend funktioniert. Nichts ist frustrierender als ein „toter" Bildschirm, der auf alle Eingaben scheinbar nicht reagiert.
- *Beispiele*
  - Der Mauszeiger kann seine Form ändern in einem Fenster oder während der Bearbeitung.
  - Das Objekt kann sein Aussehen charakteristisch ändern.
  - Ein Menüeintrag „verblasst", wenn er gerade gesperrt ist.
  - Eine Statuszeile zeigt numerische oder textuelle Fortschritte an.
  - Ein spezielles Fenster visualisiert als Fortschrittsanzeiger (*progress indicator*) den Fortgang der Bearbeitung.
  - Ein Nachrichtenfenster (*pop-up message box*) erscheint.
- *Visualisierung (directness)*
  In Programmen, die Daten bearbeiten, zeige man ein visuelles Äquivalent der Daten und der auf ihnen möglichen Funktionen. Dabei ist es sinnvoll, dem Benutzer geläufige Metaphern (z. B. Schreibtischmetapher) zu verwenden. So kann sein vorhandenes Vorwissen gut eingesetzt werden; er „weiß", was er von der Oberfläche erwarten kann und wie sie funktionieren sollte. Man kann auch andere Metaphern verwenden, wenn dies angebracht ist. Beispiele dafür sind die Metapher „Arbeitsbuch" (*work book*), in dessen Seiten man blättern und Bilder und Texte hineintun oder herausnehmen kann, und die Metapher „Pinnwand" (*pin board*), um Nachrichten und Texte zum Austausch zwischen Menschen zu präsentieren.
- *Konsistenz (consistency)*
  Die Benutzeroberfläche sollte nicht plötzlich anders reagieren, als in ähnlichen Situationen gewohnt: Ähnliche Operationen sollten eine ähnliche Visualisierung und ähnlichen Ablauf haben.
  Beispiele
  - Ein nicht auswählbares Menü sollte nicht weggelassen werden, sondern aus Konsistenzgründen mitgezeigt werden.

- Wenn bei der Operation „Daten sichern" bei einer Applikation die Daten sofort gesichert werden, bei der anderen aber zuerst ein Dateiname in einem Dateiauswahlmenü angegeben werden muss, so ist dies nicht konsistent.
- Ein Mausklick selektiert in allen Programmen immer ein einziges Objekt oder eine einzige Koordinate. Wird der Mausknopf gedrückt gehalten und die Maus verschoben (*dragging*), so soll immer ein ganzer Bereich selektiert werden, beispielsweise in einem Text oder auf einem grafischen Feld.

- *Einfachheit (simplicity)*
  Bei der visuellen Präsentation muss immer ein Kompromiss gefunden werden, um nicht zuviel und nicht zuwenig Information zu geben. Techniken dafür sind
  - nur kurze und prägnante Mitteilungen und Kommandos verwenden,
  - *progressive disclosure*: Information erst dann zeigen, wenn sie nötig ist; Sachverhalte werden zuerst grob und dann (bei Bedarf) immer feiner detailliert dargestellt.

  Ein Beispiel für das Designprinzip „Einfachheit" ist das Design der Gefahrenmeldungen beim Airbus A340. Im Unterschied zum traditionellen Design, bei dem alle wichtigen und unwichtigen Fehlerlampen nebeneinander in Feldern im Cockpit aufgereiht sind, werden bei diesem modernen, computergesteuerten Flugzeugtyp die Fehlermeldungen auf dem Hauptmonitor eingeblendet. Dabei wird nicht jeder Fehler aufgelistet, sondern nur immer der zum Zeitpunkt wichtigste und kritischste. In Übersichtszeichnungen kann der Pilot sich dann anzeigen lassen, an welcher Stelle im Flugzeug, in welchem System und in welchem Kontext der Fehler aufgetreten ist.

- *Ästhetik (Aesthetics)*
  Eine Oberfläche sollte nicht nur funktionalen Erfordernissen genügen; für den Benutzer sind vielmehr auch ästhetische Aspekte wichtig: Ein farbiger Bildschirm sieht hübscher aus als ein grauer. Allerdings muss man darauf achten, nicht die Einfachheit dabei preiszugeben: Barocke Bildschirme verwirren nur. Die grafischen Elemente sollten sinnvoll und übersichtlich gegliedert sein. Da alle Elemente um die Aufmerksamkeit des Benutzers konkurrieren, sollte man sich gut überlegen, worauf man Aufmerksamkeit lenken will und warum.

8.2 Die Struktur der Benutzeroberfläche

Eine komplexe grafische Benutzeroberfläche kann es einem geübten Benutzer leichter machen, das Anwendungsprogramm zu bedienen; sie kann aber auch eine zusätzliche Hürde darstellen und die Bedienung erschweren. Aus diesem Grund ist es zum einen besonders wichtig, die Benutzeroberfläche sehr sorgfältig zu konzipieren, und zum anderen, die einmal eingeführte Oberfläche möglichst nicht zu ändern.

Diese Forderungen werden am ehesten dadurch erfüllt, dass nicht jedes Programm seine eigene, individuell und damit teuer programmierte Oberfläche erzeugt, wie es in der Vergangenheit üblich war, sondern dass von dem Betriebssystem bereits eine einheitliche

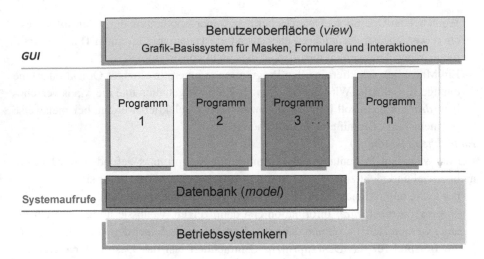

Abb. 8.1 Benutzeroberfläche und Gesamtsystemstruktur

Benutzeroberfläche zur Verfügung gestellt wird. Die Funktionalität sollte möglichst viele Anwendungen unterstützen und besteht deshalb meist nur aus allgemeiner Ein- und Ausgabeunterstützung wie Funktionstasten, Maus, Fenster, Ein- und Ausgabemasken etc. Diese Funktionen werden in einer Schnittstelle (*Graphical User Interface GUI*) zusammengefasst, die vom Anwendungsprogrammierer über eine Standardschnittstelle (*Application Programming Interface API*) mit Hilfe von Bibliotheksprozeduren angesprochen werden können. In der folgenden Abb. 8.1 ist ein Übersichtsschema in der Schichtennotation für die Einordnung einer solchen Benutzerschnittstelle gezeigt.

Ein besonderes Problem liegt vor, wenn man eine grafikorientierte Benutzeroberfläche durch ein Terminal mit beschränkten grafischen Möglichkeiten darstellen will.

Dies wurde beispielsweise mit dem POINT-Projekt (Verband Deutscher Maschinen und Anlagenbau VDMA) versucht, das die Benutzeroberfläche nicht nur auf einem vollgrafischen Farbbildschirm-Arbeitsplatz, sondern auch auf einem rein Schwarzweiß-ASCII-Terminal unterstützt. Spezielle Displaymanager übernehmen dann die (unvollständige) Abbildung der Ausgabefunktionen wie Fensteraufbau und Aktualisierung einer Statuszeile.

8.2.1 Eingaben

Die klassische Art und Weise, Texte und Befehle in einen Computer zu transferieren, ist die Tastatur. Üblicherweise existieren neben den reinen Buchstaben des Alphabets zusätzliche Tasten, die spezielle Kontrollfunktionen ausüben. Neben den Tasten ↑, ↓, →, ← zum Verschieben des Aufmerksamkeitspunktes (Eingabemarkierung, *cursor*) auf dem Bildschirm

	0	1	2	3	4	5	6	7	8	9	A	B	C	D	E	F
0X	NUL	SOH	STX	ETX	EOT	ENQ	AC	BEL	BS	HT	NL	VT	NP	CR	SO	SI
1X	DLE	DC1	DC2	DC3	DC4	NA	SYN	ETB	CA	EM	SUB	ESC	FS	GS	RS	US
2X	SP	!	„	#	$	%	&	'	(	)	*	+	,	-	.	/
3X	0	1	2	3	4	5	6	7	8	9	:	;	<	=	>	?
4X	@	A	B	C	D	E	F	G	H	I	J	K	L	M	N	O
5X	P	Q	R	S	T	U	V	W	X	Y	Z	[	\	]	^	_
6X	`	a	b	c	d	e	f	g	h	i	j	k	l	m	n	o
7X	p	q	r	s	t	u	v	w	x	y	z	{	|	}	~	DEL

Abb. 8.2 Die ASCII-Buchstabenkodierung

gibt es noch Tasten für das Umschalten von Klein- auf Großbuchstaben (SHIFT), von einem Buchstabensatz auf einen anderen (ALTERNATE) und von Buchstabeneingabe auf Befehle (CONTROL).

Die Gesamtmenge der so erzeugten Tastenkombinationen (symbolische Eingaben) wird nun vom Tastaturprozessor auf einen internen Zahlencode abgebildet, der vom Betriebssystem-Gerätetreiber in den offiziellen, international genormten Zahlencode für die Buchstaben umgesetzt wird. Bedingt durch die Herkunft der ersten Computer ist dies das amerikanische Alphabet, standardisiert in 128 Zeichen. Der derart mit 7 Bits beschriebene Zahlencode, der *American Standard Code for Information Interchange* ASCII, ist in Abb. 8.2 zu sehen. Außen an der Tabelle ist der Zahlencode in hexadezimaler Schreibweise notiert. Der Wert der ersten vier Bits ist am linken Rand vertikal eingetragen, der der zweiten vier Bits horizontal am oberen Rand. Die beiden ersten Zeilen der Tabelle enthalten nur Kontrollzeichen wie Eingabeende EOT, Horizontaltabulator HT, Zeilenrücklauf CR usw. Nun besteht die Welt nicht nur aus Nordamerika, so dass sich bald die Notwendigkeit ergab, für eine verständliche Ausgabe auch europäische Zeichen wie ü, ä, æ und ê in den bestehenden Code aufzunehmen. Dies führte zu einem 8-Bit-ANSI-Code, der von der ISO (*International Standards Organization*) genormt wurde, beispielsweise *Latin-1* (ISO 8859-1) für Westeuropa und *Latin-2* für Osteuropa.

Allerdings hört die Welt auch nicht bei Europa auf, so dass die Notwendigkeit, verschiedene Softwarepakete wie Texteditoren auch für den arabischen, chinesischen und indischen Markt zu schreiben, bald dazu führte, die Zeichenkodierung auf mehr als 8 Bit auszudehnen, siehe (Madell et al. 1994).

Ein wichtiger Versuch in diese Richtung ist die Entwicklung eines „universellen" Codes, des **Unicodes**, in dem alle Schriftzeichen der Weltsprachen enthalten sind (UNI 1997). Zusätzlicher, freier Platz in der Codetabelle garantiert ihre Erweiterbarkeit. In Abb. 8.3 ist die Auslegung des Unicodes, beginnend mit dem 16-Bit-Code 0000_H und endend mit $FFFF_H$, gezeigt. Man kann erkennen, dass der Unicode als Erweiterung des ASCII-Codes konzipiert wurde, um Verträglichkeit mit den bestehenden Standardsystemen zu

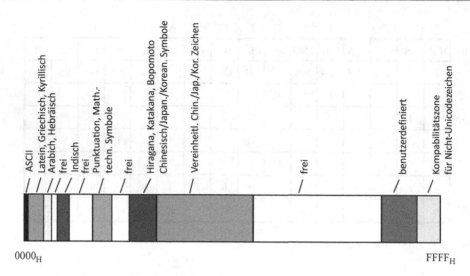

Abb. 8.3 Auslegung des Unicodes

ermöglichen. Obwohl es sehr viele Schriftarten (*Fonts*) gibt, kann man beim Unicode mit einer 16-Bit-Kodierung auskommen, da die Information, *welches* Zeichen verwendet wird, streng von der Information getrennt wird, *wie* es verwendet wird. Alle Formatierungsinformationen (Schriftart, Darstellungsart fett/ schräg usw.) werden vom Zeichencode getrennt verwaltet und sind typisch für den jeweiligen Texteditor. Der Unicode ist genormt (ISO 10646) und wird ständig weiterentwickelt.

Ein weiterer wichtiger Code ist der 32-Bit-(4-Byte)-**Extended-UNIX-Code** EUC, der eine Multibyte-Erweiterung des UNIX(POSIX)-US-ASCII-Zeichensatzes darstellt. Asiatische und andere komplexe Schriftzeichen werden als Folge mehrerer ASCII-Buchstaben auf der normalen Tastatur eingegeben und als landesspezifischer EUC abgespeichert.

Beispiel UNIX *Eingabecode*

Seit dem Beginn wird in UNIX bzw. POSIX ausschließlich der US-ASCII-Zeichensatz verwendet. Erst in neueren Versionen wird auf nationale Besonderheiten eingegangen. Beispielsweise installierte die Firma Hewlett-Packard eine spezielle Erweiterung, das *Native Language Support* NLS, die auch in Linux verwendet wird. Sie besteht zum einen aus einer Reihe von Umgebungsvariablen (LANG, LC_XX), die in der Prozessumgebung eines Benutzers, wenn sie korrekt gesetzt werden, den lokalen Teil der Bibliotheksroutinen und sprachspezifischen Kommandos (*ed, grep* usw.) des Betriebssystems steuern. Hierzu gehören nicht nur die sprachspezifischen Besonderheiten wie die richtige Verwendung von Multibyte-Codes bei String-Vergleichen (z. B. ss = ß im Deutschen, LLL = LL im Spanischen) oder die Identifizierung von Buchstabencodes als Großbuchstaben, Zahlen, Kontrollzeichen usw., sondern auch die korrekte, landesübliche Anwendung von Punkt und Komma bei numerischen Ausdrücken, (z. B. 1.568,74, Datumsformat) sowie die Bezeichnung der Landeswährung.

Beispiel Windows NT *Eingabecode*

Im Gegensatz zu UNIX wurde in Windows NT bereits beim Design ein Multinationaler Zeichencode für das Betriebssystem festgelegt, der Unicode. Dies bedeutet, dass alle Zeichenketten, Objektnamen, Pfade usw. nur Unicode-Zeichen verwenden. Es sind also auch chinesische Objektnamen in indischen Pfaden auf deutschen Computern möglich! Die landestypischen Gegebenheiten wie Zeitzone, Währungsnotation, Sprache usw. wird unabhängig davon bei der Einrichtung des Systems festgelegt und zentral abgespeichert.

Neben der Tastatur für die Eingabe von Buchstaben gibt es heutzutage noch weitere, menschengerechtere Eingabemöglichkeiten.

- *Funktionstasten*
  Eine einfache Erweiterung bietet die Möglichkeit, Tasten für besondere Funktionen bereitzustellen. Dies ist ein konzeptionell wichtiger Schritt, da hiermit neben der Eingabe alphanumerischer Daten auch das Ansprechen von Funktionen ermöglicht wird. Es ist deshalb logisch wichtig, die konzeptionell getrennten Daten und Funktionen im Programm auch beim Eingabemedium getrennt zu halten, um Verwechslungen zu vermeiden. Nur eine schlechte Benutzeroberfläche vermischt beide Funktionen, etwa das Anhalten der Ausgabe mit CTRL S oder, noch schlimmer, die Steuerung von Programmen durch einzelne Buchstabentasten.
- *Zeigegeräte*
  Einen wichtigen Schritt zur analogen Eingabe bedeutete die Einführung von Zeigegeräten wie „Maus" oder „Trackball". Hier kann die Position eines Zeigers auf dem Bildschirm leichter kontrolliert werden als mit speziellen Funktionstasten (Cursortasten).
- *Grafische Tabletts*
  Eine große Hilfe bedeutet auch die direkte Übermittlung der Position eines Stifts auf einem speziellen elektronischen Eingabebrett. Obwohl seine prinzipielle Funktion die eines Zeigegeräts ist, kann man damit auch Formen direkt in den Computer übertragen, z. B. Daten von biomedizinischen oder architektonischen Vorlagen, Funktionen und Kurven, oder es für Unterschriften zur Scheckverifikation verwenden.
- *Scanner*
  Das grafische Tablett ist allerdings in den letzten Jahren bei den meisten Anwendungen durch hochauflösende, optoelektronische Abtastgeräte, die Scanner, ersetzt worden. Zusammen mit der Tendenz, Ergebnisse nicht mehr auf Papier zu speichern, sondern elektronisch und damit auch direkt verarbeitbar zu machen, haben sie sich auf diesem Gebiet durchgesetzt.

- *Spracheingabe*
  Eine der benutzerfreundlichsten Eingabeschnittstellen ist zweifelsohne die Spracheingabe. Obwohl die benutzerabhängige Spracherkennung einzelner Worte in leiser
  Umgebung gut gelingt, lassen die Systeme für eine sprecherunabhängige, störfeste
  Spracherkennung allerdings noch viel zu wünschen übrig. Auch ihr Nutzen ist sehr
  umstritten: Zwar ist die Spracheingabe bei allen Menschen, die bei der Rechnerbedienung die Hände zur eigentlichen Arbeit frei haben müssen (Chirurgen etc.) sehr beliebt,
  doch findet sie bei Büroangestellten mäßige Resonanz, da die Sprache zum einen nicht
  unbedingt genauer ist als ein Zeigeinstrument, und zum anderen dauerndes Reden beim
  Arbeiten störend sein kann.

8.2.2 Rastergrafik und Skalierung

Für die Grafikausgabe wird oft ein spezielles Modell benutzt: das Modell einer Rastergrafik. Es benutzt ein Koordinatensystem für Zeichnungen, wie es bei einem Bildschirmraster
entsteht. Ausgangspunkt (0,0) der (x,y) Koordinate ist dabei die linke obere Ecke, wobei
die Indizes der Bildpunkte (Pixel) ähnlich der einer transponierten Matrix angeordnet
sind. Für einen Bildschirm mit 1024×768 Punkten ist dies in Abb. 8.4 zu sehen.

Das Rastergrafikmodell weist im Unterschied zu einer Vektorgrafik, die die Koordinaten nur als geometrische Punkte, (also z. B. als Anfangs- und Endpunkte von Linien)
betrachtet, jedem Punkt einen definierten Farbwert zu, der als Zahl gespeichert wird. Der
Bildwiederholspeicher der Rastergrafik muss also anders als bei der Vektorgrafik für jeden
Bildpunkt (Koordinate) des gesamten Bildschirms eine Speichereinheit vorsehen. Aus
diesem Grund bevorzugte man früher Vektorgrafik, die sehr wenig Speicherplatz benötigt.
Allerdings dauert das Neuzeichnen (*refresh*) komplizierter Grafiken durch das Neuzeichnen aller Grafikelemente in der Liste bei Vektorgrafiken sehr lange, was bei älteren Bildschirmen (phosphorbeschichtete Scheibe!) und komplexen Vektorgrafiken zu Flackern
führte.

Die moderne Technologie der Rasterbildschirme (Fernseh- oder Flüssigkeitskristallbildschirme mit Bildwiederholspeicher) ist stark mit dem Programmiermodell der Bildschirme
verbunden und damit in die Konzeption der Grafiksoftware eingeflossen. Jeder Bildpunkt wird

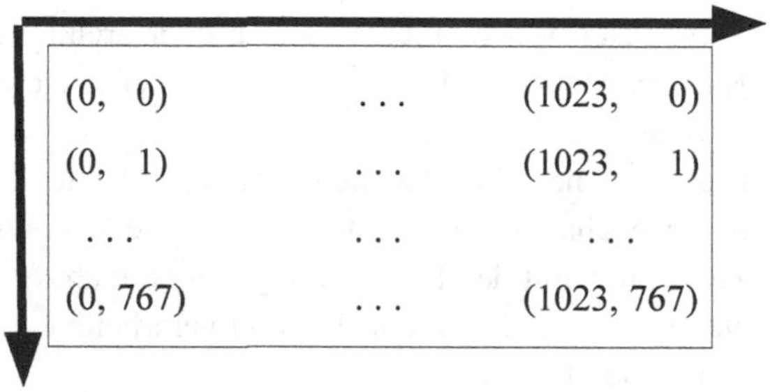

Abb. 8.4 Die Pixelkoordinaten der
Rastergrafik

in seiner Farbe durch einen Farbwert (eine Zahl) aus mehreren Bits ($b_0, b_1, \ldots, b_n$) beschrieben. Vielfach können die Bits mit gleichem Index vom Displaycontroller hardwaremäßig extra zu einem Bild zusammengefasst werden. Ein solches Bild wird auch als **Ebene** bezeichnet.

Beispiel *Bildschirmebenen*

Ein Bild habe 8 Bits = 1 Byte pro Bildpunkt. Teilen wir dieses in 6 + 2 Bits auf, so ist es möglich, softwaremäßig einen Vordergrund aus 2^6 Farben (z. B. eine Figur) vor einem Hintergrund (z. B. ein Sternhimmel) aus 2^2 Farben zu stellen. Über spezielle Hardwarebefehle können wir die Daten einer Ebene (z. B. den Vordergrund) verschieben, so dass der Eindruck einer bewegten Figur vor unbewegtem Hintergrund entsteht, ähnlich einer Kulissenlandschaft. In der Hardware für Videospiele gibt es meist noch die Möglichkeit, mehrere kleine, rechteckige Ebenenausschnitte (*sprites*) für die Visualisierung von Figuren über eine extra Ansteuerung auf dem Bildschirm zu bewegen.

Die Farben selbst werden meist als Mischung aus den Farben Rot, Grün und Blau (RGB-System) angegeben. Da die Zusammenfassung aller drei Farbintensitäten (z. B. je 8 Bit) zu einer einzigen Zahl (24 Bit!) zu viele Bits beansprucht, ist bei jedem Pixel nicht die RGB-Zahl notiert, sondern nur der Index (Adresse) der Farbe in einer besonderen Tabelle, der **Color Lookup Table** (CLUT). Das resultierende Zugriffsschema für den Farbwert eines Pixels beim Display ist damit der einstufigen Adressübersetzung aus Abschn. 3.3 sehr ähnlich. In Abb. 8.5 ist als Beispiel der Datenfluß für einen hellvioletten Punkt mit dem Farbwert (R,G,B) = (215,175,240) an der Stelle (x,y) gezeigt. Man beachte, dass zwar jeder Pixel nur 3 Bits Speicherplatz beansprucht, aber über eine Farbgenauigkeit („Farbtiefe") von 24 Bits verfügt. Die Begrenzung der Pixelbeschreibung auf 3 Bit wirkt sich dabei nicht auf die Farbtiefe, sondern auf den maximalen Index in der CLUT, also auf die Anzahl der gleichzeitig darstellbaren Farben aus. Zur Darstellung der digitalen RGB-Farbwerte müssen die digitalen Werte erst in ihr analoges Äquivalent mittels eines D/A-Konverters gewandelt werden, also z. B. die Werte 0–255 in Spannungen 0,0–1,0 Volt, mit denen die Farberzeugungsquellen (z. B. Elektronenstrahlen) angesteuert werden.

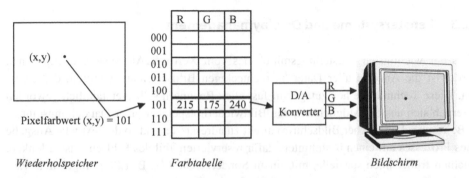

Wiederholspeicher   *Farbtabelle*   *Bildschirm*

Abb. 8.5 Farbwertermittlung über eine Color Lookup Table

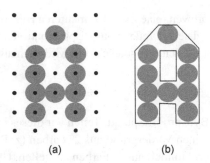

(a)   (b)

Abb. 8.6 Ein Buchstabe (**a**) im 5×7-Raster und (**b**) als Umrandung

Allerdings hat das Denken in Pixelbereichen einen entscheidenden Nachteil: Die Auswirkungen der Funktionen sind sehr von der tatsächlich verfügbaren Hardware (Bildschirmauflösung etc.) abhängig. Beispielsweise werden Vierecke und Fenster der Bildschirmgröße entsprechend skaliert, nicht aber Schriften, die als feste Pixelblöcke (*pixmaps*) definiert werden können. Mischen wir nun Grafik (z. B. Fenster) und Text (z. B. Bezeichnungen), so ist die Lage des Textes in der Grafik von der Bildschirmauflösung abhängig, was zu sehr unschönen Effekten führen kann und eine hardwareunabhängige Benutzerschnittstelle sehr erschwert.

Eine wichtige Alternative zu pixelorientierten Schriften sind die *skalierbaren* Schriften. Bei Ihnen wird ein Buchstabe nicht durch seine Bildpunkte (Pixel) sondern durch den Umriss und die Farbe bzw. Struktur (*Textur*) der darin enthaltenen Fläche charakterisiert. Dies ist zwar zunächst umständlich und ineffizienter bei der Speicherung und Darstellung, aber die Umrissbeschreibung lässt sich im Unterschied zu den Pixelfeldern beliebig vergrößern und verkleinern. In Abb. 8.6 ist links eine pixelorientierte und rechts ein skalierbare Beschreibung des Buchstabens „A" gezeigt. Die tatsächlich zu sehenden Bildpunkte sind jeweils grau schraffiert.

Eine solche Beschreibungsart aus Umriss und Textur ist zwar aufwendiger, aber sie lässt sich für alle wichtigen grafischen Elemente der Benutzeroberfläche (Balken, Kreise, Ikone usw.) einheitlich vorsehen und damit sehr effizient in den Grafikroutinen des Betriebssystems verankern sowie leicht Spezialprozessoren übertragen.

8.2.3   Fenstersysteme und Displaymanagement

Eines der wichtigsten Darstellungsmittel, das vom Xerox-STAR-System übernommen wurde, ist die Anzeige aller Daten in rechteckigen Bildschirmausschnitten, den Fenstern. Diese Technik, die heutzutage auf fast allen Rechnern selbstverständlich geworden ist, ergab sich aus der Möglichkeit, den Bildwiederholspeicher einer Darstellungseinheit (z. B. Terminal, grafischer Bildschirm) direkt zu adressieren und so die textuelle Ausgabe eines Prozesses auf einen bestimmten, dafür reservierten Teil des Bildschirms zu lenken. Reichten früher noch spezielle, mit einem Sonderzeichen (z. B. ESC) eingeleitete Zeichenketten (*Escape-Sequenzen*) als Befehle für den Displayprozessor aus, so wurde dies bei den heutigen Fenstersystemen durch komplexe Funktionen ersetzt, bei denen die Fensterdaten (Größe, Position, Ausschnitt usw.) interaktiv durch die Eingabegeräte (Maus, Joystick usw.) verändert werden können.

Die Prozessstruktur einer grafischen Anwendung hat sich dadurch gewandelt: Enthielt das Anwendungsprogramm früher noch alle grafischen Ausgabeprozeduren als Bibliothek (s. Abb. 8.7), so ist dies heutzutage meist abgetrennt.

Die Eingaben wie Mausposition, Mausklicks, Texteingabe usw. werden von einem extra Prozess verwaltet, dem Fenstermanager (*window manager*), siehe Abb. 8.8. Beide Prozesse sind durch eine Client-Server-Beziehung miteinander verbunden: Der Anwenderprozess als Client beauftragt den Fenstermanager als Server mit grafischen Darstellungswünschen.

Dabei ist der Manager grundsätzlich als Programm mit Endlosschleife (*Dämon*) konzipiert, wobei als Reaktion auf Benutzereingaben Aktionen durchgeführt werden:

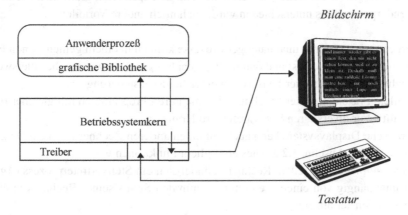

Abb. 8.7 Systemstruktur einer traditionellen Benutzeroberfläche

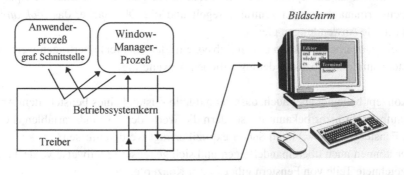

Abb. 8.8 Systemstruktur einer fensterorientierten Benutzeroberfläche

```
InitProcess
LOOP
    waitForEvent                (Mausklick,                    Tastatur,
                    AusgabeDesBenutzerprogramms,..)
    executeNecessaryProcedures;
END (*LOOP*)
```

Das Fensterprozesssystem ist also meist ereignisgesteuert. Als asynchrone Ereignisse
werden nicht nur die Eingaben von außen (Mausklicks usw.) verarbeitet, sondern auch die
grafischen Aufträge des Anwenderprogramms. Hier hilft ein nachrichtenbasiertes Ereig-
nissystem, das alle Eingaben und Aufträge in ein einheitliches Nachrichtenformat bringt
und in die zentrale Warteschlange des Window-Managers hängt.

Die Funktionsaufteilung zwischen Anwendungsprogramm und Window-Manager bietet
außer der sauberen Aufgabentrennung, bei der zwischen Standardaufgaben der Fenster-
verwaltung (Aufgaben der Benutzeroberfläche) und den speziellen grafischen Elementen
des Anwenderprogramms unterschieden wird, auch noch andere Vorteile:

- Die Ergebnisse mehrerer, unabhängiger Prozesse können in einem gemeinsamen Fenstersystem zusammengefasst und damit überschaubar gemacht werden, beispielsweise
  – Ergebnisse verschiedener Sensoren in einer Industriesteuerung,
  – parallele Präsentation der Ergebnisse bei mehreren Programmen mit gleicher Funk-
    tionalität zur diversitären Softwarefehlertoleranz.
- Das grafische Displaysystem kann auch auf einen anderen Rechner in einem Netz ver-
  lagert werden, s. Abschn. 8.2.5. Dies ermöglicht Funktionen wie
  – *Netzmonitoring*: Auf jedem Rechner befindet sich ein Stellvertreterprozess (*Agent*),
    der unabhängig von einem Zentralprogramm den Status seines Rechners in einem
    eigenen Fenster anzeigt.
  – *Netzmanagement*: Softwareverteilung und -wartung kann von einem zentralen Arbeits-
    platz aus organisiert werden, indem z. B. auf jedem Rechner als Stellvertreterprozess
    ein Terminal-Emulatorprozess existiert, der seine Ausgabe auf das zentrale Display gibt.
- Das Fenstermanagement ist zentral geregelt und die Oberfläche, das *look-and-feel*,
  damit für alle Anwendungen gleich.
- Die Ereignisbearbeitung kann einem Subsystem (dem Server) übertragen werden und
  entlastet somit den Prozessor der eigentlichen Anwendung.

Dieses Konzept bedeutet aber auch, dass der aktuelle Zustand eines Fensters dem Anwenderprogramm nicht mehr bekannt ist, sondern die Werte der Zustandsvariablen (Fenster-
position, Fenstergröße usw.) beim Server explizit erfragt werden müssen.

Fenster können auch übereinanderliegen und sich gegenseitig teilweise verdecken. Für
nicht gezeichnete Teile von Fenstern gibt es zwei Konzepte:

- Entweder wird das gesamte Fenster vom Server gespeichert, so dass beim Offenlegen
  bisher verdeckter Fensterteile (z. B. beim Vergrößern eines Fensters oder Verschieben

darüberliegender Fenster) automatisch der Fensterinhalt ergänzt wird. Dies erfordert mehr Speicher für den Serverprozess, erspart aber zusätzliche Prozeduren zum Ergänzen fehlender Fensterinhalte im Anwenderprogramm.

- Oder aber das Anwendungsprogramm muss fehlende Fensterteile im Bedarfsfall immer neu zeichnen. Dies erfordert zwar weniger Speicher beim Server, aber dafür spezielle Prozeduren beim Anwenderprogramm und ergibt eine erhöhte dynamische Last des Anwenderprozessors.

Die tatsächliche Implementierung hängt stark vom verwendeten Fenstersystem ab. Überlässt man die Entscheidung darüber der zur Laufzeit vorhandenen Konfiguration des Servers (Speicherausbau etc.) und dem Anwendungsprogrammierer, so kann der Fall auftreten, dass sowohl bei der Anwendungsprogrammierung als auch beim Serverspeicher gespart wurde und die Anwendung deshalb in der gewünschten Fensterumgebung nicht fehlerfrei läuft, obwohl kein Programmierfehler vorliegt. Es ist deshalb sinnvoll, feste Konventionen für den Display vorzuschreiben.

8.2.4 Virtuelle Realität

In neuerer Zeit sind für eine perfekte Simulation von bewegten Szenen spezielle Ein- und Ausgabegeräte dazugekommen, die die dritte Dimension in der Benutzeroberfläche ermöglichen. Beispielsweise gibt es Mäuse und Zeiger, die es gestatten, eine 3D-Position anzusteuern oder Eingabegeräte, welche die Position des menschlichen Kopfes (Tracker) oder Gliedmaßen (Datenhandschuh) feststellen. Fortgeschrittene Systeme ermitteln den Zustand der menschlichen Ausdrucksfähigkeiten durch Fernsehkameras und Abstandssensoren. Dadurch werden zusätzliche Eingabearten wie Gestik oder Mimik möglich. Auch die grafische Darstellungstechnik wurde derart ergänzt, dass durch spezielle Brillen oder Displaygeräte jedes Auge einzeln angesteuert werden kann und dadurch ein räumlicher Eindruck beim Benutzer entsteht.

Abgesehen von den zur Zeit noch unvollkommenen Möglichkeiten und ihrem hohen technischen und finanziellen Aufwand bringt die virtuelle Realität allerdings keine prinzipiell neuen Überlegungen zur Benutzerschnittstelle, sondern perfektionieren sie und ermöglichen darüber hinaus neue Anwendungen, wobei noch zusätzliche Probleme (wie physische Übelkeit bei Telemetriesteuerungen etc.) dazukommen. Alle in den vorigen Abschnitten beschriebenen Möglichkeiten und Probleme lassen sich direkt in den 3D-Kontext übertragen, so dass auch für die 3D-Schnittstellen die oben beschriebene Systemgliederung in eine Client-Server-Architektur sinnvoll ist.

8.2.5 Das Management der Benutzeroberfläche

Eine besondere Rolle bei den grafischen Oberflächen nimmt die Verwaltung der Objekte, das *User Interface Management System UIMS*, ein. Die Verwaltung ist als Softwarepaket noch zusätzlich unterteilt in eine Unterstützung der Ein- und Ausgabe mit verschiedenen Geräten wie Maus, Grafiktabletts, Lautsprecher usw. sowie die reinen Grafikprozeduren auf der einen Seite und der Verwaltung der Eingabeereignisse und Ausgabewünsche auf der anderen Seite. Das typische Erscheinungsbild einer Benutzeroberfläche (*look-and-feel*), also die grafische Präsentation und das Verhalten der grafischen Objekte bei Aktionen (z. B. Verkleinern eines Fensters, Benutzung von Ikonen usw.) wird in dieser Verwaltungsschicht erreicht. Sie ist unabhängig von der Schnittstelle zum Anwenderprogramm, dem *Graphical User Interface GUI*, das durch eine Liste von Prozeduren, Objekten und Protokollen beschrieben wird.

Es gibt verschiedene Ansätze, eine solche Verwaltung zu strukturieren. Eine Möglichkeit besteht darin, für die Ereignisse und daraus folgenden Aktionen Regeln aufzustellen und diese in der Programmierung des UIMS zu etablieren.

Beispiel *Ausdrucken*

Wenn ein Ikon, das für ein Dokument steht, selektiert wird (Maustaste drücken), auf ein Drucker-Ikon geschoben und dann deselektiert wird (Maustaste loslassen), so bewirkt diese **drag-and-drop**-Handlung beim UIMS, dass die Dokumentdatei zum Druckerspooler transferiert und ausgedruckt wird.

Die Folge der Betriebssystemaufrufe sowie der grafischen Animation der Ikone (das Dokumenten-Ikon verschwindet im Drucker, das Drucker-Ikon geht in den Druckstatus, ein gezeichnetes Papierblatt kommt langsam aus dem Drucker-Ikon usw.) werden von dem UIMS übernommen und sind damit bei allen Anwenderprogrammen gleich.

Ein derartiges Regelsystem kann dabei in einer eigenen logischen Spezifikations- oder Programmiersprache geschrieben werden. Der Vorteil eines solchen UIMS besteht darin, dass es leicht zentral änderbar ist, so dass notwendige Funktionsanpassungen, Korrekturen usw. sich konsistent und gleichartig bei allen Anwenderprogrammen auswirken.

Im Unterschied zu den Komponenten der Standardbenutzeroberfläche, die für alle Anwendungsprogramme gleich sind und meist vom Betriebssystemhersteller mitgeliefert werden, sieht die Situation bei den anwendungsspezifischen grafischen Komponenten anders aus. Hier sind besondere Programmieranstrengungen nötig, die bei jedem Programm extra unternommen werden müssen. Um diese Programmierung ebenfalls zu vereinfachen, gibt es deshalb verschiedene Ansätze, interaktiv ohne explizite Programmierung die grafische Funktionalität der Benutzeroberfläche zu gestalten:

* *Erzeugung von speziellen Dateien (resource files)*
  Mittels eines speziellen grafischen Editors (eines *resource construction tool kit* für das UIMS) kann man Elemente wie Menüs, Ikone, Auswahlknöpfe, Mausereignisse, Tonfolgen usw. geeignet zusammenfügen. Die Ergebnisse werden in sog. *Ressourcedateien* als Datenstrukturen abgelegt und zur Laufzeit vom UIMS geladen und verwendet. Die beim Editor vereinbarten Namen der Objekte gestatten es den Anwenderprogrammen, die entsprechenden Objekte mit Hilfe des GUI zu benutzen.

• *Erzeugung von Programmcode*
  Parallel zur visuell-interaktiven Erzeugung von grafischen Aktionen und Reaktionen
  mit Hilfe eines grafischen Editors ist es möglich, die entsprechenden Programmauf-
  rufe des GUI einer Programmiersprache in eine Datei zu schreiben. Wird diese dann
  kompiliert, so erhalten wir eine komplette, anwendungsspezifische, zusätzliche UIMS-
  Schicht. Ein populäres Beispiel für ein solches Programmiersystem ist das Delphi-
  System der Fa. Borland, das den Programmcode in objektorientiertem Pascal erzeugt.

Weitergehende Informationen zu diesem Thema sind z. B. in den Büchern von Foley und
van Dam (1982) oder Shneiderman (1987) oder im Buch von Fähnrich et al. (1996) zu
finden.

8.2.6   Aufgaben

Aufgabe 8.2-1 Benutzerschnittstelle und visuelle Programmierung

Wenn der zentrale Lösungsmechanismus eines Problems in analoger Form in der
Wirklichkeit bekannt ist, so kann man ihn in der Benutzerschnittstelle grafisch danach
modellieren.

a) Dabei sollen einfache, konsistente Beziehungen zwischen dem Modell und dem
   Algorithmus aufgebaut werden. Die Visualisierung soll sehr einfach konzipiert
   werden, wobei Vieldeutigkeit zu vermeiden ist, z. B. durch Benutzung von Ikonen
   statt Symbolen.
b) Muss der Benutzer die interne Logik des Programms erlernen, so soll dies als aufbauendes Lernen konzipiert werden, bei dem die Komplexität zunächst versteckt
   wird und erst im Laufe der Benutzung deutlich wird.

Verwirklichen Sie diese Grundsätze an einem einfachen Beispiel. Für die Verwaltung
von Daten kann man als Programmiermetapher die Vorgänge in einem Lagerhaus verwenden. Hier ist das Liefern, Einsortieren von Paketen, Lagerung, Aussondern etc. gut
bekannt und als Referenz beim Benutzer vorhanden.
   Konzipieren Sie dazu ein Schema, bei dem die Dateiobjekte (Attribute und Methoden) den visuellen Objekten zugeordnet werden.

Aufgabe 8.2-2 Color Lookup Table

a) Angenommen, wir beschreiben für eine anspruchsvolle Grafik die Farbe eines Pixels
   direkt ohne CLUT mit 24-Bit-Genauigkeit (Farbtiefe). Wie groß muss der Bildwiederholspeicher für ein 1024×768 großes Bild mindestens sein? Wie groß, wenn er
   drei Ebenen davon abspeichern soll?
b) Wie groß muss der Bildwiederholspeicher für das Bild mindestens sein, wenn
   gleichzeitig 65536 = 16 Bit Farben sichtbar sein sollen und eine einstufige Umsetzung
   mit einer CLUT möglich ist?

c) Verallgemeinern Sie und stellen Sie eine Formel auf für den Speicherbedarf s ohne CLUT bei der Farbtiefe von f Bits pro Pixel und der Bildpixelzahl N sowie dem Speicherbedarf s_{CLUT} mit CLUT, wenn gleichzeitig n Farben sichtbar sein sollen. Bilden Sie das Verhältnis s_{CLUT}/s, und zeigen Sie, dass eine Voraussetzung dafür, dass es kleiner als eins ist, in der Bedingung $N > n$ liegt (was durchaus plausibel erscheint).

Aufgabe 8.2-3 Benutzeroberflächen in verteilten Systemen

Im obigem Abschn. 8.2.3 wurde das Konzept des Display-Servers eingeführt. Als Alternative gibt es dazu Programme, die Texte und Bilder über das Internet laden und anzeigen können, sog. Hypertext-Browser wie Netscape und Internet Explorer. Zusätzliche Programme (sog. cgi-Programme) auf dem Internet-Datenserver sorgen dafür, dass Suchanfragen und ähnliche Aufgaben interaktiv mit dem Browser durchgeführt werden können. Damit kann man sehr viele Aufgaben, die mit einem *application client/display server*-System durchgeführt werden, auch mit einem derartigen Browsersystem durchführen.

a) Vergleichen Sie die Client-Server-Beziehungen in beiden Systemen.
b) Welche Arten der Kommunikation herrschen zwischen Client und Server?

8.3   Das UNIX-Fenstersystem: Motif und X-Window

Die Benutzeroberfläche von UNIX wurde im *Common Desktop Environment* CDE standardisiert (UNIX-98). Die für UNIX-Systeme mit Abstand bedeutendste Implementation des CDE beruht auf einem speziellen Fenstersystem, dem **X-Window**-System.

Alternativ dazu wurde für das Linux-Betriebssystem zuerst das K Desktop Environment (KDE, s. *http://www.kde.org*) entwickelt, was in die *KDE Plasma workspaces* (Werkzeugsammlung) überging. Diese Oberfläche versucht, die Unix-Idee der Bausteine auch auf der Benutzeroberfläche beizubehalten. Im Unterschied zu herkömmlichen Büroanwendungssystemen, bei denen in verschiedenen Applikationen ähnliche Funktionen unterschiedlich realisiert werden und damit den Benutzer verwirren, sind alle Grundfunktionen wie Texteditor, Rechentabellen und Zeichenprogramme parallel in allen Anwendungen verfügbar. Diese können dann in den Programmen als normale Funktionen benutzt werden. Gemeinsames Datenaustauschformat in KDE ist XML, wobei die Kommunikation über eine gemeinsame Kommunikationsfunktion, den D-Bus, geht und von einem speziellen Prozess, den *message bus demon* dbus-demon, vermittelt wird. Mit diesem Ansatz bleiben die Programme trotz großer Funktionalität klein und die Benutzeroberfläche auf vertraute Elementarfunktionen beschränkt, wobei die Benutzeroberfläche *Plasma Desktop* sich je nach verwendetem Gerät automatisch anpasst.

Auch das KDE beruht auf dem X-Window-System. Wie funktioniert nun das? Eines der wichtigsten Projekte in den 80er Jahren war das ATHENA-Projekt am MIT *(Massachusetts*

Institute of Technology) in Boston, bei dem versucht wurde, eine Arbeitsumgebung für sehr viele, miteinander vernetzte Computer zu schaffen. Ein wichtiger Teil des Projekts, das von der Fa. Digital unterstützt wurde, bestand in der Schaffung einer Benutzeroberfläche, die im Netz verteilt unabhängig vom Rechner der Anwendung existieren sollte. Der Nachfolger eines einfachen, dort vorher entwickelten *window system* (W-System) wurde ein System, abgekürzt mit dem nächsten Buchstaben im Alphabet: das X-Window-System.

In den folgenden Abschnitten wollen wir uns dieses System näher anschauen. Dabei reicht es uns, die grundsätzlichen Modelle und Konzepte zu beleuchten; die detaillierten Schnittstellenbeschreibungen und programmtechnischen Tricks sollen den Handbüchern und Nachschlagewerken vorbehalten bleiben. Eine tiefere Einführung bietet beispielsweise Gottheil et al. (1992).

8.3.1 Das Client-Server-Konzept von X-Window

Das X-Window-System besteht aus einer grafischen Bibliothek **Xlib**, die von der Applikation benutzt wird, und einem Serverprozess, der den Fenstermanager enthält und der die gesamte Ein- und Ausgabe der Benutzeroberfläche vornimmt. In Abb. 8.9 ist dies visualisiert.

Das Client-Server Konzept ist in der Xlib sehr einfach verwirklicht. Um eine Verbindung zum Server herzustellen, muss der Client nur zu Anfang der Sitzung einen Aufruf *XOpenDisplay()* durchführen, der als Argument den Rechnernamen und die Bildschirmnummer enthält; alle weiteren Ausgaben gehen automatisch an diese Adresse. Führen mehrere Prozesse auf verschiedenen Rechnern diesen Aufruf durch, so geht die Ausgabe der verschiedenen Prozesse auf ein und denselben Server. Die verteilten Informationen im Netz können so auf einem gemeinsamen Bildschirm dargestellt werden, ohne vorher zentral vom Anwenderprogramm koordiniert werden zu müssen.

Die Informationen über Lage und Größe der Fenster, die vom Benutzer interaktiv auf dem Bildschirm arrangiert werden, sind allerdings nur dem Server bekannt. Möchte eine Applikation die Daten seiner Fenster erfahren, so muss sie erst eine Anfrage *XGetWindow()* starten.

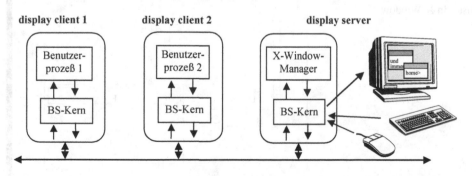

Abb. 8.9 Die netzübergreifende Darstellung durch das Client-Server-Konzept von X-Window

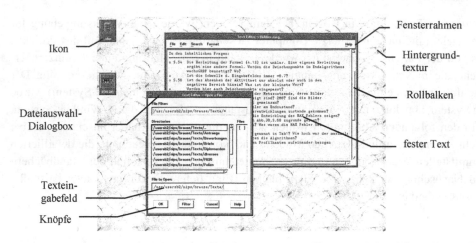

Ikon

Dateiauswahl-
Dialogbox

Textein-
gabefeld

Knöpfe

Fensterrahmen

Hintergrund-
textur

Rollbalken

fester Text

Abb. 8.10 Beispiel einer fensterorientierten Interaktion in Motif

8.3.2 Das Fensterkonzept von X-Window

Die Xlib enthält nur sehr einfache Grafikfunktionen und Eingabeereignisse. Für ein komplexes Fenster mit Rollbalken, wie es in Abb. 8.10 zu sehen ist, benötigt man eine große Anzahl von Aufrufen dieser elementaren Funktionen.

Das logische Konzept der Fenstererzeugung und -bezeichnung für das X-Window-System ist sehr klar und einfach. Ausgehend von einem Grundfenster werden alle darin definierten Fenster nur im Rechteck des Grundfensters gezeigt; alles, was darüber hinausragt, wird „weggeschnitten" (*clipping*).

Als „Fenster" ist dabei ein elementares Rechteck zu verstehen, das nur einen Rand und ein Hintergrundmuster besitzt und auf der Xlib-Ebene definiert ist. In Abb. 8.11 ist ein solches System von Fenstern und Unterfenstern gezeigt, wobei jedes Fenster mit einem Buchstaben gekennzeichnet ist.

Abb. 8.11 Fenster und Unterfenster in X-Window

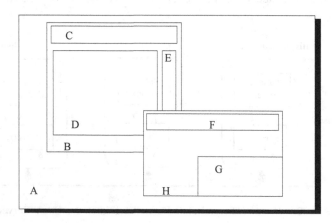

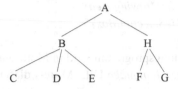

Abb. 8.12 Der Hierarchiebaum der Fenster aus Abb. 8.11

Da jedes Fenster ein Unterfenster (*subwindow*) enthalten kann, lässt sich die sich daraus ergebende Hierarchie durch einen Baum darstellen, dessen Wurzelknoten mit dem Grundfenster, dem *root window*, identisch ist, siehe Abb. 8.12.

Das Grundfenster ist dabei meist der ganze Bildschirm des Monitors.

8.3.3   Dialogfenster und Widgets

Auf der Grundlage der einfachen Xlib-Funktionen müssen neue, höhere Schichten mit größerer Funktionalität errichtet werden. Die Zwischenschicht zwischen den allgemeinen Aufrufen des Anwenderprogramms und den detaillierten Funktionen der Xlib wird **Xtoolkit** genannt und kann sehr verschieden implementiert sein. In Abb. 8.12 ist die Schichtung der Software gezeigt.

Die grafischen Objekte dieser Schicht, die Dialogobjekte, sind sehr unterschiedlich gestaltet, je nach Programmierer. Um den Vorteil einer einheitlichen Benutzerschnittstelle auch auf der höheren Ebene zu bewahren und das Aussehen und Verhalten (*look-and-feel*) der Dialogobjekte zu normieren, wurde von der OSF (*Open Software Foundation*), einem Zusammenschluß verschiedener Hersteller, nach einer Ausschreibung eine einheitliche Benutzeroberfläche für UNIX ausgezeichnet: das *Motif toolkit*. Neben der beschreibenden Festlegung des Erscheinungsbildes von Motif im *Motif Style Guide* gibt es noch eine Beschreibung des speziellen, dafür nötigen Fenstermanagers *Motif Window Manager* (*wmf*) und als Menge der Dialogobjekte die *Motif Widgets*. Neben diesem klassischen System stehen als aktuelle *toolkits* zum Erzeugen von graphischen Benutzeroberflächen inzwischen GTK + und Qt zur Verfügung.

Allerdings liegt den Funktionen der Xlib direkt das Bild- und Farberzeugungsmodell der Rastergrafik zugrunde: Sie arbeitet mit den nicht-skalierbaren Pixelfonts. Aus diesem Grund erstellte die Fa. Sun das Netzwerk-Fenstersystem NeWS, das auf einer Erweiterung der Seitenbeschreibungssprache Postscript basiert und nur skalierbare Grafikobjekte und Fonts verwendet.

Bei den Dialogobjekten in X-Window existieren (vgl. Abb. 8.10)

- simulierte Knöpfe, die man drücken kann (*XmPushButton*)
- fester Text, der dargestellt werden kann (*XmText*)
- Rollbalken, um den Fensterinhalt zu verschieben (*XmScrollBar*)

- Ausgabefelder für Grafik (*XmDrawingArea*)
- Dateiauswahlfenster (*XmFileSelectionBox*)

Die Schnittstelle zum Anwendungsprogramm wird in Motif durch eine genormte Sprache beschrieben: die *User Interface Language* UIL. Mittels dieser Sprache können die Elemente der benötigten Benutzeroberfläche angegeben werden, also z. B. Funktion und Geometrie der *widgets*.

Das *toolkit* ist dabei für verschiedene Aufgaben zuständig:

- dynamische Erzeugung und Vernichtung von *widgets,*
- Veränderung der *widgets* zur Laufzeit (Fenstermanagement!),
- zentrale Verwaltung der Ein- und Ausgabe, Erzeugung des Eingabeechos usw.,
- Bereitstellen von Kommunikationsmechanismen zwischen den Applikationen bzw. ihren Fenstern. Dies ermöglicht die Einrichtung eines zentralen Puffers (*cut-and-paste*-Clipboard-Mechanismus).

Diese Aufgaben werden im Motif-*toolkit* (wie im GTK + *toolkit*) mit den Mitteln der objektorientierten Programmierung gelöst. Das *toolkit* enthält komplexe Klassenhierarchien und Vererbungsmechanismen, die der Anwendungsprogrammierer nutzen kann. Ausgenommen davon sind nur die einfachen grafischen Ausgaben, deren simple Xlib-Funktionalität ohne Mehrwert direkt zur Applikation durchgereicht wird.

Jedes *widget*, das Instanz einer Klasse ist (d. h. dem Speicherplatz zugewiesen wurde), besitzt Werte (z. B. Zahlen) in seinen Attributen (d. h. Variablen). Diese Speicherbelegung kann man zum Initialisieren des Objekts auch aus einer Datei einlesen, der sog. *Ressourcedatei.*

Es gibt zwei Arten von *widgets*: einfache und zusammengesetzte. Die einfachen *widgets* sind grafische Primitiven, die aus der Klasse *XmPrimitives* abgeleitet werden und nur nebeneinander auf dem Bildschirm gezeichnet werden können. In Abb. 8.13 ist ein kleiner Ausschnitt aus der *widget*-Hierarchie der Primitiven gezeigt.

Man beachte, dass jede abgeleitete Klasse eine Spezialisierung der Überklasse durch zusätzliche Attribute (Variablen) und Methoden (Prozeduren) bedeutet.

Die zusammengesetzten *widgets* fungieren als Behälter (*container*) und können andere *widgets* (z. B. Primitiven) enthalten. Die Container bestimmen im Wesentlichen die geometrische Anordnung (*layout*) der enthaltenen *widgets*. In Abb. 8.14 links ist als Beispiel das Aussehen eines Fensters gezeigt, das zur Ausgabe von Nachrichten an den Benutzer

Abb. 8.13 Die Schichtung des X-Window-Motif-toolkits

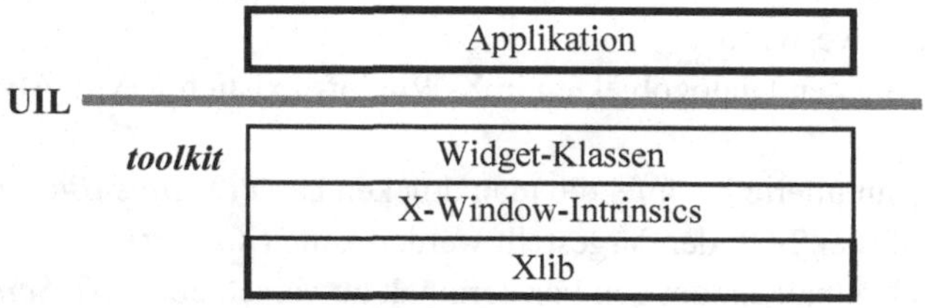

UIL

toolkit

Applikation
Widget-Klassen
X-Window-Intrinsics
Xlib

Abb. 8.14 Ausschnitt aus der Hierarchie der Motif-widget-Primitiven

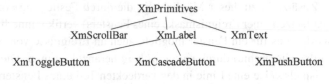

Abb. 8.15 Beispiel eines *container widgets*

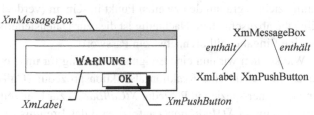

dient. Diese Art von *container-widgets*, die aus der *composite*-Klasse der *intrinsics* abgeleitet sind, werden auch *composite-widgets* oder *layout-widgets* genannt.

Rechts im Bild ist eine Hierarchie für die Bestandteile des *container-widgets* angegeben, die auf der „enthält"-Relation beruht. Das *container-widget* (hier: *XmMessageBox*) wird dabei als **parent-widget** und das darin enthaltene als **child-widget** bezeichnet. Die so entstehende Hierarchie ist direkt mit der Fensterhierarchie (s. Abb. 8.15) gekoppelt: Normalerweise hat jedes *widget* ein Fensterrechteck, das es umschließt. Dadurch entsteht mit der Relation „enthält" der *widget*-Hierarchie auch eine Fensterhierarchie; zum *parent-widget* gehört das *parent-window*, das ein *child-window* hat, in dem das *child-widget* enthalten ist.

Das oberste Fenster (*top-level window*) in der Hierarchie der von der Anwendung definierten *widgets* ist das *shell-widget*. Es enthält genau ein *composite-widget*, in dem alle anderen enthalten sind, und dient zur Kommunikation zwischen dem Fenstermanager und der Hierarchie im *composite-widget*. Es kann aber auch noch weitere *shell-widgets* enthalten, etwa die der *popup-childs*. Dies sind Fenster (z. B. mit Hinweisen oder Fehlermeldungen), die bei gegebenem Anlaß „plötzlich" erscheinen und dann wieder verschwinden können.

8.3.4 Ereignisbehandlung

Der *X-Window*-Serverprozess befindet sich, ähnlich wie in Abschn. 8.2.3 beschrieben, in einer Schleife *XtMainLoop()*, in der auf externe Ereignisse gewartet wird. Angenommen, wir klicken mit der Maus auf ein Dialogobjekt. Was passiert dann?

Der X-Window-Fenstermanager weist alle Eingaben dem Dialogobjekt zu, über dem gerade der Mauszeiger steht und das aktiviert (an oberster Stelle der Displayliste) ist. Interessiert sich das Fenster nicht für das Ereignis, so wird es in der Hierarchie nach oben an das Elternfenster gereicht und so weiter, bis es entweder beim *root window* ankommt oder aber ignoriert wird.

Zusätzlich zu dieser Möglichkeit, die durch Festlegung von interessanten Ereignissen (Aufsetzen einer Ereignismaske eines Fensters) vertikal innerhalb der Hierarchie gesteuert wird, ist es für ein Fenster möglich, auch an Ereignisse von Nachbarfenstern (horizontal in der Hierarchie) durch sog. *grabbing* heranzukommen. Dies ist vorteilhaft, wenn man beispielsweise eine Linie in den verdeckten Teil eines Fensters hineinziehen will und das Linienziehprogramm den zweiten Punkt in seinem (verdeckten) Fenster benötigt, um die Eingabe abzuschließen. Nachteilig ist dies zur Datensicherheit: Ein fremder Prozess kann so eine Eingabe mithören, etwa ein Passwort!

Wie können wir nun eine Ereignisbehandlung für unsere Applikation definieren? Dazu muss die gewünschte Reaktion als Aktionsprozedur (**Callback-Routine**) programmiert und mit einer speziellen Prozedur *XtCallBack()* zur Laufzeit eingehängt werden. Tritt nun ein Ereignis in *XtMainLoop()* auf, so wird das Ereignis (*event*) an die *event handler* der Fenster weitergereicht. Ein solcher *event handler* kann entweder selbst das Ereignis behandeln, oder aber er sieht in einer Tabelle (*translation table*) nach, welche Aktionsprozedur dafür aufzurufen ist. An dieser Stelle wird nun erst unsere Callback-Routine aufgerufen.

Ein Problem dieses Schemas besteht darin, dass bei einem Fehler in der Callback-Routine keine manuelle Korrektur durch den Benutzer möglich ist: Jede Eingabe kann nur in *XtMainLoop()* vorgenommen werden, was die Fortsetzung in der Callback-Routine verhindert. Eine Möglichkeit, das Problem zu umgehen, besteht darin, nur den Fehler zu notieren und die Callback-Routine zu beenden. An geeigneter Stelle im Programm muss dann auf eventuell aufgetretene Fehler abgefragt werden.

8.3.5 Sicherheitsaspekte

Das X-window-System ist historisch gewachsen und sehr groß. Wie alle derartigen Systeme ist der Code weder klar durchstrukturiert noch nachvollziehbar systematisch aufgebaut. Damit ergeben sich automatisch viele Sicherheitsprobleme. Da der X-Server mit *root*-Rechten läuft, ist dies auch kritisch und ein Einfallstor für viele Angriffe. Wie erwähnt, ist es beispielsweise leicht möglich, die Eingabe in ein Fenster eines anderen Prozesse abzugreifen, so dass Passwörter mitgelesen werden können. Ein anderes Beispiel ist die Implementation eines *screen savers* in Ubuntu, der lange Zeit und viele Implementationszyklen lang immer neue Lücken aufwies, mit denen der Rechner übernommen werden konnte, da das X-window – System keine Rechteverwaltung für Fenster besitzt.

Ein solches Rechtesystem nachträglich aufzusetzen bei einem historischen Code ist sehr schwierig und teuer. Aus diesem Grund gibt es starke Bestrebungen, ein neues Fenstersystem in der Linux-Welt einzuführen. Ein starker Kandidat dafür ist das Weyland-Protokoll, das neben dem Sicherheitsproblem auch andere graphischen Probleme wie etwa das Verschmieren, Verzögerungen und Flackern von bewegter Grafik sowie die Hardwarebeschleunigung beheben soll. Es regelt die Kommunikation zwischen einem *display server* („Wayland compositor") und seinen *clients*. Dabei verwaltet der *display server* die Fenster: Er prüft, von welchem Fenster eine Eingabe kommt oder für welches Fenster eine Ausgabe bestimmt ist, transformiert sie auf die internen Fensterkoordinaten, gibt die Daten weiter und veranlasst auch die nötigen Hardware-Displayoperationen dafür (Setzen der Auflösung, Farbtiefe, Bildwiederholrate etc.) via *ioctrl*-Aufrufen an den Linux-Kern.

Im Unterschied zum X-Server ist bei Weyland der Client für die Darstellung der Fenster zuständig, etwa für die Schrift und die Widgets. Der zentrale *display server* wird so entlastet und der Umfang von Code mit *root*-Rechten vermindert. Außerdem wird die Ein- und Ausgabe für jedes Fenster extra und von den anderen Fenstern getrennt behandelt und so die Sicherheit vergrößert.

8.4   Das Fenstersystem von Windows NT

Obwohl Windows NT ein *multi-tasking*-System ist, ist es noch kein *multi-user*-System. Dies bedeutet, dass nicht mehrere Benutzer gleichzeitig auf einem Rechner arbeiten können. Konsequenterweise ist damit auch die Existenz von Stellvertreterprozessen bestimmter Benutzer, beispielsweise von Displayservern, ursprünglich nicht vorgesehen. Im Unterschied zu X-Window wird zurzeit in Windows NT keine verteilte Benutzeroberfläche unterstützt. Jede Applikation, die eine grafische Ausgabe vorsieht, muss sie auf ihrem lokalen Rechner durchführen. Eine Ausgabe auf einem anderen Rechner, etwa einem zentralen Display, ist nicht möglich. Will man trotzdem die Ausgabe verschiedener Prozesse unterschiedlicher Rechner auf einem zentralen Display erreichen, so muss auf diesem Rechner ein benutzerprogrammierter Displayprozess gestartet werden, der seine anwendungsabhängigen Daten über das Netzwerk (z. B. mittels *named pipes* oder anderen Kommunikationskonstrukten, siehe Kap. 6) holt und sie erst auf dem Displayrechner an das grafische System übergibt.

8.4.1   Das Konzept der Benutzerschnittstelle

Im Gegensatz zu X-Window kennt das Windows-NT-Fenstersystem nur wenige, komplexe Fensterarten. Im Wesentlichen werden zwei Arten von Fenstern unterschieden: **Hauptfenster** (*primary windows*) und **Nebenfenster** (*secondary windows*). In Abb. 8.16 ist eine typische Konfiguration gezeigt.

Im Folgenden wollen wir nun einige grundsätzliche Interaktionstechniken betrachten, die von der Win32-API mit entsprechenden Objekten und Methoden unterstützt werden. Wie wir in Abb. 8.16 sehen, hat jedes Hauptfenster in Windows NT (ebenso wie die *Motif*-Fenster von X-Window)

- einen *Rahmen*, der beim Anklicken zum Vergrößern/Verkleinern benutzt werden kann,
- eine *Titelleiste*, in der der Namen der Applikation stehen soll,
- ein *Ikon*, das die Applikation visualisiert,
- *Rollbalken*, falls Teile des Fensterinhalts über den Rahmen hinausgehen würden,

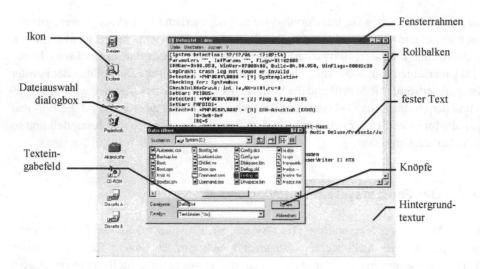

Abb. 8.16 Beispiel einer fensterorientierten Interaktion in Windows NT

- eine applikationsspezifische *Menüleiste*,
- *Kontrollknöpfe* zum Minimieren, Maximieren und Schließen des Fensters,
- eine *Statusleiste*, auf der diverse Information angezeigt werden kann.

Die Fenster können sich gegenseitig überlappen und verdecken, wobei das aktive Fenster unverdeckt als „oberstes Fenster auf dem Stoß" (oberstes Element in der Displayliste) mit seinem Rahmen in der speziellen „aktives Fenster"-Farbe gezeichnet ist.

Die Rollbalken werden auch hier an die relative Größe des Dokumentenausschnitts, den das Fenster bietet, in der Länge angepasst. Je kleiner der sichtbare Anteil der Daten im Fenster am Gesamtdokument ist, desto kürzer wird der Rollbalken gezeichnet.

Solche Hauptfenster haben noch weitere interessante Eigenschaften. So kann man auf verschiedene Weise Unterfenster darin definieren und verwenden. Im Unterschied zu X-Window gibt es dabei jedoch nur wenige Möglichkeiten.

Da auch bei Windows NT die datenzentrierte Sichtweise propagiert wird, soll man für jeden Datensatz (für jede Datei, jedes Dokument) ein eigenes Fenster (*child window*) eröffnen, wobei auf der Titelleiste jeweils nicht das Ikon des Applikationsprogramms, sondern das der Daten erscheinen soll. Das Verhalten der Daten-Hauptfenster im Applikationsprogramm-Hauptfenster (*parent window*) wird durch die Multidokumentenschnittstelle (*Multi Document Interface MDI*) geregelt. Diese Schnittstelle sieht vor, dass ein Datenfenster (*child window*), das maximiert wird, sich mit seinen Außenmaßen den Innenmaßen des Applikationsfensters anpasst. Außerdem wird die Titelleiste des Datenfensters weggelassen; der Titel verschmilzt mit dem Applikationstitel im Format ⟨Datentitel⟩-⟨Applikationstitel⟩, und das Ikon und die Kontrollknöpfe der Daten-Titelleiste erscheinen in der Menüleiste der Applikation. In Abb. 8.17 ist links Applikation und Datenfenster getrennt, rechts verschmolzen gezeigt. Die Datenfenster (Kindfenster) sind dabei direkt

Abb. 8.17 Getrennte und verschmolzene MDI-Fenster

mit dem Applikationsfenster (Elternfenster) verbunden: Wird das Elternfenster geschlossen, so geschieht dies auch automatisch mit den Kindfenstern.

Gehören die Datenfenster zu einer einzigen Datei, so sollte eher die Möglichkeit genutzt werden, das Hauptfenster in Teilfenster (*panes*) zu zerteilen. Dazu kann man einen grafischen Knopf (*split box*) bei den Rollbalken vorsehen, dessen Betätigung eine Trennlinie (*split bar*) erscheinen lässt. Die Visualisierung der Daten in beiden Fensterteilen ist aber Aufgabe der Applikation.

Im Unterschied zu den Hauptfenstern haben die Nebenfenster eine feste Größe und werden z. B. zum Darstellen interner Parameter (*property sheet window*) oder für Mitteilungen verwendet. Die Nebenfenster behalten ihre relative Lage innerhalb der Hauptfenster immer bei und sind fest an sie gekoppelt. Wird beispielsweise ein Hauptfenster zum aktiven Fenster und damit voll sichtbar, so wird auch sein Nebenfenster automatisch sichtbar. Beispiele für fertig aufrufbare Nebenfenster sind Dialogboxen zum Suchen und Ersetzen (*find/replace dialog box*), Drucken (*print dialog box*), Auswahl einer Schriftart (*font dialog box*), Auswahl einer Farbe (*color dialog box*), rechteckige Felder aus Funktionsknöpfen (*palette windows*) und Nachrichtenfenster (*message box*).

Das Win32-API ermöglicht über Hauptfenster und Nebenfenster hinaus eine Vielzahl verschiedener Dialogobjekte wie Kontrollknöpfe, exklusive Auswahlknopfreihen (*option buttons*), nichtexklusive Auswahlknöpfe (*check buttons*), statische oder dynamische Auswahllisten (*list box*), die wie *pull-down*-Menüs arbeiten oder die Dateien wie ein Dateimanager mit Ikonen und Texten präsentiert (*list view control*). Außerdem gibt es noch statische und editierbare Textfelder und die zu Leisten zusammengesetzten Funktionsknöpfe (*toolbars*).

8.4.2 Die Implementierung

Die Benutzeroberfläche von Windows NT wurde weitgehend aus der älteren Oberfläche von Windows 3.1 entwickelt. Insbesondere wurde die alte 16-Bit-Schnittstelle zur Programmierung der grafischen Aus- und Eingabe (*Application Programming Interface API*) auf 32 Bit erweitert (*Win32 API*) und mit zusätzlichen Betriebssystemfunktionen versehen. Beispielsweise konnte nun der Programmierer auf ein sicheres, preemptives, multithreaded multi-tasking Betriebssystem zugreifen, das über ein lineares 32-Bit-Speichersystem verfügt.

Zwar wurden möglichst alle Namen vom alten System übernommen, aber alle Zeiger und Prozeduren beziehen sich nicht mehr auf ein segmentbasiertes, sondern auf ein lineares, virtuelles Speichermodell. Zusätzliche Funktionen zur Synchronisation, zu Objektsicherheitsmechanismen und Speicherverwaltung erlauben den Zugriff auf große Teile des Betriebssystemkerns, der Windows-NT-Executive.

Das resultierende Win32-API-Modul wurde zunächst als eines der Subsysteme eingefügt, s. Abb. 1.9. Das *look-and-feel* der Oberfläche wurde dabei stark an das gewohnte Windows 3.1-Aussehen angepasst, um den Übergang auf NT für die Benutzer zu vereinfachen. Konsequenterweise wurde in Version 4.0 von Windows NT nicht nur die Funktionalität des Win32-API aus Effizienzgründen in den Betriebssystemkern verlegt, sondern auch das *look-and-feel* an Windows95, den Nachfolger von Windows 3.1, angepasst.

Das Win32-Subsystem gliedert sich in fünf Module, die mit der Win32-API angesprochen werden können, s. Abb. 8.18.

Dies sind im Einzelnen

* der Fenstermanager DWM (User32.dll),
* die grafische Schnittstelle *Graphic Device Interface GDI*,
* die grafischen Treiber *Graphic Device Driver GDD*,
* Betriebssystemfunktionen (Kernel32.dll),
* Konsolenfunktionen für allgemeine Textein- und -ausgabe.

Die Module sind in Bibliotheken (*Dynamic Link Library DLL*) enthalten, die das Subsystem beim Starten lädt.

Die **grafische Schnittstelle** GDI erlaubt das Zeichnen und die Manipulation einfacher und komplexer grafischer Objekte wie Punkte, Linien, Kreise, Fenster, Rollbalken usw. Die Funktionen setzen dabei auf der Funktionalität der grafischen Treiber auf, die ihrerseits wieder Treiber des Kerns aufrufen und so die Hardware steuern. Da jeder grafische Aufruf des Benutzerprogramms die Kette GDI-GDD-BS-Kern in Gang setzt und so Zeit kostet, wurde zur Effizienzsteigerung eine Technik namens „*attribute caching*" eingesetzt: Mehrere Aufrufe des Benutzerprogramms, die alle das gleiche Objekt betreffen (z. B. Hintergrundfarbe wählen, Vordergrundfarbe wählen etc.), werden beim Anwenderprogramm gesammelt und als eine einzige Nachricht an die GDI weitergeleitet.

Abb. 8.18 Die Struktur der Window-Subsystemschicht

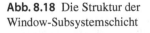

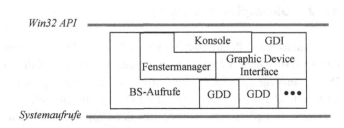

Für die GDI-Bibliothek sorgt eine ähnliche Technik, das *batching*, für schnellere Reaktionen. Alle Funktionsaufrufe werden in einer Warteschlange so lange gepuffert, bis die Warteschlange voll ist oder der Benutzer Daten eingibt. Der gesamte Puffer wird dann in einer einzigen Nachricht dem Win32-Subsystem übergeben. Dieser Mechanismus ist so schnell, dass keine Ruckeleffekte usw. beim Grafikdisplay eines Standardrechners entstehen.

Der **Fenstermanager** *Desktop Window Manager DWM* vermittelt das *look-and-feel*, indem er die Fenstermechanik, also die Knöpfe für Vergrößern/Verkleinern der Fenster, Bedienung der Rollbalken, Verwaltung der Displayliste (welches Fenster verdeckt welches) usw. bedient sowie die Eingabe für ein Fenster in den Eingabepuffer des entsprechenden Programms stellt (vgl. Abschn. 5.4). Darüber hinaus stellt er noch allgemeine Ein- und Ausgabeprozeduren zur Verfügung, um das Anwendungsprogramm unabhängig von den vorhandenen Hardwaregeräten (z. B. Maustypen, Grafikkarte) zu machen, etwa bei der Erzeugung von Transparenz bei Grafiken.

Da MS-Windows ursprünglich nur für Systeme mit wenig Speicher gedacht war, pufferte der Fenstermanager die unsichtbaren Fensterteile nicht, sondern übernahm die Aufgabe, einer Anwendung zu signalisieren, wenn das Fenster neu gezeichnet werden muss, da vorher unsichtbare Fensterteile nun sichtbar werden. Inzwischen wird seit Windows 7 der ebenfalls integrierte *Media Integration Layer* dazu genutzt, um die Grafikdarstellung komplett unabhängig von den Anwendungen und dem Displaybuffer zu puffern (*double buffering*) und zu managen (*retained mode*). Der DWM entscheidet also nun, welches Fenster und was davon zu sehen ist, und nicht mehr die Anwendung. Auch die Verwaltung eines systemweiten Zwischenspeichers für Objekte (*clip board*) wird von ihm durchgeführt.

Die **Konsolenfunktionen** sind zentrale Funktionen zur zeichenweisen Ein- und Ausgabe und werden von allen Subsystemen (POSIX, OS/2, MS-Windows usw.) benutzt. Die Ein- und Ausgabe der Texte, die von alten Programmen, die nur zeichenorientierte und nicht grafikunterstützte Benutzerschnittstellen besitzen, wird dabei zweckmäßigerweise in besonderen Fenstern („Konsolen") durchgeführt, die vom System automatisch geöffnet werden.

8.4.3 Aufgaben

Aufgabe 8-4.1 Client-Server-Architektur

Welche Vor- und Nachteile hat das lokale Konzept von Windows NT gegenüber dem verteilten X-Window-System? Denken Sie dabei an Applikationen wie die Prozesssteuerung eines Stahlwerks mit einem Rechnernetz, die Datenauswertung (*data mining*) verschiedener Abteilungen über das Intranet eines Betriebs, die Softwareinstallation und Wartung für einen vernetzten Rechnerpool, usw.

Literatur

Fähnrich K., Janssen C., Groh G.: Werkzeuge zur Entwicklung graphischer Benutzungsschnittstellen. Oldenbourg Verlag, München 1996

Foley J. D., van Dam A.: Fundamentals of Interactive Computer Graphics. Addison-Wesley, Reading, MA 1982

Gottheil K., Kaufmann H.-J., Kern, Zhao R.: X und Motif. Springer-Verlag, Berlin 1992

Madell T., Parsons C., Abegg J.: Developing and Localizing International Software. Prentice Hall, Englewood Cliffs, NJ 1994

Microsoft: The Windows Interface Guidelines for Software Design. Microsoft Press, Redmond, WA 1995

Shneiderman B.: Designing The User Interface. Strategies for Effective Human-Computer Interaction; Addison-Wesley, Reading, MA 1987

UNI: siehe http://www.unicode.org im World Wide Web

Musterlösungen 9

Inhaltsverzeichnis

9.1   Lösungen zu Kap. 1

Aufgabe 1-1 Betriebssystem

Der Zweck eines Betriebssystems besteht beispielsweise in der Verteilung von Betriebsmitteln auf sich bewerbende Benutzer.[1]

a) *Wie ist der grobe Aufbau eines Betriebssystems?*
  – Wesentliche Bestandteile eines Betriebssystems sind
    – Prozessorverwaltung
    – Prozessverwaltung
    – Speicherverwaltung
    – Geräteverwaltung.

---

[1] verkürzt für Benutzerinnen und Benutzer

© Springer-Verlag GmbH Deutschland 2017
R. Brause, *Betriebssysteme*,
DOI 10.1007/978-3-662-54100-5_9

    – Weiterhin ergänzen Dienstprogramme das Betriebssystem. Hier finden sich Lader, Compiler, Binder, Editoren, Systemprogramme, Sortierprogramme.

       Eine andere Sichtweise ist durch die Schichten Hardware, Kernel, Anwendung und Benutzer gegeben.

    – Den Zugriff auf die Hardware ermöglicht der Betriebssystemkern (Kernel). Die Dienste werden über Systemaufrufe angefordert.

    – In der Anwendungsschicht befinden sich elementare Dienstprogramme, z. B. Compiler und Systemprogramme.

    – Die Benutzerschicht bilden diverse Benutzerprogramme, etwa Textverarbeitung, Zeichenprogramme usw.

b) *Welche Betriebsmittel kennen Sie?*

Betriebsmittel sind die Menge aller Hard- und Softwarekomponenten eines Rechnersystems, die zur Ausführung und Steuerung von Programmen benötigt werden. Dies sind beispielsweise

– Prozessor

– Geräte: Speicher, Drucker, Monitor

– Dateien

– Compiler, weitere Dienstprogramme.

c) *Welche Benutzer könnten sich bewerben? (Dabei ist der Begriff „Benutzer" allgemein gefasst!)*

    Außer einem oder mehreren menschlichen Benutzern können sich alle möglichen Prozesse (Benutzer- oder Systemprozesse) um Betriebsmittel bewerben.

d) *Welche Anforderungen stellt ein menschlicher Benutzer an das Betriebssystem?*

Ein menschlicher Benutzer erwartet eine schnelle Antwortzeit. Wenn er z. B. ein Zeichen per Tastatur eingibt, möchte er es nahezu sofort auf dem Bildschirm sehen. Ein Systemadministrator ist mehr am Durchsatz, also der geleisteten Arbeit pro Zeit interessiert, nicht so sehr an der Antwortzeit. Auch Zuverlässigkeit, Datensicherheit (*Backup, Recovery* im Fehlerfall) und Datenschutz bei Mehrbenutzerbetrieb (Zugriffsberechtigungen) sind wünschenswerte Eigenschaften. Weiterhin ist eine gut gestaltete grafische Oberfläche heutzutage Standard.

Aufgabe 1-2 UNIX System calls

a) *Finden Sie heraus, wie viele System Calls auf einem aktuellen x86_64-Linux-System definiert sind. Beispielsweise können Sie dazu die entsprechenden Header-Dateien, mit denen der Kernel übersetzt wurde, inspizieren. Auf vielen Rechnern finden Sie diese im Verzeichnis /lib/modules/[aktuelle Kernelversion]/build, wobei Sie die [aktuelle Kernelversion] in einem Terminalfenster mit den Befehl uname -r herausfinden können.*

    Alternativ können Sie auch eine aktuelle Linux-Distribution in der 64-Bit-Variante, wie beispielsweise Ubuntu (http://www.ubuntu.com/) in einer virtuellen Maschine installieren. Beachten Sie jedoch, dass unter Umständen das Paket linux-headers-generic installiert werden muss, damit die Header-Dateien bereitstehen.

Geben Sie die Anzahl der definierten Systemaufrufe an und erläutern Sie, wie Sie auf diese gekommen sind.

Die Tabelle ist unter */lib/modules/[aktuelle Kernelversion]/build/arch/x86/include /generated/asm/* in der Datei *syscalls_64.h* zu finden. Insgesamt existieren darin 342 Einträge, also 342 System Calls. syscalls_32.h enthält die Tabelle für 32-Bit-Systemaufrufe, darin gibt es nur 337 Einträge.

Die Zahl kann ferner leicht variieren, da manche *system calls* beim Kompilieren deaktiviert worden sein könnten und die verfügbaren *system calls* von der Kernelversion abhängen.

b) *In welche Funktionsgruppen lassen sie sich einteilen?*

Speicher-, Dateiverwaltung, I/O, Prozess- und Signalbehandlung, Verwaltung der Ein- und Ausgabegeräte.

c) *Welcher Assemblerbefehl sorgt bei x86-Prozessoren für die Auslösung der Trap bei einem Systemaufruf, und wie wird dabei die Information übergeben, welcher Systemaufruf ausgeführt werden soll?*

Unix-artige Systeme (Unix, Linux, OS X, etc.) nutzen traditionell Interruptvektor 0x80. Hier sind die System Call-Nummern über die verschiedenen Versionen stabil. Kompatibilitätsbrechende Änderungen (also Ändern der Nummer oder gar Entfernen von System Calls) gibt es nur *sehr* selten, weshalb diese Variante funktioniert. (Trotzdem verwenden viele Programme stattdessen eine Library, die die System Calls auf high-level-Funktionen abstrahiert, was einfach bequemer ist.)

Linux hat drei Möglichkeiten:

- `int 0x80` für 32-Bit-Programme, älteste Variante.
- `sysenter` für 32-Bit-Programme, neuere Variante. Hier wird von der Hardware einiges an Overhead gegenüber `int 0x80` vermieden, was für schnellere Systemaufrufe sorgt.
- `syscall` für 64-Bit-Programme.

Unter **MS-DOS** wird stattdessen `int 0x21` (neben ein paar anderen, weniger wichtigen) benutzt.

Auf **Windows** sieht das anders aus: Hier werden explizit keine über die verschiedenen Windowsversionen stabilen System-Call-Nummern garantiert (vergleiche *http://j00ru. vexillium.org/ntapi/*: die Nummern ändern sich über die Releases). Man kann zwar via `int 0x2e` bzw. `sysenter` mit System Call-Nummer in Register `eax` einen System Call initiieren, aber portabel ist das wegen erwähnter Nummerninkonsistenz nicht.

Deshalb werden für den normalen Gebrauch sog. *Wrapper* benutzt: jeder Prozess bekommt gezwungenermaßen die `kernel32.dll` in den Adressraum geladen, die Funktionen bereitstellt, die sich um das Aufrufen der System Calls (mit den richtigen Nummern) kümmern. Viele Calls werden davon allerdings auch einfach weiterdelegiert an die `ntdll.dll`, die die Low-Level System Calls übernimmt (`kernel32. dll` kümmert sich um die Win32-API). Daher kann man, wenn man will, auch direkt über `ntdll.dll` seine System Calls absetzen, wenn man diese dynamisch einbindet. Unter der Haube passiert dabei aber auch nichts anderes, als dass die entsprechenden Nummern in `eax` (bzw. `rax` bei 64 Bit) sowie die Argumente in die übrigen Register gelegt werden und `int 0x2e`, `sysenter` bzw. `syscall` ausgeführt werden, um in Ring 0 zu wechseln.

Zu den Quellen darüber: Zum einen findet man Informationen bei *http://www.vivid-machines.com/shellcode/shellcode.html*, zum anderen bei *http://www.hick.org/code/skape/papers/win32-shellcode.pdf*. Es scheint sich tatsächlich kaum jemand damit zu beschäftigen, unter Windows in *asm* manuell System Calls auszulösen, weshalb die einzigen Informationen dazu sich um Exploitprogrammierung kümmern…

Die Information, *welcher* Systemaufruf ausgeführt werden soll, wird bei 32-Bit im Register EAX, bei 64-Bit in RAX (64-Bit-Erweiterung von EAX) als Zahl übergeben. (Zumindest bei Linux/UNIX/OSX und Windows in diesem Register; wahrscheinlich bei allen auf x86 wegen ABI von *sysenter, syscall* etc.)

Aufgabe 1-3 Schichtenmodell und Kernel

a) *Beschreiben Sie mit Hilfe eines Beispiels das Schichtenmodell. (Das Beispiel sollte dabei kein Betriebssystem sein.)*

Beispiel: Digitales Telefon

Beim Telefon gibt es drei Schichten: Die Benutzeroberfläche, die eine elektronische Funktionsschicht benutzt, und die benutzte Hardware.

Die Benutzeroberfläche hat als Schnittstelle verschiedenen Tasteneingaben (Nummerntaste, Sprechtaste, Rückholtaste etc.) sowie ein Display.

Die Funktionsschicht hat als Importschnittstelle von oben die Tasten und Sensoren der Benutzeroberfläche, als Export nach oben die Displaydarstellung und den Hörer.

Die Leistungen der Hardware zur Funktionserfüllung werden von unten nach oben exportiert, also Rufnummernaufbau, Kommunikation, Kodierung und Dekodierung der Sprache durch die Chips. Als Importschnittstelle (und Export der Funktionsschicht) sind die Befehle zum Nummernaufbau bzw. Sprachaktivierung vorhanden.

b) *Erläutern Sie kurz die Begriffe „virtuelle Maschine" und „Schnittstelle".*
Eine „virtuelle Maschine" VM ist eine Einheit, die gewisse, festgelegte Dienstleistungen zur Verfügung stellt (Export). Diese Dienstleistungen werden durch eigenen Arbeit und Anfordern von Dienstleistungen aus untergeordneten VM oder auch physikalischen Maschinen erbracht (Import). Da die Dienstleistungen nicht alle von der Maschine selbst erbracht werden, nennt man sie „virtuelle Maschine".

Das Verhalten der VM wird nur durch die „Schnittstellen" spezifiziert, so dass die genaue Implementierung der VM für die benutzende Schicht transparent (also unsichtbar und verborgen) ist. Eine Schnittstelle besteht dabei aus Daten, den benutzten Funktionen bzw. Methoden und die Art und Weise, wie diese Funktionen zu benutzen sind (Protokolle).

c) *Warum werden im Schichtenmodell Schnittstellen benötigt?*

Das Schichtenmodell beschreibt Schichten, die Schnittstellen exportieren (also genau spezifizierte Dienstleistungen den darüber liegenden Schichten zur Benutzung anbieten) und/oder Schnittstellen importieren (also von darunterliegenden Schichten angebotene Schnittstellen benutzen). Die definierten Schnittstellen gewähren dabei die reibungslose Zusammenarbeit der verschiedenen Schichten.

d) *Das Mach-Betriebssystem besteht neben dem Kernel aus verschiedenen Modulen. Doch unterstützen die meisten modernen unixoiden Systeme das Laden von Modulen zur Laufzeit.*

   Eine Übersicht über alle aktuell geladenen Module lässt sich in einem Terminalfenster wie folgt ausgeben:
   - *Unter Linux:*   *lsmod*
   - *Unter FreeBSD:*   *kldstat*
   - *Unter Solaris:*   *modinfo*
   - *Unter OS X:*   *kextstat*

   Überzeugen Sie sich auf einem beliebigen der aufgeführten Systeme, dass tatsächlich Module geladen sind.
   - *Was ist bei diesen Betriebssystemen der Unterschied zu besagten modularen Komponenten im Mach-Betriebssystem?*

     Die Module sind häufig nur Treiber oder mehr oder weniger abgegrenzte Subsysteme (also keine deutliche Kapselung), die bei Bedarf in den Kern geladen werden können, um diesen zu erweitern. Im Unterschied zu MACH laufen die Module im *kernel mode*, nicht im *user mode*: der Kernel ist somit trotzdem ein monolithischer Kernel (außer OS X: nutzt XNU als Hybridkernel. Die *kernel extensions* (kexts) laufen allerdings trotzdem im *kernel mode*).
   - *Welche Vor- und Nachteile ergeben sich daraus?*
     Vorteile:
   - Codeteile des Kerns während der Laufzeit sind austauschbar (z. B. für Sicherheitspatches ohne Neustart oder Treiberaktualisierungen)
   - Der Kernel kann klein bleiben und den Treiber nur bei Bedarf nachladen, also ist weniger Arbeitsspeicher nötig
   - Ein relativ generischer Kernel kann sich durch passende Treiber leicht der tatsächlichen Hardware anpassen
   - Ein Ansprechen von Modulfunktionen benötigt weniger Kontextwechsel als beim MACH-Modell und ist daher schneller: Der Weg „Nutzerprogramm zu Kernel" ist im Gegensatz zu „Nutzerprogramm zu Kernel (IPC) zu Modul im user mode" schneller
     Nachteile:
   - Weil Module im *kernel mode* laufen können Programmierfehler leicht zu Systemabstürzen führen, weil die Speicherzugriffe unkontrolliert möglich sind. Bei MACH würde ein einzelnes abgestürztes Modul nicht das ganze Betriebssystem abstürzen lassen.

e) *Informieren Sie sich über GNU Hurd. Welches grundlegende Konzept wird bei Hurd verfolgt und wodurch zeichnet es sich aus?*

Bei Hurd wird das Microkernel-Modell ähnlich dem von MACH verfolgt. Genauer gesagt ist Hurd ein Betriebssystem auf Basis des MACH -Microkernels. Das MACH -Modell zeichnet sich dadurch aus, dass nur die allernotwendigsten Funktionen im Betriebssystemkern (der im *kernel mode* läuft) vorhanden sind: „die Verwaltung der Dienste, die selbst aber aus dem Kern ausgelagert werden, und die Kommunikation zwischen den Diensten" (siehe Abschn. 1.3).

Ein Großteil des Betriebssystems läuft also in Form von klar abgegrenzten Diensten im *user mode.* Dies bedeutet eine Kapselung der Systemdienste und folglich deren leichte Austauschbarkeit.

9.2   Lösungen zu Kap. 2

Aufgabe 2.1-1 Betriebsarten

Nennen Sie einige Betriebsarten eines Betriebssystems (inklusive der drei wichtigsten).

* *Stapelbetrieb (Batch):* Der vollständige Auftrag wird dem Rechner übergeben und von ihm ohne Unterbrechung abgearbeitet. In dieser strengen Form ist dies heute nicht mehr üblich, jedoch gibt es immer noch Batch-Läufe, die parallel zum eigentlichen Dialogbetrieb ablaufen können.
* *Mehrprogrammbetrieb, Dialogbetrieb:* Beim Mehrprogrammbetrieb laufen mehrere Programme nahezu gleichzeitig. Dies wird durch ein geeignetes Verwaltungssystem erreicht.
* *Mehrbenutzerbetrieb*: Hier wird nicht nur ein Benutzer, sondern mehrere mit ihren Prozessgruppen gleichzeitig vom Betriebssystem bedient.
* Beim *Echtzeitbetrieb* unterliegt die Programmausführung strengen zeitlichen Restriktionen.
* Weiterhin unterscheidet man häufig zwischen *user mode* und *kernel mode*. Der *kernel mode* bietet nicht die Schutzmechanismen des *user mode* wie z. B. Speicherschutz etc., weil das Betriebssystem in diesem Modus arbeitet und grundsätzlich auf alle Speicherbereiche aller Benutzer zugreifen darf/können muss, sonst wäre eine sinnvolle Speicherverwaltung nicht möglich.

Aufgabe 2.1-2 Prozesse

a) *Erläutern Sie nochmals die wesentlichen Unterschiede zwischen Programm, Prozess und thread.*
    - *Programm:* Ein Programm besteht aus dem Programmcode und Daten. Es kann sich im Speicher oder auf einem externen Datenträger befinden. Ein Programm kann sich aus mehreren Prozessen zusammensetzen oder mehrere Prozesse starten.

- *Prozess:* Zu einem Prozess gehören die Zustands- und Steuerinformationen eines Programms wie etwa Informationen über geöffnete Dateien, Registerinhalte, Stack, Speicherzuordnungstabellen usw. Er stellt die „Hülle" für ein Programm dar.
- *Thread:* Ein *thread* ist ein sogenannter „Leichtgewichtsprozess", da er nur wenige, eigene Zustandsinformationen besitzt. Das Erzeugen und Entfernen eines *threads* geht daher wesentlich schneller als bei einem Prozess. Ein *thread* benutzt die meisten Zustandsinformationen (Dateien, virtueller Adressraum usw.) vom Prozess, zusammen mit den anderen *threads*, und kann deshalb nur im Kontext eines Prozesses laufen. So kann er z. B. Speicher mit anderen *threads* teilen.

b) *Welche schwerwiegenden Konsequenzen kann es haben, wenn ein Betriebs-system keine Prozesse, sondern lediglich Threads unterstützen würde?*

Sehr großes Problem z. B. Speicherzugriffe untereinander: alle laufenden Threads teilen sich denselben Ausführungskontext, also insbesondere denselben Speicherbereich. Somit kann jeder Thread jedem anderen Thread völlig unkontrolliert beliebige Daten überschreiben, Programmabstürze sind vorprogrammiert (Achtung: Wortwitz ☺).

c) *Wie sehen im UNIX-System des Bereichsrechners ein Prozesskontrollblock (PCB) und die „user structure" aus? Inspizieren Sie dazu die Include-Dateien /usr/include/ sys/proc.h und /usr/include/sys/user.h und charakterisieren Sie grob die Einträge.*

In */usr/include/sys/proc.h* ist die Struktur des PCB enthalten, die dauerhaft im Speicher gehalten wird. Die Einträge enthalten Informationen zu folgenden Bereichen:

- Strukturheader (Zeiger zu anderen PCBs)
- Prozesspriorität
- Zeit (verbrauchte CPU-Zeit, Gesamtzeit, …)
- Signale (Masken und ignorierte, abgefangene bzw. anfallende Signale)
- Multiprozessorunterstützung (Affinität, Status, letzter Prozessor, …)
- Identitäten (UserId, GroupId, SessionId, ProzessId, ElternId)
- Zeiger zu Verwandten (Zeiger zu Elternprozess, jüngstem Kind, Geschwistern usw.)
- Speicherbelegung (Größe, Lage von Stack+Code+Daten)
- Daten von *Shared Memory* (*page table offsets*, Prozessliste, erste/letzte Adresse, Zugriffsrechte, gesperrt ja/nein)
- Daten des ausgelagerten Prozesses (Plattenadresse von stack, code, data segment).

Im Gegensatz dazu sind in */usr/include/sys/user.h* alle Daten des Prozesskontextes enthalten, die nicht im Hauptspeicher sind, wenn der Prozess ausgelagert ist. Neben einer Struktur, die Identitäten enthält (effektiver/reeller UserId, GroupId usw.) ist dies insbesondere die *user*-Struktur. Diese besteht aus folgenden Bereichen:

- Daten des letzten Betriebssystemaufrufs (Parameter, Systemaufrufsnummer, Rücksprungadresse, Fehlercode)
- Speichergröße (Code, Daten, Stack)
- Signale (Masken, Signalstack, blockierte Signale)

– Dateimanagement (Zeiger zur Liste offener Dateien, Zahl offener Dateien, Wurzelverzeichnis, jetziges Verzeichnis, Maske für neue Dateien)
– Zeit und Statistik
– Quotenkontrolle
– *shared memory*-Daten (Größe, Sperrinformation usw.)
– *Audit*-Information
– *User*-Stack.

Aufgabe 2.1-3 Prozesszustände

a) *Welche Prozesszustände durchläuft ein Prozess?*

Eine grobe Einteilung lässt sich durch *rechenbereit*, *rechnend* und *blockiert* geben. Viele Betriebssysteme kennen weitere Zwischenzustände wie etwa
– nicht existent
– untätig (*idle*)
– angehalten (*stop*)
– im Löschungsvorgang (*zombie*).

b) *Was sind typische Wartebedingungen und Ereignisse?*

Typische Wartebedingungen sind:
– Der Prozess wartet in der *bereit*-Liste darauf, Prozessorzeit zugewiesen zu bekommen.
– Ein Editor wartet typischerweise auf eine Eingabe vom Benutzer, d. h. auf einen Tastendruck oder die Auswahl eines Menüpunkts. Dies entspricht einem Warten des Editorprozesses in einer I/O-Warteschlange.
– Das Dienstprogramm „Clock" wartet auf
  – Timer-Events, um z. B. den Sekundenzeiger weiter zu bewegen
  – eine Nachricht von einem anderen Prozess
  – Daten vom Benutzer (Interaktion).
  In diesem Fall wartet der Prozess auf mehrere Ereignisse in einer allgemeinen Ereignisschlange; die Art des Ereignisses wird beim Aufwecken dem Prozess bekanntgegeben.

Typische Ereignisse sind z. B. gesendete Signale (Kill-Signal in UNIX), Freigabe von I/O-Geräten, Zuteilung von Rechenzeit.

c) *Ändern Sie die Zustandsübergänge im Zustandsdiagramm Abb. 2.2 durch ein abweichendes, aber ebenso sinnvolles Schema. Begründen Sie Ihre Änderungen.*

Ein anderes Übergangsschema könnte sein

Hierbei erhält jeder Prozess, sobald er erzeugt wurde, auch die Prozessorkontrolle. Ein weiteres mögliches Schema besteht darin, dass nur bereite Prozesse terminiert werden können und erzeugte Prozesse sofort die Kontrolle erhalten. Dies dreht die Erzeugungs-/Terminierungsverbindungen in Abb. 2.2 gerade um.

Allgemein gilt, dass für ein gutes Schema jeder Prozess nur für sich selbst verantwortlich sein sollte und nicht andere Prozesse beeinflussen darf. Dies entspricht einer Trennung der Benutzer und ihrer Prozesse. Ausnahme: Elternprozesse dürfen ihre Kinder kontrollieren (sie stammen meist vom selben Benutzer).

Aufgabe 2.1-4 UNIX-Prozesse

Wie ließe sich in UNIX mit der Sprache C oder MODULA-2 ein Systemaufruf „ExecuteProgram(prg)" als Prozedur mit Hilfe der Systemaufrufe `fork()` *und* `waitpid()` *realisieren?*

Eine mögliche Lösung würde, analog zur *shell*, folgendermaßen aussehen:

```
INT ExecuteProgram (prg);
*CHAR prg;
{ INT pid, status;
  pid := fork();                    (* erzeuge Kopie dieses Prozesses *)
  IF (pid=0)
      THEN execve(prg,"„,0)         (* Kind: überlade mit Programm *)
      ELSE waitpid(pid, status,0)   (* Eltern: warte auf Ausf.ende *)
  END;
  RETURN status;
}
```

Aufgabe 2.1-5 Android *activities*

Recherchieren Sie,

a) *welche Zustände eine* activity *unter Android annehmen kann, und wofür diese verwendet werden.*

b) *Wie werden dabei die aktuell nicht sichtbaren* activities *verwaltet?*

   a) Zustände sind

- *resumed/running*: Aktivität ist im Vordergrund und hat den Fokus
- *paused*: Aktivität ist nicht im Vordergrund, ist aber immer noch sichtbar (und wird nur verdeckt; die Aktivität ist immer noch an den Fenstermanager angehängt), kann nur bei extremer Speicherknappheit beendet werden.
- *stopped*: Aktivität ist im Hintergrund, ist nicht mehr an den Fenstermanager angehängt, aber immer noch ‚am Leben', kann jederzeit wegen Speicherknappheit beendet werden.

     Quelle: *https://developer.android.com/guide/components/activities.html*

b) Android verwaltet sog. *Tasks*, die in der Taskübersicht angezeigt werden. Jeder Task zeigt dabei *Activities* an, wenn eine *Activity* eine neue *Activity* aufruft, wird diese angezeigt und verdeckt die bisherige *Activity* (und pausiert bzw. stoppt diese somit).

Besonderheit: „Even though the activities may be from different applications, Android maintains this seamless user experience by keeping both activities in the same task."

Interessant ist nun die Verwaltung der nicht-laufenden *Activities*: Jeder Task hat einen *Back Stack*, auf dem die *Activities* des Tasks gespeichert sind. Drückt der Nutzer die Zurück-Taste, so wird die aktive *Activity* zerstört und durch die oberste *Activity* auf dem *Back Stack* ersetzt. Wird eine neue *Activity* gestartet, so wird diese zuoberst auf den Stack gepusht.

Quelle: *https://developer.android.com/guide/components/tasks-and-back-stack.html*

Aufgabe 2.1-6 Threads

Realisieren Sie zwei Prozeduren als Leichtgewichtsprozesse, die sich wechselseitig die Kontrolle übergeben. Der eine Prozess gebe „Ha" und der andere „tschi!" aus.

In MODULA-2 ist die Verwendung von Prozeduren als LWP mit Hilfe der Konstrukte NEWPROCESS und TRANSFER leicht möglich.

Die Realisierung folgt in Grundzügen Dal Cin (1988):

```
MODULE HaTschi;

FROM SYSTEM      IMPORT ADDRESS, ADR, BYTE, SIZE,
                                    NEWPROCESS, TRANSFER;
FROM Storage     IMPORT ALLOCATE;
FROM Terminal    IMPORT Write, WriteLn, WriteString;

TYPE COROUTINE = ADDRESS;

VAR Ha, Tschi, main : COROUTINE;
    stack1,stack2: ARRAY[1..1024] OF BYTE;   (*Arbeitsbereiche*)

PROCEDURE writeHa;
BEGIN
  LOOP
   WriteString(„Ha"); TRANSFER (Ha,Tschi)
  END;
END writeHa;

PROCEDURE writeTschi;
BEGIN
  LOOP
   WriteString(„tschi!");WriteLn; TRANSFER(Tschi,Ha)
  END;
END writeTschi;
```

```
BEGIN (* --- main --- *)
  NEWPROCESS(writeHa, ADR(stack1),SIZE(stack1), Ha);
  NEWPROCESS(writeTschi,ADR(stack2),SIZE(stack2), Tschi);
  TRANSFER (main, Ha);
END HaTschi.
```

Natürlich kann man dieses Beispiel noch anreichern, beispielsweise dadurch, dass die Zahl der „Ha"-Ausgaben zufallsmäßig variiert wird, bevor die Kontrolle nach „tschi!" übergeben wird.

Aufgabe 2.1-7 Kernel Threads

Auf einem Linux-System mit verschlüsselter Festplatte tauchen bei Eingabe von ps -ef *in einem Terminal unter anderem die Einträge [kcryptd] und [dmcrypt_write] auf. Dabei handelt es sich um Kernel-Threads.*

Recherchieren Sie, was Kernel-Threads auszeichnet und erläutern Sie in eigenen Worten, worin der Unterschied zwischen Kernel-Threads und den in der Vorlesung vorgestellten Threadarten liegt.

Kernel-Threads laufen im *kernel mode* ab, haben also uneingeschränkten Zugriff auf Alles. *Lightweight* und *heavyweight* Threads laufen dagegen im *user mode* ab. Lightweight Threads werden vom Nutzerprogramm selbst verwaltet und nur innerhalb ihres Prozesses zugeteilt, da sie dem Betriebssystem nicht bekannt sind; *Heavyweight* und *Kernel*-Threads werden dagegen vom Betriebssystem verwaltet und eingesetzt, da sie dem bekannt sind.

Zumindest unter Linux können Kernel-Threads zudem nicht vom Dispatcher unterbrochen werden, sondern laufen, bis sie sich selbst schlafen legen (Quade und Kunst 2016, Kapitel 6.4). *Heavyweight* Threads kann der Dispatcher dagegen beliebig unterbrechen, sofern präemptives Scheduling verwendet wird.

Aufgabe 2.1-8 Prozesse vs. Threads

Ihr Arbeitgeber hat Sie damit beauftragt, für die firmeninterne Verwendung eine integrierte Entwicklungsumgebung (IDE) zu programmieren. Für welche der folgenden Anforderungen ist es sinnvoller, Prozesse zu verwenden, zur Umsetzung welcher sollten besser Threads verwendet werden? Begründen Sie Ihre Antwort.

- *Einer Ihrer Kollegen ist ein begnadeter Programmierer, macht jedoch sehr viele Syntaxfehler. Um diese so früh wie möglich zu erkennen, fordert er, dass die neue IDE ständig den aktuellen Stand des Codes einer Syntaxanalyse unterzieht.*
- *Zwei Ihrer Kollegen arbeiten an mehr als einem Projekt gleichzeitig und möchten daher die IDE mehrfach öffnen sowie die Fenster auf verschiedenen Bildschirmen darstellen können, um einen besseren Überblick zu haben. Allerdings trauen die beiden Ihren Programmierfähigkeiten nicht, weshalb sie betonen, dass bei einem*

Absturz durch einen Programmierfehler in der IDE nicht die Änderungen aller Projekte verloren sein dürfen, sondern höchstens eines einzigen Projekts. Es soll also jeder Programmierfehler höchstens eine einzige IDE gleichzeitig zum Absturz bringen können.

- Im ersten Fall werden Threads verwendet, da ein Zugriff auf dieselben Daten wie die IDE benötigt wird.
- Im zweiten Fall sind Prozesse sinnvoll, da mehrere Instanzen verwendet werden, die keine Daten miteinander teilen müssen. So geht beim Absturz auch höchstens ein Prozess zugrunde. Die Mehrbildschirmgeschichte dient nur der Verschönerung des Szenarios.

Aufgabe 2.2-1 Scheduling

a) *Was ist der Unterschied zwischen der Ausführungszeit und der Bedienzeit eines Jobs?*

Zu der reinen Prozessorzeit, die ein Job benötigt (die Bedienzeit) kommt noch die Zeit hinzu, die der Job in Warteschlangen warten muss, beispielsweise weil eine Platte noch nicht richtig positioniert war, um einen Datenblock zu lesen, oder weil der Prozessor noch Verwaltungsarbeit erledigen musste. Die Gesamtzeit vom Start bis zum Jobende ist dann die Ausführungszeit.

b) *Mac OS X ist Apples erstes Betriebssystem, das präemptives Scheduling unterstützt: bis einschließlich Mac OS 9 wurde non-präemptives Scheduling verwendet. Erläutern Sie, worin sich diese beiden Schedulingvarianten unterscheiden.*

Beim non-präemptiven Scheduling läuft ein Prozess, bis er fertig ist oder von sich aus den aktiven Zustand verlässt, indem er auf ein Ereignis wartet und damit die Kontrolle freiwillig an einen anderen Prozess abgibt.

Beim präemptiven Scheduling kann dagegen jeder Prozess vorzeitig vom Scheduler unterbrochen werden, um einem anderen Prozess Rechenzeit zuzuteilen. So wird unter anderem verhindert, dass ein einzelner Prozess allen anderen Prozessen die Rechenzeit vorenthält, was die Fairness erhöht.

c) *Geben Sie den Unterschied an zwischen einem Algorithmus für ein Foreground/ background-Scheduling, das RR für den Vordergrund und einen preemptiven Prioritätsschedul für den Hintergrund benutzt, und einem Algorithmus für Multi-level-feedback-Scheduling.*

Im ersten Fall gibt es zwei Prioritätsstufen: Vordergrund und Hintergrund. Ist ein Job im Vordergrund, so bleibt er dort auch; das Umschalten geschieht mit dem RR-Algorithmus. Ist noch Zeit frei, so wird auch der Job aus dem Hintergrund bedient.

Im Unterschied dazu gibt es im zweiten Fall mehrere Prioritätsstufen, zwischen denen die Jobs wechseln. Ein Job, der initial eine geringe Priorität besitzt, bleibt also im ersten Fall immer bei der geringen Priorität; im zweiten Fall kann er aber automatisch in eine höhere Prioritätsstufe aufrücken.

Aufgabe 2.2-2 Scheduling

Fünf Stapelaufträge treffen in einem Computer fast zur gleichen Zeit ein. Sie besitzen in ihrer Reihenfolge geschätzte Ausführungszeiten von 10, 6, 4, 2 und 8 Minuten und die Prioritäten 3, 5, 2, 1 und 4, wobei 5 die höchste Priorität ist. Geben sie für jeden der folgenden Schedulingalgorithmen die durchschnittliche Verweilzeit an. Vernachlässigen sie dabei die Kosten für einen Prozesswechsel.

a) *Round Robin (Berücksichtigen Sie die FIFO-Reihenfolge)*
b) *Priority Scheduling*
c) *First Come First Serve*
d) *Shortest Job First*

Nehmen Sie für a) an, dass das System Mehrprogrammbetrieb verwendet und jeder Auftrag einen fairen Anteil (Zeitscheibe in FIFO-Reihenfolge!) an Prozessorzeit erhält. Nehmen Sie an, dass die Zeitscheibenlänge unendlich kurz ist verglichen mit der Joblänge.

Die fünf Prozesse seien mit Job A bis E bezeichnet. Damit ergibt sich die folgende Situation:

Zeit	10	6	4	2	8
Job	A	B	C	D	E
Priorität	3	5	2	1	4

• *Round Robin*
  Da wir die Wechselzeiten vernachlässigen können und nur kurze Zeitscheiben vorliegen, laufen die einzelnen Prozesse quasiparallel ab. Allerdings wird die Leistung des Prozessors, die jeder Prozess abbekommt, durch die Anzahl der anderen, „gleichzeitig" laufenden Prozesse entsprechend verringert. Zuerst ist Job D nach 2 Zeiteinheiten fertig. Da aber parallel 5 Jobs laufen, benötigt er die fünffache Zeit, also $5 \times 2 = 10$ Einheiten. Dann ist Job D tatsächlich fertig.

  Nun betrachten wir den nächsten Job, der zu Ende gehen wird: Job C. Ihm fehlen noch 2 Zeiteinheiten Laufzeit nach dem Ende von D. Da aber parallel 4 Jobs liefen, benötigt er in Wirklichkeit 4 mal so viel Zeit, also 8 weitere Zeiteinheiten. Damit geht Job C nach Beginn nach insgesamt $8 + 10 = 18$ Zeiteinheiten zu Ende.

  Analog wird die zusätzliche Laufzeit von B nach Jobende C zu $3 \times 2 = 6$ Zeiteinheiten ermittelt, so dass also B nach $18 + 6 = 24$ Einheiten zu Ende geht, usw. Es ergibt sich die Summe 110.

Round Robin

A		30
B		+ 24
C		+ 18
D		+ 10
E		+ 28
10 8 6 4 2		110

=> mittlere Verweildauer = 110 / 5 = **22**

- *Priority Scheduling*

B	E	A	C	D
6	+ 14	+ 24	+ 28	+ 30 = 102

=> mittlere Verweildauer = 102/5 = **20.4**

- *FCFS*

A	B	C	D	E
10	+ 16	+ 20 +	22 +	30 = 98

=> mittlere Verweildauer = 98/5 = **19.6**

- *Shortest Job First*

D	C	B	E	A
2 +	6 +	12 +	20 +	30 = 70

=> mittlere Verweildauer = 70/5 = **14**

Aufgabe 2.2-3 Adaptive Parameterschätzung

Beweisen Sie: Wird eine Größe a mit der Gleichung

$$a(t) = a(t-1) - 1/t(a(t-1) - b(t))$$

aktualisiert, so stellt a(t) in jedem Schritt t den arithmetischen Mittelwert der Größe b(t) über alle t dar.

Beweis durch Induktion von t nach t + 1:

Induktionsanfang (t = 1): $a(1) = a(0) - 1(a(0) - b(1)) = b(1)$

Induktionsvoraussetzung: a(t) sei arithmetischer Mittelwert über alle b(t)

Induktionsdurchführung:

$$a(t+1) = a(t) - \frac{1}{t+1}(a(t) - b(t+1))$$

$$= a(t) - \frac{1}{t+1}a(t) + \frac{1}{t+1}b(t+1) = \frac{1}{t+1}a(t) + \frac{1}{t+1}b(t+1)$$

$$= \frac{\sum_{i=1}^{t} b(i)}{t+1} + \frac{1}{t+1}b(t+1) = \frac{\sum_{i=1}^{t+1} b(i)}{t+1} \quad Q.E.D.$$

Aufgabe 2.2-4 Echtzeitscheduling

Um die Ruine eines Atomkraftwerks gefahrlos untersuchen zu können, möchte ein For-scherteam eine autonome Drohne einsetzen. Diese besteht aus verschiedenen Kom-ponenten, die von einem Prozessor gesteuert werden müssen. Dazu muss dieser die folgenden Aufgaben periodisch bearbeiten:

- *Alle 50 ms müssen die Beschleunigungssensoren abgefragt und daraus die Ansteuerungsparameter der Rotoren berechnet werden, was 10 ms dauert. Geschieht dies nicht rechtzeitig, so stürzt die Drohne ab und ist verloren.*
- *Alle 100 ms müssen zur Wegfindung die Abstandssensoren ausgelesen werden, was 10 ms dauert. Geschieht dies nicht rechtzeitig, so kann die Drohne gegen eine Wand fliegen und abstürzen.*
- *Alle 60 s muss der aktuelle Akkustand überprüft werden, um gegebenenfalls die Rückkehr zum Ausgangspunkt einzuleiten. Diese Überprüfung dauert insgesamt 3 s, da hier zur verlässlichen Vorhersage mehrere Messungen nötig sind. Geschieht dies nicht rechtzeitig, so muss die Drohne im schlimmsten Fall in einem Gebiet notlanden, das stark verstrahlt ist und somit nicht von Menschen betreten werden kann, weshalb die Drohne somit auch verloren wäre.*
- *Alle 100 ms muss der Temperatursensor ausgelesen werden, um zu verhindern, dass die Drohne zu weit in Richtung des heißen Reaktorkerns fliegt. Dies dauert 5 ms. Geschieht dies nicht rechtzeitig, so fallen wichtige Komponenten möglicherweise aus, was den Absturz der Drohne zur Folge hat.*
- *Ebenfalls alle 100 ms muss der Geigerzähler abgefragt werden, um die aktuellen Strahlungswerte zu erhalten. Dies dauert 15 ms. Geschieht dies nicht, so kann die Drohne in sehr stark kontaminierte Gebiete fliegen, in denen die Strahlung Fehlfunktionen im Prozessor auslösen kann, die zum Absturz führen können.*
- *Alle 10 Sekunden soll die integrierte Kamera ein Foto der Umgebung aufnehmen und speichern, was 750 ms dauert. Obwohl dies für die Flugsicherheit der Drohne nicht entscheidend ist, wird gefordert, dass diese Zeitschranke unbedingt eingehalten werden muss, da geschätzt wurde, dass die Entwicklungskosten der Drohne sehr hoch sein werden und ein Drohnenflug mit zu wenigen Bildern nicht genügend Ergebnisse liefert.*
- *Alle 100 ms muss aus den vorliegenden Daten die Flugroute neu berechnet werden, was 25 ms dauert. Geschieht dies nicht rechtzeitig, so geht die Drohne höchstwahrscheinlich verloren.*
- *Alle 50 ms müssen die Ansteuerungsparameter der Rotoren an eine separate Flugkontrolleinheit übertragen werden, was 5 ms dauert. Geschieht dies nicht, so stürzt die Drohne ab.*
- *Aufgrund der zu erwartenden Strahlung, die Inhalte des Arbeitsspeichers verändern könnte, soll der gesamte Arbeitsspeicher immer dann, wenn Zeit zur Verfügung steht, einer Fehlerkorrektur unterzogen werden. Ein Durchlauf durch den gesamten Arbeitsspeicher dauert dabei 20 s. Wegen der guten Abschirmung der Elektronik wird in der durch die Akkukapazität begrenzten maximalen Drohnenflugzeit jedoch statistisch weniger als ein Fehler pro Flugmission erwartet, weshalb diese Anforderung als nicht drohnenmissionskritisch eingestuft wird.*
- *Nach Möglichkeit soll in regelmäßigen Abständen eines der gespeicherten Bilder per Funk an die Basisstation übertragen werden. Die Forscher hoffen, somit bereits während des Fluges mit einer ersten Auswertung der Drohnenmission beginnen zu können, sehen diese Anforderung jedoch nicht als kritisch an.*

Überprüfen Sie, ob sich diese Anforderungen mit den geplanten Komponenten realisieren lassen oder ein neuer Entwurf mit einem schnelleren Prozessor nötig ist. Falls sich die Anforderungen realisieren lassen, so geben Sie ein Schedulingkonzept dafür an und begründen Sie es.

Nicht-kritisch sind RAM-Scrubbing sowie Bildübertragung, kritisch alle anderen Aufgaben. Die Auslastungen der kritischen Tasks sind in der obigen Reihenfolge:

- 20,0 % (10 ms/50 ms) Beschleunigung
- 10,0 % (10 ms/100 ms) Abstand
- 05,0 % (3 s/60 s) Akku
- 05,0 % (5 ms/100 ms) Temperatur
- 15,0 % (15 ms/100 ms) Geigerzähler
- 07,5 % (750 ms/10.000 ms) Kamera
- 25,0 % (25 ms/100 ms) Flugroute
- 10,0 % (5 ms/50 ms) Ansteuerung

Die Summe ist 97,5 %, was die Anforderungen gerade noch alle erfüllt. Die restlichen 2,5 % können dann für RAM-Scrubbing und Übertragung von Bildern verwendet werden.

Hierzu bietet sich ein *foreground-background*-Scheduling an: Im Hintergrund werden die nicht-kritischen Tasks bearbeitet, die jedoch jederzeit von kritischen Tasks unterbrochen werden können, und im Vordergrund werden die kritischen Tasks bearbeitet.

Als Schedulingalgorithmus im Vordergrund könnte man beispielsweise *Guaranteed Percentage Scheduling* (GPS) einsetzen und folglich die Anzahl der Zeitscheiben pro Task proportional zur CPU-Auslastung des Tasks wählen.

Wichtig dabei ist jedoch, dass präemptives Scheduling verwendet wird: Bei nicht-präemptivem Scheduling würde der Akkustand in einem Stück ausgelesen (3 Sekunden!), was unter anderem zum 60-fachen Auslassen des Beschleunigungssensor-Tasks führen würde.

Aufgabe 2.2-5 Multiprozessor-Scheduling

Gegeben seien die Präzedenzen P1 >> P3, P2 >> P3, P3 >> P5, P4 >> P5, P5 >> P8, P6 >> P7, P6 >> P9, P7 >> P8, P8 >> P9 mit den Prozessdauern t(P1) = 1, t(P2) = 2, t(P3) = 2, t(P4) = 2, t(P5) = 4, t(P6) = 3, t(P7) = 2, t(P8) = 1, t(P9) = 1.

- *Zeichnen Sie den dazugehörigen Präzedenzgraphen und geben Sie den kritischen Pfad samt seiner Länge an.*
- *Erstellen Sie für dieses Szenario sowohl einen Earliest Schedul*
- *als auch einen Latest Schedul und zeichnen Sie die zugehörigen Gantt-Diagramme.*

Ihnen stehen unbegrenzt viele Prozessoren zur Verfügung.

Der Präzedenzgraph ist folgendermaßen:

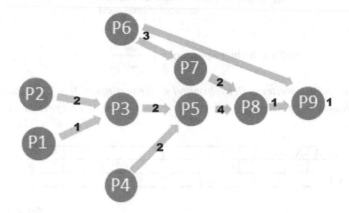

Der Präzedenzgraph ist nicht eindeutig; P4 und P6 können, müssen aber nicht später anfangen. Der kritische Pfad verläuft von P2 → P3 → P5 → P8 → P9 und hat die Länge 10. Also kann kein Schedul existieren, der eine kürzere Abarbeitungszeit als 10 erreicht.

Gantt-Diagramm des *Earliest*-Schedule:

CPU 3	P6								
CPU 2	P4								
CPU 1	P2		P7						
CPU 0	P1		P3		P5			P8	P9

Gantt-Diagramm des *Latest*-Schedule:

CPU 2			P4						
CPU 1	P2			P6		P7			
CPU 0	P1		P3		P5			P8	P9

Man beachte: Es benötigt eine CPU weniger.

Aufgabe 2.2-6 Paralleles Scheduling

a) *Sei ein Programm gegeben mit 40 % sequentiellem, nicht parallelisierbarem Code. Wie groß ist der maximale Speedup?*

Bei 40 % sequentiellem Code liegt 60 % paralleler Code vor. Mit der Formel für den Speedup:

$$\text{Speedup} = 1 + \frac{\text{paralleler Anteil}}{\text{sequentieller Anteil}}$$

$$\text{erhält main hier Speedup} = 1 + \frac{60\,\%}{40\,\%} = 2,5$$

b) *Angenommen, ein weiteres Betriebsmittel A' ist verfügbar. Wie kann man dann das Gantt-Diagramm in Abb. 2.12 so abändern, dass weniger Zeit verbraucht wird?*
   Gegeben:

A	A1	A2	A3	A4	A5		A6
B		B1		B4		B2	B3
C		C1		C3	C2		

30 Zeiteinheiten

Dann lässt sich mit einem zusätzlichen A' folgende Bearbeitung erreichen:

A'	A1	A4		A5		A6
A	A2	A3				
B		B1		B4	B2	B3
C			C1	C2	C3	

23 Zeiteinheiten

Aufgabe 2.3-1 Race Conditions

a) *Was wäre, wenn in Abschn. 2.3.1 zuerst Prozess A die Kontrolle erhält und nach Schritt (2) die Umschaltung erfolgt?*

   Prozess A hängt am Anker, so dass er als nächstes die Kontrolle erhält. Dies hat zum einen zur Folge, dass Prozess B die Kontrolle erhält, obwohl der Prozess in einer ganz anderen Schlange hängt, sobald Prozess A die Kontrolle abgibt und sich wieder aushängt. Zum anderen sind alle Prozesse, die in der abgehängten Schlange warten, auf ewig blockiert und vergessen.

b) *Gibt es noch weitere Möglichkeiten der Fehlererzeugung?*

   Ja. In Abschn. 2.3.1 wird nur auf die Möglichkeit Bezug genommen, dass beim Aushängen von Prozess B nach Schritt (2) umgeschaltet wird und nach der Aktivität von A, die die Warteschlange geändert hat, mit den alten Daten weitergearbeitet wird. Aber auch wenn für Prozess B nach Schritt (1) umgeschaltet wird, sind die Daten fürs Aushängen veraltet: Anstelle von A, das am Anker hängt, wird dort C eingehängt, so dass nun A blockiert außerhalb der Schlange existiert und nie wieder aktiviert wird.

   Auch für das Einhängen führt eine Umschaltung nach Schritt (1) zu einem Fehler; allerdings zum selben wie die obige Umschaltung nach Schritt (2).

Aufgabe 2.3-2 Gegenseitiger Ausschluss: *mutual exclusion*

Formulieren Sie die Prozeduren betreteAbschnitt (Prozess: INTEGER) *und* verlasseAbschnitt (Prozess: INTEGER), *die die Lösung von Peterson für das mutual exclusion-Problem enthalten. Definieren Sie dazu zwei globale, gemeinsame Variablen* Interesse[1..2] *und* dran. *Könnte eine Verallgemeinerung auf* n *Prozesse existieren und wenn ja, wie?*

Für *zwei* Prozesse:

```
VAR
 dran    : INTEGER;
 Interesse: ARRAY[1..2] OF BOOLEAN;

PROCEDURE enterSection(process: INTEGER);
BEGIN      int anderer;
    anderer     := 3 - process; /* process=1,2*/
    Interesse[process]  := TRUE;
    dran           := process;

    WHILE ((dran = process) AND Interesse[anderer])
       DO  /* leere Anweisung: busy wait */;
END;

PROCEDURE leaveSection(process: INTEGER);
BEGIN
    Interesse[process] = FALSE;
END;
```

Für *n* Prozesse stammt die klassische Lösung von Lamport (1974). Sein Algorithmus wird „Bäcker-Algorithmus" genannt, weil er die Zuteilung des Verkaufspersonals zu den zahlreich erscheinenden Kunden in einer Bäckerei simuliert. Dabei ist es üblich, dass jeder Kunde, der hereinkommt, sich zuerst eine Nummer zieht und dann so lange wartet, bis seine Nummer an der Reihe ist. Ziehen zufälligerweise mehrere Kunden die gleiche Nummer (was in der Realität nicht sein kann), so wird als nächster der älteste Kunde (der Prozess mit der kleinsten Prozessnummer) bedient. Die Lösung lautet wie folgt:

```
(* n= number of processes *)
VAR
 choosing: ARRAY[0..n-1] OF BOOLEAN; (*init FALSE*)
 number:    ARRAY[0..n-1] OF INTEGER;  (* init 0 *)

PROCEDURE enterSection(process:INTEGER);
BEGIN      VAR j:INTEGER;
  choosing[process]:=TRUE;
  number[process]   :=max(number)+1;(* select maximal
                              number currently used *)
  choosing[process]:=FALSE;
```

```
FOR j=:0 TO n-1 DO BEGIN
   WHILE choosing[j]DO (*leerer Befehl:busy wait*);
   WHILE (number[j]<>0)
     AND ((number[j]<number[process]) OR
         ((number[j]=number[process])AND(j<process))
         ) DO (* leerer Befehl: busy wait *);
 END;
END;

PROCEDURE leaveSection(process:INTEGER);
BEGIN
    number[process] := 0;
END;
```

Aufgabe 2.3-3 Synchronisation

Betrachten Sie die folgenden fünf Prozesse, die gleichzeitig ausgeführt werden. Jeder Prozess besteht aus vier Abschnitten, wobei Abschnitte der Typen A bis G jeweils korrespondierend kritisch sind:

P1	P2	P3	P4	P5
A	D	B	G	A
B	E	E	H	D
C	A	E	G	E
D	D	F	A	H

a) *Welche Abschnitte müssen Sie tatsächlich mit Semaphoren synchronisieren?*
b) *Wie viele Semaphore benötigen Sie?*

Synchronisiert werden müssen die Abschnitte A, B, D, E.

   Nicht synchronisiert werden müssen die Abschnitte C (da nur P1), F (da nur P3), G (da nur P4), H (als nicht kritisch bewertet).

   Folglich werden insgesamt 4 Semaphore benötigt.

Aufgabe 2.3-4 Semaphor-Operationen

a) *Wie würden Sie die Semaphor-Operationen P und V formulieren, wenn s die Anzahl der jeweils wartenden Prozesse enthalten soll?*

```
TYPE Semaphor= RECORD
                  value: INTEGER;
                  list: ProcessList;
               END;
VAR s: Semaphor;

PROCEDURE P(VAR s: Semaphor);
BEGIN
```

```
        s.value := s.value + 1;
        if (s.value > 0) THEN
              einhängen(MY_ID, s.list);
              sleep;
        END;
    END P;

    PROCEDURE V(VAR s: Semaphor);
    VAR PID: ProcessId;
    BEGIN
    if (s.value > 0) THEN
              PID  := aushängen(s.list);
              wakeup(PID);
        END;
        s.value = s.value - 1;
    END V;
```

Initialisiert mit −1 enthält `s.value` jeweils die Anzahl der wartenden Prozesse in der Warteschlange `s.list`.

b) *Wie ändert sich die Lösung des Erzeuger-Verbraucher-Problems dadurch?*

Nimmt `s.value` einen negativen Wert an, so stellt bereits dessen Betrag (der negierte Wert) die Anzahl der wartenden Prozesse dar. Die Lösung aus Abschn. 2.3.5 kann deshalb mit den neu definierten P und V ohne Änderung übernommen werden.

c) *Wie muss man s verändern, wenn mehrere Betriebsmittel existieren?*

`s.value` muss mit der Anzahl der Betriebsmittel initialisiert werden (bzw. der negativen Anzahl!).

Aufgabe 2.3-5 Prozesssynchronisation

Wie lautet die Synchronisation der Betriebsmittel aus Abb. 2.13 mit Hilfe von Semaphoren?

```
PROCESS A1; BEGIN                      TaskBody; V(b1);              END A1;
PROCESS A2; BEGIN                      TaskBody; V(a3);              END A2;
PROCESS B1; BEGIN P(b1);               TaskBody; V(c1); V(b41);      END B1;
PROCESS A3; BEGIN P(a3);               TaskBody; V(b42); V(c21);     END A3;
PROCESS A4; BEGIN                      TaskBody; V(c22); V(c22);     END A4;
PROCESS C1; BEGIN P(c1);               TaskBody; V(a5);              END C1;
PROCESS B4; BEGIN P(b41); P(b42);TaskBody; V(c3);                   END B4;
PROCESS C2; BEGIN P(c21); P(c22);TaskBody; V(b2);                   END C2;
PROCESS A5; BEGIN P(a5);               TaskBody; V(b31);             END A5;
PROCESS C3; BEGIN P(c3);               TaskBody; V(b32);             END C3;
PROCESS B2; BEGIN P(b2);               TaskBody; V(b33);             END B2;
PROCESS B3; BEGIN P(b31);P(b32);P(b33); TaskBody; V(a6);            END B3;
PROCESS A6; BEGIN P(a6);               TaskBody;                     END A6;
```

Aufgabe 2.3-6 Spinlocks

a) *Was ist der Unterschied zwischen den Operationen* Blockieren *und* Spinlock, *um auf das Eintreten eines Ereignisses zu warten?*

Beim Blockieren wartet der Prozess, bis das gewünschte Ereignis eintritt und er vom Scheduler wieder geweckt wird. Der Prozess benötigt während des Wartens keine Rechenzeit.

Beim *Spinlock* wartet der Prozess *aktiv* durch ständiges Abfragen, ob das Ereignis eingetreten ist. Dabei wird während des Wartens für die Abfrage Rechenzeit benötigt.

b) *Unter welcher Bedingung kann es vertretbar sein, Spinlocks zu verwenden?*

Der Einsatz von *Spinlocks* kann aber trotzdem sinnvoll sein, wenn beispielsweise die Hardware das Eintreten des Ereignisses nicht durch einen Interrupt signalisieren kann und/oder wenn es klar ist, dass die Wartezeit auf das Eintreten sehr kurz sein wird. In diesem Fall ist der Overhead durch Blockieren und den damit einhergehenden Threadwechsel größer als das kurzzeitige aktive Abfragen. Ein Beispiel dafür ist, ein Signal an eine Hardware zu senden und auf die ACK-Bestätigung zu warten. Hardwarespezifikationen garantieren das ACK innerhalb von sehr kurzer Zeit. Wären dies beispielsweise nur wenige Nanosekunden, dann müssen nur wenige CPU-Takte „unnötig" mit Abfragen verbracht werden.

In Betriebssystemkernen werden häufig *Spinlocks* eingesetzt, weil die entsprechenden Methoden nicht unterbrochen werden können dürfen. In diesen Fällen ist auf eine sehr sorgfältige Programmierung zu achten, um Verklemmungen auszuschließen.

Aufgabe 2.3-7 Erzeuger-Verbraucher-Synchronisation

Gegeben sei der folgende unvollständige Programmcode zur Lösung des Erzeuger-Verbraucher-Problems. Ordnen Sie die folgenden 8 fehlenden Befehle den Zeilen (10, 11, 14, 15, 19, 20, 23, 24) im Code zu.

s mutex.acquire()	gehört in Zeile _____	11 oder 20
s mutex.acquire()	gehört in Zeile _____	20 oder 11
s mutex.release()	gehört in Zeile _____	14 oder 23
s mutex.release()	gehört in Zeile _____	23 oder 14
s empty.acquire()	gehört in Zeile _____	19
s empty.release()	gehört in Zeile _____	15
s full.acquire()	gehört in Zeile _____	10
s full.release()	gehört in Zeile _____	24

Code:

```
1  REGAL = []
2  REGAL_KAPAZITAET = 5
3
4  s_empty    = threading.Semaphore(REGAL_KAPAZITAET)
5  s_full     = threading.Semaphore(0)
6  s_mutex    = threading.Semaphore(1)
7
8  def verbraucher():
9      while True:
10                 # Zeile 10
11                 # Zeile 11
12                 portion = REGAL.pop()
13                 print('Lager hat noch "%s", %i Portionen
übrig.' % (portion,  len(REGAL)))
14                 # Zeile 14
15                 # Zeile 15
16
17         def erzeuger():
18      while True:
19                 # Zeile 19
20                 # Zeile 20
21                 portion = "McBurger"
22                 REGAL.append(portion)
23                 # Zeile 23
24                 # Zeile 24
```

Aufgabe 2.3-8 Das readers/writers-Problem

Entwerfen Sie einen Pseudocode, um das zweite readers/writers-Problem zu lösen.

Wie beim ersten *readers/writers*-Problem benötigen wir mehrere Semaphore: eine zur Synchronisation der Leser, andere für die Schreiber. In unserem Fall sind diese wieder binär.

Der Pseudocode fürs Schreiben ist

```
P(WriteSem)
  writecount := writecount + 1          # Erster Schreiber:
  IF writecount = 1 THEN P(TrySem)      # Leser blockieren
V(WriteSem)

P(RWSem)                   # Hier warten alle Schreiber
  Writing_Data()
V(RWSem)

P(WriteSem)
  writecount := writecount - 1          # Letzter Schreiber:
  IF writecount = 0 THEN V(TrySem)      # Leser erlösen
V(WriteSem)
```

und fürs Lesen

```
P(TrySem)
  P(ReadSem)
    readcount := readcount + 1              # Erster Leser:
    IF readcount = 1 THEN P(RWSem)          # Schreiber blockieren
  V(ReadSem)
V(TrySem)

  ...

Reading_Data()

  ...

P(ReadSem)
  readcount := readcount - 1                # Letzter Leser:
  IF readcount = 0 THEN V(RWSem)            # Schreiber erlösen
V(ReadSem)
```

Man sieht, dass zwar Leser die Schreiber während des Lesens ausschließen können, aber wenn die Schreiber einmal dran sind, wird solange geschrieben, bis sie fertig sind. Die zusätzliche Absicherung des Lesers durch das zusätzliche Semaphor `TrySem` vermeidet die Situation, dass beim Blockieren der Leser durch einen Schreiber, etwa durch `P(ReadSem)`, eine Verklemmung eintritt: Der letzte Leser könnte dann ausgeschlossen sein, kann `RWSem` nicht mehr zurücksetzen und das Schreiben bliebe blockiert.

Aufgabe 2.3-9 Chinesische (dinierende) Philosophen

N Philosophen sitzen um einen Esstisch und wollen speisen. Auf dem Tisch befindet sich eine große Schale mit Reis und Gemüse. Jeder Philosoph meditiert und isst abwechselnd.

Zum Essen benötigt er jeweils 2 Stäbchen, auf dem Tisch liegen aber nur N Stäbchen, so dass er sich ein Stäbchen mit seinem Nachbarn teilen muss. Also können nicht alle Philosophen zur selben Zeit essen; sie müssen sich koordinieren. Wenn ein Philosoph hungrig wird, versucht er dazu in beliebiger Reihenfolge das Stäbchen links und rechts von ihm aufzunehmen, um mit dem Essen zu beginnen. Gelingt ihm das, so isst er eine Weile, legt die Stäbchen nach seinem Mahl wieder zurück und meditiert. Dabei sind allerdings Situationen denkbar, in der alle gleichzeitig agieren und sich gegenseitig behindern.

Geben Sie eine Vorschrift für jeden Philosophen (ein Programm in einem MODULA oder C-Pseudocode) an, das dieses Problem löst!

Lösung *(vgl. Tanenbaum 1995):*

```
#define FOREVER      while(1)
#define              N
#define LINKS        (i-1)%N
#define RECHTS       (i+1)%N
#define DENKEND      0
#define HUNGRIG      1
#define ESSEND       2

typedef int Semaphor;
int status[N];
Semaphor mutex = 1;
Semaphor s[N];

void philosoph(int i)
{
    FOREVER { /* Hauptaktionen: Denken und Essen */
            denke();
            nimm_Gabeln_auf(i);
            iß();
            lege_Gabeln_fort(i);
    }
}

void nimm_Gabeln_auf(int i)
{
  P(mutex);
  status[i] = HUNGRIG;
  test(i);                /* versuche beide Gabeln zu bekommen */
  V(mutex);
  P(s[i]);                /* blockiere falls Gabeln nicht frei waren */
}

void lege_Gabeln_fort(int i)
{
  P(mutex);
  status[i] = DENKEND;
  test(LINKS);            /* teste ob linker oder rechter Nachbar */
  test(RECHTS);           /* jetzt essen kann */
  V(mutex);
}

void test(int i)
{
  if  (status[i]        == HUNGRIG
    && status[LINKS]    != ESSEND
    && status[RECHTS]   != ESSEND)
  {
    status[i] = ESSEND; V(s[i]);
  }
}
```

Aufgabe 2.3-10 Begriffe

a) *Was ist der Unterschied zwischen Blockieren, Verklemmen und Verhungern von Prozessen?*
   – *Blockieren:* Ein Prozess allokiert sich ein Betriebsmittel BM, um damit zu arbeiten. Eventuell belegt er es länger als nötig – vielleicht vergisst er auch einfach, es nach der Benutzung freizugeben (z. B Speicher bei Konstruktoren/Destruktoren in C++). Wenn nun ein anderer Prozess ebenfalls dieses BM benötigt, kann er entweder mit einer Fehlermeldung in der Art „Fehler – BM nicht verfügbar" abbrechen oder warten, bis das BM vom ersten Prozess freigegeben wird – was möglicherweise sehr lange dauern kann. Der zweite Prozess wird im letzten Fall durch den ersten Prozess blockiert.
   – *Verklemmen*: Zwei oder mehr Prozesse halten jeder für sich ein BM belegt und versuchen, ein weiteres BM zu belegen, das aber von einem anderen Prozess belegt ist. Dabei entsteht ein Zyklus in den Abhängigkeiten. Da keiner der Prozesse seine Ressource vorzeitig freigibt, warten alle Prozesse nun ewig: Sie sind verklemmt. Eine solche Situation muss von außen gelöst werden.
   – *Verhungern*: Ein Prozess erhält, obwohl er rechenbereit ist, keine Rechenzeit zugeteilt, beispielsweise weil ihm immer wieder Prozesse mit höherer Priorität vorgezogen werden.
b) *Worin liegt der Unterschied zwischen aktivem und passivem Warten?*
   – „Aktives Warten" bedeutet, dass der Prozess in einer Warteschleife auf das Eintreten eines Ereignisses oder Freiwerden eines Betriebsmittels BM wartet, also *busy waiting* durchführt. Dies kostet Prozessorzeit, die für andere Prozesse sinnvoller genutzt werden könnte.
   – „Passives Warten": Ein Prozess, der auf das Eintreten eines Ereignisses wartet, legt sich „schlafen", d. h. er nimmt den Zustand *blockiert* an und wird erst dann durch das Betriebssystem in die Liste der rechenbereiten Prozesse eingehängt, wenn das erwartete Ereignis eingetreten ist.
       Man könnte meinen, dass das Problem beim passiven Warten nur ins Betriebssystem verlagert wurde. Dies ist jedoch nicht der Fall, da das Betriebssystem sowieso die Kontrolle über die Betriebsmittel und die Ereignisse haben muss und somit eine Verwaltung der Wartebedingungen kaum zusätzlichen Aufwand bedeutet. Es stellt nur eine geringe Extrabelastung dar, wenn beim Freiwerden einer Ressource die darauf wartenden Prozesse überprüft werden.
c) *Geben Sie ein praktisches Beispiel für eine Verklemmung an.*
   Linksabbiegen auf einer Kreuzung (vgl. Duden):
       Die Fahrzeuge (Prozesse) fordern das Betriebsmittel „Straßenfläche" an. A das von B, B das von C, C das von D und D wiederum das von A. In der folgenden Abbildung ist dies am Beispiel einer verklemmten Straßenkreuzung mit Autos und Lastwagen gezeigt.

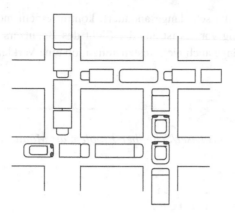

Aufgabe 2.3-11 Verklemmung/Blockierung

Ein Student S1 hat ein Buch A in der Bibliothek ausgeliehen. In Buch A findet er einen Literaturhinweis auf Buch B. Deshalb möchte er auch Buch B ausleihen. Dies ist momentan von Student S2 ausgeliehen, der wiederum in Buch B einen Verweis auf Buch A findet. Also versucht er, Buch A auszuleihen. Stellt diese Situation eine Verklemmung, eine Blockierung oder keines von beiden dar? Bitte begründen Sie Ihre Antwort.

Diese Situation stellt nicht, wie man leicht glauben könnte, eine Verklemmung (Deadlock) dar, weil die Bedingung der gegenseitigen Ununterbrechbarkeit nicht gegeben ist. Die Studenten können durch Vormerken des jeweils anderen Buchs von der zentralen Betriebsmittelverwaltung „Bibliothek" dazu gezwungen werden, ihr Buch zurückzugeben, da sie das Buch nur für eine feste Zeitspanne (Zeitscheibe) belegen können und bei einer Vormerkung ein Buch nicht wieder verlängert werden kann. Somit stellt diese Situation formal nur eine Blockierung dar: A ist so lange blockiert, bis B das Buch abgegeben hat

Außerdem ist aber ein menschlicher Benutzer in der Lage, mit dem bisher entliehenen Buch weiterzuarbeiten. Er ist also auch nicht, wie ein wartender Prozess, richtig blockiert.

Dies könnte man mit der Situation in einem Programm zum Zeichnen von Funktionswerten vergleichen, dessen Aktionen parallel arbeiten: Der eine Subtask berechnet die Funktionswerte, der andere Subtask öffnet ein Anzeigefenster und stellt die berechneten Werte dar. Wenn aufgrund von Speichermangel die Anzeige jedoch zurzeit nicht möglich ist, könnte der Anzeigeprozess jetzt den Berechnungsprozess blockieren. Diesen kann man aber mit Hilfe eines Puffers so konstruieren, dass er auch dann weiterarbeitet, wenn der Anzeigeprozess momentan keine Daten entgegennimmt. Am Ende der Berechnung hat der Benutzer über ein Menü dann nochmals die Chance, sich die Daten aus dem Puffer anzeigen zu lassen.

Eine Blockierung, die sehr lange andauert, kommt einem menschlichen Benutzer wie eine Verklemmung vor. Es ist aus der Sicht des Benutzers ohne Kenntnisse der inneren Zusammenhänge auch nicht festzustellen, ob eine Verklemmung oder nur eine Blockierung vorliegt.

Aufgabe 2.3-12 Monitore

a) *Implementieren Sie das Leser/Schreiber-Problem als Monitorlösung.*

```
monitor ReadWrite
var readers        : integer;
    readers_wait   : integer;
    writers_wait   : integer;
    writing        : boolean;
    ok_to_read, ok_to_write : condition;

procedure startread;
begin
  if writing or (writers_wait <> 0) then
  begin
    readers_wait := readers_wait + 1;
    wait(ok_to_read);
    readers_wait := readers_wait - 1;
  end;
  readers := readers + 1;
  signal(ok_to_read);
end;

procedure endread;
begin
  readers := readers - 1;
  if readers = 0 then signal(ok_to_write);
end;

procedure startwrite;
begin
  if (readers <> 0) or writing then
  begin
    writers_wait := writers_wait + 1;
    while ((readers<>0) or writing) wait(ok_to_write);
    writers_wait := writers_wait - 1;
  end;
  writing := true;
end;

procedure endwrite;
begin
```

```
    writing := false;
    if (readers_wait <> 0)
      then signal(ok_to_read)
      else signal(ok_to_write);
end;
  begin (* Initialisierung des Monitors *)
    readers := 0;
    readers_wait := 0;
    writers_wait := 0;
    writing := false;
  end;  (* monitor *)
procedure readprocess
begin
  repeat
    ReadWrite.startread;
    Reading_Data();
    ReadWrite.endread;
  until false;
end;

procedure writeprocess
begin
  repeat
    ReadWrite.startwrite;
    Writing_Data();
    ReadWrite.endwrite;
  until false;
end;
```

b) *Was sind die Vor- und Nachteile einer Monitorlösung?*

Ein Monitor entlastet den Programmierer bei der Benutzung und korrekten Anwendung von Semaphoren. Werden die Semaphor-Operationen P und V in Programmen nicht in der richtigen Reihenfolge verwendet oder wird eine von beiden vergessen (was in großen Projekten schwer zu überblicken ist), wird die Fehlersuche entsprechend erschwert.

Weiterhin sind die Operationen in einer zentralen Stelle (dem Monitor) zusammengefasst und bilden so etwas ähnliches wie einen ADT (Abstrakten DatenTyp). Zusätzlich werden vom ADT die Semaphore automatisch verwaltet. Es ist also das Verbergen von Information (*information hiding*) möglich. Außerdem wird die Wartung erleichtert, da Änderungen nur im Monitor erfolgen müssen.

Eine Monitorlösung ist leicht nachvollziehbar und somit sicherer gegenüber logischen Fehlern. Ein Monitor besitzt aber auch Nachteile:

– Er muss direkt im Compiler implementiert werden; als Bibliotheksfunktion ist dies nicht möglich. Dies erschwert die Portabilität der Programme.

– Die Wartezustände der Prozesse im Monitor machen es schwierig, bei Zeitüberschreitung, Abschalten des Systems oder Prozessabbrüchen alle Wartezustände konsistent aufzulösen.

– Es kann eine Sequenzialisierung entstehen, wenn die Lese-/Schreiboperationen im Monitor selbst vorgenommen werden. (Nicht im obigen Beispiel!)

Aufgabe 2.3-13 Banker-Algorithmus

a) *Welche beiden Reihenfolgen wären im Beispiel für den Banker-Algorithmus für die fünf Prozesse auch möglich?*

Nach dem Beispiel sind die existierenden Betriebsmittel mit E, die bestehende Belegung mit B und die gewünschte zusätzliche Belegung mit C gegeben:

$E = (6\ 3\ 4\ 2)$

B: P_1	3 0 1 1		C: P_1	1 1 0 0
P_2	0 1 0 0		P_2	0 1 1 2
P_3	1 1 1 0		P_3	3 1 0 0
P_4	1 1 0 1		P_4	0 0 1 0
P_5	0 0 0 0		P_5	2 1 1 0

In der folgenden Abbildung ist die Entwicklung der aktuellen Belegung A visualisiert; die Übergänge dazwischen sind mit einer Linie symbolisiert, neben die der Name des aktivierten Prozesses geschrieben ist.

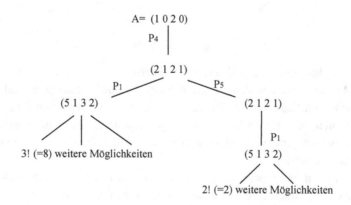

Da auch mehrere bereit sein können, verzweigt sich das Diagramm je nach Entscheidung.

b) *Angenommen, Prozess P_1 bekommt ein Bandlaufwerk zusätzlich zugestanden, ist das System dann verklemmungsbedroht?*

Falls Prozess P_1 ein weiteres Bandlaufwerk zugestanden bekommt, kommt lediglich der Pfad P_4–P_5– … nicht mehr in Frage. Das System ist also nicht verklemmungsbedroht.

Aufgabe 2.3-14 Verklemmungstest

Gegeben seien fünf Prozesse P1, ..., P5 mit den angegebenen Anforderungen an die Betriebsmittel A, ..., E, wobei ein Eintrag „a/b" bedeutet, dass der Prozess derzeit a Einheiten des Betriebsmittels hält und noch zusätzliche b Einheiten anfordert.

	Betriebsmittel				
	A	B	C	D	E
P1	1/0	2/4	1/1	1/0	1/0
P2	0/2	0/1	0/3	0/0	0/1
P3	2/0	0/2	1/2	0/2	3/2
P4	0/1	0/4	0/1	0/2	0/0
P5	1/3	1/3	0/1	1/1	1/4

Betriebs-mittel	maximal verfügbar
A	4
B	7
C	3
D	2
E	5

Überprüfen Sie, ob in diesem Szenario eine Verklemmung vorliegt. Falls ja, so geben Sie an, wie diese behoben werden kann.

Zunächst einmal kann P1 zu Ende laufen, weil alle seine Anforderungen erfüllbar sind. Tabelle:

	Betriebsmittel				
	A	B	C	D	E
P2	0/2	0/1	0/3	0/0	0/1
P3	2/0	0/2	1/2	0/2	3/2
P4	0/1	0/4	0/1	0/2	0/0
P5	1/3	1/3	0/1	1/1	1/4

Dann kann P4 zu Ende laufen:

	Betriebsmittel				
	A	B	C	D	E
P2	0/2	0/1	0/3	0/0	0/1
P3	2/0	0/2	1/2	0/2	3/2
P5	1/3	1/3	0/1	1/1	1/3

Dann kommt es jedoch schon zur Verklemmung: kein Prozess kann alle seine Anforderungen erfüllt bekommen: P2 kann keine 2 A erhalten, P3 kann keine 2 D erhalten, P5 kann keine 4 E erhalten.

Verklemmung beheben:

Abbrechen von P2 bringt nichts, da P2 ohnehin keine Betriebsmittel hält. Man könnte jedoch P3 abbrechen. Dann kann P2/P5 durchlaufen, im Anschluss P5/P2. Am Ende kann P3 neu gestartet werden und durchlaufen.

Alternativ: P5 abbrechen. Dann kann P3 durchlaufen, im Anschluss P2. Am Ende kann P5 neu gestartet werden und durchlaufen.

Aufgabe 2.3-15 Verklemmungsfreiheit

Beweisen oder widerlegen Sie:

In einem System mit n > 1 verschiedenen Betriebsmitteltypen, in dem jeder Prozess direkt nach seinem Start nacheinander (jedoch in beliebiger Reihenfolge) für jeden dieser Typen alle $m_i \geq 0$ maximal benötigten Betriebsmittel auf einmal anfordern muss und diese erst bei Prozessende wieder freigegeben werden können, sind Verklemmungen unmöglich.

Die Aussage ist falsch.

Gegenbeispiel:

Die Betriebsmittel A und B seien je einmal verfügbar. P1 fordert A an, erhält A. Scheduler unterbricht. P2 fordert B an, erhält B. Scheduler unterbricht. P1 fordert B an, blockiert. Scheduler unterbricht. P2 fordert A an, blockiert.

Es entsteht eine Verklemmung.

Das Problem ist im Grunde die beliebige Reihenfolge der Belegung. Wenn diese festgeschrieben wäre, kann es zu keiner Verklemmung kommen, da die 4. Bedingung (zyklische Wartebedingung) von Coffman et al. verhindert wird.

Aufgabe 2.3-16 Sichere Systeme

a) *Ein Computersystem habe sechs Laufwerke und* n *Prozesse, wobei ein Prozess jeweils zwei Laufwerke benötigt. Wie groß darf* n *sein für ein sicheres System?*

Ein sicheres System darf höchstens fünf Prozesse erlauben, da so stets gegeben ist, dass ein Prozess mit zwei Laufwerken terminieren kann. Nach seiner Beendigung stehen dann diese zwei Laufwerke anderen Prozessen zur Verfügung.

b) *Für große Werte für m Betriebsmittel und n Prozesse ist die Anzahl der Operationen, um einen Zustand als „sicher" zu klassifizieren, proportional zu $m^a n^b$. Wie groß sind a und b?*

Banker-Algorithmus:

```
FOR k:= 1 TO n DO unmark(k) END;              n Schritte
d=0;                                              +

REPEAT                                        n Schleifen
      k:=satisfiedProcess();                  n · m Schritte
      IF k#0 THEN d := d + 1;
          markProcess(k);
          FOR s := 1 TO m DO                  m Schritte
            A[s] := A[s] + B[k,s]
          END;
```

```
        END;
UNTIL k=0;
IF d<N THEN Error(„Deadlock") END;
```

Folglich ist die Anzahl der Schritte

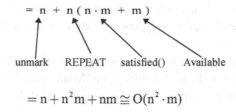

$$= n + n(n \cdot m + m)$$

unmark   REPEAT   satisfied()   Available

$$= n + n^2 m + nm \cong O(n^2 \cdot m)$$

Aufgabe 2.3-17 Verklemmungen unmöglich machen

In einem Transaktionsystem einer Bank gibt es für jede der vielen parallel statt-findenden Überweisungen von Konto S nach Konto E einen eigenen Prozess. Die Lese/Schreiboperation pro Konto müssen deshalb vor parallelem Zugriff durch einen anderen Prozess geschützt werden. Wird dazu ein Semaphor pro Konto ver-wendet, so kann es bei Rücküberweisungen leicht zu Verklemmungen kommen, da zuerst S und dann E von einem Prozess und zuerst E und dann S von einem anderen Prozess belegt werden. Entwerfen Sie ein Zugriffsschema, um eine Verklemmung zu vermeiden.

Beachten Sie bitte, dass Lösungen, die zuerst das eine Konto sperren, es verän-dern und entsperren und dann das andere belegen und verändern, gefährlich sind, da bei Computerstörungen der Überweisungsbetrag verschwinden kann. Diese Art von Lösungen scheiden also aus.

Eine Lösung könnte wie folgt aussehen:

- Jedes Konto hat eine eindeutige Kontonummer.
- Für eine Transaktion (Überweisung) mit einem Konto S und einem Konto E muss immer zunächst das Konto mit der niedrigeren Kontonummer gesperrt werden und dann das andere Konto. Auf diese Weise wird die *circular wait*-Bedingung für einen Deadlock ausgeschlossen.
- Da beide Konten gleichzeitig gesperrt sind, ist eine echte atomare Transaktion möglich, um Computerstörungen zu tolerieren: nach dem Abspeichern der Zustände von Konto S und E wird der Betrag bei S abgebucht und bei E gutgeschrieben; danach werden beide entsperrt und die Transaktion als „abgeschlossen" vermerkt. Wird der Gesamtvorgang durch eine Störung unterbrochen, so stellt man beim Wie-deranlaufen den Transaktions-Zustand von S bzw. E fest und ersetzt beide durch ihre Sicherungskopien.

Aufgabe 2.4-1 Prozesskommunikation

a) *Beschreiben Sie detailliert, was folgende Kommandozeile in UNIX bewirkt.*

```
grep deb xyz | wc -l
```

Das Programm `grep` durchsucht eine Datei `xyz` nach einer Zeichenkette `deb` und gibt alle Zeilen aus, in denen sich die Zeichenkette befindet.

`wc -l` zählt die Zeilen einer angegebenen Datei, in diesem Fall der Pipe, also der Ausgabe des Programms `grep`.

Die gesamte Kommandozeile zeigt also die Anzahl der Zeilen in der Datei `xyz` an, in denen die Zeichenkette `deb` vorkommt. Mehrfaches Vorkommen von `deb` in einer Zeile wird wie ein einfaches Vorkommen bewertet. Existiert `xyz` nicht, wird 0 ausgegeben.

Der Ablauf der Abarbeitung sieht im Detail wie folgt aus: Nach Eingabe der Kommandozeile `grep deb xyz | wc -l` öffnet die *shell* zunächst eine *pipe*. Dabei werden zwei Filedeskriptoren (FDs) angefordert: einer zur Eingabe in die *pipe* und einer zur Ausgabe aus der *pipe*. Für jeden Prozess (`grep` und `wc`) wird dann `fork()` aufgerufen.

Der erste KindsProzess schließt den FD der Standardausgabe `stdout` und kopiert den FD der *pipe*-Eingabe auf den Dateideskriptor `stdout`. Die beiden FDs der *pipe* werden sodann geschlossen (`stdout` bleibt aber geöffnet) und `grep` wird mit den Parametern `deb` und `xyz` mittels `exec` gestartet und dem Kindsprozess überlagert. So geht die `stdout`-Ausgabe von `grep` in die *pipe*.

Der zweite Kindsprozess verfährt analog mit `stdin`: Der FD der Standardeingabe wird geschlossen, der FD zum Auslesen aus der *pipe* auf `stdin` kopiert, beide FDs der *pipe* geschlossen. Nun wird `wc` mit dem Parameter `-l` über `exec` aufgerufen.

`grep` öffnet die Datei `xyz`, sucht alle Zeilen, die `deb` enthalten, und schreibt diese nach `stdout`, also in die *pipe*. Sobald kein Platz mehr in der *pipe* vorhanden ist, legt sich `grep` schlafen und wartet, bis wieder genug Platz vorhanden ist.

Ähnlich liest `wc` die Zeilen aus der *pipe* und wartet, wenn die *pipe* leer sein sollte, auf den nächsten Schreibvorgang. Sobald die *pipe* von `grep` geschlossen wird und `wc` eine entsprechende Meldung über das Signalsystem erhält, gibt `wc` auf `stdout` die Zeilenzahl aus.

b) *In UNIX ist die Kommunikation durch Signale auf eine Eltern/Kind-Gruppe beschränkt. Warum könnten die Implementatoren diese Einschränkung getroffen haben?*

Damit sich verschiedene Benutzer nicht über Abbruchsignale (KILL etc.) gegenseitig Prozesse löschen oder durch Signalüberflutung blockieren können (Sicherheitsaspekt). Auch andere Signale (SIGBRK, …) könnten zu Problemen führen.

c) *Formulieren Sie den Übergang zwischen Prozesszuständen aus Abschn. 2.1 mit Hilfe von Nachrichten und Mailboxen. Wer schickt an wen die Nachrichten?*

In einem anonymen Prozesssystem kennen die Prozesse nur sich selbst und den Scheduler/Dispatcher, der bei bestimmten Systemaufrufen (Create Process, Terminate usw.) implizit aufgerufen wird. Alle Nachrichten erfolgen also zwischen den Prozessen und dem Scheduler/Dispatcher. Die Art der Nachricht richtet sich dabei nach der involvierten Funktion. Beispielsweise bewirkt dann die Aktion

```
sendMsg(Scheduler, CreateProcess)
```

das Erzeugen eines Prozesses (z. B. als Kopie des sendenden Prozesses) durch den Scheduler sowie seine Nachricht vom Typ *WaitInReadyQueue* an den erzeugten Prozess. Auch das Umhängen von einer Warteschlange in eine andere kann mit Hilfe einer Nachricht, die der betreffende Prozess erhält, gesteuert werden. Zu jedem Zustandsübergang in Abb. 2.2 gibt es also einen Nachrichtentyp und einen Aufruf des Schedulers/Dispatchers.

Aufgabe 2.4-2 Pipes

Betrachten Sie ein Prozesssystem, das nur mit UNIX-pipes kommuniziert.

a) *Unter welchen Umständen wird ein Prozess gezwungen, zu warten?*
   Diese Situation kann mit dem Erzeuger/Verbraucher-Modell beschrieben werden. Ein Prozess muss warten, wenn der erzeugende Prozess die *pipe* nicht gefüllt hat und der Pufferspeicher deshalb leer ist.
b) *Skizzieren Sie einen geeigneten Mechanismus, um für dieses System Verklemmungen festzustellen oder zu verhindern.*
   Eine Verklemmung kann sich ergeben, wenn alle vier Verklemmungsbedingungen gegeben sind. Dies ist der Fall, wenn Zyklen existieren und auf mehrere Eingaben gewartet wird, bevor eine Ausgabe gemacht wird. Die Zyklen können beispielsweise bei der Initialisierung des Prozesssystems vom ElternProzess, der alle Prozesse und die *pipes* aufsetzt, durch einen Test des Prozess-*pipe*-Verbindungsgraphen auf Zyklenfreiheit verhindert werden.
   Ist dies nicht möglich, so kann dem Elternprozess ein Signal beim Lesen und eines beim Schreiben zugeschickt werden. Senden nicht alle Prozesse Signale in einem bestimmten Zeitraum, so kann der Elternprozess eine Verklemmung anhand der Signalarten feststellen.
c) *Gibt es eine Regel in diesem System, um den „Opferprozess" auszuwählen wenn eine Verklemmung existiert? Wenn ja, begründen Sie die Regel.*
   Zweifelsohne ist ein Prozess, der beim Schreiben blockiert wurde, da die *pipe* überläuft, nicht „der Schuldige". Die Prozesse, die beim Lesen blockierten, kann man aber nicht bewerten, da sie im Zyklus warten könnten.

Eine gute Regel lässt sich in diesem Fall nicht nennen, da die Logik der Verarbeitung alle Prozesse benötigt; der Abbruch nur eines Prozesses lässt die Arbeit der anderen wertlos erscheinen, da sie nicht unabhängig voneinander arbeiten.

9.3   Lösungen zu Kap. 3

Aufgabe 3.1-1 Speicherbelegungsstrategien

Gegeben sei ein Swapping-System, dessen Speicher aus folgenden Löchergrößen in ihrer Speicherreihenfolge besteht: 10 KB, 4 KB, 20 KB, 18 KB, 7 KB, 9 KB, 12 KB und 15 KB.

Welches Loch wird bei der sukzessiven Speicherplatzanforderung von 12 KB, 10 KB, 9 KB mit First-Fit ausgewählt?

Wiederholen Sie die Anforderungen für Best-Fit, Worst-Fit und Next-Fit (Skizze).

Die folgende Tabelle zeigt die Speicherbelegung nach den drei Anforderungen. Dabei ist ein besetzter Speicherbereich grau schraffiert. Der Zeiger für Next-Fit stehe anfangs auf dem 10-KB-Block.

Strategie	Speicherbereiche							
(vorher)	10	4	20	18	7	9	12	15
First-Fit			8KB	9KB				
Best-Fit								
Worst-Fit			8KB	8KB				6KB
Next-Fit			8KB	8KB				

Aufgabe 3.1-2 Speicherreservierung im Buddy-System

Ein Buddy-System verwalte einen Speicher der Größe 256 KiB. Zu Beginn ist lediglich ein Speichersegment von 50 KiB genutzt, was durch das Buddy-System mit einem Segment der Größe 64 KiB (und somit 14 KiB Verschnitt) bedient wurde:

0 KiB		128 KiB		256 KiB
50+14 KiB	64 KiB frei		128 KiB frei	

Erfüllen Sie nun die folgenden Anfragen in der angegebenen Reihenfolge und zeichnen Sie den Speicher nach jedem Schritt neu:

17 KiB allozieren, 33 KiB allozieren, 50 KiB freigeben, 17 KiB freigeben, 30 KiB allozieren, 48 KiB allozieren, 60 KiB allozieren, 48 KiB freigeben, 33 KiB freigeben, 78 KiB allozieren, 50 KiB allozieren, 32 KiB allozieren.

Falls sich eine Anforderung nicht erfüllen lassen sollte, so machen Sie dies deutlich. In unserem Szenario wollen wir annehmen, dass der anfragende Prozess in diesem Fall eine Fehlermeldung erhalten würde.

Geben Sie den Gesamtverschnitt am Ende aller Anfragen an und zeichnen Sie den dazugehörigen Binärbaum.

17 KiB allozieren. Ergebnis:

50 +14 KiB	**17** +15 KiB	32 KiB frei	128 KiB frei

33 KiB allozieren:

50 +14 KiB	**17** +15 KiB	32 KiB frei	**33** +31 KiB	64 KiB frei

50 KiB freigeben:

64 KiB frei	**17** +15 KiB	32 KiB frei	**33** +31 KiB	64 KiB frei

17 KiB freigeben:

128 KiB frei	**33** +31 KiB	64 KiB frei

30 KiB allozieren:

128 KiB frei	**33** +31 KiB	**30** +2 KiB	32 KiB frei

48 KiB allozieren:

48 +16 KiB	64 KiB frei	**33** +31 KiB	**30** +2 KiB	32 KiB frei

60 KiB allozieren:

48 +16 KiB	**60** +4 KiB	**33** +31 KiB	**30** +2 KiB	32 KiB frei

48 KiB freigeben:

64 KiB frei	**60** +4 KiB	**33** +31 KiB	**30** +2 KiB	32 KiB frei

33 KiB freigeben:

64 KiB frei	**60** +4 KiB	64 KiB frei	**30** +2 KiB	32 KiB frei

78 KiB allozieren: Geht nicht, die beiden 64-KiB-Stücke können nicht verschmolzenwerden. Keine Speicheränderung.

50 KiB allozieren:

50 +14 KiB	**60** +4 KiB	64 KiB frei	**30** +2 KiB	32 KiB frei

32 KiB allozieren:

50 +14 KiB	**60** +4 KiB	64 KiB frei	**30** +2 KiB	**32** KiB

Der Gesamtverschnitt ist (14+4+2+0) = 20 KiB.

Der Binärbaum faltet sich auseinander und schließt sich wieder zusammen, entsprechend den Anforderungen. Der Zwischenzustand nach der Freigabe von 33 KiB und vor der Allozierung von 78 KiB erklärt, warum diese Anforderung nicht bedienbar ist, obwohl die Summe aller freien Speicherstücke größer ist als 78 KiB.

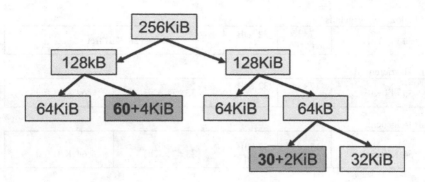

Jedes Einzelstück ist zu klein, und es gibt keine freien Speicherbuddys, die verschmelzen können.

Aufgabe 3.3-1 Virtuelle Adressierung

Wir haben einen Computer mit virtuellem Speicher.
  Folgende Daten sind bekannt:

* *32 virtuelle Seiten*
* *8 physische Seiten*
* *11 Bit Seitenoffset*

Beantworten Sie damit folgende Fragen:

a) *Wie viele Bits werden für die Adressierung von virtuellen Seiten benötigt?*
   Es werden 5 Bits benötigt für die Adressierung von $32 = 2^5$ virtuellen Seiten.
b) *Wieviel physischen Speicher hat der Computer?*
   phys. Seitenzahl × Seitengröße (=Offsetgröße) = $2^3 × 2^{11}$ Byte = 16 kiB
c) *Wie groß ist der virtuelle Adressraum des Computers?*
   virt. Seitenzahl × Seitengröße (=Offsetgröße) = $2^5 × 2^{11}$ Byte = 64 kiB
d) *Wie viele Bits werden für die Adressierung der physischen Seiten benötigt?*
   Es werden 3 Bits benötigt für die Adressierung von $8 = 2^3$ physischen Seiten.

Aufgabe 3.3-2 Adresstabellen

Eine Maschine hat virtuelle 128-Bit-Adressen und physikalische 32-Bit-Adressen. Die Seiten sind 8 KW groß.

a) *Wie viele Einträge werden für eine konventionelle bzw. für eine invertierte Seitentabelle benötigt?*

Eine Seite mit 8 KW = 8192 Worten = 2^{13} Adressen wird durch eine 13-Bit-Adresse beschrieben. Die Anzahl der Einträge für die einstufige Seitentabelle ist identisch mit der Anzahl M der möglichen 13-Bit-Seiten im 128 Bit breiten Adressraum, also der Anzahl der Einträge bei (128 − 13=) 115-Bit-Adressinformation: $M = 2^{115}$.

Tatsächlich aber benötigen wir nur 32 − 13 = 19 Bit, um eine Seite im 32-Bit-Hauptspeicher zu beschreiben. Die invertierte Seitentabelle benötigt also nur $M = 2^{19}$ = ½·2^{20} = 0,5 Mio. Einträge − ein Bruchteil der obigen Seitentabelle.

b) *Wie viele Stufen werden für eine mehrstufige Seitentabelle benötigt, um unter 1 MW (wobei 1 W = 1 Eintrag) Seitentabellenlänge zu bleiben?*

Eine Seitentabelle der Länge $M = 1\,\text{MW} = 2^{20}$ Einträgen benötigt Adressen von 20-Bit-Länge. Die benötigten 128 − 13 = 115 Adressbits für einen 8 KW Seitenrahmen müssen also auf $\lceil 115/20 \rceil = 6$ Stufen aufgeteilt werden, um höchstens 1 MW Einträge pro Tabelle zu erhalten.

Weitere Stufen wären denkbar, sind aber wegen der Gefahr eines Seitenfehlers beim Zugriff auf die weniger häufig referenzierten Seitentabellen und der erhöhten Zugriffszeit pro Stufe möglichst zu vermeiden.

Es sollte hier aber auch auf die Probleme eines derartigen mehrstufigen Zugriffs aufmerksam gemacht werden: Die sechsstufige Realisierung erfordert 7 Hauptspeicherzugriffe, um das Datum auszulesen: sechsmal in den Seitentabellen lesen und einmal das Datum. Die Prozessorleistung (Operationen pro Sekunde) wird durch den umständlichen Speicherzugriff auf 1/6 ≈ 16 % gedrückt.

Besser hätte die Rechnung ausgesehen, wenn wir nur mit einer 48 Bit virtuellen Adresse bei 13 Bit (8 KW) langen Seiten gerechnet hätten. Dann ergibt sich mit den 48 − 13 = 35 Bits für die Adressinformation der Seitentabelle eine zwei- bis dreistufige Seitentabelle, die in Verbindung mit einem TLB (assoziativem Cache) gute Zugriffsergebnisse auf den Hauptspeicher liefert:

- $2^{48-13} = 2^{35} = 2^{15}$ MW wäre die Anzahl der Seiteneinträge für eine einstufige Seitentabelle.
- $2^{32-13} = 2^{19} = 0,5$ MW Einträge sind dagegen nur nötig für die invertierte Seitentabelle.
- $\left\lceil \dfrac{35}{12} \right\rceil = 3$ Stufen müsste eine Seitentabelle haben, um in jeder Stufe eine maximale Länge von 12 Bit (4 KW) zu besitzen.

- $\left\lceil \dfrac{35}{18} \right\rceil = 2$ Stufen müsste eine Seitentabelle haben, um in jeder Stufe eine maximale Länge von 18 Bit (256 KW) zu besitzen.

Aufgabe 3.3-3 Einstufige Adressumrechnung

a) *Berechnen Sie zu den gegebenen virtuellen Adressen 2204_H und $A226_H$ jeweils die physikalische Adresse. Der Offset beträgt 13 Bit und die Seitennummer hat 3 Bit. Verwenden Sie folgende Seitentabelle:*

Seite	Seitenrahmen
0	7
1	0
2	1
3	6
4	4
5	2
6	3
7	5

Die physikalischen Adressen ermitteln sich wie folgt:
1) Ermitteln des Seitenrahmens: Zuerst Umwandeln der virtuellen Adressen in ihre Binärcodierung. Dabei trennt der Doppelpunkt den Tabellenindex vom 13 Bit-Offset. Dann Auslesen des Seitenrahmens aus dem Tabelleneintrag.

$$2204_H = 001 : 0\ 0010\ 0000\ 0100 \Rightarrow \text{Tabellenindex} = 1 \Rightarrow \text{Seitenrahmen} = 0$$

$$A226_H = 101 : 0\ 0010\ 0010\ 0110 \Rightarrow \text{Tabellenindex} = 5 \Rightarrow \text{Seitenrahmen} = 2$$

2) Physikalische Adresse = Seitenrahmen konkateniert mit Offset

$$0 : 204_H = 000 : 0\ 0010\ 0000\ 0100 = 0204_H = 516$$
$$2 : 226_H = 010 : 0\ 0010\ 0010\ 0110 = 4226_H = 16934$$

b) *Wie müsste eine Speicherverwaltung erweitert werden, damit die Seiten ausgelagert werden können?*

Zur Auslagerung müsste jeder Seite eine Bit-Information darüber enthalten, ob die Seite im Speicher ist oder auf Platte. Des Weiteren braucht man eine Ein-/ Auslagerungsstrategie, die die zu ersetzende Seite wählt. Außerdem benötigt man natürlich die Information über die Adressen der Seiten auf dem Auslagerungsmedium.

Aufgabe 3.3-4 Zweistufige Adressumrechnung

Gegeben seien die folgenden 4 virtuellen 16-Bit Speicheradressen in Hexadezimaldarstellung:

a. *75B4*
b. *8AC6*
c. *1E9C*
d. *5B3E*

Die Adresse ist von links nach rechts kodiert. Das erste Bit wird nicht benutzt. Die nächsten 3 Bits kodieren den jeweiligen Index in der Basis-Seitentabelle, die weiteren 3 Bits den Index in der entsprechenden Tafel. Die übrigen 9 Bits bilden den Offset.

Index 0				Index 1			Offset								
15	14	13	12	11	10	9	8	7	6	5	4	3	2	1	0

Bestimmen Sie anhand der folgenden Abbildung die zu a), b), c) und d) gehörenden physikalischen 32 Bit-Adressen. Geben Sie diese in Hexadezimaldarstellung an.

Die physikalische Speicheradresse der Basis-Seitentabelle ist 9A38B75A.

7	NIL
6	39BE
5	B3C7
4	5B4C
3	NIL
2	1A75
1	87D3
0	A380

7	B47AB75A
6	NIL
5	5A37B75A
4	A3EBB75A
3	B47AB75A
2	A3EBB75A
1	A3EBB75A
0	5A37B75A

7	NIL
6	B125
5	4CC1
4	3333
3	B97C
2	NIL
1	5E4A
0	NIL

7	NIL
6	D2A6
5	8AC6
4	2BE9
3	NIL
2	D17F
1	NIL
0	7A34

   B47AB75A   9A38B75A   5A37B75A   A3EBB75A

a) 75B4 → 0111 0101 1011 0100
   → 7 2 → *1A75* → 0 001.1 010.0 111.0 101̲1 1011 0100
   Ergänzung für 32 Bit mit führenden Nullen → **0 0 3 4 E B B 4**

b) 8AC6 → 1000 1010 1100 0110
   → 0 5 → *4CC1* → 0 100.1 100.1 100.0 001̲0 1100 0110
   Ergänzung für 32 Bit mit führenden Nullen → **0 0 9 9 8 2 C 6**

c) 1E9C → 0001 1110 1001 1100
   → 1 7 → **Fehler!** Die Adresse existiert nicht

d) 5B3E → 0101 1011 0011 1110
   → 5 5 → *4CC1* → 0 100.1 100.1 100.0 001̲1 0011 1110
   Ergänzung für 32 Bit mit führenden Nullen → **0 0 9 9 8 3 3 E**

Aufgabe 3.3-5 Mehrstufige Seitentabelle

Eine Maschine habe einen virtuellen Adressraum. Die Speicherverwaltung benutzt eine zweistufige Seitentabelle mit einem assoziativen Cache (TLB- Translation Looka-side Buffer) mit einer durchschnittlichen Trefferrate von 90 %. Beachten Sie, dass ein Zugriff zwei „Wege" benutzen kann: TLB oder über die Seitentabelle.

a) *Wie groß sind die mittleren Zeitkosten für den Zugriff auf den Hauptspeicher, wenn die Zugriffszeit des Speichers 100 ns und die Zugriffszeit des TLB 10 ns beträgt? (Es wird angenommen, dass keine Seitenfehler auftreten!)*
   Zugriff TLB + HS   =   110 ns * 0,9 = 99 ns
   Zugriff Seitentabelle + HS = 300 ns * 0,1 = <u>30 ns</u>
   Zugriff gesamt   = 129 ns

b) In a) wurden Seitenfehler ausgeschlossen. Wir wollen nun den vereinfachten Fall untersuchen, in dem Seitenfehler nur beim Hauptspeicherzugriff auf das Datum auftreten sollen (vereinfachende Annahme: Page-Tables sind im HS und werden nicht ausgelagert!). Die Häufigkeit von Seitenfehlern sei $1{:}10^5$. Ein Seitenfehler koste 100 ms.

Wie ist dann die mittlere Zugriffszeit auf den Hauptspeicher? Die mittlere Zugriffszeit sei definiert als Trefferzeit + Fehlzugriffsrate × Fehlzugriffszeit.

$$\text{Zugriff wie in a)} = \frac{99999}{100000} * 129\,\text{ns} = 128{,}999\,\text{ns}$$

$$\text{Zugriff mit Pagefalut} = 100\,\text{ms} * \frac{1}{100000} = 1000\,\text{ns}$$

$$\text{Zugriff gesamt} = 1128{,}999\,\text{ns}$$

c) Welche Probleme verursacht Mehrprogrammbetrieb für den TLB und für andere Caches? Denken Sie vor allem an die Identifikation der Blöcke.

Bei einem Prozesswechsel stehen noch die Daten (Adressen) des alten Prozesses im Cache. Verwendet man einen Cache mit physikalischer Adressierung so ist ein Cache-Flush (Cache-Entleerung) nötig. Arbeitet man mit virtuellen Adressen im Cache, so zeigen diese auf falsche physikalische Adressen, da beide Prozesse denselben virtuellen Adressraum habe n. Als Lösung kann man eine Prozessidentifikation PID einführen, damit werden die Adressen eindeutig.

Aufgabe 3.3-6 Seitenersetzung

Was sind die grundlegenden Schritte einer Seitenersetzung?

Nach einem *page fault* wird eine Seite gesucht, die ausgelagert werden kann um Platz für eine andere, früher ausgelagerte Seite zu bieten. Dazu benutzt man einen Ersetzungsalgorithmus, der die vorhanden Seiten überprüft und eine davon auswählt. Dann wird die vorhandene Seite ausgelagert, die Seitentabellen korrigiert, die andere Seite vom Massenspeicher in den Hauptspeicher kopiert und die Seitentabelle dafür ebenfalls aktualisiert. Danach wird das Programm, beginnend mit der Instruktion, die zum *page fault* führte, weiter ausgeführt.

Aufgabe 3.3-7 Referenzketten

Gegeben sei folgende Referenzkette: 0 1 2 3 3 2 3 1 5 2 1 3 2 5 6 7 6 5, und jeder Zugriff auf eine Seite erfolgt in einer Zeiteinheit.

a) *Wie viele Working-Set-Seitenfehler ergeben sich für eine Fenstergröße h = 3 ?*

Werden die Seiten nach der FIFO-Strategie ersetzt, dann ergibt sich folgender Ablauf:

Anford.	0 1 2	3 3 2 3 1 5 2 1 3 2 5 6 7 6 5
HS-RAM	0 1 2	3 3 3 3 3 5 5 1 1 2 2 6 7 7 5
	0 1	2 2 2 2 2 3 3 5 5 1 1 2 6 6 7
	0	1 1 1 1 1 2 2 3 3 5 5 1 2 2 6
Platte		0 0 0 0 0 1 1 2 2 3 3 5 1 1 2
		0 0 0 0 0 0 3 5 5 1
		0 3 3 3
		0 0 0
page fault	* * *	* * * * * * *

Ohne die ersten drei initialen Seitenfehler treten insgesamt 7 Seitenfehler auf.

b) *Welches weitere strategische Problem ergibt sich, wenn innerhalb eines Working-Sets eine neue Seite eingelagert werden muss? Überlegen Sie dazu, wann es sinnvoll ist, eine Seite des Working-Sets zu ersetzen, und wann es sinnvoll ist, eine Seite hinzuzufügen und ggf. die Fenstergröße dynamisch zu verändern, falls die maximale Working-Set-Größe noch nicht ausgeschöpft ist!*

Es muss entschieden werden, ob eine Seite ausgelagert oder ob eine neue Seite zusätzlich eingelagert werden soll. Erstgenanntes ist sinnvoll, wenn sich das Working-Set verkleinert hat und eine länger unbenutzte Seite (oder mehrere) enthält.

Gehören dagegen alle im Fenster referenzierten Seiten zum Working-Set und werden weitere Seiten darin benötigt, so sollte die Fenstergröße wachsen, d. h. eine neue Seite zum Working-Set hinzugefügt werden. Dabei kann man die Wachstumsgrenze durch einen Wert festlegen.

Aufgabe 3.3-8 Auslagerungsstrategie

Ein Rechner besitzt vier Seitenrahmen. Der Zeitpunkt des Ladens, des letzten Zugriffs und die R und M Bits für jede Seite sind unten angegeben (die Zeiten sind Uhrticks):

Seite	Geladen	Letzte Referenz	R	M
0	126	279	0	0
1	230	260	1	0
2	120	272	1	1
3	160	280	1	1

a) *Welche Seite wird NRU ersetzen?*

Für NRU wird zuerst die Liste der Seiten nach den geringsten Benutzungsanzeichen, also der „lowest numbered pages" (R, M) der Spalten „M" und „R" geordnet. In dieser Kategorie ist als kleinster Wert mit R = 0, M = 0 nur eine Seite, die Seite 0, vorhanden. Würden mehrere Seiten mit gleichem R und M existieren, so würde eine per Zufall ausgewählt.

b) *Welche Seite wird FIFO ersetzen?*

FIFO ordnet die Liste der Seiten nach der Spalte „Geladen": Die Seite, die am längsten im Hauptspeicher verweilt, wird ausgelagert. Dies ist Seite 2 (zum Zeitpunkt „120 Ticks" geladen).

c) *Welche Seite wird von LRU ersetzt?*

Hier wird nach der Spalte „letzte Referenz" geordnet: Die Seite mit der „ältesten letzten Referenz", also der ältesten Benutzung, ist Seite 1.

d) *Welche Seite wird die Second-Chance ersetzen?*

Beginnt wie FIFO bei der ältesten Page, also 2. Da das R-Bit = 1 ist, wird das Bit gelöscht und Seite 2 ans Ende der Liste gestellt (Second-Chance). Es wird weitergesucht, bis eine Seite mit R-Bit = 0 gefunden wird: Seite 0.

Aufgabe 3.3-9 Working-Set

a) *Was versteht man unter dem working set eines Programms, wie kann es sich verändern?*

Das Working-Set eines Prozesses ist die Menge von Speicherseiten, die er aktuell adressiert. Aktuell ist dabei als ein Zeitfenster zu betrachten. Das *working set* kann während des Programmablaufs wachsen oder schrumpfen, wenn Speicher angefordert wird oder das Programm verschiedene Programmteile durchläuft.

b) *Welchen Effekt hat eine Erhöhung der Anzahl der Seitenrahmen im Arbeitsspeicher in Bezug auf die Anzahl der Seitenfehler? Welchen Effekt hat das auf die Seitentabellen?*

Wenn die Anzahl der Seitenrahmen erhöht wird ohne den physikalischen Speicher zu vergrößern, wird die Größe einer einzelnen Seite geringer. Damit können mehr und kleinere Speicherbereiche adressiert werden. Dies führt jedoch zu einer Vergrößerung der Seitentabellen und die Zahl der Seitenfehler nimmt zu.

Eine größere Seitengröße hat den Nachteil, dass u. U. wegen ein paar Bytes eine ganze Seite (z. B. 4 KB) ein-/ausgelagert wird, was die Zeitersparnis durch den Cache verringert. Außerdem dauert der Auslagerungsvorgang natürlich bei großen länger als bei kleineren Seitengrößen. Die kleineren Seitenrahmen verringern demnach die obigen Effekte.

Die feinere Granularität des Speichers verringert auch den Effekt der internen Fragmentierung, d. h. der Verschnitt des Speichers wird geringer. Somit kann das *working set* besser angenähert werden

Man muss also versuchen, einen Kompromiss zwischen der Anzahl der Seitenfehler und der „Kosten" der Seitenfehler sowie Speicherfragmentierung mit Hilfe von Simulationen zu finden.

Aufgabe 3.3-10 Seitenersetzung vs. swapping

Was sind die wichtigsten Eigenschaften von page faults, working set und swapping? Beschreiben Sie deren Vor- und Nachteile.

a) **page fault**: Der Zugriff auf eine Seite, die nicht im Hauptspeicher vorhanden ist, erzeugt einen Seitenfehler. Bei einem Seitenfehler lagert das Betriebssystem eine wenig benutzte Seite auf die Festplatte aus und lädt die benötigte Seite in den frei gewordenen Seitenrahmen. Vorteilhaft ist hierbei, dass nur bei den benötigten Seiten eingegriffen wird, sonst nicht. Nachteilig wirkt sich aus, dass dies in Echtzeit geschehen muss und nicht bereits vorher im Hintergrund, da die Entscheidung, ob ein Programm bei einer Verzweigung eine neue Seite benötigt, erst bei der Ausführung fällt.

b) **working set**: Die mittlere (und nicht: minimale) Menge der von einem Prozess zu einem bestimmten Zeitpunkt benötigten Seiten wird *Arbeitsmenge* (Working Set) genannt. Eine Methode, die *working set*-Strategie zu verwenden, ist folgende: Die Prozesse werden anfangs ohne alle benötigten Seiten geladen. Erst bei einem Zugriff auf eine nicht vorhandene, aber benötigte Seite wird ein Seitenfehler erzeugt und die Seite geladen. Die meisten Prozesse neigen dazu, jeweils nur auf einen beschränkten Speicherbereich zuzugreifen und benötigen deshalb jeweils nur eine geringe Menge an Seiten. Ist nicht ausreichend Platz da, so kann in Windows NT durch *Trimmen* ein *working set* von der mittleren auf die nötige Seitenmenge reduziert werden. Der Vorteil eines *working sets* ergibt sich, wenn seine Größe, im laufenden Betrieb ermittelt, weitere Seitenfehler unwahrscheinlich macht. Nachteilig ist dabei, dass dies nicht vorher festgestellt werden kann, sondern erst im laufenden Betrieb.

c) **swapping**: Alle laufenden Prozesse benötigen oft mehr Speicher als physikalisch vorhanden ist. Deswegen werden alle Prozesse geringer Priorität auf Massenspeicher in einen speziellen *swap*-Bereich ausgelagert und nur in den Arbeitsspeicher geladen, wenn sie benötigt werden. Der Vorteil besteht darin, dass alle Seiten des Prozesses ausgelagert werden und damit viel Platz im Hauptspeicher frei gemacht wird. Der Nachteil ist, dass eine Wiederaufnahme des Prozesses viel Zeit benötigt, um alle benötigten Seiten in den Hauptspeicher zu holen.

Aufgabe 3.3-11 Thrashing

a) *Was ist die Ursache von thrashing?*

Unter *thrashing* versteht man das ständige Ein-/Auslagern von Seiten. Dies ist häufig der Fall, wenn die *working sets* der abzuarbeitenden Prozesse nicht mehr vollständig in den physikalischen Speicher passen (Hauptspeicher). Wechselt ein Prozess das *working set*, so müssen Seiten eines anderen Prozesses ausgelagert werden. Kommt dieser wieder zum Zug, so muss er erst einmal die ausgelagerten Seiten zum Arbeiten wieder einlagern. Es kann eine Situation entstehen, in der fast die gesamte Zeit mit *swapping* verbracht wird, ohne dass die Prozesse sinnvoll arbeiten.

b) *Wie kann das BS dies entdecken, und was kann es dagegen tun?*

Das BS kann dies dadurch entdecken, dass die Summe der I/O-Zeiten für Seitenersetzung länger werden als die Zeiten des Abarbeitens der Prozesse.

Es bieten sich drei Lösungsmöglichkeiten:

- Prozesse suspendieren/auslagern: Für einen Prozess ist es besser, eine Zeit lang nichts zu tun (und auf der Platte ausgelagert zu sein), als in einem völlig überlasteten System zu arbeiten. Durch das Suspendieren wird Hauptspeicherplatz frei, damit können die laufenden Prozesse ihr *working set* einlagern und das *thrashing* vermindert sich (hoffentlich!).
- Alternativ könnte man eine Prüfung auf *thrashing* einführen.
- Der Speicher, den ein Prozess im HS belegen darf, könnte beschränkt werden.

Aufgabe 3.3-12 Thrashing selbst erleben

Erzeugen Sie nun selbst eine Thrashing-Situation. Besorgen Sie sich dafür eine möglichst große Bilddatei (am besten mehr als 1 GB) und öffnen sie diese mehrfach als Kopie, bis ihr Arbeitsspeicher voll ist.

a) *Beobachten und dokumentieren sie dabei jeweils, wie sich ihr PC im Laufe des Experiments verhält bezüglich der CPU – Auslastung, des freien und virtuellen Speichers und der I/O-Aktivität.*

Der Hauptspeicher hat nicht genug Kapazität, um die Aufgabe schnell und effizient zu lösen:

- CPU – Auslastung steigt je nach CPU des BenutzersAuslastungen des freien und virtuellen Speichers steigen
- I/O-Aktivität steigt zuerst linear, dann stärker als linear

b) *Nachdem der Hauptspeicher voll ist, öffnen Sie weiterhin Bilder (ohne die alten zu schließen), bis Sie fast nicht mehr arbeiten können. Dokumentieren Sie auch hier die Leistungsdaten.*

Nun steigen die Leistungsdaten (Antwortzeiten, I/O-Aktivität) extrem an, während die CPU- und Speicherauslastung konstant bleiben.

c) *Schließen Sie danach alle Bilder wieder und dokumentieren die Veränderungen (Prozesse, CPU-Auslastung etc ...), die Sie erkennen, im Vergleich zu dem Stand, bevor sie mit Thrashing angefangen haben. Sollten sich Bilder nicht mehr öffnen lassen, nehmen sie ein anderes Anzeigeprogramm.*

Beim Schließen der Bilder sollten nicht alle direkt geschlossen sein, sondern es dauert eine Zeit, bis jedes Bild geschlossen wird. Außerdem sinkt die maximale Auslastung, die man hat, nicht direkt, sondern fällt erst nach einer gewissen Zeit.

d) *Nennen Sie Lösungswege, wie man die Probleme des beobachteten Thrashing beheben kann.*

Lösungswege:

- RAM-Speicher des Rechners erhöhen.
- Anzahl der parallel arbeitenden Programme verringern bzw. begrenzen, indem unnötige Prozesse stillgelegt oder erst verzögert gestartet werden.

– Swap-Bereich auf verschiedene Platten verteilen. Dies ist allerdings nur dann erfolgreich, wenn das Betriebssystem die verschiedenen Swap-Bereiche auch parallel nutzt und nicht zuerst den einen Bereich füllt und dann den anderen.

Die Methode, nur lokalen Programmcode zu erstellen (inline-code) greift hier nicht, da man weder die vorhandenen Programme neu schreiben kann, noch die Bilddateien dadurch kleiner werden. Auch die Bild-Dateigrößen kann man nicht ändern, da sie eine Anforderung darstellen, die vorgegeben ist.

Aufgabe 3.4-1 Segmenttabellen

Es sei folgende Segment-Tabelle gegeben:

Segment	Segmentanfangsadresse	Segmentlänge
0	219	600
1	2300	14
2	90	100
3	1327	580
4	1952	96
5	900	30

Finden Sie heraus, ob es bei folgenden Adressen Speicherzugriffsfehler gibt oder nicht.

a) *649*

b) *2310*

c) *195*

d) *1727*

Bei dieser Aufgabe geht man am besten so vor:

Wir wissen, dass die physikalische Adresse gleich der Segmentsanfangsadresse + Offset ist. Die physikalische Adresse muss also größer als die Segmentsanfangsadresse und kleiner als die Segmentsanfangsadresse + Segmentlänge sein.

a) $219 < \mathbf{649} < 819 = 219 + 600$, also OK

b) $2300 < \mathbf{2310} < 2314 = 2300 + 14$, also OK

c) $90 < 90 + 100 < \mathbf{195} \Rightarrow$ Speicherzugriffsfehler !

d) $1327 < \mathbf{1727} < 1907 = 1327 + 580$, also OK

Aufgabe 3.5-1 Cache

Der dem Hauptspeicher vorgeschaltete Cache hat eine Zugriffszeit von 50 ns. In dieser Zeit sei die Hit/Miss-Entscheidung enthalten. Der Prozessor soll auf den Cache ohne Wartezyklen und auf den Hauptspeicher mit drei Wartezyklen zugreifen können. Die Trefferrate der Cachezugriffe betrage 80 %. Die Buszykluszeit des Prozessors ist 50 ns. Berechnen Sie

a) *die durchschnittliche Zugriffszeit auf ein Datum sowie*
b) *die durchschnittliche Anzahl der benötigten Wartezyklen.*

a) Mit der Cachezeit T_c = 50 ns und der Hauptspeicherzeit T_h = Wartezeit von
   3·50 = 150 ns + Zugriffszeit 50 ns = 200 ns errechnet sich die durchschnittliche
   Zugriffszeit T auf ein Datum zu T = $P(T_c)$·T_c + $P(T_h)$·T_h = 0,8·50 + 0,2·200 = 40 +
   40 = 80 ns.
b) Die mittlere Anzahl der Wartezyklen ist N = $P(N_c)$·N_c + $P(N_h)$·N_h = 0,8·0 + 0,2·3 =
   0,6, also im Mittel weniger als ein Wartezyklus pro Zugriff.

9.4   Lösungen zu Kap. 4

Aufgabe 4.2-1 Isoliertes Verzeichnis

*Angenommen, ein Verzeichnis „Test" sei über/root/ ... zu erreichen. Legen Sie ein
Unterverzeichnis darin an. Legen Sie einen hard link auf das übergeordnete Verzeichnis an. Es existiert nun ein zirkulärer link. Versuchen Sie jetzt, das Verzeichnis Test aus
dem root-Pfad zu löschen. Was erreichen Sie?*

Angenommen, man könnte einen *hard link* auf Test legen, dann könnte man auch
einen zirkulären *link* erzeugen. Im Unterschied zu früheren Versionen ist es aber in der
aktuellen UNIX-Version unmöglich, einen *hard link* auf ein *directory* zu legen. Dies
hat zwei Gründe:

*   Würde man den *link* zu Test vom übergeordneten Verzeichnis aus löschen, so wäre
    Test isoliert: Man könnte weder von außen darauf zugreifen noch es löschen. Mit
    anderen Worten: Man hätte eine Dateisystemleiche!
*   Dieser Fall würde unter UNIX jedoch nicht auftreten, da UNIX beim Löschen eines
    Verzeichnisses testet, ob es leer ist. Da Test einen *link*-Eintrag nach oben enthält,
    kann es folglich von oben nicht gelöscht werden. Versucht man nun aber innerhalb
    von Test, den *link* nach oben zu löschen, so passiert dasselbe: Das darüber liegende
    Verzeichnis und damit der *link* kann nicht gelöscht werden, da es eine Datei Test
    enthält und deshalb nicht leer ist. In diesem Fall hätte man also ein nicht löschbares
    Verzeichnis.

Aufgabe 4.2-2 Namenskonversion

*Im vorangehenden Beispiel zur Namenskonversion wurde der Algorithmus für Windows
NT beschrieben, um einen langen Namen in einen kurzen, eindeutigen Dateinamen zu
konvertieren.*

a) *Wie viele lange Dateinamen, die in den ersten 6 Buchstaben übereinstimmen, lassen
   sich so eindeutig mit nur 8 Buchstaben kodieren?*

Die 6 Buchstaben sowie die Zeichen „~n" mit n = 1..9 sind bereits 8 Buchstaben. Es lassen sich somit 9 Dateien (und für die Null eine weitere) mit langem Dateinamen, die in den ersten 6 Buchstaben gleich sind, mit diesem Schema kodieren.

b) *Wie könnte man das Schema abändern, um mit 8 ASCII-Buchstaben eine größere Anzahl langer Dateinamen eindeutig zu kodieren? Warum, meinen Sie, haben die Implementierer diese Möglichkeit nicht gewählt?*

Das Schema lässt sich erweitern, indem man auch Buchstaben anstelle der Zahlen zulässt. Vermutlich wird dies aber nicht so durchgeführt, weil dann die Dateinamen nicht mehr sofort durch die angehängte Zeichenkette „~n" als „konvertierte lange Namen" kenntlich sind.

Statt dessen wird in der aktuellen Implementierung bei Namensgleichheit nach 9 Dateien der lange Dateiname bereits nach dem fünften Buchstaben abgeschnitten und die generische Zeichenkette „~10" angehängt, die dann wieder bis „~99" hochgezählt werden kann.

Aufgabe 4.2-3 Extension und Inhalt

ASCII – Dateien haben die gemeinsame Eigenschaft, dass sie lesbaren Text enthalten. Warum kann bei diesen Dateien die Dateinamenserweiterung (Extension) wichtig sein? Wann kann bei Dateien darauf verzichtet werden?

Eine Anwendung kann aus dem Inhalt einer Textdatei im Allgemeinen nicht entscheiden, wie die Datei verwendet werden soll. So haben z. B. C-Quelltexte und C-Header-Dateien die gleiche Syntax, vom *Make*-Befehl oder dem Compiler müssen sie aber unterschiedlich behandelt werden, da sie unterschiedliche Informationen beinhalten. Aus diesem Grund werden die Dateien über verschiedene Dateinamenserweiterungen „c" und „h" unterschieden. Ähnlich verhält es sich auch bei HTML- und XML-Dateien.

Bei Dateien kann auf die Erweiterung verzichtet werden, wenn die Datei in einer globalen Datenbank (z. B. dem Dateisystem) extra mit ihrer Bedeutung gekennzeichnet werden. Im MAC OS werden dazu nicht sichtbare Dateien mit gleichem Namen erstellt.

Ein anderer Weg besteht darin, die Bedeutung direkt aus dem Inhalt der Datei ermittelt werden kann, z. B. durch einen eindeutigen Bezeichner zu Beginn der Datei. So beginnen z. B. PDF-Dateien der Version 1.5 immer mit dem Texteintrag

%PDF-1.5, …,.

Binäre Dateien haben in Unix eine *magic number*, eine spezielle Zahl, am Anfang der Datei:

47 49 46 38 = GIF
ff d8 ff e0 = JPG
4d 5a = ausführbare Datei unter DOS/Windows
7f 45 4c 46 = ausführbare Datei unter UNIX

Aufgabe 4.2-4 Pfadnamen

a) *Was sind die Vor- und Nachteile von relativen und absoluten Pfadnamen? Wo/wann sollte man welchen Typ einsetzen? Vollziehen Sie dies anhand z. B. eines Compilersystems nach!*

	Vorteile	Nachteile
relative	– kürzerer Pfadname – leichte Verschiebbarkeit ganzer Verzeichnisbäume – weniger Tipparbeit – es werden weniger Daten zum Speichern des Pfades gebraucht – lassen sich schneller durchlaufen, als absolute Pfadnamen, da nicht immer wieder Rechte bis zum Startverzeichnis neu überprüft werden müssen	– können bei großen Entfernungen stark anwachsen
absolute	– kurze Pfadangabe bei Positionen dicht am Wurzelverzeichnis – als eindeutige Identifikation bei Programmen mit gleichem Namen, aber verschiedenen Versionsnummern	– statisch und schwer an Strukturen anzupassen – Verzeichnisse lassen sich nicht einfach verschieben und danach ohne Änderung weiterbenutzen (z. B. Compilerverzeichnis mit seinen Unterverzeichnissen, wenn auf diese mit absoluten Pfadnamen zugegriffen wird)

b) *Wie viele Platten-Leseoperationen werden benötigt, um das Änderungsdatum von einer Datei* /home/os/source/aufgabe6/musterlösung.pdf *auszulesen?*

    Nehmen sie an, dass der Indexknoten für das Wurzelverzeichnis im Speicher liegt, sich jedoch keine weiteren Elemente entlang des Pfades im Speicher befinden. Nehmen sie außerdem an, dass alle Verzeichnisse jeweils in gesonderten Plattenblöcken gespeichert sind.

    Die folgenden Leseoperationen sind erforderlich:

- Ordnerinhalt von/
- Index für Datei/home
- Ordnerinhalt von/home
- Index für Datei/home/os
- Ordnerinhalt von/home/os
- Index für Datei/home/os/source
- Ordnerinhalt von/home/os/source
- Index für Datei/home/os/source/aufgabe6
- Ordnerinhalt von/home/os/source/aufgabe6

– Index für Datei/home/os/source/aufgabe6/musterlösung.pdf

Daraus folgt, dass man insgesamt 10 Lesevorgänge braucht, um die Dateiinformationen zu erfassen und danach den Inhalt zu lesen.

Aufgabe 4.3-1 Objektorientierte Dateiverwaltung

Angenommen, man wollte die Dateiverwaltung in UNIX objektorientiert gestalten. Welche Attribute und Methoden sind für ein UNIX-Verzeichnisobjekt nötig? Welche für ein Dateiobjekt?

Die Zugriffsrechte aus Abschn. 4.3.1 müssen als Attribute vermerkt werden, die mit den entsprechenden Methoden (`chmod()`-Systemaufrufe) verwaltet werden. Bei Dateiobjekten kommen noch zusätzlich die Statusinformationen als Attribute mit ihren Methoden wie `seek()` und `flush()` sowie die Methoden (Datei-Standardfunktionen) wie `ReadFile()` und `WriteFile()` aus Abschn. 4.4 dazu.

Aufgabe 4.3-2 Access Control List

Was sind die Vor- und Nachteile einer Access Control List, die jeweils beim Benutzer für alle Dateien angelegt wird, gegenüber einer, die jeweils bei der Datei für alle Benutzer abgespeichert wird?

	Vorteile	Nachteile
Benutzer	– verbotene Zugriffe können vor dem Zugriff erkannt werden – es können nur solche Objekte erkannt werden, die in der Liste der Zugriffsrechte stehen, d. h. alle unregulierten Dateien sind tabu. Dies vereinfacht die Verwaltung, wenn die meisten Dateien für Benutzer (z. B. *guest* oder *anyone*) gesperrt sein sollen.	– höherer Speicherbedarf. Im Extremfall muss bei jedem Benutzer der gesamte Dateibaum mit allen Rechten gespeichert werden. – Suchvorgänge durchlaufen im *worst case* den ganzen Baum – das Ändern allgemeiner Zugriffsrechte einer Datei hat das Ändern vieler Tabellen von verschiedenen Benutzern zur Folge – die Zugriffspfade zu den Dateien sind u. U. sehr lang, es muss also dafür Platz reserviert werden – wird eine Datei verschoben, so müssen alle Listen aller Benutzer angepasst werden
Datei	– leichtes Ändern – einfache Verwaltung – nur wenige Benutzereinträge müssen durchsucht werden (Berechtigungsprüfung) – beim Verschieben einer Datei müssen alle *Access Control Lists* nicht neu gesetzt werden	– erst beim Dateizugriff (Öffnen) kann man die Berechtigung feststellen, da die Access Control List dort zu finden ist. – aufwendigeres Ändern eines Benutzers

Aufgabe 4.4-1 Open File

*Ein Betriebssystem kann Dateioperationen auf zwei verschiedene Arten durchführen:
Entweder muss der Benutzer zum Dateizugriff die Datei vorher öffnen (Normalfall),
oder dies geschieht automatisch beim ersten Zugriff auf die Datei.*
Im ersten Fall sieht ein Dateizugriff dann z. B. wie folgt aus:

`Open ()` ... `read ()` ... *weitere beliebige I/O-Ops* ... `Close ()`

*Im anderen Fall hätte man nur die Dateizugriffe (I/O-Ops); die Datei würde dann bei
Programmende geschlossen. Welche Vor- und Nachteile besitzen die beiden Varianten?*

	Vorteile	Nachteile
Normalfall	– Datei kann vor Programmende geschlossen werden, d. h. es sind weniger Dateien gleichzeitig geöffnet, also bessere Ressourcenkontrolle – Es muss nur einmal die Zugriffsberechtigung überprüft werden – file locking erst, wenn es erforderlich ist – höhere Flexibilität	– mehr Aufwand für den Benutzer/ Programmierer – fehleranfälliger, da die Reihenfolge `open..close` nicht beliebig ist
Automatisch	– dem Benutzer wird Arbeit abgenommen, da `open()` und `close()` wegfallen – Fehlermöglichkeiten werden reduziert (falsches *file handle*) – man muss sich nicht darum kümmern, ob die Datei zu öffnen ist und wie.	– (zu) viele Dateien gleichzeitig geöffnet und zu lange: Jeder Kernel besitzt eine Grenze für die maximal geöffneten Dateien. Diese Grenze wird mit dieser Lösung schneller erreicht als mit dem Normalfall. – Blockieren von anderen Prozessen, falls auch diese auf die Datei schreibend zugreifen wollen. – Jeder Dateizugriff muss über einen eindeutigen Namen geschehen. Dadurch muss jedes Mal wieder eine Rechteprüfung oder ein `LookUp`-Filename gemacht werden.

Aufgabe 4.4-2 `write`-Befehl

Es gibt den Befehl write, *um in Dateien zu schreiben. Gibt es solch einen Befehl auch
für Verzeichnisse? Wenn ja, welchen, wenn nein, warum nicht?*

Der Inhalt eines Verzeichnisses kann zwar durch Benutzerprogramme gelesen
werden, Änderungen erfolgen allerdings nur indirekt durch Aufträge an das Betriebssystem für das Anlegen oder Löschen von Dateien und Verzeichnissen.

Direktes Beschreiben eines Verzeichnisses durch ein Benutzerprogramm ist nicht
unbedingt notwendig, kann aber leicht durch Formatverletzungen die Integrität des
Dateisystems gefährden.

Aufgabe 4.4-3 copy-Befehl

Jedes Betriebssystem kennt Befehle zur Verwaltung von Dateien. Sie sollen sich in die Lage eines Betriebssystemarchitekten versetzen, der einen copy-*Befehl schreibt.*

a) *Implementieren Sie den* copy-*Befehl zum Kopieren eines Files des Betriebssystems mit den Bibliotheksfunktionen zur Dateiverwaltung (*read, write, ...*).*

b) *Welche Änderungen müssten für den* move-*Befehl vorgenommen werden? Reicht es, erst zu kopieren und dann die Datei im Quellverzeichnis zu löschen? (Denken Sie an Schutzmechanismen!)*

c) *Bonus: Wie müsste der* copy-*Befehl aussehen, um ganze Verzeichnisse mit ihren Unterverzeichnissen zu kopieren? Implementieren Sie ihn.*

Lösung zu a) und c) in UNIX in C-Code:

```
#include <sys/types.h>
#include <sys/stat.h>
#include <dirent.h>
#include <fcntl.h>
#include <unistd.h>
#include <limits.h>
#include „ourhdr.h"

#define   FMODE       0644      /* rwxr--r-- */
#define   DMODE       0755      /* rwxr-xr-x */
#define   LBUFFSIZE   8192

/* Copy regular files */
void cpreg(char *src, char *dest)
{
    int             fdsrc, fddest;
    long            BUFFSIZE;
    struct stat     sbuf;
    char            *buf;
    int             n;

    /* Open source file */
    if ((fdsrc = open(src, O_RDONLY)) == -1) {
    printf(„Fehler beim Lesen der Quelldatei\n");
    exit(0);
    }

    /* Optimal buffer size */
    if (!stat(src, &sbuf))
    BUFFSIZE = sbuf.st_blksize;
    else
    BUFFSIZE = LBUFFSIZE;

    buf = (char *) calloc(BUFFSIZE, sizeof(char));
```

```
        /* Create destination file */
        if ((fddest = creat(dest, FMODE)) == -1) {
        printf(„Fehler beim Erzeugen der Zieldatei\n");
        exit(0);
        }

        /* Copy loop */
        while (n = read(fdsrc, buf, BUFFSIZE))
        write(fddest, buf, n);
}

/* Copy directories */
void cpdir(char *source, char *dest)
{
    DIR          *dp; /* pointer to directory */
    struct dirent *dirp;/* pointer to directory entry */
    char          src_path[256], dest_path[256];

    /* Open directory */
    if ((dp = opendir(source)) ==: NULL) {
    printf(„Verzeichnis nicht lesbar");
    exit(0);
    }

    /* Copy content of directory (without /. and /..) */
    while ((dirp = readdir(dp)) != NULL) {
    if (strcmp(dirp->d_name, „.")==:0
     || strcmp(dirp->d_name, „..")==:0)
        continue;

    strcat(strcat(strcpy(src_path,source),"/"),dirp->d_name);
    strcat(strcat(strcpy(dest_path,dest),"/"),dirp->d_name);

    cprec(src_path, dest_path);
  }
}

/* Copy recursive directories and files */
int cprec(char *source, char *dest)
{   struct stat sbuf;

  if (stat(source, &sbuf))
     exit(0);

  /* if source is directory */
  if (S_ISDIR(sbuf.st_mode))
  {   if ( mkdir(dest, (sbuf.st_mode | DMODE))) {
         printf(„Zielverzeichnis konnte nicht
                  erstellt werden ");
         exit(0);
  }
```

```
    /* Copy directory content from source to dest */
    cpdir(source, dest);
    }

    /* if source is regular file */
    else if (S_ISREG(sbuf.st_mode))
          cpreg(source, dest);
/* other file types (char,block,pipes&fifos,sockets) */
    else printf(„anderer Typ \n");
}

main(int argc, char *argv[])
{
    if (argc !=3) {
       printf(„usage: my_cp <src-file> <dest-file>\n");
       exit(0);
    }
    cprec(argv[1], argv[2]);
}
```

c) Bei einem move muss beachtet werden, dass man über Schreibrechte des Verzeichnisses verfügt, aus dem die Datei herausbewegt (später also gelöscht)
   werden soll.

Aufgabe 4.4-4 Indexbaum

*Gegeben sei eine hierarchisch verzeigerte Indexliste, die als mehrstufige Übersetzung
von logischer zu physikalischer Blocknummer dient. Sei* m *die Anzahl der Verzweigungen (Adressen) eines jeden Blocks einer* n-*stufigen Übersetzung. Wir haben* D *adressierbare Speichereinheiten auf der* n-*ten Stufe der Indexliste. Man gehe davon aus,
dass im Mittel* m/2 *Einträge pro Block durchsucht werden müssen, wobei* m *eine reelle
Zahl sei.*

   Berechnen Sie das optimale m, *bei dem die mittlere Suchzeit* t *minimal ist.* Auf
jeder der *n* Stufen gibt es *m* mögliche Einträge im Container. Also stehen den *D* Speicherblöcken m·m· ... ·m = m^n Einträge auf der n-ten Stufe zur Verfügung. Also gilt
D = m^n oder n = $\log_m(D)$. Da pro Stufe m/2 Einträge durchsucht werden müssen, ist
t = n·m/2. Setzen wir für *n* die obige Beziehung ein, so gilt

$$t(m) = \log_m(D)\frac{m}{2} = \frac{\ln(D)}{\ln(m)}\,\frac{m}{2} = \frac{\ln(D)}{2}\,\frac{m}{\ln(m)}$$

Bedingung für ein Extremum ist, dass an dieser Stelle die erste Ableitung gleich null
ist. Mit der Quotientenregel erhalten wir für die Ableitung

$$t'(m) = \frac{\ln(D)}{2} \frac{\ln(m) - m\frac{1}{m}}{\ln^2(m)} = \frac{\ln(D)}{2} \frac{\ln(m) - 1}{\ln^2(m)}$$

Dies ist genau dann null bei $m \neq 0$, wenn $\ln(m) = 1$ oder $m = e$ ist. Nachprüfen zeigt, dass die zweite Ableitung an dieser Stelle positiv ist, so dass hier ein Minimum vorliegt. Also ist für die geringste Zugriffszeit $t = n \cdot m/2 = n \cdot e/2 = \ln(D) \cdot e/2$: der Zugriff ist logarithmisch in der Zahl der Speichereinheiten bei $e/2$ Zugriffen pro Container.

Aufgabe 4.4-5 B*-Bäume

Zeigen Sie: Für die Aufteilung von 2m − 2 Schlüsseln in drei Teile gilt
  $2m - 2 = \lfloor(2m - 2)/3\rfloor + \lfloor(2m - 1)/3\rfloor + \lfloor(2m)/3\rfloor$. *Untersuchen Sie dafür die drei Fälle, wenn jeweils 2m − 2, 2m − 1 oder 2m glatt durch 3 teilbar ist.*

Fall 1: $2m - 2$ ist ohne Rest durch 3 teilbar.
  Dann ist $\lfloor(2m - 2)/3\rfloor + \lfloor(2m - 1)/3\rfloor + \lfloor(2m)/3\rfloor$
  $= (2m - 2)/3 + \lfloor(2m - 1)/3 - 1/3 + 1/3\rfloor + \lfloor(2m)/3 - 2/3 + 2/3\rfloor$
  $= (2m - 2)/3 + \lfloor(2m - 2)/3 + 1/3\rfloor + \lfloor(2m - 2)/3 + 2/3\rfloor$
  Da die Brüche 1/3 und 2/3 durch die Abrundung wegfallen, ergibt sich
  $= (2m - 2)/3 + (2m - 2)/3 + (2m - 2)/3 = 2m - 2$

Fall 2: $2m - 1$ ist ohne Rest durch 3 teilbar.
  Dann ist $\lfloor(2m - 2)/3\rfloor + \lfloor(2m - 1)/3\rfloor + \lfloor(2m)/3\rfloor$
  $= \lfloor(2m - 2)/3 + 1/3 - 1/3\rfloor + (2m - 1)/3 + \lfloor(2m)/3 - 1/3 + 1/3\rfloor$
  $= \lfloor(2m - 1)/3 - 1/3\rfloor + (2m - 1)/3 + \lfloor(2m - 1)/3 + 1/3\rfloor$
  Beim ersten Term verringert sich durch die Abrundung die Zahl um 1, beim letzten Term fällt 1/3 weg und es ergibt sich
  $= (2m - 1)/3 - 1 + (2m - 1)/3 + (2m - 1)/3 = (2m - 1) - 1 = 2m - 2$

Fall 3: $2m$ ist ohne Rest durch 3 teilbar.
  Dann ist $\lfloor(2m - 2)/3\rfloor + \lfloor(2m - 1)/3\rfloor + \lfloor(2m)/3\rfloor$
  $= \lfloor(2m)/3 - 2/3\rfloor + \lfloor(2m)/3 - 1/3\rfloor + (2m)/3$
  $= (2m)/3 - 1 + (2m)/3 - 1 + (2m)/3 = (2m) - 2,$
was zu beweisen war.

Aufgabe 4.4-6 B-Bäume vs. B*-Bäume

1. *Zeichnen Sie den Baum, der sich für m = 4 (4 Verzeigungen pro Container) nach Einfügen der Schlüssel 7, 22, 9, 30 ergibt*
   a) *in die leere Wurzel eines B-Baumes*
   b) *in die leere Wurzel eines B*-Baumes*
2. *Zeichnen Sie den Baum, der sich für m = 4 nach Einfügen der Schlüssel 16 und 3 ergibt*

a) *in folgenden B-Baum*

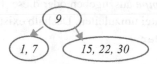

b) *in folgenden B*-Baum*

1a)

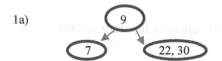

b)

2a) B-Baum: Container zerteilen

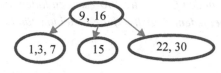

und mit 3 auffüllen.

b) B*-Baum: mit Schlüssel 16 überfließen

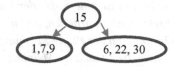

und beim Einfügen von Schlüssel 3 in B* -Baum: Container zusammen - fassen und in drei zerteilen

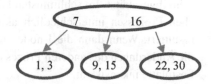

Aufgabe 4.4-7 I/O

Warum wird in UNIX zwischen der Standardausgabe und der Standardfehlerausgabe unterschieden, wenn doch beide per default auf den Bildschirm gehen?

Unter UNIX ist es üblich, die Standardausgabe (stdout) eines Programms mit der Standardeingabe (stdin) über eine *pipe* zu verknüpfen. Somit ist es möglich, Daten zwischen zwei Programmen fließen zu lassen, ohne auf temporäre Dateien zugreifen zu müssen. Das erste Programm schreibt seine Daten also in ein stdout, das zweite liest diese Daten von seinem stdin.

Man möchte aber trotzdem dabei die Möglichkeit haben, Fehlermeldungen und ähnliches auf das aktuelle Terminal und nicht auf die *pipe* auszugeben oder diese, falls sie visuell nicht erwünscht sind, in eine gesonderte Datei umzuleiten. Deshalb existiert als dritter Datenstrom die Standardfehlerausgabe (`stderr`).

Aufgabe 4.4-8 `echo` **auf** *special devices*

Was passiert, wenn Sie einen Text mit dem Programm `echo` *auf/dev/tty oder /dev/null ausgeben?*

a) `echo „Hallo" >/dev/null` führt zu einer Ausgabe von „Hallo" in den imaginären Mülleimer von UNIX. Eine Ausgabeumleitung in diesen ist immer dann sinnvoll, wenn die Ausgabe nicht weiter benutzt wird und auch nicht auf dem Bildschirm ausgegeben werden soll.

b) `echo „Hallo" >/dev/tty` gibt den Text auf dem aktuellen Terminal (xterm) aus.

Aufgabe 4.5-1 i-Nodes und Bitmaps

a) *Zwei Informatikstudentinnen, Caroline und Leonore, diskutieren über Indexknoten (I-nodes). Caroline behauptet, dass Speicher so schnell und billig geworden ist, dass es sinnvoll ist, eine Kopie der I-node in den Cache des Prozesses zu laden und dort direkt damit zu arbeiten, und nicht bei jedem Zugriff auf die Datei umständlich das Original auf der Platte zu benutzen.*

   Leonore ist anderer Meinung.

   Wer hat Recht?

   Leonore hat Recht. Zwei Versionen einer I-node, eine in dem Cache und eine auf der Platte zur gleichen Zeit zu haben, führt zu Inkonsistenzen, außer beide sind schreibgeschützt. Im schlimmsten Fall werden beide gleichzeitig von unterschiedlichen Prozessen unterschiedlich aktualisiert, was in zwei inkonsistenten I-nodes resultiert. Wenn dann die I-node zurück auf die Platte geschrieben wird, werden die Änderungen des anderen Prozesses überschrieben und die Datenstruktur auf der Festplatte inkonsistent.

b) *Das UNIX – Dateisystem hat 1 KiB – Blöcke und 4 Byte Plattenadressen. Was ist die maximale Dateigröße, falls die I-nodes zehn direkte Einträge und jeweils einen einfach-, einen doppelt und einen dreifach-indirekten Eintrag besitzen?*

   Die I-node speichert 10 Zeiger zu 10 Blöcken. Ein einzelner, indirekter Block speichert 256 Zeiger. Der doppelt-indirekte Block schafft schon $256^2 = 65.536$ Zeiger und der dreifach-indirekte Block speichert dann $256^3 = 16.777.216$ Zeiger. Das alles aufaddiert ergibt eine Maximalgröße von $10 + 256 + 65.536 + 16.777.216 = 16.843.018$ Blöcken je 1 KiB, was ungefähr 16,06 GiB entspricht.

c) *Nachdem eine Plattenpartition formatiert worden ist, sieht der Anfang einer Bitmap zur Verwaltung der freien Speicherblöcke so aus: 1000 0000 0000 0000, wobei der* erste Block durch das Wurzelverzeichnis belegt sei. Das System sucht nach freien Blöcken, indem es immer mit der niedrigsten Blocknummer beginnt.

Nachdem die Datei A geschrieben worden ist und nun sechs Blöcke belegt, sieht die Bitmap folglich so aus: 1111 1110 0000 0000. Stellen Sie die Bitmap nach jeder der folgenden weiteren Aktionen dar:
- Die Datei B wird geschrieben, B benötigt fünf Blöcke.
- Die Datei A wird gelöscht.
- Die Datei C wird geschrieben, C benötigt acht Blöcke.
- Die Datei B wird gelöscht

Der Anfang der Bitmap schaut folgendermaßen aus:
- nach dem Schreiben der Datei B: 1111 1111 1111 0000
- nach Löschen der Datei A: 1000 0001 1111 0000
- nach dem Schreiben der Datei C: 1111 1111 1111 1100
- nach Löschen der Datei B: 1111 1110 0000 1100

Aufgabe 4.5-2 Speicherverwaltung von Dateien

Die zusammenhängende Speicherung von Dateien führt zu Plattenfragmentierung. Handelt es sich dabei um interne oder externe Fragmentierung?

Es handelt sich um externe Fragmentierung, weil Blöcke unterschiedlicher Größe zwischen den verschiedenen Dateien und nicht innerhalb der Dateien übrigbleiben.

9.5   Lösungen zu Kap. 5

Aufgabe 5.2-1 Gerätemodellierung

a) *Was ist I/O-memory mapping und wozu dient es?*
   Beim I/O-*memory mapping* werden die Geräteregister wie Speicher an bestimmten Adressen im Adressraum angesprochen. Damit wird die Benutzung von speziellen, hardware-abhängigen I/O-Maschinenbefehlen vermieden.
b) *Informieren Sie sich über Systemuhr (Real Time Clock) und finden Sie durch geeignete Befehle auf Windows und Linux die I/O-Adressen und den dazugehörenden Interruptvektor heraus.*
   Nachsehen unter Windows beim Menü Geräte *Manager -> Ansicht -> Ressourcen* nach *Verbindung*
   Unter Linux:

```
cat /proc/ioports | head -n 8
```

```
0000–0cf7 : PCI Bus 0000:00
0000–001f : dma1
```

0020–0021 : pic1
0040–0043 : timer0
0050–0053 : timer1
0060–0060 : keyboard
0064–0064 : keyboard
0070–0077 : rtc0

Mit dem Befehl *head* wurden nur die relevanten Zeilen am Anfang ausgegeben, damit die Ausgabe nicht zu lang wird:

```
cat /proc/interrupts | head -n 4
```

	CPU0	CPU1	CPU2	CPU3			
0:	19	0	0	0	IO-APIC	2-edge	timer
1:	2	0	0	0	IO-APIC	1-edge	i8042
8:	0	0	0	0	IO-APIC	8-edge	rtc0

Aufgabe 5.3-1 RAID-Ausfall

Die Wahrscheinlichkeit, dass eine Festplatte in einem gegebenen Zeitraum einen Fehler (Head-Crash) aufweist betrage p.

a) *Bestimmen Sie die Wahrscheinlichkeit, dass im Beobachtungszeitraum Daten verloren gehen, für eine Konfiguration mit zwei gleichen Platten für ein RAID-0-System.*

b) *Bestimmen Sie die Wahrscheinlichkeit, dass im Beobachtungszeitraum Daten verloren gehen, für eine Konfiguration mit vier gleichen Platten für ein RAID-01-System, wobei jeweils zwei RAID-0 Platten mittels striping zu einem Subsystem verbunden sind und beide Subsysteme mittels RAID 1 gespiegelt werden.*

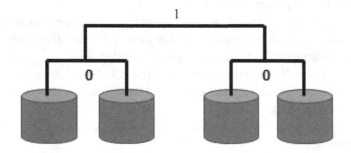

a) Bei 2 Platten D1 und D2 gibt es im RAID0-Modus keine Fehlertoleranz. Das Gesamtsystem fällt also aus, wenn eine der Platten oder beide defekt sind. Die Wahrscheinlichkeit dafür kann auf zwei Arten berechnet werden:

– Zum einen direkt über die Summe aller Ausfallmöglichkeiten, also P(Ausfall) = P(Ausfall D1) + P(Ausfall D2) + P(Ausfall beider) = $2(1 - p)p + p^2 = 2p - 2p^2 + p^2 = 2p - p^2$.

– Zum anderen über die Gegenwahrscheinlichkeit P(ok) mit P(Ausfall) = $1 -$ P(ok). Da bei Raid0 das System nur dann ok ist, wenn beide Platten ok sind, ist bei unabhängigen Platten die Auftrittswahrscheinlichkeit die Produktwahrscheinlichkeit P(ok) = $(1 - p)(1 - p)$ und damit

$$P(\text{Ausfall}) = 1 - (1 - p)(1 - p) = 1 - [1 - 2p + p^2] = 2p - p^2.$$

b) Bei vier Platten ist das schwieriger direkt hinzuschreiben. Das Problem lässt sich verschieden angehen.

– Die eine Idee besteht darin, beide RAID0-Kombinationen als Subsysteme aus je einem System wie in Aufgabe a) aufzufassen und weiterhin die Information zu verwenden, dass RAID1-Systeme genau dann ausfallen, wenn beide Subsysteme ausgefallen sind. Sind beide Subsysteme unabhängig voneinander, so ist die Auftrittswahrscheinlichkeit die Produktwahrscheinlichkeit, also P(Ausfall) = P(Ausfall Subsystem A) P(Ausfall Subsystem B). Einsetzen der Ergebnisse von a) ergibt

$$P(\text{Ausfall}) = (2p - p^2)(2p - p^2) = p^4 - 4p^3 + 4p^2$$

– Eine andere Idee ist, wieder die Gegenwahrscheinlichkeit P(ok) einzusetzen. In diesem Fall ist P(Ausfall) = $1 -$ P(ok) und P(ok) ist die Summe aller Fälle, in denen das System funktioniert. Dies ist der Fall, wenn kein oder nur ein Subsystem ausgefallen ist:

P(ok)
= P(beide Subsysteme ok) + P(Subsystem 1 ok) + P(Subsystem2 ok)
= $(1 - p)^2(1 - p)^2 + (1 - p)^2 [1 - (1 - p)^2] + [1 - (1 - p)^2](1 - p)^2$
= $(1 - 2p + p^2)(1 - 2p + p^2) + (1 - 2p + p^2)(2p - p^2) + (2p - p^2)(1 - 2p + p^2)$
= $1 - 4p^2 + 4p^3 - p^4$

– Damit ist der Ausfall als Gegenwahrscheinlichkeit

P(Ausfall) = $1 -$ P(ok)
= $1 - [(1 - p)^2(1 - p)^2 + (1 - p)^2 [1 - (1 - p)^2] + [1 - (1 - p)^2](1 - p)^2]$
= $1 - (1 - 4p^2 + 4p^3 - p^4) = 4p^2 - 4p^3 + p^4$

– Eine sichere, aber umfangreichere Lösung besteht darin, indem man eine Tabelle aller möglichen Zustände der vier Festplatten D1, D2, D3 und D4 aufstellt und die Wahrscheinlichkeiten aller Zustände aufsummiert, die zu Datenverlusten führen.

Dabei berücksichtigen wir die drei Fälle, die zum Ausfall führen: den Ausfall von 4 Einheiten, den Ausfall von 3 Einheiten, und den Ausfall von 2 Einheiten, wenn sie in unterschiedlichen Subsystemen sind.

D1	D2	D3	D4	Ausfall prob.	Gesamta usfall
0	0	0	0	p^4	true
0	0	0	1	$p^3(1-p)$	true
0	0	1	0	$p^3(1-p)$	true
0	0	1	1	$p^2(1-p)^2$	false
0	1	0	0	$p^3(1-p)$	true
0	1	0	1	$p^2(1-p)^2$	true
0	1	1	0	$p^2(1-p)^2$	true
0	1	1	1	$p(1-p)^3$	false
1	0	0	0	$p^3(1-p)$	true
1	0	0	1	$p^2(1-p)^2$	true
1	0	1	0	$p^2(1-p)^2$	true
1	0	1	1	$p(1-p)^3$	false
1	1	0	0	$p^2(1-p)^2$	false
1	1	0	1	$p(1-p)^3$	false
1	1	1	0	$p(1-p)^3$	false
1	1	1	1	$(1-p)^4$	false

Damit ergibt sich die Ausfallwahrscheinlichkeit als Summe von 9 Fällen aus der Tabelle mit „true" zu

$$P(\text{Ausfall}) = p^4 + 4p^3(1 - p) + 4p^2(1 - p)^2 = p^4 + 4p^3 - 4p^4 + 4p^2(1 - 2p + p^2)$$
$$= p^4 + 4p^3 - 4p^4 + 4p^2 - 8p^3 + 4p^4 = p^4 - 4p^3 + 4p^2$$

– Wir können natürlich auch in diesem Fall wieder die Gegenwahrscheinlichkeit einsetzen. Es ist P(ok) die Summe aller Fälle, bei denen das Gesamtsystem ok ist. Dies sind in der Tabelle alle 7 Fälle mit „false", so dass sich ergibt

$$P(\text{ok}) = p^2(1 - p)^2 + p(1 - p)^3 + p(1 - p)^3 + p^2(1 - p)^2 + p(1 - p)^3 + p(1 - p)^3 + (1 - p)^4$$
$$= 2p^2(1 - p)^2 + 4p(1 - p)^3 + (1 - p)^4$$
$$= 2p^2(1 - 2p + p^2) + 4p(1 - p)(1 - 2p + p^2) + (1 - 2p + p^2)(1 - 2p + p^2)$$
$$= (2p^2 - 4p^3 + 2p^4) + (-12p^2 + 12p^3 - 4p^4) + (1 + 6p^2 - 4p^3 + p^4)$$
$$= (1 - 4p^2 + 4p^3 - p^4)$$

Damit ist der Ausfall als Gegenwahrscheinlichkeit

$$P(\text{Ausfall}) = 1 - P(\text{ok})$$
$$= 1 - (1 - 4p^2 + 4p^3 - p^4) = 4p^2 - 4p^3 + p^4$$

Aufgabe 5.3-2 RAID und NON-RAID

Angenommen, Sie haben ein System S1 aus 5 Laufwerken, die jeweils eine Kapazität von 1 TB haben und mit der Wahrscheinlichkeit p = 0,1 % ausfallen. Sie sind als RAID 5 zusammengeschaltet.

Außerdem haben Sie noch ein einzelnes Laufwerk S_2 von 4 TB, das mit $p_2 = 0,001$ % ausfällt.

a) *Welches System hat mehr Speicherkapazität für Anwenderdaten und warum?*
b) *Welches System ist zuverlässiger als das andere und warum?*
c) *Wenn beide Systeme gleich viel kosten, welches von beiden sollte man kaufen, und warum?*

a) Ein RAID5-System hat jeweils eine Einheit (Platte) als Aufnahmegerät für die Paritätsinformation. Zwar sind die Daten in *striping*-Manier verteilt, aber die Speicherkapazität ändert sich nicht, so dass 4 TB für Nutzerdaten zur Verfügung stehen. Im Vergleich zu dem anderen System gibt es für die Speicherkapazität also weder Vorteil noch Nachteil.

b) Die Ausfallwahrscheinlich P ist $P(S_1) = 1 - P(ok) = 1 - [P(\text{alle 5 Einheiten ok}) + P(\text{nur eine der Platten ist ausgefallen})] = 1 - [(1 - p_1)^5 + 5\ (1 - p_1)^4 p_1] = 1 - 0,999^5 - 0,005 \times 0,999^4 = 0,998\ 10^{-5}$. Im Vergleich zu S_2 mit $p_2 = 0,001$ % $= 10^{-5}$ ist das RAID-System also etwas zuverlässiger, aber nicht viel.

c) Entscheidend sind hier die Reparaturkosten: Fallen zwei Platten im RAID-System (und damit das ganze System) aus, so kostet es nur zwei Fünftel des zweiten Systems, um es wieder in einen sicheren Zustand zu versetzen.

Aufgabe 5.3-3 RAID-Ausfallzeit

Gegeben sei folgendes System aus drei Festplatten:

Platte	Kapazität	MTBF	Aktuelles Alter
D1	4TB	630.720 h	3 Jahre
D2	6TB	858.480 h	2 Jahre
D3	8TB	1.156.320 h	1 Jahr

mit folgendem Aufbau

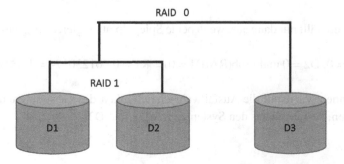

a) *Geben Sie an, welche Datenmenge darin abgespeichert werden kann, und erklären Sie, wie diese Zahl zustande kommt.*

Es können insgesamt 12 TB abgespeichert werden. Das RAID 1 (*Spiegelplatten*) hat die Kapazität der kleinsten Festplatte von beiden (4 TB), während das RAID 0 (*striping*) die gesamte Kapazität aus beiden Subsystemen (4 + 8 TB) nutzt und Sie nur in Streifen neu organisiert.

b) *Das genannte System wird von jetzt an 3 Jahre lang genutzt. Berechnen Sie die Wahrscheinlichkeit, dass es während dieser Zeit zu einem Datenverlust kommt.*

Es gelten folgende Annahmen:

– *Beim Auftreten von Fehlern gelten keinerlei Abhängigkeiten zwischen den Festplatten.*

– *Während der bereits erfolgten Betriebszeit traten keinerlei Fehler auf.*

Als gemeinsame Zeiteinheit wählen wir Jahre. Dazu wird MTBF in Jahre umgerechnet: MTBF1 = 72 Jahre, MTBF2 = 98 Jahre, MTBF3 = 132 Jahre

Nun berechnen wir die Ausfallwahrscheinlichkeiten der einzelnen Platten. Die Formel bei einer konstanten Ausfallrate und exponentieller Verteilung war

$$p(T) = 1 - \exp(- T/MTBF)$$

Damit ergibt sich bei T = 3 für die Ausfallwahrscheinlichkeiten P_i der drei Platten D_i

P1 = 0,040810543 = 4,08 %

P2 = 0,030148435 = 3,01 %

P3 = 0,022470954 = 2,25 %

Darauf können wir die Ausfallwahrscheinlichkeit von RAID 1 mittels der Tabelle aller möglichen Zustände der Festplatten D_i (0 = defekt, 1 = intakt) berechnen:

Zustand D1	Zustand D2	Ausfall-Wahrscheinlichkeit
0	0	P1*P2 = 0,001230374
0	1	P1*(1-P2)
1	0	(1-P1)*P2
1	1	(1-P1)*(1-P2)

Das System fällt nur dann aus, wenn beide Spiegelplatten gleichzeitig ausfallen, also

D1 = 0, D2 = 0 und Prob(RAID1 = 0) = R1 = 0,001230374 = 1,23 %

Nun können wir damit die Ausfallwahrscheinlichkeit des Gesamtsystems RAID 0 berechnen, bestehend aus den Systemen RAID1 und D3:

Zustand RAID1	Zustand D3	Ausfall-Wahrscheinlichkeit
0	0	R1*P3
0	1	R1*(1-P3)
1	0	(1-R1)*P3
1	1	(1-R1)*(1-P3)= 0,97632632

RAID0 fällt immer dann aus, wenn nur eine Komponente im Gesamtsystem ausfällt. Die Ausfallwahrscheinlichkeit von RAID0 ist also Prob(RAID0 = 0) = 1 − P(1,1) = 1 − 0,97632632 = 0,02367368 = 2,4 %. Dies kann auch als Summe aller Wahrscheinlichkeiten der Zustände errechnet werden, bei denen mindestens ein Subsystem defekt ist.

Aufgabe 5.3-4 RAID-Folgefehler

Leider trifft eine wichtige Voraussetzung für die Berechnung der Ausfälle meist nicht zu: Die einzelnen Platten fallen nicht unabhängig voneinander aus.

Angenommen, Sie haben einen RAID5-Verbund von drei Platten D1, D2 und D3, wobei D1 und D2 im selben Schacht stecken. Dies bedeutet, dass neben den Einzelausfallwahrscheinlichkeiten P1, P2 und P3 auch eine bedingte Wahrscheinlichkeit Pa existiert, mit der nach dem Ausfall einer Platte kurz darauf die andere Platte auch ausfällt, etwa durch Überhitzung.

Wie hoch ist die Ausfallwahrscheinlichkeit P des Gesamtsystems als Funktion von P1, P2, P3 und Pa?

Bei dieser Aufgabe stellen wir zuerst die Tabelle auf mit allen Ausfallwahrscheinlichkeiten, notiert mit (0 = defekt, 1 = intakt):

Zustand	D1 D2 D3	Unabhäng. Auftrittswahrsch.
S0	0 0 0	P1 P2 P3
S1	0 0 1	P1 P2 (1 − P3)
S2	0 1 0	P1 (1 − P2) P3
S3	0 1 1	P1 (1 − P2) (1 − P3)
S4	1 0 0	(1 − P1) P2 P3
S5	1 0 1	(1 − P1) P2 (1 − P3)
S6	1 1 0	(1 − P1) (1 − P2) P3
S7	1 1 1	(1 − P1) (1 − P2) (1 − P3)

Ein RAID5-System verträgt nur den Ausfall von einer Platte. Fallen zwei davon aus, so ist das Gesamtsystem defekt. Also ist die Ausfallwahrscheinlichkeit P(Ausfall) = P(S0 oder S1 oder S2 oder S4).

Die Auftrittswahrscheinlichkeiten der Zustände in der Tabelle sind allerdings nur die initialen Ausfallwahrscheinlichkeiten. Dazu kommen noch die bedingten Ausfälle mit der Wahrscheinlichkeit Pa, die das System in einen anderen Zustand überführen. Dies können wir uns mit Hilfe eines Zustandsübergangsgrafen verdeutlichen, der eine Baumstruktur hat.

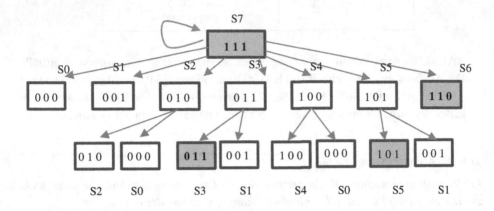

Dabei kann Zustand S7 zuerst in jeden anderen Zustand übergehen, und dann für die Einheiten im gemeinsamen Schacht in einem zweiten Schritt in einen weiteren Zustand übergehen. Am Ende landen alle Pfade wieder in einem bekannten Zustand. Alle intakten Endzustände sind in der Abbildung grün eingefärbt. Also gilt für die wenigen intakten Zustände

P(Ausfall) = 1 − P(OK)

mit P(OK) = P(keine Einheit ausgefallen) + P(eine Einheit ausgefallen)

$$= P(S7) + P(S3)(1 - Pa) + P(S5)(1 - Pa) + P(S6)$$

Also ist P(Ausfall) = 1 − (1 − P1)(1 − P2)(1 − P3) − P1(1 − P2)(1 − P3)(1 − Pa) −
(1 − P1)P2(1 − P3)(1 − Pa) − (1 − P1)(1 − P2)P3

Aufgabe 5.4-1 Treiber

a) *Was ist ein Treiber und was der Unterschied zwischen einer abstrakten Maschine, einem Treiber und einem Gerätetreiber?*

Ein Treiber ist eine Zwischenschicht im Betriebssystem zwischen den Anforderungen und der Ein- und Ausgabe. Dies entspricht einer virtuellen Maschine und hat 2 Schnittstellen. Im Gegensatz dazu betrachtet eine abstrakte Maschine ein Gerät von außen und hat deshalb nur eine Schnittstelle. Ein Beispiel dafür ist eine logische Einheit. Ein Gerätetreiber enthält gerätetypische Merkmale und Dienste, im Unterschied etwa zu einem Dateitreiber, der nicht an ein bestimmtes Gerät gebunden ist.

b) *In welchem Systemmodus laufen Treiber? Warum?*

Im *kernel mode*, um möglichst rasch und privilegiert auf alle Hardwareadressen und Daten zugreifen zu können.

c) *Recherchieren Sie: Was ist ein FUSE-Treiber?*
FUSE erlaubt es, Dateisystem-Treiber vom *kernel* in den *user mode* zu verlagern.
Ein Beispiel dafür wäre *mount*. Zwar benötigt FUSE auf jeden Fall Administrator-Rechte, jedoch benötigen die Geräte, die mit *mount* eingebunden werden, wegen
FUSE diese Rechte nicht. Eine Abbildung dazu ist in *https://msdn.microsoft.com/
en-us/library/windows/hardware/ff554836 (v6 =6 vs.85).aspx* zu finden.

d) *Wie wird der dazu gehörende Treiber bei dem Interrupt eines Geräts ausgewählt?*
Der Interrupt liefert durch Hardware die Interruptnummer (Interruptvektor), der
einem Index in einer Interrupt-Tabelle entspricht. In diesem Tabelleneintrag ist die
Treiberadresse gespeichert, die dann benutzt wird, um den Treiber anzuspringen.

Aufgabe 5.5-1 I/O-Dienste

*Welche Dienste bietet der BS-Kern einem I/O-Subsystem bzw. Geräten? Nennen Sie
mindestens zwei.*

- **Spooling**: Geräte-Aufträge werden zwischengespeichert, wenn sie nach einander
  abgearbeitet werden (z. B. beim Drucker).
- **Buffering**: Daten werden abgespeichert, die zwischen Gerät und Programm übertragen/transferiert werden, um z. B. Geschwindigkeitsunterschiede von Geräte-I/O
  und CPU auszugleichen. Heutzutage gibt es z. B. im Grafikbereich *double buffer*,
  die abwechselnd durch das Programm beschrieben und zur Darstellung ausgelesen
  werden, um eine flackerfreie Darstellung zu gewährleisten.
- **I/O Scheduling**: Das Scheduling optimiert die Abarbeitungsreihenfolge von I/O
  Anforderungen mit dem Ziel, den Durchsatz zu erhöhen und die durchschnittliche
  Wartezeit zu verkürzen. Es wird hierzu eine Warteschlange pro Gerät verwendet; die
  Reihenfolge innerhalb der Warteschlange kann dabei durch den Scheduler geändert
  werden. Zusätzlich wird eine *device status table* verwaltet, die einen Eintrag pro
  Gerät enthält und zu der die Warteschlangen verlinkt sind.

Aufgabe 5.5-2 Pufferung

Betrachten Sie das folgende Schichtenmodell:

| Dateisystem |
| Multi-device-Treiberi |
| Gerätetreiber |
| Controller |
| Gerät |

*Welche Vor- und Nachteile ergeben sich, falls Pufferung in eine der Schichten ein-
geführt wird? Unterscheiden Sie dazu die vier Fälle beim Übergang von einer Schicht
zur anderen. Achten Sie insbesondere auf Dateninkonsistenzen bei parallelen Aktionen.*

Schichtung	Vorteile	Nachteile
Dateisystem Pufferung Multi-device-Treiber	schneller Zugriff auf Files	Dateninkonsistenzen, wenn zwei Prozesse schreibend/lesend auf dasselbe File zugreifen
Multi device Treiber Pufferung Gerätetreiber	schneller Zugriff auf Blöcke	dito
Gerätetreiber Pufferung Controller	Pufferung von ganzen Spuren ermöglicht schnelleren Zugriff	Dateninkonsistenzen, wenn bei Systemausfall die Puffer nicht zurückgeschrieben wurden
Controller Pufferung Gerät	Transfer über den Systembus wird erhöht (notwendig)	dito und Interleaving
Allgemein	schneller Zugriff auf oft benutzte Objekte (Files, Spuren, Blöcke, Sektoren)	höherer Aufwand bei Verwaltung, falls mehrere Prozesse auf Objekte zugreifen (s. Cache) → Synchronisierung, Probleme bei Systemabsturz

9.6 Lösungen zu Kap. 6

Aufgabe 6.2-1 Schichtenprotokolle

*In vielen Schichtenprotokollen erwartet jede Schicht ihr eigenes Kopfformat am Anfang
einer Nachricht. In jeder Schicht wird beim Durchlaufen die Nachricht als Datenpaket
betrachtet, das mit einem eigenen Format und einem eigenen Nachrichtenkopf versehen
an die nächste Schicht nach unten weitergereicht wird.*

*Es wäre sicherlich effizienter, wenn es einen einzigen Kopf am Anfang einer Nach-
richt gäbe, der die gesamte Kontrollinformation enthält, als mehrere Köpfe. Warum
wird dies nicht gemacht?*

Das Zusammenlegen der Kontrollinformation in einem einzigen Header würde die
Unabhängigkeit der Implementierung der einzelnen Schichten im Schichtenmodell
untergraben. Welche Schicht soll den Header erzeugen?

Wird der Header auf oberster Schichtebene generiert, so müsste die Applikation
wissen, welche Schichten unter ihr existieren, damit sie entsprechend „Platz" im
Header lassen kann. Effektiv existiert somit nur noch eine einzige „Schicht".

Wird der Header auf unterster Ebene erzeugt, so müssen alle darüber liegenden
Schichten ihre Kontrollinformationen an die unterste Schicht weiterleiten, damit diese
sie in den Header einbauen kann. Auf der Empfängerseite haben wir dann das Problem,

die jeweiligen Kontrollinformationen wieder den einzelnen Schichten zuzuordnen, wir müssten den Header also segmentieren, für jede Schicht ein Segment. Das bedeutet aber wieder fast dasselbe, wie jede Schicht ihren eigenen Header schreiben zu lassen, nur mit mehr Aufwand.

Aufgabe 6.2-2 Endian

Ein SPARC-Prozessor benutzt 32-Bit-Worte im Format big endian*. Falls nun ein SPARC-Prozessor die Ganzzahl 2 an einen 386-Prozessor sendet, der das Format* little endian *verwendet, welchen Wert sieht der 386-Prozessor (unter Vernachlässigung der Transportschicht)?*

$2 = 2^1$ entspricht in binärer Darstellung $0 \ldots 0 \mid 0000\ 0010$ (*big endian*), wobei der Strich die Bytegrenze markiert.

Folglich ergibt sich für *little endian* : $00000010 \mid 0 \ldots 0 = 2^{25}$

Aufgabe 6.2-3 Internetadressierung

Gegeben ist die logische Internetadresse 134.106.21.30

a) *Welche 32-Bit-Zahl ist dies, wenn alle Zahlen innerhalb der logischen Internetadresse die gleiche Anzahl Bits benötigen? Welcher Dezimalzahl entspricht sie?*

Bei 8 Bits pro Zahl ergibt sich als Binärzahl

134	.	106	.	21	.	30
1000 0110	.	0110 1010	.	0001 0101	.	0001 1110.

wobei die Zahlengrenze jeweils durch einen Punkt markiert wird, der hier mit der Bytegrenze identisch ist. Als Hexzahl ergibt sich 86.6A.15.1E, was der Dezimalzahl 2255099166 entspricht. Selbstverständlich lassen sich hier keine Zahlengrenzen und damit keine Punkte mehr angeben.

b) *Finden Sie heraus, welcher Rechner unter dieser Adresse zu erreichen ist.*

Es ist der Rechner karneol.Informatik.Uni-Oldenburg.de

c) *Angenommen, die angegebene 32-Bit-Zahl sei im* big endian*-Format dargestellt. Welche Dezimalzahl ergibt sich, wenn das* little endian*-Format benutzt wird?*

30.21.106.134 = 504720006

d) *Welche Portnummern verwenden folgende Servicedienste* ftp, telnet *und* talk *auf Ihren Bereichsrechnern? (Schauen Sie dazu in der Datei/etc/services nach!)*

ftp: 21, telnet: 23, talk: 517

Aufgabe 6.2-4 Server und Adressierung im Netz

Recherchieren Sie: Was ist ein DNS-Server und was im Gegensatz dazu ein DHCP-Server, und wofür werden sie benötigt?

Ein DNS-Server (*Domain Name System*) wird benötigt, um die eingegebenen URLs den IP-Adressen zuzuordnen, über den die jeweilige Seite zu erreichen ist. Gibt man z. B. „siemens.com.uk" in die URL-Leiste des Browsers ein, so überprüft der zuständige, im Netzwerk bekannte DNS-Server zunächst, ob er die zur URL gehörende IP-Adresse bereits im Cache hat. Falls dies nicht ist, löst er die URL von rechts nach links auf. Dazu schickt er die URL-Anfrage zuerst zum Name Server des Root Server „uk", dann zu „com", usw., bis die korrekte IP-Adresse ermittelt ist.

Ein DHCP-Server (*Dynamic Host Configuration Protocol*) dagegen wickelt ein Protokoll ab, bei dem einem neuen Gerät in einem lokalen Netzwerk automatisch eine IP-Adresse im lokalen Netzwerk zugewiesen wird, wobei diese Adresse nicht im Konflikt zu bereits existierenden stehen darf. Wird dieses Protokoll bei einem neuen Gerät ausgeschaltet, so muss man stattdessen eine feste IP-Adresse einstellen, die sich von allen anderen unterscheidet. Ist dies nicht der Falle, so können beide Geräte entweder gar nicht oder nur fehlerhaft arbeiten.

Aufgabe 6.2-5 Remote Procedure Calls

a) *Erklären Sie: Was ist ein RPC? Wann ist die Verwendung von RPCs sinnvoll bzw. wann ist es sinnvoller, auf sie zu verzichten?*

Ein RPC (*Remote Procedure Call*) ermöglicht es einem Client, Funktionen auf einem Server aufzurufen und das Ergebnis abzufragen. Für den laufenden Prozess ist die externe Verarbeitung hierbei nicht sichtbar. Ein wichtiges Problem für RPCs ist die benötigte Zeit für die Kommunikation über das Netzwerk. Deshalb sollte man RPCs nur verwenden, wenn die benötigte Zeit für das Verschicken, Berechnen auf dem Server und Empfangen des Ergebnisses kürzer ist, als die lokale Berechnung mit dem Client.

Ausnahmen, die für die Nutzung für RPCs sprechen:

- der lokale Client kann das Ergebnis nicht berechnen, z. B. Wettervorhersage.
- wenn auf eine zentral gehaltene Datenbank zugegriffen werden muss.

b) *Wie werden bei RPCs Parameter und/oder Datenstrukturen übertragen? Wie wird mit diesem Problem in Java umgegangen?*

Mittels *Data Marshalling* werden die Argumente für die Verwendung von RPCs beim Ein-/Auspacken jeweils vorher in das benötigte Format umgewandelt, bevor es verschickt oder benutzt wird.

In Java wird dazu eine sogenannte *Serialisierung* betrieben, also eine Umwandlung in ein neutrales Darstellungsformat.

c) *In Abschn. 6.2 wurde die Implementierung von RPCs behandelt. Was muss unternommen werden, um „normale" (UNIX)-RPCs durch Stubprozeduren bzw. Stubprozeduren durch „normale" RPCs zu ersetzen?*

Bei Stubprozeduren gibt man immer einen gewöhnlichen Funktionsaufruf wie z. B. `write()` an. Der Rechner stellt dann innerhalb der Prozedur fest, ob dies ein lokaler oder Netzwerkaufruf (RPC) ist. Im ersten Fall wird er sofort ausgeführt, im letzteren Fall müssen die Argumente gepackt werden und der Prozeduraufruf zum entsprechenden Server geschickt werden.

Falls man nun eine Stubprozedur durch einen normalen RPC mittels `callrpc()` ersetzen will, muss man mit dem Prozedurnamen als Argument für den Prozeduraufruf in einer Systemtabelle nachschauen, ob es sich hierbei um eine lokale oder RPC-Prozedur handelt, und ggf. explizit im Programm den entsprechenden Serviceaufruf mit den Argumenten absetzen. Hierbei wird also das Originalprogramm verändert.

Andersherum: Soll ein RPC in einem Programm durch eine Stubprozedur ersetzt werden, so muss an dieser Programmstelle der Wert des Arguments bekannt sein, also der Prozedurname, und dieser Name als Zeichenkette in das Programm geschrieben werden.

Aufgabe 6.3-1 Zugriffssemantiken

a) *Wollen mehrere Personen gleichzeitig sowohl lesend als auch schreibend auf eine Datei zugreifen, so kann diese je nach verwendeter Zugriffssemantik nach Abschluss der Änderungen unterschiedliche Zustände aufweisen.*

   Beschreiben Sie den Zustand einer Datei davon ausgehend, dass zwei Personen diese Datei öffnen, Änderungen vornehmen und die Datei dann schließen, für folgende Zugriffssemantiken:

   i) *die Operationssemantik*

   ii) *die Sitzungssemantik*

   iii) *die Transaktionssemantik*

   i) Nach jeder Aktion von A bzw. B wird die Datei sofort verändert. Nach Schließen der Datei ist sie in dem Zustand, der einer bunten Mischung aller Aktionen entspricht, wobei die Reihenfolge stark zufallsabhängig ist.

   ii) Je nachdem, ob A oder B als letzter abschließt, sind ausschließlich nur die Änderungen entweder von A oder von B enthalten.

   iii) Je nachdem, ob A oder B zuerst Zugriff hatte, sind ausschließlich nur die Änderungen entweder von A oder von B enthalten. Allerdings hatte im Unterschied zu (ii) nur einer von beiden Zugriff, so dass der andere bemerkt, dass seine Aktionen obsolet sind.

b) *Microsoft Office Online erlaubt das gemeinsame Arbeiten an Dokumenten. Welcher der bisher kennengelernten Zugriffssemantiken entspricht die Funktionsweise dieser Anwendung? Begründen Sie Ihre Lösung.*

   Office 365 erlaubt es, dass Person A in Absatz 1 schreibt, während Person B in Absatz 2 schreibt. Beide Änderungen werden hierbei gemeinsam übernommen. Schreiben beide im gleichen Absatz, wird nur die letzte Änderung übernommen. Damit entspricht es der Operationssemantik.

Aufgabe 6.3-2 Serverzustände

a) *Man unterscheidet zwischen zustandsbehafteten und zustandslosen Servern. Was sind die Vor- und Nachteile dieser beiden Konzepte?*

Zustandsbehaftete Server haben folgende **Vorteile**:

* schneller Datenzugriff nach Initialisierung der Kommunikation durch Bereitstellung von Dateideskriptoren und Puffern.
* Auftragskopien können eliminiert werden, da die Reihenfolge (Nummerierung) der Nachrichten überprüft werden kann
* Sperren von Dateien für die Transaktionssemantik ist möglich.

Nachteile sind:

* Wenn ein Client „abstürzt" erfährt der Server dies nicht und reserviert Dateideskriptoren und Puffer unnötigerweise (Gefahr des Daten-overflow).
* Versagt der Server selbst, so bemerkt der Client dies nicht und reserviert ebenfalls unnötigerweise Platz und Systemtafeln.
* Es gibt eine maximale Zahl von gleichzeitigen Nutzern

Prinzipiell sind die Vorteile der zustandslosen Server die Nachteile der zustandsbehafteten Server und umgekehrt: der zustandslose Server spart sich die Initialisierung, aber benötigt für die einzelnen Transaktionen länger. Auftragskopien können unnötigerweise erledigt werden und der Dateizugriff ist nicht reglementiert. Dafür bedeutet das Versagen des Servers oder Clients keine Probleme auf der anderen Seite: die Kommunikation vom Client wird solange wiederholt, bis sie erfolgreich war.

b) *Können bei NFS-Servern Verklemmungen auftreten? Begründen Sie Ihre Antwort.*

Ja, Verklemmungen sind möglich. NFS-Server sind zwar fehlertolerant, einen Schutz vor Verklemmungen bietet das jedoch nicht.
   Beispiel:

* Prozess 1: Lockt Datei A
* Prozess 2: Lockt Datei B
* Prozess 1: Möchte Datei B – Die ist aber bereits gelockt
* Prozess 2: Möchte Datei A – Die ist aber bereits gelockt

NFS-Protokolle Versionen 2 und 3 unterstützen kein *File Locking*, dafür wird dann NLM (*Network Lock Manager*) als Hilfsprotokoll verwendet: soll eine
   Datei gesperrt werden, wird statt eines NFS-RPC einfach ein NLM-RPC dafür abgesetzt.

Quelle: http://docstore.mik.ua/orelly/networking_2ndEd/nfs/ch11_02.htm

NFSv4 dagegen unterstützt das Sperren einer Datei direkt: *Unlike earlier versions, the NFS version 4 protocol supports traditional file access while integrating support for file locking and the MOUNT protocol.*

Quelle: IETF RFC 7530, https://tools.ietf.org/html/rfc7530

Aufgabe 6.5-1 Offlinedateien

a) *Geben Sie einen Ordner auf einem beliebigen Gerät via SMB-Protokoll als Netzlaufwerk frei (z. B. als Windows-Dateifreigabe oder unter Linux mit Samba) und speichern Sie eine Textdatei in diesem. Verwenden Sie nun ein anderes Gerät Dieses sollte Windows als Betriebssystem verwenden und Schreibrechte für das Netzlaufwerk haben. Machen Sie den Ordner des Netzlaufwerkes auf diesem Gerät als Offlinedatei verfügbar. Trennen Sie anschließend die Verbindung zum Netzwerk, ändern Sie den Inhalt der Datei und speichern Sie diese. Stellen Sie anschließend die Netzwerkverbindung wieder her und starten Sie Ihren PC neu.*

   Wie hat sich der Inhalt der Datei auf dem Netzlaufwerk verändert?

   Hinweise:

   – *Die Verwaltung der Offlinedateien finden Sie unter Systemsteuerung/Alle Systemsteuerungselemente/Synchronisierungscenter/Offlinedateien verwalten*

   – *Sollte Ihnen nur ein einziger PC zur Verfügung stehen, so können Sie mit VirtualBox einen zweiten PC simulieren. Hierzu müssen Sie den virtuellen PC mit einer Netzwerkbrücke verbinden. Die zugehörige Option finden Sie unter Ändern/Netzwerk/Angeschlossen an.*

   Der Inhalt der Datei auf dem Netzlaufwerk sollte nun der zuvor offline erfolgten Änderung entsprechen. Bei jedem Login/Logout (oder auf Wunsch auch manuell) wird der Inhalt der Offlinedateien mit ihrem „Original" auf dem Server synchronisiert.

b) *Welchem aus diesem Kapitel bekannten Prinzip entspricht das in a) dokumentierte Verhalten bzw. die Funktionsweise von Offlinedateien unter Windows? Erklären Sie die Funktionsweise dieses Prinzips!*

   Die Funktionsweise von Offlinedateien unter Windows entspricht der eines Schattenservers. Auf dem Client eines Schattenservers werden nur die Dateien und Programme gehalten, die vom Nutzer dort zuletzt benötigt wurden. Wird mehr benötigt, so wird es bei Netzwerkverbindung vom Server geladen. Ein Schattenserver spiegelt also immer nur Teile eines Client wieder, die beim jeweiligen Client relevant sind; der Client hat die Rolle eines Puffers bzw. Cache. Damit lässt sich eine automatische, zentrale Datenhaltung und Wartung (Backup und Versionskontrolle) etablieren.

Aufgabe 6.5-2 Schattenserver und Netzwerkcomputer

a) *Wie funktioniert ein Netzwerk mit Schattenserver (SS), und wie ein Netzwerk mit Netzwerk-Computern NC?*

b) *Was unterscheidet einen Client im SS-Netz von einem Client im NC-Netz funktionell,
   hardware- und softwaremäßig?*
c) *Welche Vorteile bietet die jeweilige Konfiguration?*

a) In einem Netzwerk mit Schattenserver enthält der Server alle Dateien, die auch auf
   den Client-Rechnern sind und bildet damit einen *back-up* aller im Netz befindlichen
   Systeme. Alle Client-Rechner sind aber autonom und können auch ohne Netzwerk
   arbeiten.

   Im NC-Netzwerk laden alle NC-Computer Programme und Daten direkt vom
   Server; ohne Netzwerk können sie nicht funktionieren.

b) Ein Client-Rechner im SS-Netz ist autonom und ist sowohl hardwaremäßig, pro-
   grammmäßig als auch datenmäßig vollständig ausgestattet. Das Netzwerk dient
   allein der Aktualisierung der Software und der Daten. Im Unterschied dazu haben
   die NC-Rechner keine Festplatten etc., da alle Daten und Programme nur auf dem
   Server gespeichert sind.

c) Die Vorteile des NC sind leichte Skalierbarkeit, Datenkonsistenz, leichtere Wartbarkeit, Energieeinsparung und preiswerte Clients. Die Vorteile des SS sind auch
   leichte Skalierbarkeit, Datenkonsistenz, leichtere Wartbarkeit, aber auch Fehlertoleranz und Autonomie bei Netzausfall. Dafür sind sie teurer.

Aufgabe 6.6-1 Middleware

a) *Angenommen, Sie haben 100 verschiedene Programme, die über ein Netzwerk
   auf einer von fünf verschiedenen Datenbanken arbeiten. Dabei wird jeweils eine
   bestimmte Netzwerkfunktionalität (Protokoll) von zwei möglichen vorausgesetzt.
   Wie viele Programmversionen können Sie abdecken, wenn Sie dafür eine Middleware einführen und wie viele Versionen müssen damit nicht neu programmiert
   werden?*
b) *Was sind die Unterschiede und die Gemeinsamkeiten von einem RPC-Aufruf und
   einer CORBA-Anfrage?*

a) Ohne Middleware gibt es 100 Programme. Mit Middleware haben Sie $100 \cdot 5 \cdot 2$
   $= 1000$ Funktions-Versionen, die möglich sind. Sie ersparen sich also 900
   Programmversionen.

b) **Gemeinsamkeiten**: Ein RPC-Aufruf fragt eine Dienstleistung an, ebenso ein COR-
   BA-Aufruf. Beide nutzen meist dazu die normalen Transportschichten.

   Unterschiede: Ein RPC-Aufruf kennt genau seinen Server und baut eine Direktverbindung für die Dienstleistung auf. Im Unterschied dazu ist beim CORBA-Aufruf
   nur der CORBA-Vermittlungsrechner bekannt, der prüft, ob für die Dienstleistung
   ihm ein Server bekannt ist. Danach vermittelt er den Dienst, führt ihn aber nicht aus.

   CORBA kann für die Anfragen RPCs benutzen; ebenso können RPCs für die
   Dienstleistung selbst verwendet werden.

9.7   Lösungen zu Kap. 7

Aufgabe 7.5-1 Sicherheit

Ein beliebtes Mittel zum Abhören von Passwörtern besteht in einem Programm, das „login:" auf den Bildschirm schreibt. Jeder Benutzer, der sich an den Rechner setzt, wird seinen Namen und sein Passwort eintippen. Registriert dieses Programm die Daten, erscheint eine Meldung wie „Passwort falsch, bitte wiederholen Sie" oder ähnliches, und es beendet sich. So fällt es nicht einmal auf, dass hier ein Passwort gestohlen worden ist. Wie können Sie als Benutzer oder Administrator den Erfolg eines solchen Programms verhindern?

- Ein solches Programm ist sinnvollerweise nur einmal aktiv und geht mit dem Diebstahl des Passwortes zu Ende. Da derartige Programme meist nicht nachprüfen, ob das Passwort auch korrekt ist, können Sie als Benutzer grundsätzlich einen falschen Benutzernamen eingeben und die erneute Abfrage abwarten, die dann vom echten login-Programm stammt.
- Als Administrator können Sie die Systeme statt auf Passwörter direkt auf ein Authentifizierungsprotokoll umstellen. Dies ist leicht mit Chipkarten oder Magnetkarten möglich, wobei anstelle einer Tastatureingabe eine Codekarte eingelesen und überprüft wird. Der Zugriff auf das Kartenlesegerät kann aber für normale Benutzer prinzipiell unterbunden werden, so dass ein normaler Benutzer kein *login*-äquivalentes Programm starten kann. Angriffe über das Netz oder von unberechtigten, internen Personen werden so unterbunden.

Aufgabe 7.5-2 Viren

a) *Angenommen, Sie bemerken einen Virus auf Ihrem PC. Unter welchen Umständen reicht es nicht aus, die Massenspeicher mit einem Virensuchprogramm zu „reinigen"?*

Außer in Programmen kann ein Virus sich auch im Hauptspeicher verstecken. Wird nun ein Systemstart durchgeführt, so wird zwar ein „reset"-Signal ausgelöst, aber dieses Signal setzt nicht auch den Zustand der RAM-Zellen im Hauptspeicher zurück: Der Virus bleibt auch nach dem Systemstart erhalten. Abhilfe schafft hier das völlige Abschalten des Rechners für einige Minuten.

Andere Möglichkeiten für einen Virus bestehen darin, statt ausführbarer Programme nur binäre, ladbare Bibliotheken zu infizieren, sich selbst zu kodieren und damit unkenntlich zu machen oder durch Hardwaretricks (MMU-Manipulation) sich zu verstecken („stealth"-Viren).

b) *Recherchieren Sie: Wie kann es sein, dass ein Virus in einem Server vorhanden ist, obwohl er weder im Hauptspeicher noch auf der Festplatte sich als Programm nachweisen lässt? Erklären Sie jede der Möglichkeiten ausführlich.*

- Innerhalb des *network stacks* gibt es reservierte Datenfelder, die nicht benutzt werden. Befindet sich dort ein Virus, so ist er unsichtbar und kann über Ausnutzen von anderen Schwachstellen (*exploits*) aktiviert werden. Benutzt er zusätzlich solche Datenfelder in *Headern* von Paketen, so kann er auch unbemerkt nach außen kommunizieren. Wird ein weiterer Server infiziert, so kann auch ein Neustart des Servers den Virus wegen der Reinfektion nicht mehr abschalten, ohne dass der Virus auf dem Massenspeicher enthalten ist.

– Eine weitere Möglichkeit ist die Infektion von Firmware, z. B. beim BIOS oder bei Festplattencontrollern. Wird eine Firmware überschrieben, so kann sich der Virus bereits beim Booten festsetzen. Dies wurde bereits von der NSA genutzt.

– Eine dritte Möglichkeit ist die Infektion bereits bei der Chipherstellung. Wird ein Chipdesign unauffällig ohne Wissen des Herstellers modifiziert (etwa durch Infektion der Bibliotheken), so kann die Hardware später in Rechnern ausgenutzt werden.

– Eine weitere Möglichkeit besteht darin, in einer Virtuellen Maschinen-Umgebung, den Virus außerhalb der virtuellen Maschine in den Hypervisor im laufenden Betrieb einzuschleusen und so vor dem Virenscanner innerhalb der VM zu verbergen.

– Ebenso alle „Ring-3- rootkits", siehe http://invisiblethingslab.com/resources/bh09usa/Ring%20-3%20Rootkits.pdf.

Aufgabe 7.5-3 Anti-Virenprogramme

a) *Was sind die gängigen Strategien, die Antivirenprogramme zum Erkennen von Viren und Ähnlichem nutzen? Wie funktionieren diese und wann versagen sie?*

– **CodeEmulation**

Ein verdächtiges Programm wird in einer *Sandbox* ausgeführt und das Verhalten analysiert.

– **Verhaltensanalyse** (Echtzeitüberwachung)

Das Verhalten eines Programmes wird überwacht und bei einer bestimmten Menge/Intensität an verdächtigen Aktionen Alarm geschlagen.

– **Virensignatur**

Ein verdächtiges Programm wird mit den Virensignaturen (Codeabschnitten) aus einer aktuellen Datenbank verglichen.

– **Heuristik**

Erkennung noch unbekannter Viren mit Hilfe von Heuristiken, etwa der Frequenz bestimmter Codefolgen

– **Cloud-Technik**

Analyse basierend auf Hash-Werten der Programme, die sich auf den Servern der Anti-Virenherstellern befinden.

Diese Techniken versagen, wenn es sich um einen neuen Virus handelt (keine ex. Signatur) oder eine komplette neue Angriffsart verwendet wird, z. B. Underflow in JPG-Dateien, Aktionscode in Flash-Dateien oder Zero-*day exploits* des Betriebssystems. Hier sind sog. „generische" Signaturen wichtig, die nur allgemeine Virencharakteristiken widerspiegeln.

b) *Beurteilen Sie die Aussage „Je mehr verschiedene Antiviren Programme ich auf meinem Computer installiert habe, desto sicherer wird dieser."*

Die Aussage ist falsch. Verschiedene Antivirenprogramme können sich gegenseitig behindern: Die Viren-Signaturen der anderen Programme können als Virus erkannt werden oder das Verhalten des einen Antivirenprogrammes selbst kann verdächtig auf das andere wirken. Neben Einschränkungen der Funktionalität der Programme kann es auch das ganze System instabil werden. Der größte Nachteil aber ist die starke Systembelastung, ohne dabei eine höhere Sicherheit zu bieten.

Aufgabe 7.7-1 ACL und Rollen

a) *Wie funktionieren* access control lists *ACL und wie das* capability-oriented model *COM ?*
b) *Was sind die Vorteile von ACL und von COM?*
c) *Welche Vorteile bietet darüber hinaus das Rollen-Modell?*

a) Für jedes Objekt gibt es eine ACL, in der die Zugriffsrechte einzelner Benutzer und Benutzergruppen stehen. Jede(r) Nutzer/in hat auch eine COM-Liste, in der für ihn/sie alle Berechtigungen aller Objekte aufgeführt sind.
b) Damit ist es möglich, bei jeder ACL sehr feine und genaue Zugriffsrechte aufzuführen. Dies gilt auch für COM. Der Unterschied liegt im Speicherort und in der Zugriffsgeschwindigkeit: Gibt es sehr viele Objekte, so ist es einfacher, sie in einer COM des Nutzers aufzuführen, als bei jedem Objekt eine eigne ACL zu speichern.
c) Das Rollenmodell biete darüber hinaus die Möglichkeit, die Zugriffsbeschränkungen von einem konkreten Nutzer zu abstrahieren und sie nur einmal für einen generischen Benutzer und seine möglichen Arbeitsaktivitäten festzulegen. Zum einen spart man sich so, gleiche Rechte auf die COM von Nutzern mit gleichem Arbeitsauftrag zu kopieren, zum anderen ist es auch leichter, die Rechte zu ändern, wenn der Arbeitsauftrag sich ändert.

Aufgabe 7.11-1 Firewall

Was sind die Nachteile eines firewall-Systems, das alle Datenpakete untersucht?

Ein *firewall*-System, das alle Datenpakete und nicht nur die aufgerufenen Programme auf Zulässigkeit untersucht, stellt einen Flaschenhals bezüglich der Systemleistung dar. Ist der Benutzer auf starken Datendurchsatz des Netzes angewiesen, so muss eine sehr schnelle, teure Maschine dafür beschafft werden. Aus diesem Grund verzichten viele Administratoren auf *firewall*-Rechner und schließen nur unkritische Dienste (*E-Mail* etc.) an das Internet an.

Aufgabe 7.11-2 Anonymität im Netz

a) *Recherchieren Sie und nennen Sie mindestens vier verschiedene Kriterien, anhand deren man beim Surfen im Internet identifiziert werden kann. Erklären Sie, wie bzw. warum anhand dieser Kriterien eine Identifikation des Nutzers möglich ist.*

 - **IP-Adresse**: Die Kommunikation im Internet basiert auf dem Austausch von Datenpaketen. Diese werden mit den IP-Adressen von Sender und Empfänger versehen. Diese Datenpakete können während der Wegfindung angefangen und einem Nutzerzugeordnet werden.
 - **Cookies**: Datensätze, auf dem Rechner des Nutzers vom Browser gespeichert. Auf diese sind viele personalisierte Dienste (z. B. Webshops) angewiesen. Man kann sie einsehen und löschen.
 - **aktive Inhalte**: Ist z. B. Flash, Java Script, ... aktiv? Diese können auch auf den lokalen Rechner zugreifen.
 - **Super Cookies** (Flash Cookies, Storage Cookies): Wie normale Cookies. Dies sind Datensätze, die sich auf dem Rechner befinden, jedoch nicht so einfach zu löschen sind und teilweise browserübergreifend arbeiten.
 - **Browser-Fingerabdruck**: Cookie-Akzeptanz, Bildschirmauflösung, Zeitzone und die installierten Browser-Plugins, Betriebssystem, CPU-Nummer, installierte Schriftarten ...
 - **„Der Versuch Anonymisierung selbst"** Da der Versuch der Anonymisierung ein extrem untypisches Verhalten darstellt, verhält man sich damit auffällig. Angreifer/Überwacher können deswegen der Meinung sein, dass die entsprechende Person etwas zu verbergen hat und entsprechende Gegenmaßnahmen einleiten.

   Quellen:
 - http://www.elektronik-kompendium.de/sites/net/1809161.htm
 - http://www.golem.de/1005/75176.html

b) *Recherchieren Sie und erklären Sie Gegenmaßnahmen, um eine Identifikation anhand der unter a) genannten Kriterien zu verhindern oder zu erschweren.*

 - **IP-Adresse**: IP-Adresse verschleiern (Proxy, VPN-Gateway, Tor-Netzwerk, JonDonym).
 - **Cookies**: Nach Möglichkeit gar nicht erst akzeptieren und regelmäßig löschen.
 - **aktive Inhalte**: Nach Möglichkeit deaktivieren, schränkt aber Nutzbarkeit von Webseiten extrem ein.
 - **Super Cookies** (Flash Cookies, Storage Cookies): Nach Möglichkeit gar nicht erst akzeptieren und regelmäßig löschen.
 - **Browser-Fingerabdruck:** Seltene Konfigurationen vermeiden, besser anonymisierten Browser verwenden.
 - **„Der Versuch Anonymisierung selbst":** Webseiten von entsprechenden Anbietern von Anonymisierungssoftware erst unter Verwendung solcher Software besuchen. Also: Erst Tor-Browser installieren, dann mittel Tor-Netzwerk weitere Software suchen und installieren.

a) *Erklären sie, worum es sich bei einem so genannten Honey Pot handelt und wie ein solcher funktioniert.*

Ein *honey pot* (Honigtopf) ist ein Computer (oder Simulation eines solchen) in einem Netzwerk, der als eine Art Köder für Angreifer dient. Ein Beispiel dafür ist ein Windows 2000-server ohne *service packs*, auf dem zusätzlich eine Spezialsoftware zur Überwachung installiert ist.

Honey pots haben an sich keinerlei Funktion, so dass jede Art von Datenverkehr als möglicher Angriff gewertet wird und geheim protokolliert wird. Auf diese Art lassen sich viele Informationen über Angreiferprogramme sammeln.

Ebenfalls kann er von dem besser geschützten realen Netzwerk ablenken.

Auch gibt es:

Honey nets, ein Netzwerk aus *honey pots*.

Honey clients, Rechner, die einen Nutzer simulieren (z. B. Webseiten aufrufen) und Server auf infizierte Webseiten testen.

b) *Wobei handelt es sich bei den so genannten DoS Attacken? Wie funktionieren diese und wie kann man sich gegen sie schützen?*

Bei einer DoS (*Denial of Service*) handelt es sich um einen Angriff, der darauf abzielt, das Ziel betriebsunfähig zu machen. Dazu wird eine große Anzahl an Anfragen an das Ziel gesendet (z. B. Webseitenaufrufe). Dabei kommen die Anfragen schneller als der Server diese abarbeiten kann. So ist er nicht mehr dazu in der Lage, seine normalen Tätigkeiten auszuführen. Beispielsweise ist dann ein online-Shop nicht mehr für alle anderen Kunden erreichbar.

Wird die Überlastung von einer größeren Anzahl anderer Systeme verursacht, so spricht man von DDoS (*Distributed Denial of Service*).

Als Gegenmaßnahme bietet sich unter anderem an:
– Sperrliste für angreifende IP-Addressen
– Rate Limiting
– Automatische Server-Lastverteilung auf viele Rechner
– …

c) *Erklären sie das Prinzip des „Port Knocking".*

Port knocking ist ein Verfahren zur Absicherung einzelner Serverdienste vor unbefugten Zugriffen. Dazu werden bestimmte Ports anfangs von der Firewall blockiert. Ankommende Daten-Pakete werden überprüft. Sollten diese einen bestimmten Inhalt aufweisen („Klopfzeichen") so wird der entsprechende Port dann geöffnet.

a) *Was ist der Unterschied zwischen Autorisierung und Authentifikation?*

Bei der Authentifikation wird die *Identität* des Benutzers geprüft und nachgesehen, ob er registriert ist, und wenn ja, mit welchen Rechten. Erst danach können mit der Autorisierung die *Rechte* eines Benutzers oder Programms festgelegt und geprüft werden. Dies kann anhand von Listen (ACL) oder anderer Statusinformation geschehen.

b) *Wozu werden in Kerberos zwei Schlüssel S_1 und S_2 statt einem benötigt? Was ist der Unterschied zwischen den Schlüsseln?*

Die beiden Schlüssel dienen zwei Zwecken: der Authentifizierung des Benutzers und der Autorisierung der Programmaktionen und Dateizugriffen. Der erste Schlüssel ist ein Langzeitschlüssel für die gesamte Sitzung und dient nur dazu, die Grundrechte des Programms bzw. der Person festzulegen. Der zweite ist ein Kurzzeitschlüssel und ist nur für die aktuelle Transaktion gültig. Mit dem ersten Schlüssel kann der zweite angefordert werden.

9.8   Lösungen zu Kap. 8

Aufgabe 8.2-1 Benutzerschnittstelle und visuelle Programmierung

Wenn der zentrale Lösungsmechanismus eines Problems in analoger Form in der Wirklichkeit bekannt ist, so kann man ihn in der Benutzerschnittstelle grafisch danach modellieren.

a) *Dabei sollen einfache, konsistente Beziehungen zwischen dem Modell und dem Algorithmus aufgebaut werden. Die Visualisierung soll sehr einfach konzipiert werden, wobei Vieldeutigkeit zu vermeiden ist, z. B. durch Benutzung von Ikonen statt Symbolen.*

b) *Muss der Benutzer die interne Logik des Programms erlernen, so soll dies als aufbauendes Lernen konzipiert werden, bei dem die Komplexität zunächst versteckt wird und erst im Laufe der Benutzung deutlich wird.*

Verwirklichen Sie diese Grundsätze an einem einfachen Beispiel. Für die Verwaltung von Daten kann man als Programmiermetapher die Vorgänge in einem Lagerhaus verwenden. Hier ist das Liefern, Einsortieren von Paketen, Lagerung, Aussondern etc. gut bekannt und als Referenz beim Benutzer vorhanden.

Konzipieren Sie dazu ein Schema, bei dem die Dateiobjekte (Attribute und Methoden) den visuellen Objekten zugeordnet werden.

Unserem Beispiel entspricht folgendes Schema:

Objekte	
Textdateien	Behälter mit Büchern
Unterverzeichnisse	Regale mit Behältern
visuelle Modell (Ikon)	Behälter mit Bild
Operationen	
Verzeichnis untersuchen	durch das Lager gehen
Datei im Dateisystem abspeichern	Behälter in einem Regal ablegen
Datei löschen	Behälter in den Müll werfen
Datei kopieren	Behälter in eine Kopiermaschine legen

Das aufbauende Lernen kann dabei derart konzipiert werden, dass die Eigenschaften der Objekte (Behälter, Lager, Bücher) erst bei einem Doppelklick auf das Objekt angezeigt und interaktiv geändert werden können.

Aufgabe 8.2-2 Color Lookup Table

a) *Angenommen, wir beschreiben für eine anspruchsvolle Grafik die Farbe eines Pixels direkt ohne CLUT mit 24-Bit-Farbtiefe. Wie groß muss der Bildwiederholspeicher für ein 1024 × 768 großes Bild mindestens sein? Wie groß, wenn er drei Ebenen davon abspeichern soll?*

Das Bild enthält 1024 × 768 = 786.432 Bildpunkte je 24 Bit und damit insgesamt 786.432 × 24 = 18.874.368 Bits oder 2.359.296 Bytes = 2,3 MB.

Möchten wir für bewegte Grafik Vordergrund, Hintergrund und Figuren in drei Ebenen extra abspeichern, so ist die dreifache Menge, also 6,9 MB, nötig.

b) *Wie groß muss der Bildwiederholspeicher für das Bild mindestens sein, wenn gleichzeitig 65.536 = 16 Bit Farben sichtbar sein sollen und eine einstufige Umsetzung mit einer CLUT möglich ist?*

Eine einstufige Umsetzung erfordert bei 24-Bit-Farbtiefe und 65.536 = 2^{16} möglichen Farben eine CLUT der Länge 3 Byte × 65.536 Einträge = 196.608 Byte = 196 KB.

Zur Adressierung einer der 2^{16} Farben werden 16 Bit = 2 Byte je Pixel benötigt, so dass für ein solches Bild nur noch 2 × 786.432 = 1,5 MB Speicherplatz nötig sind. Brauchen wir noch weniger Farben, die gleichzeitig sichtbar sein sollen, so reduziert sich die erforderliche Speichergröße weiter.

c) *Verallgemeinern Sie und stellen Sie eine Formel auf für den Speicherbedarf s ohne CLUT bei der Farbtiefe von f Bits pro Pixel und der Bildpixelzahl N sowie dem Speicherbedarf s_{CLUT} mit CLUT, wenn gleichzeitig n Farben sichtbar sein sollen. Bilden Sie das Verhältnis s_{CLUT}/s, und zeigen Sie, dass eine Voraussetzung dafür, dass es kleiner als eins ist, in der Bedingung N > n liegt (was durchaus plausibel erscheint).*

Es gilt s = f N

und s_{CLUT} = CLUT-Speicherplatz + Bildspeicher = nf + N ld n.

Also ist s_{CLUT}/s = (nf + N ld n)/(f N) = n/N + (ld n)/f.

Da f, n > 1 und somit (ld n)/f > 0 folgt, dass (s_{CLUT}/s < 1) ⇒ (1 > n/N) oder N > n, q.e.d.

Aufgabe 8.2-3 Benutzeroberflächen in verteilten Systemen

Im obigem Abschnitt wurde das Konzept des Displayservers eingeführt. Als Alternative gibt es dazu Programme, die Texte und Bilder über das Internet laden und anzeigen können, sog. Hypertext-Browser wie Netscape und Internet Explorer. Zusätzliche Programme (sog. cgi-Programme) auf dem Internet-Datenserver sorgen dafür, dass Suchanfragen und ähnliche Aufgaben interaktiv mit dem Browser durchgeführt werden können. Damit kann man sehr viele Aufgaben, die mit einem application client/display server-System durchgeführt werden, auch mit einem derartigen Browser-System durchführen.

a) *Vergleichen Sie die Client-Server-Beziehungen in beiden Systemen.*

Im *application client/display server*-System befindet sich die Grafik der Benutzeroberfläche und ihre direkten Interaktionen und Wechselwirkungen auf dem Serversystem; der Client ist über das Netz getrennt. Die Rechenleistung ist also beim Client; die Anzeige beim Server.

Bei den Browser-Systemen ist dies genau umgekehrt: Der Kunde ist in diesem Fall der anfragende Rechner, auf dem sich der Browser und sein grafisches Fenster befindet; der Server ist die Datenquelle, auf dem sich die Hypertextdokumente und die Auswertungsprogramme befinden. Die Rechenleistung ist also beim Server; die Anzeige beim Client.

b) *Welche Arten der Kommunikation herrschen zwischen Client und Server?*

In Abschn. 2.4 lernten wir zwei verschiedene Kommunikationsarten kennen: verbindungsorientierte und verbindungslose Kommunikation.

Für den Aufbau einer *application client/display server*-Beziehung ist eine Initialisierungssequenz nötig, bei der Fensternummern, Kontext, Speicherbedarf usw. für den Display des Client festgelegt werden. Diese Art der Darstellung benutzt also eine verbindungsorientierte Kommunikation; ein Anhalten des Client führt beim Server zu einer unnötigen Ressourcenbelegung, die nicht ohne Probleme beseitigt werden kann.

Im Gegensatz dazu ist beim Internet Browser jede Anfrage an den Datenserver nach Übermittlung der Daten sofort abgeschlossen; es findet also eine verbindungslose Kommunikation statt. Eine Initialisierung wird nur für ein Sicherheitsprotokoll einer besonders sicheren Sitzungskommunikation benötigt; der Sitzungsschlüssel reserviert aber sehr wenig Ressourcen und besitzt ein Zeitlimit. Ein defekter Client kann also einen solchen Server normalerweise ressourcenmäßig nicht blockieren.

Aufgabe 8.4-1 Client-Server-Architektur

Welche Vor- und Nachteile hat das lokale Konzept von Windows NT gegenüber dem verteilten X-Window-System? Denken Sie dabei an Applikationen wie die Prozesssteuerung eines Stahlwerks mit einem Rechnernetz, die Datenauswertung (data mining) verschiedener Abteilungen über das Intranet eines Betriebs, die Softwareinstallation und Wartung für einen vernetzten Rechnerpool usw.

Generell können wir zwischen der Erzeugung und der Darstellung der Grafikdaten unterscheiden. Beim X-Window-System kann man im Unterschied zu Windows NT den Ort (Rechner) der Anwendung und seiner Erzeugung von *display*-Daten völlig verschieden von dem Ort (Rechner) der Darstellung bzw. Visualisierung zu wählen. Dies bedeutet, dass man beispielsweise die interaktive Beeinflussung der Parameter einer

Prozesssteuerung eines Stahlwerkteils zusammen mit dem eigentlichen Kontrollprogramm in ein Modul packen und auf den jeweiligen Rechner am Kontrollort (z. B. an der Walzstraße) ablaufen lassen kann. Die gesamte Rechenleistung für diese Kontrolle wird also ihrem Kontrollrechner erbracht; der *display*-Server in der Leitzentrale muss nur die jeweiligen Grafikbefehle für das Modul auf dem Überwachungsbildschirm ausführen.

Damit wird die Kontrolle skalierbar: Man kann weitere Prozesse mit ihren Kontrollrechnern in das System integrieren, ohne die Rechenkapazität der Leitzentrale erhöhen zu müssen. Eine solche Modularisierung und Aufteilung begünstigt Fehlersuche, Programmänderungen und heterogenes Systemwachstum.

Im Gegensatz dazu existiert bei Windows NT keine Netzwerk-Grafikschnittstelle. Für jede Kontrollanwendung muss ein eigener Prozess auf dem Leitrechner geschrieben und gestartet werden; die Prozesse kommunizieren mit den Anwendungen über eine selbst geschriebene und damit fehlerträchtige, nichtstandardisierte Datenschnittstelle und benutzen auf dem Leitrechner eigene Grafiksysteme.

Diese Problematik gilt auch für das *data mining* und die Softwarewartung: Alle Stellvertreterprozesse haben in Windows NT eine inhaltlich bestimmte, sehr verschieden ausgeprägte Datenkopplung zu den Anwenderprozessen und keine normierte Schnittstelle.

Literatur

Dal Cin M.: Grundlagen der systemnahen Programmierung. Teubner Verlag, Stuttgart 1988
Lamport L.: A New Solution of Diskstra's Concurrent Programming Problem. Commun. of the ACM 17, 453–455 (1974)
Quade J., Kunst E.: Linux-Treiber entwickeln, dpunkt.verlag Heidelberg, 4.Auflage 2016
Tanenbaum, A.: Verteilte Betriebssysteme. Prentice Hall Verlag, München

Anhang

10

Inhaltsverzeichnis

10.1 Modellierung von Thrashing

In Abschn. 3.3 zeigten wir informativ, dass der thrashing-Effekt eintritt, wenn die Seiten-wechselzeit größer wird als die Job-Bearbeitungszeit. Wann tritt nun dieser Effekt genau ein? Wann ist $t_w = t_s$? Dazu modellieren wir das System mit Wahrscheinlichkeiten. Mit der mittleren Zeitdauer t_T und der Wahrscheinlichkeit ρ für das Austauschen von Seiten ist

$$t_w = \rho t_T \tag{10.1}$$

Wie erhalten wir nun aber den „**Seitenaustauschgrad**" ρ?

Angenommen, wir ordnen alle Seitenindizes so, dass die am häufigsten referierten Seiten den kleinsten Index erhalten. Dividieren wir bei jeder Seite die Anzahl der Referen-zen durch die Gesamtanzahl aller Seitenreferenzen während der Programmausführung für einen bestimmten Zeitpunkt, so erhalten wir für jede Seite i eine **Referenzwahrschein-lichkeit** p_i. In Abb. 10.1 ist dies aufgetragen.

Die Summe aller Seitenwahrscheinlichkeiten, also das Integral über die Fläche unter der Kurve in Abb. 10.1, muss dabei natürlich eins ergeben.

Für den Seitenaustausch ist nun entscheidend, dass die Funktion p_i nicht konstant ist, also etwa alle Seiten gleichwahrscheinlich referiert werden (Gerade $p_i = p_C$ in Abb. 10.1), sondern die Adressreferenzen im Code meist lokal erfolgen und damit zu einem Zeit-punkt immer nur auf wenige, bestimmte Seiten zugegriffen wird. Diese **Lokalitätseigen-schaft** führt zu einem starken Abfall der Funktion p_i bei größeren Indizes und bildet die

© Springer-Verlag GmbH Deutschland 2017
R. Brause, *Betriebssysteme*,
DOI 10.1007/978-3-662-54100-5_10

Abb. 10.1 Wahrschein-
lichkeitsverteilung der
Seitenreferenzen

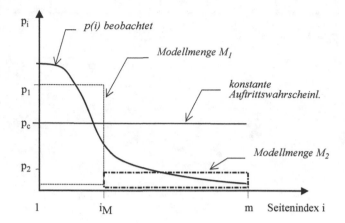

Implementationsgrundlage des virtuellen Speichermodells: Wären alle möglichen virtuellen Seiten des Prozesses gleichwahrscheinlich referenziert, so wären mehrstufige Tabellen, die auf der Redundanz nicht-existenter Seiten beruhen, und effiziente Assoziativspeicher nicht möglich.

Für die folgenden Betrachtungen modellieren wir die möglichen Seiten eines Prozesses
mit zwei Mengen: Die Seiten mit Index $i \leq i_M$, die mit einer konstanten (mittleren) Wahrscheinlichkeit p_1 referiert werden, seien die Menge M_1 der stark referierten Seiten des
working set, und die restlichen Seiten mit Index $i_M < i \leq m$ mit konstanter Wahrscheinlichkeit p_2 gehören der Menge M_2 zu, siehe Abb. 10.1.

Die Wahrscheinlichkeit ρ, eine Seite auszutauschen, wird stark von dem **relativen
Speicherangebot** $\sigma = k/m$ pro Prozess, dem Verhältnis von k für den Prozess nutzbaren
Seiten des Hauptspeichers zu den m möglichen Seiten des Prozesses, bestimmt. Wären
alle Seiten gleichwahrscheinlich referenziert, so wäre

$$\rho = \frac{\text{Zahl der zu ersetzenden Seiten}}{\text{Zahl der gesamten Seiten}} = \frac{m - k}{m} = 1 - \sigma$$

Dies ist aber glücklicherweise nicht so, da sonst die virtuelle Adressenumsetzung durch
die damit notwendigen riesigen Tabellen nicht praktikabel wäre und ein Tabellencache
sinnlos wäre.

Die Wahrscheinlichkeit $\alpha = 1 - \rho$, dass eine gewünschte Seite i in den k Seiten des
Speichers vorhanden ist, hängt von ihrer Referenzwahrscheinlichkeit p_i ab. Wenden
wir eine Seitenersetzungsstrategie an, die die am häufigsten referenzierten Seiten am
wenigsten ersetzt, so sind Referenzwahrscheinlichkeit p(i) und Anwesenheitswahr-
scheinlichkeit α miteinander gekoppelt. Die Wahrscheinlichkeit dafür, dass auch eine
Seite mit Index k anwesend ist, ist identisch mit der Wahrscheinlichkeit dafür, dass alle
Seiten mit einem Index $i \leq k$ anwesend sind. Für unser Modell aus zwei Seitenmengen
erhalten wir also

$$\alpha_1(k) = P(i \leq k) = \sum_{i=1}^{k} p_1 = kp_1 \quad \text{für } 1 \leq k \leq i_M \tag{10.2}$$

$$\alpha_2(k) = \alpha_1(i_M) + \sum_{i=i_M+1}^{k} p_2 = i_M p_1 + (k - i_M) p_2 \quad \text{für } i_M \leq k \leq m \tag{10.3}$$

Wir bezeichnen die Wahrscheinlichkeit, dass eine Referenz zu der bevorzugten Menge M_1 mit $i \leq i_M$ geht, mit

$$v := P(1 \leq i \leq i_M) \text{ so dass } P(i_M < i \leq m) = 1 - v \text{ gilt.}$$

Dann ist

$$v = \alpha_1(i_M) = i_M p_1 \cdots \Leftrightarrow p_1 = \frac{v}{i_M}$$

$$1 - v = \sum_{i=i_M+1}^{m} p_2 = (m - i_M) p_2 \Leftrightarrow p_2 = \frac{1-v}{m - i_M}$$

Man beachte, dass durch die Definition von M_1 beim Übergang i_M bzw. σ_T gerade die Wahrscheinlichkeit $\alpha_1(i_M) = v$ mit der tatsächlichen Wahrscheinlichkeit $\Sigma p(i)$ der beobachteten Seitenreferenzen übereinstimmt.

Nun können wir den unbekannten Seitentauschgrad ρ aus Gl. (10.1) mit Hilfe der Beziehungen (10.2) und (10.3) näher fassen. Seine Funktion setzt sich zusammen aus den zwei Funktionen ρ_1 und ρ_2 für die beiden Seitenmengen

$$\rho_1 = 1 - \alpha_1 = 1 - kp_1 = 1 - kv/i_M \qquad \text{für } 1 \leq k \leq i_M$$
$$\rho_2 = 1 - \alpha_2 = 1 - v - (1-v)(k - i_M)/(m - i_M) \qquad \text{für } i_M \leq k \leq m$$

Gehen wir von dem absoluten Speicherangebot k auf das relative Speicherangebot pro Prozess σ über, indem wir die Gleichungen mit $1/m$ erweitern und die Relationen auf allen Seiten mit $1/m$ multiplizieren, so ergibt sich mit der Bezeichnung $\sigma_T := i_M/m$

$$\rho_1 = 1 - \frac{kv}{i_M} = 1 - \frac{k \cdot m \cdot v}{m \cdot i_M} = 1 - \frac{v\sigma}{\sigma_T} \quad \text{für } \frac{1}{m} \leq \sigma = \frac{k}{m} \leq \sigma_T \tag{10.4}$$

$$\rho_2 = (1-v)\left(1 - \frac{k/m - i_M/m}{1 - i_M/m}\right) = \frac{1-v}{1-\sigma_T}(1-\sigma) \quad \text{für } \sigma_T \leq \sigma \leq 1 \tag{10.5}$$

An dem Übergang der beiden Funktionen bei $\sigma = \sigma_T$ ist $\rho_1(\sigma) = \rho_2(\sigma) \equiv \rho_T$, also $\rho_T = \rho(\sigma_T)$. Der Wert ist dabei

$$\rho_T = \rho_1(\sigma_T) = 1 - v \qquad (10.6)$$

Damit haben wir für unser grobes Modell mit der Einteilung der Seiten in nur zwei Mengen eine Beziehung zwischen dem Seitenaustauschgrad ρ und dem Speicherangebot σ gefunden. In Abb. 10.2 ist dies illustriert.

Für gleichwahrscheinliche Seitenreferenzen ist die Funktion $\rho = 1 - \sigma$ als Gerade eingezeichnet. Dabei ist mit der Erweiterung auf $\sigma = 0$ auch der Funktionswert $\rho = 1$ hinzugekommen. Die Beziehungen (10.4) und (10.5) sind ebenfalls als Gerade visualisiert, die in einem Punkt zusammentreffen. Wie man sieht, ist bei Verkleinerung des Seitenangebots σ bis auf das working set nach dem Übergang von ρ_1 auf ρ_2 ein plötzlicher Anstieg der Seitenaustauschaktivität zu beobachten: Der thrashing-Effekt tritt auf. Bei der tatsächlichen Abhängigkeit ρ wäre dies der Punkt der stärksten Krümmung.

Ist $t_w > t_s$, so bestimmen die Wartezeiten die Gesamtbearbeitungsdauer B_G. Sie erhöht sich bei n gleichartigen Prozessen von $B_G = nB_1$ mit der Anzahl (B_1/t_s) von Wartezeiten auf $B_G = n(B_1/t_s)\, t_w$. Da wir nur an einer qualitativen Aussage unabhängig von der normalen Bearbeitungszeit B_1 interessiert sind, erhalten wir als relative Bearbeitungsdauer $G := B_G/B_1$ mit (10.1)

$$G = n \qquad\qquad t_w \leq t_s\; \textit{proportionaler Bereich} \qquad (10.7)$$

$$G = n\, t_w/t_s = n\, \rho\, t_T/t_s \qquad t_w \geq t_s\; \textit{überproportionaler Bereich}$$

mit dem Übergang bei $t_w = t_s$. In diesem Fall ist $\rho t_T = t_s$ mit der Konstanten $\rho = t_s/t_T \equiv \rho_w$. Das entsprechende Speicherangebot sei mit σ_w bezeichnet, so dass $\rho(\sigma_w) = \rho_w$ gilt.

Abb. 10.2 Der Seitenaustauschgrad ρ in Abhängigkeit vom Speicherangebot σ pro Prozess

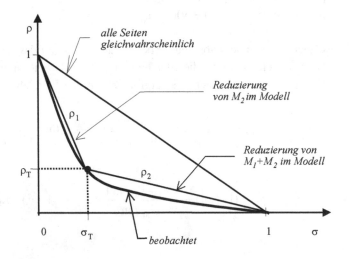

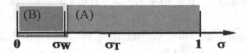

Die zweite Gleichung wird damit

$$G = \frac{n}{\rho_w} \rho \qquad\qquad t_w \geq t_s \; \textit{überproportionaler Bereich} \qquad (10.8)$$

Wir können also zwei wichtige Parameter unterscheiden: den Übergang ρ_T zwischen den beiden Seitenmengen M_1 und M_2 und den Übergang ρ_w zwischen der Bearbeitungsdauer t_s und der Wartedauer t_w. Wie hängt nun das Systemverhalten von diesen beiden Parametern ab?

Betrachten wir den Fall $\rho_T \leq \rho_w$ und somit $\sigma_T \geq \sigma_w$. Wir können damit das gesamte Intervall für σ in Abb. 10.2 in zwei Intervalle aufteilen: Intervall (A) und Intervall (B).

Im Bereich (A) ist mit $\sigma_w \leq \sigma$ auch $\rho \leq \rho_w$ und somit $t_w \leq t_s$. Also gilt im Bereich (A) Gl. (10.7)

(A) $G_A = n$ $\qquad\qquad \sigma_w \leq \sigma$ $\qquad\qquad\qquad\qquad$ *normaler Bereich*

und im Bereich (B) mit Gl. (10.8) und (10.4) und der Notation

$$\sigma = \frac{k}{n \cdot m} = \frac{s}{n}$$

für das relative Speicherangebot bei der Speicheranforderung von $n \cdot m$ Seiten durch n Prozesse und dem relativen Gesamtspeicher s

(B) $\quad G_B = \frac{n}{\rho_w}\rho_1 = \frac{n}{\rho_w}\left(1 - \frac{\sigma \cdot v}{\sigma_T}\right) = \frac{n}{\rho_w} - \frac{sv}{\rho_w \sigma_T}$ $\qquad\qquad$ *Thrashing – Bereich*

Bei welcher Anzahl n_0 von Prozessen tritt nun der Übergang von einfach linear erhöhter Gesamtbearbeitungszeit (A) zu erhöht linearer Zeit (B) auf?

Dies ist der Fall bei

$$G_A(n_0) = G_B(n_0) \Leftrightarrow n_0 = \frac{n_0}{\rho_w}\rho_1 \Leftrightarrow \rho_w = \rho_1 = \left(1 - \frac{(s/n_0)v}{\sigma_T}\right)$$

$$\rho_w \sigma_T = \sigma_T - \frac{sv}{n_0} \Leftrightarrow n_0 = \frac{sv}{\sigma_T(1 - \rho_w)}$$

Beispiel *Nichtlineare Auslastung bei geringem Seitenwechsel*

Sei ein System mit vollem Platz für 2 Prozesse ($s = 2$), einem working set, das die Hälfte der Prozessgröße beträgt ($\sigma_T = 0{,}5$), aber zu 90 % immer referenziert wird ($v = 0{,}9$) $\Rightarrow \rho_T = 0{,}1$, gegeben. Da $\rho_T \leq \rho_w$ ist, nehmen wir z. B. $\rho_w = 0{,}2$ an. Mit diesen Annahmen errechnet sich $n_0 = 4{,}5$ und $G_B(n = 6) = 6{\cdot}5 - 2{\cdot}0{,}9{\cdot}5{\cdot}2 = 12$. In Abb. 10.3 ist dies gezeigt.

Man sieht: Obwohl nur Platz für 2 vollständige Prozesse im Hauptspeicher da ist, können auch ohne Leistungsverlust 4 Prozesse ausgeführt werden. Erhöht man aber die Prozesszahl, z. B. auf $n = 6$ Prozesse, so ist nun eine 2fach überhöhte Last wirksam!

Betrachten wir den anderen Fall $\rho_T \geq \rho_w$ und somit $\sigma_T \leq \sigma_w$. Wir können damit das gesamte Intervall für σ in Abb. 3.24 in drei Intervalle aufteilen: Intervall (C), Intervall (D) und Intervall (E).

Im Bereich (C) ist mit $\sigma_w \leq \sigma$ auch $\rho \leq \rho_w$ und somit $t_w \leq t_S$. Also gilt im Bereich (C) Gl. (3.7)

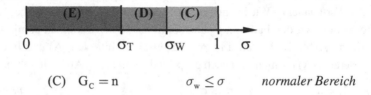

$$(C) \quad G_C = n \qquad\qquad \sigma_w \leq \sigma \qquad \textit{normaler Bereich}$$

und im Bereich (D) mit einem Speicherangebot kleiner als die Thrashing-Grenze, aber größer als das working set, s. Gl. (10.8) und (10.5)

$$(D) \quad G_D = \frac{n}{\rho_w}\rho_2 = \frac{n}{\rho_w}\frac{1-v}{1-\sigma_T}\left(1 - \frac{s}{n}\right) = c(n - s) \quad \text{für } \sigma_T \leq \sigma \leq \sigma_w$$

$$\text{mit der konstanten } c = \frac{1}{\rho_w}\frac{1-v}{1-\sigma_T} \qquad\qquad \textit{schwaches Thrashing}$$

und für den dritten Bereich mit einem sehr kleinen Speicherangebot $0 \leq \sigma \leq \sigma_T$

Abb. 10.3 Anstieg der Bearbeitungszeit mit wachsender Prozesszahl bei $\rho_T \leq \rho_w$

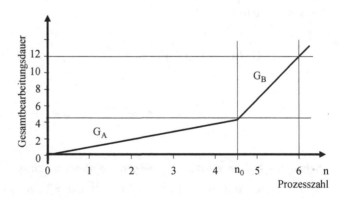

$$(E) \quad G_E = \frac{n}{\rho_w} \rho_1 = \frac{n}{\rho_w}\left(1 - \frac{\sigma v}{\sigma_T}\right) = \frac{1}{\rho_w}\left(n - \frac{sv}{\sigma_T}\right) \qquad \textit{starkes Thrashing}$$

Bei welcher Anzahl n von Prozessen tritt nun der Übergang von einfach linear erhöhter Gesamtbearbeitungszeit (C) zu erhöht linearen Zeiten (D) und (E) auf?
Dies ist der Fall bei

$$G_C(n_1) = G_D(n_1) \Leftrightarrow n_1 = c(n_1 - s) \Leftrightarrow n_1 = \frac{sc}{c-1}$$

$$G_D(n_2) = G_E(n_2) \text{ bei } \sigma = \sigma_T \Rightarrow \text{Mit } \sigma = \frac{s}{n_2} = \sigma_T \text{ ist } n_2 = \frac{s}{\sigma_T}$$

Veranschaulichen wir uns dies wieder an unserem obigen Beispiel.

Beispiel *Nichtlineare Auslastung bei hohem Seitenwechsel*

Sei $s = 2$, $\sigma_T = 0{,}5$, $v = 0{,}9 \Rightarrow \rho_T = 1/10$. Da $\rho_T \geq \rho_w$ ist nehmen wir z. B. $\rho_w = 1/15$ an und damit $c = \dfrac{15 \cdot 0{,}1}{0{,}5} = 3$. Mit diesen Annahmen errechnet sich $n_1 = \dfrac{2 \cdot 3}{2} = 3$ und $n_2 = \dfrac{2}{0{,}5} = 4$ sowie $G_D(n = 4) = 15 \cdot 0{,}2 \cdot (4 - 2) = 6$ und $G_E(n = 5) = 15 \cdot (5 - 2 \cdot 0{,}9 \cdot 2) =$ 21. In Abb. 10.4 ist der Verlauf der relativen Gesamtbearbeitungsdauern gezeigt.

Bei der Erhöhung der Prozesszahl nimmt die Bearbeitungszeit zunächst nur linear zu; ja, wir können sogar drei Prozesse ohne Probleme laufen lassen, obwohl nur Platz für

Abb. 10.4 Anstieg der Bearbeitungszeit mit wachsender Prozesszahl bei $\rho_T \geq \rho_w$

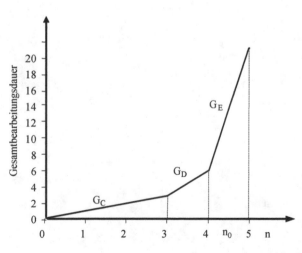

Prozesszahl

zwei vollständige Prozesse da ist. Ermöglichen wir aber mit n = 4 einen Prozess mehr, so ist bereits das 1,5-fache an Bearbeitungszeit nötig. Mit weiteren Prozessen erfolgt der scharfe Einschnitt dann, wenn auch das working set im Speicher keinen Platz mehr hat. Die Bearbeitungszeit wächst nun mit dem Faktor $1/\rho_w = 15$ rapide an und erreicht schon bei n = 5 mehr als das 4-fache der Bearbeitungszeit im Normalzustand!

Weiterführende Literatur

Achilles, A: Betriebssysteme; Eine kompakte Einführung mit Linux. Springer Verlag, Heidelberg 2006

Anderson, T., Dahlin, M.: Operating Systems: Principles and Practice. Recursive Books Ltd., 2nd ed., 2014

Autenrieth, K., Dappa, H., Grevel, M.: Technik verteilter Betriebssysteme. Hüthig Verlag, Heidelberg 1990

Bic, L., Shaw, A.C.: Operating Systems Principles. Prentice Hall 2002

Davis, W.: Operating Systems: a Systematic View. Addison-Wesley, Reading, MA 1992

Deitel, H., Deitel, P., Choffnes D.: Operating Systems. 3rd ed., Prentice Hall 2004

Erl T.: Service-Oriented Architecture: A Field Guide to Integrating XML and Web Services, Prentice Hall, PTR 2004

Flynn, I., McHoes, A.: Understanding Operating Systems. Brooks/Cole Publ., Pacific Grove, CA 1991

Fortier, P.: Design of Distributed Operating Systems. Intertext Publ., New York 1988

Garg, R., Verma, G.: Operating Systems: A Modern Approach. Mercury Learning & Information, 2017

Glatz, E.: Betriebssysteme: Grundlagen, Konzepte, Systemprogrammierung. dpunkt.verlag GmbH; 3. Auflage, 2015

Goscinski, A.: Distributed Operating Systems. Addison-Wesley, Sydney 1991

Habermann, A.: Entwurf von Betriebssystemen. Springer-Verlag, Berlin 1981

Hofmann, F.: Betriebssysteme: Grundkonzepte und Modellvorstellungen Teubner Verlag, Stuttgart 1984

Koubaa, A.: Robot Operating System (ROS). Springer Verlag 2017

Krakowiak, S.: Principles of Operating Systems. MIT Press, Cambridge, MA 1989

Lister, A., Eager, R.: Fundamentals of Operating Systems. Macmillan, New York 1993

Maekawa, M., Oldehoeft, A., Oldehoeft, R.: Operating Systems. Benjamin Cummings, Menlo Park, CA 1987

Mandl, P.: Grundkurs Betriebssysteme. Springer Vieweg; 4. Auflage, 2014

McHoes, a.,Flynn, I.: Understanding Operating Systems. Course Technology, 8th ed., 2017

Milenkovic, M.: Operating Systems. McGraw-Hill, 2nd ed.,1992

Mullender S.J., Tanenbaum A.S.: Immediate Files. Software – Practice and Experience 23, 365–368 (1984)

Nutt, G.: Operating Systems, A Modern Perspective. Addison Wesley Longman, 2nd ed, 2002

Peterson, J., Silberschatz, A.: Operating System Concepts. Addison-Wesley, 5th ed., 1996

Pinkert, J., Wear, L.: Operating Systems. Prentice Hall, London 1989

© Springer-Verlag GmbH Deutschland 2017

R. Brause, *Betriebssysteme*,

DOI 10.1007/978-3-662-54100-5

Richter, L.: Betriebssysteme. Teubner Verlag, Stuttgart 1985

Schnupp, P.: Standard-Betriebssysteme. Oldenbourg Verlag, München, 1988

Shay, W.: Introduction to Operating Systems. Harper Collins College, Glenview, IL, 1993

Siegert, H.-J., Baumgarten, U.: Betriebssysteme: Eine Einführung. Oldenbourg Verlag, München 2001

Silberschatz, A.: Operating System Concepts. John Wiley & Sons Inc; 10th ed. 2017

Solomon d., Russinovich M.: Inside Microsoft Windows 2000, Microsoft Press, Redmond, WA, 3rd ed., 2000

Stallings, W.: Operating Systems: Internals and Design Principles. Prentice Hall, Upper Saddle River, NJ, 8th ed, 2014

Switzer, R.: Operating Systems: a Practical Approach. Prentice Hall, Englewood Cliffs, NJ 1993.

Tanenbaum, A.: Verteilte Betriebssysteme. Prentice Hall Verlag, München 1995

Tanenbaum, A., Bos, H.: Moderne Betriebssysteme. Pearson Studium, 4. Aufl., München 2016

Tanenbaum, A., Bos, H.: Modern Operating Systems. Pearson Int. Edition, 4th ed, 2014

Theaker, C., Brookes, G.: Concepts of Operating Systems. Macmillan, New York 1993

Weck, G.: Prinzipien und Realisierung von Betriebssystemen. Teubner Verlag, Stuttgart 1989

Wettstein, H.: Systemarchitektur. Hanser Verlag, München 1993

Stichwortverzeichnis

10BaseT, 271

A

ABI (application binary interface), 179
Access Control Lists (ACL), 338, 343–344
access violation, 172
ACL (Access Control Lists), 338, 343–344
Active Directory Service (ADS), 277
adaptive Prozessorzuteilung, 44
Adressbegrenzung, 133
Adressregister, 236
ADS (Active Directory Service), 277
Advanced Host Controller Interface (AHCI),
    238
Aesthetics, 355
AHCI (Advanced Host Controller Interface), 238
Ankunftsrate, 61
ANSI, 357
Antikörper, 331
Antwortzeit, 41
Anwendungsschicht, 270
API (application programming interface), 34,
    356, 375, 377–378
application binary interface, 179
application programming interface (API), 34,
    356, 375, 377–378
Arbeitsmenge, 149, 156–157
ASCII, 356–358
Assoziativspeicher, 136–137, 466
asymmetrischer Pool, 14
asymmetrisches Multiprocessing, 59
asynchroner Verbindungsaufbau, 239, 259
atomare Aktion, 72–73, 176
Attribute, 176
attribute caching, 378
Ausfalltoleranz, 60, 242–243

Ausführungszeit, 40
Ausgaberegister, 240
Auslastung, 40
Auslastungsmonitor, 52
Authentication Protocol, 348
Authentication Server, 346
Authentifikation, 342, 348
Autorisierung, 342
average seek time, 233

B

bad cluster mapping, 228
batching, 379
Bedienrate, 61–62
Bedienzeit, 40
Befehlsregister, 236
Beladys Anomalie, 152
Belegungstabelle, 132
benchmark, 221–222
Benutzeranpassung, 353
Benutzerkennung, 341
Benutzeroberfläche, 351
Benutzerschnittstelle, 4
Bereit-Liste, 29, 31, 35, 41, 45, 64, 68
Bereit-Zustand, 29
BestFit, 125, 127
Betriebsmittel, 28
Betriebssystemkern, 4
binary translation, 20
block device, 252, 258
blocked, 30
bootstrap, 5, 184
btrfs (B-tree file system), 225
buddy, 126–127
buffer overflow, 340
busy wait, 73

© Springer-Verlag GmbH Deutschland 2017
R. Brause, *Betriebssysteme*,
DOI 10.1007/978-3-662-54100-5

Printed in the United States
By Bookmasters